教育部农科类卓越中等职业学校教师培养计划改革项目

动物生产学

张金洲　李月涛　韦光辉　主编

中国农业大学出版社
·北京·

内容简介

《动物生产学》是为动物科学卓越师资班本科学生编著的教材。本教材以本科生培养目标为导向，以培养和造就一批“基础厚、能力强、素质高、适应广”的开拓型、创造型畜牧业师资人才，以突出应用性、加强实践性、强调针对性、注重灵活性为宗旨，力图使学生从课本上学到真正的知识。本教材内容包括：绪论、养禽生产、养猪生产、养牛生产、养羊生产五部分。

图书在版编目(CIP)数据

动物生产学/张金洲，李月涛，韦光辉主编. —北京：中国农业大学出版社，2018.2
(2022.6 重印)

ISBN 978-7-5655-1987-1

Ⅰ.①动… Ⅱ.①张…②李…③韦… Ⅲ.①畜禽-饲养管理-高等学校-教材 Ⅳ.①S815

中国版本图书馆 CIP 数据核字(2018)第 020046 号

书　名 动物生产学
作　者 张金洲　李月涛　韦光辉　主编

策划编辑 梁爱荣　　**责任编辑** 张　玉
封面设计 郑　川
出版发行 中国农业大学出版社
社　址 北京市海淀区圆明园西路 2 号　　**邮政编码** 100193
电　话 发行部 010-62818525，8625　　读者服务部 010-62732336
编辑部 010-62732617，2618　　出　版　部 010-62733440
网　址 http://www.caupress.cn　　**E-mail** cbsszs @ cau.edu.cn
经　销 新华书店
印　刷 涿州市星河印刷有限公司
版　次 2018 年 2 月第 1 版　2022 年 6 月第 2 次印刷
规　格 787×1 092　16 开本　27.5 印张　675 千字
定　价 71.00 元

编写人员

主　编　张金洲　李月涛　韦光辉

副主编　谢红兵　王永强

参　编　（按姓氏笔画排列）

王永强　韦光辉　刘保国　刘　涵　李月涛

张金洲　谢红兵

前言
PREFACE

《动物生产学》是为动物科学卓越师资班本科学生编著的教材，以培养和造就一批“基础厚、能力强、素质高、适应广”的开拓型、创造型畜牧业师资人才，以突出应用性、加强实践性、强调针对性、注重灵活性为宗旨，力图使学生从课本上学到真正的知识。在编写过程中，广泛搜集资料，并借鉴国内外同类教材的优点，力求体现教学改革的精神，反映学科前沿，吸收新知识、新成果、新技术，做到起点高、目标清、内容新、形式活，使教材文字精练、表达严谨、层次分明、图文并茂。该教材也适用于高等农业院校动物医学、畜牧的科研、生产和管理人员。

参加本教材编写的教师来自生产一线，具有丰富的教学经验和实践经验，能把各自的知识特色融入教材编写，内容广泛但很精练，注重实用性，每章后有复习思考题，书后列出了编写参考书目，便于读者查阅。本教材内容包括：绪论、养禽生产、养猪生产、养牛生产、养羊生产五部分，具体编著分工如下：绪论，张金洲；养禽生产，韦光辉，刘保国；养猪生产，张金洲，王永强；养牛生产，李月涛，谢红兵；养羊生产，李月涛，刘涵。

本教材的编写和出版得到了河南科技学院动物科技学院、河南科技学院教务处、中国农业大学出版社的关心和大力支持，谨此表示衷心的感谢！此外，本教材参考和引用了许多文献，部分已注明出处，限于篇幅仍有部分未加注出处。在此，我们谨向原作者表示真诚的谢意和歉意。

由于编者水平所限，书中必定有不足之处，敬请读者批评指正。

编　者

2017 年 11 月

目录 CONTENTS

第二篇 养猪生产

第三篇 养牛生产

第四篇　养羊生产

绪论

一、畜牧业在国民经济中的地位

(一)发展畜牧业可以改善人们的膳食结构

人民生活水平提高和膳食结构合理的重要标志是进食的蛋白质总量中,动物性蛋白质所占的比例。一般认为这个比例在30%以上为宜,例如,发达国家动物性蛋白质所占的比例为35%。我国改革开放以来,畜牧业得到了快速发展,膳食中动物性蛋白质比例正在逐步增加,特别是禽蛋、禽肉、牛奶的生产、消费增长迅速。动物性蛋白质的氨基酸组成完善,更符合人体需要,蛋白质的生物学价值高。例如,鸡蛋的蛋白质生物学价值为94%,牛奶为88%,鸡肉为83%,猪肉为74%,小麦为67%,玉米为60%。肉蛋奶是经过畜禽对饲料营养物质进行转化的动物性产品,其营养价值高、味道好、易消化。猪肉、禽肉、牛肉、羊肉是我国人民的主要肉食来源,鲜肉中含有20%左右的蛋白质。禽蛋和牛奶除富含蛋白质外,其他营养物质尤其是矿物质和维生素含量也很丰富,被称为完全食品。

(二)畜牧业是农业的重要组成部分

农业是国民经济的基础,而畜牧业是农业的重要组成部分。一个国家农业经济水平的高低,一个重要指标是看畜牧业产值在农业产值中所占比例的高低。发达国家畜牧业产值在农业产值中所占比例一般都在60%以上,例如,英国为66%,德国达到70%。目前我国畜牧业占农业产值平均水平为30%(1985年为19.3%),河南省为43%,与发达国家相比具有较大差距。随着社会经济的发展,畜牧业在农业现代化过程中越来越占有举足轻重的地位,没有发达的畜牧业,就不可能实现农业现代化。

畜牧业是农业和农村经济中的支柱产业。自1978年以来,我国的肉类产量年均增长近10%,禽蛋、奶类产量也保持着近12%的发展速度。2012年,我国的肉、蛋总产量分别达到8 384万t和2 860万t,居世界第一位。畜牧业在农业结构调整、粮食转化增值、安全食品生产、农民增收、吸收农村剩余劳动力等方面起到了主导作用。畜牧业的地位已由家庭副业上升为农村经济的支柱产业,畜牧业已经成为农民收入的重要来源,是农民致富的重要渠道,现在在农民新增收入中,畜牧业收入占到45%;再有就是吸纳了农民就业,整个农村劳动力达4亿人左右,从事畜牧业的劳动力就接近1亿人。从以上这些数字就不难看出,我国畜牧业生产在农业生产中的重要地位。

(三)发展畜牧业可以很好利用现有饲草资源

我国现有50亿亩草地资源(草原、草山、草坡、林间草场),每年能生产大量的牧草、树叶等优质饲料,通过发展畜牧业能转化为可供人类利用的肉、蛋、奶、皮毛等生活资料。河南省草地资源丰富，现有草地6 500万亩，占土地总面积的27%。在我国，14亿亩耕地进行种植业，农作物的全部产物中仅有25%能被人们直接利用，其余部分为秸秆、糠麸等物质。秸秆类能被草食动物消化利用，糠麸类一般畜禽都可以很好利用，转化为畜禽产品。发展畜牧业可以有效地利用农作物秸秆，实现“过腹还田”，防止秸秆大量焚烧对生态环境的污染和破坏。今后，要做好天然草地的改良和牧草、作物轮作，恢复草地和耕地，促进粮草双丰收。

（四）畜牧业为轻工业提供原料

毛纺工业、皮革业、肉类食品加工工业、乳品加工工业、禽蛋加工工业均以畜禽产品为原料，畜禽产品的数量与质量直接关系着这些工业的发展。由于人民生活水平的提高，对毛皮制品、肉奶蛋加工产品需求不断增加，需要多养畜禽来提供这类工业原料。此外，许多生物药品取材于畜禽的内脏、腺体或血液，与制药工业关系密切，是轻工和医药原料的重要来源。加快畜牧业发展可以促进种植业，带动加工业，促进农业内部结构合理化和产业间的良性循环。据测算，目前畜牧业带动的相关产业的产值达4 000亿元以上。

（五）畜牧业为农业提供有机肥

据相关部门报道，2008年化肥等农资价格的上涨，使每公顷土地的种植成本增加了1 000元。畜禽的粪尿养分齐全、肥效期长，适于各种作物施用，而且具有改良土壤、增加保肥保水能力和抵御自然灾害的作用。畜禽粪便含有多种有机质，如每吨猪粪含有机质300 kg，相当于20 kg硫酸铵、10 kg硫酸钾和20 kg过磷酸钙。而且粪便还能形成腐殖质，促进土壤微生物活动，有利于植物根系发育和养分吸收。据调查研究，近几年来不少地方由于厩肥减少，土壤板结，化肥的增产效益已显著降低。实践证明，只有在有机肥和化肥配合使用时，才能充分发挥化肥的增产作用。据测算，每吨厩肥至少可增产100 kg粮食。畜牧业既能促进种植业的发展，又有利于种植业结构调整，提高土地利用率和种植业的效益，是农业可持续发展的重要内容和保证。

（六）发展畜牧业是农民致富的有效途径

从目前农民收入构成来看，由于受土地资源限制，农民仅靠粮食增收的潜力越来越小，果业和蔬菜产业又受地域性限制，村办企业面对竞争激烈的产品市场，从资金、技术、设备、人才等方面难以抗衡。唯有畜牧业才能承担起农民增收的桥梁作用。畜牧业覆盖面广，一家一户都具有发展畜牧业的条件和能力，都能通过发展畜牧业增加收入。畜牧业具有生产周期短、投资少、见效快、商品率高的特点，能充分调动广大农民在新农村建设中的积极性。规模化的畜牧业可以较多地吸纳农村的剩余劳动力，缓解农村就业难的问题。畜禽粪便的农田施用，减少了化肥的投入；用畜禽粪便发展沼气，节约了家庭燃料开支，从另一方面增加了农民收入。因此，发展畜牧业是农业可持续发展的必由之路，是实现农业生产、生态良性循环的可持续发展的一个带有战略性的措施。

二、我国畜牧业的历史、现状和发展趋势

（一）我国畜牧业的历史和成就

我国是世界四大文明古国之一，畜牧业发展历史悠久，畜牧兽医科技在世界上一度遥遥领先，对世界畜牧业做出过重大贡献。我国是世界上畜禽品种资源极为丰富的国家之一，我国劳

动人民在长期生产实践中，育成了一大批畜禽地方优良品种，编入《中国家畜家禽品种志》的就有260个之多，我国的猪、鸡、鸭对世界著名品种的形成有重大影响。我国早期的畜牧兽医专著有春秋战国时代伯乐的《相马经》和宁戚的《相牛经》、汉朝卜式的《相羊经》、后魏贾思勰的《齐民要术》以及明代的《元亨疗马集》等，对促进畜牧兽医事业的发展起了积极作用。我国劳动人民积累了丰富的畜禽饲养管理经验，我国的填鸭饲养法与阉割术闻名于世。但是，由于长期的封建统治，束缚了生产力的发展，特别是鸦片战争后，帝国主义入侵和掠夺，使畜牧业遭到了严重破坏，我国畜牧兽医事业长期处于较落后的地位。在此期间，广大农村的畜禽养殖仍是封闭式的从属于种植业的副业，广大牧区人民过着依水草而居的游牧生活，生产水平极为低下。

新中国成立以来，特别是改革开放以来，我国的畜牧业有了长足的发展。畜禽存栏数量大幅度增加，畜牧业产值不断提高，畜牧科技得到了发展与应用。我国的养猪头数和禽蛋产量跃居世界第一位，近几年奶牛业、肉牛业、蛋鸡业、肉鸡业蓬勃兴起，瘦肉型猪、细毛羊生产都有了突破性进展。由于冷冻精液的推广应用，我国黄牛、绵羊改良进展很快，我国的役牛正在逐步向肉用或乳用转化。在胚胎移植、胚胎分割和分子遗传标记育种等高精技术方面，我国也已跨入世界先进行列，几年来先后建立了各种畜禽育种组织，加速了畜禽改良的进程。我国已普遍制订了畜禽饲养标准试行方案，推动了科学饲养的实施，饲料工业、添加剂生产不断发展，并已初具规模。

（二）我国畜牧业现状

1.畜产品产量增长较快

我国2014年，我国畜牧业产值达2.9万亿元，从历史数据看，畜牧业产值在2005—2006年增长较慢，年均增长率在6%左右；2007—2011年增长较快，增长率均值达到17%以上，2011年后畜牧业产值增长率在4%左右。产值占比较大畜种依次为生猪、家禽、牛、羊、奶产品，2014年产值分别为12 298亿元、7 394亿元、3 520亿元、2 378亿元、1 541亿元，占畜牧业总产值比例分别为42.5%、25.5%、12.2%、8.2%、5.3%。2015年肉类总产量8 625万t。其中，猪肉产量5 487万t，牛肉产量700万t，羊肉产量441万t，禽肉产量1 826万t，禽蛋产量2 999万t，牛奶产量3 755万t。

2.良种繁育体系建设

目前全国种畜禽场达9 114个，其中县级以上各类国有种畜禽场近2 000个，国家级重点种畜禽场83个。家畜繁育改良站也达到3 000多个，另外还有种公牛站79个，年提供冷冻精液1 000万份。建成了国家级家禽育种中心、瘦肉型猪育种中心、奶牛育种中心，形成了比较完整的良种繁育体系。

3.疫情防治机制初步建立

疫病防治是保证畜牧业健康发展的重要工作之一。在有关部门的努力下，我国目前已设有从中央到乡镇各级畜禽疫病防治机构及村级防疫员，有约100万人的畜禽疫病防治队伍，近200个兽药厂，生产2 000多个品种规格的兽药，每年生产近300亿头份畜禽疫苗。

4.我国畜牧业生产中存在的主要问题

（1）畜禽养殖对环境的污染。随着我国畜禽养殖业的迅猛发展，畜禽养殖污染已经成为我国农村及市郊面临污染的主要来源。2003年全国畜禽粪便年产生量超过24亿t，约为同期工业固体废弃物产量的2.4倍，其中约1/3产自集约化畜禽养殖场。在一些地区，畜禽粪尿污染已超过居民生活、农业、乡镇工业和餐饮业对环境的影响，是造成许多重要水源地、江、河、湖严重污染的主要原因。2007年畜禽养殖业的COD(化学需氧量)排放量312.09万t(占COD排放总量的43.3%)。除了对水体造成有机污染外，其中所含的大量氮、磷是造成河、湖、水库富营养化污染的元凶，含有的病原微生物、寄生虫(卵)及滋生的蚊蝇还存在严重的环境卫生隐患。

(2)畜牧业生产的组织化程度低。目前我国的畜牧业生产普遍存在着生产规模小、生产者数量众多的现象。因此，畜牧业生产往往出现：生产有利可图时，大家一哄而上，造成生产过剩；当生产出现无利时，又都压缩生产，造成供应短缺。这种小饲养模式导致畜牧业的商品化、标准化、集约化、国际化程度很低，畜禽产品的竞争力不高。

(3)畜禽产品缺乏国际市场竞争力。我国畜牧业属于劳动密集型产业，因生产成本较低，在国际畜产品贸易中具有较强的价格比较优势。然而，由于对动物疫病缺乏有效的防治措施和科学的检验手段，我国近年来的畜产品出口屡屡受阻并呈下降趋势。许多国家特别是发达国家都对进口动物产品进行极为严格的检验检疫，因为卫生监督防疫体系的薄弱，我国畜禽类产品在国际市场上备受质疑，许多国家对从我国进口畜禽产品在卫生检疫、技术规范、质量标准、环境保护等方面设置了多重贸易壁垒。由于禽流感、口蹄疫等疾病的频发，欧盟仍未解除对我国主要动物源性食品以及禽类产品的进口禁令；日、韩等国也没有恢复我国冻鸡等禽产品的进口；俄罗斯不仅继续对我国肉类进口实施关税配额管理，而且又宣布禁止我国肉类产品的输入。粗略估算，近年来由于各类重大疾病在我国时有发生，每年带来的直接经济损失近1 000亿元，同时对公共卫生安全以及社会秩序也存在潜在的威胁。

(4)畜禽食品安全亟须加强：长期以来，由于农畜产品的短缺，我国主要重视产量的提高，而忽视了质量上的管理。从目前已经制定的900多个农业标准来看，多处涉及肉类、奶制品等，但涉及的领域及深度仍与国际标准差距明显，且现有的质检机构数量和质检手段与社会需求也存在差距。从畜产品安全管理中存在的问题来看，政府的监管主要体现在被动的、强制性的对企业产品实施事后检验监督，缺乏前瞻性，不能做到事前预防。企业没有主动参与的意识，政府监管部门也没有建立帮助企业实施质量控制的机制。这种质量生产与质量管理脱节的状况，不能适应生产发展的需要。目前，大部分的畜牧业生产单位无须在兽医部门进行登记，对市场准入没有门槛，这也是管理中的一项疏漏。

(三)我国畜牧业发展趋势

1.我国畜牧业的发展潜力巨大

从发达国家的农业发展历程来看，畜牧业的贡献应该越来越大。一般发达国家畜牧业产值占农业总产值的比重在60%以上，高的可以达到80%。与发达国家相比，我国畜牧业产值占农业总产值的比重还有较大的发展空间。我国从中央到地方都非常重视畜牧业发展，出台了一系列支持畜牧业发展的政策和具体措施，大部分省(区)将畜牧业列为农业结构调整中的重点产业。中国13亿人口是巨大的消费市场，城市化水平对于畜产品消费增长产生了很重要的作用。有关调查表明：进入大城市的人口，年人均畜产品消费比在农村增加7.2 kg，中小城市也增加4.2 kg。

2.畜牧业经济由增长型向增长与环保并重型转变

当前资源与环境的矛盾日益突出，可持续发展已成为发展农业的一项基本战略。因此，经济增长与环保并重将成为中国畜牧业发展的指导思想。

3. 畜牧业在农业中的地位提高

我国大部分地区不仅解决了温饱问题，而且开始全面建设小康社会，人们对肉、蛋、奶等各种畜产品的需求则不断上升，21世纪我国畜牧业在农业产值中的比重将超过50%，成为农民增收的主要方式。

4. 以传统家畜为主将转变为全面利用各种动物资源

近年来，特种养殖和野生动物驯化技术发展很快，人类需求的多样化和遗传工程的新成果，使全面利用动物资源成为可能，畜牧养殖种类增多。例如，现在鸵鸟、山鸡、野猪等特种经济动物饲养发展很快。

5. 畜产品安全越来越受到重视

畜牧业生产将由以增产型为主转变为提高质量为主。

6. 以分散经营为主转变为以集约化、规模化经营为主

长期以来我国畜牧业以农户分散饲养为主，小规模、大群体的饲养方式造成疫病很难得到有效控制，市场盲目性较大。今后，规模化畜牧生产企业会越来越多，机械化、自动化水平进一步提高。

7. 从单一畜产品经营转变为以产、加、销一体化经营为主

随着人们消费方式的改变，初级畜产品(活禽、鲜肉)消费减少，畜产品加工将得到大力发展。以食品加工为龙头的产、加、销一体化企业将占据优势地位。

8. 畜牧业以农区为主将转变为农区和草区并重

我国畜牧业一直来自农区，草原畜牧业比例很低。21世纪草原建设和草原生态保护将得到切实加强，草原畜牧业的地位和比重将大幅度提高。

9. 畜牧业生产将从人工劳动为主转变为以现代化科技手段为主

草原建设、饲料生产、畜群管理、疫病防治、产品加工全面实施自动化，遗传工程、信息技术等高技术手段将得到广泛运用。

三、国外畜牧业的概况和发展趋势

国外畜牧业的生产水平近二三十年来有了明显的提高。这是因为畜牧业育种工作得到了突破性的进展，育成了生长速度快、产蛋多、饲料转化率高、抗逆性强、适于高密度、工厂化饲养的品种；同时，也是围绕着良种的营养科学、疾病防治、环境控制等科学技术的同步发展，以及相关行业，如饲料工业、添加剂工业、设备制造业、禽舍建筑业、产品加工储藏、运输、药品等相应发展的结果。

国外发达国家畜牧业生产的主要特点是：生产经营权趋向集中，竞争十分激烈，小企业纷纷倒闭或被吞并，生产越来越被少数大公司所控制，世界上已形成不少大的跨国公司；畜牧业生产机械化、自动化的程度越来越高，大大提高了生产效率；生产的各个环节，实行了专业化；广泛地使用了高产、稳产与生产性能整齐的杂交种；饲养上科学化，饲料上则用全价配合饲料。

进入21世纪以后，高科技畜牧业的发展步伐不断加快。据外国畜牧业最新科技信息表明，21世纪畜牧业的发展将在以下几个方面取得突破。

1.发展超级畜禽,提供更多的畜禽产品

利用高新技术,把大型动物的生长基因引入体型较小的动物体内,从而培养个体粗壮的动物,在相同饲养管理条件下和时间内,获得更多的畜禽产品。据报道,美国已在鼠、鲭鱼、鲇鱼、大马哈鱼上进行试验,澳大利亚科学家把外来基因导入绵羊胚胎中,已培养出特大型绵羊。

2.培养微型畜禽,满足美食之需

目前,畜牧专家正在考虑和试验把猪、牛、羊育成小到可放在菜盘子里的微型畜禽,同时进一步提高其肉品质量,满足人类的美食之需。现在墨西哥科学家采用生物遗传学原理,把优良品种的巨型瘤牛做母本进行微缩,已育出了第一代微型牛,这种牛具有适应性强、生长快、皮薄、肉嫩等优点,饲养6个月即屠宰,这一试验成果,将为畜牧生产开创一条新的发展道路。

3.开发合成型家畜,降低粮食消耗

英国科学家正在研究的食草猪,已取得一定进展。牛、羊是草食家畜,以吃草为主,这是因为它们的胃中有特殊的细菌能把草中的植物纤维分解成糖,而且还能把分解消化所得的营养物质供给身体,促进其生长发育。科学家们研究发现,这些细菌能够分解20多种溶解酶,因而希望采用遗传工程办法,把酶基因植入猪的受精卵,再把受精卵移植回猪的子宫里,使生下的猪像牛、羊一样以吃草为主,进而达到节约粮食的目的。

4.发展快速生长型畜禽,提高饲养效益

随着生物高新技术的发展,快速育肥牛、育肥猪、快速养鸡技术已取得很大进展。多种饲料添加物质、促长剂、埋植技术的广泛运用,使畜禽的育成速度还会加快,时间还会缩短,养殖效益将会得到大幅度提高。

5.培育功能性保健畜禽,促进人类健康

现在韩国食品专家已成功培育出一种低胆固醇的优质肉猪,这些猪肉适口性好,一些担心患动脉硬化症及心脏病而拒食猪肉的食客乐于接受。因为脂肪酸有促进大脑发育,防止血液凝固,减少胆固醇在血管壁沉积的作用,所以可以有效地预防心脑血管等常见病与多发病,因此,此类肉品受到世人青睐。近年来,我国在养鸡生产中引进先进技术生产的低胆固醇蛋、高碘蛋、高锌蛋等均有公认的防病治病功效,而成为功能性食品的佼佼者。

第一篇

家禽生产

第一章 禽体构造与生物学特性

家禽为鸟纲动物。从动物分类学上看，鸡属于鸟纲鸡形目雉科鸡属，而鸭属于鸟纲雁形目鸭科河鸭属，鹅属于鸟纲雁形目鸭科雁属，火鸡属于鸟纲鸡形目雉科火鸡属，鹌鹑属于鸟纲鸡形目雉科鹌鹑属。

第一节 外貌特征

一、一般特征

鸟类一般具有适于飞翔的身体构造。比较现存的鸟类和爬行类动物的基因并结合分子生物学的研究，确定鸟类和鳄类动物拥有共同的祖先，并且有 2.45 亿年的历史。经过人类的驯养，大多数家禽不再具有飞翔的能力，但鸟类的主要特征仍保留着。家禽的一般特征主要为：全身被羽毛覆盖，头小，没有牙齿；骨骼中有气室，骨骼大量愈合；前肢演化为翼；胸肌与后肢肌肉非常发达；有嗉囊和肌胃；肺小而有气囊；没有膀胱；雌性仅左侧卵巢和输卵管发育；产卵而无乳腺；具有泄殖腔；睾丸位于体腔内；横膈只剩痕迹；靠肋骨与胸骨的运动进行呼吸；眼大；视叶与小脑很发达等。

二、鸡的外貌

鸡的外貌部位名称见图 1-1。

（一）头部

头部的形态及发育程度能反映品种、性别、生产力高低和体质情况。

1. 冠

为皮肤的衍生物，位于头顶，是富有血管的上皮构造。鸡冠的种类很多，是品种的重要特征，见图 1-2。大多数品种的鸡冠为单冠。冠的发育受雄性激素控制，公鸡比母鸡发达，去势鸡与休产鸡的鸡冠萎缩而无血色。

单冠：由喙的基部至头顶的后部，为单片的皮肤衍生物。单冠分冠基、冠尖和冠叶三部分，冠尖的数目因品种而异。

豆冠：由三叶小的单冠组成，中间一叶较高，故又称三叶冠，有明显的冠齿。

玫瑰冠：冠的表面有很多突起，前宽后尖，形成冠尾，冠尾无突起。

草莓冠：与玫瑰冠相似，但无冠尾，冠体较小。

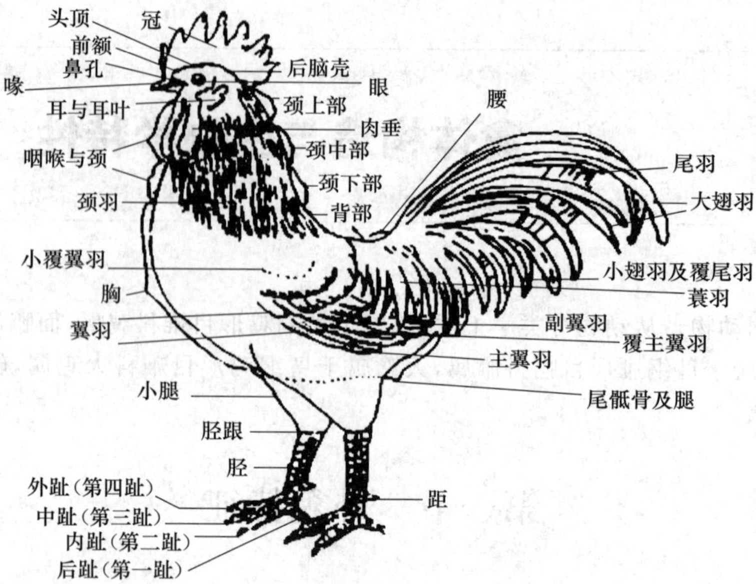

图 1-1　鸡外貌各部位名称图

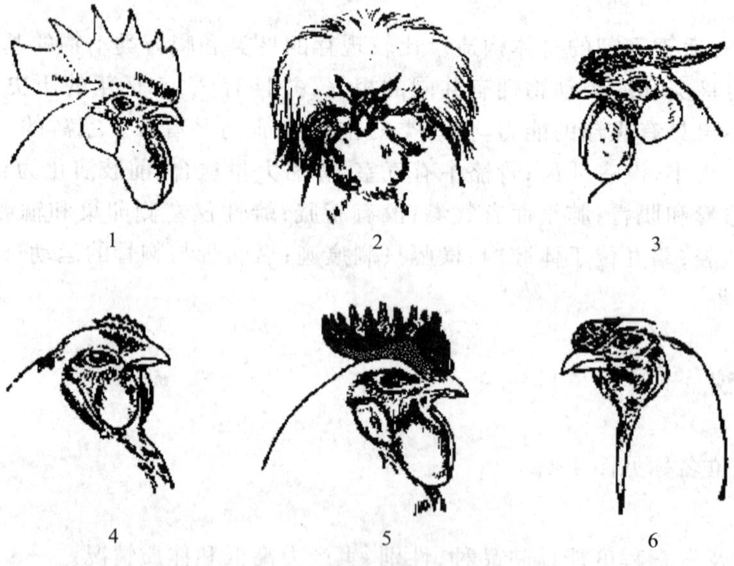

图 1-2　各种鸡冠形示意图

1. 单冠　2. 羽毛冠　3. 玫瑰冠　4. 豆冠　5. 杯状冠　6. 草莓冠

杯状冠:冠体为杯状,有很规则的冠齿固着在头顶上。杯状前侧喙基上为一单冠前部连接在杯状体上。

羽毛冠:冠体为一扭曲"S"形小型豆冠或一"V"形肉质平滑角状体,后者又称角状冠或"V"形冠,其后侧为类似圆球状羽毛束,俗称"凤头"。羽毛冠的羽毛束的大小、形状随品种不同而异。羽毛冠品种的鸡,常常还具有胡或须,或同时具有胡须,也随品种或个体而异。

冠型是品种的重要标志。现代鸡种几乎所有蛋鸡都是单冠,肉种鸡父系中既有单冠又有豆冠,以单冠为主。

2. 喙

由表皮衍生而来的特殊构造,是采食与自卫器官,其颜色因品种而异,一般与跖部的颜色一致。健壮鸡的喙短粗,稍微弯曲。

3. 脸

蛋用鸡的脸清秀,无堆积的脂肪,脸毛细小,大部分脸皮赤裸,一般为鲜红色。强健鸡脸色润泽而无皱纹,老弱鸡苍白而有皱纹。

4. 眼

位于脸的中央。鸡眼圆大而有神,向外突出,眼睑宜单薄,虹彩的颜色因品种而异。

5. 耳叶

位于耳孔的下部,椭圆形或圆形,有皱纹,颜色因品种而异,最常见的为红、白两种。

6. 肉垂

颌下下垂的皮肤衍生物,左右组成一对,大小相称。

7. 胡须

胡为脸颊两侧羽毛,须为颌下的羽毛。

(二)颈部

颈部羽毛具有第二性征,母鸡颈羽端部圆钝,公鸡颈羽端部尖细,像梳齿一样,特称梳羽。

(三)体躯

1. 胸部

是心脏与肺所在位置。现代高产肉鸡品种均为宽胸型,胸肌发达,产肉量大。

2. 腹部

是容纳消化器官和生殖器官的位置。产蛋母鸡应有较大的腹部容积。胸骨末端到耻骨末端之间的距离和两耻骨末端之间的距离越大,则腹部容积越大,一般情况下产蛋能力也较强。

3. 鞍部

家禽翅膀基部以后的区域称为鞍部。母鸡鞍羽短而圆钝,公鸡鞍羽长而尖细,像蓑衣一样披在鞍部,特称蓑羽。尾部羽毛分主尾羽和覆尾羽两种。主尾羽公母鸡都一样,从中央一对起分两侧对称分布,共有 7 对。公鸡的覆尾羽发达,状如镰羽形,覆第一对主尾羽的大覆羽称为大镰羽,其余相对较小称为小镰羽。梳羽、蓑羽和镰羽都是第二性征。

(四)四肢

1. 翼

鸟类前肢发育成翼以适应飞翔,家禽保留了这一特征。

翼羽中央有一较短的羽毛称为轴羽,由轴羽向外侧数,有 10 根羽毛称为主翼羽,向内侧数,一般有 11 根羽毛,称为副翼羽。每一根主翼羽上覆盖着一根短羽,称覆主翼羽;每一根副翼羽上也覆盖一根短羽,称为覆副翼羽。

2. 后肢

鸟类后肢骨骼较长,其股骨包入体内,胫骨肌肉发达,外貌部位称为大腿。跖骨细长,其外貌部位习惯上被称为胫部，胫长实际是测量的跖骨长度。为使骨骼和外貌部位相对应，应统称为跖部。跖部鳞片为皮肤衍生物，年幼时鳞片柔软，成年后角质化，年龄愈大，鳞片愈硬，甚至向外侧突起。跖部因品种不同而有不同的色泽。

三、其他家禽的外貌

(一)鸭

鸭的外貌部位名称见图 1-3。

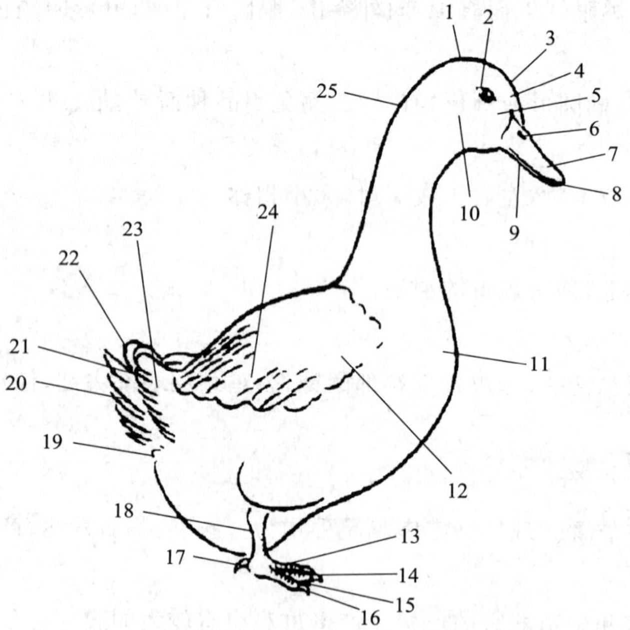

图 1-3　鸭外貌各部位名称图

1.头　2.眼　3.前额　4.面部　5.颊部　6.鼻孔　7.喙　8.喙豆　9.下颚　10.耳　11.胸部　12.主翼羽　13.内趾　14.中趾　15.蹼　16.外趾　17.后趾　18.跖　19.下尾羽　20.尾羽　21.上尾羽　22.性羽　23.尾羽　24.副尾羽　25.胫部

1.头部

鸭头部较大，呈圆形，喙长而扁平。上喙较大，下喙略小，喙缘两侧呈锯齿形，当喙合拢时形成细隙，在水中觅食时，有排出泥水的作用。上喙尖端有一坚硬角质的豆状突起，色略暗，称为喙豆。喙的颜色为品种特征之一，不同品种有不同颜色。

2.颈部

母鸭颈较细，公鸭较粗。蛋鸭颈较细，肉鸭颈粗。有色公鸭颈部和头部羽毛色深而有金属光泽。

3.体躯

蛋鸭体型较小，体躯细长，胸部前挺提起，状似斜立或直立。肉鸭体躯肥大，呈砖块形。兼用型鸭介于二者之间。公鸭尾羽中央的覆尾羽向上卷曲，称为雄性羽，据此可区分性别。

4. 四肢

前肢主翼羽尖狭，较短小，覆翼羽较大。有的鸭种副翼羽上有带翠绿色的羽斑，称为镜羽。后肢跖部较短，脚除第一趾外，其余趾间有蹼，便于游水。

（二）鹅

鹅的外貌部位名称见图 1-4。

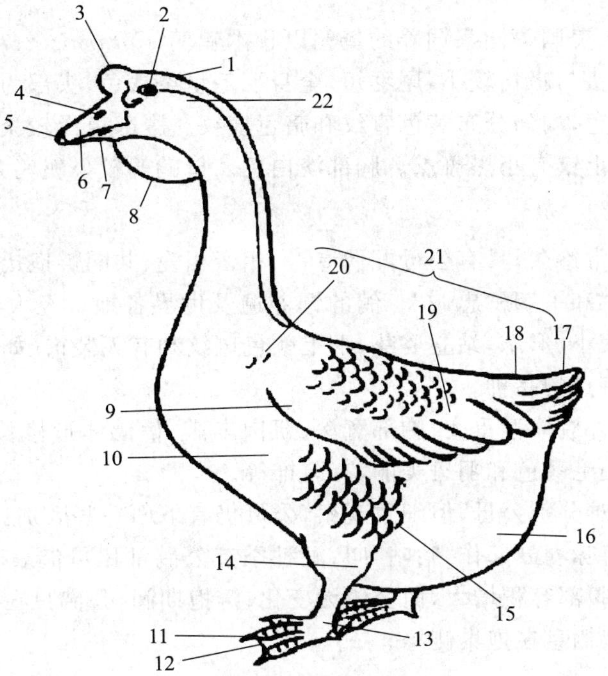

图 1-4　鹅外貌各部位名称图

1. 头　2. 眼　3. 肉瘤　4. 鼻孔　5. 喙豆　6. 喙　7. 下颚　8. 咽袋　9. 翼　10. 胸部　11. 蹼　12. 趾　13. 跖　14. 跗关节　15. 腿　16. 腹部　17. 尾羽　18. 覆尾羽　19. 翼羽　20. 肩部　21. 背部　22. 耳

1. 头部

鹅的头部有两种类型。由鸿雁（*Anser cygnoides*）驯化而来的鹅种喙基部有肉瘤，俗称额包，颌下有垂皮，称为咽袋，都与性别有关，公鹅较发达。由灰雁（*Anser anser*）驯化而来的品种和新疆伊犁鹅，没有肉瘤，也无咽袋。

2. 颈部

由鸿雁驯化而来的鹅颈部较长，微弯如弓。由灰雁驯化而来的鹅种和伊犁鹅，颈直较粗短。公母比较，公鹅颈较粗，母鹅颈较细。

3. 体躯

中国鹅种前躯提起，后躯发达，腹部下垂。外国鹅种体躯基本上与地面平行，后躯不如中国鹅发达。母鹅腹部皮肤有皱褶，形成肉袋，俗称蛋窝。公鹅无蛋窝，因而可分公母。

4. 四肢

前肢翼羽发达、较长，常折叠于背上。后肢跖、腿粗壮有力，公鹅跖部较长，母鹅跖部较短。跖色有橘红和黑色两种，因品种而异。

(三)火鸡

火鸡身躯高大,颈部短直,胸宽突出。头和颈上部没有羽毛,呈秃裸而有珊瑚状皮瘤。皮瘤颜色常有变化,安静时为红色,激动时为浅蓝色或紫色。成年公火鸡喙上有肉锥垂下或覆盖喙上,颈上和颌下皮瘤特别发达,胸前有须羽一束,尾羽发达,能展开向上呈扇形,跖部有距。成年母火鸡,肉锥、皮瘤均较小,胸前无须羽,跖部无距,尾羽不展开,体型较轻小。

(四)鹌鹑

中国、朝鲜、日本、美国等国家饲养的鹌鹑以日本鹌鹑(*Coturnix coturnix japonica*)为主,原产于我国东北。其头与喙均较小,尾羽短,全身羽毛呈茶褐色,头部为黑褐色,中央有淡色直纹三条。背部为赤褐色,均匀分布黄色直纹和暗色横纹。腹部色泽较淡。成年公鹌鹑的脸、下颌、喉部呈红褐色,其上镶有小黑斑点。胸部淡白色。母鹌鹑较公鹌鹑大。

(五)鸽

鸽的驯养历史非常悠久,具有公母配偶专一、相亲相爱、共同孵抱抚育后代等特性,人们常用鸽象征人世间“爱”“和平”和“忠诚”。鸽的饲养遍及世界各地。经人类选育,根据利用的目的不同,形成了体型大小、形态,站立姿势、羽毛颜色斑纹和有无装饰(如羽髻,俗称风头;羽跖,俗称毛脚等)等各具特点的品种。

一般作肉用的鸽外貌体型重大、胸部宽深、肌肉丰满;信鸽体形修长、羽毛紧密、体质细致紧凑;作玩赏用的鸽羽毛颜色和羽斑美丽,有装饰等。

仅从鸽的外貌很难分别公母,但细致观察,公母仍有下面一些区别:母鸽头较公鸽细致,体型较公鸽小;公鸽常将嗉囊鼓起作“咕咕”叫;配种季节公鸽常比母鸽表现凶狠,并在笼外追逐母鸽;产蛋期间,母鸽腹部容积增大,而公鸽无变化;孵抱期间,公鸽只在中午孵抱,其余时间都由母鸽孵抱,晚上公鸽栖息在抱巢侧等。

第二节 家禽的生理解剖特点

一、家禽的生理特点

1. 新陈代谢旺盛

鸟类生长迅速、繁殖能力强,因此其基本生理特点是新陈代谢旺盛。表现为:

(1)体温高:家禽的体温比家畜高,一般在40~44℃,见表1-1。

表1-1 成年家禽的正常体温 ℃

种类	体温
鸡	41.5
鸭	42.1
鹅	41.0
火鸡	41.2
鹌鹑	44.0
鸽	42.2

(2)心率高、血液循环快:家禽心率一般在 160～470 次/min,鸡平均心率为 300 次/min 以上。而家畜中马仅为 32～42 次/min,牛、羊、猪为 60～80 次/min。

同类家禽中一般体型小的比体型大的心率高,幼禽的心率比成年禽高,以后随年龄的增长而有所下降。鸡的心率还有性别差异,母鸡和阉鸡的心率较公鸡高。

心率除了因品种、性别、年龄的不同而有差别外,同时还受环境的影响,比如,环境温度增高、惊扰、噪声等都将使鸡的心率增高。

(3)呼吸频率高:禽类呼吸频率随品种和性别的不同,在 22～110 次/min 之间变化。同一品种中,雌性呼吸频率较雄性高。此外,还随环境温度、湿度以及环境安静程度的不同而有很大差异。

禽类对氧气不足很敏感,其单位体重的耗氧量为其他家畜的两倍。

2.体温调节机能不完善

家禽与其他恒温动物一样,依靠产热、隔热和散热来调节体温。产热除直接利用消化道吸收的葡萄糖外,还利用体内贮备的糖原、体脂肪或在一定条件下利用蛋白质通过代谢过程产生热量,供机体生命活动包括调节体温需要。隔热主要靠皮下脂肪和覆盖贴身的绒羽和紧密的表层羽片,可以维持比外界环境温度高得多的体温。散热也类似于其他动物,依靠传导、对流、辐射和蒸发。但由于家禽皮肤没有汗腺,又有羽毛紧密覆盖而构成非常有效的保温层,因而当环境气温上升到 26.6℃时,辐射、传导、对流的散热方式受到限制,而必须靠呼吸排出水蒸气来散发热量以调节体温。随着气温的升高,呼吸散热则更为明显。一般,鸡在 5～30℃的范围内,体温调节机能健全,体温基本上能保持不变。若环境温度低于 7.8℃或高于 30℃时,鸡的体温调节机能就会出现问题,尤其对高温的反应比低温更明显。当鸡的体温升高到 42～42.5℃时,则出现张嘴喘气、翅膀下垂、咽喉颤动。这种情况若不能及时纠正,就会影响生长发育和生产。通常当鸡的体温升高到 45℃时,就会昏厥死亡。

3.繁殖潜力大

雌性家禽虽然仅左侧卵巢与输卵管发育和机能正常,但繁殖能力很强,高产蛋鸡和蛋鸭年产蛋可以达到 300 枚以上。这些蛋经过孵化如果有 70%成为雏鸡,则每只母鸡一年可以获得 200 多个后代(包括公、母雏)。家禽卵巢上用肉眼可见到很多卵泡,在显微镜下则可见到上万个卵泡。每个蛋就是一个巨大的卵细胞。

雄性家禽的繁殖能力也很突出。根据观察,一只精力旺盛的公鸡一天可以交配 40 次以上,平均每天交配 10 次左右。一只公鸡配 10～15 只母鸡可以获得高受精率。家禽的精子不像哺乳动物的精子容易衰老死亡,一般在母鸡输卵管内可以存活 5～10 d,个别可以存活 30 d 以上。

禽类要飞翔需减轻体重,因而繁殖表现为卵生,胚胎在体外发育,可以用人工孵化法来进行大量繁殖。种蛋排出体外后,由于温度下降胚胎发育停止,在适宜温度(15～18℃)下可以贮存 10 d,长者 20 d 仍可孵出雏禽。要利用家禽繁殖潜力大的长处,必须实行人工孵化。

家禽产蛋是卵巢、输卵管活动的产物,是和禽体的营养状况和外界环境条件密切相关的。外界环境条件中,以光照、温度和饲料对繁殖的影响最大。在自然条件下,光照和温度等对性腺的作用常随季节变化而变化,所以产蛋也随之而有季节性,如春、秋是产蛋旺季。随着现代化科学技术的发展,在现代家禽业中,这一季节繁殖特性正在被人们所控制和改造,从而实现全年性的均衡产蛋。

二、家禽的解剖特点

(一)骨骼与肌肉

家禽的骨骼致密、坚实且质量很轻,这样既可以支持身体,又可以减轻体重,以利飞翔。家禽的骨骼大致分为长骨、短骨、扁平骨。骨重占体重的5.5%~7.5%。长骨有骨髓腔,骨髓有造血机能。大部分椎骨、盘骨、胸骨、肋骨和肱骨有气囊憩室,通过骨表面的气孔与气囊相通。

家禽的骨骼在产蛋期的钙代谢中起着重要作用。蛋壳形成过程中所需要的钙有60%~75%由饲料供给,其余的由骨中供给,执行这一机能的骨称为髓质骨。鸡长骨的皮质骨与哺乳动物一样,而髓质骨是在产蛋期存在于母鸡的一种易变的骨质。其由类似海绵状骨质的相互交接的骨针构成,骨针含有成骨细胞和破骨细胞。在产蛋期,髓质骨的形成和破坏过程交替进行。在蛋壳钙化过程中,大量的髓质骨被吸收,使骨针变短、窄。一天当中不形成蛋壳时钙就贮存在髓质骨中,在形成蛋壳时就要动用髓质骨中的钙,髓质骨相当于钙质的仓库。母鸡在缺钙时可以动用骨中38%的矿物质,如果再从皮质骨中吸取更多的钙,就会发生瘫痪。

家禽前肢(翅膀)由于指骨的消失和掌骨的融合而退化,肌肉并不发达。后肢骨骼相当长,股骨包入体内而且有强大的肌肉固着在上面,使后肢变得强壮有力。

锁骨、肩胛骨与乌喙骨结合在一起构成肩带,脊柱中颈椎和尾椎以及第7胸椎与腰、荐椎融合的固定现象,为飞翔提供了坚实有力的结构基础。

骨骼中有许多是中空的,如颅骨、肋骨、锁骨、胸骨、腰椎、荐椎都与呼吸系统相通。如气管处于关闭状态。鸟类还可通过肱骨的气孔呼吸。

7对肋骨中,第1、2对,有时第7对肋骨的腹端不与胸骨相连。其余各对肋骨均由两段构成,即与脊椎相连的上段称椎肋,与胸骨相连的下段称胸肋。椎肋与胸肋以一定的角度结合,并有钩状突伸向后方,对胸腔的扩大起着重要的作用。

禽类肌肉的肌纤维较细,共有两种,一种叫红肌纤维,一种叫白肌纤维。腿部的肌肉以红肌纤维较多,而胸肌颜色淡白,主要由白肌纤维构成。红肌收缩持续的时间长,幅度较小,不容易疲劳。白肌收缩快而有力,但较容易疲劳。

为适应飞翔,家禽的胸肌特别发达。此部分肌肉为全身躯干肌肉量的1/2以上,是整个体重的1/12,为可食肌肉的主要部分。

(二)消化系统

家禽的消化系统参见图1-5。

1.口腔

家禽没有唇也没有牙齿,只有角质化的坚硬喙(俗称嘴),陆禽为圆锥形,水禽为扁平形。禽类唾液腺不发达,唾液内含少量的淀粉酶,在消化食物上所起的作用不大,饲料在口腔内被唾液稍微浸润即进入食道。舌较硬,肌组织较少,舌黏膜的味觉乳头不发达,分布于舌根附近。

2.食道与嗉囊

食道是一条长管,从咽开始沿颈部进入胸腔,它起先位于气管背侧,然后偏于气管的右侧。食道较为宽阔,由于黏膜有很多皱褶,较大的食物通过时,易于扩张。食道在刚要进入胸部入口处之前膨大形成嗉囊,陆禽呈球形,水禽成纺锤形,具有贮存和软化食物的功能。嗉囊内容物常呈酸性。

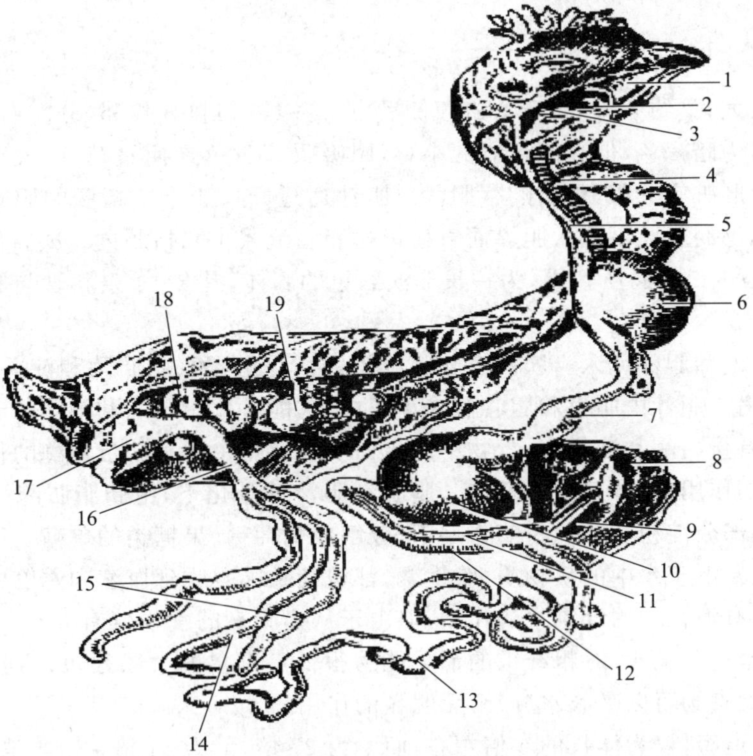

图 1-5　家禽的消化系统

1.口腔　2.喉　3.咽　4.气管　5.食管　6.嗉囊　7.腺胃　8.肝　9.胆囊　10.肌胃　11.胰　12.十二指肠　13.空肠　14.回肠　15.盲肠　16.直肠　17.泄殖腔　18.输卵管　19.卵巢

3.胃

禽类的胃分为腺胃和肌胃。腺胃呈纺锤形，主要分泌胃液，胃液含蛋白酶和盐酸，用于消化蛋白质。食物通过腺胃的时间很短。肌胃又称砂囊，呈椭圆形或圆形，肌肉很发达，大部分由平滑肌构成，内有黄色的角质膜（即中药鸡内金），是碳水化合物和蛋白质的复合物，其组织构造特殊，使此膜非常坚韧。由于发达肌肉的强力收缩，可以磨碎食物，具类似牙齿的作用。鸡在采食一定的沙砾后，肌胃的这种作用会加强，有利于消化。

4.肠

禽类的肠道包括小肠和大肠两部分。其中小肠段又由十二指肠、空肠、回肠组成，大肠包括一对盲肠和一段短的直肠。十二指肠与肌胃相连，具有“U”形弯曲的特征，将胰腺夹在中间。小肠的第二段相当于空肠和回肠，但并无分界。空肠与回肠的长度大致相等。盲肠位于小肠和大肠的交界处，为分支两条平行肠道，其盲端是向心的，盲肠入口有盲肠括约肌，淋巴组织发达。盲肠之后为直肠，约 10 cm，无消化作用，但吸收水分。

5.泄殖腔

泄殖腔为禽类所特有，直肠末端与尿生殖道共同开口于泄殖腔。它被两个环行褶分为粪道、泄殖道和肛道。粪道直接同直肠相连，输尿管和生殖道开口于泄殖道，肛道是最后一段，以肛门开口于体外。在肛道背侧还有一个开口，通一梨状盲囊，称为腔上囊，也叫法氏囊。腔上囊黏膜形成许多皱褶，内有发达的淋巴组织，对抗体形成有重要作用。性成熟开始，腔上囊逐渐萎缩退化。

6.肝脏和胰腺

鸡的肝脏较大，重约 50 g，位于心脏腹侧后方，与腺胃和脾脏相邻，分左右两叶，右叶大于左叶。肝脏一般为暗褐色，但在刚出雏的小鸡，因吸收卵黄色素而呈黄色，大约 2 周龄后即转为暗褐色。右叶肝脏有一胆囊，以贮存胆汁。胆汁通过开口于十二指肠的胆管流入十二指肠内。左叶肝脏分泌的胆汁不流入胆囊而直接通过胆管流入十二指肠内。胰腺位于十二指肠的"U"形弯曲内，为十二指肠所包围，为一长形淡红色的腺体，有 2～3 条胰管与胆管一起开口于十二指肠。

小肠内有胰液和胆汁流入。胰液由胰腺分泌，含有蛋白酶、脂肪酶和淀粉酶，可以消化蛋白质、脂肪和淀粉。胆汁由胆囊和胆管流入小肠中，它能乳化脂肪以利消化。十二指肠可分泌肠液，肠液中含有蛋白酶和淀粉酶，食物中的蛋白质在胃蛋白酶和胰蛋白酶的作用下分解为多肽，在肠蛋白酶的作用下，分解为氨基酸。脂肪在胆汁的乳化下，由胰脂肪酶分解成脂肪酸和甘油。食物中大部分淀粉在胰淀粉酶作用下，分解成葡萄糖、果糖类的单糖。氨基酸、脂肪酸、甘油和葡萄糖以及溶于水中的矿物质、维生素，都被肠黏膜吸收到血液和淋巴中。

家禽的盲肠有消化利用纤维素的作用，但由于从小肠来的食物仅有 6%～10%进入盲肠，所以家禽（尤其是鸡和鹌鹑）对粗纤维的消化能力很低。家禽的大肠很短，结肠和直肠无明显界限，在消化上除直肠可以吸收水分外，无明显的作用。

家禽的消化道短，仅为体长的 6 倍左右，而羊为 27 倍，猪为 14 倍。由于消化道短，故饲料通过消化道的时间大大地短于家畜。如以粉料饲喂家禽，饲料通过消化道的时间，雏鸡和产蛋鸡约为 4 h，休产鸡为 8 h。

（三）呼吸系统

禽类的呼吸系统由鼻腔、喉、气管、肺和特殊的气囊组成。禽类喉头没有声带，发出的啼叫音是由于气管分支的地方有一鸣管或鼓室（鸡称鸣管，鸭、鹅则称鼓室），气流经此处产生共鸣而发出不同声音。

家禽的胸腔由于肋骨分成两段，且又呈一定角度，故易于扩张。家禽的肺缺乏弹性，并紧贴脊柱与肋骨。支气管进入肺后纵贯整个肺部的称初级支气管。初级支气管在肺内逐渐变细，其末端与腹气囊直接相连，沿途先后分出四群粗细不一的次级支气管。次级支气管除了与颈部和胸部的气囊直接或间接连通外，还分出许多分支，称三级支气管。三级支气管不仅自身相互吻合，同时也沟通次级支气管。故禽类不形成哺乳动物的支气管树，而成为气体循环相通的管道。三级支气管连同周围的肺房和呼吸毛细管共同形成家禽肺脏的单位结构，称肺小叶。

气囊是装空气的膜质囊，一端与支气管相连，另一端与四肢骨骼及其他骨骼相通。家禽屠宰后气囊间的界限已不明显，不过当打开胸、腹腔时，可在内脏器官上见到一种透明的薄膜，这就是气囊。气囊共有 9 个，即一个锁骨间气囊、两个颈气囊、两个前胸气囊、两个后胸气囊和两个腹气囊（图 1-6）。气囊有下列作用：

1.贮存气体

气囊能贮存很多气体，比肺容纳的气体要多 5～7 倍。

2.增加空气的利用率

气囊是膜质的，壁薄且具有弹性，故随呼吸动作易于扩大和缩小，像风箱一样，这样就可以使空气在吸气和呼气时两次通过肺，增加了空气的利用率。

3.调节体温

由于禽类的气囊容积大，故蒸发水分的表面积也大，从而可散发体热。

4.增加浮力

气囊充满空气，相对就减轻了体重，利于水禽在水面上漂浮。

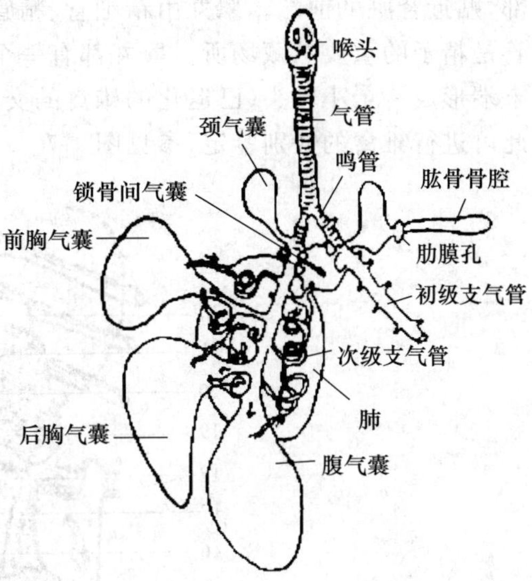

图 1-6　鸡的呼吸器官模式图

(四)循环系统

循环系统包括血液循环器官、淋巴器官和造血器官。

血液循环器官包括心脏和血管，禽类的心脏较大，相当于体重的 0.4%～0.8%，而大动物和人体仅为体重的 0.15%～0.17%。禽类的红细胞比哺乳动物的大，呈卵圆形。鸡的血液每立方毫米有 250 万～350 万个红细胞，公鸡的血细胞较母鸡多。1 周龄的鸡，其血液质量占体重的 8.7%。这一比值随着鸡的生长持续下降，直至性成熟以后，一只鸡的血液占其体重的 4.6%左右。

家禽的血液由血浆和血细胞组成。血浆是一种微黄的液体，里面溶解了各种矿物质、蛋白质和其他的一些营养物质；血细胞包括红细胞、白细胞（嗜碱性粒细胞、嗜酸性粒细胞、中性粒细胞、单核细胞以及淋巴细胞）和血小板。

与哺乳动物不同，鸟类的红细胞和血小板均含有细胞核，且家禽的血液黏稠度明显高于哺乳动物，这可能是由血液中的红细胞（RBCs）和血红蛋白引起的。鸟类的红细胞较大且有核，当其穿过毛细血管时不会发生形变。

家禽的淋巴结不发达，鸡没有真正的淋巴结，只有一些微小的淋巴小结存在于淋巴管壁上，集合淋巴小结存在于消化道壁上。

禽类的脾脏不大，而且形状也与家畜的脾脏不同，为卵圆形或圆形，呈红棕色，位于腺胃和肌胃交界的右侧，悬挂于腹膜褶上。禽类脾脏是红细胞的贮存器官。

腔上囊（法氏囊）与抗病能力有密切关系，位于泄殖腔背侧，为一梨状盲囊。幼禽的腔上囊特别发达，随性成熟而萎缩，最后消失。

(五)泌尿系统

泌尿系统由肾和输尿管组成。肾脏分前、中、后三叶，嵌于脊柱和髂骨形成的陷窝内。家禽的肾脏没有肾盂，输尿管末段也没有膀胱，直接开口于泄殖腔。尿液在肾脏内生成后，经输尿管直接排入泄殖腔，其中水分被泄殖腔重新吸收，留下灰白糨糊状的尿酸和部分尿与粪便一起排出体外。因此通常只看见家禽排粪，而不见排尿。参见图 1-7。

肾脏的功能是排出体内的废物，维持体内一定的水分、盐类和酸碱度。

(六)生殖系统

1.公禽的生殖器官

由睾丸、附睾、输精管和交媾器（鸭、鹅称阴茎）所组成。家禽具有双侧睾丸，位于腹腔的背部，贴近肾脏的前端。睾丸由精细管、精管网和输出管组成，输出管集合为输精管。禽类输精管是精子的重要贮藏场所。睾丸都有一个附睾和一条通向交配器官的输精管。每个输精管的末端形成一个小乳头(已退化的雄禽的交配器官)，作为一种插入器官，位于泄殖腔腹中线，据此可进行雏禽的性别鉴定，参见图 1-7。

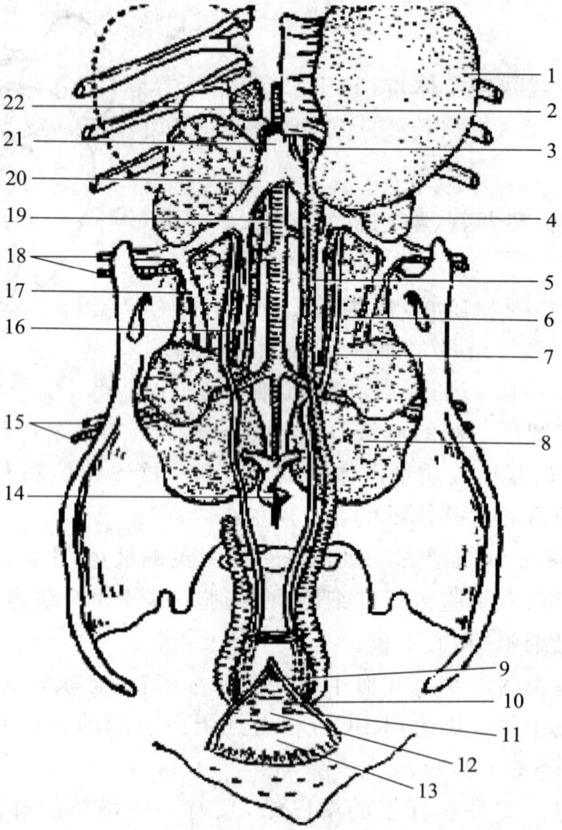

图 1-7　雄性家禽的泌尿器官和生殖器官

1.睾丸　2.睾丸系膜　3.附睾　4.肾的前叶　5.输精管　6.肾的中叶　7.输尿管　8.肾的后叶　9.粪道　10.输尿管口　11.射精管及口　12.泄殖道　13.肛道　14.肠系膜后静脉　15.坐骨动脉及静脉　16.肾后静脉　17.肾门后静脉　18.股动脉及静脉　19.主动脉　20.髂总静脉　21.后腔静脉　22.右肾上腺

鹅、鸭的阴茎较发达，阴茎表面有一螺旋状的排精沟。当阴茎勃起时，排精沟由于边缘闭合而成管，精液就流经此管而射出。

雄禽对光照的反应与雌禽相同。日照时间延长会引起垂体前叶分泌促性腺激素，促进睾丸生长并分泌雄性激素，生成精液，因此，雄禽需要的光照应适当，以发挥其最佳繁殖力。

2. 母禽的生殖器官

母禽的生殖器由卵巢和输卵管组成，参见图 1-8。右侧的卵巢和输卵管在孵化中期以后退化，仅左侧发育完善，有生殖功能。卵巢不但是形成卵子的器官，而且还累积卵黄营养物质，以供给胚胎体外发育时的营养需要。因此，禽类的卵细胞要比其他家畜的卵细胞大得多。

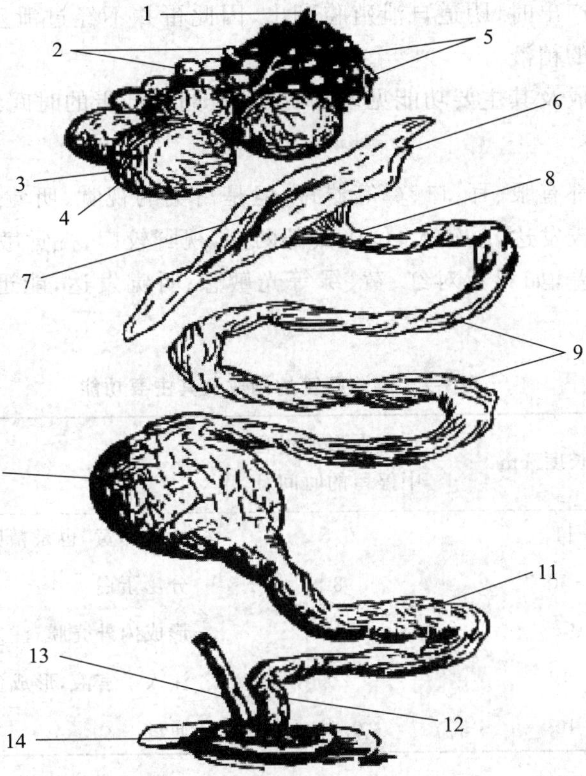

图 1-8　雌性家禽的生殖系统

1. 卵巢基　2. 发育中的卵泡　3. 成熟的卵泡　4. 卵泡缝痕　5. 排卵后的卵泡　6. 喇叭部　7. 喇叭部入口　8. 喇叭部的颈部　9. 粪道蛋白分泌部　10. 峡部(内有形成过程的蛋)　11. 子宫部　12. 阴道部　13. 退化的右侧输卵管　14. 泄殖腔

卵巢位于腹腔左侧，在左肾前叶前方的腹面，左肺的后方，以卵巢系膜韧带悬挂在腰部背侧壁上。此外，卵巢还以腹膜褶与输卵管相连接。

输卵管分为 5 个部分，即漏斗部、膨大部、峡部、子宫部和阴道部，为形成蛋的器官。阴道部开口于泄殖腔。

(1)漏斗部：或称喇叭部，形似喇叭，为输卵管的入口，周围薄而不整齐，产蛋期间长度自 3～11 cm 不等，卵巢排出卵黄后，很快为喇叭部接纳。如母禽经过交配，精子即在此部与卵子结合而受精。

(2)膨大部：为输卵管最长的部分，长 30～50 cm，壁较厚，黏膜形成皱褶。前端与喇叭部界限不明显，但可将有黏膜纵褶部分称作膨大部，后端以明显窄环与峡部区分。膨大部密生腺管，包括管状腺和单细胞腺两种。前者分泌稀蛋白，后者分泌浓蛋白。

(3)峡部：或称管腰部，为输卵管较窄较短的一段，长约 10 cm。内部纵褶不明显，前端与膨大部界限分明，后端为纵褶的尽头。蛋的内外蛋壳膜在这一部分形成。

(4)子宫部：呈袋形的子宫部，管壁厚，肌肉发达，长 10～12 cm。黏膜形成纵横的深褶，后端止于紧缩部分的阴道部。子宫部分泌子宫液、蛋壳和壳上胶护膜。有色蛋壳的色素也在子宫部分泌。

(5)阴道部：长 6～10 cm，为输卵管的最后一部分，开口于泄殖腔背壁的左侧。阴道肌膜发达，由于黏膜内无腺体，故形成皱褶较其他部分均细。阴道对蛋的形成不起作用，蛋到达阴道部只等候产出。蛋产出时,阴道自泄殖腔翻出,因此蛋并不经过泄殖腔。交配时,阴道也同样翻出接受公禽射出的精液。

家禽输卵管的构成及其主要功能见表1-2。从排卵到产蛋的时间约为24.5 h。

(七)感觉器官

禽类同家畜一样都有眼、耳、口、鼻等器官,但是禽类的视觉、听觉、味觉、嗅觉能力却与家畜不同。禽类的视觉较发达,眼较大,位于头部两侧,视野较广,视觉敏锐,能迅速识别目标,但对颜色的区别能力较差,如鸡只对红、黄、绿等光敏感;听觉发达,能迅速辨别声音;嗅觉能力差,味觉不发达。

表1-2 鸡输卵管的构成及其主要功能

部位	大致的长度/cm	鸡蛋在形成过程中停留的时间/h	功能
漏斗部	3～11	0.5	承接卵黄,也是精卵结合的受精部位
膨大部	30～50	3	分泌蛋白
峡部	10	1	形成内外壳膜,注入水分
子宫部	10～12	20	注入子宫液,形成蛋壳,着色,形成壳上膜
阴道部	6～10	0.15	通过

(八)内分泌器官

1. 垂体

位于脑的底部,包括前叶和后叶两部分。前叶由腺组织构成,称腺垂体。此叶至少分泌5种激素:Ⅰ型细胞分泌促卵泡激素(FSH),刺激卵巢内卵泡的生长,分泌雌激素,在雄禽则刺激睾丸的细管生长及精子的产生;Ⅱ型细胞分泌促甲状腺激素,可以调节甲状腺的功能;Ⅲ型细胞分泌促黄体素,对雌禽可引起排卵,而在雄禽则刺激睾丸产生雄激素;Ⅳ型细胞分泌催乳激素,参与就巢,可能通过抑制促性腺激素而起作用;Ⅴ型细胞分泌生长激素。

垂体后叶由神经组织构成,称神经垂体,分泌加压素与催产素两种激素。加压素具有升高血压和减少尿分泌的作用;催产素刺激输卵管平滑肌收缩,促进排卵。

2. 甲状腺

为成对暗红色的卵圆形结构,位于颈的基部。分泌甲状腺素,其机能为刺激一般代谢;调节整个机体的生长,特别是生殖器官,适度增加甲状腺激素的供应,可促进生长和提高产蛋量;甲状腺激素增多引起换羽,可能是由于刺激新羽毛生长而引起换羽。

3. 甲状旁腺

为两对小的黄色腺体,紧接甲状腺后端。分泌甲状旁腺素(PTH),产蛋时它调节血钙水平,使大量的钙由髓质骨转移到蛋壳。

4. 胸腺

家禽有一对胸腺,呈长索状,沿颈静脉分布于颈部后半部的皮下。雏鸡胸腺发达,具有淋巴器官的作用,与抗体形成有关。

5. 肾上腺

为一对扁平的卵圆形结构，呈乳白色、黄色或橙色，位于肾脏前叶的内侧缘附近。肾上腺皮质分泌皮质激素，主要功能是调节机体代谢和维持生命；髓质分泌肾上腺素，具有增强心血管系统活动，抑制内脏平滑肌以及促进糖代谢等机能。

（九）神经系统

从解剖学角度来看鸟类的神经系统可分为两类：中枢神经系统（CNS）和外周神经系统（PNS）。中枢神经系统包括脑神经和脊神经；外周神经系统包括除了中枢神经系统之外的神经系统并由神经组成，有的神经源于脑部，有的源于脊髓。从功能上外周神经系统可分为躯体神经系统和自主神经系统。躯体神经系统能够根据外界的刺激做出相应的反应；自主神经系统则主要维持机体的体内平衡和内环境，同时它也是调节胃肠道功能的神经系统。自主神经可以进一步分为交感神经和副交感神经。

（十）皮肤和羽毛

家禽的皮肤由表皮与真皮组成，都较薄，没有汗腺和皮脂腺，皮肤表面干燥，仅在尾部有一对尾脂腺。水禽尾脂腺特别发达。禽类经常用喙将尾脂腺分泌物涂抹在羽毛上，使羽毛光润、防水。禽类的皮肤颜色主要有黄、白、黑三种，它是品种特征之一，如来航鸡的皮肤是黄色的，澳洲黑鸡的皮肤是白色的，而乌骨鸡的皮肤是黑色的。家禽的喙、爪、距和鳞是皮肤的角质化结构。

禽类的羽毛与家畜的被毛明显不同，是鸟类特有的表皮构造，除了喙与脚外覆盖全身表面，是保持体温的绝缘体，对于飞翔极重要。羽毛呈现不同颜色，而且还形成一定图案。羽毛的图案取决于黑色素的分布，以及黑色素与其他色素特别是与类胡萝卜素的平衡。羽毛的颜色和图案是由遗传决定的，是品种的标志。家禽地方品种遗传构成复杂，毛色也复杂。鸡的现代商业品种经过高度选育，毛色单纯，以白色为主，辅以褐色，并可利用毛色进行初生雏的自别雌雄。禽羽按其结构分下列 3 种：

1. 正羽

有羽轴和羽片。羽轴埋入皮肤部分称羽根，构成羽片部分称羽干。羽片是羽小枝之间通过羽纤枝相互勾连而成。

2. 绒羽

包括新生雏的初生羽及成禽的绒羽。有羽轴，但羽小枝间没有羽纤枝相互勾连，故不形成羽片。其保温作用较好。

3. 毛羽（线羽）

没有羽轴、羽片之分，具有一条细而长的羽杆，在游离端处有一撮羽枝或羽小枝，形状像头发一样，细软。

家禽的羽毛从出雏到成年，要经过三次更换。雏禽出雏时全身被绒羽，绒羽在出壳后不久即开始脱换，由正羽代替绒羽。此时的正羽称幼羽，脱换顺序为：翅—尾—胸腹—头部。通常在 6 周龄左右换齐，仅有少数幼羽存留。6～13 周龄二次更换，称青年羽。由 13 周龄到开产前再更换一次，称成年羽。性成熟时羽毛丰满有光泽。更换为成年羽后，从第二年开始，每年秋冬都要更换一次。换羽时需要大量营养，鸡即停止产蛋。从开始产蛋到第二年换羽停止产蛋为止，称为一个生物学产蛋年。

三、鸡抗病力较差的原因

依据家禽的生理和解剖特点分析，家禽自身对外界各种致病因素的防御能力相对较差，具体原因分析如下：

① 鸡的肺脏很小，但连接很多气囊，这些气囊充斥于体内各个部位，甚至进入骨腔中，通过空气传播的病原体可以沿呼吸道进入肺和气囊，从而进入体腔、肌肉、骨骼之中。

② 鸡的生殖孔、直肠、尿道都开口于泄殖腔，各个系统病容易相互传播。

③ 由于没有横隔膜，胸、腹腔感染很易相互传播至各部的器官。

④ 鸡没有真正的淋巴结，这等于缺少阻止病原体在机体内通行的关卡，减少了对疾病的抵抗。

第三节 蛋的形成机理

一、蛋黄的形成

卵黄自形成开始到从卵巢中排出需要 10 d 的时间。其生长速度很快，排卵前 6 d 直径可从 6～35 mm。

母鸡卵巢上常有 5～6 个较大的、发育成熟的黄色卵泡和许多颜色发白、发育未成熟的小卵黄。由于卵巢皮质的卵泡突出于卵巢表面，卵巢呈结节状，故用肉眼可观察到 2 500 个卵泡，而用显微镜观察，大约有 12 000 个卵泡。有人统计可达数百万个，但其中仅有少数达到成熟排卵。母禽临近性成熟时，卵巢活动剧烈，卵细胞由于营养物质积累的增加，形成大小不同的卵泡，状似一串葡萄。每一个卵泡含有一个卵子或生殖细胞，最初生殖细胞在中央，随着卵黄的累积，生殖细胞即渐渐升到卵黄的表面，恰好在卵黄膜的下面。未受精的蛋，生殖细胞在蛋形成过程中一般不再分裂，蛋黄表面有一白点，称为胚珠。受精后的蛋，生殖细胞在输卵管过程中经过分裂，形成中央透明，周围暗的盘状形原肠胚，称为胚盘。卵泡与卵巢相连处称卵泡柄，卵泡上有许多血管，自卵巢上通过柄运来营养物质供卵子成长发育。卵泡上与柄相对中央有两条肉眼看不见血管的淡色缝痕，卵子成熟后，即由此破裂排出。如果排卵时血管破裂，卵黄上黏附少量血液，就会在卵上形成一个血斑。

二、蛋白的形成

膨大部是输卵管中最长的部位，此处分泌清蛋白（或称蛋白），包裹起蛋黄。鸡蛋中蛋白可分 4 层：系带生成层，连接着卵黄；内稀蛋白；浓蛋白；外稀蛋白。其中，浓蛋白和外稀蛋白占总蛋白的 3/4。各层蛋白表现出相同的性质。在蛋形成的过程中，由于卵黄的扭转和水的介入而使蛋白分为 4 层。系带自卵黄向外扭转延伸，在输卵管的后部形成。系带主要是由源于内薄蛋白的黏蛋白组成的。

三、蛋壳膜的形成

蛋壳膜在峡部由许多纤维交错而成。水分和空气可以渗入壳膜。壳膜分为两层，即内壳膜和外壳膜。在刚开始形成时，壳膜十分松软，在子宫处随着水、盐的渗入而最终成形。外壳膜比内壳膜厚 3 倍，外壳膜厚度大约 0.05 mm，而内壳膜厚度仅有 0.015 mm。两层壳膜通常紧密地黏合在一起，只是在壳的钝端，当鸡蛋刚被产出时由于冷却收缩使内外壳膜分离形成气室。一开始气室非常小，但是随着蛋的冷却和水分的蒸发会逐渐增大。因此，气室直径常作为衡量禽蛋新鲜度的指标。

四、蛋壳的形成

禽蛋在形成过程中在子宫部停留的时间最长，这里会有更多的水和矿物质穿过蛋壳膜进入蛋白，使鸡蛋膨胀并形成蛋白的第四层，而且这也是蛋壳形成和色素沉积的地方。蛋壳的主要成分是碳酸钙，分为内外两层，内层为较薄的乳头状突起，外层为较厚的海绵状结构，其间有 6 000～8 000 个气孔与内外相通。蛋壳外面覆盖有一层胶护膜。刚产下的鸡蛋表层胶护膜可以封堵住气孔，以防止水分丢失和细菌的渗入。随着保存时间的延长或孵化，表层胶护膜逐渐脱落，空气可以进入蛋内，水汽和孵化时胚胎呼吸产生的二氧化碳排出蛋外。蛋壳形成过程中，子宫部需要有充足的钙离子，以保证供应蛋壳形成时所需的碳酸钙。蛋壳形成中 CO_3^{2-} 主要来源于血液循环和壳腺部细胞代谢产生的 CO_2。

五、异常蛋形成的原因

由于产蛋机制的问题会出现一些非正常蛋，包括双黄蛋、无黄蛋、软壳蛋、异物蛋、蛋包蛋和异形蛋等。

1. 双黄蛋

正常的蛋有一个蛋黄，双黄蛋是指一个壳内有两个蛋黄。这是因为初产或盛产季节，两个蛋黄同时成熟排出；或者一个成熟排出，另一个尚未完全成熟，但因母鸡受惊时飞跃，物理压力迫使卵泡缝痕破裂而与前一个卵黄几乎同时排出，并被漏斗部同时纳入，经过膨大部、峡部、子宫部和正常蛋一样最后从阴道排出体外。

2. 无黄蛋

在刚开产的时期较多出现无黄蛋。在盛产季节，膨大部分泌机能旺盛，输卵管蠕动，出现一块较浓的蛋白，经扭转后包上继续分泌的蛋白蛋壳膜等产出体外，形成特小的无黄蛋。偶尔外源组织会进入输卵管像蛋黄一样刺激蛋清的分泌。

3. 软壳蛋

通常是由于钙和维生素 D 缺乏或患有某些疾病导致母鸡子宫部分泌蛋壳的机能失常，还可能由于母鸡输卵管内寄生有蛋蛭，或疫苗接种后的应激反应。另外，受惊吓的母鸡也容易产软壳蛋。

4.蛋包蛋

家禽盛产季节可能产下特大的蛋，打开之后发现内还有一正常蛋，叫蛋包蛋。形成这种蛋的原因是由于蛋移行到子宫部形成蛋壳后，由于鸡受到惊吓或某些反常的现象，输卵管发生逆蠕动，将形成的蛋推移到输卵管上部，之后又与下一个正常卵黄一起向下移行，又包上蛋白、蛋壳膜和蛋壳形成蛋包蛋。

复习思考题

1.家禽的基本特征有哪些？

2.家禽的主要体尺指标有哪些？如何测量？

3.家禽的主要生理特点是什么？对家禽的管理和生产有何意义？

4.结合家禽生殖系统的解剖结构，试述蛋的形成过程。

5.结合家禽的解剖特点，试述家禽抗病能力差的主要原因。

6.常见畸形蛋分为几种？其形成原因是什么？

第二章 家禽的品种

第一节 家禽品种及杂交繁育体系

一、家禽品种

家禽的品种是人类在一定的自然生态和社会经济条件下，利用某些特定群体，通过选择和杂交等手段选育出来的、具有一定生物学和经济学特点的家禽类群。其主要性状比较一致，在产量和品质方面符合人类的一定要求，具有一定的经济价值。根据家禽形成的历史背景和用途，一般分为地方品种、标准品种和商业品种，其中商业品种也称商业配套系。

(一)标准品种

标准品种是按育种组织制定的标准经过鉴定并得到承认的品种，也称纯种。家禽的主要标准品种来源于欧美国家，这些标准品种对现代养禽业商业品种的培育起了很大的作用。

在国际上，由美洲家禽协会(由美国和加拿大组成)编写的《美洲家禽标准品种志》和英国大不列颠家禽协会的《大不列颠家禽标准品种志》收录了世界各地主要的标准品种，被国际家禽界广泛认可。《美洲家禽标准品种志》一书编入了被承认的标准品种，其中鸡有104个品种、384个品变种，鸭有14个品种、31个品变种，鹅有11个品种、15个品变种，火鸡有1个品种、8个品变种，总计130个品种、438个品变种。这些丰富的家禽品种资源作为珍贵的基因库，为家禽现代育种提供了可靠的物质基础。

(二)我国家禽地方品种

我国是世界上最早驯化家禽的国家之一。我国地方家禽品种资源丰富，已发现并得到国家畜禽遗传资源委员会认定的鸡地方品种有100多个，鸭地方品种在40个以上，鹅地方品种30多个，被列入国家级重点保护品种名录的有23个。这些地方品种一般没有明确的育种目标，没有经过长期系统的选育和有计划的杂交，生产性能较低，体型外貌不大一致，但具有肉蛋品质好、生活力强、适应性好等优点。我国许多地方鸡品种具有肉嫩、味美、皮薄、骨细、蛋品质好等特点，因而在优质肉鸡和土蛋鸡育种和生产中得到很好的开发利用，成为我国肉鸡和蛋鸡生产中的重要特色。我国水禽品种资源在全世界首屈一指，有北京鸭、绍兴鸭、金定鸭、高邮鸭、狮头鹅、皖西白鹅、溆浦鹅、四川白鹅、豁眼鹅等优秀品种，其中北京鸭已成为全世界快大型肉鸭生产的主要品种，豁眼鹅是世界上产蛋性能最好的鹅品种。这些优良的家禽地方品种资源，为我国家禽业的可持续稳定发展奠定了坚实的基础。

(三)配套系

家禽的配套系又称商业品种,由育种公司选育并命名,如农大3号蛋鸡、京红1号蛋鸡、海兰褐蛋鸡、爱拔益佳肉鸡、罗斯肉鸡、科宝肉鸡、樱桃谷肉鸭SM3等。现代商业品种的特点是品种专门化、生产性能高。现代养鸡和养鸭商业生产中,基本都采用三系或四系配套的杂交配套系。

现代商业品种主要来源于少数几个标准品种,如白来航、洛岛红、白洛克等。配套系与标准品种是两个不同的概念。标准品种是经验育种阶段的产物,强调品种特征;而配套系则是现代育种的结晶,是对标准品种的继承和发展。标准品种的名称对商品生产来讲已并不重要,因此家禽生产者更多了解的是家禽配套系的商业名称。

1. 配套系的特征

(1)突出的生产性能:现代商业育种具有明确的育种目标,即全面提高生产性能。为实现这一目标,在巨额资本投入的支持下,广泛采用了现代遗传育种理论和先进的技术手段,使纯系育种群的育种值不断提高,并通过杂交充分利用杂种优势,使商品代和种禽的生产性能得到持续不断的遗传改良。

(2)特有的商品命名:由于育种的商业化,配套系已脱离了原来标准品种的名称,而改以育种公司的专有商标来命名。如海兰W36(Hyline W36,美国海兰公司)和罗曼精选白来航(LSL,德国罗曼公司)实际上均属于单冠白来航鸡品变种。有的育种公司倒闭或被兼并后,原有纯系和配套系被其他公司收购,商业品种名称自然也随之改变,但实质是相同的。

2. 现代商业鸡种的类型

(1)蛋鸡:现代蛋鸡一般分为白壳蛋鸡、褐壳蛋鸡和粉壳蛋鸡三种类型。

现代白壳蛋鸡全部来源于单冠白来航品变种,通过培育不同的纯系来生产两系、三系或四系杂交的商品蛋鸡。一般利用伴性快慢羽基因在商品代实现雏鸡自别雌雄。

褐壳蛋鸡要复杂一些,特别重视利用伴性羽色基因来实现雏鸡自别雌雄。最主要的配套模式是以标准品种洛岛红为父系、洛岛白或白洛克等带伴性银色基因的品种为母系。利用横斑基因作自别雌雄时,则以洛岛红或其他非横斑羽型品种(如澳洲黑)作父系,以横斑洛克为母系作配套,生产商品代褐壳蛋鸡。

粉壳(或浅褐壳)蛋鸡是利用轻型白来航鸡与中型褐壳蛋鸡杂交产生的鸡种,因此用作现代白壳蛋鸡和褐壳蛋鸡的标准品种一般都可用于浅褐壳蛋鸡配套杂交。目前主要采用的是以洛岛红型鸡作为父系,与白来航型母系杂交,并利用伴性快慢羽基因自别雌雄。

(2)肉鸡:一般分为白羽快大型肉鸡和黄羽优质肉鸡。

① 白羽快大型肉鸡:是目前世界上肉鸡生产的主要类型。其父系都源于科什尼品种,部分引入了少量其他品种的血缘。母系主要来源于白洛克,在早期还结合了横斑洛克和新汉夏等品种的血缘。根据生产目的,目前开发出适合西装鸡生产的常规系肉鸡和适合于分割的高产肉系肉鸡。

② 黄羽优质肉鸡:主要集中在我国南方。从针对出售给香港、澳门而展开的黄羽优质鸡育种和生产开始发展到现在,不仅毗邻香港、澳门的两广以优质鸡生产为黄羽肉鸡业的主体,江苏、上海、浙江、福建、湖南、北京等省(直辖市)优质鸡生产的规模化也逐渐扩大。

目前各种杂交商业配套系的生产性能指标只是代表各个组合的遗传潜力,在生产中能实现多大的潜力,要看生产过程中对各个配套系在营养、环境条件和卫生防疫等各方面需求的满足程度。

二、杂交繁育体系

家禽杂交繁育体系是将纯系选育、配合力测定以及种鸡扩繁等环节有机结合起来形成的一套体系。在杂交繁育体系中,将育种工作和杂交扩繁任务划分给相对独立而又密切配合的育种场和各级种禽场来完成,使各个部门的工作专门化。家禽杂交繁育体系的建立决定了现代养禽生产的基本结构。

(一)杂交的优越性

1. 充分利用杂种优势

根据杂种优势理论,一些遗传力低、非加性遗传效应显著的性状可产生较大的杂种优势。鸡的繁殖性状(产蛋量、受精率等)和生活力指标都属于这类性状,通过一定的杂交配套组合,这些重要的经济性状(产蛋量、孵化率、受精率)可获得较强的杂种优势,使杂交后代的生产性能和生产效率得到提高。比如,杂种后代一般均可比亲本的产蛋量提高10%以上,成活率的杂种优势也较大,但变异范围很大(9%~24%)。三元及四元杂交所产生的杂种优势较二元杂交有减小的趋势。

2. 加快纯系的遗传进展

不管是蛋用型家禽育种还是肉用型家禽育种,都要同时选择提高多个性状。但这些性状之间有可能存在负的遗传相关,如产蛋数与蛋重之间、产蛋量与增重速度之间都存在这种关系。要在一个纯系内对这些遗传对抗性状同时进行遗传改良是非常困难的。如果将这些负相关的重要选育性状分散到不同纯系中作为主要选育目标,并稳定(约束)对应的性状,即可能加快纯系的遗传进展,形成各具特色的纯系。最后,通过杂交将不同纯系的优点综合到杂交商品后代中,使商品鸡的生产性能得到迅速、全面的提高。

此外,杂交还可以将一些伴性基因以特定方式组合起来,实现雏鸡的自别雌雄等目的。

3. 有利于控制种源

由于纯繁的家禽能真实遗传,所以可以将其商品代作为种禽繁殖,继续出售商品代;而杂种后代不能真实遗传,其后代会因基因分离和重组而丧失大部分杂种优势,使生产性能下降。所以,当杂交家禽取代纯种成为主要的商品家禽之后,种禽和商品代家禽的划分就有了严格的界限。商品生产者必须定期从种禽场购买种蛋或雏禽来更新群体,否则其生产群的性能会退化和分化,造成经济损失。因此,培育杂交家禽也是商业育种公司控制种源的一个重要措施。

为了在父母代利用杂种优势、提高繁殖性能,杂交配套方式从最早二元杂交逐步发展到了三元和四元杂交配套。由此在现代养鸡生产中形成了结构复杂、层次分明的杂交繁育体系。

(二)杂交繁育体系结构

家禽完善的杂交繁育体系形似一个金字塔,根据功能分为选育和扩繁两大部分。

1. 选育阶段

处于金字塔的顶部,主要完成育种群的选育工作,其工作成效决定整个系统的遗传进展和经济效益。在这里同时进行多个纯系的选育,选育措施都在这一阶段进行。经过配合力测定,选出生产性能最好的杂交组合，纯系配套进入扩繁阶段推广应用。

2. 扩繁阶段

经过配合力测定确定了配套组合模式，纯系以固定的位置参加配套组合的杂交制种工作，形成曾祖代(GGP)、祖代(GP)、父母代(PS)、商品代(CS)。在纯系内获得的遗传进展和品系之间的杂种优势依次传递下来，最终体现在商品代，使商品代家禽的生产性能得以提高。

(三)杂交繁育体系的形式

杂交繁育体系根据参与杂交配套的纯系数目分为两系杂交、三系杂交和四系杂交甚至五系杂交等，其中以三系和四系杂交最为普遍。

1. 两系杂交

这是最简单的杂交配套模式。两系配套体系是比较原始的形式，从纯系育种群到商品代的距离短，因而遗传进展传递快。不足之处是不能在父母代利用杂种优势来提高繁殖性能，扩繁层次简单，从育种群到商品代的扩容数量少，从育种公司的经济利润上讲是不利的，因此大型育种公司基本已不提供两系杂交的配套组合。

2. 三系杂交

三系配套时父母代母本是二元杂种，其繁殖性能可获得一定杂种优势，再与父系杂交仍可在商品代产生杂种优势，因此从提高商品代生产性能上讲是有利的。在供种数量上，母本经祖代和父母代二级扩繁，供种量可大幅度增加，而父系虽然只有一级扩繁，由于公鸡需要量少，所以完全可满足需要。因此，三系杂交是相对较好的一种配套形式，既能达到大规模扩繁、较大程度利用杂种优势，又能达到节约纯系选育和饲养量的目的。

3. 四系杂交

从鸡育种中积累的资料看，四系杂种配套系的生产性能不但没有明显超过两系杂种和三系杂种配套系，而且在多数情况下不如后者或基本相近。但从育种公司的商业角度来看，按四系配套有利于控制种源、保证供种的连续性。实际上，有不少育种公司的鸡种是按四系配套宣传和报价，而以三系配套的形式供种，行业中称其为“真三假四”。

第二节　家禽的起源与品种形成

一、鸡的起源及品种形成

家鸡的祖先是原鸡属中的红色原鸡。红色原鸡分布于印度东部、北部，泰国的南部，缅甸和印度尼西亚的苏门答腊岛。至今我国云南省的南部、广西和海南岛仍有分布。

红色原鸡栖息在丛林中，由于被人类长期驯养、选择与培育，饲养管理条件不断改善和自然环境的影响，逐步地发展了许多对人类有利的特点，同时也形成了众多的品种。这些对人类有利的特点主要有：生长迅速，体重增大，提高了肉用价值；失掉了飞翔能力，便于饲养管理；改变了在野生条件下特定繁殖季节内的产蛋习性，可以常年产蛋，大大提高了产蛋性能；减轻或失掉了抱窝性，也有利于提高产蛋性能。

二、水禽的品种的起源

(一)鸭的起源

从大量河鸭属家鸭品种在实践中表现出的生物学特性和生产性能,以及近些年来血型研究的结果,均能说明,家鸭的祖先应该是绿头鸭和斑嘴鸭两个鸭种。野鸭(指绿头鸭和斑嘴鸭)容易在短期内驯化,世界各地饲养的河鸭属家鸭是各自在当地驯化而成的。

(二)鹅的起源及历史

中国鹅的祖先是鸿雁,由于地理条件的不同,又形成了各地的本地品种、品变种,这些品种都有中国鹅的典型特征,也有各自的特点,一般称为地方品种。伊犁鹅是由当地的灰雁驯化而成,这是在我国境内仅有的一个起源于灰雁的鹅品种。

三、品种分类

国际上公认的标准品种分类法将家禽分为类、型、品种和品变种。

类(class)即按禽类的原产地划分,可分为亚洲类、美洲类、地中海类和英国类等。每类之中又细分为品种和品变种。

型(type)是根据家禽的用途分类,可分为蛋用型、肉用型、兼用型、观赏型和药用型。

家鸡在生物学中的分类:

鸟纲　鸡形目　雉科　鸡属　家鸡

家养水禽在生物学中分类:

鸟纲　雁形目　鸭科　雁亚科　雁族　雁属　鸿雁(中国鹅的祖先)灰雁(伊犁鹅,欧洲鹅的祖先)

鸭亚科　河鸭族　河鸭属　绿头鸭　斑嘴鸭(绿头鸭和斑嘴鸭是属家鸭的祖先)

栖鸭属　疣鼻(栖)鸭(瘤头鸭的祖先)

品种(breed)是指通过育种而形成的一个有一定数量的生物群体,它们具有特殊的外形和一般基本相同的生产性能,并且遗传性稳定,适应性也相似。

品变种(variety)又称亚品种、变种或内种,是在一个品种内某种特征进行的分类。家禽标准品种和变种有 340 多个,其中鸡的约 200 个。

第三节　家禽的主要品种

一、鸡的主要品种

(一)标准品种

1. 白来航

现代生产白壳蛋的配套商品杂交鸡,均利用白来航鸡先育成具有不同特点的品系,然后采用二元、三元或四元杂交，通过配合力测定，筛选出最佳的配套杂交组合，从而使商品蛋鸡的生产性能既高产，又稳定，而且饲料报酬高，常用公司名称编号出售。如海兰 W36、京白鸡系列、迪卡白、罗曼白等就是白来航商用品系配套杂交鸡。

2. 洛岛红

现代生产褐壳蛋的商品杂交鸡，在四系配套杂交组合的父本中，主要是利用洛岛红鸡的高产品系作 A 系和 B 系，即父本父系和父本母系。而且大都用作伴性遗传的亲本，利用其隐性金黄色对显性银白色的伴性特点，用作繁殖商品蛋鸡的父本，以便使初生雏能按羽色自别雌雄。因此，洛岛红鸡也被列入褐壳蛋系鸡种之中。

3. 新汉夏

河南省农科院畜牧兽医研究所、浙江省农科院都曾选用新汉夏鸡为父本，分别与当地的扬州鸡和固始鸡进行杂交育种，到 1983 年分别育成蛋肉兼用型的新扬州鸡和郑州红鸡。

4. 浅花苏赛斯

在英国和一些欧洲国家，大都用浅花苏赛斯公鸡与其他黄皮肤肉用种母鸡杂交，以生产白皮肤的商品肉鸡。肉用性能良好，量多质美，易肥育。

5. 科尼什

现代生产中最普遍应用的是白科尼什，它是现代肉用品种鸡的典型代表。20 世纪 70 年代初，上海市农科院和江苏省家禽科学研究所曾利用深花科尼什鸡作第二父本与杂交一代母鸡进行复杂杂交，选育成新浦东鸡和海红黄鸡。

6. 洛克鸡

属蛋肉兼用型鸡种。引入我国的是横斑洛克、浅黄洛克和白洛克三个品变种。

(1)横斑洛克。横斑洛克在我国常称芦花(洛克)鸡。

现代蛋鸡生产中，利用本品变种母鸡中显性芦花基因的伴性特性与洛岛红、新汉夏等品种的公鸡杂交，其后代初生雏凡是公雏，在头顶黑绒毛中间有白星(此为横斑洛克品变种的特征)，母雏则无或是小而集中，以此自别雌雄。

(2)白洛克。白洛克经选育，大大提高了早期生长速度，胸腿肌肉发达，被广泛用作生产肉用仔鸡的母系。它与白科尼什优秀品系的公鸡配套杂交，其杂种后代生长尤为迅速，肌肉丰满，屠体美观，肉质优良，饲料报酬高。故白洛克是公认的白羽肉鸡优秀母系。

7. 丝羽乌骨鸡

丝羽乌骨鸡在国际标准品种中被列为观赏型鸡。标准的丝羽乌骨鸡可概括为具有十大特征，又叫“十全”。其十大特征为紫冠，属草莓冠类型；缨头，头顶上有冠羽，状如绒球，故又叫“凤头”；绿耳；胡须；丝羽；五爪；毛脚；乌皮；乌肉；乌骨。

(二) 地方品种

1989 年出版的《中国家禽品种志》编有我国鸡的地方品种 27 个，主要的有仙居鸡、浦东鸡、北京油鸡(黄色油鸡、红褐色油鸡)(肌间脂肪分布良好，肉质细致，肉味鲜美)、惠阳胡须鸡、江西白耳黄鸡、辽宁的大骨鸡、山东的寿光鸡，另外还有：浙江的萧山鸡、江苏的鹿苑鸡、河南的固始鸡、内蒙古的边鸡、四川的峨眉黑鸡、黑龙江的林甸鸡、甘肃宁夏的静原鸡、江苏溧阳鸡、云南武定鸡、湖南桃源鸡、广西霞烟鸡和福建河田鸡。

二、鸭的主要标准品种

鸭的标准品种主要有北京鸭、狄高鸭、尤佳鸭、奥品顿鸭、跑鸭等。其中北京鸭是世界上最著名的肉鸭品种，几乎所有的白羽肉鸭都来自北京鸭。

三、鹅的主要品种

鹅的标准品种主要有中国白鹅、非洲鹅、埃及鹅、圣鹅、图卢兹鹅等。

第四节　家禽主要性状及其遗传特点

一、产蛋性状

(一)产蛋量

产蛋量是家禽最重要的生产性能和繁殖性能指标。

1.表示方法

产蛋量可用不同的数量指标来表示，主要有产蛋数、产蛋总重和产蛋率。

(1)产蛋数。①个体产蛋数：指每只家禽在一个产蛋周期或规定的时间范围内的总产蛋个数，这项指标在家禽育种工作中对产蛋数的选择最有重要意义。测定这一性状的方法一般用自闭产蛋箱(肉鸡、水禽和早期的蛋鸡育种)和单笼(蛋鸡和部分肉鸡、鹌鹑等)，以个体为单位测定。②群体产蛋数：在扩繁场生产中，一般用群体内每只鸡的平均产蛋数代表群体产蛋数。表示方法有两种，即饲养日(H.D.)产蛋数和入舍鸡(H.H.)产蛋数，计算公式分别为：

饲养日(H.D.)产蛋数：一统计期内全群累积产蛋个数/统计期内每日平均饲养量(只数)

入舍鸡(H.H.)产蛋数：一统计期内全群累积产蛋个数/入舍鸡数

在表示产蛋数时，必须指明统计的时间范围。如40周(或280日龄)产蛋数，表示从开产至40周龄的产蛋个数。

(2)产蛋总重。也称总蛋重，是指一只家禽或某个群体在一定时间范围内产蛋的总质量。我国主要以质量单位作为商品蛋计价的基础，产蛋总重代表产品生产量，因而这一指标具有重要价值。而在世界上其他多数国家，虽然商品蛋在分级的基础上按数量销售，但产蛋总重仍是计算饲料转化率的基础。

对于群体而言，这一指标也分为饲养日产蛋总重和入舍鸡产蛋总重两种表示方法，其含义与前述相同。

(3)产蛋率。表示某一天或某一阶段的产蛋强度，是指统计期内平均每日产蛋的百分率。也分为饲养日产蛋率和入舍鸡产蛋率，但常用饲养日产蛋率。

2.产蛋量的遗传特点

产蛋量的遗传力估计值较小，因此受环境影响的因素较大。从大量文献报道中总结出产蛋量的平均遗传力估计值处于 0.14～0.24 之间。遗传力的估计值受群体大小、结构及估计方法的影响，变异较大。总的趋势是，入舍鸡产蛋量的遗传力估计值低于饲养日产蛋量遗传力估计值。而且选择对遗传力有影响，在选择系中得到的产蛋量估计值多数都小于非选择系。

（二）蛋重

蛋重不但决定产蛋总重的大小，同时也与种蛋合格率、孵化率、产蛋数等有关，因而在家禽育种中受到重视。

在饲养期内，蛋重是不断变化的。蛋重主要受产蛋母禽年龄的影响，同时也与产蛋禽的体重、开产日龄、营养水平、环境条件、疾病等因素有关。蛋重随母禽年龄变化的一般规律：刚开产时蛋重较小，随着年龄的增加，蛋重迅速增加，经过约 60 d 的近似直线增长过程后，蛋重增长率下降，增量逐渐减少，在母禽约 300 日龄以后蛋重转为平缓增加，逐渐接近蛋重极限。

（三）蛋品质

蛋品质是影响商品蛋生产效益的重要因素，近年来越来越受重视。影响蛋品质的因素很多，遗传因素是主要因素之一。

1. 蛋壳强度

在现代养禽生产中，为了减少蛋在产出后收集及运输过程中造成的破损，要求蛋壳强度高。蛋壳强度的遗传力一般在 0.3～0.4 之间，所以只要在选育计划中施以足够的选择后，就可以使蛋壳强度得到迅速提高。

蛋壳强度不但与蛋壳厚度的绝对值密切相关，同时也与蛋壳厚度的均匀一致性有关。直接选择蛋壳强度的后果之一是蛋壳厚度的提高，有可能带来产蛋量和孵化率的不利变化。因此，须在保证足够蛋壳厚度的前提下改善蛋壳厚度的均匀一致性，既使蛋壳强度得到提高，又降低蛋壳过厚造成的对孵化的不利影响。

2. 蛋白品质

蛋白品质是鸡蛋的重要特征，消费者常用蛋白浓稠度来衡量蛋的新鲜程度。浓蛋白高度是确定蛋白品质的主要指标。蛋白高度的平均遗传力估计值为 0.38，但因品种、群体结构、产蛋年龄及气候等不同而有较大变异。由于蛋白高度和蛋的大小有直接关系，为了更加准确地分析蛋白品质，用蛋重对蛋白高度进行矫正，得到衡量蛋白品质的相对值——哈氏单位，用来比较不同大小鸡蛋的蛋白品质。蛋白品质可以经过选择有效地得到改善。

3. 血斑和肉斑

蛋中的血斑和肉斑影响蛋品质。据研究，白壳蛋的血斑率一般要比褐壳蛋高，而肉斑率要比褐壳蛋低。血斑率和肉斑率都有一定的遗传基础，遗传力估计值在 0.25 左右，可以通过选择有效地改善，但要完全去除蛋中的血斑和肉斑是几乎不可能的。

4. 蛋壳颜色

鸡蛋蛋壳的基础颜色主要分白色和褐色两种，但也有少量地方品种产青色或绿色蛋。白色和褐色属于多因子遗传，因此白壳蛋鸡和褐壳蛋鸡的杂种鸡产浅褐壳蛋。绿壳蛋主要受一个显性基因 O 控制，目前已确定这一基因位于 1 号染色体上。

褐壳蛋鸡蛋壳颜色遗传力较高，一般在 0.3 左右。因此，可以通过选择加深蛋壳颜色，减少蛋壳颜色的变异，以满足消费者对较深蛋壳颜色的要求。

二、肉用性状

(一)体重与增重

体重是家禽的重要特征之一，对肉用家禽而言，早期体重始终是育种最主要的目标。而对蛋用家禽和种禽，体重是衡量生长发育程度及群体均匀度的重要指标。增重则是与体重密切相关的一个重要性状，表示某一年龄段内体重的增量。

1. 生长曲线

增重是一个连续的过程，在正常情况下体重表现为“S”形曲线增长。一般用生长曲线来描述体重随年龄的增加而发生的规律性变化。在生长过程的早期，增重主要受体内生长动力的作用，表现为一个指数增长过程，增重速度逐渐加快；当体重达到某一阶段后，增重速度达到最大值，体现在生长曲线上是一个拐点；其后的增重速度逐渐下降，体重变化转变为以成熟体重为极限的渐近增加过程。

2. 体重和增重的遗传力

体重和增重都是高遗传力性状。Chambers(1990)综合了近 100 项研究后总结得到的体重遗传力平均估计值为：父系半同胞组分估计值为 0.41，母系半同胞估计值为 0.70，全同胞估计值为 0.54，增重的遗传力平均估计值相应为 0.50、0.70 和 0.64。体重的实现遗传力估计值按多世代总选择反应计算时为 0.31，按每代选择反应计算时则为 0.43。

3. 体重与增重间的相关

在早期增重阶段，不同周龄体重间有很强的正相关。在多数情况下，相邻周龄体重之间甚至间隔 2 周体重之间的遗传相关均可达到 0.9 左右。而间隔 2 周以上时，体重间的遗传相关通常低于 0.9，且间隔时间越长，相关程度越弱，但相对来说仍可达到较高水平。

体重与增重之间也存在很强的正相关。某一周龄体重与该周龄之前的增重间的相关可达 0.9 左右，因为体重是以前各阶段增重的累积结果。而某周龄体重与以后增重间的相关则相对较弱，一般在 0.6 左右，因而用某点体重预测以后增重的准确性相对较差。

4. 体重与其他性状的关系

(1)与胸部丰满度和骨骼的相关：体重与龙骨长、跖骨长、躯干长、腿长、龙骨宽、胸廓宽和体深的遗传相关分别为 0.84、0.70、0.84、0.66、0.39、0.80 和 0.82，表明体重与这些体型性状之间均有较强的相关。通过对体重和体型的共同选择，可使两方面性状都得到有利的改良。

体重与胸深的相关较高，在 0.80 以上，与胸角度的遗传相关在 0.4 左右，但与胸宽的遗传相关较低。因此，只选择体重对胸宽的影响不大，必须配合选择提高胸宽，才能更有效地提高胸肉率。

(2)与饲料转化率的相关：体重和增重与耗料量有比较高的相关性，其估计值一般可达 0.5～0.9。而体重和增重与耗料增重比的相关为－0.8～－0.2，且周龄越小，相关越低。

根据选择反应估计实现遗传相关，增重与耗料增重比的相关约为－0.5。有人据此估计直接选择饲料转化率所获得的选择反应要比从选择增重获得的间接反应高 1 倍。根据实验结果分析，选择体重在提高体重的同时也增加耗料量，而选择饲料转化率在增加体重的同时基本上不影响耗料量。

(3)与繁殖性能的相关:体重和增重与公鸡和母鸡的繁殖性能均有负相关。研究表明,体重或增重与精液密度、精子活性、代谢率均有负相关。母鸡与排卵数有正相关,但体重与正常蛋产量之间的遗传相关,无论是理论估计值还是根据选择反应计算出的实现遗传相关均为负值。出现排卵数增加、但正常产蛋量降低现象的原因主要是畸形蛋和内产蛋增加、发育卵泡的进行性退化。

(4)与腹脂的相关:腹脂过量不但使饲料转化率降低,也影响到屠体品质。腹脂量和腹脂率均随体重增加而增加。腹脂量与体重的遗传相关较高,一般为0.5左右,而腹脂率与体重的相关略低,仅有0.3左右。所以,选择提高体重将增加腹脂量,提高腹脂率。早期体重与腹脂间的遗传相关大于较大周龄体重与腹脂间的遗传相关,而活重与腹脂的相关大于屠体重与腹脂的相关。值得注意的是,4～7周龄增重与腹脂率的遗传相关估计值为－0.30～－0.24,表明选择增重有可能使腹脂率降低。

(二)屠体性能

1.屠宰率

屠宰率是肉鸡生产中的重要性状,在肉鸡育种中越来越受到重视。屠宰率的遗传力估计值在0.3左右。

随着分割肉鸡的普及,对屠体各分割部位比例的遗传力也不断进行深入研究。各分割块(胸、腿、翅、颈背等)占屠体百分率的遗传力估计值一般在0.3～0.7。肌肉、皮、腹脂和骨各部分所占屠体百分率的遗传力为0.4～0.6。总之,这些性状的遗传变异较大,但由于准确测定这些性状比较困难,测定样本较小,影响了这些性状的直接遗传改良。目前已有一些公司以活体性状间接测定为主、屠宰后直接测定为辅进行选择,使屠宰率和主要部位(胸、腿)比例提高,形成了高产肉率的肉鸡新类型。

2.屠体化学成分

屠体化学成分的遗传力估计值较高。有研究表明,屠体含水量的遗传力为0.38,蛋白质含量为0.47,脂肪含量为0.48,灰分量为0.21,这些成分间的相关也非常高。

屠体化学成分与饲料转化率的相关较高,而与采食量的相关很低。屠体中水分、蛋白质、脂肪、灰分含量与增重的遗传相关分别为0.32、0.53、－0.39和0.14;与采食量的相关分别为－0.18、－0.06、0.10、－0.17;与耗料增重比的相关分别为－0.63、－0.80、－0.65和－0.40。有研究证明,通过对极低密度脂蛋白、腹脂率或饲料转化率进行选择,可以改变屠体的化学成分。

3.腹脂率

腹脂过量是当今肉鸡和肉鸭生产中面临的重要问题之一。腹脂率的遗传力很高,一般为0.54～0.8,因此直接选择可以迅速获得显著的遗传改良。有研究报道,通过7代选择后,使腹脂率产生了4倍差异。

据估计,腹脂量和腹脂率与体重有0.3～0.5的遗传相关。腹脂量和腹脂率与耗料量之间为正相关,为0.40和0.25左右,而与耗料增重比的相关分别为－0.62和－0.69。

(三)体型与骨骼发育

体型和骨骼发育在衡量肉鸡和肉鸭产肉性能和体格结实度方面有重要意义。理想的肉鸡、肉鸭要求胸部宽大,肌肉丰满,体躯宽深,腿部粗壮结实。从外观上看,圆胸已成为肉鸡区别于蛋鸡的重要特征之一。

在评定胸部发育状况时，最常用的活体测定指标是胸角度和胸宽。胸角度是用专用胸角器测定的客观数值。利用胸部测定数据，估计出胸角度和胸宽的遗传力为0.3～0.4。胸宽与胸角度的遗传相关很高，常常可达0.8以上。胸宽和胸角度与体重的遗传相关分别为0.21（－0.08～0.82）和0.42（0.21～0.68），因而对体重的选择可以使肌肉发育有所改进。

体型和骨骼指标还有龙骨长、躯干长、腿长、胫长、胫围、体深等。这些指标的遗传力较高，可达0.4～0.6。而它们与体重的遗传相关高达0.6以上，相互之间的遗传相关也可达到0.6。这些骨骼指标与胸宽的遗传相关较低，一般在0.3以下，有时甚至是负值，表明胸肌发育状况与骨骼的发育是相对独立的。龙骨长与产蛋量的遗传相关很小（<0.3），有时为负值。

三、生理性状

（一）饲料转化率

饲料转化率是指利用饲料转化为产蛋总重或家禽体重的效率。在蛋用时特称为料蛋比，为某一阶段内饲料消耗量与产蛋总重之比；在肉用时特称为耗料增重比，为某一阶段内饲料消耗量与增重之比。由于饲料成本占养禽生产总成本的60%～70%，因此饲料转化率与养鸡生产的经济效益密切相关。

1.蛋用家禽的饲料转化率

料蛋比本身的遗传力为中等，平均在0.3左右，范围为0.16～0.52，因此直接选择即可获得一定的选择反应。由于料蛋比本身是由产蛋总重与耗料量两个性状确定的，而产蛋总重始终是蛋鸡育种的首要选育性状，因此在长期育种实践中，料蛋比一直是作为产蛋总重的相关性状而获得间接选择反应，使料蛋比得到一定的遗传改进。

2.肉用家禽的饲料转化率

肉鸡饲料转化率的遗传力较高，理论估计值均在0.4左右，但现实遗传力平均只有0.25。耗料增重比与增重的遗传相关为－0.50，与耗料量的相关为0.22。因此，在肉鸡育种实践中主要是利用选择提高早期增重速度来间接改进饲料转化率。肉鸡饲料转化率的改进，主要与下列因素有关：

① 减少采食过程中的饲料浪费。

② 加大采食量，促进快速增长。在满足日维持需要的前提下有更多的营养成分可用于生长，转化为体重，即维持需要所占的比例下降。这实际上是选择增重速度使饲料转化率获得相关反应的主要原因。

③ 提高营养成分的消化率及代谢率，使更多的饲料成分被消化吸收，用于维持和生长需要。

④ 维持需要减少，与之有关的是活动量、羽毛覆盖及体组成等的变化。

⑤ 增重中能量的降低，即脂肪沉积减少。由于肌肉组织中含水量高达70%，脂肪组织含水量只有10%，而以干物质为基础进行比较，蛋白和脂肪沉积时的能量消耗基本相等。因此从理论上讲，沉积脂肪消耗的能量相当于沉积等量肌肉的3倍。试验结果也证实了这一点，选择改良饲料转化率可以减少脂肪沉积，而选择减少脂肪沉积也可改进饲料转化率。

(二)生活力

生存与健康是高效生产的基础,死亡率高一直困扰着我国养鸡产业。提高生活力不但要使鸡生存,而且应使之保持良好的健康状态。成活率受环境因素(广义指除遗传成分以外的所有因素,包括免疫接种)的影响非常大,其遗传力估计值基本在 0.10 以下。因此,单纯对成活率进行选择很难收到确实的效果。因此要研究如何提高遗传抗病力。

选择抗病力的方法有:①观察育种群的死亡率及病因,通过遗传分析找出死亡率低的家系,实施家系选择。由于死亡多为环境因素造成,在正常条件下遗传抗病力不能充分表现,因此这种选择方法效果并不理想。②将育种群个体的同胞或后裔暴露在疾病感染环境中,使个体的抗病力充分表现出来,进行同胞选择或后裔测定。这种方法选择效果较好,但费用很高,而且需要专门的鸡场和隔离设施,以防疾病传播。在马立克病疫苗研制成功以前,育种公司常用此法来提高对马立克病的抗病力。③利用与抗病力有关的标记基因或性状对抗病力进行间接辅助选择。其费用比前一种方法低,效果也比较好,是目前常采用的方法。研究最多的是关于主要组织相容性复合体(MHC)与抗病力的关系。大量资料显示,B21 单倍型具有很强的抗马立克病的能力,B2 与一般抗病力高有关,而 B3、B5、B13、B19 等单倍型则易感马立克病,B5/B5 个体还易感淋巴白血病。因此,在育种群中淘汰易感类型的个体,提高抗性类型的比例,可在一定程度上改善鸡的遗传抗病力。

(三)受精率和孵化率

受精率和孵化率是决定种鸡繁殖效率的主要因素,这两个性状从本质上讲主要受外界环境条件的影响,但遗传因素也起一定作用。

1. 受精率

受精率受公鸡的精液品质、性行为、精液处置方法和存放时间、授精方法和技巧、母鸡生殖道内环境等因素的影响,因此受精率不能单纯被视作公鸡的性状,而是一个综合的性状。其遗传力很低,小于 0.10。一般可通过家系选择改善受精率。据研究,精液量、精子密度的遗传力较低,而精子活力的遗传力要高 1 倍,有可能通过选择迅速提高。

2. 孵化率

孵化率受孵化条件和种蛋质量的强烈影响。据估计,入孵蛋孵化率和受精蛋孵化率的平均遗传力为 0.09 和 0.14,所以要想通过选择在遗传上改进孵化率很困难。

受精率和孵化率受群体遗传结构的影响较大,近交衰退十分严重,这与有害基因的暴露、染色体畸变等有关。因此,在闭锁群继代选育时,随着群内遗传纯合性的增加、近交程度的上升,纯系受精率和孵化率有下降的可能。在育种实践中一般通过淘汰表现差的家系来保持受精率和孵化率的稳定。

四、伴性性状

所谓伴性性状是指由性染色体上的性连锁基因所决定的性状。由于 w 染色体很小,只定位了为数极少的基因,所以在大多数情况下性连锁基因特指 Z 染色体上的基因。鸡的 Z 染色体较大,包含较多的基因,研究也比较深入。通过细胞遗传学和分子遗传学的研究,已有约 20 个基因和很多遗传标记位点被精确地定位于 Z 染色体上。

性连锁基因均可表现出伴性遗传，在育种中利用这一特点来进行初生雏的自别雌雄。

(一)金银羽色

金银羽色基因位点是较早被发现的性连锁基因。金色基因为隐性，用小写 s 表示，银色基因为显性，用大写 S 表示。在此位点上还有一个等位基因，即白化基因，但很少见。洛岛红、新汉夏等品种为金色基因纯合子，而白洛克、苏赛斯、白温多德等则为银色基因纯合子。用前一类鸡作父本，后一类为母本杂交，后代雏鸡可根据绒毛颜色鉴别雌雄。大多数现代褐壳蛋鸡配套系都采用这对基因在商品代实现雏鸡的自别雌雄。

金银羽色除受主基因(S 和 s)影响以外，也受许多修饰基因的影响。商品代母鸡金银羽色位点上的基因型与其父系鸡相同，但二者的成年羽色有较大差异，前者较浅，有一定花斑，后者更深、更均匀，可以很容易将两种鸡区别开。在少数商品代公鸡(杂合型)中，修饰基因也影响到雏鸡的绒毛颜色，使商品代雏鸡的绒毛颜色出现多种类型，容易造成鉴别误差，可以通过一定的育种措施，剔除容易出错的类型，提高鉴别准确率。

(二)羽速(羽毛生长速度)

初生雏鸡一般只有主、副翼羽及其覆翼羽生长出来，其余部位均为绒毛。翼羽的生长速度有较大差异，这种差异主要由一个位点上的等位基因决定。主翼羽生长速度快、初生时明显长于覆主翼羽者称为快羽，相应的快羽基因为隐性，用小写 k 表示；而在初生时主翼羽长度等于或短于覆主翼羽者为慢羽，相应的基因为显性，用大写 K 表示。K 和 k 是羽速基因位点上的主要等位基因，此后又发现了延缓羽毛生长基因 Kn(带这种基因的个体羽毛生长速度极慢)和另一个等位基因 Ks。这 4 个基因的显隐性关系为 Kn＞Ks＞K＞k。

用快羽公鸡与慢羽母鸡杂交产生的雏鸡可根据羽速自别雌雄，快羽为母雏，慢羽为公雏。羽速基因是白来航型白壳蛋鸡及肉鸡中目前唯一可以用来进行雌雄自别的性连锁基因。在褐壳蛋鸡中，可用羽速基因实现父母代的雌雄自别。

(三)伴性矮小型

1. 矮小型基因

鸡的体型(体重)在一些单基因的作用下可以变得矮小，这类基因称为矮小型基因，有常染色体上的 adw 和性染色体 Z 上的 dw 和 dwB。其中研究得最多的是性连锁矮小型基因 dw。dw 基因为隐性，与之对应的是显性普通体型基因 Dw。研究发现，伴性矮小型基因 dw 为生长激素受体基因缺陷型。

2. dw 基因对生产性能的影响

dw 基因对鸡的生长和体型发育的影响极其显著，而这种影响是随着生长发育过程逐步表现出来的。初生时，矮小型鸡和正常型鸡在体重和骨骼长度方面没有明显差异，因此 dw 基因不能用于实现初生雏的自别雌雄。到成年后，矮小型母鸡体重减少约 30%，公鸡体重减少更多。在骨骼方面，主要是长骨受影响而缩短，其跖骨长度比正常型短 25%左右，因而表现出典型的矮小型体征。鸡的腹脂含量也受 dw 基因的影响。在生长过程中矮小型鸡的脂肪含量要显著高于正常鸡，但在成年后比正常型要低。由于体重及体组成上的变化，dw 基因可使耗料量减少 20%左右。

dw 基因对产蛋性能的影响较大。在不同的遗传背景下，dw 基因的效应表现出较大差异。轻型蛋鸡(来航鸡)所受的影响最大，产蛋量减少可达 14%，所以饲料转化率的改进效果不显著。中型褐壳蛋鸡受到的影响较小(−7%),因而在饲料转化率上能获得较大优势(+13%)。在肉种鸡中引进矮小基因,在多数情况下产蛋量有所增加(+3%),加上因体重降低而使饲料消耗量减少,故饲料转化率有十分显著的改进(+37%)。此外,dw 基因可大幅度降低畸形蛋和软壳蛋的发生率,减少破蛋率。

矮小鸡的另一个优势是体型变小后,不但可以加大饲养密度,而且可以使用更矮小的鸡笼,因而节约材料和饲养空间。研究证明,dw 基因对鸡的死亡率、受精率和孵化率等均无不良影响,而且在对抗马立克病方面有优势。

3. dw 基因在育种中的利用

矮小型鸡用作肉用种母鸡时,不但耗料少、饲养密度大,而且产蛋量多,成活率和种蛋合格率高,所以有很好的利用价值。在蛋鸡育种中,矮小型鸡在饲料转化率方面具有突出优势,通过适当的育种措施,可以在一定程度弥补蛋重和产蛋量受到的不利影响。在饲料资源紧缺的我国,培育饲料转化率高的矮小型蛋鸡有重要意义。中国农业大学已在这方面率先开展了育种工作,并培育出饲料转化效率很突出的农大 3 号节粮小型蛋鸡。

(四)横斑芦花

横斑芦花由伴性显性基因 B 控制,B 基因能比较规则地冲淡羽毛的色素沉积,使羽毛呈黑白相间的芦花状斑纹。B 基因具有剂量效应,所以公鸡受影响较大。纯繁时根据雏鸡头顶绒毛白斑大小可鉴别公母雏,横斑芦花母鸡与其他羽色(除显性白羽以外)的公鸡杂交也可实现雏鸡的雌雄自别。

五、其他性状

(一)冠型

1. 冠的种类

鸡的冠型是标准品种的重要特征,主要有单冠、豆冠、玫瑰冠、胡桃冠、杯状冠及“V”形冠等。

单冠是最主要的冠型,冠体为单片状,上端有数目不等的冠齿。最典型的单冠有 5 个冠齿。单冠的大小在不同品种间差异较大,而品种内则比较一致。以单冠白来航的冠最大,有人测定其面积达 13.21 cm^2。而洛岛红的单冠面积仅有 3.89 cm^2。

玫瑰冠较宽厚,在扁平的冠体上有许多规则的乳头状小突起,冠尾似刀尖直指后方。纯合型玫瑰冠公鸡的受精率很差。豆冠是科尼什、婆罗门等品种的特征,其形状一般是在椭圆形的冠体上带有三条纵向突起,其中中间一条最高、最显眼。胡桃冠(也称草莓冠)一般小于玫瑰冠和豆冠,有一条横向浅沟把冠前后分开。

2. 冠型的遗传

对冠型遗传基础的认识很早,其互补效应已成为经典遗传学的范例。冠型主要涉及 2 个基因,玫瑰冠基因为 R,豆冠基因为 P,均为显性。当这两个位点均为隐性纯合子(rrpp)时,表现为单冠;而当 R 和 P 同时存在时,由于基因的互补作用表现为胡桃冠。因此,当纯合玫瑰冠与纯合豆冠鸡杂交时,F_1 代均为胡桃冠,横交后 F_2 代出现的胡桃冠、玫瑰冠、豆冠和单冠 4 种类型,比例为 9∶3∶3∶1。

现代鸡种已突破了品种标准对冠型的限制，加上合成系的广泛采用，冠型已不是鸡种的固定特征。一个鸡种有可能出现几种冠型。

（二）白色羽

白色羽是白壳蛋鸡（来航鸡）的特征，也是目前大多数肉用仔鸡育种中追求的羽毛颜色，其原因是白羽肉鸡屠宰后屠体上没有有色羽根，羽毛囊中也无残留的黑色素，因此屠体美观。现代肉用家禽都在采用白羽类型。

白羽的遗传基础比较复杂，主要涉及下列基因：

1. 显性白羽基因（I）

可以产生一种酶，抑制色素的形成，但只对羽毛产生作用，不影响眼睛的色素沉积。I基因对其等位基因i为不完全显性，因此在具有II基因型的白来航与其他有色鸡种杂交时，后代羽毛上带有大小不等的花斑。有人认为I基因的表现有剂量效应，II基因型含2个基因，所以对色素的抑制作用比Ii基因型要强，而且I基因对黑色素的抑制作用较强，对红色素的抑制作用较弱。

2. 隐性白羽基因（C）

其显性等位基因C为色素原基因，c基因通过基因突变而产生。标准品种白洛克、白温多德等均为由cc基因型而形成的白羽类型，但在培育现代肉鸡鸡种的过程中，为了使羽色更一致，在母系中引入了I基因，成为显性白羽。

c基因只影响羽色，而眼睛仍有色素沉积。在这个位点上还有另外2个隐性等位基因，即红眼白羽基因 c^{re} 和隐性白化基因 c^{a}（白羽粉红色眼）。这一复等位基因系列的显隐性关系为 $C>c>c^{re}>c^{a}$。

3. 隐性白羽基因（O）

其显性基因O为氧化酶基因，产生的氧化酶（酪氨酸酶）可协助将色素原转化为各种色素。隐性纯合子oo的氧化酶基因失活，所以不能正常产生色素。

此外，在性染色体Z上S/s位点还有一个等位基因 s^{al}，为不完全白化基因，可使羽毛变为白色，但带有许多暗色斑纹，眼睛为红色。还有许多基因影响到黑色素的扩散、限制着色素冲淡等，如E位点、Co位点、B位点、Db位点、ML位点、Mo位点、Mh位点等。由于羽色遗传基础的复杂性，造成了育种中提高羽色一致性的困难。

（三）皮肤颜色

鸡的皮肤颜色主要有黄色和白色两种，基本取决于皮肤组织中是否沉积有类胡萝卜素（主要为叶黄素）。研究证实，有一对基因控制着皮肤颜色，白色基因（W）为显性，黄色基因（w）为隐性。白皮肤基因阻止叶黄素转移到皮肤、喙和跖部，而对其他部位没有什么影响。由于叶黄素在皮肤中的沉积较迟缓，所以，要等鸡长到10～12周时才能准确地区分出黄、白皮肤。

除了白、黄皮肤外，还有极少数品种皮肤为黑色，如我国的丝羽乌骨鸡，其皮肤、内脏和骨骼均为黑色，这是因为含有黑色素的细胞分布到全身结缔组织和骨膜组织中。

复习思考题

1. 家禽的标准品种是如何形成的？了解一些重要的家禽标准品种。

2. 现代商业鸡种分为几类？目前主要生产性能潜力能达到多少？
3. 杂交繁育体系的基本结构和特征是什么？
4. 主要的产蛋量和蛋品质指标有哪些？有何遗传特点？为何要对产蛋量进行早期选择？
5. 试述主要肉用性状的遗传特点和育种方法。
6. 以 2 个伴性基因为例，说明如何在家禽中进行雏禽的自别雌雄。

第三章　禽类的繁殖

第一节　母禽的生殖生理

禽类是卵生动物，没有哺乳动物那样的发情期、发情周期和妊娠期；禽类卵较大，而且在母禽输卵管内增添受精卵发育需要的营养物质，随后以蛋的形式产出；受精蛋可在体外保存，遇适宜条件再继续发育，直到孵出雏禽。

一、卵巢与输卵管

位于腹腔中线稍偏左侧，在肾脏前叶的前方，由卵巢、输卵管系膜附于体壁，参见第一章图 1-8。禽类的卵巢是由含有卵母细胞的皮质和内部的髓质组成。在性成熟时，皮质和髓质的界线就消失了。

鸡的输卵管全长约 70 cm。禽类输卵管由漏斗部（又称伞部）、膨大部（蛋白分泌部）、峡部（壶腹部）、子宫部（蛋壳分泌部）和阴道等五部分组成，参见第一章图 1-8。各部分都有其功能，参见第一章表 1-2。

二、母禽的生殖激素

促性腺激素释放激素（GnRH），催产素和催产加压素，促卵泡激素（FSH），促黄体素（LH）、在禽类又称排卵诱导素（OIH），促乳素。另外来源于卵巢激素：雌激素，黄体酮，雄激素，卵巢间质细胞产生，对输卵管生长和分化起作用。

三、卵子发育与卵黄生长

1. 卵子发育

在孵化过程中，雌性原核很快增殖为卵原细胞，到孵化后期或雏禽出壳后，卵原细胞便停止增殖而进入生长期，并变为初级卵母细胞，以后一直持续到性成熟，在排卵前 1～2 h 才发生核的减数分裂，成为次级卵母细胞，并放出一个无卵子的第一极体。次级卵母细胞必须在输卵管内经过受精，才能进行有丝分裂，产生成熟的卵细胞和第二极体。第一、二极体最后被吸收。

2. 卵黄生长

卵黄物质主要是卵黄蛋白和磷脂类，这些物质是在肝脏内合成之后，经血液输送到卵泡的颗粒层，而后至卵母细胞中，卵母细胞可能将这些物质重新组合为卵黄颗粒和液体。

母禽在 2 月龄时，开始沉积卵黄。起初卵黄沉积很慢，颜色浅，卵泡为白色。当接近性成熟时，卵黄迅速沉积，在 9～10 d 内达到成熟的大小，在卵黄生长同时，由卵泡和卵母细胞的分泌物形成卵黄膜。

卵黄沉积因昼夜交替，新陈代谢速度差别，分深、浅两层，白天沉积的为深黄色，称为黄卵黄，夜间沉积的为浅黄色，称为白卵黄。卵母细胞随卵黄沉积，逐渐移至卵黄表面，在它原来的中心位置及移行通道上，均由白卵黄填充，因而形成卵黄心和卵黄心颈。受精的卵细胞形成胚盘，肉眼可见有较大的白色圆点，而且有明区和暗区之分。未受精的卵细胞称为胚珠。

四、排卵

1. 排卵过程

卵黄达到成熟时，便从卵泡表面的无血管区称“卵带区”破裂排出。“卵带区”实际上是有微细血管和部分血管萎缩变白。

排卵时间是在母禽前一枚蛋产出约 30 min 后(7～74 min 不等)，发生下一次排卵。应激可引起“内产卵”。“内产卵”在腹腔中经 24 h 可被吸收。但过多的“内产卵”，则造成腹腔炎。排卵后破裂的卵泡膜，很快皱缩成一薄壁空囊，仍附着在卵巢上。到排卵后 10 d 缩成遗迹，约一个月便消失。破裂的卵泡膜对排卵、产蛋以及母禽在产蛋时进巢伏窝行为起着重要作用。

2. 排卵中断

导致排卵中断的原因可能是输卵管受损或者是在输卵管的蛋白分泌部或峡部存有异物时也抑制排卵。

五、蛋的构造

包括蛋壳、气室、壳膜、蛋白、蛋黄、系带和胚珠或胚盘，参见图 3-1。

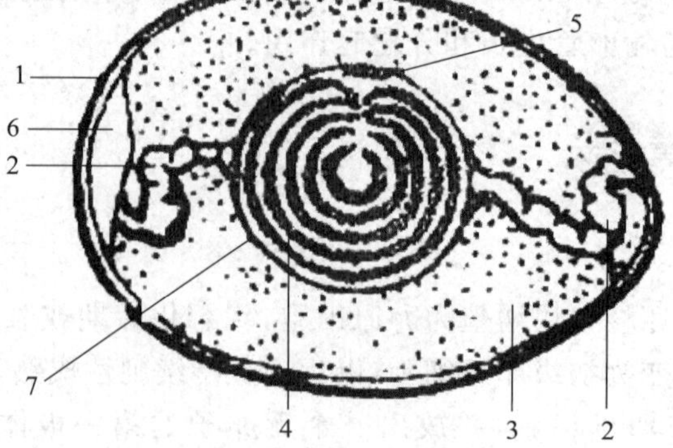

图 3-1　蛋的构造图

1. 蛋壳　2. 系带　3. 蛋白　4. 蛋黄　5. 胚盘　6. 气室　7. 卵黄膜

1. 蛋壳

一般在0.26～0.38 mm之间。蛋壳部位不同，其厚薄也略有差异。蛋壳包括胶质层（也称胶护膜，壳上膜）、海绵层和乳头层。

(1)胶质层：紧贴在蛋壳外的一层胶质，胶质层能封闭蛋壳的气孔，限制蛋内水分的蒸发，防止细菌或霉菌侵入蛋内，起一定的保护作用。

(2)海绵层：是由结晶体状的矿物质沉积在乳头层上一层凹凸不平的硬质层，约占蛋壳厚度2/3。

(3)乳头层：在海绵层的下面，约占蛋壳厚度的1/3。

蛋壳的比重为1.741～2.134，蛋壳上密布着许多气孔，气孔大小并不一致，直径4～40 μm。

2. 壳膜

壳膜有内外两层，外层紧贴蛋壳叫外壳膜，内层直接与蛋白接触叫内壳膜。内壳膜厚约0.05 mm，要比外壳膜厚两倍左右，两层壳膜都有气孔。

外壳膜的网状纤维结构纹理粗糙，形成的气孔较大，可通过微生物。内壳膜的网状纤维结构纹理紧密细致，形成的气孔较小，对外界微生物的侵入起一定的屏障作用。

内壳膜只有在受到蛋白酶的破坏而使气孔增大时，微生物才能侵入蛋内，引起内容物腐败变质。

3. 气室

蛋在母禽输卵管内并没有气室，产出后由于蛋温逐渐下降，内容物收缩，使蛋的钝端内外两层壳膜分离而形成一个气室，产出后一天内的新鲜蛋的气室直径1.25～1.5 cm。

放置的时间愈久，内容物的水分散发也愈多，气室的面积便随之逐渐增大。故可借此鉴别蛋的新鲜和陈旧的程度。当禽蛋的气室增大到占整个蛋体积1/5以上时，就失去了作种蛋用的价值。气室内充满着空气，可在孵化初期给胚胎发育提供所需要的氧气。

4. 蛋白

位于壳膜之内，是一种带有黏性的半流动的白色透明体，可分为四层，即外层稀蛋白、浓蛋白（中层浓蛋白）、内层稀蛋白及紧靠蛋黄一层很浓的蛋白，称系带层浓蛋白。

浓、稀蛋白的比例是随禽类产蛋季节以及蛋保存时间变化而变化，且一般变化幅度较大，浓蛋白可占全部蛋白30%～80%，稀蛋白占全部蛋白20%～70%，陈旧的蛋，其稀蛋白的量有所增加。同时与疾病因素也有关系，蛋白常呈碱性，蛋白内含有许多营养物质，可供禽胚生长发育之需要。

5. 蛋黄

呈半流动黄色球状，位于蛋的偏中心，由一层薄而透明的蛋黄膜所包裹，富有弹性，以保护蛋黄的完整。陈旧蛋的蛋黄膜弹性减弱，稍受振动即可能破裂为散黄蛋。

蛋黄中心近似球形的中心体，称为中心白蛋黄体，从中心白蛋黄体向胚珠或胚盘伸出一个由浅色蛋黄形成的长瓶形颈，瓶口在胚珠或胚盘形成一个空腔，称为囊胚腔，整个蛋黄除了中心浅蛋黄体和瓶形颈外，就是由这样深浅两种蛋黄相间的同心层所组成的，各层深浅蛋黄都被瓶形颈所贯穿。

蛋黄的深浅颜色相间是由于禽体昼夜新陈代谢的节奏性不同而形成的。蛋黄呈酸性，比重略轻于蛋白，所以容易上浮，引起“粘壳”。

6.系带

为蛋黄两端的带状物，起着固定蛋黄位置的作用，使蛋黄位于蛋的中央，不与壳膜相触，它是由粘蛋白纤维扭转而成，在蛋的锐端，系带长而粗，它的纤维拧成两股向右扭转，蛋的钝端系带较短小，纤维拧成一股向左扭转。陈蛋的系带会逐渐变细而最终消失。

7.胚珠或胚盘

蛋黄表面有一个淡白色小圆点称胚珠，受精后次级卵母细胞经过分裂即形成胚盘，比胚珠略大，内层透明而边缘混浊，是胚胎体外发育的起点。由于胚珠或胚盘比重较蛋黄轻，因此总是在蛋黄的上面。

六、产蛋周期、换羽和就巢

1.产蛋周期

蛋用母禽产蛋有一定的周期性，即连续产蛋数天，称“连产”。然后休息一天或数天，称“间歇”。所以一个产蛋周期包括“连产”天数和“间歇”天数。

2.换羽(强制换羽)

人工强制换羽，就是人为地给鸡施加一些应激因素，在应激因素作用下，使其停止产蛋，体重下降、羽毛脱落从而更换新羽。强制换羽的目的，是使整个鸡群在短期内停产、换羽、恢复体质，然后恢复产蛋，提高蛋的质量，达到降低饲养成本，延长鸡的经济利用期，提高经营效率的有效方法。目前常用的人工换羽方法有化学法、激素法、畜牧学法以及合并法。

3.就巢

就巢性，也叫“抱窝”，是禽类一种母性行为，也是家禽自然繁殖后代的一种本能，也叫“抱性”或“就巢性”。家禽的繁殖方法和家畜不同，家禽的胚胎发育是在母体外完成的，因此必须有母亲抱孵，胚胎的发育才能继续进行。一般地说，鸡、火鸡、鹅都有就巢性，鸭的就巢性消失(瘤头鸭例外)，轻型种就巢性较弱，重型种就巢性较强。

家禽在就巢期间停止产蛋，因此就巢性强的家禽，产蛋减少。在现代化养鸡生产中，机器孵化代替了鸡的抱蛋孵化，鸡蛋的孵化率提高，出雏也更整齐。

第二节　公禽的生殖生理

一、公禽的生殖器官

公禽生殖器官的特点是：睾丸在体腔内，没有真正的阴茎，只有退化交配器，也没有前列腺、尿道球腺等副性腺。

公禽的生殖器官主要有睾丸、附睾、输精管及退化的交配器，参见第一章图1-7。

(一)睾丸

睾丸形状似菜豆,悬挂于脊柱两侧,肾脏前端的正下方。睾丸的颜色、重量及大小常因品种、年龄、性机能活动而变化。颜色通常为奶酪色,但有时全部或部分为黑色。

(二)附睾

精细管在睾丸背侧,由许多精细管相互结合形成精细管网,管网延伸而成为附睾管。其表面和睾丸一起被一层白膜包着。公禽附睾很小。附睾内不贮存精子。

(三)输精管

输精管左右两侧各一条,开口于泄殖腔。它与输尿管平行。输精管由前至后逐渐变粗,在其后部形成囊状,囊状的末端为圆锥形,称为射精管的乳突,突入泄殖腔内。体内精子主要贮存在输精管,特别是输精管的囊状膨大部,存有大量成熟的精子。

(四)交配器官

公鸡退化的交配器位于泄殖腔腹腔内侧,是由八字状襞(亦称外侧阴茎)和生殖突起(亦称中央阴茎体)组成。交配时,由于充血八字状襞勃起,围成输精沟,精液通过输精沟流入母鸡阴道口(水禽的交配器比较发达)。

二、性发育与精子生成

公禽的精子发育主要经过 4 个时期,即精原细胞、初级精母细胞,次级精母细胞,精子细胞。刚孵出的小公鸡,可以见到精原细胞,5 周龄时精原细胞开始增殖、生长。6 周龄时出现初级精母细胞。10 周龄,初级精母细胞分裂产生次级精母细胞。12 周龄时,次级精母细胞进行有丝分裂而形成精细胞。最后,精细胞变形,成为精子。

精子发育各个时期的具体周龄,常因品种、品系而有差别。建议轻型蛋用公禽在 22～24 周龄,中型蛋用公禽 24～26 周龄,肉用型公禽在 25～28 周龄开始配种。

三、精子与精液

(一)精液性状及化学成分

精液是由精子和精清组成,精液为乳白色不透明液体,略带有腥味。新鲜的精液呈弱碱性,pH 为 7.1～7.6。

家禽的精液量、密度、pH 以及精子活力,因品种、年龄、季节、饲养管理、交配次数(采精次数)、采精技术等有很大的差异。适龄的公禽其精液量、密度、活力都较年老或幼龄公鸡高。精清的化学组成,已知有 50～60 种成分。

(二)精子形态与构造

禽类的精子形态特点是头部长而纤细,平面观察像蝌蚪状,立体呈长圆柱,精子颈部很短,参见图 3-2。精子头部前端为顶体,有顶脊和顶冠。顶体能分泌一种使卵黄膜溶解的酶(顶体酶),帮助精子进入卵子中受精。所以顶体完整与否直接影响受精率。

(三)精子的生理特性

1.精子的代谢

为了延长精子的存活时间,抑制其活动,降低代谢速度,须用低温保存。

2.精子的运动

新采的精液可见三种运动形式,一是直线运动,二是转圈运动,三是抖动。只有直线运动的精子才有受精作用,参见图 3-2。

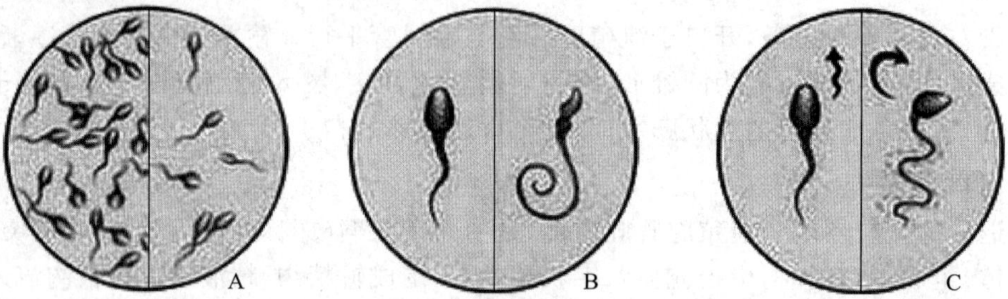

图 3-2 正常精子与非正常精子示意图

A.左侧为正常数量的精子,右侧为数量较少的精子 B.左侧为形态正常的精子,右侧为形态畸形的精子 C.左侧为运动形式正常的精子,右侧为运动形式非正常的精子。

当精液中有异物时(粪便、羽毛)精子会用头部积聚在异物的周围,此种现象称向触性或趋向性。

(四)外界条件对精子的影响

对精子产生影响的外界因素包括:温度、渗透压、酸碱度、光线、震动、化学药物以及稀释倍数。

第三节 受精与持续受精

一、受精

受精过程是精子和卵子的核互相结合,相互同化的过程。禽类的受精作用,是在排卵后的 15～20 min 内进行,因卵子在漏斗部停留时间也是那么短暂。有 6～20 个(也有认为 20～60 个)精子进入卵子,但只能有一个精子的核与卵子发生受精,其余的精子便慢慢地溶解。

二、持续受精

禽类的精子能在母禽输卵管内存活相当长时间,仍有受精能力。母禽输卵管中有两处贮精腺,即漏斗下部的高位贮精腺和子宫阴道联合处的低位贮精腺。精子在输卵管的寿命和持续受精时间的长短，因品种、年龄等而有差异。鸡输卵管内的精子最长可存活 30～32 d。

第四节 自然交配繁殖

一、公母比例

自然交配的禽群，饲养密度不宜过高，公母比例要适宜。鸡的公母比例是：轻型鸡 1：(10～15)；中型鸡 1：(10～12)；重型鸡 1：(8～10)。公鸡交配活动最频繁的时间是下午 4～6 点。水禽一般在早上和傍晚在水面进行交配。

在自然交配条件下，各种品种的鸭的公母交配比例：蛋用型鸭 1：(20～25)；兼用型鸭 1：(15～20)；肉用型鸭 1：(5～8)；瘤头鸭 1：(5～8)；轻型鹅 1：(5～8)；重型鹅 1：(3～4)。

二、家禽的种用年限与自然交配方法

鸡的利用年限为一年，鸭一年，鹅六年。自然交配的繁殖方法包括：大群配种、小群配种、轮换配种以及小群笼养法配种。

第五节 人工授精

一、采精与输精技术

(一)采精

1.采精方法

按摩采精法又分腹部按摩、背部按摩、腹背结合按摩三种。多采用按摩法采精，具体操作因场地设备而异。生产实际中多采用双人立式背腹部按摩采精法，现以笼养种鸡的采精输精为例简述其具体操作。

(1)保定：一人从种公鸡笼中用一只手抓住公鸡的双脚，另一只手轻压在公鸡的颈背部。

(2)固定采精杯：采精者用右手食指与中指或无名指夹住采精杯，采精杯口朝向手背。

(3)按摩：夹持好采精杯后，采精者用其左手从公鸡的背鞍部向尾羽方向抚摩数次，刺激公鸡尾羽翘起。与此同时，持采精杯的右手大拇指和其余四指分开从公鸡的腹部向肛门方向紧贴鸡体作同步按摩。当公鸡尾部向上翘起，肛门也向外翻时，左手迅速转向尾下方，用拇指和食指跨捏在耻骨间肛门两侧挤压，此时右手也同步向公鸡腹部柔软部位快捷的按压，使公鸡的肛门更明显的向外翻出。

(4)采精：当公鸡的肛门明显外翻，并有射精动作和乳白色精液排出时，右手离开鸡体，将夹持的采精杯口朝上贴住向外翻的肛门，接收外流的精液。公鸡排精时，左手一定要捏紧肛门两侧，不得放松，否则精液排出不完全，影响采精量。

人工采精的注意事项包括：不粗暴对待公鸡，环境要安静；不污染精液；采精按摩时间不宜过久，捏挤动作不应用力过大，否则引起公鸡排粪、尿，透明液增多，或损伤黏膜而出血，从而污染精液；采到的精液应立刻置于保温瓶内，采精后 30 min 内使用完毕。

电刺激采精：用 3.4～10 V 交流电源，地线一端插入公鸡泄殖腔 1.5～2.0 cm 深，火线末端点触公鸡任何一侧的股骨上端外某一部位，接触 1～2 s，间歇 4～5 s，如此反复 4～5 次，翻出泄殖腔，便可用手挤出精液。

2. 采精前的准备

公鸡的选择，隔离与训练公鸡，预防污染精液。训练之前，将泄殖腔周围羽毛剪除。采精当天，公鸡须于采精前 3～4 h 绝食，以防排粪、尿。

3. 采精次数

人工采精实际上是人为地刺激公鸡的性兴奋，以达到采精的目的，因而在手法上一定要力度适中，按摩频度由慢到快。要给公鸡带来近乎自然的快感。在采精时间上要相对固定，以给公鸡建立良好的条件反射，采精的次数因鸡龄不同而异，一般青年公鸡开始采精的第一个月，可隔日采精一次，随鸡龄增大，也可一周内连续采精 5 d，休息 2 d。

(二)输精

1. 输精操作

输精时注意事项包括：当给母鸡腹部施以压力时，一定要着力于腹部左侧；无论使用何种输精器，均须对准输卵管开口中央，轻轻插入，切忌将输精器斜插入输卵管；助手与输精员密切配合，当输精器插入的一瞬间，助手应立刻解除对母鸡腹部的压力，输精员便有效地将精液全部输入；注意不要输入空气或气泡；防止相互感染，必须每输 1 只母鸡用消毒棉花擦拭输精器。

2. 输精部位和深度

在生产实际中多采用母鸡阴道子宫部的浅部输精，翻开母鸡肛门看到阴道口与排粪口时为度，然后将输精管插入阴道口 1.5～2 cm 即可输精。由于品种、体型的差异，推荐浅输精，轻型蛋鸡以 1～2 cm，中型蛋鸡和肉用型鸡以 2～3 cm 为宜。但在母鸡产蛋率下降，精液品质较差的情况下，可用中阴道输精。

3. 输精量与输精次数

输精量与输精次数，取决于精液品质和持续受精时间的长短。输精量多少主要取决于精液中精子的浓度和活力，一般要求输入 8 000 万至 1 亿个精子，约相当于 0.025 mL 精液中的精子数量。

蛋用型母鸡盛产期，每次输入原精液 0.025 mL，每 4～5 d 输一次；产蛋中、末期以 0.05 mL 原精液，每 3～4 d 输一次。

肉用型母鸡每次输入 0.03 mL 原精液，每 4～5 d 一次，中、末期以 0.05～0.06 mL，每周输 2 次，或 4 d 输一次。

4. 输精时间

从理论上讲，一次输精后母鸡能在 12～16 d 内产受精蛋，但生产实际中为保证种蛋的高受精率，一般每间隔 5 d 输精 1 次，肉鸡因其排卵间隔时间较蛋鸡长，生殖器官周围组织脂肪较多而肥厚，输精的间隔时间应短一些，一般 3 d 为周期。每次输精应在大部分鸡产完蛋后进行，一般在下午 15：00～16：00 点以后。为平衡使用人力，一个鸡群常采用分期分批输精，即按一定的周期每天给一部分母鸡输精。

5. 输精的具体操作及注意事项

输精的具体操作及注意事项：生产实际中常采用两人配合。一人左手从笼中抓着母鸡双腿，拖至笼门口，右手拇指与其余手指跨在泄殖腔柔软部分上，用巧力压向腹部，同时握两腿的左手，一面向后微拉，一面用手指和食指在胸骨处向上稍加压力，泄殖腔立即翻出阴道口，将吸有精液的输精管插入，随即用握着输精管手的拇指与食指轻压输精管上的胶塞，将精液压入。注意母鸡的阴道口在泄殖腔左上方。具体操作时宜将多只公鸡的精液混合后并在不超过 0.5 h 时间内使用，以提高种蛋的受精率。人工采精输精的器具，应严格消毒，防治疾病的交叉感染。

二、精液的品质评定

精液常规检查项目有外观、精液量、活力、密度、pH 以及畸形率的检查。

1. 精液的颜色

健康公鸡的精液为乳白色，浓稠如牛奶。若颜色不一致或混有血、粪尿等，或呈透明，都不是正常的精液，不能用于输精。

2. 射精量

射精量的多少与鸡的品种、年龄、生理状况、光照以及饲养管理条件有关，同时也与公鸡的使用制度和采精者的熟练程度有关。平均射精量为 0.3～0.45 mL，其变化范围较大，可从 0.05～1.00 mL。

3. 精液的浓度

一般把鸡精液浓度分为浓、中、稀三种，在显微镜下观察视野中精子的数量，一次射精的平均浓度为 30.4 亿/mL，其计算方法是用血球计数板一个视野中的精子数量而推算，范围在 1 亿～100 亿/mL 变化。

4. 精子活力

精子活力对蛋的受精率大小影响很大，只有活力大的精子才能进入母鸡输卵管，到达漏斗部使卵子受精，精子的活力也是在显微镜下观察，用精液中直线摆动前进的精子的百分比来衡量。

5. 精液的 pH

采精过程中，有异物落入其中是精液 pH 变化的主要原因。正常的精液 pH 通常为中性到弱碱性，6.2～7.4。精液 pH 的变化影响精子的活力，从而也影响种蛋的受精率。

三、精液的稀释与保存

（一）精液稀释

1. 精液稀释的目的

精液稀释的目的包括：①鸡精液量少，密度大，稀释后可增加输精母鸡数，提高公鸡的利用率。②精液经稀释可使精子均匀分布，保证每个输精剂量有足够精子数。③便于输精操作。

④稀释液主要是给精子提供能量，保障精细胞的渗透平衡和离子平衡，提供缓冲剂，防止 pH 变化，延长精子寿命有利于保存。

2. 稀释液的配制要求

稀释液配制要求是：①化学药剂应为化学纯或分析纯。②一切用具均应彻底洗涤干净、消毒、烘干。③准确称量各种药物，充分溶解后，过滤、密封消毒。④按要求调整 pH 和渗透压。⑤短期保存的稀释液中所用脂类、奶类和蛋黄，除作为营养剂外，还是有防止精子发生"冷休克"作用。⑥加入抗生素等生物制剂，亦应在稀释液冷却后加入。

3. 稀释方法与稀释比例

稀释时稀释液应沿装有精液的试管壁缓慢加入，轻轻转动，使均匀混合。作高倍稀释应分次进行。精液稀释的比例，根据精液品质和稀释液的质量而定。精液经过适当稀释有利于体外保存。室温保存不超过 1 h，稀释比例以 1∶(1～2)为宜。在 0～5℃保存 3 h，8 h 或 24～48 h，稀释比例宜 1∶(3～4)。冷冻精液，稀释比例常在 1∶(4～5)，或更高。

(二)精液保存

精液保存方法包括：常温保存、低温保存和精液冷冻保存。

(三)精液的稀释和保存的注意事项

鸡精液的稀释是用专门配制的稀释液稀释。鸡精液的冷冻保存仍处于试验阶段。对实际生产来讲，用新鲜的精液输精更为方便实用，故在此对鸡精液的保存与稀释方法不作介绍。

复习思考题

1. 母禽的生殖特点有哪些？
2. 公禽的生殖特点有哪些？
3. 简述蛋的形成过程。
4. 蛋的构造包括哪些？
5. 畸形蛋形成的原因有哪些？
6. 简述鸡的人工授精技术。

第四章 人工孵化

第一节 孵化场的建筑要求及设备

一、孵化场的建筑要求

(一)场址选择

孵化场应建立在交通相对便利的地方,以方便种蛋和雏禽的运输,但又要远离交通干线、居民区、畜禽场,以免污染环境和被污染。如果是作为种鸡场的附属孵化场,应建立在鸡场的下风向,并保持适当距离,有独立的出入口。而且,孵化场必须配备发电机,保障电力供应。

(二)孵化场的布局和工艺流程

孵化场的建筑设计应遵循入孵种蛋由一端进入,雏禽由另一端出去的原则,基本流程是:"种蛋→种蛋消毒→种蛋储存→种蛋处置(分级、码盘等)→孵化→移盘→出雏→雏禽处置(鉴别、分级、免疫)→雏禽存放→雏禽运输"。此流程为单向流程,不得逆转。小型孵化厂可采用长条形布局,大型孵化厂为了提高建筑物的利用率,在各室安排时应以孵化室和出雏室为中心,缩短种蛋的转移路程,减少职工在各室之间的来往。

(三)孵化厂的建筑要求

孵化室的墙壁、地面、天花板应选用防水、防潮、便于冲洗且耐腐蚀的材料,墙壁采用混凝土磨面,用防水涂料将表面涂光滑。天花板至地面的高度一般为 3.2 m 以上,天花板的材料最好用防水的压制木板或金属板,天花板上面使用隔热材料。要求门的高度为 2.4 m 以上,宽 1.5 m 以上,便于运输车进出。门的密封性能要好。地面用混凝土浇筑,并镶嵌钢筋防止开裂。地面要平整且有一定的坡度,便于冲洗的水流进下水道。

孵化厂必须安装通风换气系统,目的是供给氧气,排除废气和驱散余热,保持室温在 25℃左右。

二、孵化场的设备

包含平面孵化器、水处理设备、运输设备、冲洗设备、发电设备以及其他设备。

1. 水处理设备

孵化厂用水需要进行分析,如果水的硬度较大,含泥沙较多,则矿物质和泥沙会沉积于湿度控制器及喷嘴处,很快就使其无法运转,阀门也会因此而关闭不严并发生漏水。因此,孵化厂用水必须进行软化处理和安装过滤器。

2.运输设备

为了尽量减少蛋箱、蛋盘和雏禽等在厂内的搬运,提高工作效率,孵化厂经常使用各种类型的小车以便于搬运,常用的有四轮车、半升降车、集蛋盘、输送机等。

3.种蛋分级和洗蛋设备

种蛋按大小分级进行孵化可以提高孵化效果,在大型孵化厂种蛋在入孵前都必须按大小进行分级。孵化厂为了提高生产效率,经常使用真空吸蛋器、移蛋器、种蛋分级器、种蛋清洗机等设备。

4.孵化设备

孵化器的质量要求温差小、控温和控湿精确、孵化效果好、安全可靠、便于操作管理、故障少、便于维修和服务质量好。孵化器主要分为箱体式和巷道式。

箱体式孵化器和出雏器容蛋量可以几千枚到2万枚左右,适用于每年多批次孵化的孵化厂。一般中小型孵化厂使用箱式立体孵化器,也有较大规模的孵化厂采用这种孵化器。

巷道式孵化器专为大型孵化厂而设计,尤其孵化商品肉鸡雏的孵化厂孵化量很大,使用巷道式孵化器可以节省设备和能源。巷道式孵化器和配套的出雏器,分别放置在孵化室和出雏室,孵化器容蛋量达8万~16万枚,甚至更大,出雏器是一般的箱体形式,容蛋量1.3万~2.7万枚。另外,孵化厂还根据需要配备清洗机、雌雄鉴别台、照蛋器、疫苗注射器等设备。

第二节　种蛋的管理

种蛋收集后需要进行筛选,经过消毒后才能进行孵化,有时还要进行运输和短期的储存。种蛋的质量受种禽质量、种蛋保存条件等因素的影响,种蛋质量的好坏会影响种蛋的受精率、孵化率以及雏禽的质量。

一、种禽质量

为了提供高质量的种蛋,首先要求种禽生产性能高、无经蛋传播的疾病、饲料营养全面、管理良好、种蛋受精率高和无传染性疾病,尤其是要杜绝或严格控制经蛋传播的疾病。对于种鸡,经蛋传播的疾病主要有鸡白痢、禽白血病和支原体病等。

二、种蛋的选择

1.清洁度

蛋壳表面粘有粪便或被破蛋液污染的污染蛋,不仅自身的孵化效果较差,还会污染其他正常的种蛋和整个孵化器,增加死胚和腐败蛋,导致孵化率降低和雏禽质量下降,应予以剔除。

2.蛋的大小

大蛋和小蛋的孵化效果均不如正常的种蛋。对同一品系(品种)同一日龄的鸡群,所产蛋的大小越接近一致，种蛋合格率越高，也说明鸡群的选育程度较高，饲养管理也越好。大蛋的孵化时间较长，而小蛋的孵化时间又较短，雏鸡质量都不太好，都不宜作种蛋。鸡群刚开产时主要产小蛋，这时的大蛋几乎都是双黄蛋，鸡的产蛋率正处于上升阶段，受精率较低，孵出的雏鸡也很小、很弱，饲养成活率很低。

3.蛋形

接近卵圆形的种蛋孵化效果最好，蛋形指数要求在 0.72～0.76。蛋形指数是鸡蛋短轴与长轴的比值。选种蛋时应剔除细长、短圆、枣核状、腰凸状等不合格的蛋。蛋壳有皱纹、沙皮的都属于遗传缺陷，不能作种蛋。

4.蛋壳颜色

不同的品种蛋壳颜色不同，但是必须要求种蛋符合本品种特征。对于褐壳蛋鸡或其他选择程度较低的家禽，蛋壳颜色一致性较差，留种蛋时不一定苛求蛋壳颜色完全一致。然而，对于由于疾病或饲料营养等因素造成的蛋壳颜色突然变浅应千万注意，如确系该原因造成的应暂停留种蛋。

5.蛋壳厚度

良好的蛋壳(鸡蛋壳厚度 0.35 mm 左右)不仅破损率低，而且能有效地减少细菌的穿透数量，孵化效果好。蛋壳过厚，孵化时蛋内水分蒸发慢，出雏困难；蛋壳太薄，不仅易破，而且蛋内水分蒸发过快，细菌易穿透，不利于胚胎发育。蛋壳厚度在 0.40 mm 以上的钢皮蛋和 0.27 mm 以下的薄皮蛋，以及沙皮蛋、厚薄不匀的皱纹蛋都应剔除。蛋壳厚度可通过红外蛋壳厚度测定仪测定，也可以通过盐水测相对密度大致了解。表 4-1 显示了蛋壳厚度和细菌侵入的情况。

表 4-1　蛋壳厚度和细菌侵入情况

蛋的相对密度	蛋壳厚度/mm	被细菌侵入的蛋比例/%		
		30 min	60 min	24 h
1.070	0.32	33	41	54
1.080	0.34	18	25	27
1.090	0.36	11	16	21

6.内部质量

裂纹蛋，气室破裂、气室不正、气室过大的陈蛋以及大血斑蛋孵化率也低，在筛选种蛋时需要剔除。

有些性状不能通过外观直接看到，但是又不可能全部进行检查，只能进行抽测。通过测相对密度和哈氏单位可以了解种蛋的新鲜程度。存放时间长的种蛋相对密度较低，且哈氏单位因蛋白黏度的降低而降低。通过照蛋检查裂纹蛋，裂纹蛋经过冷库储存 1 d 后从外观上就可以看出来，或者通过几个鸡蛋的轻微碰击也能听出来。

7.种蛋选择的次数和场所

一般情况下种蛋在禽舍内经过初选，剔除破蛋、脏蛋和明显畸形的蛋，然后在入蛋库保存前或进孵化室之后再进行第二次选择，剔除不适合孵化用的禽蛋。

三、种蛋的消毒

禽蛋从产出到入库或入孵前，会受到泄殖腔排泄物不同程度的污染，在禽舍内受空气、设备等环境污染，因此禽蛋的表面附着许多细菌。虽然禽蛋有数层保护结构，可部分阻止细菌侵入，但是不可能全部阻止。随着时间的推移，细菌数量迅速增加。细菌进入禽蛋内后会迅速繁殖，有时在孵化器内爆裂，污染整个孵化器，对孵化率和雏禽健康有很大影响，因此种蛋应进行认真消毒。

（一）种蛋消毒时间

为了减少细菌穿透蛋壳的数量，种蛋产下后应马上进行第一次消毒。种禽场应尽量做到每天多收集几次种蛋，收集后马上进行消毒。种蛋入孵后，可在孵化器内进行第二次熏蒸消毒。种蛋移盘后在出雏器进行第三次熏蒸消毒。

（二）消毒方法

种蛋消毒的方法有很多种，在生产中经常使用的是一些操作简单而且能在鸡蛋产下后迅速采取的方法。

1. 甲醛熏蒸

福尔马林（含 40%甲醛溶液）和高锰酸钾按一定比例混合后产生的气体，可以迅速有效地杀死病原体。第一次种蛋消毒通常用的浓度为每立方米空间用 42 mL 福尔马林加 21 g 高锰酸钾，熏蒸 20 min，可杀死 95%～98.5%的病原体；第二次在孵化器内消毒，用的浓度为每立方米 28 mL 福尔马林加 14 g 高锰酸钾；雏鸡熏蒸消毒时浓度再减半，用 14 mL 福尔马林加 7 g 高锰酸钾。甲醛熏蒸要注意安全，防止药液溅到人身上和眼睛里，消毒人员应戴防毒面具，防止甲醛气体吸入体内。

2. 二氧化氯喷雾

种蛋收集后放在蛋盘中，用 80 mg/L 的二氧化氯喷雾消毒，效果很好，但是种蛋必须晾干后才能保存。

3. 臭氧消毒

把种蛋放在密闭的房间或箱体内，当臭氧浓度达到 0.01%时有良好的杀菌力，消毒时间长是这种消毒方法的一个缺点。

4. 过氧乙酸熏蒸

每立方米用 16%的过氧乙酸溶液 50 mL、高锰酸钾 5 g，熏蒸 15 min，可快速、有效杀死大部分病原体。但过氧乙酸的腐蚀性较强，而且高温易引起爆炸。

5. 杀菌剂浸泡洗蛋

大型种禽场可采用机械化洗蛋机对种蛋进行有效的清洗，洗蛋液中可加入特制的杀菌剂，洗蛋后使用次氯酸溶液进行漂洗。洗蛋过程中容易破坏蛋壳的胶质层，所以一般用于入孵前消毒。清洗消毒的水温保持 40.5～43.3℃，蛋内胚胎不能被加热到 37.2℃。种蛋消毒后应马上存放到蛋库中保存或入孵，防止再次被细菌污染。

四、种蛋的保存

（一）种蛋保存的适宜温度

鸡胚胎发育的生理零度为 23.9℃，超过这个温度胚胎就开始发育，低于这个温度胚胎就停止发育，进入休眠状态。因此，种蛋应当保存在适宜的环境温度下，直到种蛋入孵前为止。

如果种蛋储存1周之内，要求种蛋库的保存温度是15～18℃；如果种蛋保存1周以上，则要求蛋库的储存温度更低，在10～12℃孵化的效果才受影响最小。种蛋保存期间应保持温度的相对恒定，最忌温度忽高忽低。鸡蛋蛋白的凝结点为－0.5℃，冬季鸡舍的温度低于0℃，很容易造成种蛋受冻，造成表观受精率和孵化率降低，雏鸡质量下降。

(二)种蛋保存的适宜相对湿度

种蛋保存期间蛋内水分通过气孔不断蒸发，蒸发的速度与周围环境湿度有关，环境湿度越高蛋内水分蒸发越慢。如果湿度过大，会使盛放种蛋的纸蛋托和纸箱吸水变软，有时还会发霉。种蛋库的相对湿度要求75%～80%，既可大大减慢蛋内水分的蒸发速度，同时又不会因湿度过大使蛋箱损坏。

(三)种蛋保存时间

从表4-2可以看出，在15～18℃的保存条件下，种蛋保存5 d之内对孵化率和雏鸡质量无明显影响，但是超过7 d孵化率会有明显下降，超过2周的种蛋孵化的价值就不大了。如果要保存2周以上的时间，则需要进一步降低种蛋储存的温度，而且孵化率也会明显降低。

表4-2 种蛋保存时间对孵化率的影响

保存天数/d	受精蛋孵化率/%	保存天数/d	受精蛋孵化率/%
1	88	16	44
4	87	19	30
7	79	22	26
10	68	29	0
13	56		

即使种蛋保存条件很好，种蛋受精率和孵化率也会随保存时间的延长而降低。随着种蛋保存时间的延长，孵化时间延长，种蛋每多保存1 d，孵化时间延长0.5～1 h，而且雏鸡的质量也降低。如果种蛋需要保存较长时间，可将种蛋装在不透气的塑料袋内，充满氮气后保存，这样可以减少袋内氧气含量，阻止蛋内物质和微生物的代谢，防止蛋内水分蒸发，减少孵化率降低幅度。研究表明，用这种方法保存21 d的种蛋，孵化率仍能达到75%～80%。

(四)种蛋保存期间的其他注意事项

1.种蛋放置的位置

一般要求种蛋在保存期间大头向上，小头向下，这样利于种蛋存放和入孵时码放和处理种蛋。

2.转蛋

如果种蛋保存时间不超过1周，在储存期间不用转蛋。保存2周时间，在储存期间需要每天将种蛋翻转90°，以防止系带松弛、蛋黄贴壳，减小孵化率的降低程度。

3.种蛋上的水汽凝结

当种蛋由种蛋库移出运到码盘室时，由于码盘室的温度较高，水蒸气会凝集到蛋壳上，形成水滴，俗称“冒汗”。种蛋“冒汗”不仅不利于操作，而且容易受细菌污染，要尽快加大通风量消除水汽。注意不要用甲醛熏蒸有水汽的种蛋。

五、种蛋运输

种蛋长途运输要有专门的包装，一般用纸箱包装，每箱300～420个。运输工具可以选择汽车、火车或飞机，要保障运输途中不受热、不受冻、不被雨淋，还要防止破损，在包装箱上标注相应的标志。冬季向寒冷地区运送种蛋，可以先把种蛋套上一层塑料布，可以抵抗－20℃的低温。

第三节　胚胎发育

禽类的胚胎发育有两个特点：一是胚胎发育所需营养物质来自蛋，而不是母体；二是整个胚胎发育分母体内（蛋形成过程）和外界环境中（孵化过程）两个阶段。

一、胚胎在蛋形成过程中的发育

成熟的卵细胞，在输卵管的喇叭口受精至产出体外，在输卵管中约停留24 h。由于禽类的体温高，适合受精卵发育，第一次卵裂是受精后3～5 h在峡部进行的，分裂至8～16个细胞。到子宫后4 h内增至256个细胞。鸡蛋产出体外，鸡胚发育已达具有内、外胚层的原肠期，胚的发育因温度下降暂时停止。

二、胚胎在孵化过程中的发育

受精蛋在适宜的孵化条件下，胚胎继续发育，很快形成中胚层。三个胚层形成所有组织和器官。

中胚层：形成肌肉、骨骼、生殖泌尿系统、血液循环系统、消化系统的外层、结缔组织。外胚层：形成羽毛、皮肤、喙、趾、感觉器官、神经系统。内胚层：形成呼吸系统上皮、消化器官（黏膜部分）、内分泌器官。

（一）孵化期和影响孵化期的因素

受精蛋在抱窝种禽或孵化器内发育至出雏所需时间称孵化期，常见家禽孵化期参见表4-3。影响孵化期的因素有：家禽类型、蛋重、保存时间、孵化温度、气候以及近亲繁殖。

表4-3　几种主要家禽的孵化期　d

品种	孵化期	品种	孵化期
鸡	21	火鸡	28
鸭	28	鹌鹑	17～18
鹅	31(30～32)	珍珠鸡	26～28
番鸭	33～35	鸽子	17～18
鹧鸪	24～25	鸵鸟	41～42

(二)胚胎在孵化过程中的发育

以鸡为例说明,参见图 4-1。

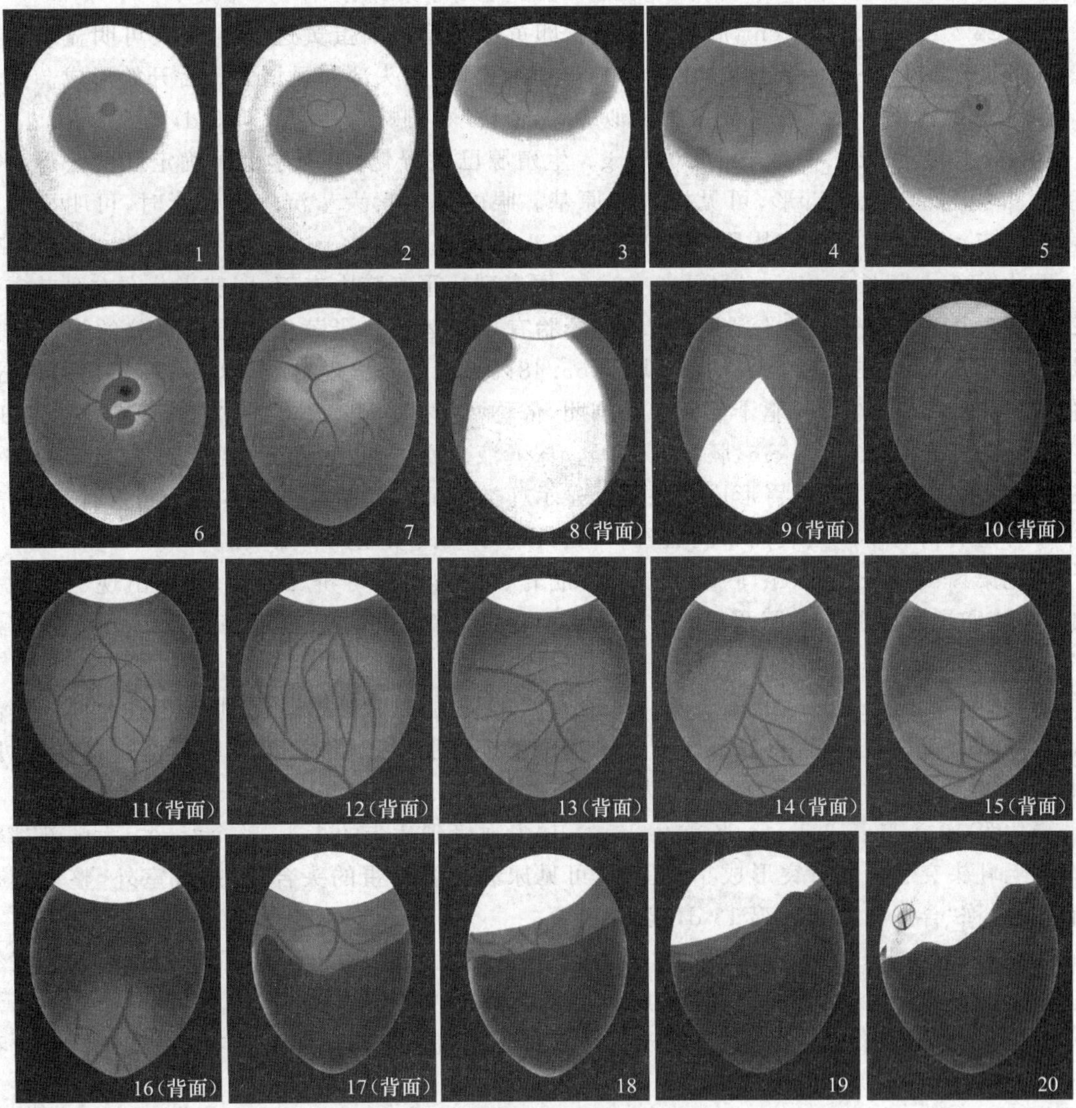

图 4-1 鸡胚胎发育图

孵化第 1 d,胚盘直径 0.7 cm,胚重 0.2 mg。在胚盘明区形成原条,其前方为原结,原结前端为头突,头突发育形成脊索、神经管。中胚层的细胞沿着神经管的两侧,形成左右对称的呈正方形薄片的体节 4～5 对。中胚层进入暗区,在胚部的边缘出现许多红点,俗称"血岛"。鸭、火鸡 1～1.5 d,鹅 1～2 d。

孵化第 2 d,胚盘直径 1.0 cm,胚重 3 mg。卵黄囊、羊膜、绒毛膜开始形成。胚胎头部开始从胚盘分离出来。血岛合并形成血管。入孵 25 h,心脏开始形成,30～42 h,心脏开始跳动,可见到 26～27 对体节。照蛋时,可见卵黄囊血管区,形似樱桃,俗称"樱桃珠"。鸭、火鸡 1.5～3 d,鹅 3～5 d。

孵化第 3 d,胚长 0.55 cm,胚重 20 mg。尿囊开始长出。胚的位置与蛋的长轴垂直。开始形成前后肢芽。出现 5 个脑胞的原基,眼的色素开始沉着。有 35 对体节。照蛋时,可见胚和伸展的卵黄囊血管形似蚊子,俗称"蚊虫珠"。鸭、火鸡 4 d,鹅 4.5～5 d。

孵化第 4 d,胚长 0.77 cm,胚重 50 mg。卵黄囊血管包围蛋黄达 1/3,肉眼可明显看到尿囊。羊膜腔形成。胚和蛋黄分离,由于中脑迅速生长,胚胎头部明显增大。舌开始形成。照蛋时,蛋黄不容易转动,胚与卵黄囊血管形似蜘蛛,俗称"小蜘蛛"。鸭、火鸡 5 d,鹅 5.5～6 d。

孵化第 5 d,胚长 1.0 cm,胚重 0.13 g。生殖腺已性分化,组织学上可确定胚的公母。胚极度弯曲,整个胚体呈"C"形,可见指(趾)原基。眼的黑色素大量沉着。照蛋时,可明显看到黑色的眼点,俗称"单珠"或"黑眼"。鸭、火鸡 6 d,鹅 7 d。

孵化第 6 d,胚长 1.38 cm,胚重 0.29 g。尿囊到达蛋壳膜内表面,卵黄囊分布在蛋黄表面 1/2 以上。由于羊膜壁上的平滑肌的收缩,胚胎有规律运动。蛋黄由于蛋白水分的渗入而达到最大的重量,由约占蛋重的 30.01%增至 65.48%。喙原基出现,躯干增长,翅、脚已可区分。照蛋时,可见头部和增大的躯干部两个小圆团,俗称"双珠"。鸭、火鸡 7～7.5 d,鹅 8～8.5 d。

孵化第 7 d,胚长 1.42 cm,胚重 0.57 g。尿囊液急剧增加,上喙前端出现小白点形的破壳器——卵齿,口腔、鼻孔、肌胃形成。胚胎已显示鸟类特征。胚胎自身有体温。照蛋时,胚有羊水中不容易看清。半个蛋表面布满血管。鸭、火鸡 8～8.5 d,鹅 9～9.5 d。

孵化第 8 d,胚长 1.5 cm,胚重 1.15 g。肋骨、肺、胃明显可辨,颈、背、四肢出现羽毛乳头突起,右侧卵巢开始退化。照蛋时,胚在羊水中浮游,背面两边蛋黄不易晃动,俗称"边口发硬"。鸭、火鸡 9～9.5 d,鹅 10～10.5 d。

孵化第 9 d,胚长 2 cm,胚重 1.53 g。喙开始角质化,软骨开始骨化,眼睑已达虹膜。解剖时,心、肝、胃、肾、肠已发育良好。尿囊几乎包围整个胚胎。照蛋时,可见卵黄两边易晃动,尿囊血管伸展越过卵黄囊,俗称"窜筋",火鸡 10.5 d,鹅 11.5～12.5 d。

孵化第 10 d,胚长 2.1 cm,胚重 2.26 g。尿囊血管到达蛋的小头,整个背、颈、大腿部都覆盖有羽毛乳头突起。龙骨突形成。照蛋时,可见尿囊血管在蛋的头合拢,除气室外,整个蛋布满血管,俗称"合拢"。鸭、火鸡 13 d,鹅 15 d。

孵化第 11 d,胚长 2.54 cm,胚重 3.68 g。背部出现绒毛,腺胃明显可辨,冠锯齿状。尿囊液达最大量。照蛋时,血管加粗,颜色加深。鸭、火鸡 14 d,鹅 16 d。

孵化第 12 d,胚长 3.57 cm,胚重 5.07 g。身躯覆盖绒毛,肾、肠开始有功能,开始用喙吞食蛋白。鸭、火鸡 15 d,鹅 17 d。

孵化第 13 d,胚长 4.34 cm,胚重 7.37 g。头部和身体大部分覆盖绒毛,胫、趾出现角质鳞片原基,蛋白通过浆羊膜道迅速进入羊膜腔。眼睑达瞳孔。照蛋时,蛋小头发亮部分随胚龄增加而逐渐减少。鸭、火鸡 16～17 d,鹅 18～19 d。

孵化第 14 d,胚长 4.7 cm,胚重 9.74 g。胚胎全身覆盖绒毛,头向气室,胚胎开始改变为横着的位置,逐渐与蛋长轴平行。鸭、火鸡 18 d,鹅 20 d。

孵化第 15 d,胚长 5.83 cm,胚重 12 g。翅已完全成型,胫、趾的鳞片开始形成,眼睑闭合,体内外器官大体都已形成。鸭 19 d,鹅 21 d。

孵化第 16 d,胚长 6.2 cm,胚重 15.8 g。冠和肉髯明显,绝大部分蛋白已进入羊膜腔。鸭 20 d,鹅 22～23 d。

孵化第 17 d,胚长 6.5 cm,胚重 18.59 g。羊水、尿囊液开始减少。躯干开始增大,脚、翅、颈变大,两腿紧抱头部。喙向气室。蛋白全部输入羊膜腔。照蛋时,蛋的小头看不到发亮的部分,俗称“封门”。鸭 20～21 d,鹅 23～24 d。

孵化第 18 d,胚长 7 cm,胚重 21.83 g。羊水、尿囊液明显减少,头弯曲在右翼下,眼开始睁开,肺血管完全形成,但未开始呼吸。胚胎转身,喙朝气室。照蛋时可见气室倾斜,俗称“斜口”。鸭 22～23 d。

孵化第 19 d,胚长 7.3 cm,胚重 25.62 g。尿囊动、静脉开始萎缩,卵黄囊开始收缩,与大部分蛋白进入腹腔。喙进入气室,开始呼吸。颈、翅突入气室,头埋右翼下雏鸡开始啄壳,可听见叫声。照蛋时可见气室有翅膀、喙、颈部的黑影闪动,俗称“闪毛”。鸭 24.5～25 d,鹅 27.5～28 d。

孵化第 20 d,胚长 8 cm,胚重 30.21 g,尿囊完全枯萎,血循环停止蛋黄与卵黄囊完全进入腹腔。前半天,大批啄壳,鸡啄壳时,首先用“破壳器”在近气室处敲一个圆的裂空,然后沿蛋的横径逆时针方向敲打至占周长的 2/3 时,雏用头顶,主要用脚蹬,挣扎破壳。20.5 d 时大量出壳。鸭 25.5～26 d,鹅 28.5～30 d。

第 21 d,小鸡顺利出壳。

(三)胚胎的发育生理

1. 胎膜的形成及其功能

胚胎发育早期形成的四种胚外膜:卵黄膜、羊膜、浆膜亦称绒毛膜、尿囊膜。

(1)卵黄囊。在孵化的第 2 d,由于体褶出现而开始形成卵黄囊。孵化第 4 d,卵黄囊血管包围蛋黄 1/3。孵化第 6 d,卵黄囊血管分布于蛋黄表面 1/2。孵化第 9 d,卵黄囊几乎覆盖整个蛋黄表面。卵黄囊表面分布很多血管,构成卵黄囊循环系统,经卵黄囊柄通入胚体。蛋黄吸收是由卵黄囊内胚层细胞的消化酶,将蛋黄变成液状,然后被卵黄囊的内壁所吸收。并通过卵黄囊血管到达循环的血液,经心脏带到生长的胚胎各部分。卵黄囊的内壁有很多皱褶,以增加吸收面积。卵黄囊内壁在孵化初期,形成血管内皮层和原始血球。该囊在孵化第 6 d 前还给胚供氧,可见卵黄囊是胚胎的营养器官、造血器官和呼吸器官。孵化第 19 d,卵黄囊及剩余蛋黄绝大部分进入腹腔,第 20 d 完全进入腹腔。雏鸡出壳时,约剩余 5 g 蛋黄,一般在孵出后 6～7 d 被雏鸡小肠吸收完毕,仅在肠壁外残留一个小突起,称卵黄蒂(为空肠和回肠的分界线)。

(2)羊膜与绒毛膜羊膜。在孵化 30～33 h 开始生出,先形成头褶,随后头褶向两侧伸展而形成侧褶,40 h 覆盖胚头部,第 3 h 尾褶出现。第 4～5 h,由于头、侧、尾褶继续生长的结果,在胚胎背尿囊上方相遇合并,称羊膜脊或浆羊膜脊,形成了羊膜腔,包围胚胎。尔后,羊膜腔充满液体(羊水),起着缓冲震动,平衡压力,保护胚胎免受震伤的作用,也保持早期胚胎的湿度。

羊膜表面没有血管,但有平滑肌纤维,孵化第 6 d 开始有规律地收缩,波动羊水,使胚胎不致因粘连而畸形。孵化 5～6 d 羊水增多,第 17 d 羊水开始减少,第 18～20 d 大幅度减少以至枯萎。羊膜褶包括两层胎膜。内层靠胚体,称羊膜,外层称浆膜(又称绒毛膜)。它紧贴在内壳膜上,当尿囊发育到达壳膜时,绒毛膜又与尿囊结合形成结合膜,称尿囊绒毛膜,并随尿囊发育,最后包围胚胎本身及其他胚外膜和蛋的内容物。

(3)尿囊。孵化第 2 d 末至第 3 d 初开始生出,从后肠的后端腹壁形成一个突起。孵化第 4～10 d 迅速生长,第 6 d 到达壳膜内表面,第 10～11 d 包围整个胚胎内容物,并在蛋的小头合拢,以尿囊柄与肠连接。尿囊在接触壳膜内表面继续发育的同时,与绒毛膜结合成尿囊绒毛膜，起到排出二氧化碳吸入外界氧气的呼吸作用，并吸收壳壁的无机盐供给胚胎。尿囊还是胚胎蛋白质代谢产生的尿素、尿酸等废物的贮存场所。尿囊既是胚胎的营养器官，又是胚胎的呼吸器官和排泄器官。

孵化第 17 d 尿囊液开始减少，第 19 d 动、静脉萎缩，第 20 d 尿囊血液循环停止。当雏鸡破壳而出时，尿囊柄断裂，黄白色的排泄物和尿囊绒毛膜弃留蛋壳内壁上。蛋白位于尿囊绒毛膜和卵黄囊之间，有人称蛋白囊，实际上它没独立的囊。

2. 胚胎血循环的主要路线

鸡胚的血液循环有三条主要路线：卵黄囊血液循环、尿囊绒毛膜血液循环和胚内循环。

(1)卵黄囊血液循环。它携带血液到达卵黄囊，吸收养料后回到心脏，再送到胚胎各部。

(2)尿囊绒毛膜血液循环。它从心脏携带含有二氧化碳及含氮废物的血液到达尿囊绒毛膜，排出二氧化碳及含氮废物，然后吸收养料及氧气回到心脏，再分配到胚胎各部。

(3)胚内循环。从心脏通过血液带着养料和氧气，到达胚胎各部；再带着含氮废物和二氧化碳离开胚胎各部回到心脏。

(四)胚胎发育过程中的物质代谢

发育中的胚胎需要蛋白质、碳水化合物、脂肪、矿物质、维生素、水和氧气等作为营养物质，才能完成正常发育。

1. 水

蛋内水分随孵化期的递增而逐渐减少，一部分被蒸发，其余部分进入蛋黄，形成羊水、尿囊液以及胚胎体内水分。蛋黄内的水分从孵化的第 2 d 开始增加，6～7 d 达到最大量，从第 1 d 的 30%增至 64.4%。水分来源于蛋清，所以蛋清含水量从 54.4%降至 18.4%，变成浓稠的胶状物，约 12 d 后水分重新进入蛋清，蛋黄恢复原重，蛋清变稀，以便经浆羊膜道进入羊膜腔。整个孵化期损失的水分占蛋重的 15%～18%。

2. 能量

胚胎发育所需要的能量来自蛋白质、碳水化合物和脂肪，但不同胚龄的胚胎对这些营养物质的利用不同。碳水化合物是胚胎发育早期的能量来源，而后利用碳水化合物和蛋白质。脂肪的利用是在孵化的 7～11 d，胚胎将脂肪变成糖加以利用，17 d 后脂肪被大量利用。第 10 d 胰脏分泌胰岛素，从 11 d 起，肝内开始储存肝糖原。蛋内脂肪的 1/3 在胚胎发育过程中耗掉，2/3 储存在雏鸡体内。

3. 蛋白质

蛋内蛋白质约 47%存于蛋清，其余约 53%存于蛋黄，它是形成胚胎组织器官的主要营养物质。在胚胎发育过程中蛋清及蛋黄中的蛋白质锐减，而胚胎体内的各种氨基酸渐增。在蛋白质代谢中，分解出的含氮废物由胚内循环带到心脏，经尿囊绒毛膜血管循环排泄在尿囊腔中。第 1 周胚胎主要排泄尿素和氨，从第 2 周起排泄尿酸。

4. 矿物质

在胚胎的代谢中钙是最重要的矿物质，它是从蛋壳中转移至胚胎中的。蛋内容物和胚胎中的钙含量自孵化的第 12 d 起显著上升。胚胎发育还需要其他矿物质，如磷、镁、铁、钾、钠、硫、氮等，其来源主要是蛋内容物。如果种母鸡日粮中矿物质缺乏，则导致蛋中矿物质含量不能满足胚胎发育的需要。

5.维生素

维生素是胚胎发育不可缺少的营养物质，主要是维生素 A、维生素 B_2、维生素 D_3 和泛酸等，这些维生素全部来源于种鸡所采食的配合饲料，如果饲料中的含量不足，会影响蛋内含量，极容易引起胚胎早期死亡或破壳难而闷死于壳内。维生素不足也是造成残、弱雏的主要原因。

第四节　孵化条件

家禽胚胎的孵化发育，主要依靠外界条件：即温度、湿度、通风、转蛋(翻蛋)、晾蛋和卫生等。

一、温度

温度是有机体生存发育的重要条件，只有保证胚胎正常发育所需的适宜温度，才能保证酶类最佳的催化作用，才能保证新陈代谢正常进行，进而获得高孵化率和健康雏禽。

1.生理零度

低于某一温度胚胎发育就被抑制，要高于这一温度胚胎才开始发育，这一温度被称为“生理零度”，也称临界温度。因为干扰因素太多，所以生理温度的准确值很难确定。此外，这一温度还随家禽的品种、品系不同而异。一般认为鸡胚的生理零度约为 23.9℃。

2.胚胎发育的温度范围和孵化最适温度

胚胎发育对环境温度有一定的适应能力，以鸡为例，温度在 35～40.5℃(95～105℉)之间，都会有一些种蛋能孵化出雏鸡。鸡孵化的最适温度为 37.8℃。在环境温度得到控制(24～26℃)的前提下，鸡孵化期(1～18 d)内的适宜温度需控制在 37.5～37.8℃，出雏期(19～21 d)为 36.9～37.2℃。其他家禽的孵化适宜温度和鸡接近，一般在±1℃的范围内。孵化期越长的家禽，孵化适宜温度相对越低一些，而孵化期越短的家禽孵化适宜温度相对越高一些，如鹅孵化期适宜温度为 37℃，而鹌鹑是 38.6℃。

另外，最适宜温度还受蛋的大小、蛋壳质量、家禽的品种品系、种蛋保存时间、孵化期间的空气湿度等因素的影响，褐壳蛋要稍高于白壳蛋。

3.高温的影响

胚胎在高于最适温度条件下孵化，会加速胚胎发育的速度，缩短孵化期，但孵化率和雏鸡质量会有不同程度的下降。例如，16 日龄鸡胚在 40.6℃条件下经 24 h 孵化率只有轻微的下降，但是在 43.3℃条件下放置 6 h 孵化率则明显下降，9 h 后会严重下降。孵化温度升至 46.1℃经 3 h 或 48.9℃经 1 h，所有胚胎将全部死亡。当发生停电事故时，风扇停止运转，热量不均匀，较热的空气上升至孵化器顶部，会造成孵化器上部的种蛋过热，而下部温度不足，这样孵化器内上部的种蛋就会因过热和缺氧而死亡。

4.低温的影响

在低于最适温度条件下孵化，胚胎发育会变缓，延长孵化期。机器孵化同自然孵化一样，短时间的降温(0.5 h 以内)对孵化效果无明显的不良影响。孵化 14 d 以前胚胎发育受温度降低的影响较大；15～17 d即使将温度短时降至18.3℃也不会严重影响孵化率；19～21 d虽然要求的最适宜温度低，但是温度下降却会对出雏率有严重的影响，如果温度降至18.3℃以下，则孵化率可以降低至10%以下，在此期间即使短时间的停电也会严重影响出雏率。

(一)变温孵化与恒温孵化

1.变温孵化法(亦称阶段降温法)

根据不同的孵化器、不同的环境温度和不同胚龄，给予不同的孵化温度。如果环境温度低于20℃，则孵化温度可比适宜温度高0.5～0.7℃；如果环境温度高于30℃，则可以降低孵化温度0.2～0.6℃。规模化养鸡人工机械孵化很少采用此法，我国传统孵化法则多采用变温孵化，水禽和比较大的家禽也多采用变温孵化。鸡的变温孵化的给温方案见表4-4。鸭变温孵化温度设定为：第1 d 39～39.5℃，第2 d 38.5～39℃，第3 d 38～38.5℃，第4～20 d 37.8℃，第21～25 d 37.5～37.6℃，第26～28 d为37.2～37.3℃。

2.恒温孵化法

适用于分批孵化的胚蛋，照顾不同日龄的胚胎对温度的需要。将鸡的21 d孵化期的孵化温度分为：1～19 d，37.8℃，20～21 d，37.5℃。在一般情况下，两个阶段均采用恒温孵化。恒温孵化要求的孵化器水平较高，而且对孵化室的建筑设计要求较高，需保持22～26℃较为恒定的室温和良好的通风。巷道式孵化器采用的是恒温孵化。

表4-4 鸡变温孵化方案

胚龄/d	1～6	7～12	13～18	19～21
室温15～20℃	38.5	38.2	37.8	37.5
室温22～28℃	38.0	37.8	37.6	36.9

(二)高温、低温对胚胎发育的影响

胚胎在高温环境下孵化，能加速胚胎发育，缩短孵化期，但死亡率增加，雏禽质量下降。低温下孵化，胚胎发育迟缓，孵化期延长，死亡率增加，胚胎大多死于壳内。孵化操作中，尤其应防止胚胎发育早期(1～7 d)在低温下孵化，出雏期间(19～21胚龄)要避免高温孵化。

二、相对湿度

湿度的作用：防止蛋内水分的过多蒸发；利于蛋壳中碳酸氢钙的形成，利于啄壳。其化学反应公式为：$H_2O+CO_2+CaCO_3 = Ca(HCO_3)_2$

1.胚胎发育的相对湿度范围和孵化的最适湿度

家禽胚胎发育对环境相对湿度的适应范围比温度要宽些，一般为40%～70%。立体孵化器最适湿度是：入孵器50%～60%，出雏器65%～75%。孵化室、出雏室相对湿度为75%。

一定要防止同时高温高湿。适当的湿度孵化初期使胚胎受热良好，孵化后期有益于胚胎散热，也有利破壳出雏。所以，在雏禽啄壳以前提高湿度是很重要的，尤其是水禽(如鸭、鹅)孵化。

一般采取两头高，中间低的加湿办法。

2.高湿、低湿对胚胎发育的影响

湿度过低，蛋内水分蒸发过多，容易引起胚胎和壳膜粘连，引起雏禽脱水。湿度过高，影响蛋内水分正常蒸发，雏禽腹大，脐部愈合不良。

三、通风换气

胚胎在发育过程中，不断与外界进行气体交换，吸收氧气，排出二氧化碳和水分。为保持正常的胚胎发育，必须供给新鲜的空气，二氧化碳浓度不超过0.5%，否则会导致胚胎发育迟缓，死亡率增高，出现胎位不正和畸形。氧气含量为21%时孵化率最高，每减少1%，孵化率下降5%。但氧气含量过高，孵化率也会降低，每增加1%，孵化率下降1%左右，一般情况下氧气含量不会过高，高原地区更容易缺氧。新鲜空气中的二氧化碳含量为0.03%～0.04%，只要孵化器通风设计合理，运转操作正常，孵化室空气新鲜，一般二氧化碳不会过高。通风不要过度，过度通风不利于保持温度和相应的湿度。

胚胎发育过程中，与外界的气体交换随着胚龄的增加而加强，尤其19 d以后，鸡胚开始用肺呼吸，其耗氧更多。胚胎自身的产热量也随着胚龄的增加成比例增加，尤其孵化后期胚胎代谢更加旺盛，产热更多，这些热量必须散发出去，否则会造成温度过高，烧死胚胎或影响其正常发育。孵化器内的均温风扇，不仅可以提供胚胎发育所需要的氧气，排出二氧化碳，而且还起到均匀温度和散热的功能。

四、转蛋

1. 转蛋的作用

转蛋的主要目的在于改变胚胎方位，防止粘连，促进羊膜运动；调节内外胚蛋的温度；促进胚胎的运动，利于营养物质的吸收；改变蛋的位置，利于孵化的温度均匀性。

2. 转蛋次数及停止转蛋时间

一般每天转蛋6～8次即可。第1～2周转蛋更为重要。机器孵化一般到第17 d或19 d停止转蛋和进行移盘。

3. 转蛋角度

鸡蛋转蛋角度以水平位置前俯后仰各45°为宜，而鸭蛋为50～55°，鹅蛋以55～60°更好。转蛋时动作要轻、稳、慢。

五、孵化场的卫生

1. 孵化场的场址选择和工艺流程

见本章第一节。

2. 工作人员的卫生要求

孵化场工作人员进场前，必须经过淋浴更衣，并定期消毒。

3. 两批出雏间隔时间的消毒

在每批孵化结束之后，立刻对设备、用具和房间进行冲洗消毒。注意消毒不能代替冲洗，只有彻底冲洗后，消毒才有效。入孵器及孵化室的清洗消毒步骤：用高压水冲刷孵化室地面，然后用熏蒸法消毒。孵化场熏蒸消毒浓度(倍数：1倍14 mL甲醛，7 g高锰酸钾)，参见表4-5。

表4-5　孵化场熏蒸消毒浓度

对象	新鲜种蛋	入孵种蛋	孵箱雏禽	孵化室	出雏器	出雏室	分捡室	洗涤室	车垫
浓度	2～3	2	1	1～2	3	3	3	3	3
时间	20～30	20～30	3	30	30	30	30	30	30

六、晾蛋

1.晾蛋的作用

晾蛋是指种蛋孵化到一定时间，关闭电源甚至将孵化器门打开，让胚蛋温度下降的一种孵化操作程序。其目的是驱散孵化器内余热，让胚胎得到更多的新鲜空气，有人认为还可以给予胚胎冷刺激，有利胚胎发育。

2.晾蛋方法

头照后至尿囊绒毛膜“合拢”前，每天晾蛋1～2次；“合拢”后至“封门”每天晾蛋2～3次；“封门”后至大批出雏前，每天晾蛋3～4次。

第五节　孵化效果的检查和分析

一、衡量孵化效果的指标

衡量孵化效果的主要指标有：受精率，一般水平应达92%以上；早期死胚率，正常水平为0.5%～1%；受精蛋孵化率，应该在92%以上；入孵蛋孵化率，高水平达到87%以上；健雏率，高水平应98%以上；死胎率，死胎蛋一般指出雏结束后扫盘时的未出壳的种蛋。一般在10%以下。

二、孵化效果的检查

通过照蛋、出雏观察和死胎的病理解剖，并结合种蛋品质以及孵化条件等综合分析，查明原因，做出客观判断。并以此作为改善种鸡的饲养管理、种蛋管理和调整孵化条件的依据。这项工作是提高孵化率的重要措施之一。

(一)照蛋

1.照蛋的目的和合适时间

第7 d照第1次蛋，在第10～11 d进行第二次照蛋。

照蛋的主要目的是观察胚胎发育情况，并以此作为调整孵化条件的依据，结合观察，挑出无精蛋、死精蛋或死胎蛋。头照挑出无精蛋和死精蛋，特别是观察胚胎发育是否正常。照蛋胚龄及胚胎发育特征见表4-6。

表4-6 照蛋胚龄及胚胎发育特征

照蛋	孵化天数/d			胚胎发育特征
	鸡	鸭、火鸡	鹅	
头照	6(白壳)或10(褐壳)	6～7	7～8	黑眼
抽检	10～11	13～14	15～16	合拢
二照	19	25～26	28	闪毛

2. 发育正常的胚蛋与各种异常胚蛋的辨别

主要鉴别发育正常的活胚蛋、弱胚蛋、破蛋、无精蛋(俗称"白蛋")、死精蛋(俗称"血蛋")、死胎蛋(俗称"毛蛋")和腐败蛋，参见图4-2。

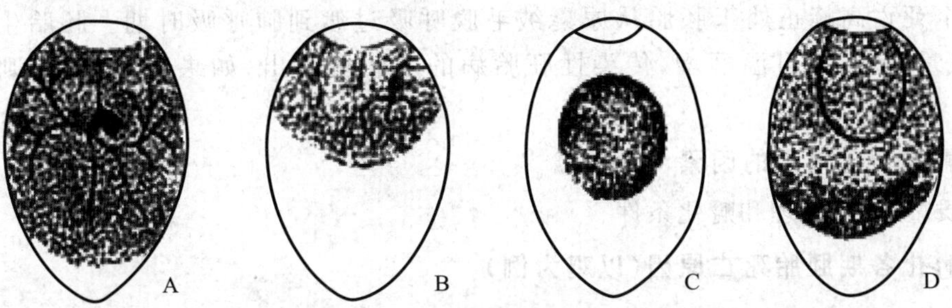

图4-2 胚胎发育的照蛋图

A. 正常发育的胚蛋 B. 发育较弱的胚蛋 C. 无精蛋 D. 发育过程中死亡的胚蛋

(二)蛋在孵化期间的失重

出雏前共失重20%～30%。

(三)出雏期间的观察

1. 健雏

绒毛洁净有光，蛋黄吸收良好，腹部平坦。脐带部愈合良好、干燥，而且被腹部绒毛覆盖。雏站立稳健有力，叫声洪亮，对光和声音反应灵敏。体形匀称，不干瘪或臃肿，显得"水灵"，而且全群整齐。

2. 弱雏

绒毛污乱，脐带部潮湿带血污、愈合不良，蛋黄吸收不良，腹大拖地。雏站立不稳，两腿或一腿叉开，两眼时开时闭，精神不振，显得疲乏不堪，叫声无力或尖叫呈痛苦状。对光、声反应迟钝，体形臃肿或干瘪，个体大小不一。

3. 残雏、畸形雏

弯喙或交叉喙。脐部开口并流血，蛋黄外露甚至拖地。脚和头部麻痹，瞎眼扭脖。雏体干瘪，绒毛稀短焦黄(俗称"火烧毛")等。

(四)死雏、死胎外表观察及病理解剖

观察皮肤、绒毛、内脏及胸腔、腹腔、卵黄囊、尿囊等有何病理变化;并进行微生物检查。

三、孵化效果的分析

(一)胚胎死亡的原因分析

1.整个孵化期胚胎死亡的分布规律

胚胎死亡存在着两个死亡高峰:第一个高峰出现在孵化前期,鸡胚在孵化第3～5 d(鸭、鹅3～6 d)。第二个高峰出现在孵化后期,鸡胚在孵化第18 d以后(鸭25～26 d、鹅27～28 d)。

2.胚胎死亡高峰的一般原因

第一个死亡高峰正是胚胎生长迅速、形态变化显著时期,各种胎膜相继形成而作用尚未完善。胚胎对外界环境的变化是很敏感的,稍有不适,胚胎发育便受阻,以至发育终止。

第二个死亡高峰正处于胚胎从尿囊绒毛膜呼吸过渡到肺呼吸时期。胚胎生理变化剧烈,胚需氧量剧增,其自温猛增,传染性胚胎病的威胁更突出,如果情况异常,则很快造成死亡。

(二)影响孵化效果的因素

种禽质量、种蛋管理和孵化条件。

(三)孵化各期胚胎死亡原因(以鸡为例)

1.前期死亡(1～6 d)

种蛋的营养水平及健康状况不良,主要是缺维生素A、维生素B_2;种蛋贮存时间过长,保存温度过高或受冻;种蛋熏蒸消毒过度;种蛋运输时受剧烈振动;孵化前期温度过高。

2.中期死亡(7～12 d)

种鸡的营养水平及健康状况不良,如缺维生素,胚胎死亡高峰在第12～13 d,缺维生素D_3时出现水肿现象;污蛋未消毒;孵化温度过高,通风不良,若尿囊绒毛膜未合拢除发育落后外,多系转蛋不当所致。

3.后期死亡(13～18 d)

种鸡的营养水平差,如缺维生素B_{12},胚胎多死于第16～18 d,气室小,系湿度过高;胚胎如有明显充血现象,说明有一段时间高温;发育极度衰弱,系温度过低;小头打嘴,系通风换气不良或小头向上入孵。

4.闷死壳内

出雏时温度、湿度过高,通风不良;胚胎软骨畸形,胚位异常,卵黄囊破裂,颈、腿麻痹软弱等。

5.啄壳后死亡

若洞口多黏液,系高温高湿;第20～21 d通风不良;在胚胎利用蛋白时遇到高温,蛋白未吸收完,尿囊合拢不良,卵黄未进入腹腔;移盘时温度骤降,种鸡健康状况不良,有致死基因;小头向上入孵;头两周内未转蛋;20～21 d孵化器内温度过高,湿度过低。

四、提高孵化率的途径

饲养高产健康种禽，保证种蛋质量；加强种蛋管理，确保入孵前种蛋质量；创造良好的孵化条件。掌握3个主要孵化条件：掌握好孵化温度、孵化场和孵化器的通风换气及其卫生，对提高孵化率和雏禽质量至关重要。

抓住孵化过程中的两个关键时期：1～7胚龄和18～21胚龄(鸡)。

1. 1～7胚龄孵化措施

第一，种蛋入孵前预热，既利于胚胎的苏醒、恢复活力，又可减少孵化器中温度下降，缩短升温时间。第二，孵化1～5 d，入孵器进出气孔全部关闭。第三，用福尔马林和高锰酸钾消毒孵化器里种蛋时，应在蛋壳表面凝水干燥后进行，并避开24～96 h胚龄的胚蛋。第四，5胚龄(鸭、火鸡6胚龄；鹅7胚龄)前不照蛋，以免孵化器及蛋表温度剧烈下降。

2. 18～21胚龄孵化措施

此期的通风换气要充分。为解决供氧和散热问题。第一，避开在18胚龄移盘(鸡)。第二，啄壳、出雏时提高湿度，同时降低温度。第三，注意通风换气，必要时可加大通风量。第四，保证正常供电。第五，捡雏时间的选择。第六，观察窗的遮光。第七，防止雏禽脱水。第八，雏禽消毒问题。

第六节　初生雏禽的雌雄鉴别

一、雌雄鉴别的原因

一是节省饲料。二是节省禽舍、设备、劳动力和各种饲养费用。三是可以提高母雏的成活率、均匀度。出生雏禽的生殖器官参见图4-3。

初生雏禽的雌雄鉴别主要分为肛门鉴别法、器械鉴别法、伴性遗传鉴别法、捏肛法、鸣管法5种。

二、初生雏禽的分级

1. 出壳时间

强雏在正常的孵化期内出壳，一般出壳较迟(即扫摊雏)为弱雏。

2. 绒毛

强雏绒毛整洁而有光泽，长短整齐。弱雏绒毛蓬乱污秽，缺乏光泽，有时还短缺。

3. 体重

强雏大小均匀，体态匀称。弱雏大小不一，过重或过轻。

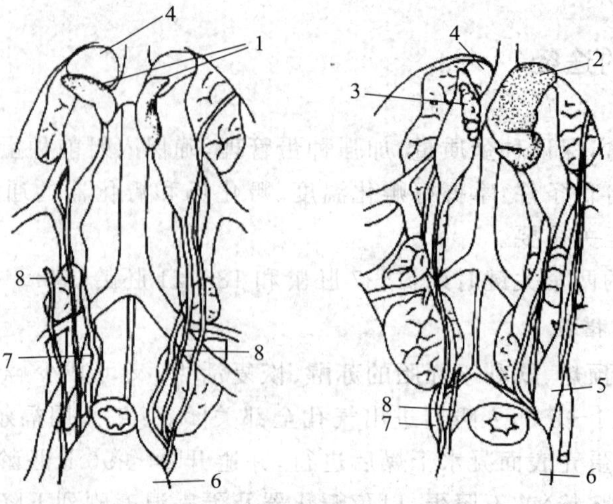

图 4-3 出生雏禽的生殖器官(左:公雏,右:母雏)

1.睾丸 2.左侧卵巢 3.右侧退化卵巢 4.肾上腺 5.输卵管 6.泄殖腔 7.输尿管 8.缪勒氏管

4.脐部

强雏愈合良好、干燥,其上覆盖绒毛。弱雏愈合不良,“钉脐”或脐孔很大,有黏液或带血或卵黄囊外露,脐部无绒毛覆盖。

5.腹部

强雏腹部大小适中、柔软。弱雏腹部膨大,触之有弹性。

6.活力

强雏活泼,腿干结实,反应快。弱雏站立不稳,反应迟钝,多痴呆。

7.叫声

强雏清脆响亮。弱雏嘶哑无力。

8.感触

强雏饱满,挣扎有力。弱雏瘦弱松软,无挣扎力。

三、初生雏禽的雌雄鉴别方法

(一)鸡的泄殖腔及退化的交尾器官

鸡的直肠末端与泌尿和生殖道共同开口于泄殖腔,泄殖腔向外的开口有括约肌,称为肛门。将泄殖腔背壁纵向切开,由内向外可以看到3个主要皱襞:第一皱襞作为直肠末端和泄殖腔的交界线而存在,它是黏膜的皱襞,与直肠的绒毛状皱襞完全不同;第二皱襞约位于泄殖腔的中央,由斜行的小皱襞集合而成,在泄殖腔背壁幅度较广,至腹壁逐渐变细而终止于第三皱襞;第三皱襞是形成泄殖腔开口的皱襞。

雄性泄殖腔共有5个开口:两个输尿管开口于泄殖腔上壁第一皱襞的外侧;两个输精管开口于泄殖腔下壁第一及第二皱襞的凹处,成年鸡有小乳头突起;再一个就是直肠开口。在近肛门开口泄殖腔下壁中央第二、三皱襞相合处有一芝麻粒大的白色球状突起(初生雏比小米粒还小),两侧围以规则的皱襞,因呈八字状,故称“八字状襞”,白色球状突起称为“生殖突起”。生殖突起和八字状襞构成显著的隆起，称为“生殖隆起”。生殖突起及八字状襞呈白色而稍有光泽，有弹性，在加压和摩擦时不易变形，有韧性感。

雌性泄殖腔的皱襞及输尿管的开口部位与雄性完全相同，在泄殖腔左侧稍上方，第一、二皱襞间有一输卵管开口(或称阴道口)。在雄性存在退化交尾器处，呈凹陷状。雌性泄殖腔内有4个开口。

初生雏泄殖腔的构造与成年鸡没有显著差异，3个主要皱襞已经与成年鸡同样发达。雄雏有的可以看到输精管开口的小乳头。雌雏的输卵管这时还很细，仅末端膨大，而其开口尚未发达。退化交尾器官雄雏较发达，但形态及发育程度因个体有很大差异，雌雏的生殖隆起的退化情况也不一致，因个体不同，有的留痕迹，有的隆起相当发达。肛门鉴别法主要是根据生殖突起及八字襞的形态、质地来分辨雌雄。

(二)初生雏鸡肛门鉴别

初生雏鸡生殖隆起的形态和分类：雄雏生殖隆起分为：正常型、小突起型、扁平型、肥厚型、纵形和分裂型；雌雏分为：正常型、小突起型和大突起型。正常型的雄雏生殖隆起参见图4-4。

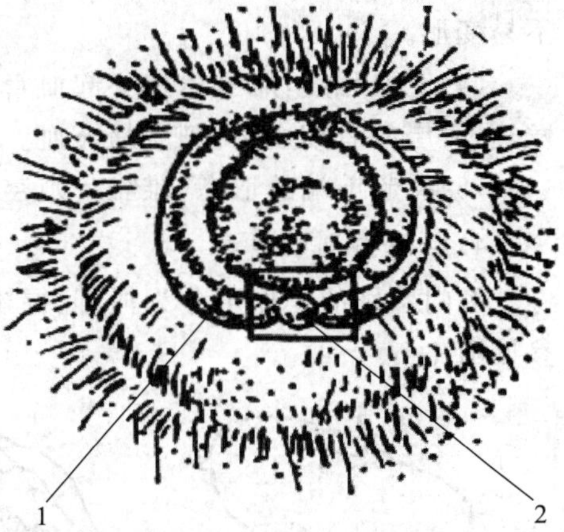

图4-4 公雏正常型生殖突起和八字皱襞

1.公雏八字皱襞 2.生殖突起

1.雄雏生殖隆起类型

(1)正常型：生殖突起最发达，长0.5 mm以上，形状规则，充实似球形，富有弹性，外表有光泽，轮廓鲜明，位置端正，在肛门浅处；八字状襞发达，但少有对称者(78.4%)。

(2)小突起型：生殖突起特别小，长径在0.5 mm以下；八字状襞不明显，且稍不规则(4.4%)。

(3)扁平型：生殖突起为扁平横生，如舌状；八字状襞均不规则，但很发达。此型又分3种：一是生殖突起的舌尖端向外；二是生殖突起的尖端向内；三是生殖突起舌状尖端向上(5.4%)。

(4)肥厚型：生殖突起与八字状襞相连，界限不明显，八字状襞特别发达，将生殖突起和八字状襞一起观看即为肥厚型(6.2%)。

(5)纵型：生殖突起位置纵长，多呈纺锤形，八字状襞既不发达，又不规则。此型又分为2种：一是生殖突起似正常型，前端伸入深部，八字状襞发达；二是生殖突起中央大、两头尖，为正纺锤形，位置纵长伸入深部，前端达第一皱襞，后端至泄殖腔开口处，八字状襞既不发达，又不规则(5.4%)。

(6)分裂型：此型罕见，在生殖突起中央有一纵沟，将生殖突起分离(0.2%)。

2.雌雏生殖隆起类型

在正常情况下，初生雌雏的生殖隆起几乎完全退化，此类型称为正常型。但也有20%～40%的雌雏生殖隆起未完全退化，根据其形态又可分小突起型和大突起型。

(1)正常型：生殖突起几乎完全退化，其原来位置仅残存皱褶，且多为凹陷。生殖突起完全消失，其位置无留残迹，八字状襞也无残迹(59.8%)

(2)小突起型：生殖突起长0.5 mm以下，其形态为球形或近于球形；八字状襞明显退化(36.7%)。

(3)大突起型：生殖突起的长径 0.5 mm 以上；八字状襞也发达。与雄雏的生殖突起正常型相似(3.5%)。

3.初生雏禽生殖突起有以下几点显著差异

从生殖隆起组织特征来看，初生雏鸡黏膜的上皮组织雌雄雏之间无明显的差异，但黏膜下结缔组织却有显著不同。从外表上雌雄雏鸡生殖隆起有以下几点显著差异：

(1)外观感觉：雌雏生殖突起轮廓不明显，萎缩，周围组织衬托无力，有孤立感；雄雏的生殖突起轮廓明显、充实，基础极稳固。

(2)光泽：雌雏生殖突起柔软透明；雄雏生殖突起表面紧张，有光泽。

(3)弹性：雌雏生殖突起的弹性差，压迫或伸展易变形；雄雏生殖突起富有弹性，压迫、伸展不易变形。

(4)充血程度：雌雏生殖突起血管不发达，且不及表层，刺激不易充血；雄雏生殖突起血管发达，表层亦有细血管，刺激易充血。

(5)突起前端的形态：雌雏生殖突起前端尖；雄雏生殖突起的前端圆。

4.肛门鉴别的步骤

肛门鉴别的操作可分为抓雏、握雏；排粪、翻肛；以及鉴别、放雏 3 个步骤。肛门鉴别手法参见图 4-5。

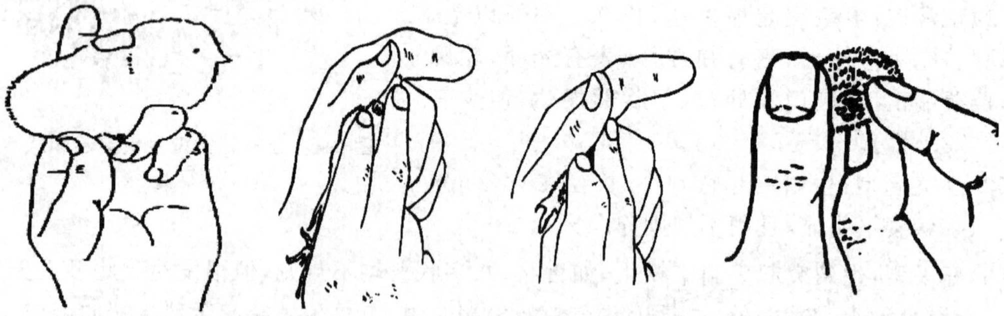

图 4-5　握雏手法与翻肛手法

5.鉴别的适宜时间、鉴别要领和注意事项

最适宜鉴别时间是出雏后 2～12 h。鉴别时间以不超过 24 h 为宜。鉴别要领和注意事项：

(1)鉴别的关键首先正确掌握翻肛的手法。

(2)在正确翻肛的前提下，鉴别的关键是能否准确地分辨雌雄生殖突起的微小差异。

(3)生殖隆起是由生殖突起与八字状襞所构成。正确的做法是注意生殖突起的同时兼顾八字状襞，把两者作为一个整体来观察分辨。

(4)关于提高鉴别速度问题。

鉴别师的体会是：要做到“三快、三个一次”。“三快”是握雏翻肛手要快；辨雌雄脑反应要快；辨别后放雏要快。“三个一次”是粪便一次要排净；翻肛一次要翻好；辨认一次要看准。

四、伴性遗传鉴别法

目前在生产中应用的伴性性状有：慢羽对快羽、横斑(芦花)对非横斑(非芦花)、银色羽对金色羽。

(一)快慢羽雌雄鉴别

决定初生雏鸡翼羽生长快慢的慢羽基因 K 和快羽基因 k 位于性染色体上，而且慢羽基因 K 对快羽基因 k 为显性，属于伴性遗传性状。

用快羽公鸡和慢羽母鸡杂交，所产生的子代公雏全部为慢羽，而母雏全部为快羽。快慢羽的区分主要由初生雏鸡翅膀上的主翼羽和覆主翼羽的长短来确定。主翼羽明显长于覆主翼羽的雏鸡为快羽，自别雌雄时为母雏。慢羽在羽速自别雌雄时为公雏，慢羽的类型比较多，有时容易出错，需要引起注意。慢羽主要有 4 种类型：①主翼羽短于覆主翼羽。②主翼羽等长于覆主翼羽。③主翼羽未长出。④主翼羽等长于覆主翼羽，但是前端有 1～2 根稍长于覆主翼羽，这种类型最容易出错(图 4-6)。

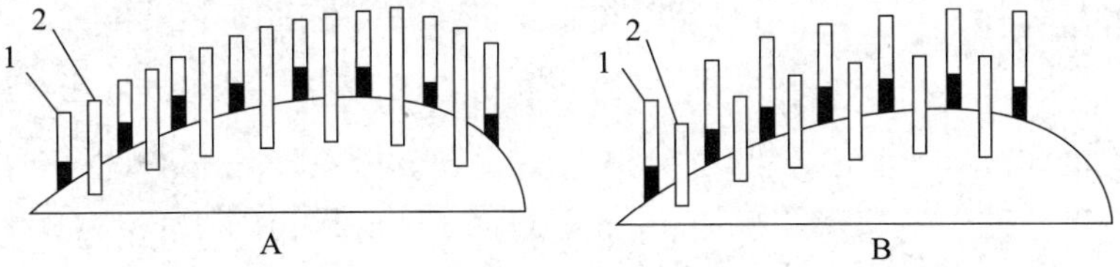

图 4-6　雏鸡快慢羽示意图

1. 主翼羽　2. 覆主翼羽　A. 慢羽类型　B. 快羽类型

(二)金银羽自别雌雄

由于银色羽基因 S 和金色羽基因 s 是位于性染色体的同一基因位点的等位基因，银色羽 S 对金色羽 s 为显性，所以用金色羽公鸡和银色羽母鸡交配时，其子一代的公雏均为银色，母雏为金色。

金银羽自别时，由于受到其他羽色基因的影响，子一代雏鸡的羽毛颜色并不像其父母那样，并且出现一些中间类型，这给鉴别带来一些难度。但是只要掌握了饲养品种的初生雏鸡羽色类型，鉴别率就可以达到 99%以上。绝大部分褐壳蛋鸡商品代都可以羽色自别雌雄。注意，用银色羽公鸡和金色羽母鸡交配，后代不能自别雌雄。

(三)横斑(芦花)自别

1. 横斑洛克(芦花鸡)羽色自别

横斑洛克羽色由性染色体上显性基因 B 控制，公鸡两条性染色体上各有一个 B 基因，比母鸡只在一条性染色体上有一个 B 基因影响大，所以基因型纯合的横斑公鸡羽毛中的白横斑比母鸡宽。B 基因对初生雏鸡的影响是：芦花鸡的初生绒毛为黑色，头顶部有一白色小块(呈卵圆形)，公雏大而不规则，母雏白斑比公雏小得多；腹部有不同程度的灰白色，身体黑色，母雏比公雏深；初生母雏脚的颜色比公雏深，脚趾部的黑色在脚的末端突然变为黄色，能显著区分开，而公雏跖部色淡，黑黄无明显分界线。

2. 非横斑对横斑

用非横斑公鸡(白来航等显性白羽鸡除外)与横斑母鸡交配，其子一代呈交叉遗传，即公雏全部是横斑羽色，母雏全部是非横斑羽色。例如，用洛岛红公鸡和横斑母鸡交配，则子一代公雏皆为横斑羽色(黑色绒毛，头顶上有不规则的白色斑点)，母雏全身黑色绒毛或背部有条斑。

(四)羽速和羽色自别相结合

利用伴性遗传实现初生雏鸡自别的方法主要有上述3种，为了实现父母代和商品代均能自别雌雄，避免父母代初生雏鸡翻肛鉴别，有时将两种方法结合起来使用。

复习思考题

1.影响孵化效果的3个主要因素是什么？

2.孵化的基本条件是什么？

3.种蛋保存的适宜温、湿度和保存期限是多少？

4.照蛋的目的和时间是什么？

5.种蛋消毒的方法都有哪些？

第五章 蛋鸡生产

蛋鸡生产包括雏鸡培育、育成鸡培育和产蛋期饲养管理3个关键生产流程环节，由于各期的特点不同，养殖模式有着很大差异，常见的有如下3种：

1. 三段式

鸡场生产区内有育雏、育成、产蛋3种鸡舍。育成鸡舍安排在育雏和产蛋鸡舍之间，顺应转群的顺序，便于操作。3种鸡舍要分区建设，留有一定的距离，并注意与饲料库、生活区有适当的距离。

2. 两段式

育成鸡分别在后备舍或产蛋鸡舍中饲养，不需要专用的育成鸡舍。这种方式越来越多地在根除鸡败血支原体和滑膜囊支原体的方案中被采用。

3. 一段式

这种方式多应用于种鸡地面、网上或板条饲养，从1日龄开始直至产蛋结束在同一鸡舍内完成，仅是随着年龄的增长更换相应的设备。

第一节 后备鸡的培育

一、培育阶段的划分与培育目标

(一)培育阶段的划分

1日龄雏鸡至开产(通常指0～18周龄)鸡称为后备鸡(此期也称为生长阶段)。后备鸡常根据培育的环境条件和营养需要的不同，大致划分为两或3个阶段。两阶段划分为雏鸡(0～6周龄)和育成鸡(7～18周龄)；三阶段划分为幼雏(0～6周龄)、中雏(7～14周龄)和大雏(15～18周龄)。

(二)培育目标

育雏期的主要技术目标是确保饲料摄入量正常、健康状况良好，使雏鸡达到体重标准，并认真执行断喙和免疫计划，做好环境卫生和防疫工作。

1. 健康

雏鸡未发生传染病，特别是烈性传染病，食欲正常，精神活泼，反应灵敏，羽毛紧凑而富有光泽。

2. 成活率高

先进的水平是指育雏的第1周死亡率不超过0.5%，前3周不超过1%，较高的水平是0～6周死亡率不超过2%。

3. 生长发育

发育正常的雏鸡，体重符合标准，骨骼良好，胸骨平直而结实，跖骨的发育良好，8周龄跖长达76～80 mm，羽毛丰满，肌肉发育良好，并且不带有多余的脂肪，生长速度能达到标准，而且全群具有良好的均匀度，理想的指标是95%的雏鸡体重在平均体重正负两个标准差范围内（±2 s）。

二、雏鸡的培育

（一）雏鸡生理特点和习性

1. 生长发育速度快

雏鸡代谢旺盛，生长发育迅速，耗氧量大。例如，蛋鸡商品雏的6周龄体重就约为初生重的10倍。因此，育雏期的日粮中营养物质的需要量必须严格按照营养标准予以满足，且要注意供给新鲜空气。

2. 体温调节机能弱

初生的幼雏体小，体温调节机能还没有发育完善。雏鸡绒毛稀短，机体保温能力差，雏鸡体温低于成年鸡1～3℃。3周龄左右体温调节中枢的机能逐步完善，7～8周龄后体温才接近成年鸡。因此，0～6周龄的雏鸡必须提供适宜的环境温度。

3. 消化机能尚未健全

雏鸡代谢旺盛、生长发育快，但是消化器官容积小、消化功能差。因此，在饲喂上要求给予含粗纤维低、易消化、营养全面而平衡的日粮。

4. 抗病能力差

雏鸡对疾病抵抗力很弱，易感染疾病，如鸡白痢、大肠杆菌病、法氏囊病、球虫病、慢性呼吸道病等。因此，育雏阶段要严格控制环境，切实做好防疫隔离。

5. 胆小，群居性强

雏鸡比较敏感，胆小怕惊吓，因此，雏鸡生活环境一定要保持安静，避免有噪声或突然惊吓。在雏鸡舍和运动场上应增加防护设备，以防鼠、蛇、猫、犬、老鹰等的袭击和侵害。雏鸡喜欢群居，便于大群饲养管理，有利于节省人力、物力和设备。

6. 羽毛生长更新速度快

后备鸡羽毛生长极为迅速，在4～5周、7～8周、12～13周、18～20周分别脱换4次羽毛。羽毛中蛋白质含量为80%～82%，为肌肉中蛋白质的4～5倍。因此，雏鸡对日粮中蛋白质（尤其是含硫氨基酸）水平要求较高。

（二）育雏前的准备

育雏以前要做好各项准备，如育雏方式的选择、育雏计划的制订、生产资料的准备、育雏人员的选择和培训，同时还要做好消毒、维修和试温等工作。

1.育雏方式的选择

根据育雏占地和空间的不同,人工育雏方式可分为地面、网上和立体三类型。

(1)地面育雏:是指在室内地面上养育雏鸡的方式,称为地面育雏。供温方式主要包括:暖风炉、自动燃气暖风炉、火炕(地下温床)、育雏伞、红外线灯、煤炉等。

(2)网上育雏:网上育雏是将雏鸡饲养在距地面 50～60 cm 的铁丝网或塑料网上,也可以用木条或竹竿搭成,网的结构分网片和框架两部分。网采用直径为 3 mm 的冷拔钢丝焊成,并镀锌防腐处理;网片尺寸应与框架相符,网孔 2.0 cm×8.0 cm 或 2.0 cm×10.0 cm。对最初 7～10 d 的幼雏,最好还铺设上麻袋或包装用麻布或小网孔塑料垫网,以减少热的散失,适于不同日龄雏鸡运动、采食、饮水。保温可用热风炉、自动燃气热风炉和电热伞等热源。

(3)立体育雏(笼育):一般为 3～5 层叠式笼,每层笼子四周用铁丝、竹竿或木条制成栅栏。料槽和饮水器可排列在栅栏外,雏鸡通过栅栏采食、饮水。笼底多用铁丝网、涂塑铁丝网或竹条,鸡粪可由空隙掉到下面的承粪板上,定期清除。加热方式多采用暖气、热风炉或笼内设计电热板。笼内的温度,即离底网 5 cm 处维持 28～29℃,每层温度分为给温区、保温区和散温区。

2.制订育雏计划

根据各场的鸡舍建筑及设备条件、生产规模及工艺流程,制订一个较为缜密的年度进雏计划。具体拟订进雏及雏鸡周转计划、饲料及物质供应计划、防疫计划、财务收支计划及育雏阶段应达到的技术经济指标。

3.房舍和设备

雏鸡舍要有利于防疫,离其他鸡舍至少应保持 100 m 的距离,有条件的鸡场应当不与其他鸡混养一起,这样可以减少疾病传染的机会。新建的育雏舍要求地势高燥,并自然干燥 1 个月左右。育雏舍既要求保温性能良好,又要有利于通风换气。雏鸡舍的建筑有开放式和密闭式两种,应根据当地气候条件、育雏季节和任务而选定。育雏舍要求光亮适度,环境安静,便于清扫、消毒及饲喂操作。准备和检修好取暖、供水及照明设备以迎接进雏。

4.消毒育雏舍及设备

在上批雏鸡离舍后应立即消毒、清扫和冲洗,为下次接进做好准备。这样做的目的在于下一批雏鸡入舍前至少有 2～4 周的无雏间歇期,借以阻断舍内残留的一部分病原微生物的生命周期。必须指出,消毒只能消灭大部分致病微生物,绝不会达到彻底消灭,因此,清扫—冲洗—消毒—间歇综合措施是消灭病原微生物不可取代的手段。鸡舍消毒时还要认真计算消毒空间面积与体积,严格控制单位面积或空间体积的用药量。

5.试温与用具

育雏舍在幼雏入舍之前 1～2 d 必须进行试温,使舍温达到育雏温度要求。一旦温度升到规定指标时,打开排风扇至最低挡,再加热调整,使之能保持适温。

采用平面育雏时,为了防止雏鸡远离热源,可用铁网、席子或其他材料做成围栏,400～500 只一个为宜。2 d 之后,随着雏鸡日龄增长,围栏面积逐渐扩大,10 d 后可将围栏逐渐移走。

料槽、饮水器要求数量足够、设计合理,保证料、水供应。料槽必须平整、光滑、采食方便,不浪费饲料,并且便于清刷、消毒。料槽可用木板、镀锌薄板和硬塑料板制成,种类有船式长料槽、吊桶式干粉料料槽和管道式机械给料料槽,可根据鸡的年龄、饲养方式、规模大小及资金条件等选用。料槽的高度也要合适，通常料槽上缘比鸡背高出约 2 cm。

饮水器形式根据鸡的大小和饲养方式而定，应清洁、不漏、便于清洗、不易污染等。饮水器要正好放在保温伞边缘之外的垫上，均匀分布，并使饮水器高度同雏鸡背部相平，在雏鸡到达之前 2～4 h 装满水，并在此开启保温伞，以加热饮水，使水温达到 18℃以上，不能供应凉水。

当计划进雏数和日期确认后，必须准备好最初 1 周的饲料，饲料的颗粒大小适中，易于采食，且营养丰富、易消化。开食饲料在 1 d 内饲喂，常用破碎的玉米屑或小米(要事先泡过)等易于采食的饲料。2 d 后改用配合饲料，也可以一开始就用粉料、颗粒碎裂料开食。根据养鸡数量备好常用疫苗，如马立克疫苗、法氏囊疫苗、鸡新城疫Ⅱ系或Ⅳ系疫苗、鸡痘疫苗和传染性支气管炎疫苗等，并备有常用预防和消毒药物。

(三)雏鸡的饲养

1. 饮水

(1)饮水方法与空间：初生雏初次饮水最好在出生后 24 h 左右，过迟会造成雏鸡脱水。对不会饮水的少数鸡只，可用手抓握雏鸡头部，使喙部插入水盘饮水 2～3 次，教会其饮水。育雏舍内须摆放充裕的饮水器，饮水空间详见表 5-1。饮水器要均匀分布，并使饮水器的高度正好适合雏鸡饮用。饮水器的大小根据雏鸡周龄更换。采用乳头饮水器设备的鸡舍，3～4 d 以内要用常规饮水器饮水，防止脱水，并逐渐使雏鸡熟悉乳头饮水器的使用方法。饮水器每天清洗 1～2 次，并用药物进行消毒。

表 5-1 雏鸡饮水分配

饮水器数量	笼养		平养	
	0～4 周	5～18 周	0～4 周	5～18 周
只/杯式饮水器/个	16	8	50	25
只/乳头饮水器/个	16	8	20	10
只/钟式饮水器/个	50		150	75
只/水槽/cm	1.25	2.5	1.25	2.5

(2)饮水量：雏鸡的需水量因具体情况而异。体重越大，生长越快，环境温度越高，雏鸡需水量也越多。水的消耗明显受品种、环境温度和其他因素影响，需灵活掌握。

2. 饲喂

(1)开食时间：开食是指雏鸡出壳后第 1 次吃料。正常情况下，在孵出后 24～36 h，初次饮水后 1～2 h 开食为宜。经过长途运输刚到达目的地后，不要急于饲喂，最好是遮光休息一会儿，饮上 1～2 h 水后再开食；也不要在运输途中饲喂，因为开食后嗉囊变大，在运输中容易因挤压而造成损伤。

(2)开食方法：用浅平开食盘或塑料布(厚纸)铺在地面或网上，大小以所有的雏鸡能同时采食为宜。开食料宜采用全价颗粒料。开食头 3 d 采用 2～3 h 20 lx 光照。育雏的第 1 天要多次检查雏鸡的嗉囊，以鉴定是否已经开食和开食后是否吃饱。为了防止雏鸡有糊肛门的现象，建议 1～2 日龄雏鸡饲喂破碎玉米瓣，以促进消化。

雏鸡要少喂勤添，以刺激食欲。最初的几天，每隔 3 h 喂 1 次，每昼夜 8 次，以后随着日龄增长逐步减少到每天 6～7 次。3～5 周龄时改夜间不喂，每天 4 h 1 次，即每天饲喂 3～4 次。随着雏鸡生长，2～3 d 后逐渐加料槽，待雏鸡习惯料槽时撤去料盘和塑料布，0～3 周龄使用幼雏料槽，3～6 周龄使用中型料槽，6 周龄以后逐步改用大型料槽。料槽的高度应根据鸡背高度进行调整。

(3)饲喂空间：应保证喂食时雏鸡同时采食。料槽不足时，易导致雏鸡生长发育参差不齐，出现较多的弱雏。

(4)喂料量：营养要全面，饲喂量要恰当，参考表 5-2。

表 5-2　不同类型雏鸡喂料量　g/只

周龄	白壳蛋鸡		褐壳蛋鸡	
	日耗料	周累计耗料	日耗料	周累计耗料
1	7	49	12	84
2	14	147	19	217
3	22	301	25	392
4	28	497	31	609
5	36	749	37	868
6	43	1 050	43	1 169

(四)雏鸡的管理

1. 温度

(1)温度控制程序：雏鸡体温比成鸡低 1～3℃，对温度反应十分敏感，所以需要保温培育。1～3 d，采用 34～35℃；4～7 d，采用 32～33℃；以后每周降低 2～3℃，至室温达 20℃恒温。降温幅度可据季节而定，夏、秋季降 3℃，冬、春季降 2℃。

(2)看鸡施温：雏鸡对温度反应灵敏，温度适宜时，雏鸡精神活泼、食欲良好、饮水适度，羽毛光亮整洁，雏鸡分布均匀，休息时伏卧于网上或垫料上，头向前伸，嘴贴地，有时翅膀延伸开，侧卧睡觉。温度过低时，雏鸡聚集在热源周围或扎堆，发出尖叫声。温度过高时，小鸡远离热源，张口喘气，饮水增加。温度调节不仅要根据温度表上的读数，还要随时察看雏鸡行为，以便看鸡施温。

育雏舍调温原则通常是：外界气温低时，舍温稍高些；外界气温高时，舍温要低些；弱雏要高一些，健雏可低些；夜间宜高，白天宜低些。无论是保温伞育雏，还是多层育雏，都应该有一些温度差别，因为即使同一群雏鸡，个体之间对温度的要求也并非一致。

(3)脱温：随着雏鸡的长大，温度逐渐降低，当降到室内外温差不大时，就可着手进行脱温。脱温要逐渐进行，即用 3～5 d 的时间逐渐撤离保温设施，防止脱温太快雏鸡不适应变化而感冒。脱温要避开各种应激(如免疫、转群、更换饲料等的不良刺激)，在鸡群健康无病时进行。最后脱温的日子要选择风和日暖的晴天。脱温后雏鸡的鸡舍内保持干燥，料槽、饮水器等设备尽量维持原来的状态，以减轻雏鸡不适的感觉。

2. 密度

饲养密度是否恰当，与雏鸡发育和充分利用鸡舍有很大关系。密度过大，室内空气不好，影响雏鸡发育，雏鸡互相挤压在一起抢食，体重发育不均，影响鸡群的健康，还易发生啄癖；密度过小，鸡舍利用率低，成本高。密度的大小，应根据雏鸡日龄大小、品种、饲养方式、季节和通风条件等进行调整。饲养密度：1～2 周龄，笼养 60 只/m^2，平养 30 只/m^2；3～4 周龄，笼养 40 只/m^2，平养 25 只/m^2。

3. 通风

经常保持室内空气新鲜是雏鸡正常生长发育的重要条件之一。育雏室内氨的浓度应低于 20 mg/m^3；二氧化碳浓度应低于 0.5%，浓度达到 7%～8%时会引起雏鸡窒息；硫化氢浓度在 10 mg/m^3 以下。

4. 湿度

雏鸡的健康生长需要空气中有一定的湿度，不过要求并不很严格，育雏适宜的相对湿度以 56%～70%为宜。最初 1 周育雏舍内给予较高的湿度，我国南方不加湿就可以达到，北方等地区就要供湿。第 1 周保持适宜的湿度对维持雏鸡正常的代谢活动、卵黄吸收、避免脱水、促进羽毛生长都是必需的。补湿的方法可以在育雏室内放水盘，或采用带鸡消毒，这样既可增加空气中相对湿度，又可达到净化环境的目的。

5. 雏鸡的断喙

鸡啄癖的原因：饲养密度过大，活动范围小；育雏温度过高；光照过强；舍内潮湿不卫生，通风不良，空气污浊；饲料营养水平不够；矿物质元素、钙磷比例不当；食盐缺乏；纤维素太少；供水不足；网具、用具有金属利物外露造成外伤；羽虱、螨等体表寄生虫等。

目前防止啄癖的主要措施是进行断喙。

(1)断喙的目的。可防止雏鸡发生啄食癖；防止挑食饲料与钩甩饲料，减少饲料浪费；雏鸡生长发育整齐；提高育雏率，群居性好，便于管理以及利于免疫。

(2)断喙的时间。在 1～12 周龄均可进行，不能超过 14 周龄，特别是炎热气候下，超过这个周龄就难以控制出血。商品蛋鸡场多在 6～10 日龄。6～10 日龄断喙后在 7～8 周龄或在 10～12 周龄时还应作适当的补充修剪。断喙时间早雏鸡太小、喙太软，易再生，对鸡的损伤大，而且不易操作，切得短容易再生，切得长则喙部过短而影响采食。

(3)断喙方法。断喙要用专门的断喙器来完成，刀片温度在 650℃左右(颜色暗红色)。断喙长度上喙切去 1/2(喙端至鼻口)，下喙切去 1/3，断喙后雏鸡下喙略长于上喙。在实际操作时上喙的切断部位在前端颜色发白处与中段颜色暗红色交界处，这个部位是喙部的生长点图 5-1，从此处切断并烧烙能够使生长点的组织坏死，有效防止喙部再长尖。

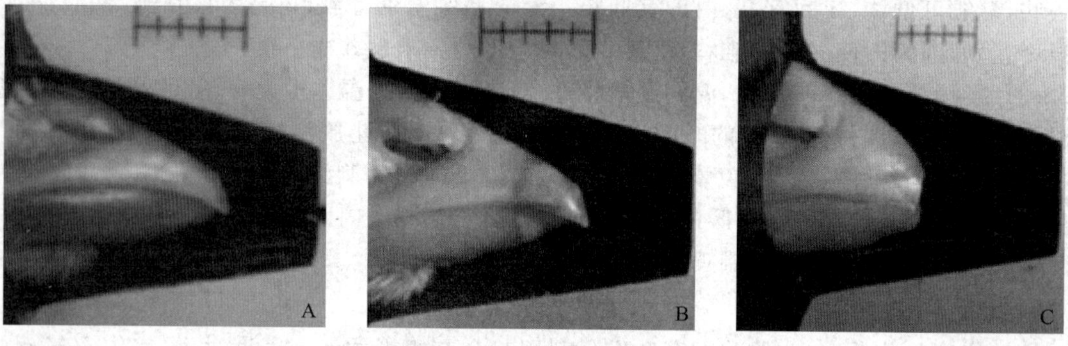

图 5-1　雏鸡断喙示意图

A. 1 日龄雏鸡的喙，B. 7 日龄雏鸡的喙，C. 7 日龄断喙后，第 19 d 的雏鸡的喙

(4)断喙操作要点。单手握雏,拇指压住鸡头顶,食指放在咽下并稍微用力,使雏鸡缩舌防止断掉舌尖。将头向下,后躯上抬,上喙断掉较下喙多。在切掉喙尖后,在刀片上灼烫 1.5～2 s,有利止血。

(5)断喙注意事项。断喙器刀片应有足够的热度,切除部位准确,断喙时要仔细,防止烧着舌头。确保一次完成。断喙前后 2 d 应在雏鸡饲粮或饮水中添加维生素 K 或复合维生素,有利于止血和减轻应激反应。断喙后立即供饮清水,3 d 内饲槽中饲料应有足够深度,避免采食时喙部触及料槽底部而使喙部断面感到疼痛。鸡群在非正常情况下(如疫苗接种、患病)不进行断喙。断喙前断食 6 h,断喙后增加 2 h 的光照,多供应饲料;饮水中添加电解多维。

三、育成鸡的培育

如果育成的母鸡质量差,转入产蛋鸡舍时就会有较高的死亡率,产蛋率低、蛋重小、质量差、耗料也多。后备鸡质量好,体质健壮,进入蛋鸡舍后,即使环境条件稍微差一些也可以耐受,而且能获得较好的产蛋成绩。因此,要想使蛋鸡高产,必须重视后备鸡的培育。

(一)育成鸡的生理特点

这一阶段鸡只仍处于生长迅速、发育旺盛的时期,机体各系统的机能基本发育健全;羽毛已经换羽并长出成羽,具备了体温自体调节能力;消化能力日趋健全,食欲旺盛;钙、磷的吸收能力不断提高,骨骼发育处于旺盛时期,此时肌肉生长最快;脂肪的沉积能力随着日龄的增长而增大,必须密切注意,否则鸡体过肥对以后的产蛋量和蛋壳质量有极大的影响;体重增长速度随日龄的增加而逐渐下降,但育成期仍然增重幅度最大;小母鸡从第 11 周龄起,卵巢滤泡逐渐积累营养物质,滤泡渐渐增大;小公鸡 12 周龄后睾丸及副性腺发育加快,精子细胞开始出现。18 周龄以后性器官发育更为迅速,卵巢质量可达 1.8～2.3 g,即将开产的母鸡卵巢内出现成熟滤泡,使卵巢质量达 44～57 g。由于 12 周龄以后公母鸡的性器官发育很快,对光照时间长短的反应非常敏感,所以,如不限制光照将会出现过早产蛋等情况。

(二)育成鸡的培育目标

18 周龄的育成鸡,要求健康无病、体重符合该品种标准、肌肉发育良好、无多余脂肪、骨骼坚实、体质状况良好。

鸡群生长的整齐度,单纯以体重为指标不能准确反映问题,还要以骨骼发育水平为标准,具体可用跖长来说明肥度、肌肉发育程度和体重三者的恰当关系。小体型肥鸡和大体型瘦鸡,前者脂肪过多,发育不良,虽然体重达标,但是全身器官发育不良,必然是低产鸡;后者体型过大,肌肉发育不良,也很难成为高产鸡。因此,要求体重、跖长在标准上下 10%范围以内,至少 80%符合标准要求。体重、跖长一致的后备鸡群,成熟期比较一致,达 50%产蛋率后迅速进入产蛋高峰,且持续时间长。

(三)育成鸡的饲养

1. 日粮过渡

从育雏期到育成期,饲料的更换是一个很大的转折。从 7 周龄的第 1～2 d,用 2/3 的育雏期饲料和 1/3 育成期的饲料混合喂给;第 3～4 d,用 1/2 的育雏期饲料和 1/2 育成期饲料混合喂给;第 5～6 d,用 1/3 育雏期饲料和 2/3 育成期饲料混合喂给,以后喂给育成期饲料。

饲料更换以体重和跖长指标为准，即在6周龄末分别检查雏鸡的体重及跖长是否达到标准(没有跖长标准的品种可参考同类型鸡)，若符合标准，7周龄后开始更换饲料；如果达不到标准，可继续饲喂育雏料，直到达标为止。对于一些体重及跖长经常达不到指标的品种，要查明原因，排除疾病。

2. 饮水

育成期每只鸡的饮水位置要有足够的空间，要求饮水清洁卫生，每天坚持清刷一次饮水器，饮水器位置要固定不变。饮水量除与采食量、体重大小有关外，还与气温的高低有关。气温低，饮水量少；气温高，饮水量多。一般情况下，周围的环境温度越高，鸡的采食量越少，进而影响机体的生长发育。环境温度高时，可供给凉水并且经常更换，最好在每次喂料前换凉水。

3. 体重与均匀度测定

(1)体重测定：轻型鸡要求从6周龄开始每隔1～2周称重1次；中型鸡从4周龄后每隔1～2周称重1次，以便及时调整饲养管理措施。称测体重的数量万只鸡按1%抽样。小群按5%抽样，但不能少于50只。抽样要有代表性，一般先把栏内的鸡徐徐驱赶，使舍内各区域鸡只以及大小不同的鸡只能均匀分布，然后在鸡舍的任一地方随意用铁丝网围大约需要的鸡数，并将伤残鸡剔除，剩余的鸡逐只称重登记，以保证抽样鸡只的代表性。笼内饲养时，为保证抽样具有代表性，要在鸡舍内不同区域抽样，但不能仅取相同层次笼的鸡，因为不同层次的环境不同，体重有差异。另外，每层笼取样数量也要相等。体重测定要安排在相同的时间，如周末早晨空腹测定，称完体重后再喂料。

(2)均匀度测定：鸡群的均匀度是指群体中体重落入平均体重±10%范围内鸡只所占的百分比。

统计学上以变异系数来表示均匀度，变异系数在9%～10%为合格，在7%～8%为比较好。必须强调，评价育成群体优劣，重要的是全群鸡必须均匀一致。但是，均匀度必须建立在标准体重范围内，脱离了标准体重来谈均匀度是无意义的，一个良好的育成鸡群不仅体重符合标准，且均匀度高。

在鸡群密度大，过于拥挤，喂料不均匀或不按标准喂料，断喙不正确，每个笼或栏内饲养鸡只数不一致时，体重均匀度均会受到不利影响。

4. 限制饲养

鸡在育成期，为避免因采食过多，造成产蛋鸡体重过大或过肥，在此期间对日粮实行必要的数量限制，或在能量蛋白质质量上给予限制，这一饲喂技术称限制饲养。对中型蛋鸡根据需要有时进行限制饲养，而轻型蛋鸡一般不进行限制饲养。如果采用限制饲养技术，要密切观察其体型和体重等指标的变化，如果发育指标达不到标准，要采用自由采食。

对蛋鸡的限制饲养多采用限量法，即把每天每只鸡的饲料量减少到正常采食量的90%。采用这种方法，必须先掌握鸡的正常采食量，因每天的喂料总量随鸡群日龄而变化，故要正确称量饲料。具体实施时，要查明雏鸡的出生时间、周龄和标准饲喂量，再确定给料量。限饲生效必须从7～8周龄开始使体重与每周计划保持一致，到育成期末再进行调整会使产蛋量受到很大影响。采用限量法时，日粮质量要好，否则量少质量又差会使鸡群生长发育受到阻碍。

(四)育成鸡的管理

1.饲养密度

育成鸡无论是平面饲养还是笼养，都要保持适宜的密度，才能使个体发育均匀。适当的密度不仅增加了鸡的运动机会，还可以促进育成鸡骨骼、肌肉和内部器官的发育，从而增强体质。网上平养时 10～12 只/m^2，在育成期的前几周 12 只/m^2，后几周 10 只/m^2；笼养条件下，比较适宜的密度，按笼底面积计算，15～16 只/m^2。

2.饲喂设备

育成鸡按不同的饲养方式，采取不同的管理措施，鸡舍面积和料槽、水槽都要以性成熟时的需要为准。

3.通风

育成鸡的环境适应能力比雏鸡强，但是育成鸡的采食量增加，呼吸和排粪量相应增多，舍内空气很容易污浊。通风不良，会导致鸡羽毛生长不良，生长发育减慢，整齐度差，饲料转化率下降，容易诱发疾病。

管理良好的开放式鸡舍，不难保持清新的空气；密闭式鸡舍必须安装排风机，特别在夜间熄灯后不能忽视开机通风。通风要适当，既要维持适宜的鸡舍温度，又要保证鸡舍内有较新鲜的空气。夏季鸡舍温度升至 30℃时，鸡表现不安，采食量下降，饮水减少，温度越高，应激越大，越要加大通风量。

4.预防啄癖

防治啄癖也是育成鸡管理的一个重点。防治不能单纯依靠断喙，应当配合改善室内环境，降低饲养密度，改进日粮，采用 10 lx 光照。在体重、采食量正常的情况下如槽中无料，也可考虑适当缩短光照时间等防止啄癖。

已经断喙的鸡，在 14～16 周龄转群前，应捡出早期断喙不当或捕捉时遗漏的鸡，进行补切。

5.添喂沙砾

在饲料中添喂沙砾，可提高鸡只胃肠的消化机能，改善饲料转化率；而且育成期日粮在肌胃停留过久，会对肌胃胃壁产生一定的腐蚀作用，沙砾能加速饲料在肌胃中通过的速度，减少腐蚀性，保护肌胃健康；防止育成鸡因肌胃中缺乏沙砾而吞食垫料、羽毛，特别是吞入碎玻璃，对肌胃造成创伤。

添喂沙砾要注意添加量和粒度，每 1 000 只育成鸡，5～8 周龄一次饲喂量为 4.5 kg，能通过 1 mm 筛孔；9～12 周龄 9 kg，能通过 3 mm 筛孔；13～20 周龄 11 kg，能通过 3 mm 筛孔。沙砾除可拌入日粮外，也可以单独放在沙槽内任鸡自由采食，沙砾要清洁卫生，添喂之前用清水冲洗干净，再用 0.01%高锰酸钾水溶液消毒。

6.卫生和免疫

疫苗接种方案应在育雏之前制订好。疫苗接种方案由专家制订，因时间、地区、不同季节、不同批次的鸡群而异，须严格遵守程序，接种认真、正确。大多数免疫失败不在于免疫方案的失误，而在于管理上的失误，如疫苗陈旧、保存不当、使用不正确等。育成期内免疫任务最重，注射疫苗工作量大，要保质保量。应用药物和疫苗必须认真核对品名与剂量。以饮水方式给药的疫苗，要先断水 2～4 h，根据日饮水量控制加疫苗的适当用水量，既要保证疫苗饮水充足，又要防止加水太多,不能在规定时间内饮完疫苗会失效。

接种疫苗后还要检查免疫状态,监测产生抗体的滴度与均匀度,这是和免疫同等重要的控制疾病的重要措施。

发现寄生虫病(如蛔虫、绦虫或螨类),必须采取有针对性的防治措施。鼠类消耗和污染饲料,传播疾病,常引起重大的经济损失,出现鼠害时应立即实施灭鼠措施。在生长期转群或天气骤冷时,应做好药物投放工作。

7. 育成母鸡性成熟的控制

不同品种与品系母鸡各有一定的性成熟期,高产蛋鸡产蛋率达 50% 的日龄一般在 145 d 左右。培育良好的育成鸡,可适时开产,并如期达到应有的产蛋高峰,且产蛋持续性好,全期产蛋量多。性成熟过早,就会早产蛋,产小蛋,持续高产时间短,出现早衰、产蛋量减少;若性成熟晚,则会推迟开产时间,产蛋量减少。因此,要控制性成熟,做到适时开产。控制性成熟的方法主要有两个:一是饲养管理,一是控制光照。特别是 10 周龄以后,育成鸡的性成熟对光照越来越敏感。

控制性成熟的关键是把饲养与光照管理结合起来,只强调某个方面都不会起到很好的效果。鸡的体重达到了该品种的开产日龄,但没有开产,原因是光照时间不足,性器官发育受到影响,这说明鸡的体重不完全是控制性成熟的标志;仅强调光照管理,鸡群体重较小,增加光照时间的结果会使开产鸡蛋重小、脱肛现象多。

(五)高产蛋鸡开产体重的调控

早熟蛋鸡开产体重过小,是产蛋高峰不高或产蛋率降低过快的原因,这是在生产中常见的问题,需要进行准确调控。

1. 明确开产体重目标

了解饲养品种(品系)的体重指标,对于饲养者来说至关重要,参考表 5-3,表 5-4。

表 5-3　后备母鸡体重指标

kg/只

品系	18 周龄体重	产蛋率达 1%～2% 体重	产蛋率达 50% 体重	产蛋高峰体重
白壳蛋鸡	1.25～1.35	1.45	1.55	1.65
褐壳蛋鸡	1.50～1.55	1.61	1.73	1.93

表 5-4　白壳蛋鸡 18 周龄体重对早期产蛋性能的影响

18 周龄体重/kg	第一个蛋重/g	25 周龄体重/kg	19～25 周龄生产性能	
			产蛋率/%	蛋重/g
1.107	40.7	1.417	48.1	46.9
1.205	42.0	1.511	51.1	48.4
1.281	43.7	1.606	50.7	48.8
1.383	42.5	1.697	53.6	49.7

2. 重视后备鸡日粮的能量因素

目前我国的蛋鸡日粮能量不足往往被人们所忽视,尤其是在 15 周龄以后,在后备鸡全价日粮中加入过多的麸皮,而相对减少了能量饲料玉米的用量,很少利用油脂或全脂大豆,能量一般达不到标准要求。在国外蛋鸡各个阶段的日粮中一般添加1%～1.5%的油脂，不但能够有效地提高育成鸡的体重，而且能够提高饲料转化率，增加经济效益。因此，建议蛋鸡饲养者在日粮中注意添加膨化大豆粉、鱼油、豆油或其他动物油脂，以改变我国目前蛋鸡日粮能量水平不足的现状。

3.不能盲目采用限饲技术

国外育种公司都提倡后备鸡限饲，以防止母鸡过早开产，但是这种做法是有一定条件的。在我国目前蛋鸡日粮能量严重不足的条件下，采用限饲技术只能适得其反，母鸡的体重更无法达到标准要求。因此，在饲养早熟品种(品系)蛋鸡时，限饲要根据所使用的日粮营养水平而决定。

4.延迟开始光照刺激的时间

后备母鸡在接受开产光照刺激之前必须达到适宜的体重。体重不足，过早进行光照刺激，提前开产的母鸡往往产蛋小，双黄蛋多，脱肛现象严重，产蛋高峰低，后劲不足，而且使整个产蛋期的死亡率提高。因此，在生产中补充光照的时间要根据母鸡的体重而定，不能一概规定为19～20周龄。母鸡体重达不到标准，光照开始刺激的时间向后延迟几周是很有必要的。

5.后备母鸡饲养密度的调整

鸡群的密度与母鸡体重大小有着直接的关系。在笼养条件下，转群太晚或者每只单笼饲养的数量过多，鸡只占有面积过少，都会严重影响开产时母鸡的体重。尤其在目前鸡舍环境控制不太规范的条件下，密度大，对鸡群的发育及健康影响更大。饲养密度可低于国外标准，这样对母鸡按时达到开产体重是有益的。

第二节 产蛋鸡的饲养管理

产蛋期一般是指19～72周龄，此阶段的主要任务是最大限度地减少或消除各种不利因素对蛋鸡的有害影响，创造一个有益于蛋鸡健康和产蛋的最佳环境，使鸡群充分发挥其产蛋生产性能以最少的投入换取最多的产出，从而获得最佳的经济效益。

一、产蛋前的准备

商品蛋鸡的饲养方式主要有平养和笼养两种，平养是传统的饲养方式，目前主要采用笼养。饲养密度和饲养方式相关，采用不同的饲养方式，单位建筑面积养鸡数不同，平养较小，笼养最大(表5-5)。

表5-5 商品蛋鸡不同饲养方式的饲养密度 只/m^2

蛋鸡类型	地面平养	网上平养	地网混养	笼养
轻型蛋鸡	6.3	11.0	7.2	26.3
中型蛋鸡	5.4	8.5	6.3	20.8

饲养密度与鸡的生产性能呈负相关，密度越大，单产相对越低，死淘率和破蛋率越高，饲料转化率也越低。因此，应根据整体规模，充分利用建筑面积等诸多因素综合分析，确定合理饲

养密度。

(一)鸡舍整理与消毒

当产蛋鸡即将达到性成熟而由育成鸡舍转入产蛋鸡舍时,必须对鸡舍及设备进行彻底清洗和消毒,对供水、供电、通风设施,鸡舍的防雨和保暖设施等及时进行维修。要填堵鼠洞,安装好门窗玻璃。在鸡舍最后一次消毒前应对供水、供料、供电、刮粪系统进行检查试运行,工作状态正常后才能进行鸡舍的最后一次消毒。

(二)整顿鸡群

鸡群在转群上笼或转入其他饲养方式的产蛋鸡舍之前要进行整顿,严格淘汰病、残、弱、瘦、小的不良个体。在转群前要对全群鸡只进行驱虫,主要驱除肠道线虫。针对育成鸡的发病历史,全群投药 1～2 次,疗程 3～5 d,进行鸡体净化。经过整顿后,白壳蛋系的母鸡体重为 1.2～1.3 kg,褐壳蛋系的母鸡体重为 1.4～1.5 kg(应注意不同品种有各自的体重标准),使鸡群健康一致,有一个理想的体重和体型。

(三)转群

后备蛋鸡由育成舍转入蛋鸡舍称为转群。对大型蛋鸡场来说,这是一项任务重、时间紧、用人多的突击性工作,需要周密筹划和全面安排。为了便于管理,有利于控制全场疾病,提高经济效益,最好实行“全进全出”。

1.转群时间的选择

转群的时间要按照生产计划而定,通常在 16～18 周龄转群。过早转群对鸡的生长发育不利,且易出现提前开产的现象,使开产后的蛋重、高峰期的产蛋率受到影响;同时,鸡个体太小,能从笼中或网孔钻出,给管理带来不便。晚于 20 周龄转群,部分鸡只临近或已经开产,由于抓鸡和运动而造成的应激,会使已开产的母鸡中途停产,有些造成卵黄落入腹腔而导致卵黄性腹膜炎,增加死亡,整个产蛋期的产蛋量也会受到影响。转群要选择气温适宜的天气进行,避开阴雨天。炎热季节转群最好在夜间凉爽时进行。

2.转群前的饲养管理

在转群前 2 d 内,为了加强鸡体的抗应激能力和促进因捉鸡及运输所导致鸡体损伤的恢复,应在料中或饮水中添加抗生素和双倍的多种维生素及电解质,如维生素 C 等。转群当日可以适当增加光照和连续供水 4～6 h,将剩余的料吃净或剩余不多时再转出。

3.转群时的组织工作

转群工作量大、时间紧,应组织好人力,做好安排。一般可分成抓鸡、运鸡和放鸡 3 个组,各组要配合好,轻拿、轻放,防止运输过程中压死、闷死鸡只。

4.转群后的饲养管理

刚转群时要注意密切观察鸡群的动态,此时鸡可能会排白色稀粪,但 2 d 后逐渐转为正常。转群后要立即给予鸡群饮水和采食。在饲料或饮水中添加倍量的多种维生素和适当的抗生素,连续使用 2～3 d。当鸡群经过 1 周左右适应过程后,要依次进行断喙(主要是修剪)、预防注射、更换饲料和补充光照等措施。

(四)开产前后饲养管理要点

1.调整体重使之达到标准

育成后期 18 周龄时要测定鸡群的体重,并与鸡品种或配套系的标准体重相对照,若达不到标准，应由限制饲养改为自由采食，并适当提高日粮的蛋白质和能量水平。补充光照也应与体重相适应，当鸡达到体重标准后再补充光照。均匀度在95%以上的鸡群，开产后很快达到高峰，产蛋上升期很短，全期的产蛋量也较高。

2.提供足够的营养

高产蛋鸡对营养需要极高。初产至产蛋高峰期的鸡，日粮提供的营养既要满足产蛋量逐渐增加的需要，又要满足机体体重和羽毛等生长的需要。要根据鸡种的不同提供合理营养水平的全价日粮。从鸡群开始产蛋之时起，应让母鸡自由采食，不得采用限饲，一直到产蛋高峰过后2周为止。

3.科学补充光照

当18周抽检体重达到品种标准时，则应在19周或20周开始补充光照。如果在20周龄时仍达不到标准体重，可将补光时间往后推迟1～2周。补光的幅度一般为每周增加0.5～1 h，直至增加到16 h。

4.科学更换日粮

由育成期饲料改换成产蛋期饲料，18～19周龄更换较为适宜，也可在鸡群产蛋率达5%时更换。更换的方法有两个：一是设计一个开产前饲料配方，含钙量在2%左右，其他营养水平与产蛋期日粮相同；二是产蛋鸡饲料按比例逐渐替换育成鸡日粮，直到全部改换为产蛋鸡日粮。

二、产蛋鸡的饲养

(一)饲喂与饮水

蛋鸡产蛋期需要较多的钙质饲料，可在下午5:00补喂大颗粒的贝壳粉，每1 000只鸡饲喂3～5 kg试验表明，对于产蛋母鸡，大颗粒石灰石或牡蛎壳(1.4～5.6 mm)对维持产蛋性能和蛋壳强度等要比较小的颗粒更为理想；蛋鸡日粮中钙源饲料采用1/3贝壳粉、2/3石粉混合应用的方式，对蛋壳质量有较大的提高。

产蛋鸡食物在消化道中的排空速度很快，仅4 h就排空1次，因此，晚间熄灯前需补喂1～1.5 h料，以便为夜间形成鸡蛋准备充足的营养。一般早晨5:00～7:00必须喂足料，以便使鸡开产有足够体力。整个产蛋期以自由采食为宜，日喂2～3次，每次喂料不宜过多，夜间熄灯之前无剩余饲料。

由于蛋鸡摄入的是高能量高蛋白质日粮，代谢强度大，因此饮水量较大，一般是采食量的2～2.5倍，饮水不足会造成产蛋率急剧下降。所以，在产蛋及熄灯之前各有一饮水高峰，而熄灯之前的饮水与喂料往往被人们所忽视。夏天饮用凉水，有利于产蛋，但应注意加强水塔或水箱中水的循环，最好直接采用深层地下水。

(二)阶段饲养

蛋鸡产蛋期间的阶段饲养是指根据鸡群的产蛋率和周龄将产蛋期分为几个阶段。阶段饲养分为三阶段饲养法和两阶段饲养法两种。

1.三阶段饲养法

即产蛋前期、中期、后期，或产蛋率80%以上、70%～80%、70%以下3个阶段。第一阶段是产蛋率80%以上时期(多数是自开产至40周龄)。在育成阶段如果蛋鸡体况发育良好,一般在19～20周龄开产,26～28周龄达产蛋高峰,产蛋率可达95%左右。到40周龄时产蛋率也能维持在80%以上,蛋重由开始的40 g左右增至56 g以上。实践证明,产蛋率50%的日龄以160～170 d为宜,这样鸡的初产蛋重较大,蛋重上升快,高峰期峰值高,持续时间也长。在同一群鸡中,开产早晚不一,此鸡群不会有很高的产蛋高峰出现,可通过控制光照、限饲等措施使鸡群同步开产。开产后应喂给高能量、高蛋白水平且富含矿物质和维生素的日粮,在满足机体自身体重增加的基础上使产蛋率迅速达到高峰并使之维持较长的时间。此阶段每日每只鸡粗蛋白质摄入量以18～19 g,能量1 263.61 kJ左右为宜。

第二、三阶段分别为产蛋率70%～80%和70%以下(多在40～60周龄和66周龄以后)。此期母鸡的体重几乎不再增加,而且产蛋开始下降,只是蛋重有增加,故此时的饲养管理应是使产蛋率缓慢和平稳地下降。应适当降低日粮的营养水平,粗蛋白质摄入量应掌握在16～17 g和15～16 g。一般情况下,轻型蛋鸡三阶段日粮标准为:前期粗蛋白质18%,代谢能11.97 MJ/kg;中期粗蛋白质16.5%,代谢能11.97 MJ/kg;后期粗蛋白质15%,代谢能11.97 MJ/kg。

2. 两阶段饲养法

即从开产至42周龄为产蛋前期,42周龄以后为产蛋后期,参考表5-6。

表5-6 两阶段饲养日粮能量与蛋白质含量关系

代谢能/MJ	产蛋前期蛋白质含量/%		产蛋后期蛋白质含量/%	
	普通气温	炎热气温	普通气温	炎热气温
11.05	14.7	16.3	13.2	14.6
11.51	15.3	17.0	13.8	15.2
11.97	15.9	17.7	14.3	15.8
12.49	16.6	18.4	14.9	16.5
12.89	17.2	19.1	15.4	17.1
13.35	17.8	19.7	16.0	17.7

三、产蛋鸡的管理

(一)日常管理

饲养人员除了喂料、拣蛋、清粪、打扫卫生和消毒以外,最重要的是观察和管理鸡群,及时发现和解决生产中的问题,以保证鸡群健康和高产、稳产。

1. 观察鸡群

观察鸡群的目的是要了解鸡群的健康、采食状况和生产情况。根据设计的光照制度,在早晨开灯后观察鸡群的精神状态、采食和粪便情况。如发现精神委顿、羽毛不整、冠脚干瘪和粪便发绿(稀白或带血)等现象,说明鸡已经生病,应马上挑出隔离饲养,或治疗或淘汰。如有死鸡,应当报知技术员做好诊断,以便及时控制疫情。

夜间关灯后，要仔细倾听鸡只的动静，如有无呼吸异常声音，当发现有咳嗽、打呼噜、甩鼻和打喷嚏鸡只，应及时抓出进行隔离或淘汰，防止扩大感染和蔓延。要注意观察有无啄癖鸡，一旦发现要及时挑出。观察环境温度的变化情况，尤其是冬(特别是晚上)、夏季节要经常查看温度记录及通风、光照和供水系统，发现问题及时解决。及时发现停产鸡及7月龄后仍未开产的鸡，对那些冠色苍白、表面粗糙、冠小而萎缩，肛门干燥、圆而小、呈黄色，耻骨尖端厚而硬，耻骨间距小，腹部容积小，喙、腿部黄色未退，全身羽毛完整而有光泽，腹部皮肤厚而粗糙，脂肪多，已换羽或正在换羽的鸡，要及时捡出处理。对那些体重过大或过小及瘫、瘸鸡，应及时淘汰。

2.减少应激

蛋鸡对环境的变化非常敏感，尤其是轻型蛋鸡更为明显，任何环境条件的变化都能引起应激反应，引起鸡群的惊恐而发生应激反应，影响鸡的采食量和产蛋率以至健康状况，严重时还会导致鸡群发病死亡。所以，饲养员要固定，尽量使光照、温度、通风、供水、供料和集蛋等控制系统正常。如果根据产蛋情况或饲料等因素需要调整日粮时，应注意避免突然改变，最好有1周的过渡时间。

3.采取综合性卫生防疫措施

注意保持鸡舍的环境卫生，经常洗刷水槽、料槽，定期消毒。产蛋前期至高峰期除了做好日常饲养管理工作外，还应特别注意因繁殖机能旺盛、代谢强度大、产蛋率和自身体重增加等原因而出现抵抗力低的特点，要定期认真做好消毒和抗体效价的检测工作。产蛋后期，每隔8～10周可以根据检测的抗体高低决定是否加强免疫。

4.采用营养全价品质优良的日粮

要求饲料必须是全价日粮；始终保持饲料新鲜，不喂霉败变质的饲料；喂料时要少添勤喂；及时淘汰低产鸡和停产鸡。

5.供给水质良好的饮水

水的供应必须确保全天供给。试验证明，在育成鸡阶段如断水6 h，在产蛋后则影响产蛋率1%～3%；产蛋鸡断水6 h，产蛋量就不能恢复到原来水平。饮水器具要每天清洗。产蛋鸡的饮水量随气温的变化而变化，一般情况下每只鸡每日饮水量为200～300 mL。

6.做好生产记录

生产记录的内容很多，最低限度必须含以下几项内容：日期、鸡龄、存栏数、产蛋量、存活数、死亡数、淘汰数、耗料、蛋重、体重、用药和免疫等。管理人员必须经常检查鸡群的实际生产记录，并与该品系鸡的性能指标相比较，找出不足，及时纠正和解决饲养管理中存在的问题。

(二)减少饲料浪费

饲料成本占鸡蛋总成本的70%左右，因此必须重视减少饲料浪费。鸡场饲料浪费量通常占全年消耗量的2%～5%。为了减少浪费，应注意以下几点：

1.料槽(桶)的构造及高度

料槽过小，很容易添满而出现“撒料”；料槽过深，饲料采食不净而产生霉变浪费；料槽无檐易撒料；料槽所放位置过低易被鸡拨弄造成浪费。所以，料槽应大小适中，其高度以高出鸡背2 cm为宜。笼养鸡因料槽侧板上有一定宽度的檐，所以浪费较少。因此，须选用规格标准的料桶(槽)，吊置高度要适中。

2.喂料量

一次加料过多是饲料浪费的主要原因，料槽的加料量应不多于1/3，料桶应不超过1/2。

3.饲料颗粒大小

《产蛋后备鸡、产蛋鸡、肉用仔鸡配合饲料》(GB/T 5916—2008)规定，后备鸡配和饲料应全部通过孔径为5.00 mm的编织筛；产蛋鸡配合饲料应全部通过孔径为7.00 mm的编织筛。饲料过细，适口性差，易飞散；过粗，鸡易择食，而采食不够均匀，易造成营养不平衡。蛋鸡饲料多采用粉料或碎裂料。

4.水槽中水位高度

水槽中的水位不能太高，特别是喂干粉料时，鸡喙上所沾的饲料会浸到水槽中而浪费，同时还会污染饮水。据报道，此项浪费每年每只鸡为1.4～1.8 kg。所以，定时给水比常流水能减少饲料浪费。另外，采用乳头饮水器饲料浪费较少。

5.断喙

断喙不仅可以避免"啄癖"，而且能有效地防止饲料浪费。据调查，断喙的鸡比未断喙的鸡饲料浪费减少约3%。

6.灭鼠及防止其他野鸟的危害

据统计，一只老鼠每年可吃掉9～11 kg饲料。老鼠不仅吃掉饲料且传播疾病，因此必须定期捕杀老鼠，可采取投药、料仓储料和门窗加防护网等多种方式灭鼠。

四、蛋重大小的控制

影响蛋鸡蛋重的因素很多，但是有实际意义和能够通过人为方式进行控制的因素主要有如下几个方面。

1.开产日龄

蛋鸡的开产日龄直接影响整个产蛋期的蛋重。蛋鸡开产愈晚，产蛋初期和全期所产的蛋就愈大。根据法国伊莎褐壳蛋鸡的资料，开产日龄延迟1 d，蛋重平均增加0.15 g。目前，运用各种饲养管理技术措施(如育成期控光、限饲等)可以调控鸡的开产日龄，以生产大小适宜的蛋，而年总蛋重不变。

2.开产母鸡体重

达到蛋重标准的一个最重要的因素是母鸡达到性成熟时的体重。体重很可能不仅是影响产蛋初期，而且是影响整个产蛋期蛋重的重要因素。表5-7中的数据说明，在产蛋期喂同一日粮，对18周龄体重小的母鸡来说，整个产蛋期仍然轻，而且蛋重也明显地小。因此，欲在产蛋后期控制蛋重，应尽早降低日粮的蛋白质水平，以限制体重的增长。

表5-7　母鸡体重对蛋重的影响

18周龄体重/g	母鸡日产蛋率		蛋重/g		67周龄体重/g
	19～25周龄	61～67周龄	19～35周龄	61～67周龄	
1 107	48.1	66.7	46.9	62.2	1 750
1 205	51.0	64.4	48.4	64.2	1 825
1 281	50.7	68.3	48.8	64.6	1 970
1 283	53.6	69.0	49.7	65.8	2 045

3. 日粮中亚油酸含量

亚油酸参与脂肪代谢，其通过对蛋黄的影响而影响蛋的大小。日粮中保证最大蛋重的亚油酸水平，目前公认为1.5%。

4. 日粮中能量水平

后备母鸡的生长对日粮的能量浓度最为敏感，其中以14～20周龄的生长鸡受能量进食量的影响最大。提高能量进食量就能育成体重较大的母鸡，而开产体重是决定蛋重大小的重要因素。在理想的条件下(舍温20℃左右)，产蛋期轻型和中型蛋鸡每只每日的代谢能需要量分别为1 172～1 255 kJ和1 339～1 464 kJ。如果蛋鸡每天的能量进食量低于上述数值的低限，则产蛋量和蛋重均受到影响。

5. 日粮中蛋白质水平

蛋白质水平或者更准确地说蛋白质进食量是影响鸡蛋大小的主要营养因素。在多数情况下，产蛋母鸡(来航型)每日进食17 g氨基酸平衡的蛋白质是足够的，而在产蛋后期蛋白质进食量可减少几克而并不影响产蛋量。

综上所述，蛋的大小是一个可以调控的生产指标，可以通过控制母鸡的开产日龄、体重以及蛋白质、能量等营养素的进食量来控制蛋的大小，以满足市场需要，并取得更大的经济效益。

第三节　蛋种鸡的饲养管理

一、后备种鸡的饲养管理

蛋用后备种鸡与商品蛋鸡育雏和育成期饲养管理方法类似，本节重点讨论不同之处。

(一)饲养方式与密度

目前国内外蛋种鸡有地面平养、网上(或棚架)平养和笼养3种饲养方式，我国以笼养为主。不同品系和不同饲养阶段的种鸡，饲养密度各项指标要求都不一致。合适的饲养密度有利于雏鸡的正常发育，也有利于提高鸡群的成活率和均匀度。

(二)跖长指标

骨骼和体重的生长发育规律不同。体重是在整个育成期不断增长的，直到产蛋期36周龄时达到最高点。骨骼是在最初的10周内迅速发育，到20周时全部发育完成，前期发育快，后期发育慢。因此，要求青年鸡在12周龄时完成骨架发育的90%。如果营养或管理等配合不当，为了力求达到体重标准指标，就必然会出现带有过量脂肪的小骨架鸡(即小肥鸡)，将来的产蛋性能明显达不到应有的标准。所以，育雏期跖长标准比体重标准更为重要。在育雏期所追求的主要目标应该是跖长力求达到标准。到8周龄时若跖长低于标准，可暂不要将育雏料更换成育成料，直到跖长达标后再换料。具体跖长的控制标准要参照不同育种公司的管理指南来掌握。

二、产蛋阶段的饲养管理

1.饲养方式和饲养密度

产蛋期的蛋种鸡饲养方式主要有笼养、网上平养和地面散养 3 种方式。目前我国以种鸡笼养为主,多采用二阶梯式笼养,有利于人工授精技术操作。种鸡饲养密度与饲养方式密切相关,参考表 5-8。

表 5-8 不同饲养方式蛋种鸡饲养密度

鸡种	网上平养		笼养	
轻型蛋鸡	0.11/(m^2/只)	9.1/(只/m^2)	0.045/(m^2/只)	22/(只/m^2)
中型蛋鸡	0.14/(m^2/只)	7.1/(只/m^2)	0.045～0.05/(m^2/只)	20～22/(只/m^2)

2.环境控制

基本上与商品鸡相同。为了使种鸡体型得到充分发育,获得较大的开产蛋重和种蛋合格率,在开产前可以比蛋鸡延迟 2～3 周增加光照。

3.种蛋收集与消毒种蛋

要求定时收集,每 2 h 拣蛋 1 次,每日至少集蛋 6 次。同时,集蛋时要将脏蛋、特小或特大蛋、畸形蛋和破蛋剔出。

蛋壳上的细菌增殖的速度很快,如果细菌进入蛋内部要将其杀死就困难了。进入蛋内部细菌会感染发育中的胚胎,从而使雏鸡发生某些疾病。因此,每次所捡的种蛋要及时进行熏蒸消毒后再交往种蛋库。种蛋送入蛋库后应及时进行第 2 次消毒,以免增加污染机会。种蛋的消毒方法是:消毒环境要求温度 22℃、相对湿度 75%,时间 30 min,甲醛 35 mL/m^3、高锰酸钾 17.5 g/m^3、水 35 mL/m^3,放入搪瓷或陶瓷容器内自然蒸发即可。

三、种蛋生产

(一)留用种蛋的时间

在种鸡体重与体况发育正常的情况下,一般在 24 周龄或者在蛋重达到 50 g 时开始留用种蛋。采用笼养进行人工授精时,在收集种蛋前 2 d 开始对同一鸡群进行连续 2 d 的人工授精,第 3 d 开始收集种蛋。若采用平面饲养(网上平养、地面平养或棚架饲养),一般在 18 周龄将公鸡放入母鸡群中,让公母鸡彼此有一个相互熟悉和建立群序的时间,然后再按上述时间留用种蛋。

种蛋在 50～68 g 之间为宜,蛋重过大或过小及各种畸形蛋均影响孵化率,因此,饲养种鸡不仅要力求提高产蛋量,还要考虑提高种蛋合格率与受精率。

(二)保证种蛋质量

1.饲喂全价日粮

在种鸡的饲料中除了满足能量和蛋白质的需要以外,更要注意影响蛋壳质量的维生素和矿物质元素的添加,尤其是钙、磷、锰、维生素D。通过提高营养水平,可以有效地降低破蛋率而使种蛋合格率提高,破蛋率应控制在2%以内。

2.加强饲养管理

要加强饲养员对种蛋收集和管理的责任心,把破蛋率作为考核饲养人员业绩的重要指标;收集的种蛋按饲养人员分别统计记录,以便对破蛋指标进行考核。另外,增加捡蛋次数也是降低破蛋率有效的方法。

此外,应注意避免"炸群"和维持鸡群的健康,鸡群一旦发病,畸形蛋、软皮蛋比例就会增加。产蛋期间尽量减少预防免疫的次数,以降低软皮蛋的比例。为了减少双黄蛋,要按照标准培育好青年鸡,使开产体重、日龄、跖长达到标准。

3.提高初产时种蛋合格率

初产蛋重与鸡的日龄呈正相关,因此可以采取适当推迟性成熟的办法增加初产种蛋蛋重,以提高初产种蛋合格率。

4.选择设计合理的鸡笼

优质笼具的破蛋率很低,一般可控制在2%以内,有些质量差的鸡笼破蛋率可超过5%。为此,产蛋鸡笼底网的选择要注意如下几个问题:底网弹性要好,镀锌冷拔丝直径不超过2.5 mm,笼底蛋槽的坡度不大于8°,每个单体笼装鸡不超过3只,每只鸡占笼底面积不小于400 cm,且各交叉处不能有焊接的痕迹。

5.提高种蛋受精率

提高种蛋受精率的措施主要有:选择具有繁殖力强的公鸡;公鸡的使用年限合理;适当的公母比例;推广应用人工授精技术等。正常种蛋受精率应达到93%以上,最高可达到98%。

四、种公鸡的选择与培育

(一)种公鸡的选择

小公鸡的选择一般要进行多次,最终达到既符合品种特征又具良好繁殖力的目的。

1.第一次选择

6~8周龄时选留个体发育良好,冠髯大而鲜红者;淘汰外貌有缺陷,如胸、腿、喙弯曲,嗉囊大而下垂,胸部有囊肿者。体重过轻和雌雄鉴别误差的公鸡亦应淘汰。选留比例为,笼养公母为1∶10,自然交配公母为1∶8。

2.第二次选择

在母鸡转群时进行,一般掌握在17~18周龄时开始选留体型、体重符合标准,外貌符合本品种要求的公鸡。用于人工授精的公鸡,除上述要求外,主要选择性反射功能良好的公鸡。笼养公母比例为1∶(15~20),自然交配公母比例为1∶9。

3.第三次选择

在25周龄左右根据精液品质选择,选择精液颜色乳白色、精液量多、精子密度大、活力强的公鸡。公鸡的按摩采精反应有90%以上是优秀和良好的,10%左右则为反应差、排精量少或不排精的公鸡。

全年实行人工授精的种鸡场,笼养公母比例为1∶(25~30),自然交配公母比例为

1∶(10～12)，多留一些后备公鸡可作补充。

(二)种公鸡的培育

从雏鸡开始，公母鸡实施分饲。平养与笼养均可，如有条件，饲养密度稀一些为好，以锻炼公鸡的体质。在17周龄以前应严格按照各品系的鸡种要求进行饲养管理，如测量体重、度量跖长、调整均匀度等。光照方案可按照种母鸡的进行。采用人工授精技术，在17～18周龄时将公鸡转入单体笼内饲养。光照按每周增加0.5 h的幅度递增，直到达16 h为止。

后备种公鸡营养水平是代谢能11～12 MJ/kg，育雏期粗蛋白质18%～19%，钙1.1%，有效磷0.45%；育成期粗蛋白质12%～14%，钙1.0%，有效磷0.45%。

人工授精的公鸡要断喙，以减少育雏、育成期的伤亡。平养自然交配的公鸡不可断喙，断趾是断掉内趾和后趾第一关节，以免自然配种时抓伤母鸡。

复习思考题

1.如何根据生理特点养好雏鸡?

2.请解释后备鸡跖长生长发育规律是什么?

3.蛋鸡产蛋前期生理特点是什么?

4.怎样控制鸡蛋蛋重大小?

5.如何防止蛋鸡过早开产?

6.降低蛋鸡饲料浪费、死亡率、蛋破损率的措施有哪些?

7.请设计蛋鸡在密闭鸡舍饲养条件下的光照程序。

第六章　肉鸡生产

第一节　快大型肉仔鸡生产

一、生产计划

肉用仔鸡场在经营伊始，首先应确定鸡群规模、年生产批次、采取何种管理方式等。即首先应因地制宜地确定经营和饲养管理方案，然后再规划鸡舍，安排设备等各方面的投资等。

1. 饲养规模

肉仔鸡单位饲养量的收益微薄，必须靠规模效益取胜。肉仔鸡饲养管理全过程基本实现了机械化、自动化，为大规模饲养提供了可能。在我国现时条件下，除进雏和仔鸡出场需有人协助外，直接饲养人员一人可养1万～2万只或更多些，年可出栏肉仔鸡5万～10万只以上。饲养场应结合持有的资金、场地、技术、饲料和市场条件确定饲养规模。

2. 鸡群周转与隔离

鸡群周转采用“全场全进全出”制，或整舍全进全出制。前者即在一个鸡场中同一时间内只养同一日龄的肉仔鸡。全部肉鸡在同一时间内入场，同一时间内出场。一批鸡出场后留一定空闲和休整时间，可充分清扫、消毒，杜绝疫病的循环或交叉感染。近年来由于隔离和疫病控制的进步，已有可能在一个鸡场中同一时期内饲养几批肉鸡，这样也要做到整栋鸡舍全进全出。生产者可根据鸡场的条件决定鸡群周转方式。

二、鸡舍和设备

(一)鸡舍

肉鸡舍有密闭和开放两种，建哪种鸡舍可因地制宜，以经济效益为准。南方夏季炎热，用密闭鸡舍时应设水帘并用纵向通风，则可大大降低舍内温度；北方更应注意鸡舍的保温性能，力求冬暖夏凉。鸡舍的天棚、墙壁要便于冲洗和消毒，设有风机或排气孔。鸡舍跨度最好有12 m，因为多数自动喂料装置适于这一宽度，这样的宽度在密闭舍也容易维持正常的通风。舍内应隔成小圈，每圈容鸡数不超过2 500只。

每批鸡出场后肉鸡舍应彻底清扫消毒，以切断病原的循环感染。首先，将育雏伞、饲槽、饮水器吊起或拆除,清除粪便和旧的垫料,用高压水冲洗地面及所有的设备,彻底干净后再喷洒消毒液,然后晾干,空闲7～14 d。如前一批鸡曾经患病,则鸡舍应用福尔马林熏蒸,关严门窗,提高舍温至25℃,经24 h熏蒸后打开门窗或开动风机排出气体。

为节省能源,可采用部分鸡舍育雏法,即用塑料布帘将鸡舍隔成两或三部分,一部分设置育雏器,3周龄前所有雏鸡均集中在这部分培育,每平方米地面可容纳30只鸡。3周龄后随雏鸡的发育,御寒能力增强,需要活动的面积增大,将间壁撤掉,使肉鸡疏散,用这种方法比单用育雏舍然后转群能减少环境变化的应激,有利于雏鸡的发育、节省转群时间和劳动支出,也较通常一开始就分散在整个鸡舍的培育方法节省能源消耗。

(二)设备和用具

1.保温伞和护围

一台直径2 m的伞形育雏器可容鸡500只。热源可用电热丝、红外线灯泡、远红外线或天然气,可因地制宜。保温伞设有自动控温装置,可根据雏鸡不同日龄调温,稳定可靠,而且伞内外有一定温差,雏鸡可根据需要选择合适的温域,有利于雏鸡生长发育。因此,保温伞是平养时较理想的育雏器。在煤炭便宜的地方,也可用火炕、烟道育雏,降低生产成本。育雏初期为防止雏鸡远离热源而受凉,在保温伞周围可使用厚纸板或苇席制成的护围。护围高45～50 cm,其与保温伞边缘的距离,依育雏季节、雏龄而异,一般为70～150 cm。护围通常从第2 d起扩大,至6～7 d即可撤除。

2.饲料盘和饲槽、料桶

育雏初期用饲料盘,10日龄以后更换成料槽或料桶。一个边长42 cm、高4 cm的方形饲料盘可供60只雏鸡使用。长形饲槽,每只鸡应占5 cm的吃食位置。直径38 cm的圆形料盘(容量14 kg)或悬吊式料桶,每100只鸡需3个。饲料桶由人工填料,舍内设吊车输送;长形料槽可人工加料或链式自动送料。

3.饮水器

育雏初期用手提式饮水器(容量4 L),每100只鸡需一个;10日龄以后用吊式钟形自动饮水器,每125只鸡一个;长槽饮水器,每只鸡应占2 cm的饮水位置。

三、管理

(一)管理方式

肉用仔鸡的管理方式有平养、笼养和笼平养混合3种。平养又有垫料饲养和网养两种。具体的管理方式见第五章。

(二)密度

肉仔鸡是适于高密度饲养的,但究竟密度多大为好,要根据具体情况和条件而定。在垫料上饲养密度应低些,在网上饲养密度可高些,通风条件好密度可高些,夏季舍温高则饲养鸡数应少些。环境控制鸡舍到出场时最大承载量为每平方米30 kg活重,若出场体重为2.0 kg,则每平方米最多容鸡15只。

(三)温度

雏鸡出生后体温调节能力很差,必须提供适宜的环境温度。开始育雏时保温伞边缘离地面5 cm处的温度以35℃为宜。温度低则雏鸡不活泼，影响采食和生长。从第2周起伞温每周降低3℃左右，到第五周降至21～23℃为止，以后保持这一温度(表6-1)，或从35℃开始，每天降低0.5℃至30 d时降到20℃。

表6-1　肉鸡对温度的要求　℃

周龄	温度	周龄	温度
1～3 d	35	4	26～23
4～7 d	32～33	5	23～21
2	32～29	6	21～20
3	29～26		

需要注意的是：①脱温后舍内温度以保持在20℃左右为好。②温度下降太快，肉雏不适应，易诱发其他疾病，影响增重；下降太慢，则影响采食量，也不利于增重，还会影响羽毛的生长。

育雏温度应保持平稳，并随雏龄增长适时降温。育雏人员应每天必须认真检查和记录温度变化，细致观察鸡的行为，根据季节和雏鸡表现灵活掌握。

(四)湿度

育雏第1周舍内保持60%～65%的湿度，因此时雏体含水量大，舍内温度又高，湿度过低容易造成雏鸡脱水，影响鸡的健康和生长。2周以后体重增大，呼吸量增加，应保持舍内干燥，注意通风，避免饮水器漏水，防止垫料潮湿，尽量避免高温高湿和低温高湿的恶劣环境出现。

(五)光照

肉仔鸡的光照制度有两个特点：其一是光照时间较长，目的是为了延长采食时间；其二是光照强度小，弱光可降低鸡的兴奋性，使鸡保持安静的状态。保证肉仔鸡光照制度的这两个特点，则有利于提高其生长速度和饲料效率。

1.光照时间

第一种方案是在进雏后的头2 d，每天光照24 h，从第3 d起实行23 h光照，即在晚上停止照明1 h。这1 h黑暗只是让鸡群习惯，一旦黑夜停电不致引起鸡群骚乱，集堆压死。第二种方案是施行间歇光照法，在开放式鸡舍，白天采用自然光照，从第2周开始实行晚上间断照明，即喂料时开灯，喂完后关灯；在全密闭式鸡舍，可实行1～2 h照明、2～4 h黑暗的间歇光照制度。据称这种方法不仅节省电费，还可促进肉鸡采食，鸡生长快，腿脚结实，环境控制鸡舍可参考试用。

2.光照强度

光的照度在育雏初期要强一些，以便于采食、饮水，而后逐渐降低，以防止鸡过分活动或发生啄癖。育雏头2周每平方米地面2～3 W，2周后0.75 W即可。例如，头2周每20 m地面安装1只40～60 W灯泡，以后换上15 W灯泡。如鸡场装有电阻器可调节光的照度，则0～3 d用25 lx照度，4～14 d用10 lx，15～35 d从10 lx减至5 lx，35 d以后为5 lx。开放式鸡舍要考虑遮光，避免阳光直射和光照过强。

(六)通风

肉仔鸡饲养密度大，生长快，所以通风尤为重要。通风的目的是排除舍内的氨、二氧化碳等有害气体，空气中的尘埃和病原微生物，以及多余的水分和热量。肉仔鸡舍空气的氨含量以不超过 20×10^{-6} 为宜。环境控制鸡舍，每小时每千克体重通风量要求 3.6～4 m^3，在不影响舍温的前提下应尽量多通风。

(七)疫病防控

根据当地疫病流行情况和鸡群抗体效价检查情况进行免疫接种。尽量减少药物的使用，必须使用时应注意停药期。肉仔鸡平养最易发生球虫病，一旦患病，会损害鸡肠道黏膜，妨碍营养吸收，采食量下降，严重影响鸡的生长和饲料效率。如遇阴雨天或鸡粪便过稀，即应在饲料中加药预防。如鸡群采食量减少，出现便血，则应立即投药治疗。预防、治疗球虫时，必须注意药物残留问题，在出场前一两周停止用药。预防球虫病必须从管理上入手，要严防垫料潮湿，发病期间每天清除垫料粪便，以清除球虫卵囊发育的环境条件。

(八)出场

肉鸡出场时应妥善处理，即或生长良好的肉鸡，出场送宰后也未必都能加工成优等的屠体。应有计划地在出场前 4～6 h 使鸡吃光饲料，吊起或移出饲槽和一切用具，饮水器在抓鸡前撤除。为减少鸡的骚动，最好在夜晚抓鸡，舍内安装蓝色或红色灯泡，使光照减至最小限度，然后用围栏圈鸡捕捉。抓鸡、入笼、装车、卸车、放鸡的动作要轻巧敏捷，不可粗暴丢掷。肉鸡屠宰前停食 8～10 h，以排空肠道，防止粪便污染屠宰加工厂。但是，宰前停食时间越长，失重率越大，处理得当失重率为 1%～3%。据测定，从停食到屠宰间隔 20 h 比间隔 8 h 的掉膘率高 3%～4%。因此，为减少失重和死亡而造成的损失，应尽可能采取措施缩短抓鸡、装运和在屠宰厂的候宰时间。

四、饲养

(一)营养需要量

肉仔鸡要求高能高蛋白质水平的饲料，日粮各种养分齐全、充足且比例平衡适当。任何微量成分的缺乏与不足都会使鸡出现病理状态。在这方面，肉仔鸡比蛋用雏鸡更为敏感，反应更为迅速。各鸡种肉仔鸡营养需要量有所不同，但大同小异。

要保证添加剂的质量并随时注意鸡群表现，如有代谢病征兆，则应及时检查添加剂的质量和添加量，调整用量或对症补充某些缺乏的成分，甚至更换添加剂。

(二)饲粮配合

由于仔鸡饲粮能量水平较高，故饲粮当以含能量高而纤维低的谷物为主，不宜配合较多的含能量低而纤维高的糠麸类。由于谷物一般含蛋白质较低，氨基酸不平衡，故饲粮中应配以适量的油饼类和添加适量的氨基酸。谷物和油饼中的钙、磷、钠等矿物质元素含量低，利用率差，所以，饲粮中还应配以贝壳、骨粉、食盐等矿物质。谷物和油饼中所缺乏的微量矿物质元素和维生素类，可用成品的添加剂予以补充。饲料原料质量和营养成分的含量直接影响所生产饲料的质量，配合饲粮时应注意饲料的品质和含水量，不能教条地计算营养成分。不能喂发霉变质的饲料。饲料种类的选择可因地制宜，但必须满足营养需要，同时注意饲料成本。肉用仔鸡饲养期短，饲粮的配合应尽可能保持稳定，如因需要改变时，必须逐步更换，饲粮急剧变化会造成消化不良，影响肉鸡生长。

(三)饲养

1.进雏和开食

雏鸡必须来自健康、高产的父母代种鸡。种鸡无白痢、支原体病，种蛋大小符合标准，孵化厂清洁卫生。雏鸡站立平稳，活泼健壮，发育整齐，脚的表皮富有光泽。进雏前一两天调好育雏器和育雏舍的温度，在育雏器的周围互相间隔地摆放好饲料盘和饮水器，圈好护围，饮水器装满清水，使水温逐渐升高一些。雏鸡孵出后应尽快运到育雏舍。雏鸡运至鸡舍后分别放到各育雏器附近，先饮水，2～3 h后开始喂料。如果雏鸡孵出时间较长或雏体较弱，可在开食前的饮水中加入一定量的补液盐，有利于体力的恢复和生长，也可喂饮速补一类的水溶性维生素和微量元素。雏鸡一开食即喂仔鸡前期的全价饲料，不限量，自由采食。

2.饲喂

肉用仔鸡饲养可任其自由充分采食，每天加料4次。投料可刺激鸡的食欲，增加采食量。但每次添料不要超过饲槽深度的1/3，过多会被刨出浪费。饲槽高度随鸡龄增长而调整，保持与鸡背同一水平，以免啄出饲料。肉鸡最好喂颗粒料，因颗粒料营养完善，可促进采食、减少浪费，有利于增重。饲槽必须够用而且分布均匀，采食位置不足或摆放位置不当会影响鸡的采食，导致生长缓慢，发育不整齐。饲养人员应每天记录喂料量，鸡采食量的突然变化常常是患病或管理失误的反映，应立即查明原因，采取改进措施。

3.饮水

水是最廉价的营养物质，在调节鸡的体温、输送营养物质、排出代谢废物等方面起重要作用，因而新鲜、清洁而充足的饮水，对肉鸡的正常生长至关重要。鸡的饮水量取决于环境温度及采食量，可参考表6-2。

表6-2　肉仔鸡每1 000只每日饮水量　　L

周龄	10℃	21℃	32℃
1	23	30	38
2	49	60	102
3	64	91	208
4	91	121	272
5	113	155	333
6	140	185	300
7	174	216	328
8	189	235	450

鸡患病和产生应激时，往往在采食量减少一两天以前饮水就减少了，因此，必须随时注意饮水量的变化，以便及时发现问题及时采取措施。为此，设有自动饮水器的鸡舍最好安装水表，并记录每天的饮水量。一只鸡每吃1 kg料要饮2～3 kg水，气温越高饮水量越多：育雏开始使用小型饮水器，在4～5日龄将小型饮水器放在吊塔式自动饮水器附近，待7～10日龄鸡习惯用大型自动饮水器时，再将小饮水器撤掉。饮水器数量要够用，饮水器的边缘与鸡背保持相同的水平，以防饮水时外溅。

4.肉用仔鸡的生长和耗料标准

肉用仔鸡的生长速度、饲料消耗和饲料效率受很多因素影响，诸如品种、营养水平、环境、疫病等。生产肉用仔鸡既要争取高的生长速度和良好的饲料效率，也要注意生产成本和最终经济效益。

5.肉仔鸡饲养的关键技术

(1)加强早期饲喂：肉仔鸡生长速度快，相对生长强度大，前期生长稍有受阻则以后很难补偿，这与蛋用雏鸡有很大差别。所以，在实际饲养时一定要使出壳后的雏鸡早入舍、早饮水、早开食。

(2)保证采食量：日粮的营养水平高，但若采食量上不去，吃不够，则肉鸡的饲养同样得不到好的效果。保证采食量的常用措施有：①保证足够的采食位置，保证充足的采食时间。②高温季节采取有效的降温措施，加强夜间饲喂，必要时采用凉水拌料。③检查饲料品质，控制适口性不良原料的配合比例。④采用颗粒饲料。⑤在饲料中添加香味剂。

五、肉仔鸡饲养管理其他要点

肉仔鸡生产过程当中常见的几种非传染性疾病主要有胸囊肿、腿部疾病、腹水症和猝死症。

1.胸囊肿

即肉鸡胸部皮下发生的局部炎症，是肉仔鸡常见的疾病。它不传染也不影响生长，但影响屠体的商品价值和等级。应该针对产生原因采取有效措施：

(1)尽力使垫草干燥、松软，及时更换黏结、潮湿的垫草，保持垫草应有的厚度。

(2)减少肉仔鸡卧地的时间。肉仔鸡一天当中有68%～72%的时间处于卧伏状态，卧伏时体重的60%左右由胸部支撑，胸部受压时间长、压力大，胸部羽毛又长得晚，故易造成胸囊肿。应采取少喂多餐的办法，促使鸡站起来吃食活动。

(3)若采用铁网平养或笼养时，应加一层弹性塑料网。

2.腿部疾病

随着肉仔鸡生产性能的提高，腿部疾病的严重程度也在增加。引起腿病的原因是各种各样的，归纳起来有以下几类：遗传性腿病，如胫骨软骨发育异常，脊椎滑脱症等；感染性腿病，如化脓性关节炎、鸡脑脊髓炎、病毒性腱鞘炎等；营养性腿病，如脱腱症、软骨症、维生素B缺乏症等；管理性腿病，如风湿性和外伤性腿病。预防肉仔鸡腿病，应采取以下措施：

(1)完善防疫保健措施，杜绝感染性腿病。

(2)确保微量元素及维生素的合理供给，避免因缺乏钙、磷而引起的软脚病；缺乏锰、锌、胆碱、烟酸、叶酸、生物素、维生素B_6等所引起的脱腱症；缺乏维生素B_2而引起的卷趾病。

(3)加强管理，确保肉仔鸡合理的生活环境，避免因垫草湿度过大、脱温过早以及抓鸡不当而造成的脚病。

3.腹水症

是一种非传染性疾病，其发生与缺氧、缺硒及某些药物的长期使用有关。控制肉鸡腹水症发生的措施如下：

(1)改善环境条件，特别是密度大的情况下，应充分注意鸡舍的通风换气。

(2)适当降低前期料的蛋白质和能量水平。

(3)防止饲料中缺硒和维生素E。

(4)发现轻度腹水症时，应在饲料中补加维生素 C，用量是 0.05%。有人经试验后认为，8～18 日龄只喂给正常饲料量的 80%左右，可防止腹水症的发生，且不影响肉仔鸡最终上市体重。

4. 猝死症

其症状是一些增重快、体大、外观正常健康的鸡突然狂叫，仰卧倒地死亡。剖检常发现肺肿、心脏扩大、胆囊缩小。导致猝死症的具体原因不详，一般建议在饲粮中适量添加多维，加强通风换气，防止密度过大，避免突然的应激。

第二节　白羽肉种鸡的饲养管理

一、育雏期饲养管理

(一)接雏准备工作

1. 鸡舍的消毒和准备

现代养鸡业面临的最大威胁仍然是疾病，所以，鸡群周转必须实行"全进全出"制，以实现防病和净化的要求。当上一批育雏结束转群后，应对鸡舍和设备进行彻底的检修、清洗和消毒。消毒工作结束后铺上垫料，重新装好设备，进鸡前锁好鸡舍(或场区)，空闲隔离至少 3 周，待用。尽早启动供热系统，寒冷季节通常需预热约 24 h，因鸡只在短时间内受凉，也会影响成活率、均匀度和整个鸡群的生产性能。如果鸡舍用甲醛熏蒸消毒，应至少在进鸡前 3 d 加温排风，保证进鸡前彻底排除甲醛气体。

2. 饲养面积和饲喂设备

根据生产计划、饲养管理方式及雏鸡适宜的饲养密度，准备足够的饲喂和饮水设备(表 6-3)，每 500 只 1 日龄雏鸡准备一台电热育雏伞。

表 6-3　肉种鸡育雏期饲养、采食和饮水面积

项目	饲养面积(垫料平养)/(只/m^2)	采食面积			饮水面积		
		链式饲喂器/(cm/只)	圆形料筒/(只/个)	盘式喂料器/(只/个)	水槽/(cm/只)	乳头饮水器/(只/个)	钟形饮水器/(只/个)
公鸡	10.8	5.0	20～30	30	1.5	10～12	80～100
母鸡	10.8	5.0	20～30	30	1.5	10～12	80

准备好接雏工具，如计数器、记录本、剪刀、电子秤、记号笔、饲料、药品等。如果 1 日龄需要免疫，须准备好免疫用苗和工具。

(二)接雏

引进种鸡时要求鸡雏来自相同日龄种鸡群，并且种鸡群健康，不携带垂直传播的支原体病、白痢、副伤寒、伤寒、白血病等疾病。引进的雏鸡群要有较高而均匀的母源抗体。出雏与入舍间隔时间越长，对鸡产生的不良影响越大，最理想的是出雏后 6～12 h 内将雏鸡放于鸡舍育雏伞下。冷应激对雏鸡以后的生长发育影响较大，故冬季接雏时应尽量缩短低温环境下的搬运时间。将雏鸡小心从运雏车上卸下并及时运进育雏舍，检点鸡数，随机抽两盒鸡称重，掌握1日龄鸡平均体重。雏鸡到育雏舍后先饮水2～3 h，然后再喂料。从出壳到育雏舍运输时间过长，雏鸡会脱水或受到较大的应激。如果遇到这种情况，可以在饮水中加葡萄糖的同时加一些多维、电解质和预防量的抗生素。公雏出壳后在孵化厅还要进行剪冠、断趾处理，受到的应激较大，因此，运到鸡场后要细心护理。

(三)育雏温度

肉种鸡的育雏温度控制基本同肉仔鸡。为防止雏鸡远离食槽和饮水器，可使用围栏。围栏应有50 cm高，与保温伞边缘的距离为60～150 cm。每天向外逐渐扩展围栏，当鸡群达到7～10日龄时可移走围栏。

过冷的环境会引起雏鸡腹泻及导致卵黄吸收不良，过热的环境则会使雏鸡脱水。因此，育雏温度应保持相对平稳，并随雏龄增长适时降温，这一点非常重要。细心观察雏鸡的行为表现，可判断保温伞或鸡舍温度是否适宜。雏鸡应均匀地分布于适温区域，如果鸡扎堆或拥挤，即说明育雏温度不适合或者有贼风存在。育雏人员每天必须认真检查和记录育雏温度，根据季节和雏鸡表现灵活调整育雏条件和温度。

(四)育雏期饲喂管理

在公母分开的情况下把整栋鸡舍分成若干个小圈，每圈饲养500～1 000只。此模式的优点是能够控制好育雏期体重和生长发育均匀度，便于管理和提高成活率。育雏料除要求全价平衡营养外，还需加工精细，颗粒大小适宜、均匀，适口性好。料盘里的饲料不宜过多，原则上少添勤添，并及时清除剩余废料。母鸡前2周自由采食，采食量越多越好，第3周开始限量饲喂，要求第4周末体重达420～450 g。公鸡前4周自由采食，采食量越多越好，让骨骼充分发育。对种公鸡来说，前4周的饲养相当关键，其好坏直接关系到公鸡成熟后的体形和繁殖性能。

(五)育雏期饮水管理

雏鸡入舍前，要检查并确保整个饮水系统工作正常，并进行卫生检测，确保饮水干净。育雏期鸡舍温度较高，并且饮水中添加葡萄糖、多维等营养物质，这些条件正适于细菌、病毒的生长繁殖，所以饮水系统的消毒和饮水的及时更换直接关系到雏鸡的健康。一般要求育雏前3 d每4 h清洗一次饮水器和更换饮水，以后每天擦洗两次。水箱每周清洗一次，每月要监测一次饮水卫生。使用乳头饮水器可提高饮水卫生，切断疾病传播，降低鸡舍垫草湿度，降低劳动强度，是现代化大鸡场应具备的饮水设施。

(六)育雏期光照管理

肉鸡生长快，需进行限制饲养以保证应有的繁殖性能，为实现这一目的，必须从育雏期开始就有一个合理的光照程序予以配合(表6-4)。

表6-4 肉种鸡环境控制(密闭)式鸡舍光照计划

周龄	日龄	光照总时间/h
1	1～2	23
1	3	19
1	4	16

续表 6-4

周龄	日龄	光照总时间/h
1	5	14
1	6	12
1	7	11
2	8	10
2	9	9
2～20	10～146	8
21～22	147～160	12
23～24	161～174	13
25～26	175～188	14
27 以后	189 以后	15*

* 如果产蛋水平上升的并不满意，应在 15 h 光照的基础上进一步加光。可分两次增加，每次 0.5 h 足矣。

(七)育雏期垫料管理

肉种鸡地面育雏要注意垫草管理，要选择吸水性能好、稀释粪便性能好、松软的垫料，如麦秸、稻壳、木刨花，其中软木刨花为优质垫料。麦秸、稻壳按 1∶3 比例作垫料，效果也不错。垫料可根据当地资源灵活选用。育雏期因为鸡舍温度较高，所以垫草比较干燥，可以适当喷水以提高鸡舍湿度，有利于预防呼吸道疾病。

(八)鸡舍湿度和通风

一般要求鸡舍相对湿度为 50%～60%。通风换气不仅可提供鸡只生长所需的氧气，调节鸡舍内温、湿度，更重要的是排除舍内的有害气体、羽毛屑、微生物、灰尘，改善舍内环境。鸡舍内的二氧化碳浓度不应超过 0.5%，氨气浓度不应高于 20×10^{-6}，否则鸡的抗病力降低，性成熟延迟。通风换气量除了考虑雏鸡的日龄、体重外，还应随季节、温度的变化而调整。育雏前期鸡的个体较小，鸡舍内灰尘和有害气体相对较少，所以通风显得不是十分重要，随着鸡只生长应逐渐加大通风量。

(九)断喙

为减少饲料浪费和啄伤的发生，肉种鸡要求精确断喙。断喙通常在雏鸡 5～8 日龄时进行，为保证断喙的质量，断喙时应使用专用设备(断喙器)。

二、育成期饲养管理

白羽肉种鸡育成期指 4 周龄末育雏结束到 24 周龄末产蛋开始这一时期。育成期是肉种鸡生长发育的关键阶段，有持续时间长、工作量大、管理难度大等特点。

(一)饲养面积

现代白羽肉种鸡通常在垫料地面上平养育成，所以，公鸡的饲养密度不易过大，否则影响公鸡的体格(尤其影响脚趾、脚掌、胫骨、龙骨的发育)和睾丸发育，最后影响繁殖性能。

(二)饲喂、饮水及垫料管理

要求饲喂系统能尽快将饲料传送到整个鸡舍(可用高速料线和辅助料斗),这样所有鸡可以同时得到等量的饲料,从而保证鸡群生长均匀。在炎热季节,应在清晨凉爽时喂料。

对限制饲喂的鸡群,要保证有足够的饮水面积,同时需适当控制供水时间以防垫料潮湿。在喂料日,喂料前和整个采食过程中须保证充足饮水,而后每隔 2～3 h 供水 20～30 min。在停料日,每 2～3 h 供水 20～30 min。限制饮水需谨慎进行。在高温炎热天气或鸡群处于应激情况下不可限水。限饲日供水时间不宜过长,防止垫料潮湿。天气炎热可适当延长供水时间。

(三)通风管理

育成期鸡群密度大,鸡舍内产生的灰尘及 NH_3、CO_2 等有害气体多,所以通风显得很重要。通风影响鸡舍温度、垫料湿度、鸡舍内空气新鲜程度等多方面,所以配备有效而合理的通风系统是有必要的。

夏季育成鸡舍通风越大越好,水帘降温密闭式鸡舍风速要求 50～100 m/min。每只鸡至少需要 0.007 m^3/min 的新鲜空气。炎热季节中当气温超过 30℃时,为保证鸡只舒适,通风量每千克体重至少为 0.092 m^3/min。在宽度等于或小于 10 m 的鸡舍,两侧墙壁上都应安置进气口,以利于空气流通。进气口大小应可以调节,同时风向导板应能完全闭合。应该使气流在鸡舍内流动方向适宜,且风速足够。气流以 30°～45°角度进入鸡舍后,可与舍内空气混合而不产生贼风。冬季鸡舍保温和通风要协调好。温度低影响鸡群生长发育或生产性能,通风不好则容易发生呼吸道疾病,影响鸡群健康和成活率。所以,在保证舍温的前提下应尽量多通风。

(四)光照管理

正确运用光照时间、强度和限制饲养措施,是保证肉种鸡饲养成功的关键。光照刺激对肉种鸡性成熟非常重要,在遮黑式鸡舍光照度要求在 10 lx 以下,以鸡能找到料槽和饮水器为准。如果鸡舍有漏光现象要及时补封,达到完全遮黑程度。20 周龄以前不需要有太长的光照刺激,这一时期可采用自然渐减或人工渐减或恒定时间的光照方案。育成期不能随意改变光照时间和光照强度。光照计划因鸡舍形式而异。

(五)限制饲养

因为白羽肉种鸡具有吃得快、吃得多、消化快、吸收好、增重快等特点,假如在育成期对种鸡群不采取限制饲喂,那么种鸡就会超重过肥,产蛋性能就无法发挥。所以,肉种鸡育成期必须采取有效的限饲程序来控制体重。限饲还可使性成熟适时化、同期化;减少产蛋初期产小蛋和后期的大蛋数量,提高种蛋合格率;减少产蛋期的死亡率和淘汰率;提高种蛋受精率、孵化率和雏鸡品质;节省饲料消耗,从而全面提高种鸡饲养的经济效益。

目前世界各地普遍采用限制饲料供给量的方法来控制鸡的体重。饲喂料量应根据每周鸡群平均体重来决定,但不能对每 1 周的体重变化做出过分反应,也就是说不能只看周末体重超标就减料或体重不够就加料,要连续看 3 周的体重变化和走势来决定喂料量的改变。应从实践中逐渐积累成功的经验,健全饲喂程序。

鸡群达到 2～4 周龄时可开始实施限饲程序。限饲的方法有:每天限饲;隔日饲喂,即将鸡 2 d 的饲料 1 d 喂给,每隔 1 d 喂一次料,适用于 3～8 周龄的鸡群;喂四限三(4/3),即鸡 7 d 的饲料分喂 4 d,适用于 3～12 周龄鸡群;喂五限二(5/2),即鸡只 7 d 的饲料分喂 5 d(停料日不可连续进行),适用于8～16周龄鸡群;喂六限一(6/1),即鸡7 d的饲料分喂6 d,适用于14～18周龄鸡群;喂二限一(2/1),即鸡只3 d的饲料分喂2 d,可在6周龄以后作为隔日饲喂或5/2饲喂的一种过渡方法。实际操作时可参考育种公司提供的饲养管理手册进行。鸡场管理人员应根据鸡群生长、健康状况及饲料质量等方面的情况灵活掌握限饲程序。采用限制饲喂方法可让鸡群每周稳定而平衡地生长,在实践中要注意以下几点。

1. 准确掌握鸡群体重

白羽肉种鸡育成期每周的喂料量是参考品系标准体重和实际体重的差异来决定的,所以掌握鸡群每周的实际体重显得非常重要。

育成期每周末称一次体重,根据实际体重来决定下一周的喂料量和喂料方法。因为鸡群数量多,不可能每只鸡都能称重,所以只能用样本体重来代表全群实际体重,样本的代表性很重要。圈鸡以前在整个鸡舍安静地走动,使鸡群个体分布均匀。不加任何选择地把围起来的鸡全部称完,不能称一部分放一部分。如果分圈饲养,则应每圈单独称重。根据鸡群规模,抽取3%～5%的鸡称重。鸡群规模较小时,需增大抽样比例,抽样数最小为50只。称重时要注意所使用的秤必须标准(有必要每次称重前校准),挂秤应悬挂于称鸡者眼睛水平的高度。一般在限饲日空腹称重,如果遇到喂料日则应在喂料前称重。每周在同一天的相同时间称重,每周的采样点要更换。如果突然有一周称重后平均体重和标准体重相差很大,很可能是秤不准或采样少,要重新称重。称重抓鸡切忌过分粗暴,准确的抓鸡方法是先从鸡的后部抓住一只腿的胫部,然后将两腿并在一起,用手握住胫部提起。肉种鸡体重大,不要只提一条腿,不准用铁钩子钩鸡腿,以免发生损伤,总之一定要做到轻抓轻放。

2. 体重均匀度

体重均匀度是衡量品种质量(种雏质量)及各阶段饲养管理成绩好坏的一个重要综合指标。鸡群体重均匀度是指体重在鸡群平均体重±10%范围内的个体所占的比例。均匀度差时,则强壮的鸡抢食弱小鸡的日粮,结果强壮的鸡变得过肥,而弱小的鸡变得瘦弱,两者都不能发挥它们应有的产蛋性能。如果育成期鸡群体重均匀度差,则种鸡产蛋期产蛋率低,鸡只总产蛋数少,种蛋大小不齐,所繁雏鸡均匀度差,生产效益不高。有人在生产实践中总结发现,育成期体重均匀度每增减3%,每只鸡平均产蛋数相应增减4枚。1～8周鸡群体重均匀度要求在80%,最低75%;9～15周鸡群体重均匀度要求在80%～85%;16～24周鸡群体重均匀度要求在85%以上。

肉用种鸡体重均匀度较难控制,管理上稍有差错,就会造成鸡只间采食量不均匀,导致鸡群体重均匀度差。因此,在管理上要保证足够的采食和饮水位置,饲养密度要合适。另外,饲料要混合均匀(中小鸡场自己配料时特别注意),注意预防疾病,尽量减少应激因素。

3. 饲料营养

无论采用什么样的限饲方法,均不能忽略日粮的营养浓度。即对于种鸡体重、体格发育均匀度的控制来说,必须实现喂料量和饲粮营养水平的最佳结合。种鸡在育成期结束时不仅要求体重符合要求,还要有一定的营养积蓄,以便为以后生产性能的正常发挥奠定足够的物质基础。

使种鸡达到体重标准和足够的营养积累并不容易,这受育雏、育成期的饲养管理、限饲程序、体重控制和饲料质量等诸多因素影响。

三、开产前的饲养管理

此阶段特指18～24周龄，这是育成期向产蛋期过渡的阶段。这一时期要增加营养摄入量，以便满足生长和生殖器官发育的需要，为产蛋做好充分的准备。如果育成和产蛋在不同鸡舍，那么育成结束后18周龄做转群工作。一般转群的同时进行鸡白痢、支原体普检。

开产前种母鸡增重很快，大约每周增重150 g。体内各脏器生长发育很快，尤其是生殖器官。因此，应饲喂产前专用饲料，要求粗蛋白质15.6%～15.8%，代谢能11.93 MJ/kg。此时，除按要求对种鸡进行正常的饲养管理外，还要为产蛋在鸡舍和设备诸方面做好准备。

(一)鸡舍和喂饮设备

肉种鸡产蛋期一般采用“两高一低的棚架、垫料地面混合”的管理方式，即如果鸡舍宽12 m，则两边各架设4 m的棚架，中间4 m的垫料地面。每平方米养种鸡5只(含公鸡)。建议应有棚架坡道，以帮助鸡轻易地上下棚架。沿棚架每隔8～10 m安放一个坡道。沿棚架建造台阶，以方便工作人员上下棚架之用。

使用链式饲喂器时，饲料应保证在5 min内传送到整栋鸡舍。为达到这个目的，可使用高速料线(18～36 m/min)。如使用悬挂式料桶，最好用铰链控制其同时升降，注意争取在各个料桶内添置等量的饲料。

(二)光照系统

产蛋期间在鸡背水平高度上光照度至少应达到32 lx。建议使用25～30 cm直径的反光罩将光线反射到鸡身上。保持灯泡清洁并及时更换坏灯泡。鸡舍内灯泡布局要均匀，以为鸡提供均匀一致的光照，尽可能避免在鸡舍内形成较暗的地方。安装灯泡时应保持1.5的比例，这是指灯泡之间的距离应是灯泡到鸡的背部高度的1.5倍。通常灯泡距地面高度为2.4～2.5 m，要为工人在灯泡下工作提供足够的空间。当鸡舍内架设3排或3排以上灯泡时，每排灯泡应交错排列，最外排灯泡到房舍墙壁距离为灯泡间距的一半。

(三)混群

一般在20周龄左右时进行，把留种公鸡均匀地放入母鸡舍内。一般要求在较弱光线下混群，以减少公鸡因环境改变而产生的应激。公鸡放入母鸡舍后开始两周感到陌生而胆怯，需要细心管理，尽快建立起它们的首领地位。如果公母鸡都转入新鸡舍，则公鸡提前1周转入，而后再转入母鸡，这样做对公鸡的健康和产蛋期繁殖性能的提高都有好处。为防止公鸡体重过大，以及由此造成不能正常交配影响受精率，一些厂家发明了多种公母分饲系统。目前应用最广泛的方法是在料槽上安装隔鸡栅，这样母鸡因其头部相对较小仍可采食，而头部相对较大的公鸡则无法从料槽中采食。使用这种限制采食系统时，隔鸡栅尺寸要适宜，且要注意维修，保证限制公鸡而不限制母鸡采食。公鸡用悬挂式料桶饲喂，8只一个料桶，用滑轮和钢丝绳把料桶悬挂起来，母鸡因体小够不上料桶无法从中采食。配合隔鸡栅再使用“鼻签”可进一步防止公鸡偷吃母鸡料。

(四)开产前的光照刺激

光照度由5～10 lx增加到30 lx左右，光照时间逐渐达到16～17 h。为了得到较高的受精率，公鸡较母鸡提前1周给予光照刺激。这样公鸡性成熟比母鸡稍提前，开产初期种蛋受精率明显提高。

四、产蛋期的管理

一般从22周龄开始增加光照，到25周龄鸡群产蛋率就能达到5%。肉鸡群产蛋率达到5%的日龄(周龄)叫作开产日龄(周龄)。种鸡产蛋期多采用每天限饲方案，每天定量的饲料在早上一次投给。

(一)喂料量

鸡群开产后，要考虑以下几个因素来决定投料量。

1. 产蛋率

种母鸡开产后喂料量的增长率应先于产蛋率的增长，这是因为鸡需要足够的营养来满足生殖系统快速生长、发育的需要，且卵黄物质的积累也需要大量的营养。鸡群的均匀度水平直接决定鸡群达产蛋高峰的快慢。若鸡群产蛋率上升快(每天上升3%～4%)，产蛋率到30%时应给予高峰料。对于开产后产蛋率上升较慢(每天1%～2.5%)的鸡群，高峰料最好在产蛋率达35%～40%时再给。

2. 采食时间

这是鸡群进入产蛋期后决定喂料量所必须考虑的另外一个因素。采食时间的长短直接反映喂料量是否过多或不足。每天应记录采食时间，作为管理鸡群的"指标"之一。一般种鸡应在2～4 h之内吃完其每日的饲料配额。采食时间快，说明需要饲喂更多的饲料；反之，说明喂料量过多。当然，要注意气温、隔鸡栅尺寸和饲料本身等均影响采食时间的长短。

3. 舍温

这是影响采食量的主要因素之一。舍温应保持在21～25℃。一般来说舍温低于20℃时，每低于1℃，每只鸡每天就需增加0.021 MJ能量。夏季天热时一定要在早晨凉爽时喂料。

4. 体重

鸡每天摄取的大部分营养物质主要用于维持需要。因此，体重越大的鸡需要的饲料量也就越多。如果鸡群超过其标准体重，那么在产蛋期就应增加其喂料量，在实际生产中鸡群每超过标准体重100 g，每天每只鸡需增加0.033 MJ能量。

产蛋期也需要每周称重，并进行详细记录以完善饲喂程序。大量研究证明，鸡如果在到达产蛋高峰期前没有得到足够的体重增长和营养积蓄，则无法取得良好的产蛋高峰，并不能维持较长的高峰期。

(二)减料

产蛋高峰后，种鸡增重速度下降，同时产蛋量也减少。减料主要是用以防止产蛋高峰后母鸡过肥从而导致产蛋量、种蛋受精率和孵化率下降。减料可于周产蛋率连续两周没有增长后开始。减料量的多少应根据产蛋率、采食时间、舍内环境温度及鸡的体重等因素来决定。

产蛋高峰后减料应果断进行，但也不可马虎从事。开始每周每只鸡减料1～2 g。例如：鸡群喂料量为170 g/(只・d)，减料后第1周喂料量应为168～169 g/(只・d)，第2周则为167～168 g/(只・d)。任何时间进行减料后3～4 d内必须认真关注鸡群产蛋率。如产蛋率下降幅度正常(一般每周1%左右)，则第2周可以再一次减料；如果产蛋下降幅度大于正常值，同时又无其他方面的影响(气候、缺水等)时，则需恢复原来的料量，并且1周内不要再尝试减料。由于采食时间是喂料量是否适当的特征，因此采食时间过长，也需要进行减料。

(三)种蛋的管理

种鸡场的最终目的是生产出更多的合格种蛋，为此，要对种鸡场产蛋鸡舍进行特殊管理。

1. 产蛋箱垫料

蛋产出后首先接触蛋窝垫料，因此，要始终保持垫料的干燥清洁。应使用优质垫料，推荐使用软木刨花或稻壳。使用麦秸时，切断后麦秸长度不超过0.5 cm。垫料不许有寄生虫、霉菌等微生物，另外不许尘土、粉末太多。产蛋箱垫料每2 d补充一次，每月彻底更换一次。

2. 种蛋收集

开产时经常巡视鸡群，正常情况下每天至少捡蛋4次，产蛋率高时增加捡蛋次数。产蛋箱里的种蛋和地面脏蛋分开捡，分开装，捡完脏蛋必须洗手消毒。一般早晨第一遍蛋较多，要求捡蛋速度快。禁止入孵蛋窝里的脏蛋和地面蛋。有的种鸡场把脏蛋擦净后当种蛋用，这是不正确的。

3. 种蛋质量的量化管理

种鸡开产后会出现多种类型的蛋，通常可分为4种：合格种蛋、脏蛋(包括黏粪便、黏垫草、黏蛋黄、黏蛋白、黏血斑的蛋和地面蛋、栖架蛋)、破蛋(包括蛋壳有裂纹的蛋和完全破裂的蛋)、畸形蛋(包括大蛋、小蛋、形状不规则的蛋、软壳蛋)。这4种蛋在鸡群的不同年龄段、不同的鸡舍管理条件下所占的比例不同。各种鸡场根据自己的条件，总结出适合本场的各种类型蛋的正常比率非常重要，它对种鸡场的管理有很大的参考意义。脏蛋占合格种蛋的比率低，说明种蛋的卫生质量好；脏蛋占合格种蛋的比率超标，说明种蛋的卫生情况差。一般脏蛋占合格种蛋的比率不能超过0.8%，如果超过0.8%就要寻找原因及时改进。如果脏蛋占合格种蛋的比率达1%～1.5%，那么鸡场、鸡舍管理存在严重的问题，这将会给鸡场的生产造成很大损失。

各种鸡场应根据实际，认真统计生产数据，总结出种蛋管理量化指标。通过指标监督生产和预见鸡场管理中出现的问题，增加产品数量，保证产品质量，以取得满意的经济效益。

4. 种蛋的消毒、保存和运输

捡完蛋后即刻进行消毒。种鸡场要设立种蛋库房，库房要求配备供暖设备、降温设备和加湿器。运输种蛋的车最好带空调或是保温车，防止夏天运输种蛋“冒汗”，冬天运输冻裂。在孵化厅内入孵的种蛋必须满足下列条件：种蛋至少54 g；种蛋表面清洁、无污染；蛋壳颜色正常；蛋壳质量良好；种蛋形态正常。

第三节　黄羽肉鸡的生产

一、优质黄羽肉仔鸡的生产

目前我国市场对优质鸡有不同层次的需求，优质黄羽鸡也包括仿土鸡与土鸡配套两种类型，它们有各自的特点，分别适合不同层次的消费市场。

(一)黄羽肉鸡的生产性能

一般而言,各育种公司的饲养管理手册上的生产性能指标是指在较高生产条件情况下所测得的技术数据。公鸡饲养至8～9周龄,体重1.6～1.8 kg时可上市,而母鸡一般饲养至13周龄左右上市。

(二)黄羽肉鸡营养需要

黄羽肉仔鸡商品代肉鸡营养需要量见表6-5。

表6-5 黄羽鸡商品代肉鸡营养需要量

	雏鸡料	中鸡料	大鸡料	肥鸡料
代谢能/(MJ/kg)	11.72～12.13	12.13～12.55	12.55～12.97	12.97～13.39
粗蛋白质/%	21～22	19～20	18～17	17～16
钙/%	0.8～1.2	0.8～1.1	0.8～1.0	0.8～1.0
总磷/%	0.6～0.8	0.6～0.8	0.6～0.8	0.6～0.8
食盐/%	0.3～0.4	0.3～0.4	0.3～0.4	0.3～0.4
赖氨酸/%	1.0～1.2	0.9～1.1	0.8～1.0	0.8～1.0
蛋氨酸+胱氨酸/%	0.8～0.9	0.8～0.9	0.7～0.8	0.7～0.8

表6-5中将黄羽鸡的整个生长期分为4个阶段,也可根据实际情况划分为3个阶段进行,即雏鸡、中鸡和肥鸡阶段,但各阶段的营养需要应做相应调整。

(三)黄羽肉鸡的饲养管理条件

1.密度

饲养密度包含4个方面的内容:一是每平方米面积养多少只鸡;二是每只鸡占有多少食槽位置;三是每只鸡饮水位置够不够;四是通风条件好不好。因此,决定密度的大小必须考虑这几个方面的因素。1～30日龄:地面或网上平养为30只/m^2左右,多层笼养(配合负压通风系统)为45～60只/m^2;31～60日龄:地面或网上平养为15只/m^2左右,阶梯式笼养为25～30只/m^2;61～100日龄:地面或网上平养为8只/m^2左右,阶梯式笼养为12～15只/m^2。

2.其他饲养管理条件

黄羽肉鸡要求的其他饲养管理条件与白羽肉鸡基本相同。

(四)雏鸡的饲养管理

1.接雏

应选择健康的雏鸡,其标准是:精神活泼,两眼有神,毛色符合品种标准,绒毛整洁,脐部收缩良好,外观无畸形或缺陷,肛门周围干净,两脚站立着地结实,行走正常,握在手中饱满挣扎有力,体重达到30 g以上。

2.雏鸡饲养

肉鸡的饲养就是想方设法让鸡多吃,单位时间内吃得越多,则长得越快,饲料转化率越高,为此可采用少量多次饲喂的方法。育雏阶段每天加料5～6次,每次加的量少一些,让鸡全部吃干净,料桶空置一段时间后再加下一次饲料。这样可以引起鸡群抢食,刺激食欲。6～10日龄进行断喙,可用烙铁或专用断喙器将上喙切去1/2,下喙切去1/3,可预防啄癖,减少饲料浪费。最好断喙前后两三天内在饮水中加水溶性多维及抗生素类药物以减少应激。20 日龄后每百只鸡每周供给 500 g 干净细沙，以增强鸡的消化功能、刺激食欲。小鸡饲养至 30～40 日龄转至中鸡舍饲养(也可在同一鸡舍饲养至出栏)。

(五)中鸡的饲养管理

当鸡群转到中鸡舍后，应以雏鸡料及中鸡料分 3 d 过渡到中鸡料，即第 1 d 喂 2/3 雏鸡料及 1/3 中鸡料，第 2 d 喂 1/2 中鸡料及 1/2 雏鸡料，第 3 d 喂 2/3 中鸡料及 1/3 雏鸡料，第 4 d 全部喂中鸡料。转鸡前后亦可应用水溶性多维及抗生素类药物饮水 3～4 d，以减少转鸡及换料的应激，并可控制并发感染。中鸡要强弱分群、公母分群饲养。对公鸡要增加垫料厚度，提高日粮蛋白质及赖氨酸水平，因公鸡生长速度较快，对饲料营养要求更高。中鸡饲养到 55～60 日龄转至大鸡舍饲养。

(六)大鸡的饲养管理

进鸡前鸡舍及所有用具均应经过彻底清洗消毒。换料应逐渐进行，一般用 3 d 时间将中鸡料逐步过渡到大鸡料。鸡群饲养到 70 日龄以后可在饲料中添加 1%～2%的动物或植物油脂以提高日粮代谢能，促进鸡体内脂肪沉积，增加羽毛光泽度。饲养后期注意选用富含叶黄素的饲料原料(如优质黄玉米、玉米蛋白粉、苜蓿粉、松针粉、草粉等)配合日粮，亦可在饲料中添加人工色素(如加丽红、加丽黄、露康定红、露康定黄等)，以增强鸡体的色素沉积，从而使三黄特征更加明显。60 日龄左右进行鸡新城疫Ⅰ系苗的第 2 次注射接种。如果饲养期到 100 日龄左右才出栏，应在 80～90 日龄进行一次新城疫Ⅰ系苗的饮水免疫或 Lasota 苗的喷雾免疫。

二、黄羽肉种鸡的饲养管理

黄鸡父母代种鸡的饲养管理，可分为三阶段进行，即育雏期的管理、育成期的管理和产蛋期的管理。另外，种公鸡的饲养管理也需特别注意。

(一)种鸡生产性能

黄羽肉鸡父母代种鸡主要生产性能指标参考表 6-6。

表 6-6 黄羽肉鸡父母代种鸡主要生产性能指标

项目	指标	项目	指标
开产体重/kg	2.0～2.1	平均种蛋合格率/%	95～97
开产周龄(5%产蛋率)	23～24	种蛋平均受精率/%	90～92
产蛋高峰周龄	28～29	种蛋平均孵化率/%	86～88
产蛋高峰产蛋率/%	80～85	育雏育成期成活率/%	94～96
68 周龄入舍母鸡产蛋数/个	170	产蛋期死亡率/%	8
68 周龄饲养日产蛋数/个	175	育雏育成期耗料量/kg	10
68 周龄提供的雏鸡数/只	135～140	产蛋期耗料量/kg	42

(二)父母代种鸡育雏期的饲养管理

1. 育雏期的管理目标

雏鸡的抗病力差、消化能力弱、对外界环境敏感、适应性差，在管理上要求精心细致。育雏期的管理目标：一是要保证高的育雏成活率，6 周龄成活率要达到 95%以上；二是要保证鸡雏的正常生长发育，6 周龄体重必须达到 600 g；三是要保证较高的均匀度，6 周龄时的均匀度应达到 75%以上。

2. 育雏期的管理

(1)育雏方式：育雏期多进行笼养，也可选择平养，只要管理得当，均可获得良好的生产成绩。在平养时，建议采用网上（栅上）平养，这对保证鸡群健康、提高成活率有利。

(2)初生雏的处理及对鸡雏质量的要求：雏鸡出壳 24 h 内注射马立克病苗；进行雌雄鉴别，鉴别率要求达 95%以上；父系公鸡断趾，以区别父系公鸡与母本漏检公鸡，否则漏检公鸡可能被误留为种公鸡。鸡雏质量直接影响今后的性能表现，需要特别的注意。鸡雏除了要求体重适中、均匀度好、外观和精神状态良好外，还要求不携带白痢杆菌、大肠杆菌等病原体，不发生脐炎，具有高而均匀的母源抗体。

(3)育雏温度：温度是育雏的首要条件，必须严格而正确地掌握。第 1 周育雏温度为 32～35℃，以后每周降低 2～3℃，至 6 周龄时达 18～20℃。

(4)饲养密度：饲养密度是指每平方米饲养面积容纳的鸡数。高密度饲养，有百害而无一利。饲养密度与鸡群的生长发育、鸡舍环境、均匀度、鸡群健康密切相关。但是，饲养密度也不是一成不变的，它应随着鸡舍条件，特别是通风条件、饲养季节而有所变化。适宜的饲养密度见表 6-7。

表 6-7　种鸡育雏育成期不同饲养方式下的饲养密度

周龄	地面平养/(只/m^2)	网上平养/(只/m^2)	立体笼养/(cm^2/只)
1～6	10	12	220
7～12	6	7	380
13～20	5	6	400

其他未提及的管理措施和条件参考白羽肉鸡部分。

(三)父母代种鸡育成期的饲养管理

黄鸡配套父母代种鸡，从第 7 周开始进入到育成阶段。种鸡在育成期需进行限制饲养。限制饲养时的注意事项如下。

(1)限饲开始时间：黄羽肉种鸡与白羽肉种鸡相比，生长速度相对较慢，母鸡限饲应在 7 周龄开始进行，此前自由采食。

(2)选择与淘汰：在育雏结束时，结合转群将少数毛色发麻、发白、发黑、胫发白等外观不符合要求的个体淘汰。将生长发育不良、体重过小和体格较弱的鸡移出或淘汰，因为这些鸡经不起强烈的限饲，即使存活下来也是不合格的种母鸡，产蛋少，浪费饲料。

(3)断喙：限饲时鸡群易发生啄癖，特别是开放式鸡舍，应在限饲前进行断喙。

(4)体重和均匀度的控制：体重称量和给料量的确定方法与白羽肉鸡相同。父母代种鸡各周龄的均匀度应在 75%以上，越高越好。

(四)产蛋期的饲养管理

黄羽肉鸡父母代种鸡产蛋期管理的任务是为种鸡繁殖提供一个舒适稳定的环境，保证其营养需要，充分发挥其遗传潜力，生产出尽可能多的合格种蛋。

1. 产蛋期的管理

(1)产蛋期的饲养方式:黄羽父母代肉种鸡产蛋期多为笼养,也可平养。笼养能获得好的生产性能,且管理方便,因而得到普遍的应用,建议有条件的鸡场采用笼养。

(2)转群:育雏育成期结束后,在17～18周龄时应及时将鸡转入产蛋舍,要注意减少鸡的应激,并且根据鸡的体重、体型和冠发育情况进行严格挑选。

(3)光照管理:光照是影响肉种鸡性器官发育的重要因素之一。照明时间和光的强度处理合适,可使种鸡适时开产,产蛋数增加,反之则可能使鸡提前或延迟产蛋。提前开产的鸡产蛋小,产蛋高峰低,波动大,受精率低,且易发生脱肛;开产延迟时,产蛋高峰也低,产蛋少,受精率差,每只鸡生产的雏鸡少。

黄羽肉种鸡19周龄及产蛋期的光照,依18周末的自然光照时间而定:①如19周时自然光照少于10 h,则19和20周龄时每周各增加1 h,而后每周增加半小时,达16 h为止并保持。②如19周龄时自然光照在10～12 h之间,则于19周龄增加1 h,而后每周增加半小时,直到达16 h为止,而后保持下来。③如19周龄时自然光照达12 h或12 h以上时,则于21周龄时增加半小时,而后每周增加半小时,直到17 h为止,以后保持下来。

(4)产蛋期的环境控制:种鸡舍环境控制的基本要求是:温度适宜,地面干燥,空气新鲜。鸡舍的适宜温度是13～23℃,夏季最好控制在30℃以下,冬季保持在10℃以上。

2. 种母鸡产蛋期的限饲

母鸡产蛋期管理要点:①从20～22周龄开始限饲的同时,将生长料转换为产蛋料或产蛋前期料(含钙量2%,其他营养成分与产蛋料完全相同)。②在开产后的第3～4周(26～27周龄)喂料量应达到最高。③产蛋高峰(28～29周龄)后的4～5周内,喂料量不要减少,因为虽然产蛋数减少,但蛋重仍在增加,故鸡对能量的实际需要量仍然保持与高峰期的需要量相仿。④当鸡群产蛋率下降到70%时,应开始逐渐减少饲料量,以防母鸡超重。建议每次减少量每百只不超过500 g,以后产蛋率每减少4%～5%,就减一次喂料量。⑤每次减料的同时,必须观察鸡群的反应,任何产蛋率的异常下降,都需恢复到原来的给料量。

(五)黄羽肉种公鸡的管理

1. 黄羽种公鸡的管理要点

(1)淘汰误鉴公鸡:目前各育种公司提供的雏鸡一般用翻肛法鉴别雌雄,正常情况下有5%左右的鉴别误差。因此,应将误鉴父本的母鸡和母本的公鸡淘汰。父本公雏出雏后,应在孵化厂进行断趾,最好不要剪冠,因为冠的发育好坏是后期选择种公鸡的一个重要标准。将未断趾的公鸡和断趾的母鸡全部淘汰。

(2)育雏育成期公母鸡宜分开饲养:雏公鸡体型相对较小,如公母混养,不利于公鸡的生长发育,以致性腺发育延迟,而且不利于公母鸡各自的限饲方案的实施。

(3)严格选种:目前各黄鸡育种公司育种品系的选育程度并不高,个体间还存有较大的差异。因此,在配种前应严格地对公鸡个体进行选择,选择健康、发育良好、体重达标、冠大而鲜红、体形为矩形、三黄特征明显的公鸡留种,并对入选公鸡的精液品质进行检查,选择精液量大、密度高、活力强、畸形率低的个体留种。

(4)公鸡留种比例:建议平养鸡舍每100只母鸡在育雏期、育成期和产蛋期配套的公鸡分别为20只、16只、12～14只。笼养鸡舍采用人工授精,每100只母鸡在育雏期、育成期和产蛋期配套的公鸡分别为 14 只、12 只、8～10 只。

(5)在配种期应采用公母分饲技术:以保证公鸡适当的体况和配种能力。分开饲养的公鸡应喂公鸡标准饲料,尽量避免使用产蛋鸡料。

2. 黄羽种公鸡的限饲方案

黄羽种公鸡也需进行限饲。其限制饲养管理要点与种母鸡相同。

复习思考题

1. 肉仔鸡和肉种鸡主要的生产性能指标有哪些?
2. 简述肉仔鸡的饲养管理要点。
3. 如何预防快大型肉仔鸡的几种非传染性疾病?
4. 肉种鸡育雏、育成、产蛋期的饲养管理目标是什么?
5. 简述肉种鸡限制饲养的意义和方法。
6. 肉种鸡光照管理为何很重要?
7. 简述黄羽肉鸡的饲养管理特点。

第七章 水禽生产

第一节 水禽生产特点

水禽生产是我国家禽生产的重要组成部分。水禽产品因其风味独特，深受消费者的青睐。我国水禽生产具有以下几个特点：

1.具有明显的地域性分布

水禽(鸭、鹅)产业分布于全国各地，但水禽生产与消费具有明显的区域性，主要集中在长江流域及其以南地区，该区域内江河纵横、湖泊众多，水生动植物资源丰富，为水禽发展提供了得天独厚的自然地理环境条件。

2.水禽产品种类繁多，独具特色

长期以来，我国水禽消费量一直稳居世界首位。在有文字记载的几千年中华文化中，以水禽产品为原料加工的食品已经成为我国人民不可缺少的重要食品之一。

3.生产方式和组织形式多种多样

20世纪80年代以前，我国的水禽养殖主要以农村家庭庭院式的分散饲养为主，约占全国总饲养量的90%，基础设施和设备非常简陋，饲养环境差，养殖技术落后。近年来，随着我国水禽养殖业迅速发展，一些地区充分利用当地资源，建起了一批高起点、上规模的水禽养殖与产品加工龙头企业，采取公司＋农户、公司＋协会、公司＋基地＋农户、专业合作社＋农户等合作方式发展水禽生产，带动了我国水禽业的蓬勃发展。

4.产业化程度不断提高

近年来国内涌现一批具有较强市场竞争力的大型龙头企业，如河南华英集团、山东六合集团及内蒙古塞飞亚集团等。这些企业集种禽繁育、商品禽饲养、产品加工与销售于一体，形成了一条完整的产业链，产品开拓能力明显增强，有效解决了我国水禽业发展中的产加销脱节等诸多问题，促进了我国水禽产业化程度。

第二节 肉用仔鸭的生产

一、大型肉用仔鸭的生产

大型肉用仔鸭是指以北京鸭为基础培育的、用配套系生产的白羽杂交商品肉鸭，采用集约化方式饲养，批量生产的肉用仔鸭。这是当代肉鸭生产的主要方式。

(一)商品肉鸭生产的特点

1.生长迅速，饲料转化率高

在家禽中，大型商品肉鸭的生长速度最快，7周龄活重可达3.4～3.8 kg，为其初生重的50倍以上，远比麻鸭类型品种或其杂交鸭生长速度为快(表7-1)。

表7-1　大型肉鸭生长速度和饲料转化率

	周龄			
	4	5	6	7
活重/g	1 900～2 100	2 500～2 750	3 000～3 300	3 400～3 800
耗料增重比	(1.7～1.9)∶1	(1.9～2.1)∶1	(2.3～2.6)∶1	(2.4～2.8)∶1

2.产肉率高，肉质好

大型商品肉鸭的胸腿肌特别发达，据测定7周龄时胸腿肌可达600 g以上，占全净膛重的25.4%，胸肌可达300 g。大型肉鸭具有肌间脂肪多、肉质细嫩等特点，是加工烤鸭、板鸭，煎、炸鸭食品和分割肉生产的上乘材料(表7-2)。

表7-2　大型肉鸭屠宰性能　%

周龄	全净膛率	腿肌率	胸肌率	腹脂率	皮脂率
6	68～70	15～17	12～14	1.9～2.2	26～32
7	69～71	14～16	14～17	2.4～2.7	28～35

3.生产周期短，可全年批量生产

大型商品肉鸭早期生长特别迅速，生产周期极短，资金周转快，这对经营者十分有利。近年来在西南地区，由于消费水平和消费习惯的变化，出现了大型肉鸭小型化生产，大型商品肉鸭的上市体重要求在2.0 kg左右，上市日龄为30 d左右，这样大大加快了资金的周转，提高了鸭舍和设备的利用率。

4.采用全进全出制，建立产销加工联合体

大型肉用仔鸭的突出特点是早期生长快、饲料转化率高。但超过8周龄以上则增重减缓，饲料转化率随之下降。当前，活鸭销售或冻鸭的屠宰日龄以6～7周龄经济效益最佳，生产分割鸭肉以8～9周龄为适合。

(二)大型肉鸭的饲养标准

当前对水禽营养需要的研究与鸡比较起来还很不深入，很多指标是借用于肉鸡或蛋鸡的测定结果或估测所得。饲粮配合时应尽量采用当地资源丰富的饲料，按鸭不同生长阶段对营养需要的要求，配制出优质价廉的日粮。

(三)大型肉用仔鸭的饲养管理

1.雏鸭期(0～3周龄)的饲养管理

(1)育雏前的准备：进雏鸭之前，应及时维修破损的门窗、墙壁、通风孔、网板等，并准备好分群用的挡板、饲槽、水槽或饮水器等育雏用具。育雏之前，先将室内地面、网板及育雏用具清洗干净、晾干。墙壁、天花板或顶棚用10%～20%的石灰乳粉刷消毒，同时对育雏室周围道路和生产区出入口等进行环境消毒净化，切断病源。制定育雏计划，建立育雏记录等制度，包括进雏时间、进雏数量、育雏期的成活率等记录指标。

(2)育雏的必备条件：育雏的好坏直接关系到雏鸭的成活率、健康状况、将来的生产性能和种用价值。育雏条件主要包括以下几方面：

① 温度：在育雏条件中，以育雏温度对雏鸭的影响最大，直接影响到雏鸭体温的调节、饮水、采食以及饲料的消化吸收。在生产实践中，育雏温度的掌握应根据雏鸭的活动状态来判断。

② 湿度：湿度对雏鸭生长发育影响较大。刚出壳的雏鸭体内含水70%左右，同时又处在环境温度较高的条件下，湿度过低，往往引起雏鸭轻度脱水，影响健康和生长；而湿度过高时，霉菌及其他病原微生物会大量繁殖，容易引起雏鸭发病。

③ 密度：较理想的饲养密度可参考表7-3。

表7-3 雏鸭的饲养密度 只/m^2

周龄	地面垫料饲养	网上饲养
1	15～20	25～30
2	10～15	15～25
3	7～10	10～15

④ 通风：通风的目的在于排出室内污浊的空气，更换新鲜空气，并调节室内温度和湿度。一般进入育雏室闻不到臭味和无刺眼的感觉，则表明育雏室内氨气的含量在允许范围内。如进入育雏室即感觉到臭味大，有刺眼的感觉，表明舍内氨气的含量超过许可范围，应及时通风换气。

⑤ 光照：为使雏鸭能尽早熟悉环境，尽快开食和饮水，一般第1周采用24 h或23 h光照。如果作为种雏鸭，则应从第2周起逐渐减少夜间光照时间，直到14日龄时过渡到自然光照。

(3)雏鸭的选择和分群饲养：初生雏鸭质量的好坏直接影响到雏鸭的生长发育及上市整齐度。因此，应将健雏和弱雏分开饲养。健雏是指同一日龄内大批出壳的、大小均匀、体重符合品种要求，绒毛整洁，富有光泽，腹部大小适中，脐部收缩良好，眼大有神，行动灵活，体质健壮的雏鸭。

(4)适时饮水和开食：雏鸭一般在出壳后12～24 h内或有觅食表现时饮水开食比较好。一般采用直径为2～3 mm的颗粒料开食，第1 d可把饲料撒在塑料布上，做到随吃随撒，第2 d就可改用料盘或料槽喂料。饮水可采用2.5 kg的小型饮水器。

(5)饲喂次数：雏鸭自由采食，在食槽或料盘内应保持昼夜均有饲料，做到少喂勤添，随吃随给，保证饲槽内常有料，余料又不过多。一般每日的喂料次数为6～8次。

(6)其他管理：1周龄以后可用水槽供给饮水，每100只雏鸭需要1 m长的水槽。水槽的高度应随鸭的大小调节，水槽上沿应略高于鸭背或同高。水槽每天清洗一次，3～5 d消毒一次。

2. 生长—肥育期(22日龄至上市)的饲养管理要点

(1)饲养密度：适宜的饲养密度为：4周龄7～8只/m^2，5周龄6～7只/m^2，6周龄5～6只/m^2。

(2)喂料及喂水：采食量增大，应注意添加饲料，但食槽内余料又不能过多。随时保持有清洁的饮水,特别是在夏季,白天气温较高,采食量减少,应加强早晚的管理。

(3)上市日龄:不同地区或不同加工目的,所要求的肉鸭上市体重不一样。因此,最佳上市日龄的选择要根据销售对象、加工用途等确定。肉鸭一旦达到上市体重应尽快出售,否则降低经济效益。商品肉鸭一般 6 周龄活重达到 2.5 kg,7 周龄可达 3 kg 以上,6 周龄的饲料转化率较理想。因此,42～45 日龄为其理想的上市日龄。如果是针对成都、重庆、云南等市场,由于消费水平和消费习惯的变化,活重达到 2.0 kg 左右的上市体重时即可上市。如果用于分割肉生产,则以 8～9 周龄上市最为理想。

二、放牧肉用仔鸭的生产

(一)放牧肉用仔鸭的生产特点

1.投资少,成本低

放牧养鸭只需要简易的鸭棚,其投资部分主要包括鸭苗成本和放牧补饲的饲料成本。这种饲养方式的最大优点是可以充分利用天然野生饲料、农作物收割后田地里的遗谷等,降低养鸭成本,还可利用农村闲散劳动力或半劳力进行饲养,而且房舍设备投资少,收效快。

2.节约粮食

传统的放牧养鸭利用本地品种或杂交肉鸭和蛋鸭品种,这些品种的放牧性能较强,采取野营游牧方式饲养,放牧和补饲相结合。可充分利用麦地或稻田中的遗谷、野生的动植物、浮游微生物作为饲料,每天根据鸭的采食情况进行适当补饲。

3.农牧结合,季节性生产

放牧型肉用仔鸭的生产与当地农作物的栽播收割时间紧密相关,形成了明显的季节性生产和销售。每年 2 月份开始孵抱,3 月份放养春水鸭,5 月下旬肉用仔鸭陆续上市,6 月份开始放养秋水鸭,9～11 月份为全年肉用仔鸭上市的高峰期,形成产销旺季。

4.生产产品符合市场需要

油淋鸭是我国广大城乡居民传统的加工产品,深受广大消费者的青睐,无论是经济条件发达的地区,还是经济欠发达的地区,油淋鸭的消费均占据着较大的市场。而放牧肉用仔鸭正是加工油淋鸭的上乘原料,这给放牧肉用仔鸭的生产带来了巨大的商机和发展潜力。

(二)放牧肉用仔鸭的饲养管理

1.饲养方式

育雏期采用以人工补饲为主、放牧为辅的饲养方式。放牧的次数应根据当日的天气而定,炎热天气一般早晨和下午 4:00 左右出牧。白天收牧时将雏鸭赶回水围休息,夜间赶回陆围过夜。育雏数量较大时,应特别加强过夜的守护,注意防止过热和受凉,野外敌害严重时应加强防护。用矮竹围篱分隔雏鸭,每小格关雏鸭 20～25 只,这样可使雏鸭互相以体热取暖,达到自温育雏的目的,又可防止挤压成堆。

2.肉用仔鸭生长—肥育期的饲养管理

(1)选择好放牧路线:放牧路线要根据当年一定区域内水稻栽播时间的早迟而定,先放早收割的稻田,再逐步放牧前进。按照选定的放牧路线放牧结束时,该鸭群正好达到上市体重,便可及时上市出售。

(2)保持适当的放牧节奏:鸭群在放牧过程中,每天的活动均有其生活规律。在春末秋初,每天要出现3～4次采食高潮,同时也出现3～4次休息和戏水过程。在秋后至初春气温低,日照时间较短,一般出现早、中、晚3次采食高潮。

(3)放牧群的控制:鸭具有较强的合群性,从育雏开始放牧训练,建立起听从放牧人员口令和放牧竿指挥的条件反射,可以把数千只鸭控制得井井有条,不致践踏庄稼。

第三节　大型肉用种鸭的饲养管理

大型肉鸭父母代种鸭的饲养管理一般分为3个环节,即育雏期(0～4周龄)、育成期(5～25周龄)和产蛋期(26周龄至淘汰)。

一、育雏期的饲养管理

(一)种鸭育雏期体重的控制

大型肉鸭生长速度迅速,父母代种鸭育雏期的饲喂不能等同于商品代肉鸭,即在28 d以前应适当控制采食量,达到控制种鸭体重的目的。一般通过控制喂料次数和减少光照时间来实现。0～7日龄,白天、晚上自由采食,24 h或23 h光照;8～14日龄,白天自由采食,照时间由24 h(或23 h)逐渐过渡到自然光照,逐渐减少夜间喂料时间;15～21日龄,每天喂料3次,早、中、晚各一次,每次喂料以30～40 min食槽内饲料基本吃尽为准;22～28日龄,每天喂料两次,早、晚各一次,喂料量以30～40 min食槽内饲料基本吃尽为准。

(二)尽早脱温下水

在我国南方,切忌种雏鸭在温室养到10多天后才下水,北方可根据当时气候情况进行适当调整。太晚下水必然引起雏鸭出现湿毛现象,即使在温暖的春秋季节也会导致感冒。种雏鸭下水应选择晴朗天气进行,冬天应在上午10：00以后。下水时将雏鸭放入运动场,让其自由戏水,第一次下水时间不宜过长,当部分鸭戏水一段时间后,可缓慢将鸭赶入运动场采食,此后鸭又会陆续戏水,直到大部分鸭戏水后可将雏鸭关入室内。1.5～2 h后,再将雏鸭放入运动场让其自由戏水,重复上述过程。这样第1 d重复3～5次下水过程,第2 d下水基本不会有什么问题。第一次下水时应有专人看管,以防湿毛的鸭淹死,对于个别全身湿毛的鸭应及时烘干(夏天可在太阳下晒干)。对于个别背部或腹部湿毛的鸭不必烘干,鸭休息卧在一起时羽毛会自然干燥。

(三)公鸭的育雏

为了控制好公鸭的体重,一般在42或49日龄以前将公鸭和母鸭分群饲养。注意合群的时间不能太晚,否则会影响产蛋期间种蛋受精率,合群后公母鸭应按比例混群饲养。

二、育成期的饲养管理

(一)限制饲养方法

从29日龄至开产的这段时间为种鸭的育成期,这一阶段饲养的特点是对种鸭进行限制性饲养，即有计划地控制饲喂量(量的限制)或限制日粮的蛋白质和能量水平(质的限制)。目前普遍采用限制喂料量的办法来控制种鸭的体重。

(二)喂料量与体重

确定喂料量的依据是种鸭群的平均体重。将抽样平均体重与标准体重进行比较，确定种鸭的喂料量。如平均体重低于标准体重，每只每天喂料 160 g；平均体重符合标准体重，每只每天喂料 150 g；平均体重高于标准体重，每只每天喂料 140 g。

(三)种鸭限饲期的饲养管理要点

(1)限制饲养的种鸭，必须保证有足够的采食、饮水的位置，每只鸭应提供 15～20 cm 长的饲槽位置，水槽为 10～15 cm 长，要求在喂料时，做到几乎每只鸭都能同时吃到饲料。

(2)从第 5 周开始，在每周龄开始的第 1 d 早上空腹随机抽测群体 10%的个体，求其平均体重，称重时应分别测定公鸭和母鸭的平均体重。用抽样的平均体重与相应周龄的标准体重比较，如在标准体重的适合范围(在标准±2%)内，则该周按标准喂料量饲喂；如超过或低于标准体重 2%以上，则该周每天每只喂料量减少或增加 5～10 g。限饲期间增加或减少喂料量时，每次只能按 100 只鸭 0.5～1 kg 的量来增加或减少，只有在极特殊的情况下，才可以超过上述标准。

(3)每群鸭每天的饲料只能在早上一次性投给。

(4)限制饲养开始时(29 日龄)和限饲期间应随时应注意整群，将弱鸭、伤残鸭分隔成小群饲养，不限喂料量或少限，直到恢复健壮再放回限饲群内。

(5)把光照控制与体重控制、饲喂量的控制结合起来配套使用，是控制鸭群性成熟和适时开产最有效的办法。

(6)从 23 周(161 日龄)起改为初产蛋鸭饲料，并逐步增加喂料量促使鸭群开产，可每周增加日喂料量 25 g 饲料，约用 4 周的时间过渡到自由采食，不再限量。

(四)日常管理

(1)保持料槽和饮水槽的清洁，不能让料槽内有粪便等脏物，运动场和水槽每天要清洗 1～2 次。

(2)育雏期结束进入育成期时，由于鸭体格的增大，应适当降低饲养密度。可按 3～3.5 只/m^2 计算每栏饲养的种鸭只数。

(3)产蛋期以前，即在 22～24 周龄安置好产蛋箱，以便让鸭群熟悉使用。

(4)观察鸭群是实现科学养鸭、科学管理的基础。随时观察鸭群的健康状况和精神状态，针对存在问题及时采取有效措施，以保证鸭群的正常生长发育，提高种鸭场的经营管理和技术管理水平。

三、产蛋期的饲养管理

(一)种蛋的收集

刚开产时母鸭的产蛋时间集中在凌晨 1：00～5：00，在早上 4：30 左右开灯捡第一次蛋较适宜，捡完蛋后将照明灯关闭，以后每 30 min 捡一次蛋。随着母鸭产蛋日龄的延长，产蛋时间稍稍推迟，到产蛋中后期多数母鸭在早上 6：00～8：00 大量产蛋，捡蛋的时间可随产蛋时间的变化进行调整。

(二)种鸭的光照管理

在20～26周龄,每周逐渐增加人工光照时间,直到26周龄时每天总光照时间达16～17 h。26周龄至产蛋结束,每日的光照时间保持在16～17 h。

(三)减少窝外蛋的主要措施

所谓窝外蛋就是产在产蛋箱以外的蛋,也可产在舍内地面和运动场内。由于窝外蛋比较脏,破损率较高,孵化率较差,并且又是疫病的传染源,因此,除个别特别干净的窝外蛋才能作种蛋使用外,一般都不将窝外蛋作种蛋。在管理上应对窝外蛋引起足够的重视。

(四)提高种鸭受精率的措施

1.控制公母鸭比例

大型肉用种鸭群的公母鸭比例以1∶(5～6)为宜,公鸭过多会引起争配,反而会降低受精率。

2.检查种公鸭的生殖器官

将阴茎畸形或发育不良、过短(大型肉鸭的正常阴茎长度应达到9～10 cm)的公鸭淘汰。

3.检查精液品质

对达到性成熟后的留种公鸭进行精液品质鉴定,将不合格的公鸭淘汰。

第四节 填肥鸭的生产

一、填肥鸭的营养水平与饲料调制

由于进入填饲期的中雏鸭尚处在发育未成熟阶段,因此,填肥饲料的蛋白质水平不能过低。营养不平衡不仅影响生长发育,而且还会使鸭抗逆力减弱,容易形成"脂肪肝"或瘫痪。填肥鸭的营养水平以代谢能12.14～12.56 MJ/kg、粗蛋白质14%～15%为宜,并要注意矿物质特别是钙和磷的含量及适当比例,以免矿物质不足或钙磷失调而影响增重和引起弱腿症。

用于配制填料的各种饲料原料必须先粉碎,以便调制后能顺利通过唧筒。日粮中还须含有一定量的能起黏浆作用的粉状料,通常使用小麦面粉,占日粮的10%～15%。将配好的日粮按1∶1加水搅拌成黏稠的粥状,拌得太稀填饲量小,太稠则吸入困难。将"水食"放置1～2 h使其软化。天冷时可在每顿填饲后即把下顿的料泡上,这样泡软了的饲料易于搅匀和消化吸收。每次浸泡的饲料要一次用完,以免发酵变质。

二、填饲技术

(一)填鸭的选择与分群

填鸭生产应选用北京鸭为代表的大型肉鸭品种,5周龄以前的培育方法与自由育肥法相同。当中雏鸭体重达到1.6～1.8 kg或达到5周龄以上时,按体重大小和体质强弱分群饲养。

这有利于填饲量的掌握和肥度的整齐。

(二)填饲时间和填饲量

通常每 6 h 填饲一次,每天填饲 4 次。每次填饲量随着鸭日龄增长和生长情况逐渐增加,切忌突然猛增,以防鸭进食过多而被“撑”死,或者因消化不良造成瘫痪。开填第 1 d,每次填饲的带水料质量为鸭体重的 1/12,以后每天增加 30～50 g 湿料,1 周后每次填湿料 300～500 g。要根据鸭群的具体情况掌握填饲量,填食前 1 h 观察鸭食道膨大部状况,如果 90%的鸭在此部位出现垂直的凹沟,表示消化正常;如早于填前 1 h 出现凹沟,表示前一次填料不足,应加料;如晚于填食前 1 h 出现凹沟,表示前一次填料量偏多或鸭群消化不良,应推迟填食时间或适当减少填入量。也可以触摸鸭食道内有无饲料,来增减填入量。

(三)填饲操作

填饲的操作技术很重要。采用填饲机填喂时,左手握住鸭头部,掌心靠着鸭后脑,拇指和食指撑开鸭下喙,中指压住鸭的舌头,将鸭喙套进填食胶管,让胶管轻轻插入鸭的食道膨大部。在捉鸭的同时用右手托住鸭颈胸接合处,在左手将鸭头送向填鸭胶管的同时,右手即将鸭体放平,使鸭体和胶管在同一条轴线上,只有这样插胶管时才不致损伤食道。插管时必须把鸭颈拉直,否则也会损伤食道。插好管子后,用脚踏离合器启动唧筒,待饲料全部压入鸭子食道后退出胶管,把鸭放走,再捉第 2 只鸭子。填鸭的操作技术要点为:鸭体平,开喙快,压舌准,插管适,进食慢,撤鸭快。

三、填肥鸭的管理

填肥鸭的管理应注意以下事项:

1.防止受伤

填鸭体重大、行动笨,容易受伤,所以,过道和运动场须平坦、无异物,防止摔伤。驱赶鸭群应缓慢,不可惊吓,以防挤压伤残。填鸭往往很懒,久卧不动,容易造成瘫痪和腹部垫伤,故应每隔 1～2 h 缓缓驱赶运动一次。

2.供给足够的清洁饮水

饮水不足会影响食物的消化吸收。饮水器应放置稍高,以免低头饮水时食物流出来。

3.抓鸭方法

在填鸭期间每天抓鸭多次,抓法不妥容易造成损伤,因为填鸭骨软皮嫩且肥重。抓脖子、翅膀或腿部均易引起鸭体挣扎,容易伤残。正确的抓法是抓嗉囊部位,四指并拢握住嗉囊部,拇指握颈底部。应轻抓轻放,切不可连扔带摔。

4.舍内要清洁干燥

填鸭排粪量多,应每天清除粪便和被污湿的垫料,更换新垫草,气温高时也可铺干沙土。填鸭舍应通风良好,排除空气水分。填鸭如长时间卧在潮湿脏的地面上,会导致胸腹部羽毛锈烂脱落,皮肤发炎,成为不合格的次品。填鸭用的饮水器每天清洗一次,每次填食后应清洗填料机,清洗出来的水料混合物可用于浸泡饲料。

5.运输

用手触摸填鸭的尾根宽厚、翅根与肋骨交接处有大面突出的脂肪球、腹部隆起者,即是肥度好的填鸭。填鸭喂料 2 h 后方能启运。常用的运输笼有竹笼、塑料笼及铁丝笼，以塑料笼为最好。装笼时每笼最好不能超过 10 只，轻装轻卸，切忌在途中滞留。夏季应早晚运输，其他季节白天运输。

第五节　蛋鸭生产

一、商品蛋鸭的饲养管理

根据绍鸭、金定鸭和卡基·康贝尔鸭产蛋性能的测定，150 日龄时产蛋率可达 50%，至 200 日龄时达 90%以上。在正常饲养管理条件下，高产鸭群高峰期可维持到 450 日龄左右，以后逐渐下降。

1. 产蛋初期和前期的饲养管理

当母鸭适龄开产后，产蛋量逐日增加。日粮中粗蛋白质含量要随产蛋率的递增而调整，并注意能量蛋白比的适度，促使鸭群尽快达到产蛋高峰。达到高峰期后，要稳定饲料种类和营养水平，使鸭群的产蛋高峰期尽可能保持长久些。此期内白天喂 3 次料，晚上 9：00～10：00 给料一次。采用自由采食制，每只蛋鸭每天耗料 150 g 左右。此期内光照时间逐渐增加，达到产蛋高峰期自然光照和人工光照时间应保持 14～15 h。

2. 产蛋中期的饲养管理

此期内的鸭群因已进入产蛋高峰期并已持续产蛋 100 多天，体力消耗较大，故对环境条件的变化敏感，如不精心饲养管理，难于保持高峰产蛋率，甚至引起换羽停产，所以，这是蛋鸭最难养好的阶段。此期内的营养水平要在前期的基础上适当提高，日粮中粗蛋白质的含量应达 20%，并注意钙的添加。光照总时间稳定保持在 16～17 h。

3. 产蛋后期的饲养管理

蛋鸭群经长期持续产蛋之后，产蛋率将会不断下降。此期内饲养管理的主要目标，是尽量减缓鸭群产蛋率的下降幅度。如果饲养管理得当，此期内鸭群的平均产蛋率仍可保持 75%～80%。此时应按鸭群的体重和产蛋率的变化调整日粮营养水平和给料量。

二、蛋用种鸭的饲养管理

1. 严格选择，养好公鸭

留种公鸭须按种公鸭的标准经过育雏期、育成期和性成熟初期 3 个阶段的选择，以保证用于配种的公鸭生长发育良好，体格强壮，性器官发育健全，精液品质优良。育成期公母鸭最好分群，公鸭采用放牧为主的饲养方式，配种前 20 d 放入母鸭群。

2. 适合的公母性比

我国麻鸭类型的蛋鸭品种体型小而灵活，性欲旺盛，配种性能极佳。在早春和冬季，公母鸭比例可用 1：20，夏、秋季公母鸭比例可提高到 1：30，这样的性比受精率可达 90%或以上。

在配种季节,应随时观察公鸭配种表现,发现伤残的公鸭应及时调出补充。

3. 管理要点

注意舍内垫草的干燥和清洁,及时翻晒和更换;每天早晨及时收集种蛋,尽快进行消毒和存入蛋库(室);气候良好的天气,应尽早放鸭出舍,迟收鸭;保持鸭舍环境的安静;气温低的季节应注意舍内避风保温,气温高的季节要注意通风降温。

第六节 养鹅生产

一、养鹅生产的特点

(1)由于鹅的繁殖季节性,肉用仔鹅生产具有明显的季节性。虽然采用光照控制可以使鹅全年产蛋有两个周期,但主要繁殖季节仍为冬春季节。因此,肉用仔鹅的生产多集中在每年的上半年。

(2)鹅是最能利用青绿饲料的肉用家禽。无论以舍饲、圈养或放牧方式饲养,其生产成本均较低。特别是我国南方地区,气候温和、雨量充足,青绿饲料可全年供应,为放牧养鹅提供了良好条件。

(3)鹅的早期生长迅速。一般肉用仔鹅 9～10 周龄体重可达 3.5 kg 以上,即可上市出售。因此,肉用仔鹅生产具有投资少、收效快、获利多等优点。

二、鹅的管理方式

鹅可采用舍饲和放牧方式饲养。

舍饲多为地面平养或网上平养。这种管理方式多采用育雏(0～4 周龄)和育肥(5～10 周龄)的两段式饲养。除按鹅的营养需要饲喂配合饲料外,还需喂给足量的刈割牧草,任其自由采食。

放牧饲养方式是以放牧为主,适当补饲精料。一般雏鹅在 10～15 日龄即开始短时间放牧,逐步过渡到全日放牧,并适当补饲精料。放牧鹅群的数量可大可小,视放牧地条件而定。

舍饲和放牧两种管理方式各有优点。舍饲适于规模化批量生产,但设备、饲料和人工等费用相对较高。放牧方式可充分利用天然牧地,节省成本,但饲养规模受到限制。舍饲仔鹅如饲养管理水平达不到要求,往往不及放牧仔鹅增重效果好。一般放牧仔鹅 9 周龄体重可达 3 kg 以上。同时,放牧鹅的胸腿肉率高于舍饲鹅,而皮脂率则相反。

三、鹅的营养需要与常用青绿饲料

(一)鹅的营养需要

有关鹅的营养需要,国内外研究甚少,美国 NRC 鹅的营养需要见表 7-4。

表 7-4　鹅的营养需要(90%干物质)

营养成分	0～4 周,12.13	4 周龄以后,12.55	种用,12.13
蛋白质/%	20	15	15
赖氨酸/%	1.0	0.85	0.6
蛋氨酸+胱氨酸/%	0.60	0.50	0.50
钙/%	0.65	0.60	2.25
非植物磷/%	0.30	0.30	0.30
维生素 A/IU	1 500	1 500	4 000
维生素 D_3/IU	200	200	200
胆碱/mg	1 500	1 000	
烟酸/mg	65.0	35.0	20.0
泛酸/mg	15.0	10.0	10.0
核黄素/mg	3.8	2.5	4.0

注:表中未列营养物质及未给出数值者请参考鸡营养需要标准使用;典型日粮能量浓度(MEn):单位为MJ/kg。

(二)常用青绿饲料

常用青绿饲料包括各种野草、牧草、叶类蔬菜(如莴苣叶、卷心菜、青菜等)及块根块茎类(如萝卜、甘薯、南瓜、大头菜等)饲料,是鹅最主要、最经济的饲料来源。但在使用时应注意:①放牧或刈割青饲料时,应首先了解青饲料是否喷洒过农药,以防农药中毒。②青饲料要现采现喂,以防发生亚硝酸盐中毒。③苜蓿、三叶草等豆科牧草含皂苷较多,不宜多喂,如采食过多则会影响消化、抑制雏鹅生长,因此不能单独饲喂豆科牧草,应与禾本科牧草搭配使用。④长期饲喂水生饲料易感染寄生虫,应定期驱虫。

四、商品鹅的饲养管理

(一)肉用仔鹅育雏期(0～28 日龄)的饲养管理

1.饲养密度

雏鹅育雏期适宜的饲养密度可参考表 7-5。

表 7-5　适宜的雏鹅饲养密度　　只/m^2

类型	1 周龄	2 周龄	3 周龄	4 周龄
中、小型鹅种	15～20	10～15	6～10	5～6
大型鹅种	12～15	8～10	5～8	4～5

2.日粮配合

雏鹅的饲料包括精料、青料等。刚出壳的雏鹅消化能力较弱,可喂给蛋白质含量高、容易消化的全价配合日粮,有条件的地方最好使用颗粒饲料(直径为 2.5 mm)。随着雏鹅日龄的增加,逐渐减少补饲精料,增加优质青饲料的使用量,并逐渐延长放牧时间。

3.饮水

又叫潮口,即出壳后的雏鹅第一次饮水。如果喂水太迟,造成机体失水过多,出现干爪鹅,影响雏鹅的生长发育，甚至引起雏鹅的死亡。雏鹅的饮水最好使用小型饮水器或浅水盆、水盘，但不宜过大，盘中水深度不超过 1 cm，以雏鹅绒毛不湿为原则。

4. 适时开食

雏鹅第一次吃料，叫开食。雏鹅出壳后 12～24 h 内应让其采食，初生雏鹅及时开食，有利于提高雏鹅成活率。可将饲料撒在浅食盘或塑料布上，让其自由啄食。2 日龄后即可逐渐增加青绿饲料或青菜叶的喂量，可以单独饲喂，但应切成细丝状。

5. 保温与防湿

在育雏期间，应经常检查育雏温度的变化。如育雏温度过低，雏鹅打堆时，应及时哄散；温度过高时也应及时降温。随着雏鹅日龄的增长，应逐渐降低育雏温度。在冬季、早春气温较低时，7～10 日龄后逐渐降低育雏温度，至 10～14 日龄可达到完全脱温；而在夏秋季节则到 5～7 日龄便可完全脱温，具体的脱温时间视天气的变化略有差异。在育雏期间应注意室内的通风换气，保持舍内垫料的干燥、新鲜，空气的流通及地面的干燥清洁。

6. 网上育雏与地面育雏相结合

雏鹅出壳后往往需要较高的育雏温度，网上育雏容易满足雏鹅对温度的需求，成活率较高，但雏鹅在网上饲养时间长时往往发生啄羽等现象。因此，雏鹅在网上饲养至 7～10 日龄时，应转入地面育雏。随着雏鹅日龄的增加，逐渐延长室外活动时间。放牧要与放水相结合，放牧地要有水源或靠近水源，将雏鹅赶到浅水处让其自由下水、戏水，切忌将雏鹅强迫赶入水中。

(二)肉用仔鹅生长—育肥期(29 日龄至上市)的饲养管理要点

1. 适宜的饲养方式

规模化饲养时，可采取人工种草，实行舍饲饲养，但要保证足够的青绿饲料供应。小群饲养时，可采取放牧为主、补饲为辅的饲养方式，对草多、草好的草山、草坡、果园等，采取轮流放牧方式，以 100～200 只为一群比较适宜；如果农户利用田边地角、沟渠道旁、林间小块草地放牧养鹅，以 30～50 只为一群比较适宜。

2. 合理搭配青绿饲料和配合饲料

此阶段的肉用仔鹅生长速度快、采食量大，但要注意提供充足的青绿饲料，合理搭配日粮，以降低饲养成本。据测定，四川白鹅在每只每天补饲配合饲料 150 g 条件下，青绿饲料的采食量可达到 1 000 g/(只 · d)左右，表现出良好的生长发育态势。

3. 适宜的饲养密度与分群饲养

随着日龄增加，鹅体格逐渐增大，应降低饲养密度。中型鹅种一般为 4～5 只/m^2，并按个体大小和体质强弱分群饲养，以提高群体的整齐度。

4. 短期育肥

生长期鹅饲养至 60 日龄时应该进行育肥，以增加出栏体重和膘情，可以迅速增膘长肉、沉积脂肪、增加体重，改善肉的品质。目前较多采用的育肥方法有放牧育肥、舍养育肥和填饲育肥等。养殖户应根据自己的饲养规模、场地、设备等条件正确地选择育肥方法。

(1)放牧育肥：以放牧为主的鹅群，利用作物收割后残留的谷物进行育肥是最经济实惠的育肥方法。此种育肥方法应当掌握当地作物的收割季节，提前引进雏鹅，并进行育雏。物色好放牧田地后，随着作物收割时间的早晚顺序一路放牧，到收割结束时，鹅群已育肥，应尽快上市。

(2)舍饲育肥：鹅的育肥期一般为10～14 d。育肥方法以舍饲和自由采食居多，日饲3次，夜间1次。饲料以富含碳水化合物的谷物为主，加一些蛋白质饲料，也可以使用配合饲料和青绿饲料混喂。育肥后期应先喂精饲料，后喂青绿饲料。

(3)填饲育肥：将配合好的饲料加水拌成干泥状，放置3～4 h，待饲料全部软化后制成直径1.5 cm的条状食条。然后，夹住鹅的后脑部，以拇指和食指将上下喙分开，用右手将食条强制填入鹅的食道。每填一条，用手顺着食道轻轻地推动一下，帮助鹅吞下，每天进行3～4次。每次填饲后，将鹅放入安静的鹅舍内歇息，经过10～15 d后，鹅体内脂肪沉积增多，育肥完成。

填饲鹅的饲料要求蛋白质丰富、能量较高。填饲量随着育肥天数的变化而变化。以放牧为主的中鹅架子大，但胸部肌肉不丰满、膘度不够、出肉率低，稍带有青草味。因此，经过育肥后，可改善肉质、增加肥度。

五、种鹅的饲养管理

种鹅育雏期的饲养管理见本节第五部分。

(一)育成期的饲养管理

5～30周龄为种鹅的育成期，一般分为生长阶段、控料阶段和恢复饲养阶段。限制饲养应根据每个阶段的特点，采取相应的饲养管理措施，以提高鹅的种用价值。

1. 生长阶段

生长阶段是指80～120日龄这一时期。此时期的中雏鹅处于生长发育时期，而且还要经过幼羽更换成青年羽的第2次换羽时期。这时期需要较多的营养物质，不宜过早进行粗放饲养，应根据放牧场地草质的好坏逐渐减少补饲的次数，并逐步降低补饲日粮的营养水平，使青年鹅机体得到充分发育，以便顺利地进入控料饲养阶段。

2. 控制饲养阶段

一般从120日龄开始至开产前50～60 d结束。目前，种鹅的控制饲养方法主要有两种。一种是减少补饲日粮的饲喂量，实行定量饲喂；另一种是控制饲料的质量，降低日粮的营养水平。以放牧为主的种鹅大多数采用后者，但一定要根据放牧条件、季节以及鹅的体质，灵活掌握饲料配比和喂料量，既能维持鹅的正常体质，又能降低种鹅的饲养费用。

在控料期应逐步降低饲料的营养水平，每日的喂料次数由3次改为2次，尽量延长放牧时间或增加青饲料的添加量，逐步减少每次给料的喂料量。控制饲养阶段，母鹅的日平均饲料用量一般比生长阶段减少50%～60%。饲料中可添加较多的填充粗料(如米糠、曲酒糟等)，目的是锻炼鹅的消化能力，扩大食道容量。后备种鹅经控料阶段前期的饲养锻炼，放牧采食青草的能力增强，在草质良好的牧地，可不喂或少喂精料。在放牧条件较差的情况下，每日喂料2次，喂料时间在中午和晚上9：00左右。种鹅育成期喂料量的确定以种鹅的体重为基础。

控制饲养阶段，无论给食次数多少，补料时间应在放牧前2 h左右，以防止鹅因放牧前饱食而不采食青草；或在放牧后2 h补饲，以免养成收牧后有精料采食，便急于回巢而不大量采食青草的坏习惯。

3. 恢复饲养阶段

经控制饲养的种鹅，应在开产前60 d左右进入恢复饲养阶段。此时种鹅的体质较弱，应逐步提高补饲日粮的营养水平，并增加喂料量和饲喂次数。日粮蛋白质水平控制在15%～17%为宜。经20 d左右的饲养，种鹅的体重可恢复到控制饲养前期的水平。种鹅开始陆续换羽，为了使种鹅换羽整齐和缩短换羽时间及节约饲料，可在种鹅体重恢复后进行人工强制换羽，即人为地拔除主翼羽和副主翼羽。拔羽后应加强饲养管理，适当增加喂料量。公鹅可比母鹅早2周左右进行，以使后备种鹅能整齐一致地进入产蛋期。

(二)产蛋期的饲养管理要点

1.适合的饲养方式

规模化养殖的种鹅场多采用全舍饲的方式饲养；小规模的养殖户一般采取放牧和补饲相结合的饲养方式比较适合，晚上赶回圈舍过夜，这样的饲养方式有利于提高种蛋的受精率。

2.适时调整日粮的营养水平

后备鹅群开产前1个月左右应将日粮的粗蛋白质含量调整到15%～16%，待日产蛋率到30%～40%时，将粗蛋白质含量提高到17%～18%。

3.光照制度

许多研究证实，采用13～14 h，每平方米25 lx光照度对产蛋期的种鹅是适宜的。通常母鹅是在秋末冬初开产，日照时间短。因此，在开产前就应注意早晚逐渐补充人工光照。在自然光照条件下，母鹅一年只有1个产蛋周期。为了提高母鹅的产蛋量，采用控制光照的办法，可使母鹅一个产蛋年有两个产蛋周期。据匈牙利农业大学牧场的试验，在母鹅夏季结束产蛋1个月后采用8 h光照，到秋季采用人工光照逐渐增加到15 h。每只莱茵鹅母鹅秋冬季产蛋量为30.6～42.1个，受精蛋孵化率为84.2%～85%；夏季产蛋量为13.5～14.2个。对后备鹅采用可调节的光照制度也能增加产蛋量。后备母鹅从10～27周龄采用6～8 h的短光照，28周龄起将光照逐渐增加到14～15 h，结果春夏期间产蛋量增加10～15个。

4.适当的公母配比

鹅群的公母配种比例以1∶(4～6)为合适。一般重型品种配比应低些，小型鹅种可高些；冬季的配比应低些，春季可高些。放牧鹅群每天早晨出栏后应让其在清洁水域中浮游、嬉水、交配，然后再放牧采食；在放牧地选择近水处，放牧2～3 h后应赶于水边让其下水自由交配。舍饲种鹅舍应在临水域的一侧设置水上运动场，供种鹅洗浴和交配之用。

5.控制就巢性

如果发现母鹅有就巢表现，就要及时隔离，将其关在光线充足、通风凉爽的地方，只给饮水不给料，2～3 d后喂一些干草粉、糠麸等粗饲料和少量精饲料，使其体重不过多下降，待醒抱后迅速恢复产蛋。有些品种的鹅抱性很弱，如四川白鹅，但在产蛋期间也会表现出一些恋窝的习性。因此，发现在产蛋期有恋窝的母鹅时，应将其驱逐出产蛋窝，白天不让其回到窝内，经过5～7 d的驱赶后又能正常产蛋。

6.及时选择与淘汰

在产蛋期凡是有就巢早、就巢时间长，产蛋末期耻骨间距窄，产蛋季节背部羽毛光亮，无脏毛、脱毛现象的个体，产蛋量较低，应及时淘汰，以提高整个群体的产蛋水平。公鹅的配种能力一般随年龄的增长而下降，因此，公鹅可以每年更新一部分，3～4岁的公鹅尽量少，形成以新配老的结构。

(三)休产期的饲养管理

种鹅的产蛋期一般有5～9个月。产蛋末期产蛋量明显减少,畸形蛋增多,种公鹅生殖器萎缩、配种能力下降,大部分母鹅的羽毛干枯,在这种情况下,种鹅进入持续时间较长的休产期。种鹅在进入休产期时,可在鹅群产蛋期基本结束后进行人工强制换羽,以使第2个产蛋期开产时间整齐。进入休产期的种鹅应以放牧为主,将产蛋期的日粮改为育成期日粮,在舍饲饲养时,应以补充青绿饲料为主,降低养殖成本。

(四)提高种鹅受精率的措施

1.产蛋前

种公鹅的选择产蛋前种公鹅的选择对提高种蛋受精率至关重要。一般要选择雄性特征明显、体型发育良好、体重符合品种特征的公鹅留种,淘汰体重过小或过大的种公鹅。有条件的养殖户最好检查公鹅生殖器的发育情况和公鹅的精液品质,特别是欧洲鹅种(朗德鹅、莱茵鹅等),还得淘汰生殖器官发育不全的个体。

2.公、母鹅比例

根据鹅的品种和产蛋季节而定小型鹅种产蛋期公母比例应为1∶(6～7),中型鹅种为1∶(4～5),大型鹅种为1∶(3～4)。公鹅过多,不仅浪费饲料,而且会相互争斗、争配,影响受精率;公鹅过少,受精效果也会受影响。

3.种鹅应有适当的水面运动场

一般每只种鹅应有1～1.5 m^2 的水面运动场,水的深度在50～100 cm。水面最好是活水,缓缓流动,干净,没有工业废水的污染。对于舍饲的种鹅,鹅舍必须设有水面运动场,以供鹅在水里嬉戏、求偶、交配。放牧饲养时如水面条件不够理想,要保证早晨和傍晚种鹅交配的高峰能够及时放水。据测定,鹅在早晨交配的次数占全天的39.8%,下午占37.4%,早晚合计占77.2%。因此,把握好早晚对种鹅放牧放水,对提高种蛋的受精率至关重要。

4.种鹅应该有计划地更新换代

公鹅的利用年限一般为2～3年,优秀的公鹅能利用4年。母鹅一般利用3～4年,优秀的可以利用5年。母鹅群的年龄应为:1年母鹅占30%,2年母鹅占25%,3年母鹅占20%,4年母鹅占15%,5年母鹅占10%。所以,种鹅每年都应该有计划地更新换代,以提高其受精率。

第七节　肥肝生产

一、肥肝生产现状

肥肝是采用人工强制填饲,使鹅、鸭的肝脏在短期内大量积储脂肪等营养物质,体积迅速增大,形成比普通肝脏重5～6倍,甚至十几倍的肥肝。据报道,一只鹅肥肝的质量为500～800 g,最大者可达1 800 g;一只鸭肥肝的质量为300～500 g,最大者可达700 g。鲜肥肝质地细腻,呈淡黄色或粉红色,味鲜而别具香味。因此,肥肝仍不失为高热能的营养食品。

肥肝生产是劳动密集型和技术密集型产业,需要精心组织和管理,需要具有熟练操作技术的填饲员；取肝、保鲜技术和严格的卫生要求及设施；运输、外贸、出口也需要密切配合，生产、加工、销售任何一环脱节均会严重影响肥肝生产。

二、品种的选择与杂交优势的利用

（一）品种的选择

1. 鹅的品种

大型的狮头鹅平均肥肝重可达 600 g 以上，中型的溆浦鹅约 570 g，而小型的永康鹅也可达 400 g 左右。其他一些小型鹅种，虽然肥肝性能较差，但通过和大型鹅种的杂交，其杂种后代的产肥肝性能亦有很大程度的提高。

朗德鹅是国外最著名的肥肝专用鹅种，许多国家直接将朗德鹅用于肥肝生产或作为杂交亲本，用来改进当地鹅种的肥肝性能。8 周龄的肉用仔鹅活重 4.5 kg 左右，经填饲后活重可达 10～11 kg，肥肝平均重 700～800 g，年产蛋 35～40 个，蛋重 180～200 g，就巢性较弱，但受精率只有 65%左右。

2. 鸭的品种

我国的鸭种很多，但能投入肥肝生产的品种不多。我国目前用于肥肝生产的主要品种是北京鸭等大型肉鸭品种。据中国农业科学院北京畜牧兽医研究所试验，北京鸭填饲 2 周平均肝重 290 g，肝料比 1∶25，填饲 3 周肥肝重 350 g，肥肝占屠体重 8%～9%，肝料比 1∶36。

（二）杂种优势的利用

水禽的繁殖性能和产肉性能、肥肝性能呈负相关。可采用合适的品种或专用品系，甚至用两种不同属的水禽进行配套杂交，充分利用杂种优势，获得生活力强、生产性能高、产品比较一致的商品杂种水禽生产肥肝。

在鸭肥肝生产方面，国内有用北京鸭和建昌鸭、高邮鸭、河北麻鸭等品种杂交的试验报道，但杂种优势最明显的是用瘤头鸭公鸭和北京鸭母鸭进行杂交产生的骡鸭。

三、填肥技术

（一）填饲肥肝鹅、鸭的适宜周龄、体重和季节

1. 填饲适宜周龄与体重

鹅、鸭填饲适宜周龄和体重随品种和培育条件而不同。但总的原则是要在其骨骼基本长足，肌肉组织停止生长，即达到体成熟之后进行填饲效果才好。一般大型仔鹅在 15～16 周龄，体重 4.6～5.0 kg；兼用型麻鸭在 12～14 周龄，体重 2.0～2.5 kg；肉用型仔鸭体重 3.0 kg 左右；瘤头鸭和骡鸭在 13～15 周龄，体重 2.5～2.8 kg 为宜。采用放牧饲养的鹅、鸭，在填饲前 2～3 周补饲粗蛋白质 20%左右的配合饲料或颗粒饲料，为进入填饲期大量填饲打下良好的基础。

2. 填饲季节的选择

肥肝生产不宜在炎热季节进行，因为水禽在高能量饲料填饲后，皮下脂肪大量储积，不利于体热的散发。如果环境温度过高，特别是到填饲后期会出现瘫痪或发病。填饲最适温度为

10～15℃,20～25℃时尚可进行,超过25℃以上则很不适宜。相反,填饲家禽对低温的适应性较强,在4℃气温条件下对肥肝生产无不良影响。但如室温低于0℃以下,应有防冻设施。

(二)填饲饲料的选择和调制

1.填饲饲料的选择

国内外的试验和实践证明,玉米是最佳的填饲饲料。玉米含能量高,容易转化为脂肪积储。而且玉米的胆碱含量低,使肝脏的保护性降低。因此,大量填饲玉米易在肝脏中沉积脂肪,有利于肥肝的形成。玉米的颜色对肥肝的色泽有明显影响,用黄色或红色玉米填饲的肥肝,色泽较深。

2.填饲玉米的调制

水煮法、干炒法和浸泡法,以上3种调制方法均可获得良好的填饲效果。浸泡法比煮熟法和干炒法更简便易行、节省劳力和调制加工费用。

(三)填饲期、填饲次数和填饲量

1.填饲期和填饲次数

填饲期的长短取决于填饲鹅、鸭的成熟程度。我国民间有以14 d、21 d、28 d为填饲期的习惯。鹅的填饲期较长,鸭则较短。如能缩短填饲期,又能取得良好的肥肝,则最为理想;填饲期越长,伤残越多。填饲期与日填饲次数有关,一般鹅日填饲4次,家鸭日填饲3次。

2.填饲量

在消化正常的情况下,则应尽量填足,使大量脂肪转运到肝脏储积,迅速形成肥肝。鹅、鸭每天填饲量为:小型鹅的填饲量以干玉米计在0.5～0.8 kg,大、中型鹅在1.0～1.5 kg,北京鸭0.5～0.6 kg,骡鸭0.7～1.0 kg。达到上述最大日填饲量的时间越早,说明禽的体质健壮,肥肝效果也越好。

(四)填饲方法

填饲方法可分为手工填饲和机械填饲两种。由于人工填饲劳动强度大、工效低,所以多为民间传统生产使用,而商品化批量生产中一般都使用机械填饲。当前填饲机已发展到手摇填饲机和电动填饲机两种。根据中国鹅颈细长的特点,国内已研制出多种型号的鹅、鸭填饲机。鹅用填饲管延长到50cm,容易插到鹅的食道膨大部,进行自下而上地填饲,效果很好。

(五)填饲期的管理

1.育肥舍保持干燥

填饲鹅、鸭一般采用舍饲垫料平养,要经常更换垫料,保持舍内干燥。圈舍地面要平整,填饲后期肥肝已伸延到腹部,如圈舍地面不平,极易造成肝脏机械损伤,使肥肝局部瘀血或有血斑,从而影响肥肝的质量。

2.供给充足的饮水

要增设饮水器,保持随时都有清洁饮水供应,以满足育肥禽对饮水的迫切需要。但在填料后0.5 h内不能让鹅、鸭饮水,以减少甩料。另外,饮水盘中可加一些沙砾,让其自由采食,以增强消化能力。

3.保持育肥舍的安静

鹅、鸭富于神经质,易受外界噪声、异物的惊扰而骚动不安,影响消化、增重和肥肝增长。

舍内光线宜暗，饲养人员要细心管理，不得粗暴驱赶鹅、鸭群和高声喧嚷。

4. 饲养密度合理

一般每平方米育肥舍可养鸭 4～5 只、鹅 2～3 只。饲养密度大，鹅、鸭互相拥挤碰撞，会影响肥肝的产量和品质。舍内围成小栏，每栏养鹅不超过 10 只，鸭不超过 20 只。

5. 填饲期内限制育肥鹅、鸭的活动

禁止其下水，以减少能量消耗，加快脂肪沉积。

复习思考题

1. 简述水禽的生产特点。
2. 论述提高肉鸭、肉鹅育雏期成活率的综合措施。
3. 如何搞好大型肉用种鸭育成期的限制饲养？
4. 论述提高鸭、鹅产蛋率的综合技术措施。
5. 简述影响肥肝生产的因素。

第二篇

养猪生产

第八章 猪的生物学特性

第一节 猪的生物学特性

猪在进化过程中形成了许多生物学特性，不同的猪种或不同的类型，既有其种属的共性，又有它们各自的特性。在生产实践中，要不断地认识和掌握猪的生物学特性，并按适当的条件加以充分利用和改造，以便获得较好的饲养和繁育效果，达到高产、高效、优质的目的。

一、繁殖率高，世代间隔短

猪一般 4～5 月龄达到性成熟，6～8 月龄就可以初次配种。妊娠期短，平均 114 d，一岁时或更短的时间可以第一次产仔。据报道，我国优良地方猪种，公猪 3 月龄开始产生精子，比国外品种早 3 个月，太湖猪 7 月龄亦有分娩的。

猪是常年发情的多胎高产动物，一年能分娩两胎，若缩短哺乳期，对母猪进行激素处理，可以达到两年五胎或一年三胎。经产母猪平均一胎产仔 10 头左右，比其他家畜要高产。我国太湖猪的产仔数高于其他地方猪种和外国猪种，窝产活仔数平均超过 14 头，个别高产母猪一胎产仔超过 22 头，最高纪录窝产仔数达 42 头。

在生产实践中，猪的实际繁殖效率并不高。母猪卵巢中卵原细胞达 11 万个，但在其繁殖利用年限内只排卵 400 个左右。母猪一个发情周期内可排卵 12～20 个，而产仔只有 8～10 头；公猪一次射精量 150～500 mL，每毫升含精子数 2.5 亿～3.5 亿个。可见，猪的繁殖效率潜力很大。试验证明，通过外激素处理，可使母猪在一个发情期内排卵 30～40 个，个别的可达 80 个。个别高产母猪一胎产仔也可达 15 头以上。这说明只要我们采取适当的繁殖措施，改善营养和饲养管理条件，以及采用先进的选育方法，进一步提高猪的繁殖效率是可能的。

二、食性广，饲料转化效率高

猪是杂食动物，门齿、犬齿和臼齿都很发达，胃是肉食动物的简单胃与反刍动物的复杂胃之间的中间类型，因而能充分利用各种动植物和矿物质饲料。但猪不是什么食物都吃，而是有选择性的，能辨别口味，特别喜爱甜食。

猪对饲料的转化效率仅次于鸡，高于牛、羊，对饲料中的能量和蛋白质利用率高。猪的采食量大，但很少过饱，消化道长，消化极快，能消化大量的饲料，以满足其迅速生长发育的营养需要。猪对精料有机物的消化率为76.7%，也能较好地消化青粗饲料，对青草和优质干草的有机物消化率分别达到64.6%和51.2%。但是，猪对粗饲料中粗纤维的消化较差，而且饲料中粗纤维含量越高，对日粮的消化率也就越低。因为猪胃内没有分解粗纤维的微生物，几乎全靠大肠内微生物分解。因此，在猪的饲养中，注意精、粗饲料的适当比例，控制粗纤维在日粮中所占的比例，保证日粮的全价性和易消化性。当然，猪对粗纤维的消化能力随品种和年龄不同而有差异，我国地方猪种较国外培育品种具有较好的耐粗饲料特性。

三、生长期短，周转快

在肉用家畜中，猪和马、牛、羊相比，无论是胚胎期，还是生长期都是最短的。猪由于胚胎期短，同胎仔猪数又多，出生时多发育不充分，如头的比例大，四肢不健壮，初生体重小(平均只有1～1.5 kg)，仅占成猪体重的1%，各器官系统发育也不完善，对外界环境的适应能力弱。因此，初生仔猪需要精心护理。

猪出生后，为了补偿胚胎期内发育不足，生后两个月内生长发育特别快，30日龄的体重为初生重的5～6倍，2月龄体重为1月龄的2～3倍，断奶后至8月龄前，生长仍很迅速，尤其是瘦肉型猪生长发育快，是其突出的特性。在满足其营养需要的条件下，一般160～170日龄体重可达到90～100 kg，即可出栏上市，相当于初生重的90～100倍。而牛和马只有5～6倍。

生长期短、生长发育迅速、周转快等优越的生物学特性和经济学特点，对养猪经营者降低成本、提高经济效益是十分有益的，所以，深受养猪生产者的欢迎。

四、嗅觉和听觉灵敏，视觉不发达

猪有特殊的鼻子，嗅区广阔，嗅黏膜的绒毛面积很大，分布在嗅区的嗅神经非常密集。因此，猪的嗅觉非常灵敏。据测定，猪对气味的识别能力高于狗，比人高7～8倍。仔猪在生后几小时便能鉴别气味，依靠嗅觉寻找乳头，在3 d内就能固定乳头。因此，在生产中按强弱固定乳头或寄养时，在3 d内进行较为顺利。猪依靠嗅觉能有效地寻找埋藏在地下很深的食物。凭着灵敏的嗅觉，识别群内的个体、自己的圈舍和卧位，保持群体之间、母仔之间的密切联系；对混入本群的其他群个体，猪能很快认出，并加以驱赶，甚至咬伤或咬死。灵敏的嗅觉在公母性联系中也起很大作用，例如：发情母猪闻到公猪特有的气味，即使公猪不在场，也会表现"呆立"反应。同样，公猪能敏锐地闻到发情母猪的气味，即使距离很远，也能准确地辨别出母猪所在方位。

猪的听觉相当发达，猪的耳形大，外耳腔深而广，即使很微弱的声响，都能敏锐地觉察到。另外，猪头转动灵活，可以迅速判断声源方向，能辨别声音的强度、音调和节律，容易对呼名、各种口令和声音刺激物的调教很快建立条件反射。仔猪生后几小时，就对声音有反应，到3～4月龄时就能很快地辨别出不同声音刺激物。猪对意外声响特别敏感，尤其是与吃喝有关的音响更为敏感，当它听到喂猪铁桶用具的声响时，立即起而望食，并发出饥饿叫声。

猪的视觉很弱，缺乏精确的辨别能力，视距、视野范围小，不靠近物体就看不见东西。对光刺激一般比声刺激出现条件反射慢得多，对光的强弱和物体形态的分辨能力也弱，辨色能力也差。人们常利用猪这一特点，用假母猪进行公猪采精训练。

五、小猪怕冷，大猪怕热

小猪怕冷，尤其是初生仔猪对低温特别敏感，因为初生仔猪大脑皮层体温调节中枢发育不完善，对体温调节能力差，再加上小猪皮下脂肪少，皮薄毛稀，抗寒力差，冬春季节都应注意防寒保温。

大猪怕热，特别是肥猪怕热，主要原因是猪的汗腺退化，皮下脂肪厚，不利于散热，因此，夏天应注意防暑降温。

六、爱好清洁，喜群居，群体位次明显

猪有爱清洁的习惯，喜欢在干燥清洁的地方躺卧，排粪尿也有一定的时间和地点，一般都在采食后起卧时排泄，排泄地点多在阴暗、潮湿肮脏的角落。但圈舍过小，饲养密度过大时，易破坏其良好的生活习惯。

猪有成群生活在一起的习性，几头公猪从小养在一起，长大后很少打架，同窝仔猪生活在一起，很少打架，生长也比较好，这就是猪的群居性，但新合群猪只或猪群过大密度过高时，则往往发生争斗，以至打得皮开肉裂，鲜血直流，缺耳少尾。特别是当饲料不够，饲槽太小，猪只又处于饥饿状态时，争斗现象更为突出，一般通过几天的争斗，很快就会排出群体位次，并保持相对稳定，若遇生活环境有较大改变时，就会重新建立群体位次。因此，生产上提倡原窝原圈育肥，减少分群调圈次数，以减少打架次数。

第二节　猪的行为学特性

猪和其他动物一样，对其生活环境、气候条件和饲养管理条件等反应，在行为上都有其特殊的表现，而且有一定的规律性。如果掌握了猪的行为特性，加以科学地利用，制定合理的饲养工艺，设计新型的猪舍和设备，改革传统饲养技术方法，就能最大限度地创造适宜猪习性的环境条件，提高猪的生产性能，获得最佳的经济效益。

一、采食行为

猪的采食行为包括摄食与饮水，并具有各种年龄特征。

猪的采食有选择性，特别喜爱甜食。研究发现，未哺乳的初生仔猪喜爱甜食。颗粒料和粉料相比，猪爱吃颗粒料；干料与湿料相比，猪爱吃湿料，且花费时间也少。

猪的采食是有竞争性的，群饲的猪比单饲的猪吃得多、吃得快，增重也快。

猪白天采食 6～8 次，比夜间多 1～3 次，每次采食持续时间 10～20 min，限饲时少于 10 min。任食（自由采食）不仅采食时间长，而且能表现每头猪的嗜好和个性。仔猪每昼夜吸吮次数因日龄不同而异，在 15～25 次，占昼夜总时间的 10%～20%，大猪的采食量和摄食频率随体重增大而增加。

在多数情况下，饮水与采食同时进行。猪的饮水量是相当大的，仔猪出生后就需要饮水，

吃料时饮水量约为干料的2～3倍;成年猪的饮水量除饲料组成外,很大程度取决于环境温度。吃混合料的小猪,每昼夜饮水9～10次,吃湿料平均2～3次,吃干料的猪每次采食后需要立即饮水,自由采食的猪通常采食与饮水交替进行,直到满意为止,限制饲喂的猪则在吃完料后才饮水。2月龄前的小猪就可学会使用自动饮水器饮水。

二、排泄行为

猪不在吃睡的地方排粪尿,这是祖先遗传下来的本性,因为野猪不在窝边拉屎撒尿,可以避免被敌兽发现。

猪能保持其睡窝床干洁,能在猪栏内远离窝床的一个固定地点进行排粪尿。猪排粪尿有一定的时间和区域,一般多在食后饮水或起卧时,选择阴暗潮湿或污浊的角落排粪尿,且受邻近猪的影响。据观察,生长猪在采食过程中不排粪,饱食后约5 min左右开始排粪1～2次,多为先排粪再排尿,在饲喂前也有排泄的,但多为先排尿后排粪,在两次饲喂的间隔时间里猪多为排尿而很少排粪,夜间一般排粪2～3次,早晨的排泄量最大。

三、群居行为

猪的群体行为是指猪群中个体之间发生的各种交互作用。结对是一种突出的交往活动,猪群体表现出更多的身体接触和保持听觉的信息传递。

在无猪舍的情况下,猪能自找固定地方居住,表现出定居漫游的习性。猪有合群性,但也有竞争习性,大欺小、强欺弱和欺生的好斗特性,猪群越大,这种现象越明显。

猪具有明显的等级,这种等级刚出生后不久即形成。仔猪出生后几个小时内,为争夺母猪前端乳头会出现争斗行为,常出现最先出生或体重较大的仔猪获得最优乳头位置。同窝仔猪合群性好,当它们散开时,彼此距离不远,若受到意外惊吓,会立即聚集一堆,或成群逃走,当仔猪同其母猪或同窝仔猪离散后不到几分钟,就出现极度不安,大声嘶叫,频频排粪尿。年龄较大的猪与伙伴分离也有类似表现。

猪群等级最初形成时,以攻击行为最为多见,等级顺序的建立,受构成这个群体的品种、体重、性别、年龄和气质等因素的影响。一般体重大的、气质强的猪占优位,年龄大的比年龄小的占优位,公比母、未去势比去势的猪占优位。小体型猪及新加入到原有群中的猪则往往列于次等,同窝仔猪之间群体优势序列的确定,常取决于断奶时体重的大小,不同窝仔猪并圈喂养时,开始会激烈争斗,并按不同来源分小群躺卧,24～48 h内,明显的等级体系就可形成,一般是简单的线型。

四、争斗行为

争斗行为包括进攻防御、躲避和守势等活动。

在生产实践中能见到的争斗行为一般是为争夺饲料和地盘所引起,新合并的猪群内相互交锋,除争夺饲料和地盘外,还有调整猪群群居结构的作用。

一头陌生的猪进入一群中,这头猪便成为全群猪攻击的对象,攻击往往是严厉的,轻者伤皮肉,重者造成死亡。如果将两头陌生性成熟的公猪放在一起时,彼此会发生激烈的争斗。它们相互打转、相互嗅闻，有时两前肢趴地，发出低沉的吼叫声，并突然用嘴撕咬，这种斗争可能持续 1 h 以上，屈服的猪往往调转身躯，嚎叫着逃离争斗现场，虽然两猪之间的格斗很少造成伤亡，但一方或双方都会造成巨大损失，在炎热的夏天，两头幼公猪之间的格斗，往往因热及虚脱而造成一方或双方死亡。

猪的争斗行为，多受饲养密度的影响，当猪群密度过大，每头猪所占空间下降时，群内咬斗次数和强度增加，会造成猪群吃料攻击行为增加，降低采食量和增重。争斗形式：一是咬对方的头部，二是在舍饲猪群中咬尾。

新合群的猪群，主要是争夺群居位次，只有群居构成形成后，才会更多地发生争食和争地盘的格斗。

五、性行为

性行为包括发情、求偶和交配行为。母猪在发情期，可以见到特异的求偶表现，公、母猪都表现一些交配前的行为。

发情母猪主要表现卧立不安，食欲忽高忽低，发出特有的音调柔和而有节律的哼哼声，爬跨其他母猪，或等待其他母猪爬跨，频频排尿，尤其是公猪在场时排尿更为频繁。发情中期，性欲高度强烈的母猪，当公猪接近时，调其臀部靠近公猪，闻公猪的头、肛门和阴茎包皮，紧贴公猪行走，甚至爬跨公猪，最后站立不动，接受公猪爬跨。管理人员压其背部时，立即出现呆立反射，这种呆立反射是母猪发情的一个关键行为。

公猪一旦接触母猪，会追逐它，嗅其体侧肋部和外阴部，把嘴插向母猪两腿之间，突然往上拱动母猪的臀部，口吐白沫，往往发出连续的、柔和而有节律的喉音哼声，有人把这种特有的叫声称为"求偶歌声"，当公猪性兴奋时，还出现有节奏的排尿。

有些母猪表现明显的配偶选择，对个别公猪表现出强烈的厌恶；有的母猪由于内激素分泌失调，表现性行为亢进，不发情或发情不明显。

公猪由于营养和运动的关系，常出现性欲低下，或发生自淫现象；群养公猪，常造成稳定的同性性行为的习性，群内地位低的公猪多被其他公猪爬跨。

六、母性行为

母性行为包括分娩前后母猪的一系列行为，如絮窝、哺乳及其他抚育仔猪的活动等。

母猪临近分娩时，通常以衔草、铺垫猪床絮窝的形式表现出来，如果栏内是水泥地而无垫草，只好用蹄子抓地来表示。分娩前 24 h 母猪表现神情不安，频频排尿、磨牙、摇尾、拱地、时起时卧，不断改变姿势；分娩时多采用侧卧，选择最安静时间分娩，一般多在下午 4 时以后，特别在夜间产仔时多见。当第一头小猪产出后，有时母猪还会发出尖叫声，当小猪吸吮母乳时，母猪四肢伸直亮开乳头，让初生仔猪吃乳。母猪整个分娩过程中，自始至终都处在放乳状态，并不停地发出哼哼的声音，乳头饱满，甚至奶水流出，使仔猪容易吸吮。母猪分娩后以充分暴露乳房的姿势躺卧，形成一热源，引诱仔猪挨着母猪乳房躺下。仔猪吮乳过程可分为四个阶段，开始仔猪聚集乳房处，各自占据一定位置，以鼻端拱摩乳房，吸吮，仔猪身向后，尾紧卷，前肢直向前伸，此时母猪哼叫达到高峰，最后排乳完毕。

母仔之间是通过嗅觉、听觉和视觉来相互识别和联系的，猪的叫声是一种联络信号。哺乳母猪和仔猪的叫声，根据其发声的部位（喉音或鼻音）和声音的不同可分为嗯嗯声（母仔亲热时母猪叫声），尖叫声（仔猪的惊恐声）和鼻喉混声（母猪护仔的警告声和攻击声）三种类型，以此不同的叫声，母仔互相传递信息。

母猪非常注意保护自己的仔猪，在行走、躺卧时十分谨慎，不踩伤、压伤仔猪，当母猪躺卧时，选择靠栏三角地不断用嘴将仔猪推出卧位慢慢地依栏躺下，以防压住仔猪，一旦遇到仔猪被压，只要听到仔猪的尖叫声，马上站起，防压动作再重复一遍，直到不压住仔猪为止。

七、活动与睡眠

猪的行为有明显的昼夜节律，活动大都在白昼，在温暖季节和夏天，夜间也有活动和采食，遇上阴冷天气，活动时间缩短。猪昼夜活动也因年龄及生产性能不同而有差异，仔猪昼夜休息时间平均60%～70%，种猪70%，母猪80%～85%，肥猪为70%～85%。休息高峰在半夜，清晨8时左右休息最少。

哺乳母猪睡卧时间随哺乳天数的增加逐渐减少，走动次数由少到多，时间由短到长，这是哺乳母猪特有的行为表现。

哺乳母猪睡卧休息有两种形式，一种是静卧，一种是熟睡，静卧休息姿势多为侧卧，呼吸轻而均匀，虽闭眼但易惊醒；熟睡为侧卧，呼吸深长，有鼾声且常有皮毛抖动，不易惊醒。

仔猪出生后3 d内，除吸乳和排泄外，几乎全是酣睡不动，随日龄增长和体质的增强活动量逐渐增多，睡眠相应减少，但至40日龄大量采食补料后，睡卧时间又有增加，饱食后一般安静睡眠。仔猪活动与睡眠一般都尾随效仿母猪。出生后10 d左右便开始与同窝仔猪群体活动，单独活动很少，睡眠休息主要表现为群体睡卧。

八、后效行为

猪的行为有的与生俱来，如觅食、哺乳和性行为等，有的则是后天形成的，如识别某些事物和听从人们指挥的行为等。后天获得的行为称条件反射行为，或称后效行为。后效行为是猪生后对新鲜事物的熟悉而逐渐建立起来的。猪对吃、喝的记忆力强，对饲喂的有关工具、食槽、饮水槽及其方位等，最易建立起条件反射。小猪在人工哺乳时，每天定时饲喂，只要按时给以笛声或铃声或饲喂用具的敲打声，训练几次，即可听从信号指挥，到指定地点吃食。

猪以上各方面的行为特性，为养猪生产者饲养管理好猪群提供了科学依据。在整个养猪生产工艺流程中，充分利用这些行为特性，精心安排各类猪群的生活环境，使猪群处于最优生长状态，方可充分发挥猪的生产潜力，获取最佳经济效益。

复习思考题

1. 阐述猪的生物学特性在生产中应用。
2. 大猪为什么怕热?
3. 小猪为什么怕冷?
4. 阐述猪的行为习性在生产中应用。

第九章 猪的品种

猪的品种是指在一定自然和社会经济条件下，经人工选择形成的一个具有共同来源、有相似并稳定遗传的外形和生产性能，并拥有一定数量的种群。社会生产力的发展水平和人类的需求，影响着品种发展的方向与消长。因此，品种又是一个具有变异性与可塑性的群体。本章主要介绍我国地方猪种的分布和种质特性，以及引入猪种和我国培育猪种的概况等。

第一节 中国地方猪种

一、猪的经济类型

猪的经济类型可分为脂肪型、兼用型和瘦肉型三类：

脂肪型，又称脂用型。这类猪的胴体脂肪多，瘦肉少。外形特点是体躯宽、深而短，全身肥满，头颈较重，四肢短，体长与胸围相等或相差 2～3 cm，背膘厚 5～6 cm 以上，胴体瘦肉率在 45%以下。我国绝大多数地方品种均属于脂肪型。

兼用型，这类猪的外形特点介于瘦肉型和脂肪型之间，胴体中肉比脂肪稍多，背膘厚 3～5 cm，瘦肉率在 50%左右。我国培育的大多数品种属于兼用型品种。

瘦肉型，又称肉用型。这类猪的胴体瘦肉多，脂肪少。外形特点与脂肪型相反，头颈较轻，体躯长，四肢高，前后肢间距宽，腿臀发达，肌肉丰满，胸腹肌肉发达。体长比胸围长 15 cm 以上，背膘厚 3 cm 以下，胴体瘦肉率在 55%以上。外国引进的长白猪、大约克夏猪、杜洛克猪和汉普夏猪，以及我国培育的三江白猪、苏太猪和湖北白猪等均属这种类型。

二、中国地方猪种类型及其特点

我国地方猪种按其体型外貌特征和生产性能，结合其起源、地理分布和饲养管理特点、当地的农业生产情况、自然条件和移民等社会因素，大致可分为以下六种类型：

(一)华北型

华北型猪分布最广，主要分布在淮河、秦岭以北的广大地区。猪的体质健壮，骨骼发达，体躯高大，四肢粗壮，背腰狭窄，大腿不够充实，头较平直，嘴筒长(便于放牧掘地采食)，耳大下垂，额间多纵行皱纹，皮厚多皱褶，毛粗密，鬃毛发达，冬季还生有一层棕红色的绒毛。毛色绝大多数为全黑。

华北型猪繁殖力强，产仔数多在12头以上，护仔性好，仔猪育成率高，乳头有8对左右，性成熟早，一般多在3～4月龄开始发情。公母猪在4月龄左右即可初次配种。

华北型猪育肥性能中等，育肥前期增重缓慢，而在后期增重很快。脂肪积累在育肥后期，因而膘一般不厚，而板油较多，瘦肉量大，肉味香浓。

华北型猪体型大小差异极大。山区及边远地区，多饲养体型较大的猪，而城市附近多饲养小型猪，农村多饲养中型猪。大型猪数量呈减少趋势。代表猪种有：东北民猪、西北的八眉猪、河北深县猪、山西马身猪、内蒙古的河套大耳猪、山东的莱芜猪、河南的淮南猪和安徽定远猪等。

(二)华南型

华南型猪分布在云南省的西南和南部边缘、广西壮族自治区、广东省偏南的大部分地区及福建省的东南角和台湾地区各地。该地区属我国的亚热带，气候温暖，雨量充沛，日照长，农作物一年三熟，饲料丰富，尤以青绿多汁饲料最多，养猪条件最好。由于猪终年可获得营养丰富的青料和多汁料以及富含糖分的精料，因而形成的猪品种早熟易肥、皮薄肉嫩。

华南型猪体躯较短，背腰宽阔，腹多下垂，臀部丰圆，皮薄毛稀，鬃毛短少，毛多为黑色或黑白花，四肢开阔而粗短多肉，头较短小，额有横行皱纹，耳小直立或向两侧平伸。

华南型猪繁殖力较低，一般窝产仔数8～9头，乳头5～6对。性成熟较早，母猪多在3～4月龄时开始发情，6月龄左右体重达30 kg以上即可配种。母性良好，护仔性强。

早期生长发育快，早熟易肥，肉质细致。屠宰率在70%左右，膘厚4～6 cm，厚的可达8 cm以上。

代表猪种有：广西陆川猪、广东小耳黑背猪、云南的滇南小耳猪、福建的槐猪和台湾地区的桃园猪。

(三)华中型

华中型猪分布于长江和珠江之间的广大地区。该地区属亚热带，气候温暖，雨量充沛，自然条件较好。粮食作物以水稻为主，青饲料丰富，富含蛋白质的精料较多，更有利于猪的生长发育。

华中型猪的体型与华南型猪基本相似，其生产性能一般介于华北型、华南型之间。体质较疏松，早熟。背较宽，骨骼较细，背腰多下凹，四肢较短，腹大下垂，体躯较华南猪大，额部多横行皱纹，耳较华南型猪大且下垂，被毛稀疏，毛色多为黑白花。

华中型猪窝产仔一般10～12头，乳头6～7对。成熟较早，生长较快，肉质细致。

代表猪种有：浙江金华猪、广东大花白猪、湖南宁乡猪、湖北监利猪、江西赣中南花猪、安徽皖南花猪和贵州的关岭猪。

(四)江淮型

江淮型猪主要分布在汉水和长江中下游沿岸及东南沿海地区。该地区气候温和，雨量充沛，土地肥沃，都是稻麦三熟地区。青粗多汁饲料及能量和蛋白质饲料均很丰富。

江淮型猪品种的外形和生产性能因类别不同而有较大差异。共同特点是头大小适中，额较宽，皱纹深且多呈菱形，耳长大下垂，背腰较宽，腹部较大，骨骼粗壮，皮多有皱褶。性成熟早，母猪3～4月龄已开始发情，经产母猪窝产仔数在13头以上，乳头8对以上，以繁殖力高而著称。性成熟早，积脂能力强，增重较快，屠宰率一般为70%左右。

代表猪种有：太湖猪、姜曲海猪、东串猪、虹桥猪、圩猪、阳新猪。

(五)西南型

西南型猪分布在云贵高原和四川盆地的大部分地区，以及湘鄂西部。

西南型猪的特点为头大，腿较粗短，额部多有旋毛或横行皱纹，毛色以全黑和“六点白”居多，也有黑白花和红毛猪。

西南型猪繁殖力中等，产仔数一般 8～10 头，奶头 5～6 对。育肥能力强，饲料利用率中等。屠宰率为 65%～72%。

代表猪种有：荣昌猪、内江猪、成华猪、贵州柯乐猪、凉山猪、云南的富源大河猪等。

(六)高原型

高原型猪主要分布在青藏高原。猪体型小，外貌似野猪，四肢发达，粗短有力，蹄小结实，嘴尖长而直，耳小而直立，背窄微弓，腹紧，臀倾斜。毛色为全黑、红棕色或黑白花。为适应高原干寒和温差大的气候，高原型猪皮相对较厚，毛密长，并生有绒毛，鬃毛发达，富有弹性。鬃毛长达 12～18 cm，一头猪年产鬃毛 250 g。

体躯较小，属于小型晚熟品种，耐粗饲，适于放牧，繁殖力较低，母猪性成熟较晚，通常 4～5 月龄才开始发情。一般窝产仔数 5～6 头，乳头 5 对。妊娠期较长，达 120 d，屠宰率 65%。肉质鲜美多汁，呈大理石状。

代表猪种有：青藏高原的藏猪、甘肃的合作猪和云南的迪庆藏猪等。

三、中国主要的地方猪品种

2000 年 8 月，民猪、八眉猪、黄淮海黑猪(马身猪、淮猪)、里岔黑猪、两广小花猪(陆川猪)、槐猪、蓝塘猪、滇南小耳猪、香猪、五指山猪、大花白猪、华中两头乌(通城猪)、清平猪、金华猪、太湖猪(二花脸猪、梅山猪)、内江猪、荣昌猪、乌金猪(大河猪)和藏猪等 21 个优良地方猪种(系)，被中华人民共和国农业部确定为国家级畜禽品种资源保护品种，这些优良地方猪种简介如下：

(一)太湖猪

太湖猪产于江苏、浙江和上海交界的太湖流域。由二花脸猪、枫泾猪、梅山猪、嘉兴黑猪等地方类型组成，统称为太湖猪。现有种猪 60 多万头。太湖猪是全世界猪品种中繁殖力最高、产仔数最多的品种，而且肉质也好。

太湖猪的体型中等，头大额宽，额部皱褶多、深，耳特大、软而下垂，形似大蒲扇。全身被毛黑色或青灰色，毛稀疏或丛密，腹部皮肤多呈紫红色，也有鼻吻白色或尾尖白色。梅山猪的四肢末端为白色，乳头多为 8～9 对。

太湖猪性成熟早，繁殖力强。据对产区几个主要育种场统计，母猪头胎产仔数平均 12.14 头，二胎平均 14.88 头，三胎及以上平均 15.83 头。

在一般饲养条件下，梅山猪体重在 25～90 kg 阶段，平均日增重 439 g。

(二)东北民猪

东北民猪原产于东北和华北部分地区。现有繁殖母猪近 2 万头，广泛分布于辽宁、吉林、黑龙江和河北北部等地区，东北民猪分为大、中、小 3 个类型。体重在 150 kg 以上的大型猪称大民猪;体重在 95 kg 左右的中型猪称二民猪;体重在 65 kg 左右的小型猪称荷包猪。

东北民猪头中等大,面直长,耳大下垂。体躯扁平,肋骨弯曲度较小,背腰狭窄,臀部倾斜,四肢粗壮。全身被毛黑色,毛密而长,猪鬃发达,冬季密生绒毛。乳头 7~8 对。

东北民猪性成熟早,母猪 4 月龄左右出现初情,母猪发情表现明显,配种受胎率高。公猪一般在 9 月龄、体重 90 kg 左右开始配种;母猪在 8 月龄、体重在 80 kg 左右初配。母猪头胎产仔数平均为 11.04 头,二胎平均为 11.48 头,三胎平均为 11.93 头,四胎以上平均为 13.54 头。

据测定,东北民猪在体重在 18~92 kg 阶段平均日增重为 458 g。

(三)八眉猪

八眉猪原产于陕西省泾河流域、甘肃陇东和宁夏回族自的固原地区,分布于陕西、青海、甘肃和宁夏等省、自治区。

八眉猪是一个历史悠久的古老品种,据陕西《旬邑县志》记载,早在三千年前,兴起于甘肃陇东天水和陕西关中西部的周朝已"牧猪于豳山",并"乃造其槽,执豕于牢"。

八眉猪对西北地区特定的生态环境有较强的适应性。从较温暖多雨的关中平原到干旱贫瘠的黄土高原地区乃至高寒的青藏高原边缘地带,都能生长繁殖。繁殖性能中等偏上,在较好的饲养条件下,经产母猪窝产仔数 12.65 头左右。

(四)通城猪

通城猪中心产区在湖北省通城县,1982 年起,与湖南沙子岭猪、湖北监利猪、江西赣西两头乌猪和广西东山猪等地方类群统一定名为华中两头乌猪。

通城猪毛色特征突出,两头乌,中间白,即头、颈和臀、尾为黑色,其余部位为白色,黑白交界处有 2~3cm 宽的"晕带"。性成熟较早,公母猪初配为 5~6 月龄,产仔数中等,三胎及三胎以上窝平均产仔 11.12 头。在中等营养条件下,体重在 15~80 kg 平均日增重 420 g 左右,在较高营养水平下,可达 500 g 以上。胴体瘦肉率相对较高,据对 8 头通城猪的测定,体重在 81.48 kg 屠宰时,胴体瘦肉率为 43.64%。骨细,肉质细嫩。

(五)荣昌猪

荣昌猪产于重庆市荣昌县和四川省隆昌县,后又分布到泸县、内江、重庆市大部分地区,还推广到全国 20 多个省、市和自治区。

荣昌猪体型较大,两眼周围及头部有大小不等的黑斑,其余全身被毛多为白色,也有极少数在尾根及体躯出现黑斑或全身被毛纯白。农民群众习惯把荣昌猪的毛色分为"金架眼""小黑眼膛""大黑眼膛""小黑头""大黑头""两头黑""单边照""飞花""铁嘴""洋眼"10 种类型。荣昌猪头大小适中,面微凹,耳中等大、下垂,额部有横行皱纹,还有毛旋。体躯较长,发育匀称,背部微凹,腹大而深,臀部稍倾斜。四肢细致、结实。乳头 6~7 对。

荣昌猪性生成熟早,公猪 4 月龄性成熟,6~8 月龄体重 60 kg 以上可开始配种。母猪初情期为 71~113 日龄,初配以 6~8 月龄,体重在 50~60 kg 较为适宜。荣昌猪母猪初产仔数平均为 8.56 头,经产母猪平均产仔数 11.7 头。在较高营养水平下,体重 15~90 kg 阶段,平均日增重 623 g。

(六)内江猪

内江猪产于四川省内江市,分布于内江、资中、资阳、简阳等市、县,曾经推广到全国各地,产区种猪约有 12.5 万头,目前有大幅下降趋势。

内江猪体型较大,体质疏松。头大,嘴筒短,颌面横纹深陷成沟,额皮中部隆起成块。耳中等大、下垂。体躯宽深,背腰微凹,腹大不拖地,四肢粗壮。皮厚,全身被毛黑色,鬃毛粗长。乳头多在 7 对左右。群众习惯按头型分为"狮子头""二方头""毫杆嘴"3 种类型。其中以"二方头"型猪种最多。成年公猪体重为 169 kg,成年母猪体重为 155 kg。

内江猪也具有性早熟的特点,在农村小母猪一般于 6～7 月龄开始配种,小公猪多在 5～6 月龄开始初配。初产母猪平均窝产仔数 9.35 头,二胎平均 9.83 头,三胎及以上平均 10.4 头。在中等营养条件下限量饲养,体重在 13～90 kg 段,平均日增重 410 g。

(七)金华猪

金华猪产于浙江省金华地区的义乌、东阳和金华 3 个县。种猪产区 3 个县统计有 5 万多头。金华猪具有皮薄、骨细和肉脂品质好的特点,用其后腿制作的金华火腿质佳味香,外形美观,在国内外享有盛誉。

金华猪体型中等偏小,毛色除头颈和臀尾为黑色外,其余均为白色,故有"两头乌"之称。在黑白交界处有黑皮白毛的"晕带"。耳中等大、下垂,额上有皱纹,颈粗短,背微凹,腹大微下垂,臀较倾斜,四肢较短,蹄坚实,皮薄毛稀。乳头多为 7～8 对。

金华猪具有性成熟早、性情温驯、母性好和产仔多等优良特性。据对金华种猪场 157 窝统计,平均窝产仔数 14.25 头。体重在 17～76 kg 阶段,饲养期 127 d,平均日增重 464 g。

(八)乌金猪

乌金猪产于云南、贵州、四川三省接壤的乌蒙山区所属的金沙江畔。包括云南富源的大河猪、贵州赫章的柯乐猪和威宁的威宁猪以及四川的凉山猪等地方类群。

乌金猪被毛以黑色为主,其中大河猪和柯乐猪中部分个体毛色为棕褐色,当地俗称"火毛"或"黄毛",是我国地方猪种中少有的具有红毛的猪。

乌金猪属于山地放牧型,四肢强健,蹄质坚实,宜于奔走爬坡,从而促使腿部肌肉发达。后腿瘦肉比例高,肉质坚实、佳美,是加工火腿的上等原料,所制成的"云腿"驰名中外,它肉质较细、色泽鲜红或棕红、香味浓、有回甜,可存放数年。

(九)香猪

香猪产于广西和贵州的交界处,分布在广西的巴马瑶族自治县田东、田阳以及环江、罗城一带和贵州的从江县。属于小型猪种。

香猪毛色全黑或有不完全的"六白"特征,体型小,骨骼纤细,头较直,耳小而薄,向两侧平伸或稍竖起,腹大而圆,四肢短细。乳头 5 对,成年体重 38.8 kg。

香猪为我国具有特色的小型猪,虽然增重慢,产肉量低,但具有体小早熟,肉质嫩美的特点,宜用于加工烤猪和用作实验动物。也可作为观赏宠物饲养于城市家庭中。

(十)藏猪

藏猪产于西藏、四川西部以及云南西北部的广大地区,是典型的高原型品种。主要分布在西藏的山南地区、昌都地区、拉萨市,四川省的甘孜州、阿坝州,云南省的迪庆州和甘肃省的甘南州等地。

藏猪被毛多为黑色,部分猪具有不完全"六白"特征,少数猪为棕色,也有仔猪被毛具有棕黄色纵行条纹。鬃毛长而密,被毛下密生绒毛。体小,嘴筒长、直,呈锥形,颌面窄,额部皱纹少。耳小直立、转动灵活。胸较窄,体躯较短,背腰平直或微弓,后躯略高于前躯,臀倾斜,四肢结实紧凑、直立，蹄质坚实，乳头多为 5 对。

藏猪多为放牧饲养。母猪一般年产一窝，初产母猪平均产仔 4.78 头，二胎平均 6.03 头，经产平均 6.43 头。藏猪在终年放牧饲养条件下，育肥猪增重缓慢，12 月龄体重为 20～25 kg，24 月龄时为 35～40 kg。

四、中国地方猪种的优良种质特性

（一）性成熟早，繁殖力强，母性好

母猪 3～4 月龄开始发情，中国地方猪种的发情明显，发情期较长，如民猪的发情持续期一般为 3～6 d，而国外猪种一般为 2～3 d。6～8 月龄开始配种，普遍具有很高的产仔数，平均在 11 头左右，东北民猪平均每胎产仔 13.5 头，太湖猪平均每胎产仔 15.8 头。母性好，60 日龄仔猪育成率可达 90%以上。而且中国地方母猪利用年限特别长，一般可达 8～10 年，金华猪在 20 胎时仍有平均产仔数 11.4 头的高产能力，而国外猪种的利用年限相对短得多。

（二）适应性和抗逆性强

主要在抗寒力、耐热性、耐粗饲能力、对饥饿的耐受力、高海拔适应能力以及抗病力方面具有良好的表现，耐粗饲能力。中国地方猪种大都能耐青粗饲料，能利用大量青料、统糠等，能在较低的营养水平及低蛋白情况下获得增重。我国地方猪种基本没有应激综合征。

（三）肉质优良

中国地方猪种素以肉质嫩美闻名于世。肌纤维细，肌肉颜色鲜红，系水力强，pH 高，肌肉大理石纹适中，肌间脂肪含量高，味香浓郁、肉嫩多汁，这都是国外引进猪种无法相比的。

（四）生长缓慢，早熟易肥，胴体瘦肉率低

中国地方猪种普遍生长速度较慢，育肥期平均日增重大多在 300～600 g，大大低于国外引进猪种（>800 g/d），如二花脸猪从 60 日龄至 300 日龄的日增重为 385 g，民猪从 75 日龄至 250 日龄的日增重为 418 g。而国外引进猪种的日增重均在 700 g 以上。

由于长期以来我国劳动人民习惯于采用阶段育肥法，中国地方猪种在育肥前期往往营养水平较低，到育肥后期则营养水平不断提高，腹腔内脂肪沉积能力极强，形成了中国地方猪种易肥、胴体瘦肉率低的特性。

第二节　中国培育猪种

一、概况

为了充分利用中国地方猪种繁殖力高、抗逆性强、肉质好的优良种质特性，改进其生长性状和胴体性状所存在的不足之处，中国养猪界的广大工作人员和育种专家，利用中国地方猪种和国外引进猪种杂交育成了 50 余个培育猪种或新品系，丰富了中国的猪种资源，推动了中国养猪业的发展。

从1972—1982年,经省级科委或主管部门鉴定验收的新品种达12个,新品系3个:哈尔滨白猪、新淮猪、上海白猪、浙江中白猪、温州白猪、新金猪、伊犁白猪、新疆白猪、北京黑猪、汉中白猪、宁夏白猪、赣州白猪、沂蒙白猪、福州黑猪、东北花猪(黑花系、沈花系和吉花系)。

从1982—1990年,中国又相继育成了新品种16个,新品系7个:三江白猪、湖北白猪、甘肃白猪、广西白猪、芦白猪、泛农花猪、山西黑猪、皖北猪、乌兰哈达猪、汉沽黑猪、甘肃黑猪、关中黑猪、广花猪、吉林黑猪、宁安黑猪、内蒙古黑猪、湘白猪Ⅰ系、内蒙古白猪新品系、昌潍白猪Ⅰ系、山西瘦肉型猪SD-Ⅰ系、北京花猪Ⅰ系、沂蒙黑猪新品系、定县黑猪新品系。

二、中国培育猪种简介

(一)三江白猪

三江白猪分布于黑龙江东部合江地区境内的国有农牧场及其附近的县、乡猪场,产区为著名的三江平原地区。三江白猪是由长白猪×民猪正反交产生的一代杂种母猪再与长白公猪回交,从其后代中择优组成零世代猪群,连续进行5~6世代的横交和选择育成的新品种。

三江白猪被毛全白,头轻嘴直,耳较大下垂或前倾。背腰宽平,腿臀丰满,四肢粗壮,蹄质坚实,乳头一般为7对,排列整齐,毛丛稍密。三江白猪成年体重,公猪187 kg,母猪138 kg。性成熟较早,初情期4月龄左右,发情表现明显。初产母猪平均产仔10.2头,经产母猪平均产仔12.4头。

按三江白猪饲养标准饲养,6月龄育肥猪体重可达90 kg,平均日增重666 g,胴体瘦肉率达57%以上。

(二)湖北白猪

湖北白猪产于湖北武昌地区,主要分布于华中地区。

湖北白猪是通过大约克夏猪×(长白猪×本地猪)杂交和群体继代选育法,闭锁繁育育成的。为我国新培育的瘦肉型猪种之一。

湖北白猪除个别猪眼角、尾根有少许暗斑外,其余全身被毛白色。头较轻,大小适中,鼻直稍长,耳向前倾或下垂,背腰平直,中躯较长,腿臀丰满,肢蹄结实,有效乳头6对以上。

湖北白猪成年体重,公猪为230 kg,母猪为200 kg,初产母猪平均产仔数为10.5头,经产母猪平均产仔数为12.5头。湖北白猪育肥到180日龄,体重可达90 kg左右,日增重在620 g以上,胴体瘦肉率58%以上。

(三)北京黑猪

北京黑猪产于北京市双桥农场和北郊农场。主要分布在北京市朝阳区、海淀区、昌平区、顺义区、通州区等京郊各区县,并推广于河北、河南、山西等省。

北京黑猪是在北京本地黑猪引入巴克夏猪、中约克夏猪、苏联大白猪、高加索猪进行杂交后选育而成的。

北京黑猪全身被毛黑色,体质结实,结构匀称。头大小适中,两耳向前上方直立或平伸,面部微凹,额较宽,颈肩结合良好,背腰较平直且宽,腿臀较丰满,四肢健壮。乳头多为7对。

北京黑猪成年体重,公猪为262 kg,母猪236 kg。初产母猪平均窝产仔数10头,经产母猪平均窝产仔数11.2头。据测定,在20~90 kg体重阶段,平均日增重609 g。

(四)苏太猪

苏太猪育成于江苏省苏州地区，是苏州猪畜种中心用美系杜洛克与太湖猪杂交选取育而成的。

苏太猪全身被毛黑色，耳中等大而垂直向前下方，头面有清晰皱纹，嘴中等长而直，腹小，后躯丰满。

苏太猪 150 日龄左右性成熟，且发情明显，初产母猪平均产仔数 11.68 头，产活仔数平均 10.84 头，经产母猪平均产仔数 14.45 头，产活仔数平均 13.26 头。

苏太猪生长速度较快，170 日龄可达 85 kg，日增重为 630 g 左右，料重比为 3.18∶1，屠宰率为 72.85%，胴体瘦肉率为 55.98%。

苏太猪适应性强，产仔数多，生长发育较决，肉质较好，是生产商品瘦肉猪的理想母本品种。

(五)上海白猪

上海白猪产于上海和宝山两县，主要分布于上海市近郊各县。

上海白猪主要由约克夏猪、苏联大白猪和太湖猪杂交培育而成。现有生产母猪 2 万头左右。

上海白猪体型中等偏大，被毛白色，体质结实。头面平直或微凹，耳中等大略向前倾，背宽，腹稍大，大腿较丰满，平均乳头数 7 对。

上海白猪成年体重，公猪为 258 kg，母猪为 177 kg。初产母猪平均产仔数 9.43 头，经产母猪平均产仔数 12.93 头。上海白猪体重在 20～90 kg 阶段，日增重 615 g。

第三节　国外引进猪种

一、概况

鸦片战争之后，十多个国外猪种陆续引入中国。其中曾对中国猪种改良影响较大的有巴克夏猪(Berkshire)、约克夏猪(Yorkshire)、苏联大白猪(Soviet white)、克米洛夫猪(Kemiroff)、长白猪(Landrace)等。自 20 世纪 80 年代起，国内较多地引进了杜洛克(Duroc)、汉普夏(Hampshire)和皮特兰(Pietran)猪，用于经济杂交。与此同时，一些国际著名猪育种公司的专门化品系及配套系相继进入我国市场，如 PIC、迪卡(Dekalb)、达兰猪(Dalland)和斯格猪(Seghers)等。与中国地方猪种相比，这些引入猪种的种质特性具有以下共同特点：

(一)生长速度快

在中国标准饲养条件下，20～90 kg 育肥期平均日增重 650～750 g，高的可达 800 g 以上，饲料转化率(2.5～3.0)∶1；国外核心群生长速度更快，育肥期平均日增重可达 900～1 000 g，饲料转化率低于 2.5∶1。

(二)屠宰率和胴体瘦肉率高

体重 90 kg 时的屠宰率可达 70%～72%以上；背膘薄，一般小于 2 cm；眼肌面积大，胴体瘦肉率高，在合理的饲养条件下，90 kg 体重屠宰时的胴体瘦肉率为 60%以上，优秀的达 65%以上。

(三)繁殖性能较差

母猪通常发情不太明显,配种较难,产仔数较少。长白和大白猪经产仔数为 11～12.5 头,杜洛克、皮特兰和汉普夏猪一般不足 10 头。

(四)肉质欠佳

肌纤维较粗,肌内脂肪含量较少,口感、嫩度、风味不及中国地方猪种,出现灰白肉(PSE)和暗黑肉(DFD)的比例较高,尤其是皮特兰猪的灰白肉发生率较高,汉普夏的酸肉效应明显。

(五)抗逆性较差

对饲养管理条件的要求较高,在较低的饲养水平下,生长发育缓慢,有时生长速度还不及中国地方猪种。

二、国外引入猪种简介

(一)大约克夏猪

大约克夏猪,又称大白猪,于 18 世纪在英国育成,是目前国外所有瘦肉型猪种中分布最广的品种。

我国先后从澳大利亚和英国引进数批几百头大约克夏猪,主要分配在华中、华东、华南等地区,以后被引种到全国各地。目前饲养较多的有湖北、湖南、浙江、江西、江苏、广东和河南等省。

大约克夏猪体格大,体型匀称。全身被毛白色,头长面宽微凹。耳中等大直立,体躯深长,背腰平直略呈弓形,四肢较高,肌肉发达。乳头 7 对,初产母猪平均产仔数 9～10 头,经产母猪产仔数 11～12 头,产活仔数 10 头左右。

大约克夏猪增重速度快,饲料利用率高,生后 5～6 月龄体重可达 100 kg,平均日增重为 700 g 左右,料重比 3∶1 左右,胴体瘦肉率为 60%～65%,适应性较强,能较好地适应我国各地的条件。

(二)长白猪

长白猪原名兰德瑞斯猪,原产于丹麦,是世界著名的瘦肉型品种。现已分布到世界各国,尤其是欧洲各国分布最多。1964 年由瑞典引入我国,目前是我国引入最多的国外品种。主要分养在浙江、河南、湖南、湖北、广东和河北等省。

长白猪全身被毛呈白色,头狭长,颜面直,耳大向前倾,背腰长,腹线平直而不松弛,体躯长,前躯窄后躯宽,肋骨 16～17 对,大腿丰满,蹄质坚实,乳头 6～7 对,初产母猪平均产仔数 8～10 头,经产母猪平均产仔数 10～13 头。

长白猪生长速度快,胴体瘦肉率高,5～6 月龄体重可达 100 kg,平均日增重 800～1000 g,料重比(2.3～2.7)∶1,胴体瘦肉率达 63%～65%。

(三)杜洛克猪

杜洛克猪是美国在 19 世纪 60 年代用纽约州的杜洛克猪和新泽西州的泽西红毛猪杂交育成的。在美国的猪品种中其日增重和料重比排名第一,分布最广,数量最多。我国于 1972 年首次引入。

1978 年和 1982 年又先后从美国、日本、匈牙利等国大批引入,达数百头之多,现已分布于全国。

杜洛克猪体型大,被毛红色,从金黄色到暗棕色深浅不一,樱桃红色最受欢迎。耳中等大,耳尖下垂，颜面微凹，体躯深广，肌肉丰满，四肢粗壮。

杜洛克初产母猪平均产仔数 9 头左右，经产母猪平均产仔数 10～11 头。180 日龄体重可达 100 kg 平均日增重 800～900 g，料重比为(2.3～2.6)：1，胴体瘦肉率达 64%～68%。

杜洛克猪的特点是：体质健壮，适应性强，饲养条件比其他瘦肉型猪要求低，生长速度快，饲料利用率高，胴体瘦肉率高，肉质好。

(四)汉普夏猪

汉普夏猪原产于美国肯塔基州，由薄皮猪和白肩猪杂交选育而成。以其膘最薄、瘦肉率最高而在美国猪品种中仅次于杜洛克猪排名第二。1978 年以后我国先后从英国、日本、匈牙利和美国引入该品种。

汉普夏猪体型大，毛色特征突出，被毛黑色，在肩部和颈部接合处有一条白带围绕，在白色与黑色边缘，由黑皮白毛形成一灰色带，故有“银带猪”之称。头中等大小，耳中等大小而直立，嘴较长而直，体躯较长，背腰呈弓形，后躯臀部肌肉发达。

汉普夏猪初产母猪平均产仔数 7～8 头，经产母猪平均产仔数 8～9 头。180 日龄体重可达 90 kg，平均日增重为 600～700 g，料重比为 3.0：1 左右，胴体瘦肉率达 60%以上。

汉普夏猪的主要特点是：生长发育快，抗逆性强，饲料利用率较高，胴体瘦肉率高，肉质较好，但繁殖力较差。

(五)皮特兰猪

皮特兰猪产于比利时的布拉邦特省，是由法国的贝叶杂交猪与英国的巴克夏猪进行回交，然后再与英国大白猪杂交育成的。

皮特兰猪体型中等，体躯呈方形。被毛灰白，夹有形状各异的大块黑色斑点，有的还夹有部分红毛。头较轻盈，耳中等大小，微向前倾，颈和四肢较短，肩部和臀部肌肉特别发达。

皮特兰猪平均产仔数 10～11 头，产活仔数 9～10 头，6 月龄体重可达 100 kg，平均日增重 800 g 左右，料重比(2.5～2.8)：1，胴体瘦肉率达 68%以上。

皮特兰猪主要特点是：瘦肉率高，后躯和双肩肌肉丰满。目前以德国饲养量最多，我国已引进饲养。

(六)PIC 配套系猪

PIC 配套系猪是由英国种猪改良公司运用“通过培育专门化父系和母系能够提高生产效率和经济利益”这一理论，经过三十余年培育的具有世界先进水平的优良配套系猪。父系猪具有生长速度快、饲料利用率高、体型好等优点；母系猪具有产仔率高、母性强等优点；用其父母代父母系猪杂交生产五元杂交商品猪，能够更好地提高养猪生产效率和经济效率。

PIC 配套系猪平均产活仔数 10.5～12 头，150～155 日龄体重可达 100 kg，平均日增重 900 g 左右，料重比为(2.6～2.8)：1，胴体瘦肉率达 66%～68%。

重庆大正畜牧科技股份有限公司于 1999 年引进 PIC 配套系猪，现已推广 13 个省市，种猪数达 4 万余头。

复习思考题

1. 我国的地方品种猪具有哪些种质特性？

2. 国外引入品种的种质特性是什么？

第十章　猪的育种

所谓猪的育种，就是根据市场需求和社会发展的需要，从遗传上改良种猪和商品猪的品质，包括纯种、纯系的选育提高，新品种的育成，以及正确地开展品种（系）间的杂交以充分利用杂种优势等，从而提高养猪业的产量和质量。

第一节　猪的性状度量

猪的性状可分为数量性状和质量性状两大类。数量性状是指可用物理或化学方法度量，并用连续的数字表述的一类性状，如繁殖性状、生长育肥性状、胴体性状与肉质性状等，这类性状与养猪生产效率密切相关，因而通常称为经济性状。质量性状是指一般不用度量、不用数据表述，而用文字描述的一类性状，如耳形可描述为立耳、半立、垂耳等，毛色可描述为白色、棕红色、黑色等；由于这类性状受遗传因素的制约，因而形成了品种或品系所独具的特色或标志，是公认的不同品种品系鉴别不可缺少的重要依据之一。

一、育肥性状

1. 生长速度

一般用仔猪断乳至上市期间体重的平均日增重表示：

平均日增重＝（结束重－起始重）÷育肥天数

也可用体重达到 100 kg 的日龄作为生长速度的指标，或用达到一定日龄时的体重作为指标。通常多用平均日增重以及体重达 100 kg 的日龄。

2. 饲料转化率

也称耗料增重比或增重耗料比，常用性能测定期间每单位增重所需的饲料来表示。

饲料转化率＝育肥期饲料消耗量÷（结束重－起始重）

3. 日采食量

用平均日采食饲料量表示，可反映猪的食欲好坏。

日采食量＝育肥期饲料消耗量÷育肥天数

达 100 kg 体重日龄、日增重、饲料效率和日采食量等生长性状均属中等遗传力的性状，所有说明生长速度的遗传受加性基因的影响较大，对其进行选择可取得较大的遗传进展。

二、胴体性状

1. 宰前重

被测猪只体重达 100 kg 后,停食 24 h 的空腹体重称为宰前重。停食但不停水。

2. 胴体重

屠宰后去头、蹄、尾及内脏,保留板油和肾脏的躯体重量为胴体重。

去头、蹄、尾的方法是:头从耳根后枕寰关节及下颌上的自然皱褶切下,前蹄从腕关节处切下,后蹄从跗关节处切下,尾从紧贴肛门处切下。

3. 屠宰率

指胴体重占屠宰前体重的百分率。公式为

$$屠宰率=(胴体重÷宰前重)\times 100\%$$

4. 胴体长

在胴体倒挂时从耻骨联合前缘至第一肋骨与胸骨联合点前缘间的长度,称为胴体长或胴体斜长。

5. 背膘厚

宰后胴体背中线肩部最厚处、胸腰椎结合处和腰荐椎结合处三点膘厚的平均值为平均背膘厚。也可采用 B 超探测仪测定离背中线 5 cm 处倒数第三到第四肋间的背膘厚。

6. 眼肌面积

胴体胸腰椎结合处背最长肌横截面的面积。可用求积仪计算面积,如无求积仪可用下式计算:

$$眼肌面积(cm^2)=眼肌宽度(cm)\times 眼肌厚度(cm)\times 0.7$$

可在采用 B 超探测仪测定背膘厚的同时测定眼肌厚度,以估测胴体瘦肉率。

7. 腿臀比例

沿腰椎与荐椎结合处的垂直线切下的腿臀重占胴体重的比例。计算公式为:

$$腿臀比例=(腿臀重÷胴体重)\times 100\%$$

8. 胴体瘦肉率和脂肪率

将左半胴体进行组织剥离,分为骨骼、皮肤、肌肉和脂肪四种组织。瘦肉量和脂肪量占四种组织总量的百分率即是胴体瘦肉率和脂肪率。公式如下:

$$胴体瘦肉率=瘦肉重÷(瘦肉重+脂肪重+皮重+骨重)\times 100\%$$

$$胴体脂肪率=脂肪重÷(瘦肉重+脂肪重+皮重+骨重)\times 100\%$$

所有猪的活体背膘厚和胴体性状属于高遗传力的性状,说明生长速度和活体背膘厚的遗传受加性基因的影响较大,对其进行选择可取得较大的遗传进展。

三、繁殖性状

1. 产仔数

产仔数有两种指标,即总产仔数和产活仔数。总产仔数是包括死胎和木乃伊在内的出生时仔猪总头数。产活仔数是指出生时活的仔猪数。产仔数是一个复合性状，主要受排卵数和胎儿存活率以及配种的影响。

2. 初生重和初生窝重

初生重指仔猪出生后 12 h 以内称取的重量，初生窝重是指同窝活产仔猪初生重的总和。

3. 断乳窝重

指断乳时全窝仔猪的总重量。国外仔猪断乳时间较早，为 21 日龄或 28 日龄；中国农村一般在 60 日龄左右。近年在一些集约化猪场已采用 28 日龄的早期断乳。断乳窝重是一个综合性状，它等于断乳仔数与平均断乳重的乘积。

产活仔数与断乳仔数的比值为存活率，即：

$$成活率=(断乳仔数\div 产活仔数)\times 100\%$$

4. 初产日龄和产仔间隔

初产日龄即是母猪头胎产仔的日龄。产仔间隔指母猪相邻两胎次间的平均间隔期，即：产仔间隔＝妊娠期＋空怀期。

无论国外猪种还是国内地方品种和培育品种，猪产仔数、初生重、断乳窝重的遗传力平均 0.11 左右，说明猪的繁殖力是低遗传力性状。

四、肉质性状

1. 肌肉 pH

肌肉 pH 的高低与劣质肉的产生密切相关，一般作为评定肌肉品质优劣的标准。pH 测定的时间是屠宰后 45 min 以及宰后 24 h；测定部位是背最长肌和半膜肌或头半棘肌中心部位。现公认：宰后 45 min 和 24 h 眼肌的 pH 分别低于 5.6 和 5.5 是 PSE 肉；宰后 24 h 半膜肌的 pH 高于 6.2 是 DFD 肉。

2. 肉色

肌肉的颜色取决于肌肉色素含量，色素越少肉色越浅。色素含量的多少受肌肉 pH 的影响。

评定部位是胸腰椎结合处背最长肌的横断面，评定时间为宰后 1～2 h 以及冷却 24 h (4℃)，光照条件要求室内白天正常光度，不允许阳光直射肉样评定面，也不允许在室内阴暗处。按 5 分制标准图评定肉色。1 分为灰白肉色(异常肉色)；2 分为轻度灰白肉色(倾向异常肉色)；3 分为正常鲜红色；4 分为正常深红色；5 分为暗黑色(异常肉色)。3 分和 4 分均为正常肉色。在出现两级之间肉色时，可在两级之间增设 0.5 分。

3. 系水力

指肌肉蛋白质在外力作用下保持水分的能力。其测定方法：宰后 2 h 内取第 2～3 腰椎处的背最长肌，切取厚度为 1.0 cm 的薄片；再用直径为 2.523 cm 的圆形取样器(圆面积为 5.0 cm^2)切取肉样。用感应量为 0.01 kg 的天平称压前肉样重。然后将肉样置于两层医用纱布之间，上下各垫 18 层滤纸。滤纸外层各放一块硬质塑料垫板，然后放置于钢环允许膨胀压缩仪平台上，用匀速摇动摇把加压至 35 kg，并保持 5 min 立即称量压后肉样重，并用下式计算失水率。

失水率=(压前肉样重-压后肉样重)÷压前肉样重×100%

4.贮存损失

在不施加任何外力而只受重力的作用下,肌肉蛋白质在测定期间的液体损失,称贮存损失或滴水损失;此结果可用来推断肌肉系水力。其测定方法是:宰后 2 h 内取第四到第五腰椎处背最长肌,将试样修整为长 5 cm、宽 3 cm、厚 2 cm 的肉样,并称贮存前重。然后用铁丝钩住肉样一端,使肌纤维垂直向下,装入塑料食品袋中,肉样不与袋壁接触,扎好袋口,在 4℃ 条件下吊挂于冰箱中。24 h 后称肉样的贮存后重,按下式计算贮存损失。

贮存损失=(贮存前重-贮存后重)÷贮存前重×100%

5.熟肉率

宰后 2 h 内取腰大肌中段约 100 g 肉样,称蒸前重。然后置于铝锅蒸屉上用沸水蒸 30 min。蒸后取出吊挂于室内阴凉处冷却 15~20min 后称蒸后重,并按下式计算熟肉率。

熟肉率=(蒸后重÷蒸前重)×100%

6.肌肉大理石纹

肌肉大理石纹指一块肌肉内可见的肌内脂肪。评定方法是:取最后胸椎与第一腰椎结合处的背最长肌横断面,置于 4℃ 的冰箱中存放 24 h 后,对照大理石纹评分标准图,按 5 级分制评定。1 分为肌内脂肪呈极微量分布;2 分为肌内脂肪呈微量分布;3 分为肌内脂肪呈适量分布;4 分为肌内脂肪呈较多量分布;5 分为肌内脂肪呈过量分布。两级之间允许评 0.5 分。以 3 分为理想分布,2 分和 4 分为较理想分布,1 分和 5 分为非理想分布。

7.肌肉嫩度

肌肉嫩度是影响肌肉风味的重要性状。肌肉嫩度与肌纤维直径大小、肌肉中结缔组织多少或肌肉胶原含量高低以及肌内脂肪含量等有密切关系。嫩度测定可采用评定人员咀嚼煮熟肉样主观评分,也可采用剪切力和测定肌肉总胶原含量的方法评估肌肉的嫩度。剪切力法采用最多的是 Warner-Brathler 剪切仪,肌肉越嫩剪切力值越小。肌肉总胶原含量的测定,是通过羟脯氨酸含量进行估测。羟脯氨酸含量测定法,是利用 4,2-二甲基胺苯醛染色剂可与羟脯氨酸结合而染色,并用波长为 557 nm 的比色仪比色定量。也可采用氨基酸自动分析仪测定肌肉羟脯氨酸含量。

8.肌内脂肪含量

肌内脂肪含量直接影响猪肉的风味,主要是影响风味性状中的嫩度和多汁性。最佳的肌肉脂肪含量为 2.5%~3.0%,低于此含量会影响肌肉的嫩度和多汁性,高于此含量就会被消费者认为太肥而不愿购买。测定肌内脂肪含量主要有三种方法。第一种是用乙醚浸提肌内脂肪的索氏抽提法,是测定肌内脂肪含量的常用方法。第二种是用瑞士生产的红外线测定仪估测肌内脂肪的含量,其测定值精度较高,与索氏抽提法的相关达 0.92。第三种是主观的眼肌大理石纹评分法,此法简单易行,与索氏抽提法的相关也较高,达到 0.66。

9.肌肉内其他化学成分

宰后 2~3 h 内,取胴体右侧背最长肌中心部位约 100 g,按常规肉脂化学成分分析方法测定肌肉的水分、粗脂肪、粗蛋白质和灰分的含量。

肌肉 pH、肉色评分、滴水损失和系水力的遗传力估值居中,嫩度和多汁性等性状的遗传力估值居中偏低,肌内脂肪含量和肌酸激酶活性属高遗传力性状。这说明在猪群中开展肉质性状的选择可望取得较大的遗传进展。

五、猪的质量性状

质量性状表型上很容易区分，表现出不连续的变异，一般是由单一位点或少数几个位点的基因所控制，其表型受环境的影响不大。属于这一类的性状有毛色、耳型、遗传缺陷、血型等。

1. 毛色

毛色的遗传见表10-1。白色品种如长白猪和大约克夏猪，与黑色品种如中国太湖猪和内江猪杂交或与红色品种如杜洛克猪杂交，或与白环带品种如汉普夏猪杂交，后裔通常是白色，有时带有黑色斑点。白环带品种猪与红色品种或黑色品种猪杂交，后裔通常是黑色的，带有白环带，但也有个别不带白环带。黑色品种与红色品种杂交，后裔通常呈黑色。

表10-1 猪毛色的遗传

显性	隐性
白色(约克夏、长白)	有色(黑、棕色和花斑)
黑色(北京黑猪)	棕色(杜洛克)
黑六白(巴克夏、波中猪)	棕色(杜洛克)
野猪色(暗棕灰白色、灰黑色)	黑色、棕色
单色	斑纹
银带猪(汉普夏)	黑六白(巴克夏)棕色(杜洛克)

2. 耳型

长白猪为垂耳，大约克夏猪为立耳，垂耳对立耳为不完全显性。

3. 遗传缺陷

近年来关于猪的遗传缺陷报道甚多，其对养猪业造成的影响和危害越来越引起人们的重视。如猪在妊娠时期的胚胎死亡，可能是致死基因造成的。又如猪的应激综合征(Porcine Stress Syndrome，PSS)，即是猪在应激下产生的恶性高热猝死以及肉质变劣等的综合征候群。其中恶性高热综合征是PSS的典型特征。表现为应激时猪体温骤然升高至42～45℃，呼吸急促，心跳过速，肌肉僵硬，后肢强直，机体内水及电解质代谢紊乱，肌肉中乳酸大量聚积，严重时可引起代谢性酸中毒和心力衰竭而骤然死亡，通常情况下会引起肌肉变劣，产生PSE或DFD劣质肉。应激时表现出应激综合征的猪称为应激敏感猪，无表现的猪则称为应激抵抗猪。

现已查明PSS是由于兰尼定受体基因突变产生的，此突变基因是完全隐性遗传，突变基因纯合时表现出应激敏感性，并认为此突变基因就是氟烷隐性有害基因。

遗传缺陷大多数来源于基因的突变。对这类性状的遗传方式还不能确定。但大多数这类有害的和致死的基因是隐性或部分显性，只是在纯合情况下，才能表现其有害作用。

有害的隐性基因，在群体中常常以低频率出现，有时易被人们忽视。但是这些基因的携带者，确实能将其隐性有害基因遗传给后代。所以在猪群中控制或彻底淘汰这种基因是十分必要的。

第二节 种猪的选择

选择实际上是挑选一些优秀的个体，使之成为下一代的繁殖种畜，从而达到改良猪群的目的。从广义上讲，有两种选择方法，即自然选择和人工选择。自然选择适用于所有的生物，这是一种导致生物自然进化而产生改变的过程，适应环境能力差的个体会被自然淘汰。而人工选择则是育种者采用的一种选择方法，人为地决定将某些性状优良的个体留作繁殖种畜，而将另一些个体予以淘汰。其目的是增加群体中有利等位基因的频率，从而增进畜群的遗传潜力。从养猪业的历史发展来看，自然选择的过程是十分缓慢的，其变化也不一定适合人们的需要，因此，猪种的改良主要通过人工选择，以促使猪群尽快向高产、高效、优质的方向发生遗传转变。

猪的总体选育目标是使养殖者取得最大经济收益，适应社会、人类不断改变的对肉食的需求，并且必须满足社会和生态环境的可持续发展。

一、选择方法

现代高性能良种猪是长期选择的结果，种猪的性能只有通过不断选择才能巩固和提高。猪的选择方法有多种，如单性状选择、多性状选择、相关性状选择、综合指数选择，另外还有表型选择、基因型选择、标记选择等，主要取决于所用的技术和所选性状的多少。不过，无论采用哪种选择法，关键是提高选择的准确性，尽可能充分利用所有信息，最准确地鉴别出优秀个体，实现最大的遗传改进量。

（一）性状选择

单性状选择即在选择方案中只选择一个性状，如只选择日增重。除了个体本身表型值外，最主要的信息来源就是个体所在家系的遗传基础，即家系均值。因此，单性状的选择方法是建立在个体表型值和家系均值上的。

1.个体选择

这种方法也称为大群选择（mass selection），根据个体本身性能测定结果进行选择。这种方法适用于中高度遗传力的性状，如生长速度、饲料转化率或瘦肉率（活体膘厚）。

个体选择方法简单易行，测定群体可以较大，可加大选择强度以及缩短世代间隔。其缺点是信息来源较少、准确度较低，对低遗传力的性状以及需屠宰测定的性状无用。

2.家系选择

根据家系均值进行选择，选择和淘汰均以家系为单位进行。家系是指全同胞和半同胞家系。这种方法适用于遗传力低的性状，并且要求家系大，由共同环境造成的家系间差异或家系内相关小。对产仔数的选择常用此法，有较好的选择效果。

与家系选择有关的是同胞选择，二者的区别在于，家系选择的依据是包括被选择个体本身成绩在内的家系均值，而同胞选择则完全依据同胞的成绩（即不包括被选个体的家系均值）。实质上这种差别主要体现在家系含量上，当家系含量很大时，选择效果基本一致。对于产仔数这一限性性状，公猪用同胞选择，母猪用家系选择。通常，同胞选择还用于肥育性状和胴体组成性状的选择（同胞测定）。

3. 家系内选择

根据个体表型值和家系均值的偏差（家系内离差）进行选择。这种方法适用于遗传力低的性状，选择准确性要高于其他方法。该方法要求根据性状的遗传特性和家系信息来源制定合并选择指数。其基本公式为：

$$I = P_x + \left[\frac{r-t}{1-r} \cdot \frac{n}{1-(n-1)t}\right] \cdot P_f$$

式中：I—合并选择指数；P_x—个体 z 的表型值；P_f—家系均值；n—家系含量；r—同胞相关（全同胞为 0.5，半同胞为 0.25）；t—家系成员间的表型相关。

合并选择还可综合亲本方面的遗传信息，制定一个包括亲本本身及所在家系、个体本身及其所在家系成绩在内的合并选择指数，用指数值代表个体水平来估计育种值。

4. 后裔测定

根据个体全部后裔的表型均值进行选择，主要用于公猪的评定和选择。理论上，后裔测定是评定种猪遗传素质最准确的方法，准确度要优于个体或同胞选择。但实际应用中最大的缺点是世代间隔太长。一般公猪 8 月龄开始配种，若要等到其后代的性能测定完成，公猪已 1.5 岁了，若再需要公猪女儿的产仔记录，需在公猪 2.5 岁以上才能有定论。所以，遗传进展等于甚至低于同胞选择。另外，后裔测定需要建立相当规模的测定站，投资大。因此，在考虑育种规划时，对是否采用后裔测定必须要进行全面分析。目前，世界上几乎没有一个国家只采用后裔测定，丹麦也采用后裔测定、个体性能测定和现场测定相结合的测定制度。

（二）多性状选择

一般来说，猪的生产性能是由许多经济性状决定的，因此，常见的选育方案往往需要同时改良多个性状，而非单个性状。另外，各性状间存在着不同程度的遗传相关，如果只进行单性状选择，尽管能在该性状上获得较快的遗传进展，但是会影响其他性状的改进，尤其是那些与之有不利相关的性状（如繁殖性状与肉质性状）。因此，在种猪选择中，需要同时考虑多个性状，以保证生产性能能获得最大的遗传改良，取得最佳的经济效果。多性状选择方法主要有以下几种。

1. 顺序选择法

即每次，只选择一个性状，直到该性状获得改良，然后再选择第二个性状、第三个性状，依次轮流。也可返回再选择第一个、第二个性状等，直到每个性状都达到育种目标为止。这种方法对某一性状来说，改良速度比较快，但要改良多个性状，则需花很长时间，更重要的是没有考虑到性状间的相关，容易造成顾此失彼。因此，这种选择法在猪育种中极少应用。

2. 独立淘汰法

这种选择法是对各个被选性状规定一个淘汰标准，被选个体只要其中一项指标未达到标准就被淘汰。如选择猪的日增重、饲料利用率、背膘厚三个性状，确定以上性状的最低淘汰水平分别为 750 g、2.6 和 1.6 cm，那么任何一头猪的三个性状中只要有一个性状达不到上述标准，就必须予以淘汰。这种方法常常会把某些性状表现十分优异、而个别性状表现不足的种猪淘汰掉；而且，同时选择的性状越多，中选的个体就越少。例如，在性状间无相关的情况下，同时选择距平均数一个标准差以上的三个性状，中选的比例只有：

$$16\% \times 16\% \times 16\% = 0.41\%$$

由此可见，可能入选的比例太低。如果降低淘汰标准，则选留下来的往往是各性状表现水平一般的种猪。因此，这种方法很少用于重要经济性状的选择，而主要用于淘汰遗传上有缺陷的或结实度较差的个体。

3. 综合指数选择法

从全世界的养猪育种来看，综合指数选择法的应用最为普遍。该方法是将个体多个性状的育种值信息合并成一个综合指数，以该指数代表个体总的遗传性能，也称为综合育种值，将其作为选择的依据。综合选择指数是 Hazel(1943)提出来的，它以使育种群的经济价值达到最大的改进为目标。综合指数是根据性状的遗传力、性状间的遗传相关、表型相关以及各性状的经济加权值来制定的，所以，这种指数又称为“经济选择指数”。这种方法比较全面地考虑了各种遗传和环境因素，同时考虑到育种效益问题，因此能较全面地反映一头种猪的种用价值。综合指数有的相当简单，只包括两个性状和个体本身的性能测定信息；有的相当复杂，包括大量的性状及其许多亲属的信息。实践表明，在多性状选择时，指数选择法优于其他方法。不过，应该指出的是，随着选择性状的增多，每一性状的遗传进展将变慢。

二、阶段选择和种猪选择标准

(一)阶段选择

猪的性状是在其个体发育过程中逐渐形成的，因此，选种时应在个体发育的不同时期有所侧重，并采用相应的技术措施。猪的选种过程，一般要经过四个阶段。

1. 断奶阶段的选择

第一次挑选(初选)，可在仔猪断奶时进行。挑选的标准为：仔猪必须来自母猪产仔数较高的窝，符合本品种的外形标准，生长发育好，体重较大，毛色纯正，背部宽长，四肢结实有力，有效乳头数在 14 只以上(瘦肉型猪种 12 只以上)，没有遗传缺陷，没有瞎乳头，公猪睾丸良好。

从大窝中选留后备小母猪，主要根据母猪的产仔数和断奶仔猪数选择。由于初生窝仔数是繁殖性状中最重要的性状，故依据产仔数进行窝选，断奶时应尽量多留。是否考虑血统，需根据育种目标而定。一般来说初选数量与最终预定留种数量的比例公猪为 10～20 倍，母猪为 5～10 倍，以便以后能有较多的选择机会，使选择强度加大，有利于取得较理想的选择进展。

2. 测定结束阶段的选择

猪性能测定结束时一般在 5～6 月龄，这时个体的重要生产性状(除繁殖性能外)都基本表现出来。因此，这一阶段是选种的关键时期，应作为主选阶段。应该做到：

(1)凡体质衰弱、肢蹄存在明显疾患、有内翻乳头、体型有严重损征、外阴部特别小、同窝出现遗传缺陷者，可先行淘汰。要对公母猪的乳头缺陷和肢蹄结实度进行普查。

(2)其余个体应按照生长速度、饲料转化率和活体背膘厚等生产性状构成的综合指数进行选留或淘汰。必须严格按指数值进行个体选择，同时参考同胞的成绩。该阶段的选留数量比最终留种数量多15%～20%。

3.母猪繁殖配种和繁殖阶段的选择

这时后备种猪已经过了两次选择，对其祖先、生长发育和外形等方面已有了较全面的评定。所以，该时期的主要依据是个体本身的繁殖性能。有下列情况的母猪应予以淘汰：

(1)至7月龄后无发情征兆者；

(2)在一个发情期内连续配种3次未受胎者；

(3)断奶后2～3月龄无发情征兆者；

(4)母性太差者；

(5)产仔数过少者。

4.终选阶段

当母猪有了第二胎繁殖记录时，可对其进行最终选择。选择的主要依据是种猪的繁殖性能，这时可根据本身、同胞和祖先的综合信息判断是否留种。同时，此时已有后裔生长和胴体性能的成绩，亦可对公猪的种用遗传性能做出评估，决定是否进入核心群。

(二)种猪选择标准

1.种公猪的选择

(1)外形鉴定：要求头和颈较轻细，占身体的比例小。胸宽深，背宽平或稍弓起，体躯要长，腹部平直，后躯和臀部发达，肌肉丰满，骨骼粗壮，四肢有力，体质强健，符合本品种的特征。

(2)繁殖性能要求：生殖器官发育正常，有缺陷的公猪要淘汰；对公猪精液的品质进行检查，要求精液质量优良；性欲良好，配种能力强。

(3)生长肥育与胴体性能：要求生长快，一般瘦肉型公猪在20～90 kg段的平均日增重达700 g以上；耗料省，每千克增重的耗料量在3.0 kg以下；背膘薄，90 kg重时测量，肩部、胸腰接合处及腰荐接合处三点平均膘厚2.0 cm以下。背膘是衡量瘦肉率高低的一个间接指标，背膘越薄、瘦肉率越高。生长速度、饲料利用率和背膘厚三个主要性状的选择标准因品种不同而异，但至少应达到本品种的标准。也可以用这三个性状为基础形成一个选择指数，根据指数值的高低进行选择。

2.种母猪的选择

(1)外形鉴定：外貌与毛色符合本品种要求。乳房和乳头是母猪的重要特征表现，除要求具有该品种所应有的乳头数外，还要求乳头排列整齐，有一定间距，分布均匀，无瞎、瘪乳头。外生殖器官正常，四肢强健，体躯有一定深度。

(2)繁殖性能：后备种猪在6～8月龄时配种，要求发情明显，易受孕。淘汰发情迟缓、久配不孕或有繁殖障碍的母猪。当母猪有繁殖成绩后，要重点选留产仔数高、泌乳力强(可用20日龄全窝仔猪重来衡量)、母性好、仔猪育成多的种母猪。根据实际情形，淘汰繁殖性能表现不良的母猪。

(3)生长育肥性能：可参照公猪的方法，但指标要求可适当降低，可以不测饲料转化率，只测生长速度和膘厚。

(三)准确选种的措施

(1)目标明确,制定选择方案时,不仅要有总体选育目标,而且还要有可操作的具体指标,既兼顾全面,又突出重点。事前,要慎重考虑选择方案,确定后不宜随意变动。

(2)根据实际情况如猪场的规模、饲养管理条件等选用合适的选择方法,尽量做到简单易行,如在一般中、小型养殖场里宜采用个体选择法。

(3)选育时应建立相配套的详细的档案记录资料,准确适时地将测量记录登记在表格上,尽量减少重抄的次数,以免抄写时出现错误。记录的信息要全面,包括个体本身以及各亲属的数据,有性能测定、外形评定以及疾病方面的数据。

(4)测定的所有条件要一致,避免不良因素造成的误差。测定猪必须采用同群同龄比较法,在相同的季节、时间和地点进行测定,饲养管理必须一致,以便真正比较出个体间的遗传差异,提高选种的准确度。测定所需的方法、工具、量具以及测定人员最好固定,测定人员要熟悉操作规范,测量器具要经常检查是否精确可靠,减少测量上的误差。如果条件不一致,则应对资料进行校正。

(5)持之以恒,不要半途而废。猪的育种是一项长期选择提高的过程,每一世代的改良是比较缓慢的,只有经过长期的努力,才能产生显著的改变。

三、提高选择效果的途径

为了提高选择的准确性,加快遗传改良速度,选择时应当考虑以下途径。

1.缩小环境方差、提高遗传力

从广义上讲,遗传力是总的遗传变异与总的表型变异之间的比值。但实际上并非所有的遗传变异均能遗传给下一代,因为总的遗传变异可分为加性效应(由许多基因共同作用造成的)、显性效应(由相同位点上等位基因间相互作用造成的)以及基因上位效应(由不同位点上基因相互作用造成的)等。只有加性效应造成的遗传变异才能传递给下一代。因此,育种上指的性状遗传力一般为狭义遗传力,即加性效应造成的遗传变异与总的表型变异的比值。

猪群体中某一性状由基因加性效应造成的遗传方差是基本固定的,但环境方差却是可变的。缩小环境方差,能使总的表型变异幅度降低,从而提高遗传方差。

选择反应的大小取决于遗传力的高低和选择差的大小。当选择差一定时,缩小环境方差可提高遗传力,这是提高选择反应的有效措施之一。缩小环境方差可采取以下方法。

(1)实施同期同龄对比,力求使每个个体在相同的条件下进行测定。为此要做到:同批供选猪的出生日期尽量相近,缩短每个配种季节的配种持续期;采用自由采食,因为尽管限饲有一定的优越性,但在我国目前情况下,限食的量难以准确掌握;被测公猪单栏饲养,这样可以避免公猪个体间的干扰。研究表明采取以上措施,能提高日增重和背膘厚(活体)等性状的遗传力;60 日龄转群后 5~7 d 进入测定,这对公猪尤为重要;尽量减少性能度量上的系统误差和随机误差。

(2)对不能实行同期同龄比较的猪群,须对性状的度量值进行校正,使其处于同一个可比的基础上,然后再代入选择指数。校正可采用计算最小二乘均值的方法,也可采用简单的性状比值。所谓性状比值就是某个个体的性状值与该个体同期、同龄、同性别、同出生胎次群体均值之比。

2. 加大选择差

在遗传力已定的情况下，一个猪群达到的最大选择反应取决于选择差或选择强度，提高选择差或选择强度的措施有以下几种。

(1)扩大育种群的规模，增加测定猪的数量，以保证有足够的选择强度。特别是在选择繁殖性状时，母猪群的规模一定要大。

(2)降低留种比率。在育种规模一定的情况下，为了降低留种率以提高选择差，在选种时应采取以下措施：仔猪断奶阶段多留，以增加性能测定数量(头)，尤其是小公猪的数量。这是因为公猪更新的数量远比母猪少，公猪的选择强度大大高于母猪，选择公猪取得的遗传进展要高得多。应用人工授精技术能显著降低公猪的留种比率，提高选择差。

(3)同时选择的性状不能太多，性状越多，每个性状的选择差越小。如以选择单一性状的选择反应为 1 的话，那么同时选择 n 个性状的选择反应为 $1/\sqrt{n}$。在一般猪场的选育计划中，应突出重点性状，不宜同时选择性状太多。

3. 增加猪群的变异程度

选择依赖于群体的大小以及变异程度。如果群体虽大，而个体间的变异小，也很难增大选择差；反之群体变异程度越大，选择差越大，选择反应就会越大。为此要做好以下两方面的工作。

(1)组建的育种基础群应具有较高的遗传变异。组建基础群时不仅要选择全面符合要求的个体，同时很重要的一点是要选择那些在某一方面有卓越表现的个体，以丰富育种素材，增加群体变异程度。另外，要求基础群个体间的亲缘关系较远。

(2)适时导入外血，增加新的遗传变异。当选育进展到一定程度后，群内的遗传变异会逐渐减少，选择差会越来越小。此时就需要导入外血或采取合成育种的方法，以提高群体的变异程度。

4. 缩短世代间隔

缩短世代间隔可加快每年的遗传进展。对于猪来说，选择性成熟前可度量的生产性状如日增重、饲料转换率、背膘厚时，能达到的最小世代间隔约为 1 年。因此，以这些性状为主选目标，可采取一年一个世代的更替。即使选择繁殖性能，也不要在母猪超过第 3 胎时才选择，这样可将世代间隔控制在 15～18 个月之内。

5. 早期选择

早期选择不仅能降低饲养成本，而且能缩短世代间隔，是提高选择效果的重要途径。对猪的有些性状可以进行早期评定，如日增重的测定，现行的做法是从猪体重 25 kg 左右开始，一直到体重 90～100 kg 结束，测定所需时间较长。其实也可以在体重 75 kg 左右结束，因为试验表明，这两个时期的日增重存在很高的遗传相关，相关系数在 0.9 以上。再如，选择瘦肉率性状不必屠宰后进行，可用背膘厚、眼肌面积(或厚度)来估测活体瘦肉率。应用一些与生产性状相关的生理生化方面的指标如酶指标、血清蛋白指标、激素指标等也能达到早期选择。目前，对猪的遗传标志的研究进展很快，遗传标志可作为早期选择的依据。

6. 实行随机交配

猪群的交配有两种方式，一种是选配，另一种是随机交配。随机交配是指公母猪之间的配对不加人为的控制，是自由组合的，这种交配方式对一个有限群体的改良效果一般比选配好，可使群体内的个体间有均等的交配机会，使各优良性状和基因具有各种组合的机会，有利于优良性状的集中和表现，利于选择提高。

四、种猪外形评定

种猪外形评定是种猪选育的重要技术手段，也是种猪性能综合评价的重要组成部分，在当前的育种条件下必不可少。无论是育种值还是综合指数，都不能完全或准确地反映一头种猪或一群种猪的优劣，特别是种用价值的高低，必须依靠外形评定判断种猪的生长发育和体质特征是否符合育种者的要求目标。以下简述种猪外形评定的有关内容。

（一）概念

1. 外形

猪的外在形态和外貌特征，包括外貌、体型、体质、肢蹄等肉眼能观察到的外部特征特性。

2. 外貌

猪的外在特征，主要指头颈、皮毛及肢蹄等部位的特征特性，如耳型、头型、毛色等，一般应结合品种（系）的外貌特征进行。

3. 体质

是反映猪机体各组成部分（组织、器官）间相互关系和整个机体结构与机能协调的整体素质。

4. 结实型

指体躯各部协调匀称，皮、肉、骨和内脏发育适度，骨骼坚实而不粗，皮紧而有弹性，厚薄适中，皮下脂肪适宜，肌肉发达；外形健壮结实，性情温顺，对疾病抵抗力强，生产性能良好，是一种理想的体质。

5. 肢蹄结实度

指猪前后肢蹄的站立姿势、健壮结实度，以及与机体运动的灵活性、协调性。

6. 体型结构

猪体各区在一定发育阶段所表现出的外在整体形态和特征的基本结构和特征。

7. 腹线

猪在正常站立情况下，从侧面观察其前后肢间胸腹部的轮廓。

8. 背线

猪在正常站立情况下，从肩部前缘沿着脊柱延伸至荐椎的背部轮廓，尤指胸、腰、荐段及其结合部。

9. 腿臀

猪两后肢跗关节以上部分与臀部的总称。

10. 遗传缺陷

能通过遗传传递的体表缺陷，如赫尔尼亚、火山奶头等。

（二）评定内容

外形评定一般把猪分为几个部分来观察，然后再进行整体观察，同时考虑第二性征的发育和遗传缺陷等内容，分项评分。其中，遗传缺陷具有一票否决权。一般分为以下几个部分来评定，对较理想的外形在各部分作了简要描述。

1. 头颈部

品种（系）特征典型，符合相应品种标准规定的要求；上下颌、唇吻合良好，鼻面部无变形；眼角无明显泪斑；颈肩结合良好，无明显的肥腮。

2. 前躯

肩胛平宽，胸宽深，发育良好，肌肉丰满；鬐甲与颈、胸、背部结合良好，无凹陷或鬐甲高于颈背部的现象。

3. 中躯

背腰平直，宽深而长，发育良好，肌肉丰满；腹线平直，胸腹侧无皱褶，有效乳头数 12 个以上且排列均匀；公猪包皮无严重积尿。

4. 后躯

腿臀发育良好，肌肉丰满结实；荐尾部结合良好，尾根较高；公猪睾丸发育良好，左右对称，大小适中，阴囊有弹性、不下垂；母猪外阴发育良好，不上翘。

5. 肢蹄结实度

前后肢各关节发育正常，无变形现象；前后肢与前后躯各部位结合紧凑；站立时，前肢轴线与地面垂直，后肢不前倾，跗关节不内靠、外翻；前后腿和系部粗壮结实，有弹性；趾蹄结实、对称、大小一致，无蹄裂。运动时起卧快捷自然，四肢动作灵活协调，无扭动、跛行等异常现象。图 10-1 为不同类型肢蹄示意图。

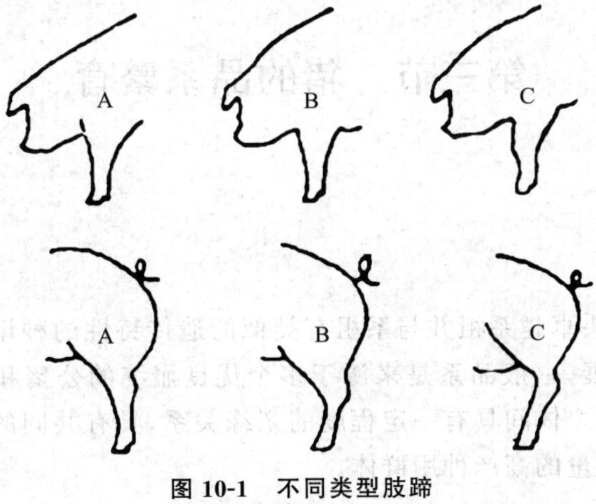

图 10-1　不同类型肢蹄

A. 结实肢蹄　B，C. 软弱肢蹄

6. 体质与体型结构

背线平直或微弓，各区发育均衡适度，结合良好；腹线平直，胸腹部紧凑无皱褶，肩、胸、腹、大腿部结合良好，体型结构匀称，符合瘦肉型猪体型。体质结实、紧凑，皮毛光亮，膘情适中，反应敏捷，符合种用体况。公猪有雄性表现，精力旺盛；母猪性情温顺，精神状态良好。起卧自然、快捷，运动时各部位协调、灵活。猪体各部位名称见图 10-2。

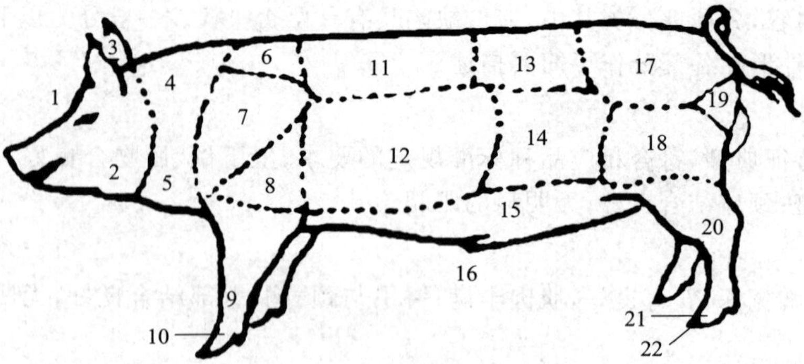

图 10-2　猪体部位名称

1.头部　2.下颌　3.头顶　4、5.颈部　6.鬐甲　7.肩胛　8.肩　9.管围　10.系　11.背　12.胸体侧　13.腰　14.肷部　15.下腹　16.包皮　17.臀部　18.大腿　19.坐骨　20.飞节　21.系　22.趾

(三)评定方法

国内外对种猪外形评定的方法是不同的,一般较常见的方法为分项评分法,有的采用5分制,有的采用百分制。下面介绍一种百分制的评分方法。例如,把以上评定内容分为6项,每项评定内容满分为5分,最低为1分,根据每项内容实际情况打分,然后根据每项内容的重要性进行加权,得到如下公式用于种猪外形评分。

$$P = 2\times(P1 + P2) + 3\times P3 + 4\times(P4 + P6) + 5\times P5$$

式中:P—外形评定总分;$P1$—头颈部评分;$P2$—前躯评分;$P3$—中躯评分;$P4$—后躯评分;$P5$—肢蹄结实度评分;$P6$—体质与体型结构评分。

第三节　猪的品系繁育

一、品系的概念

品系是指来源于一头卓越系祖并与系祖有类似的遗传特性的种用群体,但这是狭义的概念。随着育种实践的发展,一般品系是来源于多个优良血统的公猪和母猪,有更为广泛的概念,即所谓品系是指系内个体间具有一定程度的亲缘关系,具有共同的突出特点,这些特点遗传性稳定,并具有一定数量的高产种用群体。

二、品系的类别

1. 单系

是以一头卓越的祖先个体(系祖)为中心而建立起来的,通过近交使后代增加与这一祖先的亲缘关系,使这个系祖优良的个体品质,成为一个群体的共有特点。它是以系祖建系法建立起来的。

2. 近交系

是采用连续几代的高度近交(全同胞或半同胞交配)建立起来的、后代近交系数在37.5%以上的高纯度群体。

美国20世纪30年代,在玉米自交系间杂交取得了增产的成功,继而在禽和猪的育种中出现了培育近交系的热潮,在美国和英国都培育了一批近交系猪。但由于猪是多胎动物,猪对近交的敏感程度高,近交系数较高时繁殖性状,如胚胎成活数、产仔数和活仔数,以及与生活力有关的初生重、生长速度等,都会受到影响而降低。有害基因纯合出现使遗传缺陷性状增多,虽然可以通过大量淘汰来解决,但由手近交过程中衰退现象所造成的损失很大,所以育种者很难承受,近交系难于保存而相继消失。80年代末以来,除了某些特殊的实验动物需要外,在猪的生产和育种中未有这方面成功运用的报道。

3. 群系

是指由群体继代选育法建立起来的多系祖品系。

4. 专门化品系

在品系繁育中人们曾希望所培育的品系的繁殖性状、肥育性状、胴体性状、肉质性状都很优异,这是很难达到的目标。在选育品系过程中不仅依据各自突出的特点进行选择,而且要求与特定专门化品系杂交效果结合进行选择。这样可使商品猪兼具多种优良性状、互补性好、杂交优势明显、产品规格一致。这些在商品猪生产中有专门方向、有特定作用并与特定品系配套杂交生产"优质杂种猪"的品系,就是专门化品系。

三、品系的建系方法

建系方法有系祖建系法、群体继代选育法和近交建系法。

(一)系祖建系法

在系祖的选择与培育过程中,当出现一头有突出特点的优良个体时,应立即对它进行个体性能测定和后裔测定。为防止携带不良基因,必须进行测交。只有经过测定和测交,充分证明有突出的优良性状、并能稳定遗传给后代的个体,才可以作为系祖。

为使后代群体集中该系祖的优良基因,选用适度近交的系统交配,即在一个较长时间内针对系祖的一个继承者或几个继承者进行近交。一般是从第三代开始近交,但近交程度不很强烈或中等程度,通常用半同胞交配,而不用强烈的父女交配,因父女交配后代间的亲缘系数为0.67,后代的近交系数为0.375,有可能出现近交衰退。系祖建系方法灵活机动,实质上是选择和培育继承者,通过适宜的选配,来增大和巩固系祖优良基因的概率,使系祖个体的突出特点变成群体的特点。系祖建系的缺点是一开始很难发现和准确判断系祖,后代的许多性能水平很难超过系祖。

(二)群体继代选育法

这种方法是随着现代遗传学的发展和以猪杂种优势利用为目的育种实践而提出、并逐步完善的一种现代建系方法。这种方法包括以下几个阶段。

1. 品系选育、目标确定阶段

这是品系选育成功与否的关键。根据实际情况作出判断,如是在纯种的基础上还是在合成的基础上建系，应引入的品种数是多少，用哪个纯种或什么组合更易达到育种目标。育成品系后有无意义，应采取何种育种方法和育种措施，以及应具备的条件等。在此基础上形成选育方案，制定实施计划。

2.基础群的组建阶段

基础群遗传基础要广泛，主要性状群体的增效基因频率高，基因的重组和选择纯化才有意义，为此要求有一定数量不同血统的公猪和母猪。

组建基础群首先要考虑：引入足够数量的优良血统和优秀个体。引种时要分析系谱和性能记录，并充分运用识别优良种猪的经验。引入种猪后，不论是纯种个体或是为选育合成系而产生的某种杂交个体，都要进行细致的性能和后裔测定，逐步精细选择，然后组成基础群体。这个工作需要较长时间和一定条件，而且工作量很大，要有较大决心来完成。

3.群体闭锁繁殖和多世代选育阶段

这一阶段实质上是近交加上选择，通过近交使杂合子减少、纯合子增加，同时可以明显区分几种纯合子，通过选择，把优良基因的纯合子留下，把不合意的纯合子淘汰掉。就是说通过近交和选择使优良的基因纯合而固定，使有害的隐性基因暴露并消除。

4.品系的育成与保持阶段

(1)品系的育成：按育种计划、经过若干世代选育而育成品系后，需要有一个基本的标准对其进行鉴定、确认，但现在国内外还没有一个统一的标准，仅有某个国家或某个育种公司的标准。但对一个品系育成所必须具备的条件认识较为一致，如：①品系育种核心群必须有一定规模，规模过小，基因来源不丰富，出现近交增量过快；但群体规模过大，遗传性固定较困难，一些育种公司一个品系通常的规模是核心群公猪 10～15 头，母猪 125～150 头；②品系必须达到育种目标所规定的性能水平，主选性状突出；③品系必须经过连续若干世代的选育，系内群体遗传相似性达到一定程度。世代过少，达不到品系要求的纯度；世代过多，品系育成时间太长，近交程度增高，品系将面临近交衰退。总之，品系育成的标准应符合品系的特点，并有利于品系育成后的保持与利用。

(2)品系的保持：品系需经过十年以上的努力才能育成，所以应尽可能保持，并充分加以利用。所谓保持，是保持其优良遗传特性，基本上继续进行闭锁繁殖选择，在一定时间内不引入外血。

品系保持阶段不是消极的，而仍然要继续测定、选择提高。品系保持是为了一定时期内充分利用。事实上，品系选育就是品系建立、品系利用，新的品系产生，旧的品系消亡的过程。一个国家或一个公司，不断培育新品系，也不断淘汰那些相形见绌的老品系。短周期更新是以品系为单位育种工作的特点。

(三)近交建系法

近交建系法是在选择了足够数量的公母畜以后，根据育种目标进行不同性状和不同个体间的交配，然后进行高度近交，如亲子、全同胞或半同胞交配若干世代，以使尽可能多的基因位点迅速达到纯合，通过选择和淘汰建立品系。与系祖建系法相比，近交建系法在近交程度和近交方式上都有差别。

最初的基础群要足够大，母畜越多越好，公畜数量则不宜过多且相互间应有亲缘关系。基础群的个体不仅要求性能优秀，而且它们的选育性状相同，没有明显的缺陷，最好经过后裔测验。

对近交的最初几代一般不进行很严格的选择，先致力于使尽可多的位点的基因纯合，然后再进行选择。这样的方法可使基因的纯合速度加快，产生较多的纯合类型，有利于选择。

第四节　猪的杂交利用

一、杂交与杂种优势的度量

所谓杂交，是指不同品种或不同品系间的公母猪相互交配。杂交所生的后代称杂种。所谓杂种优势，是指不同品种或品系间的公母猪杂交所产生的后代的性能水平超过亲本均值的现象。

1. 配合力测定

配合力是指种群通过杂交所能获得杂种优势的程度，亦称杂交效果的好坏。人们在未找到准确预测杂种优势的简捷方法以前，进行配合力测定仍是研究杂种优势的主要方法。配合力有两种，即一般配合力与特殊配合力。

一般配合力是指一个品种（系）与其他种群杂交所能获得的平均效果。如果一个品种与其他品种杂交经常能够得到较好的效果，则说明它的一般配合力好。如我国内江猪与许多品种杂交均能获得理想的杂交效果。一般配合力的基础是基因的加性效应。

特殊配合力是指两个特定品种之间所能获得的超过一般配合力的杂种优势。它的基础是基因的非加性效应，即显性效应和上位效应。

2. 杂种优势的计算

特殊配合力一般用杂种优势量表示，如 A 品种（系）与 B 品种（系）杂交，则 F_1 的杂种优势量为

$$H=\bar{F}_1-(\bar{A}+\bar{B})\div 2$$

为使各性状间便于比较，杂种优势常用相对值即杂种优势率 $H\%$ 来表示

$$H(\%)=(\bar{F}_1-\bar{P})\div\bar{P}\times 100\%$$

若为三元杂交，即 $C♂\times(AB)♀$ 的情况下，三元杂交的优势率为：

$$H\%=[\bar{F}_T-(\bar{A}\div 4+\bar{B}\div 4+\bar{C}\div 2)]\div(\bar{A}\div 4+\bar{B}\div 4+\bar{C}\div 2)\times 100\%$$

式中：F_T—三元杂种均值。

3. 杂交组合试验

为了测定不同品种（系）间的杂交效果，常进行杂交组合试验。首先要进行周密的试验设计，包括杂交组合的设置、杂交亲本的选择、试验条件的准备、试验结果的处理等。然后每个杂交组合选择 2～3 头公猪（来自两个以上血统）与 8～10 头母猪交配，母猪产仔和仔猪断奶后，从每个组合中选择 10～20 头断奶仔猪进行肥育测定，试验猪达 90～100 kg 后，每组合选择 6～10 头（性别各半）进行屠宰测定和肉质分析。要严格执行《猪的杂交组合条件》国家标准（GB 8469—87），对各杂交组合及亲本的繁殖性状、肥育性状、胴体性状与肉质性状进行准确

测定，并进行统计分析和杂种优势率计算，据此确定优选杂交组合，从而有效地开展商品猪生产。

二、获得杂种优势的一般原理与规律

1. 产生杂种优势的一般原理

杂种优势现象在自然界普遍存在。达尔文认为，亲本性细胞的差异是杂种优势形成的原因。以后许多科学家对产生杂种优势的原理又提出了以下学说和理论。

(1)酶学说：假定纯种公、母猪各有 4 个控制酶的基因，就产生 4 种代谢酶，杂交一代则可能产生 8 种代谢酶，所催化的生化作用要比 4 种酶大得多，故可产生杂种优势。

(2)显性学说：控制不同经济性状的许多基因常有显隐性之分，一般显性基因控制的性状表现较优，隐性基因控制的性状表现较差，若带有显、隐性等位基因的父、母本相互交配，在基因组合中，凡显、隐性基因结合时，其性状都表现显性基因的作用，从而产生杂种优势。

(3)超显性学说：超显性引起的杂种优势是由两对以上不同的等位基因共同影响某一性状所造成的。

(4)上位学说：上位效应是指非等位基因对之间的相互作用。在杂交中出现杂种优势，一般都是显性基因互补作用的结果。

2. 获得杂种优势的一般规律

(1)不同的经济性状，杂种优势表现不同。一般遗传力低的性状如繁殖性状，杂种优势率高，为 20%～40%；遗传力中等的性状如肥育性状，杂种优势率较高，为 15%～25%；遗传力高的性状如胴体、肉质性状，杂种优势率低，为 0～15%。

(2)亲本间的差异程度愈大，杂种优势率愈高。杜洛克猪、汉普夏猪与湖北白猪遗传差异大，因而杂种优势明显，长白猪与湖北白猪遗传关系较近(湖北白猪Ⅳ系含长白猪血缘 50%)，故未表现明显的杂种优势。

(3)亲本越纯(遗传稳定性强)，杂种优势率越高。

(4)亲本品质越好，杂交效果越明显。

根据杂交效果表现不同，可将猪的经济性状分为以下三种类型：第一类为最易获得杂种优势的性状，如肢蹄的结实性、产仔数、泌乳力、断奶重、育成数等；第二类为较易获得杂种优势的性状，如生长性状和饲料利用率；第三类为不易获得杂种优势的性状，如外形结构、胴体长、屠宰率、膘厚及肉的品质等。

由上可知，养猪业中开展杂交的主要目的在于增加断奶仔猪数和断奶窝重，提高仔猪和杂交母猪的生活力，提高猪的生长速度和饲料利用率。

三、商品猪生产的杂交模式

杂交模式包括亲本选配与杂交方式两层涵义。亲本选配指选择什么品种或品系参与杂交以及如何搭配，杂交方式指选择什么杂交方法来获取最大的杂种优势及亲本性状互补效应。因此，如何挑选适宜的杂交模式进行商品猪生产，是猪遗传改良工作中的一个重要课题。

根据杂交的性质，杂交方式可分为固定杂交、轮回杂交与级进杂交三大类。固定杂交包括二元杂交、三元杂交和四元杂交。轮回杂交包括两品种、三品种和四品种轮回杂交。

(一)固定杂交

1. 二元杂交

又称单杂交，指的是两个不同的品种或品系间的公母猪进行交配，利用杂种一代来进行商品猪生产。一般把纯种亲本的父本称为父系，母本称为母系。二元杂交的优点是杂交方式简便，生产组织简单，且由于 A 和 B 来自不同的纯种，因此可以表现 100%的个体杂种优势。由于其亲本均系纯种，因而不能充分利用父本和母本本身的杂种优势。采用二元杂交生产商品猪，一般选择当地饲养量较大、适应性较强的地方品种或培育品种作母本，选择外来品种如杜洛克猪、汉普夏猪、大白猪、长白猪等作父本，我国培育的瘦肉猪新品种(系)也可作为父本使用。

2. 回交

指用二元杂交的后代作父本或母本，然后再与其亲本进行杂交。回交有 A ♂或 B ♂×(AB)♀、(AB)♂×A♀或 B♀这两种形式。由于母本杂种优势一般比父本杂种优势相对重要，故回交中常用杂种母猪作母本，可获得 100%的母本杂种优势。但回交只能获得 50%的个体杂种优势。世界上采用回交法生产商品猪的国家为数不多，如英国大多数商品猪是用大白猪和长白猪进行回交生产的，且两种回交方式都有。回交有时也可用于对亲本的某种基因型进行测交，用以淘汰某种遗传缺陷或非白毛基因。

3. 三元杂交

是采用两品种杂交的杂种一代作母本，再与第三品种公猪交配，所生的后代全部作为商品猪育肥。采用这种杂交方式，杂交母本是两品种杂种，可充分利用母本的杂种优势，杂种母猪生活力强、繁殖力高、易饲养。同时，三元杂交也能充分利用个体杂种优势。此外，三元杂交相对二元杂交能更好地利用互补性原理。因此，三元杂交已被世界各国广泛采用。

4. 四元杂交

也称双杂交，即先用 4 个品种分别两两杂交，再用两种杂种进行杂交生产商品猪。由于商品猪的亲本全是杂种，可同时充分利用父本、母本及个体的杂种优势，且能充分利用性状互补原理。此外，大量采用杂种繁殖，可少养纯种，降低饲养成本。双杂交涉及 4 个品种，饲养亲本品种较多，组织工作相对复杂。

(二)轮回杂交

轮回杂交分两品种轮回杂交和三品种轮回杂交，前者又称为交叉杂交。

1. 两品种轮回

杂交用甲品种母猪与乙品种公猪杂交，产生杂种一代(F_1)，从 F_1 中选留优秀母猪与甲品种公猪杂交，产生杂种二代(F_2)母猪再与乙品种公猪杂交。依此逐代轮流杂交，从而不断保留子代杂种优势。杂种公猪一律不留种，全部育肥。采用这种杂交方式可在杂种中综合两个品柙的有利性状，并增加杂合性(杂种优势的遗传基础)。

2. 多品种轮回杂交

选择 3 个以上的优良品种，先用甲品种公猪与乙品种母猪杂交，从 F_1 中选留部分优良母猪与丙品种公猪杂交，然后从 F_2 中选留优良母猪再与甲品种公猪杂交，如此轮流进行下去。

杂交公猪和部分母猪用作肥育。采用这种轮回杂交的方式,能防止杂种优势退化。这主要是因为充分利用了杂种母猪繁殖性状的杂种优势,充分综合了几个品种的优良性状;同时,杂种母猪全是自己繁殖的后代,从健康角度讲,可减少引种传染疾病的风险。轮回杂交的严重缺点是互补性差。因为无法固定参与杂交的品种谁作父本,谁作母本,这与现代专门化品系的选育方向和利用方法相违背。

(三)级进杂交

级进杂交也称为改良杂交,即选择高产的优良品种公猪,同低产的母本品种交配,所获得的杂交后代连续多代与高产父本品种交配,从而起到改良低产品种的作用。级进杂交用的高产品种称改良品种,低产品种称被改良品种。

(四)专门化品系杂交

一般分为父系和母系,父系主要选择生长速度、饲料利用率、产肉率和胴体品质等性状;母系则注重产仔数、泌乳力、生活力和母性品质等性状,无论父系和母系,均突出选择1～2个重要经济性状,使这些品系在某个性状上各具特色,而其他性状保持中等水平。通过建立无亲缘关系的多个专门化品系,然后进行品系间配合力测定,筛选出最优异的杂交组合,有效地开展专门化品系间杂交,从而生产出杂种优势明显、生产性能稳定、经济性状优异的杂优商品猪,其经济效果明显超过品种间杂交。

(五)顶交

顶交是近交系杂交的一种应用形式,它是用高度近交的公猪与非近交的母猪进行配种。实践中利用近交公猪比利用近交母猪更为实际,因母猪在怀孕和哺乳期对仔猪的环境影响较大,近交母猪繁殖力及哺乳能力降低,而公猪仅在遗传上影响其后代。此外,顶交则不需要建立母系的配套系。顶交法常用以测定近交系的一般配合力,用近交系公猪与基础群的非近交母猪进行杂交,其后裔的平均值可以衡量近交系的一般配合力。

四、我国猪优良杂交组合

1. 杜湖猪

杜湖猪是以湖北白猪为母本,与杜洛克公猪杂交所生产的商品瘦肉猪。

2. 杜浙猪、杜三猪、杜上猪

这三个杂交组合分别以浙江中白猪Ⅰ系、三江白猪、上海白猪为母本,以杜洛克猪为杂交父本所生产的商品瘦肉猪,分别为浙江省农业科学院畜牧兽医研究所、黑龙江省和兴隆农场管理局、上海市农业科学院畜牧兽医研究筛选的杂优组合。

3. 杜长太

即以太湖猪为母本,与长白公猪杂交所生杂交一代(F_1),从中选留母猪与杜洛克公猪进行三元杂交所生产的商品瘦肉猪。

4. 杜长大(或杜大长)

该组合是以长白猪与大白猪的杂交一代作母本,再与杜洛克公猪杂交所产生的三元杂种,是我国生产出口活猪的主要组合,也是大中城市菜篮子基地及大型农牧场所使用的组合。

5. 大长本(或长大本)

即用地方良种与长白猪或大白猪的二元杂交后代作母本,再与大白猪或长白猪公猪进行三元杂交所生产的商品猪。

6. 长本(或大本)

即用地方良种母猪与大白猪或长白猪公猪进行二元杂交所生产的杂交猪。

复习思考题

1. 猪选育中最易获得杂种优势的性状有哪些?
2. 阐述杂交亲本选择的一般原则。
3. 阐述提高种猪选择效果的途径。
4. 如何进行种猪的选择。

第十一章 猪的营养与饲料配合

饲料成本占养猪生产总成本的70%左右。试验表明，猪从初生到出栏上市的饲料成本变异可达100%。因此，提高饲料转化率、降低饲料成本是发展养猪生产的主要任务之一。

第一节 猪的营养需要

一、种公猪的营养需要

(一)能量

后备公猪日粮中能量供应不足时，将影响睾丸和附属性器官的发育，性成熟推迟，初情期射精量少。成年公猪的日粮中能量供应不足时，睾丸和其他性器官的机能减弱，性欲降低，睾丸产生精子作用受到抑制或损害，所产生的精液浓度低、精子活力弱。尽管提高种公猪日粮能量水平后，可促使公猪性机能恢复，但这种恢复，需要一个相当长的过程，一般来说为30～40 d。在生产实践中对配种任务重的公猪，必须及早加强饲养。种公猪的能量供给也不宜过多，否则过于肥胖，会降低甚至丧失配种能力。在过度配种的情况下，即使给予丰富的营养，也不能阻止性机能的减退和精液品质的下降。

中国公猪的饲养标准分为三个体重级，90 kg以下适合于本地小公猪、90～150 kg适合于成年本地公猪或未成年改良公猪、150 kg以上可用于成年改良公猪。中国公猪维持需要消化能公式为：

$$\text{公猪维持需要消化能(kJ)} = 418.4W^{0.75}$$

式中：W—体重($W^{0.75}$ 为代谢体重)。

非配种期的能量需要是维持的1.55倍，即在维持需要基础上增加55%；配种期的能量需要又为非配种期的124.5%。

公猪在配种前应根据体况加强饲养，一般于配种前一个月在饲养标准基础上增加20%～25%。实际上，养猪生产中常年配种制已逐渐代替了季节性配种制度。因此，在饲养标准中未划分配种期与非配种期。NRC(1998)营养需要规定，种公猪的消化能需要量为28.45 MJ。

(二)蛋白质和氨基酸

种公猪日粮中蛋白质的数量与质量，均可影响种公猪性器官的发育与精液品质。发育期间，蛋白质摄入不足会延缓其性成熟；成年公猪饲粮中蛋白质不足，会影响精子形成和减少射精量，但轻微的营养不足(日粮粗蛋白质水平12%)所造成的繁殖性能的损伤可很快恢复。饲粮中蛋白质过多，不利于精液品质的提高。如用高蛋白质水平日粮饲喂的内江后备公猪，精子活力、精液浓度均比低蛋白质水平组低，但精子畸形率比低蛋白质水平组高。

种公猪粗蛋白质的需要量：中国肉脂型猪饲养标准系按体重分别给予，体重在 90 kg 以下时为 14%，体重在 90 kg 以上时为 12%。多数人认为大致与妊娠母猪需要量差不多，但品质要好，注意提供足量必需氨基酸，特别是赖氨酸、蛋氨酸＋胱氨酸、色氨酸、苏氨酸、异亮氨酸。其中，赖氨酸对改进种公猪精液品质有良好作用。为了充分发挥优秀种公猪的作用，日粮中还可以添加 5%左右的动物性饲料。

(三)矿物质

钙离子能刺激细胞的糖酵解过程，给精子活动提供能量，从而增强精子活动，尤其是鞭毛活动。钙离子还能促进精子和卵子的融合和精子穿入卵细胞透明带。然而，钙离子浓度过高会影响精子活力。磷对精液品质亦有很大影响。后备公猪饲粮含钙 0.90%，成年公猪饲粮含钙 0.75%可满足其繁殖需要。钙、磷比要求 1.25∶1。

公猪的睾丸、附睾、前列腺及精囊腺均与硒有亲和力，而且附睾各部分的硒含量与精子密度呈显著正相关。此外，公猪精液成分内还含有钠、钾、镁、氯、锰、锌等矿物质元素。因此，还应供给其他矿物质元素。锰不足可引起睾丸生殖上皮细胞退化，建议每千克公猪饲粮中硒、锰、锌含量应分别不少于 0.15 mg、20.0 mg 和 50 mg。

(四)维生素

维生素 A 与种公猪的配种能力有密切的关系。若公猪长期缺乏维生素 A，延迟青年公猪性成熟：睾丸显著变小，睾丸产生精子的上皮细胞变性，抑制成年公猪的性欲并导致其生殖腺上皮细胞(主要是睾丸)退化，降低精子数量与质量。补饲维生素 A 和胡萝卜素，可使生殖上皮、精液生成和正常性活动得到恢复。据研究，公猪睾丸生殖细胞具有聚集维生素 A 的作用。公猪按每 1 kg 体重添加 250～1 000 IU 维生素 A 可提高受精率。成年公猪每天需要 8 200 IU 维生素 A 或 16.4 mg β-胡萝卜素，幼年公猪为 10 250 IU 维生素 A 或 20.5 mg β-胡萝卜素。我国肉脂型猪饲养标准(按大、中、小型划分)规定，日需要 4 943 IU、6 709 IU 和 8 121 IU；每千克饲粮要求含 3 531 IU。

维生素 D 的需要量：中国肉脂型猪饲养标准(按大、中、小三型)规定中，分别为 248 IU、336 IU 和 407 IU，或每 1 kg 饲粮含 177 IU。

长期缺乏维生素 E，可导致成年公猪睾丸退化，永久性丧失繁殖力。种公猪的维生素 E 需要量为每 1 kg 饲粮含 11 IU。

二、后备母猪的营养需要

确定后备母猪营养水平是否合适的主要标志是保持其良好的种用体况，初情期适时出现，并达到要求的初配体重。

美国 NRC(1998)列出青年母猪营养需要量，Wahlstrom(1991)建议青年母猪必须自由采食，直至大约 100 kg 体重时选为种用，以便评定其潜在生长速度和瘦肉增重。这些猪选为种用后，应限制能量摄入量，以使其在配种时具有理想的体况。

为了不妨碍繁殖性能，80～90 kg 的后备母猪，通常能量摄取水平限制在每天代谢能

25.12 MJ。这期间应限制饲喂并加强维生素和矿物质的供给，而且日粮蛋白质水平应达到14%左右，日采食量不超过2 kg。此外，在环境、设备条件良好的舍饲后备母猪的饲喂量，应比一般舍饲的后备母猪减少10%左右。

实际生产中，要给后备母猪提供足够水平及质量的蛋白质，并保证矿物质和维生素的充分供应，以确保稳定的体增长。后备母猪的日粮应含消化能12.96 MJ/kg，粗蛋白15%，赖氨酸0.7%，钙0.82%和磷0.73%，而且从选种后采取自由采食，对于培育品种和杂种母猪，使其能在第一次发情时达到约90 kg体重(约180日龄)。选作交配的后备母猪至少应经历两个发情周期，体重115～125 kg，背膘厚达17～20 mm。

三、妊娠母猪的营养需要

(一)能量

NRC(1998)用模型估计了妊娠母猪的能量需要。该模型只要给出母猪妊娠期期望增重、配种体重和预期窝仔数，即可计算出每天消化能需要量：

DE(kJ/d)＝维持DE＋妊娠产物增重DE＋母体增重DE＋体温调节DE

1. 维持所需消化能

DE(KJ/d)＝460×$W^{0.75}$(W是指配种体重加上1/2妊娠总增重)。

2. 妊娠产物增重所需消化能

每个胎儿及其相关妊娠产物增重为2.28 kg，妊娠期按115d计，则每天每个胎儿及其相关妊娠产物增重为19.8 g，增重19.8 g需消化能156 kJ，从而得出妊娠产物增重所需消化能：

DE(kJ/d)＝猪只头数×156 kJ/d

3. 母体增重所需消化能

母体增重＝母体脂肪增重＋母体蛋白质增重

其中母体增重为已知；母体脂肪增重(kg)＝－9.08＋(0.638×MG)；母体蛋白质增重(kg)＝母体增重－母体脂肪增重；妊娠期按115 d计，即可求得每天母体脂肪及蛋白质的增重克数。已知合成每克脂肪所需消化能为54.48 kJ；合成每克蛋白质所需消化能为46.19 kJ，从而得出母体增重所需消化能：

DE＝母体脂肪增重(g/d)×54.48 kJ/g＋母体蛋白质增重(g/d)×46.19 kJ/g

4. 体温调节所需消化能

当环境温度低时，母猪需增加额外的能量以调节体温。NRC(1998)根据妊娠模型估计，每天消化能摄入量为25.59～27.87 MJ/d，饲料摄入量为1.8～1.96 kg/d(饲粮能量含量为14.23 MJ/kg)。

中国肉脂型猪饲养标准建议前期为17.57～23.43 MJ/d，饲料摄入量为1.5～2.0 kg/d(饲粮能量含量为11.72 MJ/kg)；后期为23.43～29.29 MJ/d，饲料摄入量为2.0～2.5 kg/d(饲粮能量含量为11.72 MJ/kg)。

(二)蛋白质与氨基酸

NRC(1998)推荐妊娠母猪的粗蛋白质为12%～12.9%，赖氨酸为0.52%～0.58%，日采食量 1.80～1.96 kg，并增列了真回肠可消化氨基酸和表观回肠可消化氨基酸需要，其他必需氨基酸需要量可根据理想蛋白质加以确定。我国猪饲养标准推荐粗蛋白质为 11%～12%，赖氨酸为 0.35%～0.36%，日采食量为 1.8～2.5 kg。

（三）矿物质

1. 钙和磷

钙离子参与黄体酮的合成，也是卵母细胞成熟所必需的物质。日粮中缺钙会影响胎儿的发育和母猪产后的泌乳。妊娠母猪对钙、磷的生理需要量随胎儿生长需要的增加而增加，至妊娠后期达最大值。试验表明，妊娠第 11 周起，母猪子宫内容物中钙的日沉积量增加 1.05 g，至妊娠 16 周时每天约沉积 4.29 g。饲粮缺磷也是母猪不孕和流产的原因之一。为了维持动物的正常繁殖机能，还应考虑钙、磷比例。谷物—豆饼型饲粮，建议钙、磷比为（1～1.5）∶1。NRC(1998)建议青年母猪和成年母猪对钙、磷需要量，分别占饲粮的 0.75% 及 0.6%（总磷），有效磷为 0.35%。中国肉脂型猪饲养标准规定的钙、磷需要量分别为 0.61% 和 0.49%。

2. 食盐

NRC(1998)规定妊娠母猪食盐需要量为 0.4%；中国猪的饲养标准规定为 0.32%。

3. 微量元素

妊娠母猪饲粮中需要有充足的微量元素，特别是锰、锌、硒、铜等，它们对保证母猪和胎儿发育很重要。

（四）维生素

维生素需要量标准中的数值为最低需要量，实践中，添加量往往高于推荐量，特别是维生素 A、维生素 E、生物素、维生素 B_1、维生素 B_2、维生素 B_6、叶酸等。

四、泌乳母猪的营养需要

（一）能量

NRC(1998)用模型估计了泌乳母猪的能量需要。该模型只要给出母猪在整个泌乳期的增重或失重、窝产仔数和哺乳仔猪生长速度，即可计算出母猪每天消化能需要量。

泌乳母猪所需 DE(kJ/d)＝维持 DE＋产乳 DE－母体失重提供的 DE＋体温调节 DE

1. 维持所需消化能(kJ/d)

维持所需消化能(kJ/d)＝$460\times W^{0.75}$（W 是指分娩后体重加上 1/2 泌乳期总的重量变化）

2. 产乳所需消化能（消化能用于产乳的效率为 69%）

产乳所需消化能(kJ/d)＝[（仔猪日增重×哺乳仔猪数×20.58）－（377×哺乳仔猪数）]/0.69

3. 母体失重所提供的消化能

已知瘦肉组织含有 23% 的蛋白质，每克蛋白质可提供 23.4 kJ 能量；脂肪组织含有 90% 的脂肪，每克脂肪可提供 39.3 kJ 的能量；能量用于产乳的效率为 88%；消化能用于产乳的效率为 69%。

母猪平均日失重(g)＝泌乳期重量变化/泌乳天数

失重中的蛋白质(g)＝（平均日失重×0.094 2）＋1.47

失重中的脂肪(g)＝（平均日失重－失重中的蛋白质/0.23）×0.9

从而得出：母体失重所提供的消化能(KJ/d)＝(失重中的蛋白质×23.4＋失重中的脂肪×39.3)/0.69。

4.体温调节所需消化能

当环境温度低时，母猪需增加额外的能量以调节体温。本模型将24 h的平均温度为20℃作为理想温度条件，从20℃开始每下降1℃需额外提供DF 1 351 kJ，当环境温度高于20℃时需减少DE 1 351 kJ(下式中T为实际温度)。

$$体温调节所需消化能=(20-T)\times 1\,351$$

NRC(1998)根据泌乳模型估计，每天消化能摄入量为48.68～91.06 MJ/d，饲料摄入量为3.56～6.40 kg/d(饲粮能量含量为14.23 MJ/kg)。

中国肉脂型猪的饲养标准建议为58.24～64.31 MJ/d，饲料摄入量为4.8～5.3 kg/d(饲粮能量含量为12.13 MJ/kg)。

泌乳期母猪负担很重，一般都要失重，所以除产后几天或断乳前几天外，很少限量饲喂。

能量水平对初产母猪缩短断奶至再次发情的时间间隔也特别重要。高能水平和补饲可促使母猪发情，但能量影响只在一定范围内才有效果，每天食入50～80 MJ对产后发情无影响。

(二)蛋白质与氨基酸

NRC(1998)推荐泌乳母猪的粗蛋白质为16.3%～19.2%，赖氨酸为0.82%～1.03%，日采食量3.56～6.40 kg，并增列了真回肠可消化氨基酸和表观回肠可消化氨基酸需要，其他必需氨基酸需要量可根据理想蛋白质加以确定。中国猪饲养标准推荐粗蛋白质水平为14%，赖氨酸为0.50%，日采食量4.8～5.3kg。

(三)矿物质

矿物质中钙和磷对泌乳母猪特别重要。母乳中约含钙0.21%，磷0.15%，钙磷比为1.4∶1。钙、磷不足或比例不当，影响产奶量，为维持足够的乳量保证幼猪发育，母猪只有动员骨中钙、磷，出现钙和磷的负平衡，长此下去，母猪发生瘫痪。泌乳母猪对钙、磷的准确需要量难以确定。NRC(1998)规定，泌乳母猪需钙0.75%，总磷0.60%。这是根据母猪每天至少采食5～6 kg饲粮计算而来。采食量低于这一水平时，钙、磷比例应相应提高，以保证每天获取钙39.8 g，磷31.8 g。中国饲养标准规定，一头中等体重(150～180 kg)泌乳母猪，每天需钙32.9 g，磷22.4 g，或日粮的0.63%和0.43%(采食量不低于5.2 kg时)。

泌乳母猪食盐需要量尚未确定。一项对连产几胎母猪的研究表明，妊娠和泌乳母猪饲粮中食盐从0.5%降到0.25%时，仔猪初生重和断奶重下降。据此，NRC(1998)规定，泌乳母猪食盐需要量为0.5%。中国标准规定为0.44%，略低于NRC推荐量。

母乳中微量元素含量很低，母猪饲粮中补加微量元素对哺乳仔猪帮助不大，但母猪饲粮中仍需要有充足的微量元素，特别是锰、锌、硒、铜等，它们对保证母猪繁殖性能很重要。

(四)维生素

维生素需要量很难确定，且差异很大。标准中的数值为最低需要量，实践中，添加量往往高于推荐量，特别是维生素A、维生素E、生物素、维生素B_1、维生素B_2、维生素B_6、叶酸等，这对保证母猪繁殖性能，特别是在不良条件和封闭饲养下很有必要。

五、仔猪的营养需要

(一)能量

哺乳期仔猪的能量需要从母乳和补料中得到满足，随着仔猪日龄和体重的增加，母乳能量满足程度下降，差额部分由补料满足。为满足仔猪的能量需要，补料中能量浓度应为 14.64 MJ/kg，一般应在 13.81～15.06 MJ/kg。

(二)蛋白质与氨基酸

近年来随着猪的遗传改良、早期断奶技术的发展和环境控制程度的提高，仔猪健康状况和生长速度得到了改善，所需蛋白质与氨基酸水平也发生相应的变化。

1. 蛋白质

由于仔猪胃肠道尚未发育成熟，供给易消化、生物学价值高的蛋白质饲料非常重要。生产中，蛋白质的需要除考虑蛋白质水平外，还应考虑必需氨基酸的含量及其比例。

2. 赖氨酸

赖氨酸需要量的研究最为集中。根据 1985 年以来的研究数据，如下体重阶段的赖氨酸需要是：5 kg 段为 1.45%，10 kg 为 1.25%，15 kg 为 1.15%，20 kg 为 1.05%。随体重的增加，赖氨酸需要量显著减少。从 5 kg 始，体重每增长 1 kg，日粮赖氨酸水平减少 0.026%。

3. 蛋氨酸

一般认为赖氨酸是常规猪日粮的第一限制性氨基酸，但当添加结晶赖氨酸后或采用赖氨酸含量较高的原料配制日粮(如血粉或血浆粉)时，蛋氨酸就成为第一限制性氨基酸。

NRC(1998)建议，3～5 kg、5～10 kg 和 10～20 kg 仔猪日粮总的蛋氨酸需要分别为 0.40%、0.35%和 0.30%，当日粮蛋氨酸用与赖氨酸需要(分别为 1.50%、1.35%和 1.15%)之比表示时，其比例分别为 26.7%、25.9%和 26.1%；蛋氨酸＋胱氨酸的需要分别是 0.86%、0.76%和 0.65%，蛋氨酸/赖氨酸之比分别为 57.3%、56.3%和 56.5%。

4. 苏氨酸

苏氨酸一般是猪日粮中第二或第三氨基酸，当添加结晶赖氨酸时它有可能变为第一限制性氨基酸。

NRC(1998)建议 3～5 kg、5～10 kg 和 10～20 kg 仔猪日粮总的苏氨酸需要分别为 0.98%、0.86%和 0.74%，表观可消化苏氨酸需要分别为 0.75%、0.66%和 0.56%。当用日粮总苏氨酸与总赖氨酸需要(分别为 1.50%、1.35%和 1.15%)之比表示时，其比例分别为 65.3%、63.7%和 64.3%；当用日粮表观可消化苏氨酸与表观可消化赖氨酸需要(表观可消化赖氨酸分别为 1.26%、1.11%和 0.94%)之比表示时，其比例均为 59.5%。

5. 色氨酸

NRC(1998)建议 3～5 kg、5～10 kg 和 10～20 kg 仔猪日粮总色氨酸需要分别为 0.27%、0.24%和 0.21%，表观可消化色氨酸需要分别为 0.22%、0.19%和 0.16%。当用日粮总色氨酸与总赖氨酸需要(分别为 1.50%、1.35%和 1.15%)之比表示时，其比例为 18.0%、17.8%和 18.3%；当以日粮表观可消化色氨酸与表观可消化赖氨酸需要(表观可消化赖氨酸分别为 1.26%、1.11%和 0.94%)之比表示时，其比例均分别为 17.5%、17.1%和 17.0%。

(三)矿物质

猪至少需要13种矿物元素,其中常量矿物质主要有钙、铁、磷、钠、氯和钾。

(四)维生素

维生素需要量标准中的数值为最低需要量,实践中,添加量往往高于推荐量,特别是维生素A、维生素E、生物素、维生素B_1、维生素B_2、维生素B_6、叶酸等。

六、生长育肥猪的营养需要

(一)能量

1.能量水平

能量水平是指一头猪每天采食消化能或代谢能的数量(MJ/d)。ARC(1981)归纳30多次试验结果,发现日增重(Y)与能量水平(X)存在线性关系,变异在20%~30%之间,即每增减1 MJ消化能,则日增重增减25 g左右。

2.能量浓度

能量浓度影响猪的采食量,也影响生长速度。在一定的范围内,能量浓度提高,采食量降低;能量浓度降低,采食量提高。如果日粮中能量浓度过低,即使猪多采食饲料也满足不了所需能量,从而使猪的日采食消化能降低,影响其生产性能。

20~50 kg的生长猪,必须每天摄入1.8~2.0 kg的日粮才有饱感;每天摄30.12~31.8 MJ的消化能,才能充分发挥其生长潜力;如果1 kg日粮中能量浓度达不到14.0~15.0 MJ,则猪摄入的能量不足以充分发挥生长潜力。随饲料能量浓度的提高,日采食饲料量下降,但日采食消化能提高,日增重增加,背膘加厚。

在一定范围内,能量浓度高有利于增重,浓度低(不低于11.51 MJ/kg)有利于提高瘦肉率。研究表明,猪可依据日粮养分浓度的变化,因而在较宽的养分浓度范围内,它能保持等能采食。NRC(1998)建议,生长育肥猪能量浓度为每千克饲粮14.23 MJ(代谢能)。

(二)蛋白质和氨基酸

1.蛋白质

生长育肥猪的蛋白质需要,可依据饲养试验和氮平衡试验等方法确定。随着生长育肥猪月龄(或体重)的增加,所需粗蛋白质相对减少,后备猪较育肥猪需粗蛋白质较多。瘦肉型生长育肥猪比肉脂型猪所需蛋白质多。

2.氨基酸

生长育肥猪有10种必需氨基酸。饲粮中氨基酸比例适当时可以降低总氨基酸的供给量,节约蛋白质饲料,减少排泄氮对环境的污染。

(三)矿物质

生长育肥猪至少需要13种矿物质元素,包括钙、磷、钠、氯、钾、镁、硫等7种常量元素和铁、铜、锌、锰、碘、硒等6种微量元素,还需要钴合成维生素B_{12}。

(四)维生素

维生素需要量标准中的数值为最低需要量,实践中,添加量往往高于推荐量,特别是维生素 A、维生素 E、生物素、维生素 B_1、维生素 B_2、维生素 B_6、叶酸等。

第二节　猪的配合饲料与饲粮配合

一、配合饲料

配合饲料是根据猪的饲养标准(营养需要),将多种饲料(包括添加剂)按一定比例和规定的加工工艺配制成的均匀一致、营养价值完全的饲料产品。

配合饲料按照营养构成、饲料形态、饲喂对象等分成很多种类。

(一)按营养成分和用途分类

按营养成分和用途将配合饲料分成添加剂预混料、浓缩饲料和全价配合饲料。

1. 添加剂预混料

它是指用一种或几种添加剂(如微量元素、维生素、氨基酸、抗生素等)加上一定数量的载体或稀释剂,经充分混合而成的均匀混合物。根据构成预混料的原料类别或种类,又分为微量元素预混料、维生素预混料和复合添加剂预混料。预混料既可供养猪生产者用来配制猪的饲粮,又可供饲料厂生产浓缩饲料和全价配合饲料。市售的添加剂预混料多为复合添加剂预混料,一般添加量为全价饲粮的 0.25%～3%,具体用量应根据实际需要或产品说明书确定。

2. 浓缩饲料

是由添加剂预混料、常量矿物质饲料和蛋白质饲料按一定比例混合而成的饲料。养猪场或养猪专业户可用浓缩饲料加入一定比例的能量饲料(玉米、麸皮等)即可配制成直接喂猪的全价配合饲料。浓缩饲料一般占全价配合饲料的 20%～30%。

3. 全价配合饲料

浓缩饲料加上一定比例的能量饲料,即可配制成全价配合饲料。它含有猪需要的各种养分,不需要添加其他任何饲料或添加剂,可直接喂猪。

(二)按饲料物理形态分类

根据制成的最终产品的物理形态分成粉料、湿拌料、颗粒料、膨化料等。

(三)按饲喂对象分类

按饲喂对象可将饲料分成乳猪料、断乳仔猪料、生长猪料、育肥猪料、妊娠母猪料、泌乳母猪料、公猪料等。

二、饲粮配合

单一饲料不能满足猪的营养需要,生产上应按照猪常用饲料成分及营养价值表,选用几种当地生产较多和价格便宜的饲料制成混合饲料,使它所含的养分符合所选定饲养标准规定的各种营养物质的数量,这一过程和步骤称饲粮配合。

(一)饲养标准

是指猪在一定生理生产阶段,为达到某一生产水平和效率,每头每天供给的各种营养物质的种类和数量,或每千克饲粮各种营养物质含量或百分比,并附有相应饲料成分及营养价值表。饲养标准的用途主要是作为配合饲粮、检查饲粮以及检验饲料厂产品的依据。

(二)饲粮配合

1.饲粮配合的原则

(1)选择饲养标准应根据生产实际情况,并按照猪可能达到的生产水平、健康状况、饲养管理水平、气候变化等适当调整;

(2)因地制宜,因时制宜,尽量利用本地区现有饲料资源;

(3)注意饲料的适口性,避免选用发霉、变质或有毒的饲料原料;

(4)注意考虑猪的消化生理特点,选用适宜的饲料原料,并力求多样搭配;

(5)配合饲料要注意经济的原则,尽量选用营养丰富、质优价廉的饲料原料。

2.猪常用饲料原料的准备

猪常用能量饲料一般是玉米和麸皮,玉米用量5%~70%,小麦、高粱等可代替部分玉米,麸皮用量0~25%。饲粮中的蛋白质饲料主要是豆粕,其他杂粕可代替部分豆粕,但种猪最好不用棉籽粕或菜籽粕,仔猪可使用部分动物性蛋白质原料如鱼粉等。氨基酸不足时可添加人工合成氨基酸,如赖氨酸、蛋氨酸等。矿物质饲料中含钙饲料主要是骨粉,用量0.5%~2.0%,含磷、钙的饲料主要是骨粉和磷酸氢钙,用量0.5%~2.5%,食盐用量为0.25%~0.5%。

3.原料的质量控制和主要成分

测定配合饲料品质的好坏与原料品质关系很大,所以营养成分参数值最好来自科研部门发表的饲料成分表,对于蛋白质饲料的粗蛋白质及矿物质饲料中的钙、磷应以实测值为宜,还应注意饲料原料的水分、发霉变质等情况。

4.饲粮配合的方法

饲粮配合方法很多,常用的主要有试差法和对角线法。

复习思考题

根据猪的营养标准,试做一个猪的饲料配方。

第十二章 种猪生产

第一节 猪饲养管理的一般原则

一、分群分圈饲养

分群的目的是为了充分利用圈舍和便于饲养管理，提高生产效率，降低成本，合理分群的目的是为了避免或减轻争斗性。

合理分群的原则是根据猪的品种、性别、体重大小、体质强弱、性情好坏和采食快慢等进行分群分圈饲养。

分群方法：采取留弱不留强，拆多不拆少，夜并昼不并的原则。种公猪和怀孕后期母猪应单圈饲养，不宜群养。

二、选定饲养方案

科学配合日粮就是按照饲养标准所规定的能量和营养物质的需要量，选用适当的饲料配合成日粮。日粮：是指家畜在一昼夜(24 h)内所采食的各种饲料的总量。

要做到科学配合日粮，须把握住以下几个方面：一是根据不同猪只选定饲养标准；二是选定饲料原料，多品种原料配合；三是计算配方；四是兼顾价廉物美、消化性好、适口性好和饲喂效果好；五是日粮对猪体及其产品无毒无害。

传统的单一饲料喂猪营养不全，利用率低。

三、改善饲养方法、科学调制饲料

合理调制饲料就是根据饲料的性质对饲料进行合理的处理、以提高饲料的适口性和利用率，据试验，整粒大麦喂猪消化率为67%，粉碎后饲喂消化率就提高到85%。因此，精料、粗料应粉碎后喂猪，粒径小于1 mm，青料应切碎或打浆后饲喂，豆类应炒熟或膨化处理以提高消化利用率。

熟饲稀喂是农村养猪的传统和习惯，它有许多不足和缺陷。既费人工，又浪费柴火，还消化不充分，造成饲料营养损失，甚至煮制不当造成亚硝酸盐中毒。所以，应提倡生饲干喂。最好是用颗粒饲料直接喂猪，既营养全面，又不会浪费。饲料利用率最好。粉料喂猪时可采用料水比 1∶1 的湿拌料饲喂，优于干粉料和稀拌料的饲喂效果。

四、加强猪只护理

饲养员对猪应温和。不要踢打和惊吓它，要使猪见了人不害怕，便于管理。圈舍应清洁干燥，通风良好，做到勤扫圈、勤除粪、勤换垫草，做到圈干槽净、无积存粪尿、无蚊蝇干扰，定期消毒，母猪产前一周应清扫消毒圈舍，消毒药常用 2%NaOH 或 10%石灰水。

猪体应经常刮刷，夏季经常给猪冲凉以保持皮肤清洁，防止皮肤病和体外寄生虫病。适当运动可促进食欲，帮助消化，增强体质。

猪圈内应保持适宜的温度和湿度，育肥猪的增重和饲料利用率受环境温度影响较大。低温造成体热散失多，能量消耗增加，饲料利用率降低，高温造成采食量下降，增重降低。环境温度对生产育肥猪的影响见表 12-1。

表 12-1　环境温度对生产育肥猪增重和饲料转化率的影响

气温/℃	日采食量/g	日增重/g	料重比
0	5.07	540	8.45
5	3.76	530	6.10
10	3.50	790	3.37
15	3.15	800	2.99
20	3.22	850	2.79
25	2.63	720	2.95
30	2.21	450	3.91
35	1.51	310	3.87

因此，在生产中应创造条件使猪舍内温度接近猪只的最适温度，以获得最佳的日增重和最低的料重比。

五、建立生活制度

做好“吃、拉、睡”三点定位调教，以便养成良好的生活习惯。

限量饲喂就是将日粮分顿次饲喂，做好“四定”，即：定时、定量、定质、定温是关键。一般每天饲喂 2～3 次，妊娠后期母猪可适当增加饲喂次数。

自由采食又叫不限量饲喂，就是将饲料装入自动饲槽或饲箱，随各个猪的食欲自由采食，不加限制。这种饲喂方法的优点是能充分满足猪的营养需要，不会出现饥饿或过饱的现象，比限量饲喂增重快，育肥期短，料重比低。

第二节　猪群组成与周转

猪群既是养猪场最基本的生产资料，又是劳动对象和产品。合理的猪群结构，是保证猪群有计划地迅速扩群和提高质量的组织措施之一。

(一)猪群类别的划分

猪场为了有计划地组织生产和更好地进行饲养管理，应以年龄、体重、性别和用途划分不同的猪群。

1. 哺乳仔猪

指出生后吮乳开始至断奶前的仔猪。

2. 断奶仔猪

指断奶至 25 kg 左右或者 70 日龄的仔猪。

3. 育成猪

70 日龄仔猪或 25 kg 左右仔猪至 4 月龄留作种用的幼猪。

4. 后备公猪

指 5 月龄至初配前留作种用的公猪。

5. 后备母猪

指 5 月龄至初配前留作种用的母猪。

6. 种公猪

凡已参加配种的公猪均称为种公猪。检定公猪是指 12 月龄左右从初配开始至第一批与配母猪产仔断奶阶段的公猪。基础公猪是指 16 个月龄以上经检定合格的公猪。

7. 种母猪

分为初产母猪和经产母猪。初产母猪是指生产第一胎仔猪的青年母猪；经产母猪是指生产两胎和两胎以上的母猪；鉴定母猪是指从初配开始至第一胎仔猪断奶的母猪；基础母猪是指一胎产仔经鉴定合格，留作种用的母猪。根据母猪的生产阶段的不同可分为空怀母猪、妊娠母猪和哺乳母猪。空怀母猪是指仔猪断奶后至再次妊娠前的母猪；妊娠母猪是指从卵子受精开始至分娩前的母猪；哺乳母猪是指分娩开始至仔猪断奶前的母猪。

8. 育肥猪

用来生产猪肉的猪统称育肥猪。生长猪指体重 25～30 kg 至 50～60 kg(不作种用)的猪；育肥猪指体重 50～60 kg 至 90～100 kg 以上的猪。

(二)猪群组成与周转

合理的猪群结构，既能保证获得大量的产品，又能以最快速度进行猪群的扩大再生产。组成合理的猪群结构，要分析场内猪群的繁殖能力、育肥性能、饲料的生产与供应、发展计划、技术水平与设备条件等。一个正常的繁殖猪群应包括母猪、公猪、后备猪，所占比例应以基础母猪为转移。基础母猪占存栏猪的比例，应根据猪场的性质而定。在繁殖场或育种场，如年分娩次数较多，每胎存活的仔猪数多，基础母猪的比例可小一些，否则，比例应大一些；在商品猪场，基础母猪的比例则取决于育肥猪饲养期的长短，育肥猪周转快，基础猪的比例要大一些，否则，比例要小一些。

公猪和后备猪占猪群的比例，取决于基础母猪的头数和公母猪的比例，在采用本交的情况下，公母猪的比例一般为 1∶(20～30)。如采用人工授精，公猪的数量可大量减少，后备母猪应为每年淘汰和补充基础母猪数的 2 倍以上。

(三)种猪的淘汰

种猪在猪群增殖中起着重要作用,公猪个体间生产性能差异很大,受胎率相差20%~22%,早熟性相差17%~25%,产品的一致性相差2倍。因此,种猪的淘汰与更新是提高养猪生产水平不可忽视的重要因素。

母猪淘汰的依据:产仔数少,仔猪不均匀,死胎多;泌乳力差,乳头形状不好且发育不良,瞎乳头;2~3个发情期配不上种;采食缓慢,行动迟钝,皮肤无光泽,眼睛无神;母性不好,有恶癖,仔猪哺育率低,年龄偏大,生产性能下降等。

公猪应以利用年限为准,但如体躯笨重,精液品质差,配种成绩不理想,性情凶暴,应及时淘汰。

第三节　后备猪的饲养管理

一、后备猪的生长与发育特点

后备猪是成年猪的基础,后备猪的生长发育对成年猪的生产性能、体形外貌都有直接的影响。

(一)后备猪的生长与发育

由于后备猪与商品猪营养供应、饲养方式和各项管理措施不同,生长发育结果各有差异。商品猪生产的特点是抓住生长快的时期充分饲养,使其尽快达到上市体重,进行屠宰,形成商品。而后备猪生产的特点是要培育成优良的种猪,要求体形外貌、身体各部位的生长更具有种用特点,并具有培育更好的遗传表现,不断满足人们对于经济上的要求。培育后备猪的任务,不是直接提供一些商品,而是负担着周期性很强的、几乎没有间歇的繁殖任务。

饲养后备猪时,要根据猪的生长发育规律,在猪生长的不同阶段,控制营养水平、饲料类型和饲料喂量,抑制某些组织的过分生长,使后备猪按繁殖生理特点生长,按理想要求发育。并使其体质健壮,有发达、机能完善的消化、血液循环和生殖器官。要有适度的脂肪沉积,发达的肌肉,强健的四肢,更好的繁殖能力。

(二)体尺与体重的增长

各组织器官和身体部分生长早晚的顺序大体是:神经组织—骨—肌肉脂肪。骨骼是由下向上,先长长度,后增直径;脂肪的沉积是按花油、板油、肉间脂肪、皮下脂肪的次序生长。猪的体尺增长不平衡,体高是表示外围骨和附着在其上的肌肉的生长情况;中轴骨和附在其上肌肉的生长情况,则由体长、胸深和胸宽表示,胸围又是表现脂肪及肌肉的生长和体重变化的最密切的指标。

猪的体重增加和生长发育表现的情况,又受饲养营养、生活环境条件等多种因素的影响。饲养不良,营养物质供应不足,正常的生长发育受阻,猪只生长缓慢,体重就达不到正常标准。作为种用的后备猪,一定要有一个正常的生长发育标准,否则也会影响种用价值。

综上所述,猪体各部位和组织生长速度的不平衡,揭示了其身体生长的内在规律。因此，对于饲养管理，我们不仅要将其看作是猪遗传性显现的条件，顺应其生长特点；而且要将其作为改变猪生长模式和各组织器官相对发育程度的手段，创造后备猪适宜的培育方法。

二、后备猪的饲养与管理

（一）后备猪的饲养

后备猪要喂给全价日粮，按标准进行饲养。日粮中的营养水平和营养物质含量应视后备猪的生长阶段不同而异。注意能量和蛋白质的比例，特别要满足矿物质、维生素和必需氨基酸的供给。

一般采用前期敞开饲养，后期限量饲养。育成期日粮喂给量，应占体重的 2.5%～3.0%，体重到 80 kg 以后，喂量占体重的 2.5%以下。日粮的适当喂量，既可保障后备猪良好的生长发育，又可控制体重的高速增长，保障各组织器官的充分发育。

后备猪生后 5 月龄体重控制在 70～80 kg，6 月龄控制在 90～100 kg，7 月龄控制在 110～120 kg，8 月龄控制在 130～140 kg。

（二）后备猪的管理

(1)分群管理。瘦肉型后备猪在体重 60 kg 以前，可以 4～6 头为一群进行群养。而在 60 kg 以后，应按性别和体重大小再分成 2～3 头为一小群饲养。在小群饲养时，可根据膘情进行限量饲养。直到配种前，按猪场的具体情况，一直群养或单栏饲养。

(2)后备猪于 6 月龄以后，应测量活体膘厚，按月龄测定体尺和体重。要求后备猪在不同日龄阶段有相应的体尺与体重。对发育不良的后备猪，应分析其原因，及时进行淘汰。

(3)后备猪生长到一定年龄以后，要进行人畜亲和训练。使猪不惧怕人对它的管理，为以后的采精、配种、接产打下良好基础。管理人员要经常接触猪只，抚摸猪只敏感的部位，如耳根、腹侧、乳房等处，促使人畜亲和。

(4)后备猪日常管理，同样也要注意防寒保暖和防暑降温，保持干燥和清洁的环境卫生。

（三）后备猪的利用

后备猪饲养到一定年龄后，公猪会出现性行为，母猪会有周期性的发情变化。公猪出现爬跨行为并射出精液，称之为性成熟。但这时，生殖器官和其他组织器官的发育尚未达到完全成熟。

猪的性成熟随品种、饲养管理以及所处气候环境的不同而异。就一般情况而言，地方早熟品种的公猪 2～3 月龄达到性成熟，培育和引进猪种要在 4～5 月龄才达到性成熟。地方品种的母猪 3～4 月龄、体重 30～40 kg 即可达到性成熟；而培育和引进的大型猪种要到生后 5～6 月龄、体重 60～80 kg 才能性成熟。

地方品种猪的后备公猪要在 6～7 月龄、体重 60～70 kg 开始配种使用；晚熟的培育猪种和引进猪种要在 8～10 月龄、体重 110～130 kg 开始配种使用。后备母猪，早熟的地方猪种在 6～8 月龄、体重 50～60 kg 配种较为合适；晚熟的大型品种及其杂种猪在 8～9 月龄、体重 110～120 kg 配种使用为宜。

后备猪利用过早，会影响利用年限，而且产仔数很低。当然，利用得太晚也会加大后备猪培育的费用,造成经济损失。

三、后备母猪第一次发情及影响因素

在规模化养猪生产条件下,生产工艺流程能否顺利进行,在很大程度上取决于繁殖母猪的发情配种工作。仔细观察并熟练掌握青年母猪发情的周期规律和特点,对于新品种或新品系选育、繁殖猪群正常更新以及提高初产猪繁殖力等方面都具有十分重要的意义。

小母猪第一次发情的时间直接对母猪的利用效率、养猪生产成本和经济效益造成不同程度的影响。因此,研究小母猪第一次发情的时间,也就成了重要课题之一,台湾学者李坤雄对此做了诸多研究,他认为,大而言之,小母猪第一次发情早晚对猪本身直接生产成本的影响有三:即生长(含饲料转换率、日增重)、猪体品质(包括体型)及繁殖性能。三者经济比例约为40%、30%及30%。影响繁殖性能的直接因素又可分为发情、每胎产仔数量(头)、哺乳仔猪数及窝重、分娩胎数等。

(一)影响因素

影响后备母猪第一次发情日龄的因素很多,归纳为5项,顺序为:①品种遗传;②公猪效应;③社会(饲养)环境;④年龄、体重、营养;⑤气候。

1.异性接触

公猪不断接触母猪,特别从较年轻时开始,对促进后备母猪发情具有较佳效果。但如何使公猪与小母猪接触关系很大。如从小母猪165日龄开始,每天接触30 min与全天接触者基本相同。但公猪大小对促进发情的效果不同。

2.饲养密度

小母猪群养,同一栏小母猪饲养数量,对出现第一次发情的日龄影响不一,但移栏、并栏、运输等对母猪出现发情具有一定影响。

3.季节

季节、光照、温度等条件的改变对后备母猪的发情日龄有一定的影响。据试验观察,春季平均出现第一次发情的时间为212.4日龄,而秋季为202.8日龄。春天后备母猪经过冬天的饲养,延长了10 d左右。秋天饲养的后备猪经过春、夏季节,日照充足,小母猪出现第一次发情可适当提前。

4.限食的影响

后备母猪在任意采食饲养条件下,发情出现较早,限食饲养拖延了第一次发情的时间。

(二)促进青年母猪发情的措施

母猪无论处于发情周期的何种阶段,外源性促性腺激素都能起到促进卵泡生长、发育和排卵的作用,并形成副黄体,并随着副黄体的自然消退,在处理后18～24 d,母猪表现发情并能配种受胎,即已达到促进发情排卵和同期化的目的。

1.促情药物介绍

国产氯米芬属性激素调节药,能促进脑垂体分泌促性腺激素,从而使卵泡生长、发育、排卵,形成黄体。

促性激素释放激素类似物LRH-A_3可提高体液中的促黄体素(LH)水平,注射后75 min

形成 LH 峰，具有促进卵泡排卵的作用。

2. 促情药物应用方法

氯米芬注射液：即每克氯米芬加 5 mL 酒精，摇溶后再加入 45 mL 生理盐水，成为每毫升含 20 mg 氯米芬的注射液。用时注意振摇，以防沉淀后导致药物量不足。

3. 发情鉴定和配种

第一次注药后 24 h 开始用一头成年公猪试情，每天试情 2～3 次。同时观察母猪行为和阴部变化，检查有无压背反射。第一次注药后 96 h 开始对表现发情的母猪用指定公猪本交配种 2～3 次，每次间隔 10 h 左右。

第四节　种公猪的饲养管理

养好种公猪，做好母猪的配种工作，是现代化养猪场的一个重要生产环节，也是实现多胎高产的第一关。

一、公猪的合理饲养

种公猪要求有较强的雄性表现，性欲旺盛、体质健壮，结实而紧凑，体长适中，后躯丰满，肢蹄强健有力，睾丸生育良好、匀称。为此，公猪饲养必须合理。而公猪的营养供应又是维持公猪生命活动、产生精子和保持旺盛配种能力的物质基础。因此，喂给营养价值完全的日粮，可增进公猪的健康并提高配种受胎率。

1. 适宜的饲养水平

各种营养物质符合公猪正常生理的需求是养好种公猪的物质基础。营养水平过高，可使公猪体内沉积过多的脂肪，造成公猪肥胖；水平过低，可使公猪体内脂肪、蛋白质耗损，形成氮、碳代谢的负平衡，公猪变得消瘦。饲养公猪的日粮要求：每千克日粮含消化能不低于 12.5 MJ，粗蛋白 14%以上，体重在 150 kg 的成年公猪每日消耗热能为 29 MJ，蛋白质为 280 g。

公猪日粮中钙、磷的不足或比例失调，会使精液品质显著降低，出现死精、发育不全或活力不强的精子。同时也要注意钙和食盐的补充。公猪的日粮中钙、磷的比例以 1.5∶1 为好，即日喂 15 g 钙、10 g 磷、10 g 食盐。

维生素 A、维生素 D、维生素 E 对精液品质也有很大影响，缺乏时，公猪的性反射减低，精液品质下降。如长期严重缺乏，会使睾丸发生肿胀或干枯萎缩，丧失繁殖能力。维生素 D 缺乏时，会影响机体对钙、磷的利用，间接影响精液品质。体重在 150 kg 以上的种公猪在配种期间的日粮中，应在每千克日粮中供给 4 100 IU 维生素 A，177 275 IU 维生素 D，8.9～11 mg 维生素 E。维生素 D 在饲料中含量虽少，但只要公猪每天有 1～2 h 的日光浴，就可把皮内的 7-脱氢胆固醇转化为维生素 D，满足机体需要。

值得提出的是陈玉米表面上虽没有发霉特征，但霉菌含量已严重超标，霉菌对生物素和维生素的代谢会产生严重影响。

2. 饲养方式

根据猪全年内配种任务的集中和分散，分为两种饲养方式。

(1)一贯加强的饲养方式　在现代化养猪情况下,母猪实行全年均衡分娩,公猪需常年负担配种任务。因此,全年都要均衡地保持公猪配种所需的高营养水平。

(2)配种季节加强的饲养方式　在传统饲养情况下,母猪实行季节产仔,在配种季节开始前1个月,对公猪逐渐增加营养,在配种季节保持较高的营养水平。配种季节过后,逐步降低营养水平,但需供给公猪维持种用体况的营养需要。

3. 日粮配合

为了满足公猪的营养需要,应根据种公猪饲养标准组成日粮进行饲喂。要求公猪日粮有良好的适口性,体积不宜过大,以免把公猪喂成大肚,影响配种。日粮中不应含有太多的粗饲料。

如果公猪数少,在当地买不到公猪商品料,而自己又没有能力配制时,可用哺乳母猪料代替公猪料,但不宜采用生长育肥猪料。

4. 饲喂技术

饲喂公猪应定时定量。有条件的地方最好采用生饲干喂。每天喂量,体重150 kg以内的公猪,日喂饲料2.3～2.5 kg;150 kg以上的猪喂给2.5～3.0 kg的全价料;以潮拌或干粉料饲喂均可。每天需供给充足的饮水。公母猪要采用不同的饲料类型,以满足不同生殖细胞的不同需求。

搭配饲料多样化,可互相弥补营养成分的不足,改善适口性,合理利用饲料,提高饲料利用率。

二、公猪的管理

在养猪生产中,如何养好公猪,保持公猪体质健壮,提高配种能力,一方面在于喂给营养价值完全的日粮,另一方面要合理地进行护理。除了经常注意保持圈舍清洁、干燥、阳光充足,创造良好的生活条件外,还应做好以下几项工作。

1. 群养与单养

公猪一般分单栏喂养和小群喂养。单栏喂养,公猪安静,减少外界的干扰,食欲正常,杜绝了爬跨和养成自淫的恶习。小群喂养要从断奶开始,一直采用小群喂养不会发生打架争斗。成年以后合群造成咬伤者颇多,公猪开始配种后一般不宜合群。合群喂养的主要优点是便于管理。但合群饲养,往往会引起相互间的争斗。为了避免争斗致伤,种用小公猪生后应将其犬牙打掉,断奶后合群喂养,合群运动;初配时,采用单圈喂养,合群运动,可减少公猪的相互咬架争斗。公猪配种后不能立刻回群,待休息1～2 h,气味消失后再归群。

2. 适当运动

运动是加强机体新陈代谢、锻炼神经系统和肌肉的重要措施。合理的运动,可促进食欲,帮助消化,增强体质,提高繁殖机能。公猪运动每天应不少于1 000 m,一般在早晚进行为宜。运动不足,会严重影响配种利用。有放牧条件的猪场,可用放牧代替运动。夏天应在早晨和傍晚进行配种,冬天在中午进行,如遇酷热严寒、刮风下雪等恶劣天气,应选择适宜地点进行配种。

3. 刷拭和修蹄

猪体最好每天用刷子刷拭1～2次,夏天让公猪经常洗澡,以减少皮肤病和外寄生虫病的发生，并能增强性活动。要经常注意修整公猪的蹄部，以免在交配时刺伤母猪。

遇有公猪自淫时，可采取以下措施，加以克服。①公猪圈置于母猪圈的下风方向，防止公猪因母猪气味而出现条件性自淫。②防止发情母猪在公猪圈外挑逗。③加强运动，增大运动量。④经常刷拭猪体，以克服公猪皮肤瘙痒问题。⑤饲养管理形成规律，分散公猪的注意力。

4.定期称重

公猪应定期称重，然后根据体重变化检查饲料是否适当，以便及时调整日粮。正在生长的幼龄公猪，要求体重逐月增加，但不宜过肥。成年公猪体重应无太大变化，但需经常保持中上等膘情。

5.经常检查精液品质

配种季节要重视精液品质的检查，最好每10 d检查一次。对精液品质不好的公猪应及时改善饲养管理。根据精液品质的好坏，调整营养、运动和配种次数，这是保证公猪健壮和提高受胎率的重要措施之一。

6.建立正常的管理制度

妥善安排公猪的饲喂、饮水、放牧、运动、刷拭、日光浴、休息等生活日程，使公猪养成良好的生活习惯，增进健康，提高配种能力。

三、公猪的合理利用

配种利用是饲养公猪的唯一目的，也是决定它对营养和运动要求量的主要依据。公猪精液品质的优劣和使用年限的长短，不仅与饲养管理有关，而且在很大程度上取决于初配年龄和利用强度。

1.初配年龄

小公猪的初配年龄，随品种、身体发育状况、气候和饲养管理等条件的不同而有所变化。我国地方猪种性成熟早，内江公猪63日龄就能产生精子；国外品种及其杂种公猪性成熟较晚，在4～5月龄性成熟。达到性成熟的小公猪，并不意味着可以配种利用。最适宜的初配年龄，一般以品种、年龄和体重来确定，小型早熟品种应在8～10月龄，体重60～70 kg；大中型品种应在10～12月龄，体重90～120 kg，占成年公猪体重的50%～60%时开始初配。

2.利用强度

公猪配种利用过度，会显著降低精液品质，影响受胎率；如公猪长期不配种，将导致性欲不旺盛，精液品质差，造成母猪不受胎。据研究，如果公猪长期禁欲，则其繁殖力会很差，精液内老的、死的精子很多。因此，必须合理利用公猪。

两岁以上的公猪最好一天配种一次，必要时日配两次，但不能天天利用。如配一次，最好在早饲后1～2 h进行；日配两次，应早晚各一次。如公猪每天连续配种，每周应休息1 d。使用幼龄公猪配种，应每2～3 d配一次。

3.公猪的淘汰

随着集约化、规模化养猪生产的发展，管理手段不断提高，要求经济效益越来越高，从而对猪群质量亦有更高的要求，以求达到低成本、高效益、高生产水平的目的。公猪质量对全群生产有着巨大的影响，劣质公猪应及时淘汰，而优秀公猪要充分利用。老龄公猪，体质衰退，配种机能减弱，应及时予以淘汰。为适应生产需要，应不断更新，补充血缘需要的青年公猪，淘汰原有公猪，属养猪生产中自然淘汰的范围。而因精子活力差、过肥、性欲缺乏、疾病、出现恶癖等现象淘汰的，称之为异常淘汰，也应及时进行。

四、人工授精

(一)采精

采精是人工授精的重要环节，掌握好采精技术，是提高采精量和精液品质的关键。

1. 调教公猪

对公猪进行采精训练，以便让公猪在假台猪(图 12-1)上爬跨、插入和采精。假台猪的结构要求坚固、稳定而耐用，高度以公猪能爬上并叉开前腿为准，踏板要稳固、弹性好，利于后腿支撑。调教公猪是一件比较困难而又细致的工作，训练人员要耐心，不可操之过急，更不应粗暴对待公猪。一般未经自然交配过的青年公猪比本交过的年长公猪容易训练。调教方法一般有以下三种。

图 12-1　公猪爬跨假台猪和假台猪图

A. 公猪爬跨假台猪时的情况　B. 假台猪

(1)在假台猪后部涂撒发情旺盛的母猪尿液或公猪副性腺分泌物，被调教的公猪来到台猪跟前嗅到特殊气味，诱发公猪性欲而爬跨假台猪，如一次不成，反复训练，即能成功。

(2)将发情明显的母猪赶到假台猪旁，诱发公猪的性欲，当公猪性欲被逗起，赶走发情母猪，引导公猪爬跨假台猪，经过几次反复训练，即可成功。

(3)将发情旺盛的小母猪放在假台猪下，公猪见到发情母猪，引起冲动，爬跨假台猪，便可进行采精。

2. 采精

目前生产上常用手握法。其优点是设备简单、操作方便，缺点是精液容易被污染和遭受冷打击。手握法采精的原理：模仿母猪子宫对公猪螺旋阴茎龟头约束力而引起公猪射精。手握法采精的操作过程：采精员左手戴上消毒的外科乳胶手套，蹲在台猪左侧，待公猪爬跨假台猪后，用 1%高锰酸钾溶液将公猪包皮附近洗净消毒，用生理盐水冲洗；然后左手握成空拳，手心向下，于公猪阴茎伸出的同时导入空拳拳内，立即紧紧握住阴茎头部，不让其来回抽动，使龟头微露于拳心之外约 2 cm，用手指由轻到紧、带弹性、有节奏地压迫阴茎，摩擦龟头部，激发公猪的性欲，公猪的阴茎即开始作螺旋式的伸缩抽送，采精人员握拳要做到既不使公猪阴茎滑掉，又不握得过紧，满足猪的交配感要求，直到公猪的阴茎向外伸展开时，开始射精。射精时拳心有节奏收缩，并用小拇指刺激阴茎，使其充分射精。握得过紧，猪副性腺分泌物较多，精子则少，影响配种；握得过松，阴茎易滑出拳心，随意乱动，造成擦伤流血，影响采精。右手持带有过滤纱布和保温的采精瓶收集含有精子的精液。

公猪的射精过程可分为三个阶段，第一阶段射出少量白色胶状液体，不含精子，不收集。第二阶段射出的是乳白色、精子浓度高的精液，收集精液。第三阶段射出含精子较少的稀薄精液。射精时间 1～5 min 不等。当公猪（第一次）射精停止，可按上述办法再次压迫阴茎及摩擦龟头，公猪可第二次、第三次射精，直至射完精为止。正常情况下 1 头公猪射精量为 150～250 mL，有的达 500 mL，与公猪年龄、个体大小、品种、采精技巧和采精频率有关。

（二）精液品质检查

现行评定精液品质的方法有：外观检查法、显微镜检查法、生物化学检查法和精子生活力检查法四种。在实际应用中又分常规检查：包括射精量、色泽、气味、混浊度、pH、活率、密度等；定期检查：包括精子数、活精子数、精子形态、精子存活时间和指数、血甲蓝褪色试验、精子抗力等。和受精力相关程度大的有：精子活率、密度、形态、存活时间、pH 和精子耗氧量等指标。

1. 外观检查

主要通过肉眼观察精液的色泽和混浊度，以及计量精液量。

（1）混浊度（云雾状）：由于精子运动翻腾如云雾状，精液混浊度越大，云雾状越显著，呈乳白色，精子密度和活率越高。因此，据精液混浊度可估测精子密度和活率的高低。

（2）色泽：正常猪精液为淡乳白色或浅灰白色，精液乳白程度越浓，精子数越多。如色泽异常，说明生殖器官有疾病。精液为淡绿色，可能混有脓液，精液淡红色可能混有血液，黄色精液可能混有尿液。

（3）精液量：由于猪精液中含有胶状物质，需先用消毒纱布过滤，然后倒入一个有刻度的量杯中计量。猪精液量一般为 250 mL。

2. 精子活率

精子活率（力）是指精液中直线前进运动的精子百分数。该指标与受精力密切相关，是评价精子质量的重要指标。一般在采精后、精液处理前后、输精后均要检查该项指标，常用的方法是通过光学显微镜进行运动精子的视觉评定。一般采用 0～1.0 的十级评分标准，直线前进运动的精子占视野精子的 100%，即为 10 分，其余类推。也有采用 5 级分制的。精子旋转运动或倒退运动常为冷休克或稀释造成不等渗透压所致，有可能恢复正常；摆动的精子多濒于死亡。死、活精子比例是精子活率的补充指标，一般采用伊红（或刚果红）染色涂片检查，死精子头部为伊红着色，活精子不着色。新鲜猪精子活力一般为 0.7～0.8，液态保存精液一般在 0.6 以上，冷冻保存精液在 0.3 以上，方可用于输精，保证较高的受精率。

3. 精子密度

精子密度是指单位容积（1 mL）的精液中含有的精子数。该项指标为评定精液品质（每次射精的精子总数）的重要指标，其关系到输精剂量中精子的总数。测定精子密度的方法有估测法、血细胞计数法和光电比色计测定法等。

（1）估测法：本方法常与检查精子活力（原精）同时进行，在显微镜下根据精子的稠密和稀疏程度，划分为“密、中、稀”三级。猪精子密度一般较稀，平均每毫升有1亿～2亿个精子，所以每毫升精液中精子数在3亿个以上的为密，2亿个左右为中，1亿个左右为稀(图12-2)。

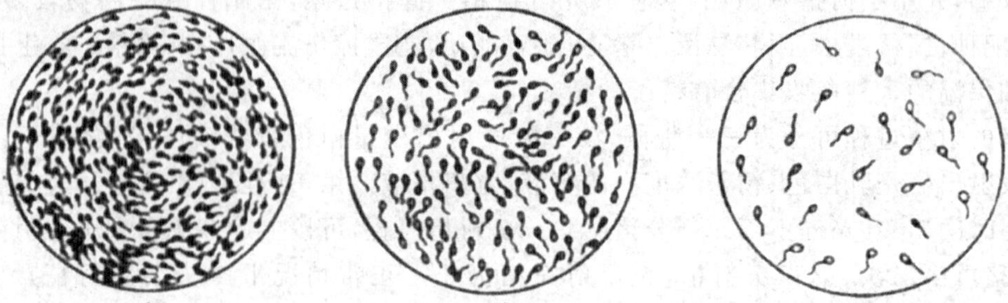

图12-2　精子密度示意图

(2)血细胞计数法：采用白细胞吸管作稀释计算。本法可准确地测定单位容积中精液的精子数。

(3)光电比色计测定法：首先将原精液稀释成不同比例，并用血细胞计数法计算其精子密度，制成标准管，用光电比色计测定其透光度，根据不同精子密度标准管的透光度，求出每相差1%透光度的级差精子数，制成精子查数表。测定精液试样时，将原精液按一定比例稀释，根据其透光度查对精子查数表，即得精液试样的精子密度。由于精液内含有的细胞碎屑、白细胞和胶状物不同，本方法测定结果有一定的误差。

4.精子形态

精子形态与受精率密切相关，精液中含有大量畸形精子和顶体异常精子，其受精力会大大降低。

(1)精子畸形率：畸形精子包括卷尾、弯尾、有头无尾或有尾无头、巨头和其他不正常形态精子。正常精液中的畸形精子率不超过18%时对受精力影响不大。因此，进行人工授精的精液正常精子必须在80%以上。

检查方法：将精液滴制成抹片，用红(蓝)墨水染色3 min，水洗干燥后，在600倍以上显微镜下观察。检查总精子数不少于200个，计算畸形精子百分率。

(2)精子顶体异常率：在正常情况下猪精液中精子顶体异常率为2.3%，如顶体异常率超过4.3%，将影响受精率。

检查方法：将精液滴制成抹片，放在含2%甲醛的柠檬酸盐中固定片刻，再在37℃下干燥，水洗后，用姬姆萨缓冲液染色1.5～2.0 h，水洗干燥后用树脂封装，置于1 000倍以上显微镜或相差显微镜下，观察200个以上精子中顶体异常数，计算出顶体异常率。

(三)精液稀释与保存

精液稀释就是在精液中加入适宜精子存活并保持受精能力的稀释液，扩大精液容量，提高公猪一次射精量的可配母猪数；降低精液能量消耗，延长精子寿命；便于精子的保存和运输。

1.稀释液的主要成分和作用

(1)稀释剂是扩大精液量的填充成分，为等渗缓冲液。

(2)营养物质主要是补充精子外源性营养和能源，以延长精子寿命。如葡萄糖、果糖、蔗糖、氨基乙酸、奶和卵黄等。

(3)保护成分包括:①缓冲物质。调节精液的酸碱度,如枸橼酸钠、酒石酸钾(钠)、磷酸二氢钾(钠)等。②非电解物质。可改变和中和副性腺分泌物的电离程度,以防止精子凝集和补充精子能源,如糖类、磷酸盐类等。③防冷刺激物质。精子遇冷时会冷休克,失去活力。0～10℃可使缩醛磷脂凝集冻结,导致精子发生不可逆的蛋白质变性死亡。加入卵黄和奶类,可防止和减轻精子温度性休克的发生。④抑菌物质。具有抗菌作用,防止有害微生物的繁殖。在稀释液中加入青(链)霉素,可延长精子寿命和提高受胎率。⑤抗冻物质。在超低温冷冻和解冻处理中,精液中的水分结冰时其冰晶对精子存活构成致命威胁。加入甘油、二甲基亚砜(DMSO)、N-三羟甲基-甲基-乙氨基乙烷磺酸(TES)等抗冻剂,可减轻或免除其危害。

(4)其他添加剂:主要用于改善精子外环境的理化特性,以及母猪生殖道的生理机能,有利于提高受精机会,促进合子发育。

2.稀释液的种类和配制

(1)稀释液的种类。

① 现用稀释液:用于采精后立即稀释精液后输精用,目的是扩大精液量,以增加配种母猪数。这类稀释液一般以简单而等渗透压的糖类或奶类为主体。

② 常温(15～20℃)保存稀释液:用于精液常温短期保存。此类稀释液以糖类和弱酸盐为主,pH 偏低。

③ 低温(0～5℃)保存稀释液:用于精液低温保存。稀释液中以卵黄或奶类为主,可抗精子冷休克。在冰箱保存用的稀释液有全奶或10%的奶粉液;90 mL,鲜奶或10%的奶粉液加新鲜的卵黄 10 mL;蔗糖 5g,枸橼酸钠 0.3 g,加蒸馏水至 100 mL,消毒冷却后加鸡卵黄 3 mL。

④ 冷冻保存稀释液:用于精液冷冻保存。该稀释液含有甘油、二甲基亚砜等抗冻物质。

(2)稀释液的配制。稀释液的种类很多,在实践中应根据其目的、保存方法、效果及各成分的价格,是否容易买到而选用不同配方的稀释液。

3.精液稀释方法和稀释倍数

(1)稀释方法:①新采集的精液应迅速放入 30℃保温瓶,当室温低于 20℃时,要注意因冷刺激出现冷休克。②精液越早稀释越好,一般在采精后半小时以内进行稀释。③稀释液与精液的温度必须调整一致,一般将两者均置于 30℃的保温瓶内片刻作同温处理。④稀释时,应将稀释液沿精液瓶壁缓缓加入;稀释后将精液瓶轻轻转动,使精液和稀释液混合均匀,切忌剧烈震荡。注意不能将原精液倒入稀释液中。⑤当高倍稀释时,应分次进行,预防精子环境突然改变,造成稀释打击。⑥稀释后对精液进行镜检,观察精子活力是否下降。若稀释前后活力一样,即可分装保存。

(2)稀释倍数:精液的稀释倍数决定于每次输精的有效精子数、稀释液的种类以及稀释倍数对精子保存时间的影响。一般稀释 2～4 倍或按每毫升稀释精液含 1 亿活动精子为准进行稀释。

4.精液保存

为了延长精子的存活时间,扩大精液的使用范围,同时便于长途运输,对精液进行必要的处理,并将其贮存待用即为精液保存。精液保存方法有:常温(15～25℃)保存、低温(0～5℃)保存和冷冻(－196～－79℃)保存三种。前两种在 0℃以上保存,为液态短期保存,又称液态保存;后者冻结后长期保存,又称冷冻保存。

(1)常温保存：将精液保存在一定变动幅度(15～20℃)的室温下，称为常温保存或室温保存。主要是利用一定范围的酸性环境抑制精子的活动，减少其能量消耗，使精子保持在可逆性的静止状态而不丧失受精能力。猪全份精液在15～20℃下保存效果最佳

(2)低温保存：精液低温保存是在抗冷剂的保护下，防止精子冷休克，缓慢降温到0～5℃保存，从30℃降至5～0℃，每分钟降0.2℃为好，用1～2 h完成降温过程。利用低温降低精子的代谢和能量消耗，抑制微生物生长，同时加入必要的营养和其他成分，并隔绝空气，达到延长精子存活时间的目的。猪的浓缩精液或离心后的精液可在5～10℃下保存，也可在低温下保存。

(3)冷冻保存：利用液氮(－196℃)、干冰(－79℃)作冷源，将精液经过特殊处理，保存在超低温下，达到长期保存的目的。精液冷冻保存稀释液一般以葡萄糖、乳糖、奶糖、甘油为主要成分，但各种成分的浓度不同。甘油浓度以1%～3%为宜。不少配方中加入乙二胺四乙酸(EDTA)有良好作用。解冻后精液应立即用于输精，不宜保存。

(四)精液运输

精液稀释有利于精液的保存，有效保存精液就有可能长距离运输，从而扩大优秀种公猪的配种范围，开展国内外和地区间的精液交换和贸易，替代活猪进行更新血缘，减少疾病传播。各种交通工具均可用作精液运输，但应注意不能原精液运输，必须是经过稀释的精液，包装严密、保温隔热、有防震装置，能维持温度恒定和稳定。交通工具应尽量避免高温、剧烈震动和碰撞、颠簸，以最快速度到达目的地。

第五节　空怀母猪的饲养管理

母猪断奶后饲养的目的是让母猪产生尽可能多的健康卵子，高水平的饲喂即可产生较多的健康卵子，在断奶后的母猪要供给营养全面的日粮，保持种用体况，断奶母猪的日常管理应重点放在发情刺激。母猪过肥会出现不发情、排卵少、卵子活力弱和空怀等现象；母猪太瘦也会造成产后发情推迟等不良后果。因此断奶母猪体况差的应自由采食，湿拌料将有助于增加采食。

一、营养需要

断奶至配种前继续使用营养水平高的哺乳料，饲喂量根据母猪的体况调整，过肥母猪在配种前应采取减膘措施；体况较瘦的母猪尽量多投一些。这样有利于母猪体况的恢复，有利于促进卵泡的发育，并有助于雌激素、促卵泡素的分泌，最终有利于母猪的发情、排卵和受孕。要特别重视蛋白质的供给，既考虑数量，又考虑品质，一般要求饲粮粗蛋白质为12%。如蛋白质供应不足或品质不高，会影响卵子的正常发育，排卵数减少，受胎率降低，在哺乳期间配种的母猪应酌情增加蛋白质的给量。

母猪对钙的不足极为敏感，缺钙时会造成受胎率低，产仔数少，在日粮中应供给15 g钙、10 g磷、15 g食盐。日粮中缺乏维生素A，会降低性机能的活动，影响卵泡成熟和受精卵的着床，引起不孕，维生素D不足，则使上述不良后果更为严重。缺乏维生素D会影响钙、磷吸

收，并造成代谢紊乱。维生素 E 缺乏会造成不育。每千克饲粮应供给维生素 A 4 000 IU、维生素 D 230 IU、维生素 E 11 mg。另外，泛酸、烟酸、维生素 B_{12} 也是母猪不可缺少的维生素。日粮中缺少泛酸，胚胎易死亡而被吸收；缺少维生素 B_{12}，可使产仔数下降，仔猪生活力差，育成率低，母猪在配种准备期间，供给适量的青绿多汁饲料，会得到良好的效果。这类饲料富含蛋白质、维生素和矿物质，对排卵数、卵子质量、排卵的一致性和受精都有良好的作用。

由于在泌乳期消耗过多营养，体重减轻很多，泌乳后期母猪膘情较差，过度消瘦的，特别是那些泌乳力高的个体失重更多。这些母猪断奶前已经相当消瘦，乳腺炎发生机会不大，断奶前后可减料或不减料，干乳后适当增加营养，使其尽快恢复体况，及时发情配种。

母猪断奶前膘情相当好，泌乳期间食欲好，带仔头数少或泌乳力差，泌乳期间掉膘少。过于肥胖的母猪贪吃贪睡，内分泌紊乱，发情不正常。这类母猪断奶前后都要少喂配合饲料，多喂青粗饲料，加强运动，使其恢复到适度膘情，及时发情配种。

二、加强管理

空怀母猪有单栏饲养和群养两种方式。单栏饲养空怀母猪是近年来工厂化养猪生产中采用的一种形式，即将母猪固定在栏内禁闭饲养，活动范围很小。小群饲养是将 4～6 头同时断奶的母猪饲养于同一栏（圈）内，能够自由运动，特别是设有舍外运动场的猪圈，运动范围较大。实践发现，群饲空怀母猪可促进发情，群内一旦出现发情母猪后，由于爬跨和外激素的刺激，可以诱导其他空怀母猪发情，同时便于管理人员观察和发现发情母猪，也方便公猪试情。空怀母猪需要干燥、清洁、温湿度适宜，空气新鲜等环境条件，如母猪得不到良好的饲养管理，将影响发情排卵和配种受胎。

三、发情鉴定

当母猪性成熟后，除了在怀孕期和哺乳期外，健康母猪的卵巢会有规律、周期性进行着卵泡成熟和排卵过程，从上次发情开始到下次发情开始的这段时间，称为发情周期，母猪的发情周期约为 21 d。猪的发情周期大致分为发情前期、发情期、发情后期和休情期四个阶段。而配种成功的关键是正确掌握发情症状。

1. 发情前期

发情前期是指从出现神经症状到接受公猪爬跨为止。此阶段，母猪卵泡迅速增长，生殖腺体活动强烈，阴道黏膜由浅红变深红，阴道分泌物增加，阴道上皮细胞增生加厚，主要表现为：精神不安、兴奋、鸣叫，食欲减退，爬跨其他母猪，但不接受爬跨，外阴红肿并逐渐增大，黏液没有或稀少、液体清亮，持续时间 12～36 h。

2. 发情期

这是性周期的高潮阶段。从接受公猪爬跨到拒绝爬跨为止，持续时间 24～36 h。此阶段，卵巢中卵泡成熟并排卵，生殖道分泌物增加，子宫颈开放，外阴部肿胀到高峰，阴道黏膜颜色呈深红色，主要表现为：两耳竖立，时而呆立，乐意接触公猪，接受爬跨（静立反射），外阴肿大明显，黏液量多而稠，可拉成丝状。

3. 发情后期

又叫恢复期，从拒绝公猪爬跨到发情症状完全消失为止。持续时间 12～24 h。卵巢排卵后，卵泡腔开始充血并形成黄体。主要表现为：外阴肿胀消失，可见皱纹，不愿意接受公猪爬跨。

4. 休情期

又叫间情期。从这次发情症状消失至下次发情症状出现的时期。继发情之后，黄体逐渐萎缩，新卵泡开始发育，母猪精神保持安静状态逐步过渡到下一个性周期。

四、促进发情排卵的措施

为使母猪达到多胎高产，提高母猪年产仔窝数，或使不发情的母猪正常发情排卵，在加强饲养管理的基础上，可采取措施促进发情，促进母猪发情的方法如下。

1. 公猪诱情

用试情公猪追逐不发情的空怀母猪，由于公猪的接触、爬跨等刺激，通过公猪分泌的外激素气味和接触刺激，能通过神经反射作用引起母猪脑垂体产生促卵泡激素，以促进发情排卵；空怀母猪每天用公猪刺激 1～2 次(上午、下午各一次，每次 20 min)，一般在喂料后 30 min，用走动缓慢，口腔泡沫多的 12 月龄以上的公猪，公猪进入母猪栏，并有鼻对鼻的接触效果更佳。

2. 合群并圈

小群饲养有利于促进母猪的发情，空怀母猪合群，或者把不同圈的母猪合群并圈，通过人为的环境改变刺激，促进空怀母猪发情排卵。如实行季节性分娩，较多的母猪可在较集中的时间内产仔，把产仔少的母猪或泌乳力差的母猪所生的仔猪待其吃完初乳后将其两窝合并，让一头母猪哺养，这头不带仔猪的母猪，就可以提前发情。

3. 增加母猪的运动

每天将母猪放出运动，特别针对体况偏肥的母猪，可促进其发情排卵。

4. 仔猪提前断奶

为减轻母猪的负担，将仔猪提前断奶，母猪可提前发情。工厂化养猪一般将哺乳期缩短至 28 d 或更短，传统法养猪也应将断奶日龄缩至 40 d 以内。

5. 按摩乳房

对不发情母猪，可采用按摩乳房促进发情。每天早晨饲喂后，用手掌进行表层按摩每个乳房共 10 min 左右，经过几天母猪有了发情征象后，再进行表层和深层按摩乳房各 5 min。配种当天深层按摩 10 min。表层按摩加强脑垂体前叶机能，促使卵泡成熟，促进发情。深层按摩是用手指尖端放在乳头周围皮肤上，不要触动乳头，作圆运动，按摩乳腺层，依次按摩每个乳房，主要是加强脑垂体的作用，促使分泌黄体生成素，促进排卵。

6. 激素催情

在实践中使用的激素有孕马血清促性腺激素(PMSG)、绒毛膜促性腺激素(HCG)和合成雌激素等。孕马血清促性腺激素对激发卵巢的活动有特殊的作用，每次皮下注射 5 mL，4～5 d 后可发情。据 141 头母猪的资料，发情率为 89.4%。绒毛膜促性腺激素对催情和促进排卵效果良好，体况良好的中型母猪(100 kg 左右)肌肉注射 1 000 IU 为宜。

7. 药物冲洗

由于子宫炎引起的配后不孕，可在发情前1～2 d，用1%的食盐水或1%的高锰酸钾，或1%的雷夫奴乐冲洗子宫，再用1 g金霉素（或四环素、土霉素）加100 mL蒸馏水注入子宫，隔1～3 d再进行一次，同时口服或注射磺胺类药物或抗生素，可得到良好效果。

五、适时配种

精子和卵子是在输卵管上端结合的，公、母猪交配时间是否适当，是决定能否受胎与产仔多少的关键。正确掌握母猪发情与排卵规律及时交配与输精，使精子与卵子在生命力最旺盛的时候相遇，达到受胎的目的。

母猪一般在发情开始后24～36 h排卵，排卵持续时间为10～15 h，卵子在输卵管中8～12 h内有受精能力，精子在母猪生殖道内要经过2～3 h游动到达输卵管，精子在母猪生殖道内一般存活10～20 h。据此推算，配种适宜时间，是在母猪排卵前的2～3 h，但排卵肉眼不可见，且是一个持续的过程，精子运动到受精部位也需要时间，因此应该什么时候开始配种？实践表明，排卵开始的早晚与发情期长短有关，发情期短的母猪，排卵开始较早，发情期长的母猪，排卵开始较晚。母猪的年龄会影响发情排卵，一般是老年母猪发情时间短、排卵早；青年母猪发情时间长、排卵稍晚；中年母猪发情时间长短适中；另外母猪断奶后，早期发情（断奶后3～4 d）和迟发情（断奶后5 d以上），母猪的发情与排卵持续时间也不同，相应的其最适配种时间也应有所不同。断奶至配种间隔越短，发情持续时间就越长，发情症状越明显。因此，发情持续时间短的要早配、发情持续时间长的要晚配。

母猪的发情时间要根据母猪的阴户变化，母猪行为、精神状态及试情和压背法结果来判定，但因为母猪发情时阴户、行为及精神状态变化有时不太明显，因此生产实际中，往往认为母猪愿意接受公猪的爬跨和用手压背部静立不动时判定母猪进入发情期，阴户变化仅仅作为参考。

根据母猪发情的外部表现和行为，即母猪阴户红肿刚开始消退和呆立不动时，正处于排卵阶段，是配种的最佳时间。近年的研究趋向早配，即母猪出现发情征象后24 h，只要肯接受公猪爬跨，即配第一次，第一次交配后18～24 h再配第二次。如果第二次交配后经18～24 h，母猪还愿意接受公猪交配，则可再配一次。

六、输精

输精是人工授精最后一个重要环节，直接关系到母猪受胎率的提高。

1. 输精前的准备

① 保定接受输精的母猪后，将其尾拉向一侧，阴门及其附近用温肥皂水擦洗干净，再用消毒液消毒，最后用温水或生理盐水冲洗擦干。

② 输精器材经清洗消毒后，使用前用稀释液、生理盐水或解冻液冲洗。

③ 输精员双手清洗并用75%酒精消毒，待挥发干后方可操作。

④ 精液的准备：新鲜精液经稀释后进行品质检查，符合标准方可使用；常温和低温保存精液需升温到35℃，活力不低于0.6，方可使用；冻精经解冻后精子活力不低于0.3，方可使用。

2. 输精方法

母猪阴道和子宫颈接合处无明显界限，一般采用输精管插入法输精。输精管种类较多，一般包括一个输精管和一个瓶精液（或一袋精液）。输精时让母猪自由站立，在输精管的输精头涂少许润滑液，使之润滑。输精员将输精管插入母猪阴道，先略向上，后平直地慢慢旋转输精管向前推进，并抽送 2～3 次，直至不能前进为止。插入深度初产母猪 15～20 cm，经产母猪 25～30 cm。根据抵抗力与触觉，判断输精管已进入子宫内，然后向外拉出一点。然后剪开精液瓶（精液袋）的口，接上输精管。自流式输精应将精液瓶（精液袋）倒举至高于母猪，使精液自动流入。输精的同时可轻轻捏摸母猪阴蒂增加其快感，保持母猪安定，促使输精顺利进行。还可按压母猪腰部，避免其弓背引起精液倒流。一般输精时间 3～5 min，输精完毕，让母猪自行排出输精管，防止精液倒流。

3. 适宜的输精时间

根据母猪的排卵时间，并计算进入母猪生殖道内精子获能和具有受精能力的时间来决定最佳输精时间。母猪发情后一般 24～30 h 开始排卵，真正排卵是在发情开始、接受公猪爬跨后的 40 h。发情持续期短的排卵较早，持续期长的排卵较晚。排出的卵子在输卵管内保持受精能力的时间为 8～12 h，交配后的精子到达输精管上端需 2～5 h，精子在母猪生殖道内保持受精能力的时间为 25～30 h。输精时间以排卵之前 6 h 为宜。在实际工作中很难确切地掌握这个时机，常通过发情鉴定来判定适宜的输精时间。母猪在发情高潮过后的稳定时期接受“压背”试验时或从发情开始后第二天输精为宜。如果发情持续期长，输精时间可略后延，并适当增加输精次数。根据老母猪发情期短、年轻母猪略长的特点，宜“老配早，小配晚，不老不小配当中”。以外部观察法和试情法进行发情鉴定不易确定排卵时间，因此，常在一个发情期内两次输精，其间隔时间 12～18 h。

4. 输精量和精子数

常温和低温保存的精液输精量 30～40 mL、有效精子数 20 亿～50 亿个；冷冻保存的精液输精量 20～30 mL、有效精子数 10 亿～20 亿个。

七、受精

公、母猪交配后，精子和卵子结合，形成合子，称受精。受精是一个复杂的生理过程。

（一）精子在受精前的准备

1. 精子的运行

精子由射精部位到达受精部位的过程称精子的运行。母猪发情时子宫颈管开放的程度较大，交配时公猪的阴茎头直接插入子宫颈，将精液射入子宫。射入子宫的精子经 2 h 后大部分滞留在子宫和输卵管连接部，可持续 24 h，这些精子不断向输卵管内释放，48 h 后即全部消失。精子的运行主要靠子宫及输卵管的收缩来完成。输卵管的收缩包括蠕动和逆蠕动、输卵管黏膜皱襞及输卵管系膜的复合收缩。此外，管上皮纤毛活动引起的液流运动，对精子运行也有作用。公猪精子运行到输卵管壶腹部需 15～30 min，其速度受母猪的状态影响，发情初期速度较慢，后期较快。公猪精子在母猪生殖道内保持存活能力的时间为 50 h，受精子品质和母猪生殖道生理状况的影响。

2. 精子的获能

进入母猪生殖道的精子，必须经过一定时期，在形态及生理生化方面发生某些变化后，才能获得受精力，这一生理现象叫精子获能。经过获能的精子，陆续释放一系列水解酶，如透明质酸酶等，溶解放射冠细胞间质，为精子穿越打开通路，使精子易于抵达透明带。

(二)卵子在受精前的准备

1. 卵子的运行

猪的输卵管系膜在伞部周围形成帽状薄膜，掩盖在卵巢表面，被伞部接纳的卵子直接进入输卵管，借纤毛颤动，沿着伞部的纵行皱襞，通过漏斗口进入壶腹部。由于平滑肌的收缩，靠内纤毛向子宫方向颤动，将卵子在 45 min 内运送到受精部位(壶腹-峡接合部)，在此处停留 2 d，进入子宫。卵子进入峡部后即迅速开始失去受精能力，而进入子宫后则完全失去受精能力。猪的卵子在输卵管内的运行时间为 50 h。

2. 卵子在受精前的准备

卵子排出后，在受精前也有类似精子获能的成熟过程。猪的卵子维持受精能力的时间为 8～10 h。卵子到达受精部位以后，如果没有精子与其受精，继续运行，此时卵子已近衰老，同时其外面包一层输卵管分泌物，形成一层隔膜，阻碍精子进入，因此使卵子不易受精。在实践中，最好在排卵前某时授精，使受精部位有活力旺盛的精子等待卵子，以提高受精率。

(三)受精

卵子在第一极体排出后开始受精，精子进入卵子时，卵子正处于第二次成熟分裂，卵子由外向内被放射冠细胞、透明带和卵黄膜三层包围，精子依次穿过这三层进入卵子后，精子核形成雄原核，同时卵子核形成雌原核，然后配合成合子，完成受精过程。

从精子进入卵子到第一次卵裂的中期即受精过程的时间为 12～24 h。

第六节　妊娠母猪的饲养管理

饲养妊娠母猪的任务是保证胚胎和胎儿在母体内的正常发育，防止化胎、流产和死胎的发生，使每窝都能生产大量健壮、生活力强、初生重大的仔猪，并保持母猪有中上等的体况。

一、妊娠诊断

母猪配种后，经一个发情周期未表现发情，基本上认为母猪已妊娠，其外部表现为“疲倦贪睡不想动，性情温驯动作稳，食欲增加上膘快，皮毛发亮紧贴身，尾巴下垂很自然，阴户缩成一条线”。但配种后不再发情的母猪并不绝对肯定已妊娠，因为有的母猪发情周期有延迟现象，有的母猪受精后，胚胎在发育早期死亡或因营养太差，胚胎被母体吸收而造成长期不发情。所以，根据配种后是否再发情来判断其妊娠，也会有一定的差错。母猪妊娠检查常用的方法有：

1. 公猪试情法

配种后一天，用性欲旺盛的成年公猪试情，若母猪拒绝公猪接近，并在公猪试情后一天始终不发情，可初步确定为妊娠。

2. 观察法

母猪配种后 20 多天不再出现发情，即认为已基本配上种，等到第二个发情期仍不发情，就可认为已经妊娠。个别母猪妊娠后，有时会表现发情症状，此种发情称为假发情。配种后发现母猪不久重新发情，而没有发情的就认为已经妊娠，或者是观看外阴户，母猪配种后如阴户下联合处逐渐收缩紧闭，且明显地向上翘，说明已经妊娠。但实际上没有返情的母猪可能不一定是妊娠，其他一些原因，如激素分泌紊乱、子宫疾病等都有可能引起不返情。因此，观察法不够准确，但该方法简单易行，是最常用的妊娠诊断方法。

3. 超声波测定法

利用超声波妊娠诊断仪诊断是近些年工厂化养猪常用的方法，采用诊断仪对母猪腹部进行扫描，观察胚胞液或心动的变化。用超声波妊娠诊断方法判断母猪是否怀孕的准确率达 90%～95%。用 B-型超声波图像仪通过直肠或腹壁成像，可在配种后 20 d 开始进行妊娠诊断。超声波妊娠诊断仪的原理是来自母猪子宫液的超声反射波。伴随着妊娠波在母猪子宫液的速度提高，配种后 25～30 d 达到可检测水平。配种后 80～90 d 内一直保持着可检测性，这段时间过后，子宫内的胎猪超出了液体内容物。国内现已现许多便携式的诊断仪，虽然仪器价格较贵，但每次使用时不需再消耗其他成本，在大型猪场具有实用意义。

4. 黄体酮或雌激素酶免疫测定法

由于母猪妊娠时黄体酮和雌激素水平升高，但在配种后 18～21 d 如果母猪空怀，则黄体酮和雌激素水平降低。因此，测定这个时期的黄体酮或雌激素水平，可以诊断母猪是否妊娠。酶免疫测定技术具有操作简便、无污染的优点，可根据酶免疫测定的原理生产母猪妊娠诊断试剂盒。目前，国外已有十余种试剂盒供应市场，操作时只需按说明书要求加样（血样或尿样），然后根据反应液的颜色判断是否妊娠。这种方法操作简便、快速。

二、母猪预产期的推算

一般来说，母猪配种后，经过一个发情周期未表现发情，基本上认为母猪已妊娠。根据妊娠期，可以推算预产期，以便做好日常饲养管理工作和在母猪临产前做好接助产准备，避免在母猪分娩时忙乱而发生意外的损失。

母猪的妊娠期一般为 108～120 d，平均为 114 d，为了便于记忆，可用“三、三、三”来表示，即母猪妊娠期为 3 个月 3 周零 3 d。

预产期可以按配种月份加 4，日期减 6，再减大月数，过 2 月加 2 d 的方法推算。

三、胚胎和胎儿的生长发育与死亡

（一）胚胎与胎儿死亡的原因

合子从输卵管的壶腹部到达子宫角需 24～48 h，合子到达子宫角时，通过黄体酮的作用将合子附在子宫系膜的对侧上，并在它的周围形成胎盘。母猪每次排卵 20 枚左右，卵子受精率在 95%以上，而母猪产活仔猪数大致 10 头左右，证明有一半的受精卵在胚胎发育过程中死亡。胚胎与子宫在第 13 d 开始接触，植入在第 24 d 左右完成。因此，胚胎到达子宫角并附植在胎盘上约需 13～24 d。合子在第 9～13 d 内的附植初期，容易受各种因素的影响而死亡，这是胚胎死亡的第一个高峰时期，其原因取决于胚胎发育所需生化因素，主要是由于受雌激素和黄体酮之间的配合作用；这一阶段死亡率约占胚胎总数的 20%～25%。虽然大量产前胚胎损失出现于发育早期，但在器官形成期，即妊娠后约第 3 周，还出现第二次的较小高峰，此期正处于胚胎器官形成阶段，胚胎争夺胎盘分泌的营养物质，在竞争中强者存弱者亡。此期胚胎的死亡约占 10%～15%；妊娠至第 60～70 d，这是胎儿死亡的第三个高峰。而妊娠后期和临产前的死亡亦占到 5%～10%。由于这些损失，一般母猪所排出的卵子，大约只有一半能正常受精并发育为活产仔猪(图 12-3)。

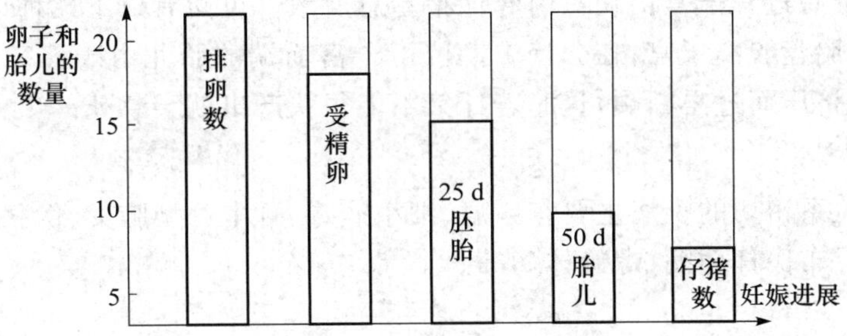

图 12-3　妊娠期胚胎和胎儿的损失示意图

胚胎死亡的原因，有如下几方面：

1. 遗传因素

(1)染色体畸变：猪染色体的畸变与胚胎死亡有十分密切的关系。因此，在生产实践中需对窝产仔猪少的公猪和母猪进行细胞遗传学分析，如发现染色体畸形的个体应立即淘汰。

(2)排卵数与子宫内环境：猪的排卵数和胚胎成活率主要受遗传因素控制，主要表现在子宫长度与胚胎成活率之间有着高度的正相关。其次子宫营养供给状况对胚胎存活也有较大影响。法国学者对大白猪和梅山猪的研究发现，两种猪的排卵数很接近，但妊娠 11 d 时，梅山猪的胚胎存活率几乎是 100%，而大白猪妊娠只有 48%，主要原因是梅山猪子宫冲洗液中有大量的蛋白质和葡萄糖，为胚泡发育附植提供了良好的子宫内环境。

(3)近亲繁殖：近亲繁殖也是引起死胎增加的原因，过度近交会使一些致死隐性基因获得纯合表现的机会，使胚胎死亡率增高。

2. 营养因素

(1)微量营养成分：维生素 A、维生素 D、维生素 E、维生素 C、维生素 B_2、叶酸和矿物质中的钙、磷、铁、锌、铜、锰、碘、硒都是妊娠母猪不可缺少的微量营养成分。资料表明，维生素 A 可提高窝产仔猪数；维生素 E 可提高胚胎成活率和初生仔猪抗应激能力，在妊娠前期 4～6 周龄和分娩前 4～6 周龄作用更明显。矿物质缺乏时死胎率增加。

(2)能量水平：在妊娠早期，给母猪过高水平的能量，胚胎成活率降低。这是因为能量过高，会使猪体过肥，子宫体周围、皮下和腹膜等处脂肪沉积过多，影响并导致子宫壁血液循环障碍，致使胎儿死亡。也有人认为，妊娠前期饲养水平过高，会引起血浆中的黄体酮水平下降。黄体酮参与控制子宫内环境，如果血浆黄体酮水平下降较高，子宫内环境的变化就会与胚胎的发育阶段不相适应。在这种情况下，子宫内环境对胚胎会产生损伤作用。

3.管理和环境因素

(1)温度:妊娠早期母猪对高温的忍耐力很差,当外界温度长时间超过 32℃时,妊娠母猪通过血液调节已维持不了自身的热平衡而产生热应激,胚胎的死亡率明显增加。从机理上看,可能是由于在高温环境下,母猪体内促肾上腺皮质素和肾上腺皮质素的分泌急剧增加,从而控制了脑垂体前叶促性腺激素的分泌和释放,造成母猪卵巢功能紊乱或减退。同时,高温还能使母猪的子宫内环境发生许多不良改变,使早期妊娠母猪的胚泡附植受阻,胚胎成活率明显降低,产仔数减少,死胎、畸形胎增多。

(2)分娩时仔猪缺氧窒息:研究表明,仔猪死胎中 70%~90%是在分娩时死亡的。主要是母猪临产消耗和分娩过程子宫内缺氧引起仔猪窒息所致。可能有以下几种情况:胎盘收缩,血液流通不畅;部分胎盘脱离子宫;在分娩末期位于子宫前端的胎儿由于移行距离过长,彼此间脐带可能因拉伸、挤压而过早断裂,这时若仔猪不能很快产出就会憋死。

4.疾病因素

与胚胎死亡关系密切的疾病主要有猪瘟、细小病毒、日本乙型脑炎、伪狂犬病、繁殖与呼吸综合征、肠病毒病、布氏杆菌病、螺旋体病等。

5.其他因素

母猪年龄、公猪精液质量、交配及时与否等因素,都会影响卵子受精和胚胎存亡。

(二)胚胎与胎儿的生长发育

卵子受精后即靠吸取子宫乳得到营养,到第 11~13 d 合子附植嵌入子宫内壁,第 18~24 d 胎盘形成,第 30 d 胚胎重 2 g,此后重量迅速增加(表 12-2)。怀孕 80 d 时,每个胎儿的重量为 400 g,占初生重的 29%。如果仔猪初生重按 1 400 g 计算,在怀孕 80 d 以后的短短 34 d 时间里,每个胎儿的增重为 1 000g,占初生重的 71%之多,是前 80 d 每个胎儿总重量的 2.5 倍。

表 12-2 不同胎龄胚胎的重量占初生重量的比例

胎龄/d	胎重/g	占初生重/%
30	20	0.05
40	13.0	0.90
50	40.0	3.00
60	110.0	8.00
70	263.0	19.00
80	400.0	29.00
90	550.0	39.00
100	1 060.0	76.00
110	1 150.0	82.00
出生	1 300~1 500	100.00

胎衣从生命早期就起着决定性作用,它包围着胎儿,母体和胎儿间通过胎衣进行营养交换和代谢物质的排出,胎衣也是营养物质的临时仓库,胎衣到妊娠第 70 d 时达到其最大重量,为 2.5 kg,其后维持不变。

羊水和浆膜也包围着胎儿，在第 70 d 时达到最大重量为 6 kg，其后到分娩前逐渐降低，胎液除有保护胎儿的生理作用外，也充当矿物质贮存和胎儿代谢的废物，如尿和肌酐的贮存处。

四、妊娠期母猪的变化

妊娠前期，母猪的代谢增强，对饲料的利用率提高，蛋白质合成增强。在喂等量饲料的条件下，妊娠母猪比空怀母猪增重较多。这是由于妊娠母猪体内某些激素分泌增加所致。如甲状腺素、三碘甲状腺氨酸、肾上腺皮质激素以及胰岛素等，促使了妊娠母猪对饲料营养物质的同化作用，即代谢效率上升，表现为比空怀时沉积的脂肪和肌肉增多。脂肪大部分沉积在背膘，而肌肉大部分沉积在腹壁。据 Heap 等(1967)报道，妊娠母猪比空怀母猪子宫外所增重的部分，脂肪占 48%，肌肉占 31%，其余 21%为乳腺，这就是所谓“妊娠合成代谢”过程。

妊娠中、后期，胎儿发育迅速，由于腹腔容积渐小而降低采食量，妊娠母猪合成代谢的效率降低(仅为 7%～13%)，胎儿对能量的要求日益超过母猪，由于妊娠基础需要的能量降低，有人认为此时胎儿的代谢增量为母体的 3 倍以上，结果使脂肪沉积的合成代谢反而为脂肪分解的降解代谢所代替。由母猪组成分解以及胎儿组成的所耗费的能量，构成了妊娠后期排热增多，增加量超过了体重增长的应增量，即为“妊娠增热”。

总之，后备母猪妊娠期的增重是由三个部分组成：子宫及其内容物(胎衣、胎水和胎儿)的增长；母猪正常生长发育的增重；母猪本身营养物质的贮存。

初产母猪妊娠全程增重为 36～50 kg，而经产母猪只需增重 27～39 kg。因为经产母猪本身不再生长发育，上述增重已足以弥补分娩与泌乳时的失重，使母猪的断乳重与配种时原重相当。当然，初产母猪和经产母猪的增重与起初的体况有关，饲料类型不同也会改变所需的增重，而泌乳期失重因仔猪头数、母猪体况、营养水平、母猪的泌乳力和仔猪的断乳日龄而异。

五、妊娠母猪的饲养管理

(一)妊娠母猪的营养需要

妊娠前期母猪对营养的需要主要用于自身的维持生命和复膘，初产母猪还要用于自身的生长发育，而用于胚胎发育所需极少。妊娠后期胎儿生长发育迅速，对营养要求增加。同时，根据前述妊娠母猪的营养利用特点和增重规律加以综合考虑，对妊娠母猪饲养水平的控制，应采取前低后高的饲养方式，即妊娠前期在一定限度内降低营养水平，到妊娠后期再适当提高营养水平。整个妊娠期内，经产母猪增重保持 30～35 kg 为宜，初产母猪增重保持 35～45 kg 为宜(均包括子宫内容物)。母猪在妊娠初期采食的能量水平过高，会导致胚胎死亡率增高。试验表明，按不同体重，在消化能基础上，每提高 6.28 MJ 消化能，产仔数减少 0.5 头。前期能量水平过高，体内沉积脂肪过多，则导致母猪在哺乳期内食欲不振，采食量减少，既影响泌乳力发挥，又使母猪失重过多，还将推迟下次发情配种的时间。

妊娠母猪的饲粮中应搭配适量的粗饲料，最好搭配品质优良的青绿饲料或粗饲料，使母猪有饱感，防止异癖行为和便秘，还可降低饲养成本。许多动物营养学家认为，母猪饲料可含 10%～20%的粗纤维。

(二)妊娠母猪饲养管理要点

1. 选择适当的饲养方式

饲养方式要因猪而异。对于断乳后体瘦的经产母猪，应从配种前 10 d 起就开始增加采食量，提高能量和蛋白质水平，直至配种后恢复繁殖体况为止，然后按饲养标准降低能量浓度，并可多喂青粗饲料。对妊娠初期膘情已达 7 成的经产母猪，前、中期只给予低营养水平的饲粮便可，到妊娠后期再给予丰富的饲粮。青年母猪由于本身尚处于生长发育阶段，同时负担胎儿的生长发育，哺乳期内妊娠的母猪要满足泌乳与胎儿发育的双重营养需要，对这两种类型的妊娠母猪，在整个妊娠期内，应采取随妊娠日期的延长逐步提高营养水平的饲养方式。不论是哪一类型的母猪，妊娠后期(90 d 至产前 3 d)都需要短期优饲。一种办法是每天每头增喂 1 kg 以上的混合精料；另一种办法是在原饲粮中添加动物性脂肪或植物油脂(占日粮的 5%～6%)，两种办法都能取得良好效果。

2. 掌握日粮体积

要考虑三方面：保持预定的日粮营养水平；使妊娠母猪不感到饥饿；又不感到压迫胎儿。操作方法是根据胎儿发育的不同阶段，适时调整精粗饲料比例，后期还可采取增加日喂次数的方法来满足胎儿和母体的营养需要。

3. 讲究饲料品质

无论是精饲料还是粗饲料，都要保证其品质优良，不喂发霉、腐败、变质、冰冻或带有毒性和强烈刺激性的饲料，否则会引起流产。饲料种类也不宜经常变换。饲料变换频繁，对妊娠母猪的消化机能不利。

4. 精心管理

对妊娠母猪要加强管理，防止流产。夏季注意防暑，严禁鞭打，跨越污水沟和门栏要慢，防止拥挤和惊吓，防止急拐弯和在光滑泥泞的道路上运动。雨雪天和严寒天气应停止运动，以免受冻和滑倒，保持安静。妊娠前期可合群饲养，后期应单圈饲养，临产前应停止运动。

第七节　分娩与助产

母猪经过 114 d(112～116 d)的妊娠，胎儿发育成熟，母猪将胎儿及其附属物从子宫排出体外，这一生理过程称为分娩。分娩是哺乳动物胎儿发育成熟后的自发生理活动，母猪分娩发动是一个较为复杂的过程，目前对分娩研究的最新观点认为，分娩发动不是由某一特定因素引起的，而是由来自母体和胎儿双方的激素、神经、机械等多种因素相互联系、相互协调共同完成的。也就是说母体和胎儿都参与了分娩的发动，其中胎儿的丘脑下部-垂体-肾上腺轴对分娩的发动起着主要作用。

一、分娩发动

(一)分娩前激素变化

1. 黄体酮

血浆黄体酮和雌激素浓度的变化是引起母猪分娩的重要因素。在母猪妊娠期间，由于大量黄体酮的存在,能够维持子宫处于相对安静的状态。分娩前黄体酮含量下降,从而抑制子宫兴奋性的作用降低,继而引起子宫收缩而激发分娩,因此有"黄体酮撤退"之说。血浆激素测定发现,黄体酮浓度恰好是在分娩前几天下降的,大多数猪的黄体酮浓度变化是在产前48～36 h从12～9 ng/mL下降至临产时的8～5 ng/mL;在少数情况下,黄体酮水平甚至降得更低,在产前24 h内降至3～2 ng/mL。

2. 雌激素

妊娠期间,雌激素刺激子宫肌生长及肌球蛋白的合成,为分娩时子宫肌的收缩创造条件。分娩时,雌激素直接刺激子宫肌发生节律性收缩,克服黄体酮的抑制作用,增强子宫肌对催产素的敏感性,也有助于前列腺素的释放。母猪产前1周到分娩开始,血液总雌激素浓度逐渐升高,产前1周为1.2 ng/mL左右,分娩开始的最高值可达2.6～2.8 ng/mL。分娩结束即胎衣排出后,雌激素的浓度急剧下降。

3. 催产素

在分娩时催产素有着非常重要的作用。分娩时,血液中黄体酮含量低,雌激素分泌量高,可导致催产素释放;子宫颈扩张以及子宫颈、阴道受到胎儿和胎囊的刺激,也可反射性地引起催产素的分泌,催产素经血液循环作用于子宫平滑肌,使子宫的节律性收缩即阵缩加强,从而产出胎儿。关于子宫对催产素的敏感性,大量的试验证明,在母猪妊娠的不同时期其差异是很大的。

4. 前列腺素

由于母猪临产前雌激素水平的升高,激发子宫内膜产生大量前列腺素。试验表明,分娩时羊水中的前列腺素较分娩前明显增多,前列腺素有溶解黄体、减少黄体酮对子宫肌的抑制作用,以及刺激垂体释放催产素,导致子宫收缩排出胎儿的作用;同时,它可通过母体胎盘渗入子宫壁,也可由血液循环带至子宫肌,刺激子宫肌,使之收缩增强。

(二)引起分娩的胎儿因素

引起母猪分娩发动的机理可概括如下:在妊娠期间,由于大量黄体酮抑制了子宫收缩,子宫肌扩张,使胎儿能在子宫内长大,妊娠得以维持。至分娩前数天,成熟胎儿分泌大量皮质激素,引起胎盘分泌大量雌激素,刺激松弛素对产道产生作用,同时也引起母体子宫产生大量的前列腺素。前列腺素抑制胎盘分泌黄体酮,并且溶解黄体,致使分娩前黄体酮含量降低,这些激素的变化使子宫内化学感受器对刺激的敏感性快速提高,开始对乙酰胆碱和垂体后叶激素等催产物质发生较强的反应,从而导致子宫肌产生自发性收缩。此时,一方面由于子宫颈、阴道受到来自子宫的压力刺激,反射性引起母体垂体释放催产素;另一方面雌激素的增加也促进了催产素的大量分泌,在催产素或催产素与前列腺素的协同作用下,使子宫阵缩增强而引起分娩。

(三)分娩预兆

在妊娠期末,胎儿从母体生殖道产出前,母猪在生理和行为上会产生一系列变化,称为分娩预兆。生产上根据分娩预兆,可以大致预测分娩时间,以便提前做好接产准备,保证母、仔安全。

1. 乳房变化

母猪产前15 d左右,乳房就开始从后向前逐渐膨大、下垂;产前7 d左右,乳腺发育充实,乳房基部和腹壁之间呈现出明显的界限;到临产前,乳房富有光泽,其基部在腹部隆起呈两条带状,乳头向两外侧开张,呈八字分开。一般情况下,当母猪前面的乳头能挤出少量浓稠乳汁后 24 h 左右可能分娩,中间乳头出现浓乳汁后 12 h 左右可能分娩,后边乳头出现浓乳汁 3～6 h 内分娩。若用手轻轻挤压母猪的任意一个乳头,都能挤出很多很浓的黄白色乳汁时,可能马上就要分娩了。

2. 外阴变化

母猪分娩前 1 周外阴逐渐红肿、松弛,阴唇皮肤上的皱襞展平、变红,产前 3 d 母猪尾根下凹,骨盆开张,用手握住尾根上下掀动时,可明显地感到活动范围增大,且由于骨盆部韧带的松弛,臀部肌肉出现明显的塌陷现象。

3. 行为变化

母猪临产前表现不安、食欲减退,并有防卫反应,当陌生人走进时,常有张口攻击动作出现。其祖先原来在野生环境条件下形成的衔草做窝行为,在当今各品种猪中仍有不同程度的表现,如圈内有垫草时,母猪将其垫草衔到睡床周围做窝,现代化猪场的母猪在专用产仔床上饲养时,母猪产前时常表现咬铁管的行为,一般出现这种现象后 6～12 h 将要产仔。若母猪进一步表现为呼吸加快,时起时卧,常呈犬坐姿势,阴门有黏液排出,频频排尿,继而侧身躺卧,开始出现阵痛、四肢伸展、用力努责、从阴道内流出羊水等现象,则很快就要产仔。此时应严密观察,做好接产准备。

二、分娩过程

整个分娩过程是从子宫开始出现阵缩起,至胎衣排出为止。分娩是一个连续完整的过程,但为叙述方便,人为地将其分成三个阶段:准备阶段、胎儿产出阶段和胎衣排出阶段。

(一)准备阶段

准备阶段的内在特征是血浆中黄体酮含量下降,雌激素含量升高,垂体后叶释放大量催产素;表面特征是子宫颈扩张和子宫纵肌及环肌的节律性收缩。运动方向朝着子宫颈。在准备阶段初期,以每 15 min 左右周期性地发生收缩,每次持续 20 s,随着时间的推移,收缩频率、强度和时间增加,一直到每隔几分钟重复收缩。收缩迫使胎膜连同胎水进入已松弛的子宫颈,促使子宫颈扩张。在准备阶段结束时,由于子宫颈扩张而使子宫和阴道间的界限消失,成为一个相连续的筒状管道。胎儿和尿膜绒毛膜被迫进入骨盆入口处,尿膜绒毛膜在此处破裂,尿膜液顺着阴道流出阴门外。

(二)胎儿产出阶段

这一时期从子宫颈完全开张到排出胎儿。在此期内,子宫的阵缩更加剧烈、频繁而持久。同时腹壁和膈肌也发生强烈收缩,使腹腔内的压力显著提高,此时,胎儿受到的压力达到最大,最终把胎儿从子宫经过骨盆口和阴道挤出体外。母猪在这一期中多为侧卧,有时也站起来,但随即又卧下努责。有母猪在胎儿排出过程中胎膜不露出阴门之外,胎水极少,每排一个胎儿之前只能看到少量胎水流出。母猪努责时伸直后腿,挺起尾巴,每努责一次或数次产出一个胎儿。一般每次排出一个胎儿,少数情况下可连续排出两个胎儿,偶尔有连续排出 3 个胎儿的。此期持续的时间根据胎儿数目及其产出相邻两个胎儿的间隔时间而定。第一个胎儿排出较慢,从母猪停止起卧到排出第一个胎儿需 10～60 min。产出相邻两个胎儿的间隔时间,以我国地方猪种需时最短，平均2～3（1～10）min；引进的国外品种猪平均10～17（10～30）min，也有短至3～8 min或长达1 h的；杂种猪介于二者之间，需时5～15 min。当胎儿数较少或个体较大时，产仔间隔时间较长。最后几个胎儿分娩的间隔时间加长。如果分娩中胎儿产出的间隔时间过长，应及时进行产道检查，必要时人工助产。

母猪产出全窝胎儿通常需要1～4 h。猪的胎盘为弥散型胎盘，胎儿胎盘和母体胎盘的联系不紧密，子宫的强烈收缩容易使二者分离开来，因此胎儿的产出相当快，否则胎儿可能因缺氧而窒息死亡。

（三）胎衣排出阶段

胎衣是胎儿的附属膜的总称，其中也包括部分断离脐带。所谓胎衣排出期，是指全部胎儿产出后，经过数分钟的短暂安静，子宫肌重新开始收缩，此时阵缩的特点是收缩期短、收缩力较弱而间歇期较长，子宫的收缩直到胎衣从子宫中全部排出为止。在产后10～60 min，从两子宫角内分别排出一堆胎衣。猪一侧子宫内所有胎儿的胎衣是相互粘连在一起的，极难分离，所以生产上常见母猪排出的胎衣是非常明显的两堆。胎衣排出后应及时进行清点，看其是否完全排出。

三、接产

（一）产前准备

1. 消毒工作

从事养猪生产最大的问题之一是仔猪疾病难以控制，新生仔猪对各种病毒、细菌非常敏感。这些病毒、细菌的来源和传播途径主要有两个，一是污染的产房内固有的病原菌；二是由母体带入产房的病原菌。为切断这些传播途径，保证仔猪健康，必须事先进行彻底有效的消毒。

母猪进产房前1周，首先彻底清扫产房和产床，用高压水冲洗产床、地面和墙壁。使用高床漏缝地板的产房，必须将漏缝地板掀开，冲洗底板及粪沟并进行漏缝地板的正反面冲洗，以及猪床栏栅的冲洗，达到表面看不到污物，晾干后，以甲醛熏蒸消毒，或用2%～3%火碱水进行全舍内喷雾消毒，经12 h干燥后再用高压水冲洗，再干燥后方可以进猪。若能用火焰再消毒一次，效果更好。

2. 接产准备

接产前要准备好产仔哺乳记录卡、剪刀、耳号钳、毛巾、水桶、水盆、秤、钟表、记录笔、5%碘酊、消毒液、肥皂、手术刀、针线及应急照明用具等。对地面饲养的猪还需要准备垫草，垫草要求干燥、柔软、清洁、长短适中（10～15 cm）。此外，接产员在接产前，除了对接产用品进行消毒，还要把手上的指甲剪短、锉光，用肥皂水或消毒水洗净。

3. 保暖工作

仔猪抗寒能力很弱，特别是在严寒冬季。因此，必须对仔猪进行保温。保暖设备有许多种，可根据具体条件选用。目前，常用的有红外线灯、温水循环和电加热板等方法。红外线灯的吊灯高度为45 cm，设备简单，除有保温效果外，还有预防和治疗皮肤病的作用；缺点是目前使用的均为175～250 W灯泡，调温困难，冬季容易灼伤仔猪皮肤。温水循环法适用于集约化大型猪场，其优点是床面干燥卫生，仔猪腹部也可得到保温，有助于猪的生理代谢，可预防下痢，增强内脏功能；缺点是投资较大。

(二)接产程序

1. 擦干黏液

妊娠母猪出现频频排尿、站卧不安、开始阵痛、阴门流出稀薄黏液等症状时，仔猪即将出生，此时值班人员不可离岗。仔猪出生后连脐带一起尽快移到安全的地方，用洁净的布毛巾将仔猪口、鼻内的黏液掏除、擦干净，然后再用毛巾或垫草迅速擦干其皮肤。这对促进仔猪血液循环、防止体温过多散失和预防感冒非常重要。可在分娩母猪臀部后临时增设一保温灯，提高母猪分娩区的温度，防止仔猪出生时温差大而受冻。

2. 断脐带

仔猪离开母体时，一般脐带会自行扯断，但仍拖着 20～40 cm 长的脐带，此时应及时人工断脐带。正确方法是先将脐带内的血液向仔猪腹部方向挤压，然后在距仔猪腹部 4～5 cm 处用手钝性掐断。钝性掐断，脐带血管受到压迫而迅速闭合，一般断脐带后不会流血不止，不必结扎。断脐后用 5%碘酊将脐带断部及仔猪脐带根部一并消毒。

3. 剪犬齿

仔猪初生就有 8 枚状似犬齿的牙齿，上下颌左右各 2 枚。由于犬齿十分尖锐，因争抢乳头发生争斗时极易咬伤母猪的乳头或同伴，故应将其剪掉。剪齿时，只剪犬齿的上 1/3。注意，不要剪至牙齿的髓质部，以防感染。对发育不好的弱小仔猪，可以保留牙齿，这样有利于其进行乳头竞争，有利于其生存。

4. 断尾

不留作种用的仔猪生后及时断尾，可将其尾断掉 1/2 或 1/3。断尾的方法很多，常用的有钝性断法和烙断法。

5. 打耳号

留作种的仔猪生后及时打上耳号，通常以打耳缺和耳孔进行标志。

6. 及时吃初乳

产仔完毕后，应让所有仔猪及早吃上初乳，一般不要超过 1 h，这样仔猪可获得均衡的营养与免疫抗体。母猪产仔时间长时，应让仔猪分批吃乳。为了提高仔猪成活率，应让每头仔猪都吃好吃足初乳。可让弱小的仔猪优先吃初乳，也可将已吃到初乳的强壮仔猪进行标志并关入保温箱，让弱小的仔猪在无竞争状态下，吃 2～3 次初乳。

(三)假死猪的急救

有的仔猪出生后全身发软、奄奄一息，甚至停止呼吸，但心脏仍在跳动，此种情况称为仔猪假死。假死猪的急救方法有：

1. 人工呼吸法

接产人员迅速将仔猪口腔内黏液掏出，擦干净其口鼻部，手握仔猪嘴鼻，对准其鼻孔适度用力吹气，反复吹 20 次左右；也可让假死仔猪仰卧在垫草上，用两手握住其前后肢反复做腹部侧屈伸，直至其恢复自主呼吸。

2. 药物刺激法

用酒精或白酒等擦拭仔猪的口鼻周围，刺激其复苏。

3.拍打法

倒提仔猪后腿，用手连续拍打其胸部，直至仔猪发出叫声为止。

4.憋气法

用手把假死猪的肛门和嘴按住，并用手捏住仔猪的脐带憋气，当发现脐带有波动时立即松手，仔猪即可正常呼吸了。

5.捋脐法

擦干仔猪口腔黏液，将头部稍抬高置于软垫草上，在距腹部 20～30 cm 处剪断脐带，术者一手捏脐带末端，另一手自脐带末端向仔猪体内捋动，每秒钟 1 次，反复进行，不得间断，直至救活。一般情况下，捋 30 次假死仔猪出现深呼吸，40 次时仔猪发出叫声，60 次左右仔猪可正常呼吸。特殊情况下，要增加时间和次数才能取得好的效果。该方法抢救仔猪效果很好，救活率可达到 95%。

(四)难产处理

母猪破羊水半小时仍产不出仔猪，即可能为难产。难产在生产中较为常见，多由母猪骨盆发育不全、产道狭窄(早配初产多见)、死胎多、分娩时间拖长、子宫弛缓(老龄、过肥或过瘦母猪多见)、胎位异常、胎儿过大等原因所致。如不及时处置，可能造成母仔双亡。

难产也可能发生于分娩过程的中间，即顺产几头仔猪后，却长时间不再产出仔猪。如果母猪长时间剧烈阵痛，反复努责不见产仔，呼吸迫促，心跳加快，皮肤发绀，应立即实行人工助产。对老龄体弱、娩力不足的母猪，可肌内注射催产素(脑垂体后叶素)10～20 IU，促进子宫收缩，必要时同时注射强心剂。如注药后半小时仍不能产出仔猪，即应手术掏出仔猪。具体操作方法是：术者剪短、磨光指甲，手和手臂先用肥皂水洗净，用 2%来苏儿(或 1%高锰酸钾水溶液)消毒，再用 70%的酒精消毒，然后涂以清洁的灭菌润滑剂(凡士林、石蜡油或植物油)。将母猪阴部清洗消毒。趁母猪努责间歇时将手指尖合拢呈圆锥状，手臂慢慢伸入产道，抓住胎儿适当部位(下颌、腿)再随母猪努责，慢慢将仔猪拉出。对破水时间过长、产道干燥并狭窄、胎儿过大引起的难产，可先向母猪产道内注入加温的生理盐水、肥皂水或其他润滑剂，然后按上述方法将胎儿拉出。对胎位异常的，矫正胎位后可能自然产出。

在整个助产过程中，要尽量避免产道损失和感染。助产后必须给母猪注射抗生素，防止生殖道感染发病。产后母猪若出现不采食或脱水症状，应经耳静脉滴注 5%葡萄糖生理盐水 500～1 000 mL，维生素 C 0.2～0.5 g。

(五)剖腹产

对于产程过长而助产无效者，要实施手术将仔猪取出，即剖腹产。猪对剖腹产的耐受性较强，成功率可达 92%。适时进行剖腹产，不但可以挽救母猪生命，同时也可将仔猪救活。

1.保定

将母猪左右侧卧均可。

2.消毒

将母猪侧腹部大面积剃毛、洗净、涂碘酒，并铺上在消毒剂中浸泡过的大块塑料布，以便在术中置放子宫角用。

3.麻醉

采用切口处局部浸润麻醉。

4. 手术步骤

从髋结节之下约 10 cm 处，并在膝襞皱裂之前，向下向前作一与腹内斜肌纤维方向相同的切口，长约 15 cm；切开皮肤、皮下脂肪及皮肌、腹外斜肌腱膜、腹内斜肌及腱膜，按纤维方向切开腹横肌，分开腹膜外脂肪，最后切开腹膜。打开腹腔后，将一侧子宫角或其中一部分拉出来，盖上以灭菌生理盐水浸湿的纱布，紧靠子宫体在子宫角大弯上切一约 15 cm 的切口，便于从此切口取出两侧的胎儿。一旦切开子宫开始取仔猪时，动作要迅速，以免取空部分的子宫复旧缩小，造成后边的小猪取出困难。一侧子宫角内仔猪全部取出后再取另一侧子宫角，直至全部取完。

5. 子宫缝合

用丝线或肠线和圆刃针以连续缝合法先把子宫浆膜和肌肉层的切口缝合一道，再用胃肠缝合法缝第二道（针不穿透黏膜），使子宫切口向内翻，用加入青霉素的温生理盐水冲洗子宫表面，冲洗液不要流入腹腔。然后将子宫放入腹腔。

6. 腹壁、皮肤缝合

用丝线以连续缝合法分别缝合腹横肌与腹膜（缝完以前在腹腔内注入大剂量抗生素）、腹斜肌腱膜、皮肌，用锁边缝合法缝合皮肤并涂以消炎防腐软膏。实施剖腹产的母猪，术后要加强护理，密切注意体温变化，连续注射 3 d 青霉素，每天 2 次。若切口愈合良好，体温无大的变化，7～10 d 即可拆线。

（六）母猪产后护理

分娩后 1 周内母、仔猪的健康状况，与仔猪育成率和断奶体重关系极大。母猪产后 8～10 h 内原则上不喂料，只喂给豆饼麸皮汤或调得很稀的汤料。产后 2～3 d 内不应喂料过多，饲粮要营养丰富、容易消化，并视母猪膘情、体力、泌乳及消化情况逐渐加料。产后 5～7 d 逐渐达到标准喂量或不限量饲喂。母猪产后体力虚弱，过早加料可能引起消化不良，乳质变化，导致仔猪拉稀。如果母猪产后体力较强、消化较好、哺乳仔猪数较多，则可提前加料或自由采食，以促进泌乳。

第八节 哺乳母猪的饲养管理

一、母猪的泌乳生理

（一）母猪乳房结构

乳房主要有两种组织：其一为由乳腺泡和导管系统构成的腺体组织，其二是由纤维结缔组织和脂肪组织构成的间质，由它来保护和支持腺体组织。

乳腺泡由一层分泌上皮细胞构成，是生成乳汁的部位。每个腺泡相连一条细小乳导管，各条细小乳导管相互汇合成中等乳导管，中等乳导管又汇合成粗大的乳导管，最后汇合成乳池，乳池是贮存乳汁的较大腔道，乳池经乳头末端的乳头管向外开口。猪的每个乳房有 2～3 个乳池和乳头管，但乳池不发达，不能贮存大量的乳汁。因此，也就不能随时排乳，即仔猪不能随时吃到母乳。乳腺有丰富的血液供应，每一腺泡都被稠密的毛细血管网包围着。因此，血液可充分将营养物质和氧带给腺泡以供生成乳的需要。每产 1 L 乳汁，需要 400～500 L 的血液通过乳房，血液流入乳房的数量，是由垂体后叶分泌催产素所控制。

(二)乳分泌的调节

泌乳期间乳的分泌包括乳的生成和泌乳的维持两个过程，主要通过神经一激素的途径来进行调节。

1. 乳的产生

脑垂体前叶所分泌的催乳素(ITH)，在妊娠期间被卵巢和胎盘分泌的大量雌激素和黄体酮所抑制分娩前后，黄体酮水平下降，由于子宫颈的活动，经传入神经的反射，促使下丘脑释放催乳素释放激素(LT-RH)，经轴突释放至血液，经垂体门脉循环刺激垂体前叶分泌催乳素。由于催乳素迅速释放，经血液刺激乳腺上皮细胞产生强烈的促进作用，引起泌乳。其他激素如甲状腺素、肾上腺皮质激素及胰岛素等也与乳的生成有关。

2. 泌乳的维持

乳生成后，血液内含有一定水平的催乳素以维持泌乳。血液之所以能维持一定水平的催乳素，主要是一种反射活动，引起这种反射的主要因素是哺乳或挤乳对乳房的刺激。一般认为，这种刺激是从乳腺感受器传出的神经冲动，到达脑的中枢神经，兴奋了下丘脑，解除了下丘脑的催乳素抑制因子(PIF)的作用，而促使下丘脑释放催乳素释放激素，经垂体门脉循环刺激垂体前叶分泌催乳素，从而对乳腺的乳生成活动发生调节性影响，这样才使乳从乳腺有规律地排空，这种排空是维持泌乳所必需的条件。

(三)排乳的调节

母猪的排乳受神经——激素的调节。当仔猪用鼻吻突拱母猪乳房，嘴衔住乳头吸吮乳汁时，这种外界刺激，通过传入神经传到中枢神经，兴奋了下丘脑的室旁核合成催产素，同时下丘脑的视上核合成血管加压素(即抗利尿激素，ADH)，从垂体后叶释放，该激素经血液到达乳房，刺激乳房上皮细胞收缩，这种收缩增加了乳房内压，迫使乳汁由腺泡腔经细小乳导管流入中乳导管，再由中乳导管流入大乳导管，通过乳头管向外排出。仔猪用鼻吻突拱母猪乳房需经 2～5 min 后，才能排乳，母猪放乳的持续时间 30～60 s，两次排乳间隔时间约 1 h，一昼夜可排乳 20 次以上。

二、猪的泌乳量及其影响因素

猪乳可分为初乳与常乳，分娩后 3 d 以内的乳为初乳，初乳为初生仔猪提供抗体，有学者还提出初乳还能提供其他因子而促进仔猪肠道的生长发育。初乳干物质和蛋白质较常乳高，而乳脂、乳糖、灰分等较常乳低(表 12-3)。

表 12-3　母猪初乳成分

成分	含量
总固体/%	22.0～33.1
脂肪/%	2.7～7.7

续表 12-3

成分	含量
蛋白质/%	9.9～22.6
乳糖/%	2.0～7.5
灰分/%	0.59～0.99
钙/%	0.50～0.80
磷/%	0.08～0.11
维生素 A/(μg/mL)	44～144

(一)泌乳量

母猪的泌乳量是指泌乳母猪在一个泌乳期内的泌乳量。泌乳量的高低与仔猪的成活率和生长发育速度有着密切关系。

母猪的泌乳量无法直接测定,只能间接估测,常用方法以 20 日龄仔猪增重推算母猪的泌乳量。20 日龄前仔猪每千克增重约需母乳 3 kg,一般地方猪种及杂种猪 20 d 泌乳量约占全期(60 d)泌乳量的 35%,引入猪种 20 d 泌乳量约占全期(60 d)泌乳量的 40%。因此:

20 d 泌乳量=(20 日龄全窝仔猪重－全窝仔猪初生重)×3

全期泌乳量=20 d 泌乳量/35%

(二)影响泌乳量的因素

影响母猪泌乳量的因素很多,有品种、胎次、带仔数、饲养管理等。

1.品种

一般规律是大型肉用或兼用型猪种的泌乳力高,小型或产仔较少的脂用型猪种的泌乳力较低。杂种母猪泌乳量也表现一定的杂种优势。

2.胎次

一般情况,初产母猪的泌乳力低于经产母猪。初产母猪的乳腺发育尚不完善,缺乏哺育仔猪的经验,对仔猪哺乳的刺激,经常处于兴奋或紧张状态,排乳较慢,第 2～4 胎泌乳量上升,以后保持一定水平,6～7 胎之后呈下降趋势。

3.带仔数

母猪一窝带仔数多少与其泌乳量关系密切。

带仔数多,全部有效乳头都能充分利用,吸出的乳量也多。据此,调整母猪产后的带仔数,使其带满全部有效乳头的做法,可以发掘母猪泌乳潜力。产仔少的母猪,仔猪被寄养出去后可以促使其很快发情配种,从而提高母猪的利用率。

4.饲养管理

营养水平和饲料品质是影响泌乳量的主要因素,特别是在妊娠期间给予较高的营养水平,反而会降低哺乳母猪的泌乳量;若给予较低的营养水平,母猪的失重较多,但对断乳仔猪头数和窝重影响并不大。在哺乳期内如不能满足母猪的营养需要,亦不能充分发挥母猪的泌乳潜力。哺乳期母猪饲料的营养水平、饲喂量、环境条件和管理措施,均可影响母猪泌乳量。

三、泌乳母猪的饲养管理

(一)泌乳母猪的营养需要

母猪在哺乳期间，要分泌大量乳汁，一般在 60 d 内能分泌 200～300 kg，优良母猪能达 450 kg 左右。因此，母猪在哺乳期间，尤其是在泌乳旺期(哺乳期前 30 d)其物质代谢比空怀母猪要高得多，所需要的饲料量，也就显著增加。

猪乳含蛋白质约 6%，而饲料中消化粗蛋白质的利用率为 70%左右。故每千克猪乳需可消化粗蛋白质 86 g，乳中蛋白质含赖氨酸 7.59%、色氨酸 1.30%、蛋氨酸 1.36%。因此，要保证必需氨基酸的需要，在日粮不限量的情况下，粗蛋白质水平达 14%，并不降低育成数、泌乳量，也不影响仔猪的发育。

(二)泌乳母猪饲养管理要点

1. 掌握投料量

产后不宜喂料太多，经 3～5 d 逐渐增加投料量，至产后一周，母猪采食和消化正常，可放开饲喂。工厂化猪场 35 日龄断奶条件下，产后 10～20 d，日喂量应达 4.5～5 kg，20～30 d 泌乳盛期应达到 5.5～6 kg，30～35 d 应逐渐降到 5 kg 左右，断奶后应据膘情酌减投料量。传统养猪场，如 50 日龄断奶，则应在产后 40 d 之前重点投料，40 日龄以后降低投料，这时母猪泌乳量大为降低，仔猪主要靠补料满足需要。

2. 饲喂次数

以日喂 4 次为好，时间为每天的 6 时、10 时、14 时和 22 时为宜，最后一餐不可再提前。这样母猪有饱感，夜间不站立拱草寻食，减少压死、踩死仔猪，有利母猪泌乳和母、仔安静休息。

3. 饮水和投青料

如喂生干料，饮水充足与否是采食量的限制因素，饮水器应保证出水量及速度。泌乳母猪最好喂生湿料[料：水＝1：(0.5～0.7)]，如有条件可以喂豆饼浆汁。给饲料中添加经打浆的南瓜、甜菜、胡萝卜、甘薯等催乳饲料。

4. 饲料结构

泌乳期母猪饲料结构要相对稳定，不要频变、骤变饲料品种，不喂发霉变质和有毒饲料，以免造成母猪乳质改变而引起仔猪腹泻。

5. 猪舍环境

猪舍内要保持温暖、干燥、卫生、空气新鲜，除每天清扫猪栏、冲洗排污道外，还必须坚持每 2～3 d 用对猪无副作用的消毒剂喷雾消毒猪栏和走道。尽量减少噪音、大声吆喊、粗暴对待母猪等各种应激因素，保持安静的环境条件。

6. 舍外运动

有条件的地方，特别是传统养猪，可让母猪带领仔猪在就近牧场上活动，能提高母猪泌乳量，改善乳质，促进仔猪发育。无牧场条件，最好每天能让母仔有适当的舍外逍遥活动时间。

(三)泌乳母猪异常情况的处理

1. 乳腺炎

一种是乳房肿胀，体温上升，乳汁停止分泌，多出现于分娩之后。由于精料过多，缺乏青绿饲料引起便秘、难产、发高烧等疾病，引起乳腺炎；另一种是部分乳房肿胀。由于哺乳期仔猪中途死亡，个别乳房没有仔猪吮乳，或母猪断奶过急使个别乳房肿胀，乳头损伤，细菌侵入便可引起乳腺炎，治疗时可用手或湿布按摩乳房，将残存乳汁挤出，每天挤 4～5 次，2～3 d 乳房出现皱褶，逐渐上缩。如乳房已变硬，挤出的乳汁呈脓状，可注射抗生素或磺胺类药物进行治疗。

2. 产褥热

母猪产后感染，体温上升到 41℃，全身痉挛，停止泌乳。该病多发生在炎热季节。为预防此病的发生，母猪产前要减少饲料喂量，分娩前最初几天喂一些轻泻性饲料，减轻母猪消化道的负担。如患病母猪停止泌乳，必须把全窝仔猪进行寄养，并对母猪及时治疗。

3. 产后奶少或无奶

最常见的有四种情况：母猪妊娠期间饲养管理不善，特别是妊娠后期饲养水平太低，母猪消瘦，乳腺发育不良；母猪年老体弱，食欲不振，消化不良，营养不足；母猪妊娠期间喂给大量碳水化合物饲料，而蛋白质、维生素和矿物质供给不足；母猪过胖，内分泌失调；母猪体质差，产圈未消毒，分娩时容易发生产道和子宫感染。为克服以上情况，必须搞好母猪的饲养管理，及时淘汰老龄母猪，做好产圈消毒和接产护理。对消瘦和乳房干瘪的母猪，可喂给催乳饲料，如豆浆、麸皮汤、小米粥、小鱼汤等；亦可用中药催乳（药方：木通 30 g，茴香 30 g，加水煎煮，拌少量稀粥，分 2 次喂给）；因母猪过肥，无奶，可减少饲料喂量，适当加强运动；母猪产后感染，可用 2%的温盐水灌洗子宫，同时注射抗生素治疗。

第九节　提高母猪年生产力

母猪年生产力的指标是平均每头母猪年提供断奶仔猪头数与体重。影响母猪年生产力的因素较多，图 12-4 形象反映了各种因素间的相互关系及对母猪年生产力的影响。

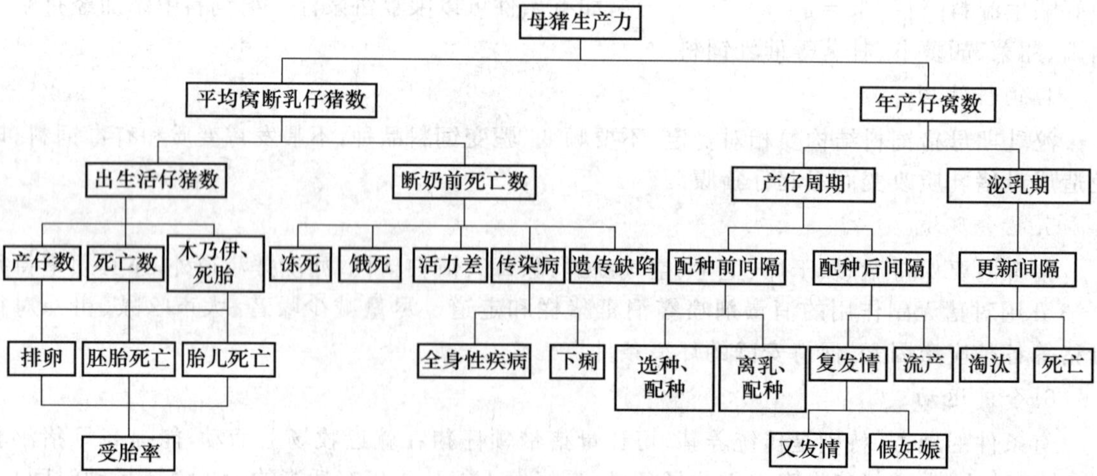

图 12-4　影响母猪年生产力的因素

提高母猪年生产力有两个途径，一是缩短哺乳期，实施仔猪早期断奶，增加母猪年产仔窝数；二是采取综合措施，提高母猪平均窝断奶仔猪数和体重。

一、早期断奶，增加母猪年产窝数

仔猪不同时间断奶、母猪的年产仔窝数与提供断奶仔猪数的效应见表 12-4。

表 12-4　早期断乳对母猪产仔力的影响

断乳周龄	断乳到发情/d	受胎率/%	年产窝数	窝产活仔数	断乳头数	母猪年产仔数
1	9	80	2.70	9.4	8.93	24.1
2	8	90	2.62	10.0	9.5	24.9
3	6	95	2.50	10.5	9.98	25.4
4	6	96	2.44	10.8	10.26	25.0
5	5	97	2.35	11.0	10.45	24.6
6	5	97	2.22	11.0	10.45	22.5
7	5	97	2.17	11.0	10.45	22.5
8	4	97	2.15	11.0	10.45	21.6

2 周龄前超早期断奶，母猪子宫未复原，下胎产仔减少；仔猪体温调节、免疫和消化机能发育程度较低，对培育环境和营养条件要求较高，育成难度大，除特殊需要，一般商品猪场不宜采用。

实际生产中，规模集约化猪场可采用 3～5 周龄早期断奶。猪舍设施及温度与卫生条件好，并能保证有高质量诱食料与开食料的猪场，可采取 3 周龄断奶。多数猪场宜采取 4 周龄或 5 周龄断奶。早期断奶的好处，一是可增加母猪年产仔窝数和断奶仔猪数，二是提高饲料利用效率。

二、提高母猪平均窝断奶仔数和体重

为达到母猪多产，仔猪多活、快长、体壮的目标，需组建高效健康的猪群，并在营养、环境、疫病诸方面实施综合调控，可概括如下。

1. 经选择组建优质高效的杂交生产繁育猪群

动态保持猪群处于合理结构，保证猪群具备高度生产潜力与免疫水平。

2. 搞好配种，提高母猪受胎率

(1)加强后备猪培育，采取短期优饲等催情措施，达到后备母猪适时初配；

(2)养好配种前的经产母猪和种公猪；

(3)做好发情鉴定，确保适期配种。

3. 对繁殖母猪采取“低妊娠，高泌乳”的饲养模式

(1)母猪妊娠初期采取低营养水平(有利胚胎存活)，后期高营养水平(保胎、促乳腺发育)；饲粮宜含适量优质青粗饲料(粗纤维可达 8%～12%)，防止母猪便秘和怪癖行为；

(2)泌乳母猪采取高能、高蛋白质(赖氨酸)全价饲粮，不限量饲养。促进母猪多食的主要

措施是：控制舍温不超过20℃，采取湿拌料，增加饲喂次数，保证充足饮水。母猪多食，一则奶旺，仔猪少病快长；二则失重少，缩短断奶至发情配种间隔。

4.做好各阶段关键性管理

(1)炎热季节做好防暑降温，防止种公母猪遭受热应激刺激，特别是配种期和妊娠初期；

(2)做好母猪产前准备和接产护理工作；

(3)做好仔猪产后第一周的护理(保温防压、吃足初乳、固定乳头、过哺并窝、补铁、开食训练、预防下痢等)；

(4)采用高品质诱食料与开食料，做好仔猪早期开食与补饲；

(5)做好断奶前后母、仔饲养管理。

5.改善环境，注重防疫，减少疾病

(1)注意猪舍通风(降湿与有害气体)，防暑与保温，特别要防止湿冷与湿热；

(2)严格执行"全进全出"管理规程和防疫消毒制度；

(3)严格按免疫程序接种猪主要疫病的疫苗，并做好猪群主要疫病抗体水平监测；

(4)借鉴国外早期隔离断奶养猪法经验，实施两点式或三点式养猪场规划与饲养工艺。

复习思考题

1.试述猪场管理的一般原则。

2.如何合理利用种公猪？

3.如何促进空怀母猪发情？

4.母猪的具体发情表现有哪些？

5.试述母猪的临产征兆。

6.为什么哺乳母猪不能随时排乳？

7.如何提高母猪的年生产力？

第十三章 幼猪培育

幼猪是发展养猪生产的物质基础，在遗传学上，它是一个新世代的开始，集中了对其先代选育的效果；在猪的一生中，它是生长发育最强烈、可塑性最大、饲料利用效率最高、最有利于定向选育的时期。幼猪培育是增殖养猪数量、提高猪群质量、巩固育种效果、降低生产成本的关键阶段。

第一节 哺乳仔猪

哺乳仔猪是指从出生至断奶前的仔猪。这一阶段是幼猪培育的最关键环节，仔猪出生后的生存环境发生了根本的变化，从恒温到常温，从被动获取营养和氧气到主动吮乳和呼吸来维持生命，导致哺乳期死亡率明显高于其他生理阶段。因此，减少仔猪死亡率和增加仔猪体重是养好哺乳仔猪的关键。

一、哺乳仔猪的生理特点

(一)调节体温机能不完善，体内能源贮备有限

仔猪出生时大脑皮层发育不全，垂体和下丘脑的反应能力以及为下丘脑所必需的传导结构的机能较低，通过神经系统调节体温适应环境应激的能力差，特别是出生后的第 1 d，由于仔猪被毛稀疏、皮下脂肪少，脂肪还不到体重的 1%，保温隔热能力很差，在气温较低的环境下，仔猪不易维持正常体温。成年猪的正常体温为 38.5℃，初生仔猪的体温较成年猪高 1℃左右，生后 6 h 的仔猪，如放在 5℃的环境条件下 90 min，直肠体温就要下降 4℃，即使将初生仔猪放在 20～25℃的气温中，它也要 2～3 d 内才能恢复到正常的体温。

初生仔猪的临界温度为 35℃，当环境温度低于此温度时，体温已不能依靠物理调节维持正常，体内就要靠化学调节提高物质代谢增加产热量，若化学调节也不能维持正常体温时，才出现体温下降乃至冻僵。由于仔猪大脑皮层调节体温的机制发育不全，不能协调进行化学调节，因此仔猪体温降低是在寒冷的直接刺激下产生的。初生仔猪体内的能源贮备也很有限，每 100 mL 血液中血糖含量是 100 mg，血糖水平下降的强度取决于环境温度和初乳摄入的多少。在较低环境温度时，血糖水平下降，导致仔猪体弱、活力差，不能吃乳，出现低血糖昏迷甚至导致死亡。

(二)消化器官不发达，消化机能不完善

初生仔猪的消化器官相对重量和容积较小，胃的重量为 4～8 g，占体重的 0.44%，容积

为 30～40 mL,以后随日龄的增长而迅速扩大,到 20 日龄时,胃重增长到 35 g 左右,容积扩大 3～4 倍,小肠在哺乳期内也强烈生长,长度约增 5 倍,容积扩大 50～60 倍,消化器官这种强烈的生长可持续到 6～8 月龄,以后才开始降低,直到 13～15 月龄才接近成年猪的水平。

消化器官发育的晚熟,导致消化酶系统发育较差,消化机制不完善。由于初生仔猪胃和神经系统之间的联系还没有完全建立,缺乏条件反射性的胃液分泌,只有食物进入胃内直接刺激胃壁后,才能分泌少量胃液;哺乳仔猪在 20 日龄内胃液中仅有足够的凝乳酶,而唾液和胃蛋白酶很少,为成年猪的 1/4～1/3,到仔猪 3 月龄时,胃液中的胃蛋白酶才增加到成年猪的水平。同时,初生仔猪胃底腺不发达,不能分泌盐酸,胃内缺乏游离的盐酸,胃蛋白酶原没有活性,不能消化蛋白质,特别是植物性蛋白质。随着日龄的增长和食物对胃壁的刺激,盐酸的分泌不断增加,非乳蛋白质直到第 14 日龄后才能有限地被消化,到 40 日龄时,胃蛋白酶才表现出对乳汁以外的多种饲料的消化能力。

初生仔猪乳糖酶活性很高,仔猪能够很好地消化乳糖,而对蔗糖和淀粉的分解酶发育比较缓慢。因此,1 周龄仔猪对玉米淀粉的消化率只有 25%,3 周龄后也只能达到 50%,通过提早补食饲料能够刺激盐酸和胃液的分泌。

仔猪从第 1 周龄开始就能很好地利用乳脂肪,对其他脂肪只要能够很好地乳化,仔猪的消化吸收几乎与成年猪相似,健康的仔猪对脂肪的消化没有特殊的要求。

哺乳仔猪消化机能不完善的又一表现是食物通过消化道的速度较快,食物进入胃后完全排空的时间,15 日龄时约为 1.5 h,30 日龄为 3～5 h,60 日龄为 16～19 h。由于哺乳仔猪胃的容积小,食物排入十二指肠的时间较短,所以应适当增加饲喂次数,以保证仔猪获得足够的营养。

(三)缺乏先天免疫力,抵抗疾病能力差

初生仔猪体内没有免疫抗体,存在于母猪血清中的免疫球蛋白,不能通过母猪血管与胎儿脐血管传递给仔猪,因为偶蹄动物的胚盘构造复杂,限制了母源抗体通过血液向胎儿转移,从而导致初生仔猪没有先天免疫力。仔猪只有吃到初乳后,靠初乳把母体的免疫抗体传递给仔猪,并逐渐过渡到自体产生抗体而获得免疫力。

母猪初乳中的蛋白质含量明显高于常乳,初乳与常乳中的营养成分组成列于表 13-1。初乳中的免疫球蛋白含量下降很快,母猪分娩 12 h 后,球蛋白含量比分娩时下降 75%,随着分娩后乳汁分泌的增加,球蛋白浓度被稀释。因此,仔猪出生后吃到初乳越晚,得到球蛋白量越少,只有让仔猪出生后尽可能早地吃到初乳才能达到有效的保护。

免疫球蛋白的保护作用不仅取决于提供的数量,而且要看进入仔猪血液中的多少。新生仔猪的肠道上皮处于原始状态,只在短时间内对大分子物质有渗透作用,仔猪吸食初乳后,可不经转化直接被吸收到血液中,使仔猪血清中 γ-球蛋白的水平很快提高,免疫力迅速增加,肠壁的渗透作用随肠道的发育而改变,36 h 后明显降低。

初乳中除含有球蛋白外,维生素含量对新生仔猪有特殊的保护作用,初乳中维生素的含量取决于母猪妊娠期的营养供给,与免疫球蛋白的情况类似,分娩后初乳中维生素 A、维生素 D、维生素 E、维生素 C 和 B 族维生素,以及微量元素含量要比常乳高出数倍,仔猪吃到初乳越晚,得到的生物活性物质越少,抵抗疫病的能力越差。

表 13-1　初乳的营养成分变化

项目	出生后时间					常乳
	出生	3 h	6 h	12 h	24 h	
脂肪/%	7.2	7.3	7.8	7.2	8.7	7～9
蛋白质/%	18.9	17.5	15.2	9.2	7.3	5～6
乳糖/%	2.5	2.7	2.9	3.4	3.9	5

(四)生长发育迅速,新陈代谢旺盛

仔猪出生时体重相对较小,还不到成年猪体重的1%,但出生后生长发育迅速,一般仔猪出生重在1 kg左右,10日龄时体重达出生重的2倍以上,30日龄达5～6倍,60日龄增长10～13倍或更多,体重达到15 kg以上。仔猪生后的强烈生长,是以旺盛的物质代谢为基础的。一般生后20 d的仔猪,每千克体重每天要沉积蛋白质9～14 g,相当于成年猪的30～35倍;仔猪每千克体重所需代谢净能是成年母猪的3倍,矿物质代谢也高于成年猪,每千克增重中含钙7～9 g,磷4～5 g。仔猪生长发育快,新陈代谢旺盛,对营养物质的需要,在数量上和质量上都要求较高,对营养不全反应非常敏感。

二、哺乳仔猪死亡的原因

哺乳仔猪死亡历来是养猪生产中的一大损失。死亡率的高低与饲养方式有密切关系,其主要影响因素有分娩栏和育仔栏的设计,分娩舍内的温湿度控制,仔猪保温箱的加热方式,疾病的控制,母猪的营养和卫生条件等。在传统养猪条件下,哺乳仔猪的死亡还与垫草量关系较大。

哺乳仔猪死亡的时间,生后20日龄内死亡率高,从21～60日龄死亡率较低。从哺乳仔猪因下痢和压死、冻死三项来看,生后20 d内死亡数占死亡总数的95%,而以后的40 d死亡仅占5%。因肺炎死亡的,生后20 d内约占87%,21日龄以后死亡占13%。其他原因死亡的,20日龄内占76%,21～60日龄占24%。由此可见,哺乳仔猪的死亡主要集中在生后的20日龄内。采用传统的地面平养方式,仔猪死亡率高,压死、咬死、冻死的仔猪多,也易发生下痢、肺炎等疾病。高床网上饲养,设有保育箱,则可明显减少仔猪的死亡。减少哺乳仔猪死亡的关键是饲养人员的工作态度、勤劳精神和操作技能。

三、哺乳仔猪的饲养管理技术

(一)及早吃足初乳

初生仔猪不具备先天性免疫能力,必须通过吃初乳获得免疫力。让仔猪尽可能早地吃到初乳,是初生仔猪获得抵抗各种传染病抗体的唯一有效途径,推迟初乳的采食,会影响免疫球蛋白的吸收。初乳中除含有足够的免疫抗体外,还含有仔猪所需要的各种营养物质、生物活性物质。初乳中的乳糖和脂肪是仔猪获取外源能量的主要来源,可提高仔猪对寒冷的抵抗能力;初乳对加强激素的作用,促进代谢,保持血糖水平有积极作用。仔猪出生后随时放到母猪身边吃初乳,能刺激消化器官的活动,促进胎粪排出,增加营养产热,提高仔猪对寒冷的抵抗力。初

生仔猪若吃不到初乳，则很难养活。

初乳含镁盐，具轻泻作用，能促使仔猪排出胎粪和促进胃肠蠕动，因而有助于消化活动。初乳中还有免疫球蛋白、白细胞、酶、维生素（维生素A、维生素C、维生素D含量较常乳高）和溶菌素等，能增强仔猪的抗病能力。此外，它含有多胺和多种生长因子（包括上皮生长因子和类胰岛素因子），可促进小肠细胞分裂，还含有某些生物活性物质（如β-内源吗啡、外源吗啡）。因此，若仔猪没有吸到初乳，则往往易生病或生长不良。

（二）仔猪保温防压

新生仔猪对于寒冷的环境和低血糖极其敏感，尽管仔猪有利用血糖储备应付寒冷的能力，但由于初生仔猪体内的能源储备有限，调节体温的生理机制还不完善，这种能源利用和体温调节都是很有限的，初生仔猪皮下脂肪少，保温性差，体内的糖原和脂肪储备一般在24 h之内就要消耗殆尽。在低温环境中，仔猪要依靠提高代谢效率和增加战栗来维持体温，这更加快了糖原储备的消耗，最终导致体温降低，出现低血糖症。因此，初生仔猪保温具有关键性意义。

仔猪体重小且有较大的表面积与体重比，出生后体温下降比个体大的猪快。因此，单独给仔猪创造温暖的环境十分必要。在产栏内吊红外线灯式取暖要比铺垫式取暖对个体较小的仔猪更显优越性，因为可使相对较大的体表面积更易于采热。仔猪保温可采用保育箱，箱内吊250 W或175 W的红外线灯，距地面40 cm，或在箱内铺垫电热板，都能满足仔猪对温度的需要。

因母猪卧压而造成仔猪死亡的现象是非感染性死亡中最常见的，大约占初生仔猪死亡数的20%，绝大多数发生在仔猪生后4 d内，特别是在头1 d最易发生，在老式未加任何限制的产栏内会更加严重。在母猪身体两侧设护栏的分娩栏，可有效防止仔猪被压伤、压死，头一周内仔猪死亡率可从19.3%下降至6.9%，若再采用吊红外灯取暖，使仔猪头一周死亡率降至1.1%。采用高床网上饲养，配置保暖设备的保育箱，可明显减少仔猪的死亡。

（三）仔猪编号

在育种场或纯繁场，为选留后备母猪和育种、科研的需要，必须在出生时给仔猪编号。常用的编号法是剪耳法，即在仔猪的耳朵上，用耳号钳剪出几个缺刻，每一缺刻代表一定数字，各缺刻之和即为该猪的号码。缺刻代表的数字，目前全国虽无统一标准，但大致有下列几种方法。

1.“上1下3”法

该法规定，右耳上缘一个缺刻代表1，下缘一个缺刻代表3，耳尖一个缺刻代表100，耳中部一个圆洞代表400。左耳相应部位则为10、30、200、800。

2.“个、十、百、千”法

该法规定，右耳下缘为个位，上缘为十位，左耳上缘为百位，下缘为千位。近耳尖处为1，近耳根处为3（图13-1）。

3.“窝号-个体号”法

每年出生的第一窝仔猪窝号为0001，该窝中的仔猪分别编为0001-1，0001-2，…，依此类推。

4.多位表示法

为了便于计算机的管理与统计，仔猪耳号有的采用9位，如“LR 1 97 8357”，其中“LR”

代表品种，长白猪；“1”表示品系，“97”表示出生年份，“8375”为个体号；有的采用11位，如“01930300560”，“01”为场名，“93”为出生年份，“03”为品种，“00560”为个体号。

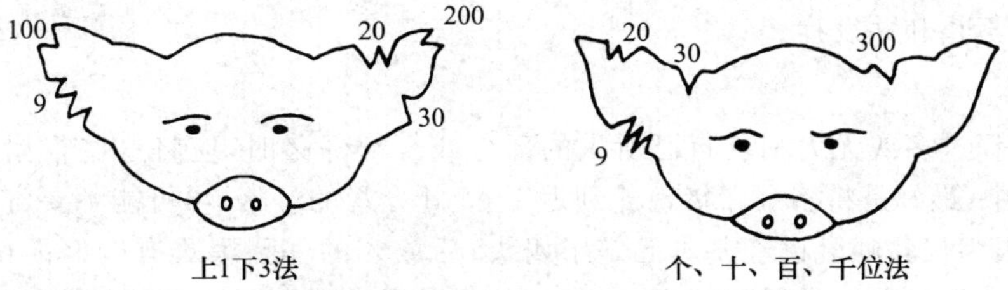

图 13-1　仔猪编号

(四)仔猪补铁

铁是形成血红素和肌红蛋白所必需的微量元素，也是细胞色素酶类和多种氧化酶的成分。初生仔猪体内铁的贮存量很少，每1 kg体重约为35 mg，仔猪每天生长需要铁7 mg，而母乳中提供的铁只是仔猪需要量的1/10，若不给仔猪补铁，仔猪体内贮备的铁将很快消耗殆尽。给母猪饲料中补铁不能增加母乳中铁的含量，只能少量增加肝脏中铁的储备。圈养仔猪的快速生长，对铁的需要量增加，在3～4日龄即需要补充。缺铁会造成仔猪对疾病的抵抗力减弱，患病仔猪增多，死亡率提高，生长受阻，出现营养性贫血等症状。

补铁的方法很多，目前最有效的方法是给仔猪肌肉注射铁制剂，如培亚铁针剂、右旋糖酐铁注射液、牲血素等，一般在仔猪2日龄注射100～150 mg。

在严重缺硒地区，仔猪可能发生缺硒性下痢、肝脏坏死和白肌病，宜于生后3 d内注射0.1%的亚硒酸钠、维生素E合剂，每头0.5 mL，10日龄补第二针。

(五)固定乳头

母猪有十几个乳房，每个乳房分泌的乳量是不一样的，因为猪的乳房构造有它的特点，即各乳房之间互不相通，每个乳房中通常有2～3个乳腺，每个乳腺有一个乳头管。试验证明：前面和中间几对乳房的乳腺及乳头管的数量较后面几对多，因此所排出的乳量比后面的多。

仔猪有固定乳头吸乳的习性，即生下后起初几次吸吮哪个乳头，直到断乳时还是固定吸吮哪个乳头。仔猪出生后即有寻找乳头吸吮的本能。较强壮的很快就能找到乳头，而较弱的仔猪则迟迟找不到乳头，即使找到乳头，也常被强壮的仔猪挤掉，而形成强壮的仔猪抢占乳汁多的乳头吸吮，弱小的仔猪只能吮吸乳汁少的乳头。为使同窝仔猪生长均匀，需要在仔猪第一次吸乳时，采用人工辅助的方法，使仔猪固定乳头吸乳。具体方法是：在母猪生产结束后，将仔猪放在卧睡着的母猪身旁，此时每头仔猪都会寻找乳头吸乳，待绝大多数仔猪吸着乳头时，将个别抢乳头的仔猪和弱小的仔猪进行调整，重点是控制抢乳头的仔猪。给瘦弱仔猪固定乳头时，应人工辅助按摩乳房，以防止其拱乳房和吸吮的力量不强，乳头和乳房所受到的刺激小，时间长了会引起乳腺萎缩。

(六)剪犬齿与断尾

仔猪生后的第一天，对窝产仔数较多，特别是在产活仔数超过母猪乳头数时，可以剪掉仔猪的犬齿。对初生重小，体弱的仔猪也可以不剪。去掉犬齿的方法是用消毒后的铁钳子，注意不要损伤仔猪的齿龈，剪去犬齿，断面要剪平整。剪掉犬齿的目的，是防止仔猪互相争乳头时咬伤乳头或仔猪双颊。

用于育肥的仔猪出生后，为了预防育肥期间的咬尾现象，要尽可能早地断尾，一般可与剪犬齿同时进行。方法是用钳子剪去仔猪尾巴的1/3(约2.5 cm长)，然后涂上碘酒，防止感染。注意防止流血不止和并发症。

(七)寄养

在母猪产仔过多或无力哺乳自己所生的部分或全部仔猪时，应将这些仔猪移给其他母猪喂养。在实践中，最好是将多余仔猪寄养到迟1～2 d分娩的母猪，尽可能不要寄养到早1～2 d分娩的母猪，因为仔猪哺乳已经基本固定了奶头，后放入的仔猪很难有较好的位置，容易造成弱仔或僵猪。在同日分娩的母猪较少，而仔猪数多于乳头数时，为了让仔猪吃到初乳，可将窝中体重大较强壮的仔猪暂时取出4 h，以留出乳头给寄养的仔猪使其获得足够的初乳，这种做法可持续2～3 d。对体重较小的个体，初乳代用品，同时施以人工取暖。

为了使寄养顺利实施，可在被寄养的仔猪身上涂抹收养母猪的奶或尿，同时把寄养仔猪与收养母猪所生的仔猪合养在一个保育箱内一定时间，干扰母猪的嗅觉，使母猪分不出它们之间的气味差别。

(八)预防腹泻

腹泻是哺乳仔猪和断奶仔猪最常见的现象，是影响仔猪生长发育的最重要因素之一，也是导致哺乳仔猪死亡的最常见病症。预防哺乳仔猪腹泻必须采用综合措施，首先是提高青年母猪的免疫力，才能使仔猪从初乳中获得某种特定的抗体，生产实践中可以将青年母猪与经产母猪放在同一栏内饲养，或者让青年母猪接触到经产母猪的粪便。其次是通过寄养的仔猪，平衡窝仔猪数。第三，要注意保温，防止湿冷及空气污浊；提高母猪的泌乳量；严格施行全进全出制度，保持良好的环境卫生。免疫注射对于防止肠道病原菌感染也是有效的。帮助仔猪抵抗病原菌的同时要注意补水，当下痢仔猪失去体液10%时，即面临死亡。给仔猪施以胃管直接补水的效果最好，通常补水量应在体液的1/10左右，每千克体重每天需补水75 mL；对严重的腹泻仔猪可腹腔注射葡萄糖生理盐水，一般可令其自由饮服补液盐加抗菌药物水溶液。

(九)提早开食补料

哺乳仔猪的营养单靠母乳是不够的，还必须补喂饲料。母猪的泌乳量，一般在第3周龄开始逐渐下降，而仔猪的生长发育迅速增长，母乳已不能满足仔猪的营养需要，如不及时补喂饲料，必然会影响仔猪的生长发育。早期补料刺激消化系统的发育与机能完善，减轻断奶后营养性应激反应导致的腹泻。给仔猪补料，一定要提早开食，因仔猪从吸食母乳到采食饲料要有一个适应过程，大约7 d。

猪场设备较好的分娩舍，仔猪生后5～7 d即可开食，这时仔猪可以单独活动，并有啃咬硬物拱掘地面的习性，利用这些行为有助于补料。生产中常采用自由采食方式，即将特制的诱食料投放在补料槽里，让仔猪自由采食。为了让仔猪尽快吃料，开始几天将仔猪赶入补料槽旁边，上下午各一次，效果更好。在饲喂方法上要利用仔猪抢食的习性和爱吃新料的特点，每次投料要少，每天可多次投料，开食第1周仔猪采食很少，因母乳基本上可以满足需要，投料的目的是训练仔猪习惯采食饲料。仔猪诱食料要适合仔猪的口味，有利于仔猪的消化，最好是颗粒料。

(十)仔猪补水

哺乳仔猪生长迅速，代谢旺盛，母猪乳中和仔猪补料中蛋白质含量较高，需要较多的水分，生产实践中经常看到仔猪喝尿液和脏水，这是仔猪缺水的表现，及时给仔猪补喂清洁的饮水，不仅可以满足仔猪生长发育对水分的需要，还可以防止仔猪因喝脏水而导致下痢。因此，在仔猪 3～5 日龄，给仔猪开食的同时，一定要注意补水，最好是在仔猪补料栏内安装仔猪专用的自动饮水器或设置适宜的水槽。

(十一)猪的阉割

现代养猪生产不但要求商品猪增重快，饲料转化效率高，同时要求胴体肉质好，口感好。公猪生长到一定年龄和体重，由于雄性激素在体内的积留，烹调起来有一种令人不愉快的异味，故对不留作种用的公猪应及早阉割。

小公猪可在断奶前进行阉割，一般生产中可在仔猪出生后 15 日龄以内完成。实践证明，仔猪阉割越早，应激越小，伤口愈合越快，手术也越简便。

第二节　断奶仔猪

断奶仔猪是指仔猪从断奶至 70 日龄左右的仔猪。断奶对仔猪是一个很大的应激，饲料由液体奶变成固体饲料，生活环境由依靠母猪到独立生存，使仔猪精神上受到打击。如饲养管理不当，会引起仔猪烦躁不安，食欲不振，生长发育停滞，形成僵猪，甚至患病或死亡。因此，维持哺乳期内的生活环境和饲料条件，做好饲料、环境和管理制度的过渡，是养好断奶仔猪的关键。

一、断奶日龄及方法

(一)断奶日龄

猪的自然断奶发生在 8～12 周龄期间，此时母猪的产奶量降入低谷，而仔猪采食固体饲料的能力较强。因此，自然断奶对母猪和仔猪都没有太大的不良影响。传统管理都采用 8 周龄断奶，而现代商品猪生产，断奶时间大多提前到 21～35 日龄。早期断奶能够提高母猪的年产窝数和仔猪头数，从理论上推算断奶时间每提前 7 d，母猪年产断奶仔猪数会增加 1 头左右。但是仔猪哺乳期越短，仔猪越不成熟，免疫系统越不发达，对营养和环境条件要求越苛刻。早期断奶的仔猪需要高度专业化的饲料和培育设施，也需要高水平的管理和高素质的饲养人员。仔猪早期断奶会增加饲养成本，并在一定程度上抵消了母猪增产的利润。另外，仔猪早期断奶如果早于 21 d，母猪的断奶至受孕时间的间隔会拖长，下一次的受胎率和产仔数都会降低，给母猪生产力带来不良影响。最适宜的断奶日龄应该是每头仔猪生产成本最低，因猪场具体生产条件而异。一般生产条件下采用 21～35 d 断奶比较合适，21 d 后母猪子宫恢复已经结束，创造了最可靠的重新配种条件，有利于提高下胎繁殖成绩。若提早开食训练，仔猪也已能很好地采食饲料，有利于仔猪的生长发育。

(二)断奶方法

仔猪断奶可采取一次断奶、分期断奶和逐渐断奶的方法。

1. 一次断奶法

当仔猪达到预定断奶日龄时，将母猪隔出，仔猪留原圈饲养。此法由于断奶突然，易因食物及环境突然改变而引起仔猪消化不良，又易使母猪乳房胀痛，烦躁不安，或发生乳腺炎，对母猪和仔猪均不利。但方法简便，适宜工厂化养猪使用，并应注意对母猪和仔猪的护理，断奶前3 d要减少母猪精料和青料量以减乳汁分泌。

2. 分批断奶法

具体做法是在母猪断奶前数日先从窝中取走一部分个体大的仔猪，剩下的个体小的仔猪数日后再行断奶，以便仔猪获得更多的母乳，增加断奶体重。一般是在断奶前7 d左右取走窝中的一半仔猪，留下的仔猪不得少于5～6头以维持对母猪的吮乳刺激，防止母猪在断奶前发情。

3. 逐渐断奶法

在断奶前4～6 d开始控制哺乳次数，第1 d让仔猪哺乳4～5次，以后逐渐减少哺乳次数，使母猪和仔猪都有一个适应过程，最后到断奶日期再把母猪隔离出去。逐渐断奶法对断奶仔猪体重的影响尚不清楚，但能够缩短母猪从断奶到发情的时间间隔。

(三)隔离式早期断奶

1. 隔离式早期断奶法的概念

隔离式早期断奶法(segregated early weaning，SEW)是美国养猪界在1993年开始试行的一种新的养猪方法，这种方法使养猪生产有很大程度提高。其实质内容是，母猪在分娩前按常规程序进行有关疾病的免疫注射，仔猪出生后保证吃到初乳，按常规免疫程序进行疫苗预防接种后，在10～21日龄断奶，然后把仔猪在隔离条件下保育饲养。保育仔猪舍要与母猪舍及生产猪舍分离开，隔离距离在250 m至10 km，根据隔离条件不同而不同。这种方法称为隔离式早期断奶法。

2. SEW法的主要特点

① 母猪在妊娠期免疫后，对一些特定的疾病产生的抗体可以垂直传给胎儿，仔猪在胎儿期间就获得一定程度的免疫。

② 初生仔猪必须吃到初乳，从初乳中获得必要的抗体。

③ 仔猪按常规免疫，产生并增强自身免疫能力。

④ 仔猪22日龄以前，即特定疾病的抗体在仔猪体内消失以前，就将断奶仔猪转移到洁净、具备良好隔离条件的保育舍养育。保育舍要严格实行全进全出制度。

⑤ 配制早期断奶仔猪饲粮，要保证饲料有良好的适口性，易消化吸收和营养全面。

⑥ 断奶后保证母猪及时配种和妊娠。

⑦ 由于仔猪本身健康无病，不受病原体的干扰，免疫系统没有激活，从而减少了抗病的消耗，加上科学配制的仔猪饲料，仔猪生长很快，到10周龄时体重可达30～35 kg，比常规饲养的仔猪提高增重10 kg左右。

3. SEW法断奶猪的饲养管理

(1)断奶日龄的确定。断奶日龄主要是根据所需消灭的疾病及养猪场的技术水平而定，一般16～18日龄断奶较好。

(2)饲料的配制。原则用于SEW法的饲料要求较高，一般可分为三个阶段配制混合料，第一阶段为诱食料和断奶后1周，第二阶段为断奶后2～3周，第三阶段为4～6周。第一阶段饲料的粗蛋白质可在20%～22%，赖氨酸1.38%，消化能15.40 MJ/kg；第二阶段粗蛋白质

20%，赖氨酸 1.35%，消化能 15.02 MJ/kg；第三阶段粗蛋白质与第二阶段相同，消化能为 14.56 MJ/kg。三个阶段饲粮的主要差异是蛋白质原料的不同，美国研究人员建议，第一阶段必须用血清粉、血浆粉和乳清粉，第二阶段不需血清粉，第三阶段只需乳清粉。

(3)饲养管理原则。仔猪采用全进全出方式饲养，每间猪舍养 100 头仔猪左右，保证环境适宜，通风良好。保育舍隔离条件及防疫消毒条件一定要良好，仔猪在运输途中，运输车也要有隔离条件。饲料加工成小颗粒为好。

二、断奶仔猪的培育

(一)过渡期管理

仔猪断奶后要继续喂哺乳期饲料，不要突然更换饲料，特别是实行早期断奶的仔猪，一般要在断奶后 7 d 左右，开始换饲料。实行 35 d 以上断奶的仔猪，也可以在断奶前 7 d 换料。更换仔猪饲料要逐渐进行，每天替换 20%，5 d 换完，避免突然换料。

断奶后仔猪由母乳加补料改为独立吃料生活，胃肠不适应，很容易发生消化不良，引起仔猪下痢。所以，对断奶的仔猪要精心管理，在断奶后 2～3 d 要适当控制给料量，不要让仔猪吃得过饱，每天可多次投料，防止消化不良而下痢，保证饮水充足、清洁，保持圈舍干燥、卫生。

断奶时把母猪从产栏调出，仔猪留原圈饲养。不要在断奶同时把几窝仔猪混群饲养，避免仔猪受断奶、咬架和环境变化引起的多重刺激。

(二)网床培育

断奶仔猪实行网床培育，是养猪发达国家 20 世纪 70 年代发展起来的一项科学的仔猪培育技术，目前已推广应用。利用网床培育断奶仔猪的优点，首先是由于粪尿、污水能随时通过漏缝网格漏到网下，减少了仔猪接触污染的机会，床面清洁卫生、干燥，能有效地遏制仔猪腹泻病的发生和传播。其次是仔猪离开地面，减少冬季地面传导散热的损失，提高饲养温度。

断奶仔猪经过在产房内的过渡期管理后，转移到培育猪舍网上养育，可提高仔猪的生长速度、个体均匀度和饲料转化率，减少疾病的发生，为提高养猪生产水平奠定了良好的基础。

(三)饲养管理措施

断奶仔猪保育栏的面积通常是 240 cm×165 cm，每头仔猪的适宜占栏面积为 0.3～0.4 m^2，按窝转群，每栏养一窝仔猪 10～12 头，这种转群方法可以减少仔猪相互咬斗产生的应激。

断奶仔猪转群也可以不按窝进行，把同一天断奶的仔猪，按体重、公母、强弱分群，分群后 2 d 内仔猪相互打架，以后逐渐稳定。这种转群方法能使同栏内仔猪生长发育整齐，特别是弱小仔猪分在同一栏，易于管理。

保育舍内温度应控制在 22～25℃范围内，保持干燥卫生，经常打扫、消毒，预防传染病发生。定期通风换气，保持舍内空气新鲜，湿度控制在 65%～75%为宜。

对新转群的断奶仔猪要进行定点采食、排粪尿、睡卧的调教管理，这样既可保持栏内卫生，又便于清扫。仔猪保育栏内可分为睡卧区、排泄区和采食区，调教的方法是诱导仔猪到排泄区排便，排泄区内的粪便暂时不清扫，其他区的粪便及时清除干净。当仔猪活动时，对不到指定地点排便的仔猪可人为哄赶，一般经过 3～5 d 的训练可形成定位。

断奶仔猪的日粮以制成颗粒为好，饲喂颗粒料可以减少饲喂时的浪费。利用自动饲槽时要注意不应装得过多，应该每 3～4 d 就向饲槽中加入一次新鲜饲料。断奶仔猪可以有效地采用乳头状饮水器，如果仔猪在产房中没有学会使用这种饮水器，那么仔猪就需要经过几天的适应期才会饮到足够的水。管理人员必须仔细观察仔猪的行为，以确保仔猪都能适应这种鸭嘴式饮水器。仔猪如果饮水不足，采食就不会正常，必须注意鸭嘴式饮水器的出水率。对于断奶仔猪来说，最低的出水率应该在 1.5 L/min。

(四)减少断奶仔猪腹泻的措施

断奶后仔猪腹泻发生率很高，危害较大，病愈后仔猪往往生长发育不良，日增重明显下降，因而造成很大的经济损失。断奶仔猪腹泻原发性因素是由于断奶应激造成肠道损伤，使胃肠道内消化酶水平和吸收能力下降，导致食糜以腹泻形式排出。引发断奶应激的因素很多，诸如饲料中不易被消化的蛋白质比例过大或灰分含量过高、粗纤维水平过低或过高、日粮不平衡如氨基酸和维生素缺乏、日粮适口性不好、饲料粉尘大、发霉或生螨虫、鱼粉混有沙门氏菌或含盐量过多等。饲喂技术上，如开食过晚、断奶后采食饲料过多、突然更换饲料、仔猪采食母猪饲料、饲槽不洁净、槽内剩余饲料变质、水供给不足、只喂汤料、水槽污染严重及水温过低等因素都可能导致仔猪下痢。因此，消除这些应激因素，实现科学的饲养管理，就可减少断奶仔猪腹泻；如果腹泻不能及时控制，可诱发大肠杆菌的大量繁殖，使腹泻加剧。培育断奶仔猪的关键是保持饲料、饲喂和圈舍卫生，减少药物投放。

第三节　育成猪

育成猪是指 70 日龄至 4 月龄留作种用的猪。后备猪是指仔猪育成阶段结束到初次配种前的青年种猪。培育后备猪的目标是获得发育良好、体格健壮、符合品种典型特征和具有高度种用价值的种猪。培育优秀的后备种猪是提高养猪生产水平，获得经济效益的基础。

一、育成猪的生长发育特点

猪的生长发育是一个十分复杂的过程。猪也是最容易通过定向选育和控制营养而达到育种目标的动物。根据猪的生长发育规律，在不同的生长阶段，通过控制日粮中的营养水平，可以调节其某些部位和组织器官的生长或相对发育程度，使后备猪发育良好、体格健壮、骨骼结实、肌肉发达、消化系统和生殖器官发达而机能完善。但是，肌肉过度发达或脂肪大量沉积都会影响繁殖性能。

(一)体重的增长

体重是身体各部位及组织生长的综合度量指标，并能体现品种特性。在正常的饲养管理条件下，后备猪体重的绝对值随月龄的增加而增大，其相对生长强度则随月龄的增长而降低，到成年时，稳定在一定的水平。

体重是衡量后备猪各组织器官综合生长状况的指标，随月龄呈现一定的变化规律。地方猪种 4 月龄以前相对生长强度最高，8 月龄以前生长速度最快；瘦肉型猪在 2 月龄以前生长强度最大，6 月龄以前增重速度最快。猪的体重变化和生长发育，还受饲养方式、饲料营养、环境条件等多种因素的影响。后备猪培育期的饲养水平，要根据后备猪的种用目的来确定，把眼前利益与长远目标结合起来。日增重的快慢只能间接地作为种猪发育的依据，生长发育过快，使销售体重提前到生理上的早期阶段，会导致初产母猪的配种困难。因为在整个培育期过度消耗遗传生长潜力，则对以后繁殖力有不利影响。所以，后备猪培育期的生长速度要适度加以控制。

(二)体组织的增长

猪体内的骨骼、肌肉、脂肪的生长顺序和强度不平衡，随月龄的增长，表现出一定的规律性。从骨骼、肌肉和脂肪的发育过程来看，骨骼发育最早，肌肉居中，脂肪前期沉积很少，后期加快，直到成年。在这一规律中，三种组织发育高峰出现的时间及持续期的长短与品种类型和营养水平有关。在正常的饲养管理条件下，早熟易肥的品种生长发育期较短，特别是脂肪沉积高峰期出现得较早，而瘦肉型品种生长发育期较长，脂肪大量沉积较晚，肌肉生长强度大且持续时间较长。

在猪的生长过程中，各种组织生长率不同，导致身体各部位发育早晚顺序的不一和体型呈现年龄变化，出现两个生长波。第一个生长波是从颅骨开始分为两支，向下伸向颅面，向后移至腰部；第二个生长波由四肢下部开始，向上移行到躯干和腰部，两个生长波在腰部汇合。因此，仔猪初生时头大、四肢长，躯干相对短而浅，后腿发育较差。随着年龄和体重的增长，体高和身长首先增加，其后是深度和宽度增加，腰部生长期长，其生长高峰出现最迟，也是猪体最晚熟的部位。

各组织器官和身体成分生长早晚的顺序是神经、器官、骨骼、肌肉和脂肪。实践中，养猪的最终目标是生产猪肉，即肌肉和数量有限的脂肪。因此，对组织生长规律的了解，将有助于管理决策，培育出优秀的后备种猪。组织生长是一个与时间有关的现象，每一组织都有最快发育时期，然后生长速度降低，另一组织的生长速度增高并达到最大。因此，会有一个瘦肉生长最快的时期，之后瘦肉生长下降而脂肪生长提高。现代瘦肉型猪种的肌肉生长高峰期在体重50～70 kg，而脂肪型猪的肌肉生长高峰则在体重较小时发生。脂肪生长高峰期是猪最终达到的生长期，脂肪的生长速度取决于达到其他组织所需能量之后的剩余能量。因此，可以在猪采食能力的范围内，通过改变能量供应来显著提高或降低脂肪的沉积量。

二、育成猪的饲养管理

(一)育成猪的饲养

根据猪的生长发育规律，育成猪阶段正是骨骼和肌肉生长强度最高的时期，体重 20～60 kg 阶段，每天蛋白质生长是从 84 g 上升到 119 g，以后基本稳定在 125 g 左右。而脂肪的生长规律相反，育成猪阶段绝对生长量很少，每天由 29 g 上升到 120 g，而体重 60 kg 以后则直线直升，每天沉积量由 120 g 猛增加到 378 g。根据这一规律，在育成猪饲养实践中，保证饲粮中矿物质、蛋白质和必需氨基酸水平极为重要，采用高蛋白、高能量饲粮，自由采食，或不限量按顿饲喂，以促进育成猪骨骼的充分发育和肌肉的快速生长。

(二)育成猪的管理

育成猪的饲养管理是断奶仔猪的继续，公、母猪可继续混合饲养，根据圈栏面积的大小而确定猪的数量，地面平养，自由采食，防寒保暖，清洁卫生，防疫驱虫，也可以在生长育肥猪舍中与商品猪一起饲养。

复习思考题

1. 阐述仔猪综合保健措施。
2. 哺乳仔猪的生理特点有哪些？
3. 为何对哺乳仔猪要提前补料？
4. 早期断乳的优点有哪些？
5. 初生仔猪为什么要补铁？
6. 为什么初生哺乳仔猪易得病？
7. 如何提高仔猪断奶成活率？

第十四章　生长育肥猪的饲养管理

饲养生长育肥猪是养猪生产最后一个重要环节，可为种猪生产和幼猪培育的成果提供检验依据，也为市场提供高质量的商品育肥猪，达到养猪的最终目的。由于在一个集约化猪场中生长育肥猪头数占 50%～60%，其消耗的饲料占各类猪总耗料量的 75%左右。因此，它们的生长性能和饲料转化率的高低直接影响猪场经济效益。

第一节　生长育肥猪的生长发育规律

一、体重的增长

由于品种、营养和饲养环境的差异，不同猪的绝对生长和相对生长不尽相同，但其生长规律是一致的。

生长育肥猪的绝对生长即生长速度，以平均日增重来度量，日增重与时间的关系呈一钟形曲线(图 14-1)。生长育肥猪的生长速度先是增快(加速度生长期)，到达最大生长速度(拐点或转折点)后降低(减速生长期)，转折点发生在成年体重的 40%左右，相当于育肥猪的适宜屠宰期。根据生产实践，猪于体重达到 90～100 kg 时生长速度最快，但也因遗传类型和饲养条件的不同而异。

生长育肥猪的生长强度可用相对生长来表示。年龄(或体重)越小，生长强度越大，随着年龄(或体重)增长，相对生长速度逐渐减慢。

因此，在生长育肥猪生产中，要抓好猪在生长转折点(适宜屠宰体重)之前的饲养管理工作，尤其是利用好其在生长阶段较大的生长强度，以保证其最快生长，提早出栏，并提高饲料转化效率。

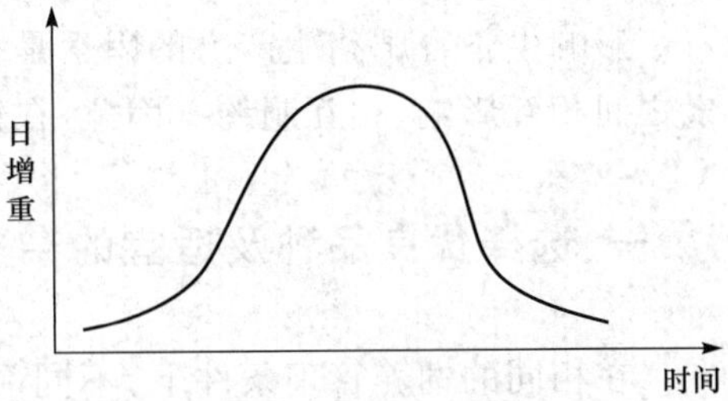

图 14-1　生长育肥猪每天的体重增长

二、体组织的生长

一般情况下，生长育肥猪 20～30 kg 为骨骼生长高峰期，60～70 kg 为肌肉生长高峰期，90～110 kg 为脂肪蓄积旺盛期。以大白猪为例，皮肤的增长强度不大，高峰出现在 1 月龄以前，以后就比较平稳；骨骼从 2 月龄左右开始到 3 月龄(活重 30～40 kg)是强烈生长时期，强度大于皮肤;肌肉的强烈生长从 3～4 月龄(50 kg 左右)开始,并较脂肪型和兼用型猪种维持更长时间,直至 100 kg 才明显减弱;在 4～5 月龄(体重 70～80 kg)以后脂肪增长强度明显提高,并逐步超过肌肉的增长强度,体内脂肪开始大量沉积。

瘦肉型猪种肌肉的生长期延长,脂肪沉积延迟,骨骼生长、肌肉生长、脂肪沉积的三个高峰期之间的间隔拉大。营养水平低时生长强度小,而营养水平高时生长强度大。育肥猪体脂肪主要贮积在腹腔、皮下和肌肉间。以沉积迟早来看,一般以腹腔中沉积脂肪最早,皮下次之,肌肉间最晚;以沉积数量来看,腹腔脂肪最多,皮下次之,肌肉间最少;以沉积速度而言,腹腔内脂肪沉积最快,肌肉间次之,皮下脂肪最慢。

根据以上生长发育规律,在生长育肥猪生长期(60～70 kg 活重以前)应给予高营养水平的饲粮,要注意饲粮中矿物质和必需氨基酸的供应,以促进骨骼和肌肉的快速发育;到育肥期(60～70 kg 以后)则要适当限饲,特别是控制能量饲料在日粮中的比例,以抑制体内脂肪沉积,提高胴体瘦肉率。

三、猪体化学成分的变化

随着年龄和体重的增长,猪体的化学成分也呈一定规律的变化,即幼龄时猪体的水分、蛋白质、矿物质的相对含量较高,随年龄增长而逐步降低;幼龄时猪体的脂肪含量相对较低,以后则迅速增高。生长育肥猪一生中,体内水和脂肪的含量变化最大,而蛋白质和矿物质的含量变化较小。育肥猪与后备猪相比,随年龄增长,体内水分含量减少和脂肪含量增加的变化更快。从增重成分看,年龄越大,则增重部分所含水分越少,含脂肪越多。蛋白质和矿物质含量在胚胎期与生后最初几个月增长很快,以后随年龄增长而减速,其含量在体重 45 kg(或 3～4 月龄)以后趋于稳定。

第二节　提高生长育肥猪生产力的主要技术措施

影响生长育肥猪生产力的因素是多方面的,既有遗传因素,也有营养、环境等因素,且各因素之间相互影响、相互制约。因此,在饲养实践中必须抓住主要矛盾,采取综合有效的措施。

一、选择优良品种及适宜的杂交组合

在相同的饲养管理条件下,不同品种猪的生长速度、饲料转化率、胴体品质均有所不同。代谢试验证明,瘦肉型猪种与兼用型猪种和脂肪型猪种相比较,其对能量和蛋白质的利用率更高,增重快,耗料省,瘦肉率高。

目前在我国许多猪场采用"洋三元"杂交(三个国外瘦肉型猪种之间杂交),其杂种猪生长快、瘦肉率高,但肉质较差。因此,从生产优质猪肉角度出发,在杂交组合中适当安排我国优良地方猪种参与很有必要。在环境条件一致的情况下,杂种猪的日增重可提高 10%～20%,饲料转化率可提高 5%～10%,胴体瘦肉率可达到 50%以上。三元杂交比二元杂交效果更为显著,这主要是充分利用了杂种一代母猪的杂种优势,以及与第二父本具有较好的配合力所致。

二、提高仔猪初生重和断奶重

我国生长育肥猪平均日增重较低，除主要受猪的遗传因素和饲粮营养水平影响外，还与生长育肥猪起始重较小有关。起始体重大、活力强的仔猪，育肥期增重快、饲料转化率高、发病和死亡率低。

生长育肥猪起始体重受仔猪的初生重和断奶重的影响，换言之，仔猪的初生体重越大，生活力越强，其生长速度越快，断奶体重也就越大；仔猪断奶体重越大，则转群时体重也越大，生长快速、育肥效果好。据郭传甲等研究，初生重 0.6～0.8 kg 的仔猪，45 日龄断奶重为 6.8 kg，断奶至 20 kg 期间的日增重为 244.1 g；而初生重为 1.0～1.3 kg 的仔猪，45 日龄断奶重为 8.3 kg，断奶至 20 kg 期间的日增重为 314.1 g。在现代育肥猪生产中，仔猪 35 日龄断奶体重应达到 7～8 kg，70 日龄转群时体重达到 22～25 kg。因此，必须重视妊娠母猪的饲养管理和仔猪的培育，使仔猪得到充分的发育，从而提高仔猪初生重和断奶重，最终提高育肥效果。

三、适宜的饲粮营养水平

(一)能量水平

在限量饲喂条件下，提高饲粮能量浓度和饲养水平，能提高生长育肥猪的增重速度和饲料转化率，但胴体较肥。在生长育肥猪饲养实践中，多采用不限量饲喂，由于生长育肥猪有自动调节采食而保持进食量稳定的能力，所以在一定范围内，饲粮能量浓度的高低对其生长速度和饲料转化率的影响程度较小。

在不限量饲喂条件下，为兼顾生长育肥猪的增重速度、饲料转化率和胴体肥瘦度，饲粮能量浓度以 1 kg 饲粮含消化能 11.92～12.55 MJ 为宜。进行商品瘦肉猪生产时，为了防止胴体过肥，在育肥后期要实行限制饲养，控制能量摄取量。当然，能量水平也不能太低，否则猪体将利用蛋白质等营养转化成能量以满足需要，这将是对蛋白质资源的一种浪费。对于不同品种、不同类型和不同性别的生长育肥猪应该确定其最佳的能量水平。

(二)蛋白质和必需氨基酸水平

饲粮蛋白质和必需氨基酸水平不仅与生长育肥猪的肌肉生长有直接关系，也对其增重有重要的影响。在一定范围内(蛋白质水平 9%～18%)，针对同一品种、类型和满足消化能需求的生长育肥猪来说，随着饲粮蛋白质水平的提高，其增重加快，饲料转化率改善。当粗蛋白质水平超过 18%时，对增重无效，但可改善肉质，提高瘦肉率。必须注意，用过分高的蛋白质水平来提高瘦肉率是不经济的。目前，一般按生长育肥猪不同阶段给予不同水平的蛋白质，前期(20～55 kg)为 16%～17%，后期(55～90 kg)为 14%～16%。

蛋白质对增重和胴体品质的影响，关键在于质量，即在于必需氨基酸的配比。猪需要 10 种必需氨基酸，缺乏任何一种都会影响增重，赖氨酸、蛋氨酸和色氨酸的影响更为突出。赖氨酸为猪的第一限制性氨基酸，对提高生长育肥猪的日增重、饲料转化率和胴体瘦肉率有重要作用。国内外研究证实，当赖氨酸占粗蛋白质 6%～8%时，饲粮蛋白质的生物学价值最高。因此，必须注意饲粮中赖氨酸占粗蛋白质的比例及必需氨基酸之间的配比。

(三)矿物质和维生素水平

生长育肥猪日粮中应添加适量的矿物质和维生素，以保证其充分生长。特别是某些微量元素，当其缺乏或过量时会导致生长育肥猪物质代谢紊乱，使增重速度减慢，饲料转化率降低，甚至引起疾病或死亡。

(四)粗纤维水平

粗纤维含量是影响饲粮适口性和消化率的主要因素。饲粮粗纤维含量过低，猪会拉稀或便秘。饲粮粗纤维含量过高，则适口性差，并严重降低增重和养分的消化率。阉猪从 25～50 kg 时，随着饲粮粗纤维含量增加，粗蛋白质和有机物(能量)消化率下降，粗纤维超过 9%，日增重明显降低。生长育肥猪饲粮粗纤维水平应控制在 5%～8%，幼猪阶段宜取低限。

四、适当的饲养管理方法

(一)育肥方式和饲喂方法

1. 育肥方式

不同的育肥方式对生长育肥猪的增重速度、饲料转化率和胴体瘦肉率均有很大影响。生长育肥猪的育肥方式一般可分为“吊架子”和“一条龙”两种。

“吊架子”育肥法也叫“阶段育肥法”，是经济欠发达地区人民根据当地饲料条件所采用的一种育肥方式，一般将整个育肥期划分为小猪阶段、架子猪(中猪)阶段和催肥阶段。小猪阶段饲喂较多的精料，饲粮能量和蛋白质水平相对较高。架子猪阶段利用猪骨骼发育较快的特点，让其长成骨架，采用低能量和低蛋白质的饲粮进行限制饲养(吊架子)，一般以青粗饲料为主，饲养 4～5 个月。而催肥阶段则利用肥猪易于沉积脂肪的特点，增大饲粮中精料比例，提高能量和蛋白质的供给水平，快速育肥。

“一条龙”育肥法也叫“直线育肥法”，是按照猪在各个生长发育阶段的特点，采用不同的营养水平和饲喂技术，在整个生长育肥期间能量水平始终较高，且逐阶段上升，蛋白质水平也较高，以这种方式饲养的猪增重快，饲料转化率高，这是现代集约化养猪生产普遍采用的方式。

然而，按“一条龙”育肥法饲养的生长育肥猪，往往使猪沉积大量的体脂肪而影响其瘦肉率。为了兼顾增重速度、饲料转化率和胴体瘦肉率，商品瘦肉猪应采取“前敞后限”的饲养方式，即在育肥猪体重 60 kg 以前，按“一条龙”饲养方式，采用高能量、高蛋白质饲粮；在育肥猪体重达 60 kg 后，适当降低饲粮能量和蛋白质水平，限制其每天采食的能量总量。

2. 饲喂方法

生长育肥猪的饲喂方法，一般分为自由采食和限量饲喂两种。限量饲喂又主要有两种方法，一是对营养平衡的日粮在数量上予以控制，即每次饲喂自由采食量的 70%～80%，或减少饲喂次数；二是降低日粮的能量浓度，把纤维含量高的粗饲料配合到日粮中去，以限制其对养分特别是能量的采食量。

自由采食和限量饲喂对增重速度、饲料转化率和胴体品质有一定影响。前者增重快，沉积脂肪多，饲料转化率降低；后者饲料转化率改善，胴体背膘较薄，但日增重较低。如果既要求增重快，又要求胴体瘦肉多，则以两种方法结合为好，即在育肥前期采取自由采食，让猪充分生长发育，而在育肥后期(55～60 kg 后)采取限量饲喂，限制脂肪过多地沉积。

(二)饲喂次数

采取自由采食方法时不存在饲喂次数的问题，而在限量饲喂条件下，各国、各地区对生长育肥猪的饲喂次数有异。在日本，每天分3～4次喂给一定量的配合饲料，每次使猪在10 min左右时间内吃完。据测定，定量饲喂时将日粮1次饲喂或分5次饲喂，其增重效果间无明显差异，只是日喂1次时猪的胴体较瘦，日喂5次时猪的饲料转化率稍高。也有试验表明，在20～90 kg期间，日喂3次与日喂2次比较，前者并不能提高日增重和饲料转化率。因此，许多集约化猪场采取每天2次饲喂的方法是可行的。

从猪的食欲与时间的关系来看，猪的食欲以傍晚最盛，早晨次之，午间最弱，这种现象在夏季更趋明显。所以，对生长育肥猪可每日喂3次，且早晨、午间、傍晚3次饲喂时的饲料量分别占日粮的35%、25%和40%。

(三)饮水

水是维持猪体生命不可缺少的物质，猪体内水分占体重的50%～65%。水对调节体温，营养物质的消化、吸收和运输以及体内废物的排泄等都有重要的作用，也是血液、细胞的重要组成部分。因此，必须供给猪充足的清洁饮水。如果饮水不足，会引起食欲减退，采食量减少，致使猪的生长速度减慢，严重者引起疾病。

猪的饮水量随生理状态、环境温度、体重、饲料性质和采食量等而变化，一般在春秋季节其正常饮水量应为采食饲料风干重的4倍或体重的16%，夏季约为5倍或体重的23%，冬季则为2～3倍或体重的10%左右。猪饮水一般以安装自动饮水器较好，或在圈内单独设一水槽经常保持充足而清洁的饮水，让猪自由饮用。

(四)应用促生长剂

1. 抗生素添加剂

自1949年Stokstad发现抗生素的促生长效果以来，抗生素的应用日趋广泛。但为了避免对人体健康产生不利影响，必须严格控制饲用抗生素的种类、使用剂量，并保证在猪屠宰前有足够的停药期。

2. 饲用微生物添加剂

包括益生素和微生物生长促进剂，是一类既具有抗生素的应用效果，又可克服其缺点的添加剂。益生素可通过有益微生物形成优势菌群、产酸或竞争营养物质等方式，抑制有害微生物的生长繁殖，或通过产生B族维生素、增强机体非特异性免疫功能来预防疾病，从而间接地起到提高生长速度和饲料转化率的作用。微生物生长促进剂，是指能直接提高动物对饲料的转化率和生长速度活的微生物培养物。

3. 酶制剂

酶制剂按添加目的可分为两类：一类用于补充内源性消化酶的不足；另一类用于消除饲料中抗营养因子的不良影响。酶制剂可促进营养物质的消化吸收，从而达到促进生长、提高饲料转化率、降低饲养成本、减少环境污染的目的。

(五)合理分群及调教

1. 合理分群

生长育肥猪一般采取群饲方法。群饲既能充分利用圈舍面积和设备，提高劳动生产率，降低养猪生产成本，又可利用猪的同槽争食习性来促进食欲，提高增重效果。但群饲常发生争食、咬架等情况，影响采食和增重。因此，必须做到合理分群。

分群时，除考虑性别外，应把来源、体重、体质、性情和采食习性等方面相近的猪合群饲养。根据猪的生物学特性，可采取“留弱不留强，拆多不拆少，夜并昼不并”的办法分群，并加强新合群猪的管理、调教工作，如在猪体上喷洒少量来苏儿药液或酒精，使每头猪气味一致，避免或减少咬斗的发生，同时可吊挂铁链等小玩物来吸引猪的注意力，减少争斗。分群后要保持猪群相对稳定，除对个别患病、体重差别太大、体质过弱的个体进行适当调整外，不要任意变动猪群。每群头数，应根据猪的年龄、圈养密度和饲喂方式等因素而定。

2. 调教

猪在新合群或调入新圈时，要及时加以调教。重点要抓好两项工作，第一是防止强夺弱食。为保证每头猪都能吃到、吃饱，应备有足够的饲槽，对霸槽争食的猪要勤赶、勤教。第二是训练猪养成“三角定位”的习惯。使猪采食、睡觉、排泄地点固定在圈内三处，形成条件反射，以保持圈舍清洁、干燥，有利于猪生长。

（六）去势、防疫和驱虫

1. 去势

近年来集约化猪场大多提倡仔猪 7 日龄左右去势，其优点是易保定操作、应激小，手术时流血少，术后恢复快。

公猪因含有雄烯酮和粪臭素，有难闻的膻气，影响了猪肉的品质；母猪因性成熟后发情而影响其增重。根据我国猪种早熟易肥的特点，为避免猪肉品质的下降和增重速度的减缓，供育肥用的小公、母猪均以去势为宜。我国养猪生产实践证明，去势的猪性情安静，食欲增强，增重加快，肉的品质得到改善。

瘦肉型猪种及其杂种猪的性成熟较迟，在国外幼母猪一般不经去势就育肥，有时也将未去势的小公猪养至 90 kg 左右尚未完全性成熟前就上市屠宰，试验表明，在这种情况下，未去势小公、母猪的生长比去势小公、母猪快，胴体瘦肉率也较高。

2. 防疫

为了预防生长育肥猪的常见传染病，必须制定合理的免疫程序，认真做好预防接种工作。应每头接种，避免遗漏，对从外地引入的猪，应隔离观察，并及时免疫接种。

3. 驱虫

驱虫对提高生长育肥猪的增重和饲料转化率关系很大，也直接影响养猪的经济效益。生长育肥猪主要有蛔虫、姜片虫和疥螨、虱等内、外寄生虫。通常在 90 日龄进行第一次驱虫，必要时在 135 日龄左右再进行第二次驱虫。驱除蛔虫常用驱虫净，每千克体重用 20 mg，拌入饲料中一次喂服。驱除疥螨和虱常用敌百虫，配制成 1.5%～2.0%的溶液喷洒体表，每天一次，连续 3 d。近年来，采用 1%伊维菌素注射液对猪进行皮下注射，使用剂量为每千克体重 400 μg，对驱除猪体内、外寄生虫有良好效果。

（七）管理制度

对猪群的管理要形成制度化，按规定时间给料、给水、清扫粪便，并观察猪的食欲、精神状态、粪便有无异常，对不正常的猪要及时诊治。

要完善统计、记录制度，对猪群周转、出售或发病死亡、称重、饲料消耗、疾病治疗等情况加以记载。

五、适宜的环境条件

生长育肥猪多为舍饲,猪舍的小气候是其主要的环境条件。猪舍的小气候包括舍内温度、湿度、气流、光照、声音等物理因素,以及圈舍卫生、圈养密度、舍内有害气体、尘埃和微生物等其他因素。

(一)温度和湿度

生长育肥猪的适宜环境温度为16～23℃,前期为20～23℃,后期为16～20℃,在此范围内,猪的增重最快,饲料转化率最高。

环境温度过低,猪需要消耗更多能量用于产热,以维持其体温,使日增重降低,采食量增多,从而使饲料转化率下降。实践证明,当温度降到10℃和5℃时,猪的采食量分别增加10%和20%,而日增重则下降;当生长育肥猪处于下限临界温度以下时,下降1℃,日增重减少11～20 g,日耗料增加25～35 g。

环境温度过高,猪为了散发体热而呼吸频率加快,新陈代谢受到影响,食欲减退,采食量明显下降,导致生产力降低。若环境温度升高至25℃和30℃,则采食量分别减少10%和35%。据报道,在28～35℃的高温环境下,15～30 kg、30～60 kg和60～90 kg的生长育肥猪的日增重比预期日增重分别降低6.8%、20%和28%;当猪处于上限临界温度以上时,升高1℃,日增重减少约30 g,日耗料减少60～70 g。因此,夏季要防止猪舍暴晒,保持通风,勤冲洗圈舍和给猪淋浴,多喂凉水和青绿多汁饲料,尽力做好防暑降温工作。

在温度适宜的情况下,猪对湿度的适应力很强,当相对湿度从45%升到70%或95%时,对猪的采食量和增重速度影响不大。但是,在低温高湿情况下,可使生长育肥猪日增重减少36%,每千克增重耗料增加10%;在高温高湿时,猪的增重更慢,还可能大大提高猪的死亡率。因此,猪舍内相对湿度以50%～70%为宜。

(二)圈养密度和圈舍卫生

圈养密度一般以每头猪所占面积来表示。圈养密度越大,猪呼吸排出的水汽量越多,粪尿量越大,舍内湿度也越高;舍内有害气体、微生物数量增多,空气卫生状况恶化;猪的争斗次数明显增多,休息时间减少,从而影响猪的健康、增重和饲料转化率。降低圈养密度可提高猪的增重速度和饲料转化率,但圈养密度太小也是不经济的,在生产上适当提高圈养密度可提高经济效益。另外,当圈养密度相同而每圈养猪头数不同时,育肥效果也不同,每圈头数越多,猪的增重越慢,饲料转化率越低。

实践证明,15～60 kg的生长育肥猪每头所需面积为0.6～1.0 m^2,60 kg以上的育肥猪每头需1.0～1.2 m^2,每圈头数以10～20头为宜。但具体数目可因不同环境条件而异,在我国的北方,由于平均气温低,气候较干燥,可适当增加饲养密度;在南方的夏季,由于气温较高,湿度大,则应适当降低饲养密度。

(三)气流

空气的流动是由于不同位置的空气温度不一致而引起的。猪舍内气流以0.1～0.2 m/s为宜,最大不要超过0.25 m/s。在高温环境下,增大气流有利于猪的散热,缓解热应激的影响，是一项重要的防暑措施。在寒冷季节，过大的气流会使机体大量散热，成为阻碍生产性能发挥及影响猪体健康的重要因素，作用于机体局部的低温高速气流（俗称“贼风”）对猪的危害更大，常引起猪的感冒、肠炎、腹泻、关节炎等疾病。因此，在寒冷季节要降低气流速度，更要防止“贼风”。对气流速度的调节，可通过控制猪舍的通风换气来实现，根据生产实际情况，采取自然通风或辅以机械通风。

（四）光照

适度的太阳光照能加强机体组织的代谢过程，促进猪的生长发育，提高抗病能力。太阳光线是天然的保健剂和杀菌剂，在冬季充分利用阳光尤为重要。然而过强的光照会引起猪兴奋，减少休息时间，增加甲状腺的分泌，提高代谢率，影响增重和饲料转化率。育肥猪舍内的光照可暗淡些，只要便于猪采食和饲养管理工作即可，使猪得到充分休息。

（五）舍内有害气体、尘埃与微生物

由于猪的呼吸、排泄以及排泄物的腐败分解，不仅使猪舍空气中的氧气减少，二氧化碳含量增加，而且产生了氨、硫化氢、甲烷等有害气体和臭味。高浓度的氨和硫化氢可引起猪的中毒，发生结膜炎、支气管炎、肺炎等，通常情况下，虽然达不到中毒程度，但对猪的健康和生产力有不良影响。舍内二氧化碳含量过高、氧气含量相对不足时，会使猪精神萎靡，食欲下降，增重缓慢。

因此，猪舍中氨浓度的最高限度为 25 mg/m^3，应保持在 10 mg/m^3 以下，硫化氢含量以 10 mg/m^3 为限，CO_2 应保持在 0.2%以下。为减少猪舍空气中有害气体的积聚，应改善猪舍通风换气条件，及时处理粪尿，保持适宜的圈养密度。

（六）噪声

猪舍内的噪声来自于外界传入、舍内机械和猪只争斗等方面。噪声对猪的休息、采食、增重都有不良影响。噪声会使猪的活动量增加而影响增重，还会引起猪惊恐，降低食欲。因此，要尽量避免突发性的噪声，噪声强度以不超过 65 dB 为宜。

六、适时屠宰

（一）影响生长育肥猪屠宰活重的主要因素

生长育肥猪饲养到何时出栏屠宰，是养猪生产中一个重要而又复杂的问题，因为这关系到生产者的经济效益和猪肉产品的数量和质量。影响生长育肥猪适宜屠宰活重（期）的因素很多，但归纳起来，主要有生长育肥猪的生物学特性和消费者对胴体的要求与销售价格两大方面。

1. 生长育肥猪生物学特性的影响

生长育肥猪的适宜屠宰活重（期）受到日增重、饲料转化率、屠宰率、瘦肉率等生物学因素的制约。生长育肥猪随着体重的增加，日增重逐渐增高，到一定阶段（随不同品种或杂交组合而异）之后，则转为逐渐下降；维持营养所占比例相对增多，饲料消耗增加，饲料转化率下降。育肥猪随体重的增加，屠宰率提高，但胴体沉积的脂肪比例增高，瘦肉率降低。

2. 消费者对胴体的要求与销售价格的影响

随着人民生活水平的提高，对瘦肉的需求很迫切，市场上瘦肉易销，肥猪肉难销。为了获取较好的销售价格和经济效益，生产者正积极探索所饲养品种或杂种猪的最佳出栏活重，一些原来有养大猪习惯的地区也在一定程度上调低了生长育肥猪的出栏体重。

（二）生长育肥猪的适宜屠宰活重

根据各地区的研究成果，地方猪种中早熟、矮小的猪及其杂种猪适宜屠宰活重为 70～75 kg，其他地方猪种及其杂种猪的适宜屠宰活重为 75～85 kg；我国培养猪种和以我国地方猪种为母本、国外瘦肉型品种猪为父本的二元杂种猪，适宜屠宰活重为 85～90 kg；以两个瘦肉型品种猪为父本的三元杂种猪，适宰活重为 90～100 kg；以培育品种猪为母本，两个瘦肉型品种猪为父本的三元杂种猪和瘦肉型品种猪间的杂种后代，适宰活重为 100～115 kg。

复习思考题

如何提高生长育肥猪生产力？

第十五章 猪场建设

我国传统的养猪业是一家一户的小规模生产，彼此之间几乎没有联系和依赖关系。自20世纪60年代发达国家开始实行集约化养猪以来，我国也在不断学习引进这种先进的养猪技术，特别是近20年来猪场的饲养规模越来越大，生产技术也越来越新，已形成集约化养猪的态势。现代化养猪场在生产工艺、猪场布局、猪舍建筑和设备等方面与传统养猪相比，发生了划时代的巨大变化。

第一节 养猪生产工艺

一、养猪生产模式

在国内外养猪生产中，养猪生产的模式是多样的，如果按照泌乳母猪活动的空间可分三类：集约化饲养、半集约化饲养和散放饲养。

(一)集约化饲养

集约化饲养即完全圈养制，也称定位饲养，泌乳母猪的活动面积小于2 m^2，最早的形式是用皮带或锁链把母猪固定在指定地点，也有用板条箱限制母猪的活动空间。现在采用母猪产床也叫母猪产仔栏或防压栏，一般设有仔猪保温设备。主要特点是"集中、密集、约制、节约"，猪场占地面积少、栏位利用率高，采用的技术和设施先进，节约人力，提高劳动生产率，增加企业经济效益。这种模式是典型的工厂化养猪生产，在世界养猪生产中被普遍采用。

(二)半集约化饲养

半集约化饲养即不完全圈养制，泌乳母猪的活动面积大约5 m^2，可以母仔同栏、也可有栏位限制母猪，设有仔猪保温设备，或用垫草冬季取暖。其特点是圈舍占用面积大，设备一次性投资比完全圈养制低，母猪有一定的活动空间，有利于繁殖。在中国很多养猪企业采用这种模式。

(三)散放饲养

散放饲养泌乳母猪的活动面积大于5 m^2，其特点是建场投资少，母猪活动增加，有利于母猪繁殖性能的提高，减少母猪的繁殖障碍；仔猪可随着母猪运动，增强抵抗力。这种最古老的养猪模式因其效率低曾经被养猪企业冷落，但随着人们生活水平的提高，环境保护意识的增强，加上动物福利事业的发展，使散放饲养模式生产的猪肉受到欢迎，价格比较高，所以散放饲养模式得到进一步的发展。

可见饲养模式根据分类方法的不同而不同，不是一成不变的。养猪生产采用什么样的模式，必须根据当地的经济、气候、能源等综合条件来决定，最终要取得经济效益、社会效益和生态效益，不可照抄、照搬看起来很先进、但不适用、经济效益低的饲养模式。

二、养猪生产工艺流程

现代化养猪普遍采用的是分段饲养、全进全出的生产工艺，它是适应集约化养猪生产要求，提高养猪生产效率的可靠保证。

(一)现代化养猪生产的工艺流程

现代化养猪生产一般采用分段饲养、全进全出饲养工艺。由于猪场的饲养规模不同，技术水平不一样，不同猪群的生理要求也不同。为了使生产和管理方便、系统化，提高生产效率，可以采用不同的饲养阶段，实施全进全出工艺。现在介绍几种常见的工艺流程：

1. 三段饲养工艺流程

空怀及妊娠期→泌乳期→生长育肥期。

三段饲养二次转群是比较简单的生产工艺流程，适用于规模较小的养猪企业，其特点是：简单，转群次数少，猪舍类型少，节约维修费用，还可以重点采取措施，例如分娩哺乳期，可以采用好的环境控制措施，满足仔猪生长的条件，提高成活率，提高生产水平。

2. 四段饲养工艺流程

空怀及妊娠期→泌乳期→仔猪保育期→生长育肥期。

在三段饲养工艺中，将仔猪保育阶段独立出来就是四段饲养三次转群工艺流程，保育期一般 5 周，猪的体重达 20 kg 以上，转入生长育肥舍。断奶仔猪比生长育肥猪对环境条件要求高，这样便于采取措施提高成活率。在生长育肥舍饲养 15～16 周，体重达 90～110 kg 出栏。

3. 五段饲养工艺流程

空怀配种期→妊娠期→泌乳期→仔猪保育期→生长育肥期。

五段饲养四次转群与四段饲养工艺相比，是把空怀待配母猪和妊娠母猪分开，单独组群，有利于配种，提高繁殖率。空怀母猪配种后观察 21 d，确认后转入妊娠舍饲养至产前 7 d 转入分娩哺乳舍。这种工艺的优点是断奶母猪复膘快、发情集中、便于发情鉴定，容易把握时间适时配种。

总之，饲养工艺流程中饲养阶段的划分，必须根据猪场的性质和规模，以提高生产力水平为前提来确定。

(二)生产工艺的组织方法

确定生产工艺是设计猪场时要考虑的主要内容之一，生产工艺合理与否，决定着生产效率的高低。确定生产工艺需要考虑以下内容：

1. 确定饲养模式

养猪的生产模式不仅要根据经济、气候、能源、交通等综合条件来确定，还要根据猪场的性质、规模、养猪技术水平来确定。如果规模太小，采用定位饲养，投资很高、栏位利用率低、每头出栏猪成本高，难以取得经济效益。又如同样是集约化饲养，有的采用公猪与待配母猪同舍饲养，有的分舍饲养；母猪有定位饲养，也有小群饲养；配种方式可采用自然交配，也可采用人工授精。各类猪群的饲养方式、饲喂方式、饮水方式、清粪方式等都需要饲养模式来确定。

2.确定生产节律

生产节律是指相邻两群泌乳母猪转群的时间间隔(天数)。生产节律一般采用 1 d、2 d、3 d、4 d、7 d 或 10 d 制,可根据猪场规模而定。实践表明,年产 5 万～10 万头商品育肥猪的大型企业多实行 1 d 或 2 d 制,即每天有一批母猪配种、产仔、断奶、仔猪保育和育肥猪出栏;年产 1 万～3 万头商品育肥猪的企业多实行 7 d 制;规模较小的养猪场一般采用 10 d 或 12 d 制。

3.确定工艺参数

为了准确计算猪群结构,即各类猪群的存栏数、猪舍及各猪舍所需栏位数、饲料用量和产品数量,必须根据养猪的品种、生产力水平、技术水平、经营管理水平和环境设施等,实事求是地确定生产工艺参数。

现就几个重要的生产工艺参数加以讨论说明。

(1)繁殖周期。繁殖周期决定母猪的年产窝数,关系到养猪生产水平的高低,其计算公式如下:

繁殖周期＝母猪妊娠期(114 d)＋仔猪哺乳期＋母猪断奶至受胎时间

其中,仔猪哺乳期国内的猪场一般采用 35 d,比较好的企业采用 21～28 d 断奶;母猪断奶至受胎时间包括两部分:一是断奶至发情时间 7～10 d,二是配种至受胎时间,决定于情期受胎率和分娩率的高低;假定分娩率为 100%,将返情的母猪多养的时间平均分配给每头猪,其时间是:21×(1－情期受胎率)。故繁殖周期＝114＋35＋10＋21×(1－情期受胎率)即:

繁殖周期＝159＋21×(1－情期受胎率)

当情期受胎率为 70%、75%、80%、85%、90%、95%、100%时,繁殖周期为 165 d、164 d、163 d、162 d、161 d、160 d、159 d。情期受胎率每增加 5%,繁殖周期减少 1 d。

(2)母猪年产窝数。母猪年产窝数＝(365/繁殖周期)×分娩率,即:

母猪年产窝数＝365×分娩率÷[114＋哺乳期＋21×(1－情期受胎率)]

母猪年产窝数与情期受胎率、仔猪哺乳期的关系如表 15-1 所示。由表 15-1 可知情期受胎率每增加 5%,母猪年产窝数增加 0.01～0.02 窝/年。仔猪哺乳期每缩短 7 d,母猪年产窝数增加 0.1 窝/年,当仔猪哺乳期为 35 d 时,母猪年产窝数很难达到 2.2 窝/年;仔猪 28 d 断奶,母猪年产窝数很容易达到 2.2 窝/年;另外,分娩率 90%,母猪年产窝数大约降低 0.11～0.13 窝/年。可见,仔猪早期断奶、妊娠母猪的饲养是提高母猪生产力水平的关键技术环节。

表 15-1　母猪年产窝数与情期受胎率、仔猪哺乳期的关系

情期受胎率/%		70	75	80	85	90	95	100
母猪年产窝数	21 d 断奶	2.29	2.31	2.32	2.34	2.36	2.37	2.39
(窝/年)	28 d 断奶	2.19	2.21	2.22	2.24	2.25	2.27	2.28
	35 d 断奶	2.10	2.11	2.13	2.14	2.15	2.17	2.18

4.猪群结构

根据猪场规模、生产工艺流程和生产条件,将生产过程划分为若干阶段,不同阶段组成不同类型的猪群,计算出每一类群猪的存栏数量就形成了猪群的结构。饲养阶段划分目的是为了最大限度地利用猪群、猪舍和设备,提高生产效率。下面以年产万头商品育肥猪的猪场为例，介绍一种简便的猪群结构计算方法。

(1)年产总窝数。

年产总窝数＝计划年出栏头数÷(窝产仔猪数×从出生到出栏的成活率)

＝10 000÷(10×0.9×0.95×0.98)＝1 193 (窝/年)。

(2)每个节律转群头数以 7 为一个节律。

① 产仔窝数＝1 193÷52＝23 头，一年 52 周，即每周分娩泌乳母猪数为 23 头；

② 妊娠母猪数＝23÷0.95＝24 头，分娩率 95%；

③ 配种母猪数＝24÷0.80＝30 头，情期受胎率 80%；

④ 哺乳仔猪数＝23×10×0.9＝207 头，成活率 90%；

⑤ 保育仔猪数＝207×0.95＝196 头，成活率 95%；

⑥ 生长肥育猪数＝196×0.98＝192 头，成活率 98%。

(3)各类猪群组数。

生产以 7 为节律，故猪群组数等于饲养的周数。

(4)猪群的结构。

各猪群存栏数＝每组猪群头数×猪群组数

猪群的结构见表 15-2，生产母猪的头数为 576 头，公猪、后备猪群的计算方法为：

①公猪数：576÷25＝23 头，公母比例 1：25；

②后备公猪数：23÷3＝8 头。若半年一更新，实际养 4 头即可；

③后备母猪数：576÷3÷52÷0.5＝8 头/周，留种率 50%。

表 15-2　万头猪场猪群结构

猪群种类	饲养期/周	组数	每组头数/头	存栏数/头	备注
空怀母猪	5	5	30	150	配种后观察 21 d
妊娠母猪	12	12	24	288	
泌乳母猪	6	6	23	138	
哺乳仔猪	5	5	230	1 150	按出生头数计算
保育仔猪	5	5	207	1 035	按转入头数计算
生长育肥猪	13	13	196	2 548	按转入头数计算
后备母猪	8	8	8	64	8 个月配种
公猪	52			23	不转群
后备公猪	12			8	9 个月使用
总存栏数				5 404	最大存栏头数

5.猪栏配备

现代化养猪生产能否按照工艺流程进行，关键是猪舍和栏位配置是否合理。猪舍的类型一般是根据猪场规模按猪群种类划分的，而栏位数量需要准确计算，计算栏位需要量方法如下：

各饲养群猪栏分组数＝猪群组数＋消毒空舍时间(d)/生产节律(7 d)

每组栏位数＝每组猪群头数/每栏饲养量＋机动栏位数

各饲养群猪栏总数＝每组栏位数×猪栏组数

如果采用空怀待配母猪和妊娠母猪小群饲养、泌乳母猪网上饲养，消毒空舍时间为 7 d，则万头猪场的栏位数如表 15-3。

表 15-3 万头猪场各饲养群猪栏配置数量(参考)

猪群种类	猪群组数	每组头数/头	每栏饲养量/(头/栏)	猪栏组数	每组栏位数/个	总栏位数/个
空怀配种母猪群	5	30	4～5	6	7	42
妊娠母猪群	12	24	2～5	13	6	78
泌乳母猪群	6	23	1	7	24	168
保育仔猪群	5	207	8～12	6	20	120
生长育肥猪群	13	196	8～12	14	20	280
公猪群(含后备)	—	—	1	—	—	28
后备母猪群	8	8	4～6	9	2	18

6. 一周内工作安排

根据工艺流程安排一周的工作内容,对每一项内容提出具体的要求,并且监督执行。

第二节 猪场建筑

正确选择场址并进行合理的建筑规划和布局,是猪场建设的关键。规划和布局合理,既可方便生产管理,也为严格执行防疫制度等打下良好的基础。

一、猪场场址选择

场址选择应根据猪场的性质、规模和任务,考虑场地的地形、地势、水源、土壤、当地气候等自然条件,同时应考虑饲料及能源供应、交通运输、产品销售、与周围工厂、居民点及其他畜禽场的距离、当地农业生产、猪场粪污就地处理能力等社会条件,进行全面调查,综合分析后再做出决定。

(一)地形地势

猪场地形要求开阔整齐,有足够面积。地形狭长或边角多都不便于场地规划和建筑物布局;面积不足会造成建筑物拥挤,给饲养管理、改善场区及猪舍环境及防疫、防火等造成不便。猪场生产区面积一般可按繁殖母猪每头 45～50 m^2 或上市商品育肥猪每头 3～4 m^2 考虑,猪场生活区、行政管理区、隔离区另行考虑,并须留有发展余地。

猪场地势要求较高、干燥、平坦、背风向阳、有缓坡。地势低洼的场地易积水潮湿,夏季通风不良,空气闷热,易滋生蚊蝇和微生物,而冬季则阴冷。有缓坡的场地便于排水,但坡度以不大于 25°为宜,以免造成场内运输不便。在坡地建场宜选背风向阳坡,以利于防寒和保证场区较好的小气候环境。

场址选择同时应本着节约用地,不占或少占农田,不与农争地这样一条原则。建场土地面积依猪场的任务、性质、规模和场地的具体情况而定,一般一个年出栏万头育肥猪的大型商品猪场，占地面积 30 000 m^2(3 hm^2)为宜。

(二)水源水质

猪场水源要求水量充足，水质良好，便于取用和进行卫生防护，并易于净化和消毒。水源水量必须满足场内生活用水、猪只饮用及饲养管理用水(如清洗调制饲料、冲洗猪舍、清洗机具、用具等)的要求。各类猪每头每天的总需水量与饮用量分别为：种公猪 40 L 和 10 L、空怀及妊娠母猪 40 L 和 12 L、泌乳母猪 75 L 和 20 L、断奶仔猪 5 L 和 2 L、生长猪 15 L 和 6 L、育肥猪 25 L 和 6 L，这些参数供选择水源时参考。

(三)土壤特性

土壤的物理、化学和生物学特性，都会影响猪的健康和生产力。一般情况下，猪场土壤要求透气性好，易渗水，热容量大，这样可抑制微生物、寄生虫和蚊蝇的滋生，并可使场区昼夜温差较小。土壤化学成分通过饲料或水影响猪的代谢和健康，某些化学元素缺乏或过多，都会造成地方病，如缺碘造成甲状腺肿，缺硒造成白肌病，多氟造成斑釉齿和大骨节病等。土壤虽有一定的自净能力，但许多病原微生物可存活多年，而土壤又难以彻底进行消毒，所以，土壤一旦被污染，则多年具有危害性，选择场址时应避免在旧猪场场址或其他畜牧场场地上重建或改建。

为避免与农争地，少占耕地，选址时不宜过分强调土壤种类和物理特性，应着重考虑化学和生物学特性，注意地方病和疫情的调查。

(四)周围环境

养猪场饲料、产品、粪污、废弃物等运输量很大，交通方便才能保证饲料的就近供应、产品的就近销售及粪污和废弃物的就地转化和消纳，以降低生产成本和防止污染周围环境，但交通干线又往往是造成疫病传播的途径。因此，选择场址时既要求交通方便，又要求与交通干线保持适当的距离。一般来说，猪场距铁路、国家一、二级公路应不少于 300～500 m，距三级公路应不少于 150～200 m，距四级公路不少于 50～100 m。

猪场与村镇居民点、工厂及其他畜禽场间应保持适当距离，以避免相互污染。与居民点间的距离，一般猪场应不少于 300～500 m，大型猪场(如万头猪场)则应不少于 1 000 m。猪场应处在居民点的下风向和地势较低处。与其他畜禽场间距离，一般畜禽场应不少于 150～300 m，大型畜禽场间应不少于 1 000～1 500 m。

此外，还应考虑电力和其他能源的供应。

二、猪场建筑规划设计

场地选定后，根据有利防疫、改善场区小气候、方便饲养管理、节约用地等原则，考虑当地气候、风向、场地的地形地势、猪场各种建筑物和设施的大小及功能关系，规划全场的道路、排水系统、场区绿化等，安排各功能区的位置及每种建筑物和设施的位置和朝向。

(一)场地规划

1. 场地分区

猪场一般可分为 4 个功能区，即生产区、生产管理区、隔离区、生活区。为便于防疫和安全生产，应根据当地全年主风向与地势，顺序安排以上各区，即生活区→生产管理区→生产区→

隔离区。

(1)生活区。包括文化娱乐室、职工宿舍、食堂等。此区应设在猪场大门外面。为保证良好的卫生条件，避免生产区臭气、尘埃和污水的污染，生活区设在上风向或偏风方向和地势较高的地方，同时其位置应便于与外界联系。

(2)生产管理区。包括行政和技术办公室、接待室、饲料加工调配车间、饲料储存库、办公室、水电供应设施、车库、杂品库、消毒池、更衣消毒和洗澡间等。该区与日常饲养工作关系密切，距生产区距离不宜远。饲料库应靠近进场道路处，并在外侧墙上设卸料窗，场外运料车辆不许进生产区，饲料由卸料窗入料库；消毒、更衣、洗澡间应设在场大门一侧，进生产区人员一律经消毒、洗澡、更衣后方可入内。

(3)生产区。包括各类猪舍和生产设施，也是猪场的最主要区域，严禁外来车辆进入生产区，也禁止生产区车辆外出。各猪舍由料库内门领料，用场内小车运送。在靠围墙处设装猪台，售猪时由装猪台装车，避免外来车辆进场。

(4)隔离区。包括兽医室和隔离猪舍、尸体剖检和处理设施、粪污处理及贮存设施等。该区是卫生防疫和环境保护的重点，应设在整个猪场的下风或偏风方向、地势低处，以避免疫病传播和环境污染。

2. 场内道路和排水

道路是猪场总体布局中一个重要组成部分，它与猪场生产、防疫有重要关系。场内道路应分设净道、污道，互不交叉。净道用于运送饲料、产品等，污道则专运粪污、病猪、死猪等。场内道路要求防水防滑，生产区不宜设直通场外的道路，而生产管理区和隔离区应分别设置通向场外的道路，以利于卫生防疫。

场区排水设施为排除雨、雪水而设。一般可在道路一侧或两侧设明沟排水，也可设暗沟排水，但场区排水管道不宜与舍内排水系统的管道通用，以防杂物堵塞管道影响舍内排污，并防止雨季污水池满溢，污染周围环境。

3. 场区绿化

植树、种草，搞好绿化，对改善场区小气候有重要意义。绿化可以美化环境，更重要的是可以吸尘灭菌、降低噪声、净化空气、防疫隔离、防暑防寒。场区绿化可按冬季主风的上风向设防风林，在猪场周围设隔离林，猪舍之间、道路两旁进行遮阳绿化，场区裸露地面上可种花草。场区绿化植树时，需考虑其树干高低和树冠大小，防止夏季阻碍通风和冬季遮挡阳光。

(二)建筑物布局

猪场建筑物的布局在于正确安排各种建筑物的位置、朝向、间距。布局时需考虑各建筑物间的功能关系、卫生防疫、通风、采光、防火、节约用地等。

生活区和生产管理区与场外联系密切，为保障猪群防疫，宜设在猪场大门附近，门口分设行人和车辆消毒池，两侧设值班室和更衣室。生产区各猪舍的位置需考虑配种、转群等联系方便，并注意卫生防疫，种猪、仔猪应置于上风向和地势高处。妊娠猪舍、分娩猪舍应放到较好的位置，分娩猪舍要靠近妊娠猪舍，又要接近仔猪培育舍，育成猪舍靠近育肥猪舍，育肥猪舍设在下风向。商品猪置于离场门或围墙近处，围墙内侧设装猪台，运输车辆停在围墙外装车。如商品猪场可按种公猪舍、空怀母猪舍、妊娠母猪舍、产房、断奶仔猪舍、肥猪舍、装猪台等建筑物顺序靠近排列。病猪和粪污处理应置于全场最下风向和地势最低处，距生产区宜保持至少 50 m

的距离。

猪舍的朝向关系到猪舍的通风、采光和排污效果，根据当地主导风向和日照情况确定。一般要求猪舍在夏季少接受太阳辐射、舍内通风量大而均匀，冬季应多接受太阳辐射，冷风渗透少。因此，炎热地区，应根据当地夏季主风向安排猪舍朝向，以加强通风效果，避免太阳辐射。寒冷地区，应根据当地冬季主导风向确定朝向，减少冷风渗透量，增加热辐射，一般以冬或夏季主风与猪舍长轴有30°～60°夹角为宜，应避免主风方向与猪舍长轴垂直或平行。以利防暑和防寒，猪舍一般以南向或南偏东、南偏西45°以内为宜。

各建筑物排列整齐、合理，既要利于道路、给排水管道、绿化、电线等的布置，又要便于生产和管理工作。猪舍之间的距离以能满足光照、通风、卫生防疫和防火的要求为原则。距离过大则猪场占地过多，间距过小则南排猪舍会影响北排猪舍的光照，同时也影响其通风效果，也不利于防疫、防火。综合考虑光照、通风、卫生防疫、防火及节约用地等各种要求，猪舍间距一般以3～5 H(H为南排猪舍檐高)为宜。

三、猪舍建筑

(一)猪舍型式与基本结构

1. 猪舍的型式

猪舍按屋顶形式、墙壁结构与窗户以及猪栏排列等分为多种。

(1)屋顶形式：可分为单坡式、双坡式、联合式、平顶式、拱顶式、钟楼式、半钟楼式等。

(2)墙壁结构与窗户：可分为开放式、半开放式和密闭式，密闭式猪舍又可分为有窗式和无窗式。

(3)猪栏排列：可分为单列式、双列式、多列式。

2. 猪舍基本结构

猪舍的基本结构包括地面、墙、门窗、屋顶等，这些又统称为猪舍的“外围护结构”。猪舍的小气候状况，在很大程度上取决于外围护结构的性能。

(1)基础和地面：基础的主要作用是承载猪舍自身重量、屋顶积雪重量和墙、屋顶承受的风力。基础的埋置深度，根据猪舍的总载荷、地基承载力、地下水位及气候条件等确定。基础受潮会引起墙壁及舍内潮湿，应注意基础的防潮防水。为防止地下水通过毛细管作用浸湿墙体，在基础墙的顶部应设防潮层。

猪舍地面是猪活动、采食、躺卧和排粪尿的地方。地面对猪舍的保温性能及猪的生产性能有较大的影响。猪舍地面要求保温、坚实、不透水、平整、不滑，便于清扫和清洗消毒。地面一般应保持2%～3%的坡度，以利于保持地面干燥。

(2)墙壁：墙为猪舍建筑结构的重要部分，它将猪舍与外界隔开。按墙所处位置可分为外墙、内墙。外墙为直接与外界接触的墙，内墙为舍内不与外界接触的墙。按墙长短又可分为纵墙和山墙(或叫端墙)，沿猪舍长轴方向的墙称为纵墙，两端沿短轴方向的墙称为山墙。猪舍一般为纵墙承重。

猪舍墙壁要求坚固耐用，承重墙的承载力和稳定性必须满足结构设计要求。墙内表面要便于清洗和消毒，地面以上1.0～1.5 m高的墙面应设水泥墙裙，以防冲洗消毒时溅湿墙面和防止猪弄脏、损坏墙面。同时,墙壁应具有良好的保温隔热性能,这直接关系到舍内的温湿度状况。墙壁的厚度应根据当地的气候条件和所选墙体材料的热工特性来确定,既要满足墙的保温要求,同时尽量降低成本和投资,避免造成浪费。

(3)门与窗:窗户主要用于采光和通风换气。窗户面积大,采光多、换气好,但冬季散热和夏季向舍内传热也多,不利于冬季保温和夏季防暑。窗户的大小、数量、形状、位置应根据当地气候条件合理设计。

门供人与猪出入。外门一般高 2.0～2.4 m,宽 1.2～1.5 m,门外设坡道,便于猪只和手推车出入。外门的设置应避开冬季主导风向,必要时加设门斗。

(4)屋顶:屋顶起遮挡风雨和保温隔热的作用,要求坚固,有一定的承重能力,不漏水、不透风,同时由于其夏季接受太阳辐射和冬季通过它失热较多。因此,要求屋顶必须具有良好的保温隔热性能。猪舍加设吊顶,可明显提高其保温隔热性能,但随之也增大了投资。

(二)猪舍环境控制

猪舍靠外围护结构不同程度地与外界隔绝,形成不同于舍外的舍内小气候,使猪群免受酷暑严寒和风吹日晒的影响。外围护结构设计是否合理,决定了猪舍的小气候状况。为猪创造适宜的生活环境,通过合理设计猪舍的保温隔热性能,组织有效的通风换气,采光照明和供水排水,并根据具体情况采用供暖、降温、通风、光照、空气处理等设备,给猪创造一个符合其生理要求和行为习性的适宜环境。

1.猪舍的保温隔热

保温是阻止热量由舍内向舍外散失,隔热是阻止舍外热量传到舍内。猪舍的保温隔热性能取决于猪舍样式、尺寸、外围护结构所用材料的热工性能和厚度等。设计猪舍时,应根据当地气候条件选择猪舍的形式、考虑其尺寸,对于有窗和密闭式猪舍最好经过建筑热工计算来确定围护结构的材料和构造方案,以保证猪舍设计的最优化。

2.猪舍的通风

通风是改善猪舍小气候的重要措施,任何季节都需要。

通风可以排除猪舍中多余的水汽,降低舍内湿度,防止围护结构内表面结露,同时可排除空气中的尘埃、微生物、有毒有害气体(如 NH_3、H_2S、CO_2 等),改善猪舍空气的卫生状况。前面已提到,夏季加强猪舍通风,可缓解高温对猪的不良影响,是有效的防暑措施。猪舍通风分自然通风和机械通风两种方式。

3.猪舍的光照

一般情况下,各类猪的照度需求(在饲养管理操作面上的照度)如下:妊娠母猪和育成猪为 50～75 lx,育肥猪为 35～50 lx,其他猪群为 50～100 lx。无窗式猪舍的人工照明时间,育肥猪为 8～12 h,其他猪群为 14～18 h,一般采用白炽灯或荧光灯。灯具安装最好根据工作需要分组设开关,既保证工作需要,又节约用电。

无论自然光照还是人工照明猪舍,由于舍内尘埃较多,夏季蚊蝇黏附等,很易弄脏门窗等透光部件和灯具,影响正常的采光和照明,所以门窗、灯具等应定期擦拭,保持清洁。

4.猪舍的给排水和清粪系统

(1)给水:猪场中猪只饮用、调制饲料、清洗圈舍、猪只淋浴刷洗等,每天用水量很大,要保证猪场日常管理中充足水量的供给和方便用水,就须合理设计猪场的给水系统。

(2)排水和清粪系统:猪的粪尿量、猪舍污水排放量很大,若没有有效合理的排水系统,常造成舍内潮湿,空气卫生状况恶化。猪舍排水系统一般与清粪系统结合,猪舍清粪方式有多种,常见的有手工清粪、刮板清粪和水冲清粪等几种形式。

(三)猪舍内部布置

1.公猪舍

多采用带运动场的单列式,给公猪设运动场,保证其充足的运动,可防止公猪过肥,对其健康和提高精液品质、延长公猪使用年限等均有好处。公猪栏要求比母猪和育肥猪栏宽,隔栏高度为 1.2～1.4 m,公猪栏面积一般为 7～9 m^2,其运动场也较大。种公猪均为单圈饲养。配种栏的设置有多种方式,可以专门设配种栏,也可以利用公猪栏和母猪栏。

2.空怀与妊娠母猪舍

可为单列式(可带运动场)、双列式、多列式等几种。空怀、妊娠母猪可群养,也可单养。

群养时,空怀母猪每圈 4～5 头,妊娠母猪每圈 2～4 头。这种方式节约圈舍,提高了猪舍的利用率;空怀母猪群养可相互诱发发情,但发情不易检查;妊娠母猪群养易发生因争食、咬架而导致死胎、流产。空怀、妊娠母猪单养(隔栏定位饲养)时易进行发情鉴定,便于配种,利于妊娠母猪的保胎和定量饲喂,缺点是母猪运动量小,母猪受胎率有降低趋向,肢蹄病也增多,影响母猪的利用年限。空怀母猪隔栏单养时可与公猪饲养在一起,4～5 个待配母猪栏对应一个公猪栏,这样就不用专设配种栏。

3.泌乳母猪舍

常见为三走道双列式。泌乳母猪舍供母猪分娩、哺育仔猪用,其设计既要满足母猪需要,同时要兼顾仔猪的要求。分娩母猪适宜温度为 16～18℃,新生仔猪体热调节机能发育不全,怕冷,适宜温度为 30～32℃,气温低时通过挤靠母猪或相互挤堆来取暖,这样常出现被母猪踩死、压死的现象。根据这一特点,泌乳母猪舍的分娩栏应设母猪限位区和仔猪活动栏两部分。中间部位为母猪限位区,宽一般为 0.6～0.65 m,两侧为仔猪栏。仔猪活动栏内一般设仔猪补饲槽和保温箱,保温箱采用加热地板、红外灯或热风器等给仔猪局部供暖。

4.仔猪培育舍

仔猪断奶后就转入仔猪培育舍,断奶仔猪身体各机能发育不完全,体温调节能力差,怕冷,机体抵抗力、免疫力差,易感染疾病。因此,仔猪培育舍应能给仔猪提供一个温暖、清洁的环境。仔猪培育舍及上述的泌乳母猪舍在冬季一般需有供暖设备,才能保证仔猪较适宜的生活环境温度。

仔猪培育可采用地面或网上群养,每圈 8～12 头,仔猪断奶后转入培育舍一般应原窝饲养,每窝占一圈,这样可减少因认识陌生伙伴、重新建立群内的优胜序列而造成的应激。

5.生长育肥猪舍

为减少猪群周转次数,往往把育成和育肥两个阶段合并成一个阶段饲养,生长育肥猪多采用地面群养,每圈 8～10 头,每头猪的占栏面积和采食宽度分别为 0.8～1.0 m^2 和 35～40 cm(表 15-4)。

表 15-4 各类猪的圈养头数及每头猪的占栏面积和采食宽度

猪群类别	大栏群养头数	每圈适宜头数	面积/(m^2/头)	采食宽度/(cm/头)
断奶仔猪	20～30	8～12	0.3～0.4	18～22
后备猪	20～30	4～5	1.0	30～35
空怀母猪	12～15	4～5	2.0～2.5	35～40
妊娠前期母猪	12～15	2～4	2.5～3.0	35～40
妊娠后期母猪	12～15	1～2	3.0～3.5	40～50
设防压架的母猪	—	1	4.0	40～50
泌乳母猪	1～2	1～2	6.0～9.0	40～50
生长育肥猪	10～15	8～12	0.8～1.0	35～40
公猪	1～2	1	6.0～8.0	35～45

生长育肥猪身体各机能发育均趋于完善，对不良环境条件具有较强的抵抗力。因此，对环境条件的要求不是很严格，可采用多种形式的圈舍饲养。

表 15-4 列出了各类猪群养时每圈的适宜头数、每头猪的占栏面积、采食宽度等。参照这些参数，并考虑不同类型猪舍所采用的生产工艺、饲养管理措施及饲养人员的劳动定额等，即可确定每种猪舍的内部结构和尺寸、猪舍的跨度和长度等。

第三节 养猪设备

现代化猪场的设备主要包括各种限位饲养栏、漏缝地板、供水系统、饲料加工、贮存、运送及饲养设备、供暖通风设备、粪便处理设备，卫生防疫、检测器具和运输工具等。

一、猪栏

现代化猪场均采用固定栏式饲养，猪栏一般分为公猪栏、配种栏、妊娠栏、分娩栏、保育栏、生长育肥栏等。

(一)公猪栏和配种栏

公猪栏一般每栏面积为 7～9 m 或者更大些。公猪栏每栏饲养 1 头公猪，栏长、宽可根据猪舍内栏架布置来确定，栏高一般为 1.2～1.4 m，栏栅结构可以是金属的，也可以是混凝土结构，但栏门应采用金属结构，便于通风和管理人员观察和操作。

(二)母猪栏

现代化猪场繁殖母猪的饲养方式，有大栏分组群饲、小栏个体饲养和大小栏相结合群养三种方式。其中小栏单体限位饲养，具有占地面积少，便于观察母猪发情和及时配种，母猪不争食、不打架，避免互相干扰，减少机械性流产的特点，但个体小栏投资大，母猪运动量小，不利于延长繁殖母猪使用寿命，其结构有实体、栏栅式、综合式三种。

母猪大栏的栏长、栏宽尺寸，可根据猪舍内栏架布置来决定，而栏高一般为0.9～1 m，个体栏一般长2 m、宽0.65 m、高为1 m。栏栅结构可以是金属的，也可以是水泥结构，但栏门应采用金属结构。

(三)分娩栏

分娩栏是一种单体栏，是母猪分娩哺乳的场所。分娩栏的中间为母猪限位架，是母猪分娩和仔猪哺乳的地方，两侧是仔猪采食、饮水、取暖和活动的地方。母猪限位架一般采用圆钢管和铝合金制成，后部安装漏缝地板以清除粪便和污物，两侧是仔猪活动栏，用于隔离仔猪。

分娩栏尺寸与猪场选用的母猪品种体型有关，一般长2.2～2.3 m、宽1.7～2.0 m，母猪限位栏宽0.6～0.65 m，多采用0.6 m、高1 m；母猪限位栅栏，离地高度为30 cm并每隔30 cm焊一脚。

(四)仔猪保育栏

仔猪培育栏的长、宽、高尺寸，视猪舍结构不同而定。常用的有栏长2 m，栏宽1.7 m，栏高0.6 m，侧栏间隙6 cm，离地面高度为25～30 cm，可养10～25 kg的仔猪10～12头，实用效果很好。

在生产中，因地制宜，保育栏也采用金属和水泥混合结构，东西面隔栏用水泥结构，南北面栅栏仍用金属，这样既可节省一些金属材料，又可保持良好通风。保育栏也可以全部采用水泥结构，既可节省金属材料，又可降低造价。

(五)生长猪栏与育肥猪栏

现代化猪场的生长猪栏和育肥猪栏均采用大栏饲养，其结构类似，只是面积大小稍有差异，有的猪场为了减少猪群转群麻烦，给猪带来应激，常把这两个阶段并为一个阶段，采用一种形式的栏，生长猪栏与育肥猪栏有实体、栅栏和综合三种结构。

二、漏缝地板

现代化猪场为了保持栏内的清洁卫生，改善环境条件，减少人工清扫，普遍采用粪尿沟上覆盖漏缝地板，漏缝地板有钢筋混凝土板条、板块、钢筋编织网、钢筋焊接网、塑料板块、陶瓷板块等。对漏缝地板的要求是耐腐蚀，不变形，表面平，不滑，导热性小，坚固耐用，漏粪效果好，易冲洗消毒，适应各种日龄猪的行走站立，不卡猪蹄。

三、饲喂设备

(一)饲料运输车

根据卸料的工作部件不同，饲料车可分为机械式和气流输送式两种。机械式卸料运输车，是在载重车上加装饲料罐而组成，罐底有一条纵向搅龙，罐尾有一立式搅龙，其上有一条与之相连的悬臂搅龙，饲料通过搅龙的输送即可卸入7 m高的饲料塔中。气流输送式卸料运输车，也是在载重车上加装料罐而组成，罐底有一条或两条纵向搅龙，所不同的是在搅龙出口处设有鼓风机，通过鼓风机产生的气流将饲料输送进15 m以内的贮料仓中。这种运输车适宜装运颗粒料。

(二)贮料仓(塔)

贮料仓多用1.5～3 mm厚的镀锌钢板压型组装而成，由4根钢管作支腿。仓体由进料口、上锥体、柱体和下锥体构成，进料口多于顶端，也有在锥体侧面开口的，贮料仓的直径约2 m，高度多在7 m以下，容量有2 t、4 t、5 t、6 t、8 t、10 t等多种。贮料仓要密封，避免漏进雨、雪水。设有出气孔，一个完善的贮料仓，还应装有料位指示器。

(三)饲料输送机

把饲料由贮料仓直接分送到食槽、定量料箱或撒落到猪床面上的设备，叫输送饲喂机。饲料输送机种类较多，以前多采用卧式搅龙输送机和链式输送机，近年来使用较多的是螺旋弹簧输送机和塞管式输送机。

(四)加料车

加料车广泛应用于将饲料由饲料仓出口装送至食槽。如定量饲养的配种栏、妊娠母猪栏和分娩栏的食槽。加料车有手推机动加料车和手推人工加料车两种。

(五)饲槽

在养猪生产中，无论采用机械化送料饲喂还是人工饲喂，都要选配好饲槽和自动落料饲槽，对于限量饲喂的公猪、母猪、分娩母猪一般都采用钢板饲槽或混凝土地面饲槽；对于自由采食的保育仔猪、生长猪、育肥猪多采用钢板自动落料饲槽，这种饲槽不仅能保证饲料清洁卫生，而且还可以减少饲料浪费，满足猪的自由采食。

1. 限量饲槽

采用金属或水泥制成，每头猪喂饲时所需饲槽的长度大约等于猪肩宽(图15-1)。

2. 自动饲槽

在保育、生长、育肥猪群中，一般采用自动饲槽让猪自由采食(图15-2)。自动饲槽就是在饲槽的顶部装有饲料贮存箱，贮存一定量的饲料。随着猪只的吃食，饲料在重力的作用下不断落入饲槽内。因此，自动饲槽可以隔较长时间加一次料，大大减少了喂饲工作量，提高劳动生产率，同时也便于实现机械化、自动化喂饲。

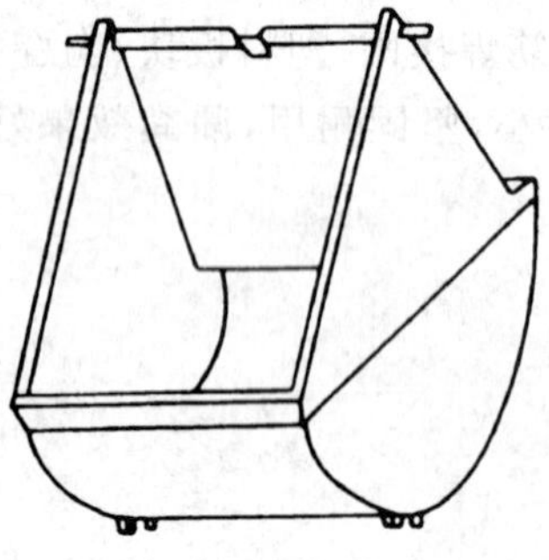

图15-1　限量饲槽

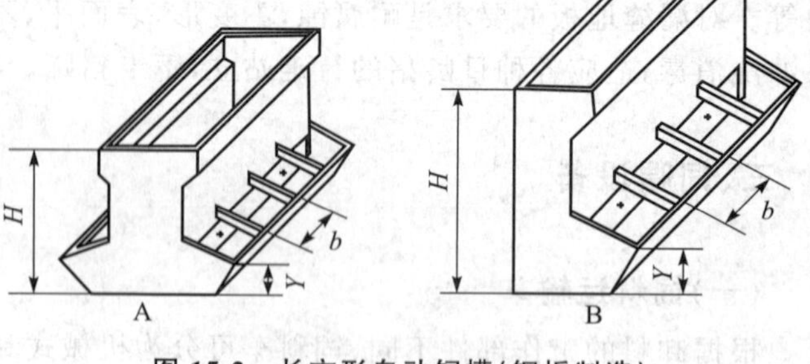

图15-2　长方形自动饲槽(钢板制造)

A. 双面饲槽　B. 单面饲槽

自动饲槽可以用钢板制造，也可以用水泥预制板拼装。在国外还有用聚乙烯塑料制造的自动饲槽。自动饲槽有长方形、圆形等多种形状。

四、饮水设备

现代化猪场不仅需要大量饮用水，而且各生产环节还需要大量的清洁用水，这些都需要由供水饮水设备来完成。因此，供水饮水设备是猪场不可缺少的设备。

(一)供水设备

猪场供水设备包括水的提取、贮存、调节、输送分配等部分，即水井提取、水塔贮存和输送管道等。供水可分为自流式供水和压力供水。现代化猪场的供水一般都是压力供水，其供水系统主要包括供水管路、过滤器、减压阀、自动饮水器等。

(二)自动饮水器

猪必需能够随时饮用足够量的清洁水。一头育成猪一昼夜需饮水 8～12 L，妊娠母猪 14～18 L，泌乳母猪 18～22 L；1 周龄的仔猪每千克体重日需水量为 180～240 g，4 周龄的仔猪每千克体重需水量为 190～255 g。

猪用自动饮水器的种类很多，有鸭嘴式、乳头式、杯式等(图 15-3)，应用最为普遍的是鸭嘴式自动饮水器。

1. 鸭嘴式自动饮水器(图 15-3A)

鸭嘴式猪用自动饮水器主要由阀体、阀芯、密封圈、回位弹簧、塞盖、滤网等组成。

2. 乳头式自动饮水器(图 15-3B)

乳头式猪用自动饮水器的最大特点是结构简单，由壳体、顶杆和钢球三大件构成。

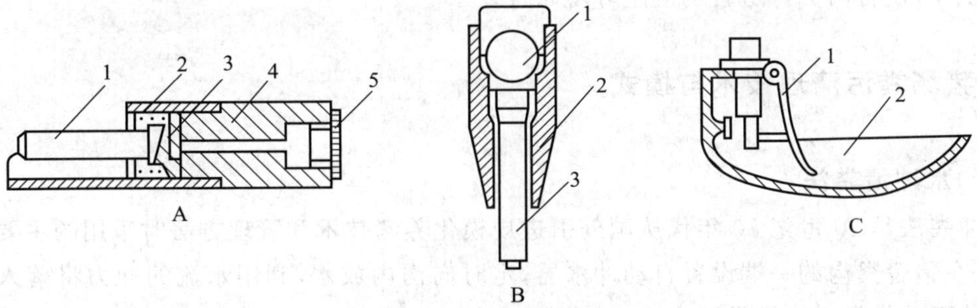

图 15-3 自动饮水器

A. 鸭嘴式饮水器：1. 阀门 2. 弹簧 3. 胶垫 4. 阀体 5. 栅盖 B. 乳头式饮水器：1. 钢球 2. 饮水器体 3. 阀杆 C. 杯式饮水器：1. 活门 2. 杯体

安装乳头式饮水器时，一般应使其与地面呈 45°～75°倾角，离地高度，仔猪为 25～30 cm，生长猪(3～6 月龄)为 50～60 cm，成年猪 75～85 cm。

3. 杯式自动饮水器(图 15-3C)

是一种以盛水容器(水杯)为主体的单体式自动饮水器，常见的有浮子式、弹簧阀门式和水压阀杆式等类型。

五、降温与采暖设备

(一)供热保温设备

猪场供热保温设备大多是针对小猪的，主要用于分娩舍和保育舍。在分娩舍为了满足母猪和仔猪的不同温度要求，如初生仔猪要求 30～32℃，对于母猪则要求 17～20℃。因此，常采用集中供暖，维持分娩哺乳猪舍温 18℃，而在仔猪栏内设置可以调节的局部供暖设施，保持局部温度达到 30～32℃。

猪舍集中供暖主要利用热水、蒸汽、热空气及电能等形式。在我国养猪生产实践中，多采用热水供暖系统。该系统包括热水锅炉、供水管路、散热器、回水管路及水泵等设备。猪舍局部供暖最常用有电热地板、热水加热地板、电热灯等设备。

（二）通风降温设备

为了排除猪舍内的有害气体，降低舍内的温度和局部调节温度，一定要进行通风换气，换气量应根据舍内的二氧化碳或水汽含量来计算。是否采用机械通风，可依据猪场具体情况来确定，对于猪舍面积小、跨度不大、门窗较多的猪场，为节约能源，可利用自然通风。如果猪舍空间大、跨度大、猪的密度高，特别是采用水冲清粪或水泡清粪的全漏缝或半漏缝地板养猪场，一定要采用机械强制通风。

有的猪场采用猪舍内喷雾降温系统，其原理是冷却水由加压水泵加压，通过过滤器，进入喷水管系统，通过喷雾器喷出成水雾，在猪舍内空间蒸发吸热，使猪舍内空气温度降低。如果猪场内自来水系统压力足，可不用水泵加压，但过滤器还是必需的，否则易造成喷雾器孔堵塞，不能正常喷雾。

供热保温、通风降温，可通过自控装置实现自动调节。如果温度较高、空气污浊时，冷风机或通风机接通工作，进行降温通风换气；如果温度较低时，关闭冷风机和通风机，则保温设备开始起动工作，使舍内保持适宜的卫生环境条件。

六、猪场粪污清理技术与模式

（一）水冲清粪法

水冲粪法是 20 世纪 80 年代从国外引进规模化养猪技术和管理方法时采用的主要清粪模式，就是在猪舍粪沟的一端设置自动冲水器，定时向沟内放水，利用水流的冲力将落入粪沟中的粪尿冲至总排粪沟或排粪池内。

（二）水泡粪法（自流式清粪）

水泡粪法也称为自流式清粪，是在水冲粪工艺的基础上改造而来的。自流式清粪要将粪沟底部做成 0.5%～1.0%的坡度，粪便在冲洗猪舍的水的浸泡和稀释下成为粪污，在自身重力的作用下流向端部的横向粪沟，再流向舍外的总排粪沟或粪污中。

（三）干清粪法

干清粪就是直接把粪便从猪舍中清理出去，最大好处是有利于猪舍环境控制，粪便便于制作有机肥，且污水产量较少，降低处理难度和成本，在国内猪场中采用干清粪法的较多，相应的清粪方式有人工清粪和机械清粪两种。

1. 人工清粪

人工清粪包括铲式清粪和刮板清粪，就是靠人力利用清扫工具将猪舍内的粪便清扫收集，运到集粪场地。

2.机械清粪

机械清粪就是利用机械将粪便清出猪舍外，常用的清粪机械有往复式刮粪板清粪机和螺旋搅龙清粪机等。机械清粪的优点是可以减轻劳动强度，节约劳动力，提高工效。采用机械清粪能及时地清除舍内粪便，使其保持较为干净的卫生环境，从而减少疾病的发生；而且与人工清粪一样，容易做到粪尿分离，减少冲洗用水量，便于以后的粪便处理。

复习思考题

1.试分析年出万头商品肉猪的猪场结构。

2.试设计一个年出万头的商品肉猪场。

第三篇

养牛生产

第十六章 牛的品种资源

第一节 牛的分类

一、牛在动物分类学上的地位

动物分类学上按照牛的形态、解剖结构和生理习性等特征、特性，对牛类动物做了科学的划分与归类。牛属于偶蹄目反刍亚目、洞角科、牛亚科的动物。牛亚科是一个庞大的分类学集群，现存的物种有13种之多。关于牛亚科的分类方法，动物学家存在不同的观点，一般分为牛属、水牛属和准野牛属。

牛属包括家牛、瘤牛和牦牛。家牛又称普通牛，为牛亚属的牛种。普通的黄牛、奶牛和肉牛均属于此类。瘤牛肩上部具有发达的软组织，鬐甲部高耸，形似瘤状。瘤牛与普通牛可杂交并正常生育。牦牛包括家养牦牛和野生牦牛，野生牦牛的体格约比家养牦牛大一倍，与家养牦牛杂交，其后裔可育，不存在生殖隔离现象。牦牛与普通牛杂交，其杂种一代犏牛生产性能表现良好，但低代(杂交1～3代)杂种公牛无生殖能力，而各代杂种母牛繁殖力正常。

水牛属包括亚洲水牛亚属和非洲水牛亚属。中国水牛属于亚洲水牛亚属水牛种的沼泽型，而印度和巴基斯坦的水牛则属于亚洲水牛亚属水牛种的河流型。

二、牛的经济用途分类

牛在世界上分布范围极广，在人类长期的、有目的精心选择和培育下，现已分别向乳、肉、役等方向培育出许多专门化的品种，因此畜牧学家常常按经济用途对普通牛进行分类。一般分为奶牛、肉牛、肉乳或乳肉兼用牛、肉役或役肉兼用牛。

世界上奶牛品种并不多，主要有普通牛种的荷斯坦牛、娟姗牛、更赛牛、爱尔夏牛，水牛属的摩拉水牛和尼里-拉菲水牛。肉牛的品种较多，按来源、体型大小和产肉性能，大致可以分为下列3类。

1. 中、小型早熟品种

其特点是生长快，肉中脂肪多，皮下脂肪厚，体型较小，一般成年公牛体重500～700 kg，母牛400～500 kg。如海福特牛、短角牛、安格斯牛、无角红牛等品种。

2. 大型欧洲品种

其特点是体型大，肌肉发达，脂肪少，生长快，但较晚熟，成年公牛体重可超过 1 000 kg，母牛可超过 700 kg。如夏洛来牛、利木赞牛、契安尼娜牛、德国黄牛等品种。

3. 含瘤牛血液的品种

如抗旱王、肉牛王、圣塔、格特鲁、婆罗福特等品种。

第二节　奶牛品种

在全世界范围内，专门化的乳用品种相对较少，主要有荷斯坦牛、娟姗牛、更赛牛、爱尔夏牛等，其中饲养量最多的是荷斯坦牛。

一、荷斯坦—弗里生牛

1. 原产地与名称来历

荷斯坦-弗里生牛（Holstein-Friesian）原称荷兰牛，现通称荷斯坦牛（Holstein）；因毛色为黑白相间的花块，故又称黑白花牛（Black-White），但也有部分红白花牛（Red-white）。原产于荷兰北部的北荷兰省和西弗里生省，其后代分布到荷兰全国和德国的荷尔斯泰省（Holstein）。

2. 类型

荷斯坦牛育成后被许多国家引入，经过长期的风土驯化和系统繁育，或与当地牛杂交，育成了具有各自特征的荷斯坦牛，并冠以该国的名称，如美国荷斯坦牛、加拿大荷斯坦牛、中国荷斯坦牛等。近一个世纪以来，由于各国对荷斯坦牛的选育方向有所不同，形成了乳用和乳肉兼用两大类型。

荷斯坦牛有黑白花和红白花两种毛色，但后者在整个荷斯坦牛群中占有的比例较小。在荷兰饲养的奶牛中，黑白花奶牛约占 70%，其余的主要是红白花奶牛。在其他国家，红白花奶牛的比例有高有低。

3. 生态适应性

荷斯坦牛风土驯化能力强，其足迹几乎遍布全球。一般而言，该品种牛耐寒，但耐热性较差，对饲料条件要求较高，乳用型荷斯坦牛这些特点更明显。引自寒带地区的荷斯坦牛对热带、亚热带的气候条件适应性较差，而原产炎热地区的荷斯坦牛则可以在热带、亚热带地区较好地适应。

二、中国荷斯坦牛

1. 品种形成

我国早在 19 世纪中叶已引进荷斯坦牛，最早从荷兰、德国及俄国引入，引进头数多的有上海、北京、天津、杭州、福州等地，以后逐渐扩展到其他地方。抗日战争胜利后，救济总署由欧洲引进多批荷斯坦牛到北京、天津、山西、西安、上海、南京等地。1955 年我国曾引进荷兰的弗里生牛，所以有些地方（如北京、山西、黑龙江）的部分奶牛含有荷兰牛的血统。1970 年后，我国又多次引进日本、加拿大、美国的荷斯坦牛的种牛或冷冻精液，这对提高我国奶牛的产奶性能起了很好的作用。

中国荷斯坦牛原名为中国黑白花奶牛，1987 年通过国家品种鉴定验收，1992 年更名为中国荷斯坦牛（Chinese Holstein）。

2. 外貌特征

中国荷斯坦牛的外貌特征与世界各国的荷斯坦牛并无多大差别，多具有明显的乳用特征（有少数个体稍偏兼用型）。毛色多呈黑白花，花片分明。额部有白斑，腹底部、四肢腕、附关节（飞节）以下及尾端呈白色。体质细致结实，体躯结构匀称。有角，多数由两侧向前向内弯曲，角体淡黄或灰白色，角尖黑色。乳房附着良好，质地柔软，乳静脉明显，乳头大小、分布适中。

3. 生产性能

①产奶性能：据对近 8 000 头饲养管理条件良好、遗传基础优秀的头胎母牛产奶性能的调查，中国荷斯坦牛 305 d 泌乳量为（7 965±1 398） kg，乳脂率为（3.81±0.57）%，乳蛋白率为（3.15±0.39）%。在饲养条件较好、育种水平较高的规模奶牛场，全群平均产奶量已超过 8 000 kg，部分已经超过 10 000 kg。

②产肉性能：据测定，未经育肥的淘汰母牛屠宰率为 49.5%～63.5%，净肉率为 40.3%～44.4%；6 月龄、9 月龄和 12 月龄牛屠宰率分别为 44.2%、56.7%和 64.3%；经育肥的 24 月龄公牛的屠宰率为 57%。

③繁殖性能：中国荷斯坦牛性成熟早，具有良好的繁殖性能，年平均受胎率为 88.8%，情期受胎率为 48.9%。

三、娟姗牛

1. 原产地

娟姗牛（Jersey）原产于英吉利海峡英国所属的娟姗岛，是英国的一个古老的奶牛品种，育成历史悠久。本品种早在 18 世纪已经闻名于世。1866 年建立良种登记簿，至今在原产地仍为纯种繁育。由于娟姗岛自然环境条件适于养奶牛，加之当地牧民的选育和良好的饲养条件，从而育成了性情温顺、体型轻小、高乳脂率的奶牛品种。

2. 外貌特征

娟姗牛为小型的乳用型牛，体型细致紧凑，轮廓清晰。头小而轻，两眼间距宽，额部凹，耳大而薄；角中等大小，琥珀色，角尖黑，向前弯曲；颈细小，有皱褶，颈垂发达；鬐甲狭窄，肩直立，胸深宽，背腰平直，腹围大，尻长、平、宽；后躯较前躯发达，呈楔形；尾帚细长，四肢较细，关节明显，蹄小；乳房发育匀称，形状美观，质地柔软，乳静脉粗大而弯曲，乳头略小。被毛细短而有光泽，毛色有灰褐、浅褐及深褐色，以浅褐色最多。鼻镜及舌为黑色。嘴、眼周围有浅色毛环。尾帚为黑色。娟姗牛体格小，成年公牛活重为 650～750 kg，母牛为 340～450 kg。犊牛初生重为 23～27 kg。成年母牛体高 113.5 cm，体长 133 cm，胸围 154 cm，管围 15 cm。

3. 生产性能

娟姗牛一般年平均产奶量为 3 500～4 000 kg。美国 1980 年记录的娟姗牛产奶量为 4 500 kg

左右。丹麦1986年有产奶记录的10.3万头娟姗母牛平均产奶量为4 676 kg。娟姗牛所产奶的最大特点是乳质浓厚,乳脂率平均为5.5%～6.0%。乳脂肪球大,易于分离,乳脂黄色,风味好,适于制作黄油。其鲜乳及乳制品备受欢迎。娟姗牛性成熟早,通常在24月龄产犊。

4.引种与利用

我国于19世纪引进该品种牛,由于具有良好的耐热性,所以在我国南方有少量分布。新中国成立前又有批量引进,主要饲养于南京、北京等地,但并没有纯种牛被保存下来。直到1996年,广州市从美国引进100多头娟姗牛,此后又有多地从澳大利亚等国家批量引进,现在沿海多省份有纯种繁育场。近年我国引进娟姗牛的目的,主要是为了改良我国低乳脂率品种牛,提高乳脂率;或是利用其耐热的特点,改良热带、亚热带地方牛,提高其产奶量,培育适应南方气候的奶牛。

第三节　肉牛品种

一、夏洛来牛

1.原产地

夏洛来牛(Charolais)原产于法国的夏洛来省,最早为役用牛。从18世纪开始被系统地选育为肉牛。1986年法国的夏洛来牛已超过300万头。世界上很多国家都引入夏洛来牛作为肉牛生产的种牛。我国分别于1964年和1974年大批引入,1988年又有小批量的进口,以后很多地方从加拿大陆续大批进口夏洛来牛。

2.外貌特征

夏洛来牛毛色为乳白色或白色,皮肤及黏膜为浅红色。头部大小中而稍短,额部和鼻镜宽广。角圆而较长,向两侧和前方伸展,并呈蜡黄色。体格大,胸极深背直、腰宽、臀部大,大腿深而圆。骨骼粗壮。全身肌肉发达,背、腰、臀部肌肉块明显,肌肉块之间沟痕清晰,常有“双肌”现象出现。四肢长短适中,站立良好。

3.生产性能

夏洛来牛属于大型肉用牛,成年公牛活重为1 100～1 200 kg,体高142 cm;成年母牛活重为700～800 kg,体高132 cm。公、母犊牛的初生重分别为45 kg和42 kg。增重快,尤其是早期生长阶段。在良好的饲养条件下,6月龄公牛可以达到250 kg,母牛210 kg,日增重为1 400 g。平均屠宰率为65%～68%,净肉率54%以上。肉质好,脂肪少而瘦肉多。母牛一个泌乳期产奶2 000 kg,从而保证了犊牛生长发育的需要。

二、利木赞牛

1.原产地

利木赞牛(Limousin)原产地为法国中部高原地区,分布在上维埃纳、克勒兹和科留兹等地，相传其祖先是德国和奥地利黄牛。原来为役肉兼用牛，从1850年开始培育，1900年后向瘦肉较多的肉用方向转化。我国于1974年和1976年分批引入，近年又继续引入。

2. 外貌特征

利木赞牛毛色为黄红色或红黄色，口鼻周围、眼圈周围、四肢内侧及尾帚毛色较浅。头较短小，额宽，公牛角稍短且向两侧伸展，母牛角细且向前弯曲。肉垂发达。体格比夏洛来牛小，胸宽而深，体躯长，四肢较细，全身肌肉丰满，前肢肌肉发达，但不如典型肉牛品种那样方正。四肢较细。成年公牛体高140 cm，母牛130 cm。成牛公牛体重950～1 200 kg，母牛600～800 kg。在欧洲大陆型肉牛品种中是中等体型的牛种。

3. 生产性能

利木赞牛初生重较小，公犊为36 kg，母犊为35 kg；犊牛体重与母牛体重的比值较相近体重的其他牛种低0.3%～0.7%，难产率较低。该牛生长强度大，周岁体重可达450 kg，比较早熟，如果早期生长不能得到足够的营养，后期的补偿生长能力较差。屠宰率63%以上，净肉率为52%，肉骨比为(12～14)∶1。适合东、西方两种风格的牛肉生产。母牛初情期1岁左右，初配年龄是18～20月龄，繁殖母牛空怀时间短，两胎间隔平均为375 d。公牛利用年限5～7年，最长达13年。适应性强，耐粗饲。

第四节 兼用品种

一、西门塔尔牛

1. 原产地

西门塔尔牛(Simmental)原产于瑞士西部的阿尔卑斯山区的河谷地带，主要产地是伯尔尼州的西门塔尔平原和萨能平原，现已分布到很多国家。我国自20世纪50年代开始从苏联引进，70～80年代又先后从瑞士、德国、奥地利等国引进，2002年核心群规模达3万余头。

2. 体型外貌

西门塔尔牛毛色多为黄白花或淡红白花，一般为白头，身躯常有白色胸带和肷带，腹部、四肢下部、尾帚为白色。体格粗壮结实，前躯较后躯发育好，胸深、腰宽、体长、尻部长宽平直，体躯呈圆筒状，肌肉丰满，四肢结实，乳房发育中等。肉乳兼用型西门塔尔牛多数无白色的胸带和肷带，颈部被毛密集且多卷曲。胸部宽深，后躯肌肉发达。成年公牛体重1 100～1 300 kg，母牛670～800 kg。成年公牛的体高、体长、胸围和管围分别为147.3 cm、179 cm、225.0 cm、24.4 cm，母牛相应为133.6 cm、156.6 cm、187.2 cm和19.5 cm。

3. 生产性能

西门塔尔牛属于乳肉兼用大型品种。但有些国家已向大型肉用方向发展，逐渐形成了肉乳兼用品系，如加拿大的西门塔尔牛就属于肉乳兼用型，又称加系西门塔尔牛。西门塔尔牛肌肉发达，产肉性能良好。12月龄体重可以达到454 kg。据36头公犊的试验，平均日增重

(ADG)为1 596 g。公牛经育肥后,屠宰率可以达到65%。在半育肥状态下,一般母牛的屠宰率为53%~55%。胴体瘦肉多,脂肪少,且分布均匀。

泌乳期产奶量3 500~4 500 kg,乳脂率3.64%~4.13%。我国饲养的西门塔尔牛,其核心群的平均产奶量为3 550 kg,乳脂率4.74%。肉乳兼用型西门塔尔牛产奶量稍低,如黑龙江省宝清县饲养的加系肉乳兼用型西门塔尔牛,在饲养水平较差条件下,第1、第2胎次泌乳期长度分别为240 d和265 d,平均产奶量分别为1 486 kg和1 750 kg。由于西门塔尔牛原来常年放牧饲养,因此具有耐粗饲、适应性强的特点。

西门塔尔牛的产奶性能比肉用品种高得多,而且产肉性能也不亚于专门化的肉牛品种。

二、其他兼用牛品种

其他兼用牛品种还有三河牛、中国草原红牛、新疆褐牛、丹麦红牛、瑞士褐牛、短角牛、皮埃蒙特牛、德国黄牛、蒙贝利亚牛、弗莱维赫牛等。

第五节 中国黄牛

黄牛是我国数量最多、分布最广的牛种,根据《中国畜禽遗传资源志·牛志》的记载,我国有地方黄牛品种53个,纳入《中国牛品种志》的黄牛品种28个,分布于全国各地。

一般认为中国黄牛是来自于两种类型野牛:一是来自于原牛或亚洲原牛,另一类型是来源于瘤牛的野生祖先。我国南方地区的黄牛在外形上与北方地区的黄牛存在明显的差别,前者具有高的肩峰和发达的颈垂(皮)等瘤牛特征,说明它们在起源上是不一致的。

根据中国黄牛的产地、生态特征以及外形差异等,可以将中国黄牛分为蒙古牛、哈萨克牛、(西)藏牛和南方牛四个系(类群),也有将其分为北方牛、中原牛和南方牛三个类型。我国北方地区(包括中原地区)的黄牛更多受到蒙古牛的影响,南方黄牛则更多含有瘤牛的血统,而藏牛则是在相对独立的生态体系下繁衍而成。

中国黄牛传统上主要是作役用,只是在淘汰时作肉用。但也有少数黄牛,如邓川牛具有较好的泌乳能力,蒙古牛过去也是牧民饮用牛奶或加工乳制品的主要来源。现在,随着农业机械化的发展,黄牛作为役用牛的地位下降,而多向肉用或肉乳兼用方向发展。

一、蒙古牛

1.产地与分布

蒙古牛主要产区在兴安岭东、西两麓,内蒙古自治区及东北、华北至西北各省均有分布,是中国黄牛中分布最广的品种。此外,蒙古、俄罗斯及亚洲中部的一些国家也有饲养。

2.外貌特征

蒙古牛头粗重,额宽,角向前上方弯曲,眼大。颈长适中,垂皮小。鬐甲低平,背腰平直,腹大但不下垂,后躯窄,尻斜。四肢强健,蹄较小、坚实。乳房较其他黄牛发育好,乳头小。毛色较杂,以黄色、黑色、红褐色为多,还有黑白花及狸色等。

3. 生产性能

蒙古牛体型中等，总体生产性能不高。体重为 300～400 kg，但不同草原地区的牛有一定的差异。8 月下旬屠宰的上等膘母牛，屠宰率为 51.5%；4 月下旬屠宰的母牛，屠宰率为 40.2%。挤奶期为 5～6.5 个月，产奶量 500～700 kg，乳脂率 5.2%。所产奶除饮用外，还用于加工当地民间乳制品，或为当地乳品加工厂的原料乳。

蒙古牛繁殖性能好，母牛 2.5～3.5 岁初次配种，公牛 3 岁做种用。在放牧条件下，10～15 月龄性成熟，4～8 岁为繁殖盛期，发情周期 19～24 d，妊娠期 285 d。蒙古牛体质结实，适宜放牧，抗病力强，是我国耐寒、耐干旱的牛品种之一。

二、秦川牛

1. 产地与分布

秦川牛因产于陕西省渭河流域关中平原地区的“八百里秦川”而得名，即东起潼关、蒲城，西至宝鸡间的 15 个县市为主产区，以蒲城、渭南、富平、咸阳、乾县、礼泉等市、县所产的牛最著名。

2. 外貌特征

秦川牛体质结实，骨骼粗壮，体格高大，结构匀称，肌肉丰满，毛色以紫红和红色为主(90%)，其余为黄色，鼻镜为肉红色。公牛头大额宽，母牛头清秀，口方，面平。角短而钝，向后或向外下方伸展。公牛颈短而粗，有明显的肩峰，母牛鬐甲低而薄。胸部宽深，肋骨开张良好。四肢结实，蹄圆，大多呈红色。部分牛有斜尻。初生公犊体重 26.7 kg，母犊 25.3 kg。

3. 生产性能

秦川牛具有肥育快、瘦肉率高、肉质细和大理石纹明显等特点。在中等饲养水平条件下，屠宰率 58%左右，净肉率 50%左右，胴体产肉率 86.65%，骨肉比 1∶6.13，眼肌面积 97.02 cm^2。秦川母牛的初情期为 9 月龄，发情周期 21 d，发情持续期 39 h(25～63 h)，妊娠期为 285 d，产后第一次发情 53 d。公牛 12 月龄性成熟。公牛初配年龄 2 岁。母牛可繁殖到 14～15 岁。秦川牛适应性好，除热带及亚热带地区外，均可正常生长。性情温驯，耐粗饲，产肉性能好。部分省区引入秦川牛，进行纯种繁育或改良当地黄牛，取得了良好的效果。

三、南阳牛

1. 产地与分布

南阳牛产于河南省南阳地区白河和唐河流域的平原地区，以南阳市郊区、唐河、社旗、方城等 8 县市为主产区。

2. 外貌特征

南阳牛体格高大，结构匀称，体质结实，肌肉丰满。胸部深，背腰平直，肢势端正，蹄圆大。公牛头方正，颈短粗，前躯发达，肩峰高耸。母牛头清秀，颈单薄、呈水平状，一般中、后躯发育良好，乳房发育差。部分牛有斜尻。毛色以黄色最多(占 80.5%)，其余为红色、草白色等。鼻镜多为肉色带黑点，黏膜多为淡红色。角形较杂，颜色有蜡黄色、青色和白色。良种场公犊牛初生重 29.9 kg，母犊牛 26.4 kg。

3. 生产性能

18月龄公牛平均屠宰率为55.6%，净肉率46.6%。3～5岁去势牛在强度肥育后，屠宰率64.5%，净肉率56.8%。眼肌面积为95.3 cm^2。南阳牛肉质细嫩，大理石状纹明显。

南阳牛性成熟期为8～11月龄。据南阳地区黄牛研究所统计483头母牛结果，发情周期21 d(19～24 d)，发情持续期1～1.5 d。产后第一次发情平均77 d(20～219 d)，妊娠期平均292 d。怀母犊期较短，平均289 d，怀公犊比怀母犊长4.4 d。2岁初配，利用年限5～9年。南阳牛具有适应性良好、耐粗饲、肉用性能好等特点。利用夏洛来牛与南阳牛杂交，育成了肉牛新品种夏南牛。

四、鲁西牛

1. 产地与分布

鲁西牛原产于山东省西南部的菏泽市与济宁市。

2. 外貌特征

鲁西牛体格高大而稍短，骨骼细，肌肉发育好。侧望近似长方形，具有肉用型外貌。公牛头短而宽，角较粗，颈短而粗，前躯发育好，鬐甲高，垂皮发达。母牛头稍窄而长，颈细长，垂皮小，后躯宽阔。角为灰白色。皮肤有弹性，被毛密而细，光泽好。毛色以黄色为最多，个别牛毛色略浅。约70%的牛具有完全或不完全的"三粉特征"(即眼圈、嘴圈和腹下至股内侧呈粉色或毛色较浅)。一些个体后躯欠丰满。

3. 生产性能

鲁西牛产肉性能较高。据山东省测定，在一般饲养条件下日增重0.5 kg以上，屠宰率54.4%，净肉率48.6%。18月龄平均屠宰率57.2%，净肉率49%，眼肌面积89.4 cm^2，骨肉比为1∶4.23。肉质细，大理石花纹明显。

母牛成熟较早，一般10～12月龄开始发情，发情周期平均22 d，发情持续期2～3 d，妊娠期285 d，产后第一次发情平均35 d。1.5～2岁初配，终生可产犊7～8头。鲁西牛耐粗饲，性情温驯，易管理，耐寒力较弱，但有抗结核病及抗梨形虫病的特性。

五、延边牛

1. 产地与分布

延边牛产于吉林省延边朝鲜族自治州，分布于吉林、辽宁及黑龙江等省。

2. 外貌特征

延边牛体质粗壮结实，结构匀称。两性外貌差异明显。头较小，额部宽平，角间宽，角根粗，角形如倒八字。前躯发育比后躯好，颈短，公牛颈部隆起。鬐甲长平，背、腰平直，尻斜。四肢较高，关节明显，蹄质坚实。皮肤稍厚而有弹性，被毛长而柔软，毛色为深浅不同的黄色，其中黄色占74.8%，深黄色占16.3%，浅黄色占6.7%，其他毛色占2.2 %。

3. 生产性能

延边牛产肉性能良好，易肥育，肉质细嫩，呈大理石纹状结构。经180 d肥育于18月龄屠宰的公牛，平均日增重 813 g，胴体重 265.8 kg，屠宰率 57.7%，净肉率 47.2%，眼肌面积 75.8 cm^2；母牛 8～9 月龄初次发情，性成熟期母牛为 13 月龄，公牛为 14 月龄。母牛一般 20～24 月龄初配，发情周期平均 20.5 d，发情持续期平均 20 h。延边牛抗寒、抗病力强，耐粗饲，性情温驯，易肥育，产肉性能良好。我国利用利木赞牛与延边牛杂交，育成了肉牛新品种延黄牛。

六、晋南牛

1. 产地与分布

晋南牛产于山西省南部汾河下游的晋南盆地，主产区在运城及临汾市。

2. 外貌特征

晋南牛体格大，骨骼结实，健壮。母牛头较清秀，面平，角多为扁形，呈蜡黄色，角尖为枣红色，角形较杂。公牛额短稍凸，角粗而圆，颈粗而微弓，肌肉发育好。鬐甲宽而略高于背线，胸宽深，前躯发达，背平直，腰短。尻较窄略斜。四肢结实，蹄大而圆。鼻镜、蹄壳为粉红色，毛色多为枣红色。犊牛初生重，公犊牛 25.3 kg，母犊牛 24.1 kg。

3. 生产性能

据山西省万荣县畜牧局等测定(1982)，10 头牛(去势牛、母牛各 5 头)屠宰率为 55%，净肉率 44.2%，骨肉比 1∶5.64，眼肌面积 77.59 cm^2。性成熟期为 9～10 月龄，母牛初次配种年龄为 2 岁。繁殖年限，公牛 8～10 岁，母牛 12～13 岁。发情周期为 19～24 d，平均 21 d。妊娠期 285 d。晋南牛性情温驯，易于管理，耐粗饲，产肉性能高。但后躯发育一般较差，产奶量低。

七、南方牛

1. 分布与特性

南方牛是产于我国长江流域以及整个长江以南地区的黄牛的总称，其外貌特征显著区别于我国其他地区的黄牛品种。南方牛种类繁多，但大多体型较小，属于役用牛体型。具有耐粗、耐热、行动敏捷、善于爬山、抗梨形虫病等特点。南方黄牛品种主要有闽南牛、巴山牛、皖南牛、大别山牛、温岭高峰牛、雷琼牛、云南高峰牛、锦江牛和巫陵牛。

2. 外貌特征

南方牛体型普遍较小。公牛肩峰隆起，有些高达 8～10 cm，形似瘤牛。头短小，额宽阔，颈细长，颈垂大，胸部发达。由腰到臀，肌肉发达。臀端椭圆，肌肉较丰满。毛色一般为黄色、褐色，深红、浅红及少量黑色。

3. 生产性能

南方牛因体型大小不同，肉用、役用能力差异很大。一般育成去势牛屠宰率在 55%左右，未育肥牛的则在 50%左右，肉质细嫩。南方牛大多泌乳量不高，仅够犊牛哺育，但云南省的邓川黄牛产奶性能较好，泌乳期 275 d，平均产奶 750kg，乳脂率 6.9%。

八、其他黄牛品种

产于我国其他地区的部分黄牛品种的主要有西藏牛、哈萨克牛和台湾牛等。

第六节　水牛

水牛属于水牛属，有野生和家养的两种。水牛喜水而耐热，可分为沼泽型和河流型两种不同类型，我国和东南亚一带的水牛属于沼泽型水牛（swamp type buffalo），印度的摩拉（Murrah）水牛和巴基斯坦的尼里-拉菲（Nili-Ravi）水牛属于河流型水牛（river type buffalo）。

根据《中国畜禽遗传资源志·牛志》记载，我国现有水牛品种28个。我国目前饲养的引入品种有摩拉水牛和尼里一拉菲水牛，地方品种有西林水牛、兴隆水牛、福安水牛、德宏水牛、滨湖水牛、海子水牛、德昌水牛等品种。

我国水牛多放牧饲养，并以稻草为主要粗饲料，饲养方便、成本低，但生长速度慢，产肉量低。水牛适合于水田作业，所以，我国的水牛主要分布于长江两岸及其以南地区。

中国水牛大多属于役用型或役肉兼用型水牛。多年来，我国引进印度和巴基斯坦的乳用水牛改进我国水牛的泌乳性能，取得了良好的效果。发展乳用水牛生产，是解决我国热带、亚热带地区人们的饮用鲜乳来源的一条可取途径。

复习思考题

1. 试述牛在动物分类学上的地位。
2. 简述奶牛的主要品种有哪些。
3. 简述肉牛的主要品种有哪些。
4. 中国黄牛主要有哪些品种？

第十七章　牛的外貌鉴定

第一节　牛的外貌鉴定的知识

一、外貌与体质的关系

牛的外形或外貌是体躯结构的外部形态，牛的体质则是有机体形态结构、生理机能、生产性能、抗病力、对外界生活条件的适应能力等相互之间协调性的综合表现。不同用途的牛，体质外貌上存在显著差异。个体的体质外貌特征是其遗传基础与其所处的外界环境条件相互作用的结果，又是内部结构与生理功能的外部表现。

二、体表部位

牛整个躯体分为头颈部、前躯、中躯和后躯四大部分。

1. 头颈部

在躯体的最前端，它以鬐甲和肩端的连线与躯干分界。包括头和颈两部分。

2. 前躯

在颈之后、肩胛骨后缘垂直切线之前，而以前肢诸骨为基础的体表部位，包括鬐甲、前肢、胸等主要部位。

3. 中躯

是肩、臂之后，腰角与大腿之前的中间躯段，包括背、腰、胸(肋)、腹四部位。

4. 后躯

是从腰角的前缘而与中躯分界，为体躯的后端，是以荐骨和后肢诸骨为基础的体表部位，包括尻、臀、后肢、尾、乳房和生殖器官等部位。

三、外貌鉴定的基本原则

主要用肉眼观察牛的外貌，在某些情况下，还要借助体尺测量和手的触摸，对牛体各个部位和整体进行鉴别。

肉眼观察牛外貌和进行体尺测量时，应使被鉴定的牛自然地站在宽广而平坦的场地上。首先，鉴定人员站在距牛 5～8 m 远的地方，进行一般的观察，对整个牛体环视一周，以便有一个轮廓的认识,并了解牛体各部位发育是否匀称;然后站在牛的前面、侧面和后面分别进行观察。从前面可观察头部的结构、胸和背腰的宽度、肋骨的开张程度和前肢的肢势等;从侧面观察胸部的深度,整个体型,肩及尻的倾斜度,颈、背、腰、尻等部的长度,乳房的发育情况以及各部位是否匀称;从后面观察体躯的容积和尻部发育情况。肉眼观察完毕,必要时再用手触摸牛体,了解其皮肤、皮下组织(脂肪)、肌肉、骨骼、毛、角和乳房等发育情况。最后让牛自由行走,观察四肢的动作、肢势与步态及身体运动的协调性。

四、不同用途牛的体型特征

1.乳用牛的体型特征

从奶牛的整体来看,外貌上的基本特点是:大型牛体格高大,小型牛小巧玲珑,结构匀称,皮薄骨细,血管显露,被毛细短而有光泽,肌肉不甚发达,皮下脂肪沉积不多,胸腹宽深,乳房、后躯十分发达,乳静脉明显,后躯较前躯发达;属细致;紧凑型体质类型。奶牛的整体体型从侧视、前视、上视呈 3 个楔形,也称 3 个三角形(图 17-1)。

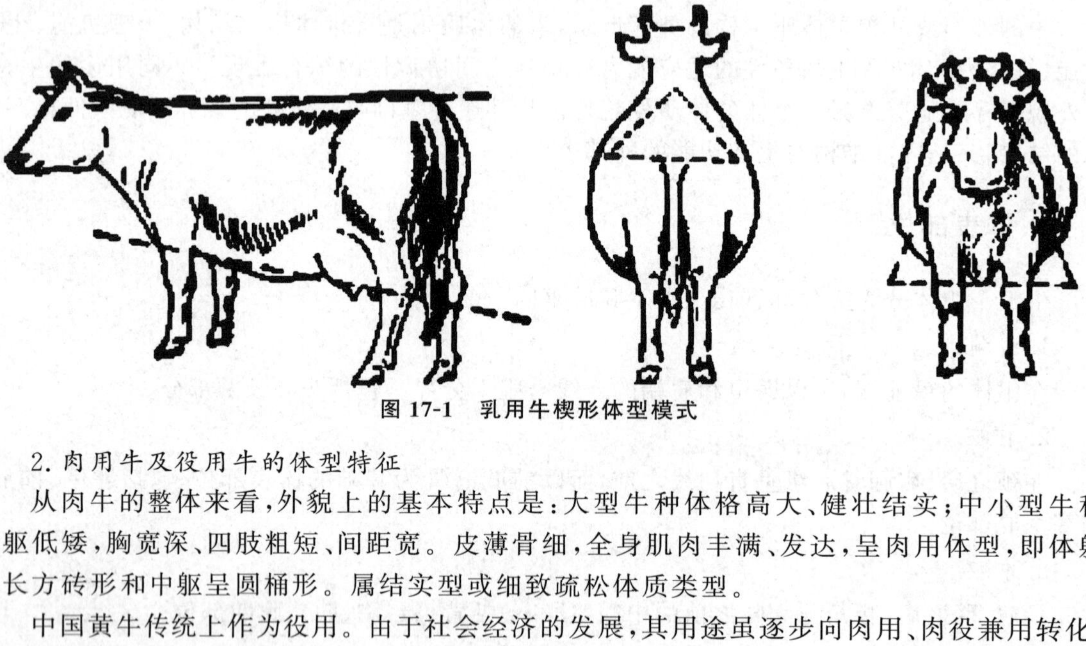

图 17-1　乳用牛楔形体型模式

2.肉用牛及役用牛的体型特征

从肉牛的整体来看,外貌上的基本特点是:大型牛种体格高大、健壮结实;中小型牛种体躯低矮,胸宽深、四肢粗短、间距宽。皮薄骨细,全身肌肉丰满、发达,呈肉用体型,即体躯呈长方砖形和中躯呈圆桶形。属结实型或细致疏松体质类型。

中国黄牛传统上作为役用。由于社会经济的发展,其用途虽逐步向肉用、肉役兼用转化,但黄牛各品种仍多呈役用体型,即倒梯子形。

从役牛整体结构来看,其外貌特点是:皮厚骨粗,肌肉强大、结实,皮下脂肪不发达,全身粗糙而紧凑,属粗糙紧凑体质类型。役牛的整体体型,前躯强大而后躯较弱,呈前高后低,但腹线又显得前低后高,形成倒梯子形(形如一倒放的梯子)。前高后低的牛,便于役力的发挥,是役牛的理想型。这种体型前躯较后躯发达,故又称为前强体型。

第二节　牛的外貌鉴定方法

牛的外貌鉴定方法因牛的类型或经济用途而不同。奶牛外貌鉴定的方法有外貌线性评分法、体况评分和运动(步态)评分法,肉牛外貌鉴定的方法有外貌线性评分法、特殊外貌评定和百分鉴别法,我国黄牛则采用百分鉴别法。

一、奶牛外貌评分

(一)奶牛体型线性鉴定

1.体型线性鉴定的基本原理

(1)背景与原理:奶牛体型线性鉴定方法最早由美国农业部经荷斯坦牛协会(1967)提出,国际上于20世纪80年代初成功地用于所有奶牛品种。我国于1987年开始用于黑白花牛(即荷斯坦牛),1990年中国奶牛协会制定《中国奶牛体型线性评定规范》,1992年用于西门塔尔牛。

过去在奶牛使用的传统体型鉴定方法,是将实际中的奶牛与理想型奶牛模型比较进行评分,对牛体的各部位都设定有一定分数,总分是100分。现代的线性方法与传统的鉴定方法所鉴定的部位或性状基本一致,但对每个性状进行了精准细分、具体化和数量化。

(2)鉴定个体及鉴定性状:体型外貌评分的对象主要是产奶母牛,而公牛则以其女儿体型外貌平均得分为评定依据,公牛自身的外貌评分也可做参考。

多数体型性状的线性评分应与奶牛的年龄、泌乳阶段和饲养管理水平无明显的关系,不过为了提高评定的一致性和准确性,最理想的鉴定个体应处在头胎产犊后90～120 d。干乳期、产犊后、疾病期间以及6岁以上的奶牛不宜作评分对象。

外貌线性鉴定的性状包括主要性状和次要性状两部分。主要性状是指那些具有经济价值且变异范围较大、可作为选择对象的性状,次要性状目前用于试验研究的目的,或为了在此基础上取得更多的判断信息。外貌评分的部位及其评分细则各国有所不同,且随着研究的深入不断发展变化。

将奶牛的体况评分和运动评分纳入线性体型性状的范畴是奶牛体型外貌鉴定技术的一个新动向。

(3)评定过程:线性评定的记分有美国的50分制和由此演化而来的加拿大的9分制,两种记分方法在评定的性状上也有所差异。由于是按体型性状从一个极端到另一个极端不同程度的表现状态给分的,所以不管是何种给分方法,其评分数值的高低仅是代表性状表现的程度,不直接说明性状的优劣,因为有些性状以处在极端为佳,而有些性状以处在中间状态为最好。因此,通常还需将线性评分转化为功能分。功能分为百分制,以100分为最好。线性评分和功能分的标准,均应由各品种协会在育种专家的参与下制定并公布执行。

得出各性状的功能分之后,还需按各品种协会设计的公式计算若干个部位分,并再按一定的公式综合出总分(整体得分),最后确定奶牛外貌评分的等级。通常后续的这些工作由计算机完成。将上述过程简单表述为:线性体型性状评估(线性分)—转换为功能分—计算部位分—计算总分—确定等级。

奶牛体型线性鉴定在帮助奶牛养殖者进行配种、淘汰、销售和遗传选择的决策方面发挥重要作用。

2.中国荷斯坦牛体型线性鉴定

我国在20世纪70年代,确立了奶牛百分法的四大部位(一般外貌与乳用特征、体躯、泌乳系统、肢蹄)评分,在80年代颁布的《中国黑白花奶牛品种标准》中,确定了奶牛体型外貌四大部位评分的标准。1990年,中国奶业协会制定《中国奶牛体型线性评定规范》(50分制)。2001年10月,中国奶业协会育种专业委员会起草了《中国荷斯坦奶牛体型外貌鉴定规程》,确定在全国推行9分制线性鉴定方法。目前,该评分方法在我国青年公牛的后裔测定体系和一些大型奶牛场已经得到应用。被鉴定牛要求是第一胎母牛、在产犊后40～150 d进行鉴定。

中国荷斯坦牛体型线性鉴定的性状分为5大类23个小类(表17-1)。

表17-1　中国荷斯坦牛体型线性鉴定性状及描述

类别	主要性状	部位评定描述
结构和容量	体高	体高测定部位为十字部到地面的垂直高度
	前段	前段观察部位为奶牛的鬐甲部相对十字部的高度差
	体躯大小	—
	胸宽	胸宽以奶牛两前肢内侧的胸底宽度为指标,一般不进行度量
	体深	体深为奶牛体躯最后一根肋骨处腹下沿的深度,主要依靠鉴定员观察判断
	腰强度	主要观察牛的臀(十字部)与背之间脊椎骨的连接强度及背部之短骨发育状态
尻部	尻角度	指腰角至坐骨结节连线与水平线的夹角,评定以腰角对坐骨结节的相对高度为指标
	尻宽	以坐骨结节间的宽度为评分标准
	腰强度	主要观察牛的臀(十字部)与背之间脊椎骨的连接强度及背部之短骨发育状态
肢蹄	蹄角度	指后蹄外侧壁与地面所形成的夹角
	蹄踵深度	后蹄蹄踵上沿与地面之间的深度
	骨质地	牛的后肢骨骼的细致程度与结实程度
	后肢侧视	指从侧面观察牛后肢飞节的弯曲程度
	后肢后视	指从后面观察飞节的内向程度
泌乳系统	乳房深度	指牛乳房底部到飞节的距离
	乳房质地	通过观察和触摸牛的乳房组织,以腺体组织或结缔组织构成进行评分
	中央悬韧带	主要以乳房底部中隔纵沟的深度为衡量标准
	前乳房附着	从牛体侧面观察,借助触摸,看前乳房与体躯腹壁连接附着程度
	前乳头位置	以前乳房在乳房的位置进行评分
	前乳头长度	以前乳头的长度进行评分
	后乳房附着高度	即后乳房乳腺组织的最上缘与阴门基底部之间的距离
	后乳房附着宽度	指后乳房乳腺组织的最上缘的附着宽度
	后乳头位置	以后乳头在乳房的位置进行评分
乳用特征	棱角性	主要观察奶牛整体的3个三角形,骨骼的轮廓是否清晰,肋骨开张程度和肋间距的大小,尾巴的粗、细,股部大腿肌肉的凹凸程度以及鬐甲棘突的高低等
	骨质地	牛的后肢骨骼的细致程度与结实程度
	乳房质地	通过观察和触摸牛的乳房组织,以腺体组织或结缔组织构成进行评分
	胸宽	胸宽以奶牛两前肢内侧的胸底宽度为指标,一般不进行度量

(二)奶牛体况评分

在奶牛,体脂肪直接与牛奶生产的总效率相关。体况评分(BCS)体系是以评定奶牛的体脂肪(体膘)沉积状况为主要依据的一种评定方法。对奶牛体脂肪含量的评估采取间接方法,主要是基于肉眼观察和触摸,评估脂肪在牛体后躯某些部位的覆盖状况,相对于“平均”体况给一个分数。

奶牛体况是反映其能量储备的指标,它随着奶牛泌乳期中泌乳阶段的变化而变化。刚产犊处于泌乳高峰期的奶牛有能量负平衡的倾向,因而体况分减低。在产后的 60 d 内,BCS 在 0.5～1.0 之间变化。一头 650 kg 的奶牛产犊时,一个单位 BCS 的降低可以提供 1.745×10^9 J 的产奶净能,可生产 565 kg 4%校正乳脂的牛乳。脂肪组织可为奶牛的产奶提供大量的能量需要。一头奶牛在良好平衡日粮喂养的条件下,在泌乳期的前 6 周,平均会损失 25 kg 的体脂,最多会损失 75 kg。

母牛在泌乳期各阶段,应有一个合适的体况,以使其产奶潜力能够最大限度地发挥,同时又能保证繁殖、消化机能正常以及奶牛健康不受影响。一般而言,理想的母牛体况评分应为 2.5～4 分。因个体差异,允许泌乳高峰的短期内可稍低于 2 分,分娩前稍高于 4.0 分。生产上,应精心观测同一泌乳阶段的牛,看看它们的平均体况是否符合标准。泌乳期各阶段推荐的 BCS 分数见表 17-2。

表 17-2 理想的奶牛体况评分(5 分制)

评定时间		理想的体况评分及说明
成年母牛		
	干乳期产前 60～15 d	3.2～3.9
	围产期产前 15 d～产后 15 d	3.1～3.9(个别 4.5)
	泌乳盛期产后 16～100 d	2.6～3.4(产后 2～3 个月常下降 0.5～1.5)
	泌乳中期产后 101～200 d	2.5～3.5
	泌乳后期产后 201～305 d	2.8～3.8(产后 7 个月后体况应回升)
青年母亲		
	6 月龄时	2.5～3.0
	配种时(16～17 月龄)	2.6～3.2
	分娩时(25～26 月龄)	3.0～3.9

通常情况下,奶牛在产犊后体况评分下降的幅度不应超过 1.5 分。为此,奶牛泌乳早期应该最大限度地增加采食量。在泌乳中期,应该给奶牛提供额外的饲料以使奶牛逐渐恢复体膘。调整奶牛体况的一个关键时期是在奶牛产后第 225～250 d,方法是对偏瘦牛补喂优质粗饲料和适当增加精料,因该阶段代谢能转化成体脂肪的效率较高。在干乳期,要求奶牛的体况评分保持与产犊前一致,因此应适当地控制采食量。

虽然体况评分在奶牛生产上实用价值较大,但研究表明,1 个体况评分单位相当于 30～50 kg 的体脂,多数奶牛在其泌乳期的前 4～8 周会损失 25～75 kg 的体脂(0.5～1.5 分),而这仅相当于每月 0.25～0.4 分的变化,如此小的差异是大多数评定者难以辨别的。因此,既要通过实践提高评分的准确性,同时,也不能完全依赖于评分进行奶牛的饲养管理。

(三)奶牛的运动(步态)评分

进行步态评分鉴定时,让奶牛站在平坦的地面上,正常地行走。通常按 1～5 分制计分,1 分表示奶牛行走正常,5 分表示奶牛有 3 条腿跛行。步态评分 2～3 分被认为是亚临床跛行的表现,4～5 分表示临床跛行。评分为 2 分或 3 分的奶牛应进行蹄子的检查和修蹄,以防更严重的问题发生。

步态评分可以预计由于跛行引起的干物质采食量(DMI)和产奶量降低的程度。步态评分还与体况评分之间有很强的负相关,随着体况评分的下降,步态评分升高(即跛行的奶牛较度)。

步态评分与奶牛繁殖性能的关系亦非常密切。步态评分大于 2 分的奶牛,增加产犊后至第一次配种天数的可能性要多 2.8 倍,增加空怀天数的可能性要大 15.6 倍,增加配种次数与受胎之比的可能性要大 9.0 倍,被淘汰的可能性要大 8.4 倍。

二、肉牛外貌评分

(一)肉用牛体型线性评分

评定的项目是按肉用牛评定的要求,分为整体结构、肌肉发达程度、骨骼的粗细和皮肤的厚薄,并针对特殊需要对一些部位进行挑选后确定的,共 4 类 16 项。4 大类别包括结构、肌肉度、细致度和乳房,其中结构包括头大小、腰平整、尻倾斜度、前肢势、后肢势和系部 6 项;肌肉度包括鬐甲部、肩部、腰宽、腰厚、大腿肌肉和尻形状 6 项;细致度包括骨骼和皮肤;乳房包括附着和容量、乳头。具体的评分标准参见表 17-3。

表 17-3 肉用牛体型线性评分标准

类别	性状	评分方法	评分标准				
			45 分	35 分	25 分	15 分	5 分
结构	头大小	头越小得分越高	非常小	小	适中	大	非常大
	腰平整	侧观胸后到十字部的背线	弓背非常严重	呈弓形	水平	下榻	严重下榻
	尻倾斜度	侧观,以坐骨端高分	坐骨端非常高	水平	坐骨端低于腰角一个拳头	坐骨端很低	非常低斜
	前肢势	前观	后肢下部外倾,关节内靠呈 X 形	两肢外倾	两肢前观端正	两肢蹄部较近	两肢呈严重 O 状
	后肢势	侧观	后腿端直,呈象腿状	后腿较直	后腿肢势正确	后腿呈镰刀状	后腿严重镰刀状
	系部	侧观	系部过短,呈直系	系较短	系部端正,略微呈弓形	系部长而软	系部过长出现严重卧系
肌肉度	鬐甲部	纵观	非常宽呈倒盆底形	宽阔	适中,呈圆弓弧形	窄	尖瘦
	肩部	侧观	肌肉块特别明显	肌肉块发达	肌肉可见,但分块不明显	肌肉瘦弱	特别瘦弱
	腰宽	纵观	特别宽	宽度好	适中,比腰角宽略狭窄	狭窄	很窄

续表 17-3

类别	性状	评分方法	评分标准				
			45 分	35 分	25 分	15 分	5 分
肌肉度	腰厚	侧观	特别厚实	厚度好	一般,接近三指厚	薄	非常薄
	大腿肌肉	后观	后躯极粗短	后躯左右宽略小于腹	后躯肌肉适中,髋部窄于腰角	髋部肌肉不明显	后躯明显消瘦
	尻形状	侧观	后躯分块明显,肌肉极发达	后躯肌肉发达	中等,大腿上部肌肉不发达	肌肉瘦,大腿无肉感	大腿部消瘦
细致度	骨骼	管围部、关节和尾骨	非常细	较细致	适中	有粗壮感	非常粗糙
	皮肤	提肩胛后的皮肤	非常薄,易拉起	薄、易拉,有弹性	一般	有厚重感,不易拉起,缺乏弹性	非常厚,拉不起,无弹性
乳房	附着和容量	侧观上底部	前延后伸极好	伸展大	一般,呈圆形乳房	窄而弱	非常弱,呈山羊乳房
	乳头	侧观	非常大	大	适中	较细小	很小

此外,在肉用牛体型线性评分中,常常同时记载一些其他情况,以便做客观的统计分析。记载内容有:①品种体型外貌的整体评分,性别,毛色;②繁殖记录,饲养条件,挤奶;状况和产奶量等;③鬐甲高度,体斜长和体重。

线性评分数据的统计处理同通常的遗传分析,因此要记录父系或母系,出生日期等。

(二)肉用牛百分评定法

肉用牛百分评定法是我国传统的牛外貌评分鉴定方法,该法将牛体各部位依其重要程度给予一定的分数,总分是 100 分。鉴定人员根据外貌要求分别评分,并综合各部位评得的分数,即得出该牛的总分数。最后按给分标准,确定外貌等级(表 17-4,表 17-5)。

表 17-4　肉用种牛外貌评分鉴别

部位	基本要求	公牛	母牛
整体结构	品种特征明显,结构匀称,体质结实,肉用型明显,肌肉丰满,皮肤柔软有弹性	25	25
前躯	胸深宽,前胸突出,肩甲平宽,肌肉丰满	15	15
中躯	肋骨开张,背腰宽而平直,中躯呈圆筒形,公牛腹部不下垂	15	20
后躯	尻部长、平、宽,大腿肌肉突出延伸,母牛乳房发育良好	25	25
肢蹄	肢蹄端正,两肢间距宽,蹄形正,蹄质坚实,运步正常	20	15
合计		100	100

表 17-5　肉牛外貌等级评定

等级	特等	一等	二等	三等
公牛	85	80	75	70
母牛	80	75	70	65

第三节　牛的体尺与体重测量

一、体尺测量

体尺是牛体各部位长、宽、高、围度等数量化的指标。

牛体尺测量的器具有测杖、卷尺、圆形测量器、测角器等。进行测量时应使牛站立在平坦的场地上；肢势端正，从后面看后腿掩盖前腿，侧望左腿掩盖右腿，或右腿掩盖左腿，四蹄两行；头自然前伸，不偏左也不偏右，不高抬也不下垂，后头骨应与鬐甲接近在一个水平线上。

测定部位的多少，因测定的目的不同而定。最常用的测定项目包括体高、体长、胸围和管围四项，体高又可分为鬐甲高、背高和腰高，但多以鬐甲高表示体高；体长一般用体斜长表示（图 17-2）。进行科学研究或培育新品种时，需要测定更多的指标。牛体尺测量的主要项目和测定方法见表 17-6。

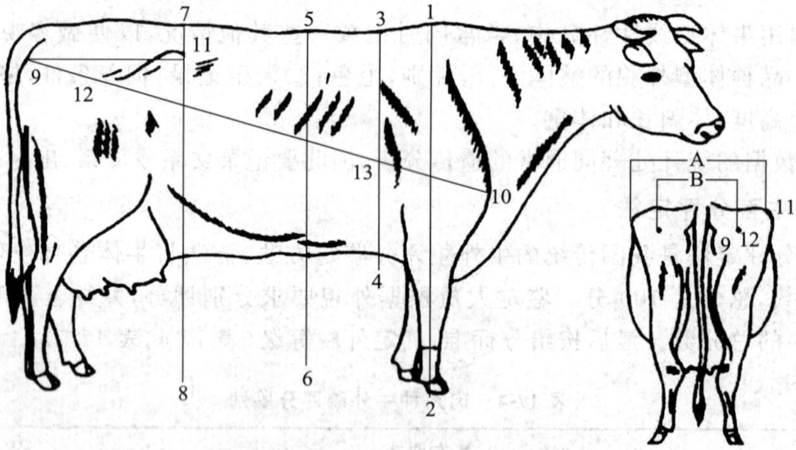

图 17-2　牛体常见测量部位

1-2. 鬐甲高　3-4. 胸围　5-6. 背高　7-8. 腰高　9-10. 体斜长　9-11. 尻长　12. 臀角　13. 胸宽
A. 腰角宽　B. 臀宽

表 17-6　牛体尺测量项目和方法

序号	测量项目	测量方法	测量工具
1	鬐甲高	从鬐甲最高点到地面的垂直距离	测杖
2	胸围	肩胛骨后角处体躯的垂直周径	卷尺
3	体长	肩端到坐骨端的距离，亦称体斜长	测杖或卷尺，须注明
4	管围	前肢管骨上 1/3 处测量的周径	卷尺

续表 17-6

序号	测量项目	测量方法	测量工具
5	体直长	肩端到坐骨端后缘垂直线的水平距离	测杖
6	背高	最后胸椎棘突到地面的垂直距离	测杖
7	腰高	两腰角中央到地面的垂直距离	测杖
8	尻高	荐骨最高点的高度	测杖
9	胸深	沿着肩胛骨后方，从鬐甲到胸骨的垂直距离	测杖
10	尻长	腰角前缘至臀端后缘的直线距离	测杖或圆形测量器
11	腰角宽	腰角处最大宽度	测杖或圆形测量器
12	髋宽	髋的最大宽度	圆形测量器

二、体尺指数

体尺指数是指体尺指标之间的数量关系，以百分率表示，表示不同体躯部位的相对发育程度，反映牛的体态结构及可能的生产性能，在牛的选育上有一定用途。表 17-7 列出了常用体尺指数的计算公式与意义。

表 17-7 牛的常用体尺指数

体尺指数/%	计算公式(×100)	含义
股长指数	(体高－胸深)/体高	说明四肢的相对长度
体长指数	体斜长/体高	说明长和高的相对发育程度
髋胸指数	胸宽/腰角宽	说明胸部对髋部的相对发育情况
胸宽指数	胸宽/胸深	说明胸部宽与深的相对发育情况
体躯指数	胸围/体斜长	说明牛的躯干是粗短还是修长
尻高指数	尻高/体高	反映前后躯高度的相对发育情况
尻宽指数	坐骨端宽/腰角宽	反映尻部的发育情况
管围指数	管围/体高	反映骨骼的相对发育情况
额宽指数	最大额宽/头长	说明头部宽与长的相对发育程度
头长指数	头长/体高	说明牛头的相对发育程度

三、体重测量

体重是牛培育的一项重要指标。称量体重可准确地了解牛的生长发育情况，并以此作为配合日粮的依据。

可用地磅直接称得体重。应在每天早晨牛喂饲前称量，连续测定两天(次)，取其平均值为牛的体重。

第四节 牛的年龄鉴别

了解牛年龄的最准确的方法是查看其档案记录。在缺乏档案资料时，尤其是购买牛时，则需根据牛的牙齿、角轮和外貌等情况来判断其年龄，其中根据牙齿鉴别较为可靠。

一、根据牙齿鉴别年龄

1. 牛齿的种类、数目和齿式

牛的牙齿分为乳齿和永久齿(恒齿)，牛缺乏上门齿，也没有犬齿。乳齿一共 10 对 20 枚，无后臼齿，齿式为：2×(门齿 0/4，犬齿 0/0，前臼齿 3/3，后臼齿 0/0)＝20。犊牛到一定的年龄，乳齿脱换为永久齿。永久齿一共 16 对 32 枚，齿式为：2×(门齿 0/4，犬齿 0/0，前臼齿 3/3，后臼齿 3/3)＝32。乳齿和永久齿的区别见表 17-8。

表 17-8　乳齿和永久齿的区别

特征	乳齿	永久齿
齿形	小、薄、有齿颈	粗壮、齿冠长
齿间空隙	有而且大	无
颜色	洁白	齿根呈棕黄色，齿冠色白微黄
排列	不整齐	整齐

鉴别年龄时主要看四对门齿，从中间向外侧分别称为钳齿、内中间齿、外中间齿和隅齿，也依次称为第 1～4 对切齿。臼齿有前、后臼齿之分，每侧各 3 对，无特殊名称，用牙齿的排列顺序依次命名。

2. 鉴别的依据和方法

依据牙齿鉴别牛的年龄，主要依据门齿的发生、脱换和磨蚀形状等规律性的变化。一般犊牛出生时已长有 1～2 对乳门齿，3～4 月龄时乳门齿发育完全，4～5 月龄时乳齿面逐渐磨损，磨损到一定程度乳门齿开始脱落换生永久齿。更换是从钳齿开始，最后是隅齿。当门齿换齐时，又逐渐磨损。所以，由门齿的更换和磨损，就可以较准确地判断牛的年龄。牛的门齿从中间到两侧，相邻齿脱换时间相差 1 年，外侧 1 对牙齿的形状变化也比中间牙齿晚 1 年，但规律是一致的。

门齿更换齐全称为“齐口”。奶牛齐口的年龄为 5 岁。齐口以前，牛的年龄鉴定方法概括为：“一岁半，一对牙；两岁半，两对牙；三岁半，三对牙；四岁半，四对牙”。即钳齿在 1.5 岁开始脱换，呈现 1 对永久齿，一般长齐需半年，即 2 岁长齐。其外侧 1 对牙齿分别晚 1 年脱换。也可用“永久门齿的对数＋1＝年龄”的方法判断。

齐口以后的年龄，主要依据永久门齿的齿面磨蚀情况来判断。齿面形状的变化规律是：初为长方形或横椭圆形，随着磨蚀程度加深，逐步由长方形先后向三角形、四边形或不等边形和圆形过渡。每一个形状变化大约需 1 年时间，钳齿 6 岁呈长方形，7 岁呈三角形，8 岁呈四边形或不等边形，9 岁呈现圆形。其余各对门齿分别比中间 1 对晚 1 年呈现上述规律性变化。

10 岁以后，牛的钳齿齿髓腔暴露，即出现齿星。内中间齿、外中间齿、隅齿分别在 11、12、13 岁出现齿星。再往后，齿面圆形纵径加大，终成卵圆形，年龄在 13 岁以上，统称老牛，不再鉴定。

二、根据角轮鉴别年龄

角轮是在饲料贫乏季节或在怀孕期间，由于营养不足而形成。母牛每分娩一次，角上即生一凹轮。所以，从理论上讲，母牛每年分娩一次，形成一个角轮，则角轮数加2，即为该牛的年龄。角轮的深浅、有无，受营养条件的影响。营养条件好，则角轮浅，界限不清，相对不易判断；营养条件差，则角轮深，易判断。所以，角轮鉴别只能作为大致估计年龄的依据。

三、不同年龄牛的外貌特征

老龄牛一般四肢站立姿势不正，营养欠佳，被毛乱而无光泽，颜面混生白毛，眼睑下陷，有较多的皱纹且目光呆滞，塌腰、凹背、肢前踏、行动迟缓；青年牛一般被毛有光泽，粗硬适度，皮肤柔润而富弹性，眼盂饱满，目光明亮，行动活泼有力。

根据外貌，只能鉴定牛的老幼，并不能准确判断年龄。

复习思考题

1. 试述牛的外貌鉴定的基本原则。
2. 牛的外貌鉴定方法有哪些？
3. 简述牛的体尺测量项目主要有哪些？
4. 牛的年龄鉴别方法有哪些？

第十八章　牛的繁殖

第一节　牛的繁殖力及评定方法

一、牛的繁殖力评定指标与方法

牛的繁殖力是指牛维持正常生殖机能、繁衍后代的能力，它是一个综合性状，涉及牛生殖活动各个环节的机能。

1. 受胎率

即总受胎率，指配种后受胎的母牛数与参与配种的母牛数之百分比，主要反映配种质量和母牛的繁殖机能，可用如下公式表示：

$$受胎率(总受胎率)=\frac{妊娠母牛数}{配种母牛数}\times 100\%$$

2. 不返情率

指母牛配种后一定时期不再发情的头数占配种母牛总数的百分比。该指标反映牛群的受胎情况，与牛群生殖机能和配种水平有关。与受胎率相比，不返情率一般以配种母牛在配种后一定时期(如 30 d、60 d、90 d 等)内没有再观察到发情作为受胎的依据，而受胎率则以直肠检查或分娩和流产作为判断妊娠的依据。

3. 配种指数

指每次受胎所需的配种次数，是反映配种受胎的另一种表达方式。

4. 产犊间隔

又称胎间距，指牛群全部母牛相邻两次产犊之间的平均天数。按自然年度统计。凡在年内繁殖的母牛(除头胎牛外)均应统计，年内繁殖两次的应统计两次。流产也计为产一胎，遇到流产时，不足 270 d 的胎间距不参加统计，超过 270 d 的胎间距一并参加统计。

5. 年总繁殖率

指年内实际繁殖的母本头数占应繁母牛头数的百分比。

实繁母牛头数是指在自然年度(即当年 1 月 1 日至 12 月 31 日)内实际分娩的母牛头数，年内分娩两次的计为实繁头数两头，双胎以一头计；妊娠 7 个月以上早产计为实繁头数，妊娠 7 个月以下流产不计为实繁头数；年内出群的母牛，凡产犊后出群的参加本年计算，未产犊而出群的可不参加计算；年内调入的母牛，在年内产犊的，分子分母各算一头，未产犊的不统计。

应繁母牛头数是指年初(1 月 1 日)18 月龄以上的母牛头数加上年初未满 18 月龄而提前配种并在年内分娩的母牛数。

6.流产率

指流产的母牛头数占受胎母牛头数的百分比。

7.犊牛成活率

指出生后 3 个月时犊牛的成活数占产活犊牛数的百分比。

8.双胎率

指产双胎的母牛数占分娩母牛总数的百分比。中国荷斯坦牛双胎率一般为 3%～4%。

二、影响牛繁殖力的因素

公牛的精液耐冻性强,冷冻保存后受精率较高,所以公牛冷冻精液和人工授精的推广应用较其他畜种普及,因此,种公牛的利用率较其他畜种高,平均每头公牛每年可配种 2 万～4 万头母牛。

由于气候环境、饲养管理水平及条件的差异,牛群的繁殖力也有差异。奶牛的年总受胎率 75%～95%,平均 90%左右;第一次受精的情期受胎率 55%～70%;情期受胎率为 40%～60%,平均 50%左右;不返情率一般大于 70%;配种指数一般为 1.7～1.8,理想是 1.5;产犊间隔一般为 12～14 个月,理想是 12 个月;年总繁殖率 70%～90%,平均 85%;流产率一般为 3%～7%;犊牛成活率一般应大于 90%。

我国牧区黄牛饲养管理条件差,往往造成母牛特别是哺乳母牛产后乏情期长,发情及受胎率低,使产犊间隔大大延长,有些地方一头母牛平均两年才产一头犊牛。水牛生长在我国南方农区,虽然饲草丰富,但因发情症状不明显,不易鉴定,易错过配种时机,所以产犊间隔较长。发情鉴定仔细、饲养管理水平较高地区,牛群受胎率和繁殖率较高,一般为三年两胎,即繁殖率为 60%～70%,平均水平不到 40%。

第二节　牛的繁殖特点

牛是单胎动物,一般一年生一胎。普通牛的繁殖无明显的季节性,一年四季均可发情、排卵、配种和产犊。水牛发情的季节性差异小,但春秋两季为公水牛的主要配种季节。

一、性成熟与排卵

(一)性成熟与体成熟

母牛生长发育到一定年龄后,生殖器官已基本发育完全,开始产生具有受精能力的卵子,同时性腺能分泌激素促使母牛发情,这一时期即为母牛的初情期或性成熟期。

牛的性成熟年龄受品种、营养、气候环境和饲养管理等影响。凡是阻碍牛生长的因素,都会延长母牛的初情期。小型品种、乳用品种及南方品种性成熟较早;大型品种、役用品种及北方品种性成熟较迟。气候温暖、营养丰富并且发育良好的牛性成熟也较早。母牛的体重是影响性成熟迟早的主要因素。一般母牛性成熟的年龄为 8～12 月龄。

性成熟时，牛体其他组织器官尚未发育完全，即未达到体成熟，所以不适宜配种。体成熟时，牛的骨骼、肌肉和内脏各器官已基本发育完成，而且具有了成年牛固有的形态结构。一般母牛的体成熟年龄为 18～24 月龄，其体重达到成年体重的 65%～70%。可见，母牛的体成熟远迟于性成熟。在生产中，母牛只有达到体成熟后才能开始配种。过早会影响母牛本身发育，但也不应过迟，否则会减少母牛一生的产犊头数。

(二)排卵

母牛卵泡成熟后便自发性排卵，继而生成黄体。排卵时间是在发情开始后 28～32 h 或发情结束后 10～12 h。右侧卵巢排卵数比左侧多；夜间，尤其是黎明前排卵数较白天多。

二、发情周期与繁殖年限

(一)发情与发情周期

发情是母牛发育到一定年龄时所表现的一种周期性的性活动现象，它主要受卵巢活动规律所制约。随着卵巢的每次排卵和黄体形成与退化，母牛整个机体，特别是生殖器官发生一系列变化。

出现初情期后，除母牛妊娠和产后一段时间(20～40 d)外，正常母牛则每隔一定时期便开始下一次发情，周而复始，循环往复。从这一次发情开始到下一次发情开始的间隔时间，称作发情周期。普通母牛的发情周期平均为 21 d，其变化范围为 19～24 d，一般青年母牛比经产母牛的要短。不同牛种和品种的发情持续期、发情周期和产后发情时间见表 18-1。

表 18-1　不同牛种和品种的发情持续期、发情周期和产后发情时间

牛种或品种	发情持续期/h	发情周期/d	产后第一次发情时间/d
黄牛	30(17～45)	21(19～24)	58～83
奶牛	18(13～26)	21(20～24)	30～72
肉牛	16～18	21(20～24)	46～104
水牛	25～60	21(16～25)	42～147
牦牛	28～44	18～25	—

发情周期中生殖道的变化和性欲的变化都与卵巢的变化有直接的关系。发情周期通常可分为四个时期：发情前期、发情期、发情后期和休情期。

1. 发情前期

是发情期的准备阶段。母牛卵巢中的黄体进一步萎缩，新的卵泡开始发育，雌激素分泌增加，生殖器官黏膜上皮细胞增生，纤毛数量增加，生殖腺体活动加强，分泌物增加，但还看不到阴道中有黏液排出，母牛尚无性欲表现。该期持续 1～3 d。

2. 发情期

是指母牛从发情开始到发情结束的时期，又称为发情持续期。发情持续期因年龄、营养状况和季节变化等不同而有长短，一般为 18 h，其范围为 6～36 h。

根据发情母牛外部征候和性欲表现的不同，又可分为三个时期。

(1)发情初期：这时卵泡迅速发育，雌激素分泌量明显增多。母牛表现兴奋不安，经常哞叫，食欲减退，产奶量下降。在运动场上或放牧时，常引起同群母牛尾随，尤其在清晨或傍晚，其他牛嗅发情牛的阴唇。当其他牛爬跨时，拒不接受，扬头而走。观察时，可见外阴部肿胀，阴道壁黏膜潮红，黏液量分泌不多，稀薄，牵缕性差，子宫颈口开张。

(2)发情盛期：当其他牛爬跨时，母牛表现接受爬跨而站立不动，两后肢开张，举尾拱背，频频排尿。拴系母牛表现耳竖立，不时转动倾听，眼光锐敏，人手触摸尾根时无抗力表现。从阴门流出具有牵缕性的黏液，俗称"吊线"或"挂线"，往往粘于尾根或臀端周围被毛处，因此，尾上或阴门附近常有分泌物的结痂。阴道检查时可发现黏液量增多，稀薄透明，子宫颈口红润开张。此时卵泡突出于卵巢表面，直径约 1 cm，触之波动性差。

(3)发情末期：母牛性欲逐渐减退，不接受其他牛爬跨。阴道黏液量减少，黏液呈半透明状，混杂一些乳白色，黏性稍差。直肠检查卵泡增大到 1 cm 以上，触之波动感明显。

3. 发情后期

母牛无发情表现。排卵后卵巢内形成黄体，并且开始分泌黄体酮。多数青年和部分成年母牛从阴道流出少量血液。该期持续时间为 3～4 d。

4. 休情期

又称间情期。该期黄体逐渐发育继而转为退化，黄体酮分泌量逐渐增加又转为缓慢下降。休情期的长短，常常决定了发情周期的长短。该期持续 12～15 d。

(二)产后发情

产后发情指母牛产犊后，经过一定的生理恢复期，又会出现发情。产后生理的恢复包括卵巢功能、子宫形态和功能以及内分泌功能等的恢复。产后的一段时间，由于卵巢黄体退化迟，促性腺激素分泌较少，卵巢上卵泡不能充分发育。荷斯坦牛产后第一次排卵时间平均在产后 16.5 d，但没有发情症状。大多数牛在分娩 30 d 后可以观察到明显的发情症状。高产母牛、体弱母牛、难产母牛或有产科疾病的母牛产后第一次出现发情或排卵的时间要迟些。

(三)繁殖年限

牛的繁殖能力有一定的年限，繁殖能力消失的时期，称为繁殖能力停止期。繁殖年限的长短因品种、饲养管理、环境条件以及健康状况等不同因而有差异。一般母牛的配种使用年限为 9～11 胎、13～15 年，公牛为 5～6 年。在奶牛，近年来加强了选择强度，从而加速了遗传进展，一些高产牛群，每年更新淘汰率已达 25%～30%。因此，奶牛的繁殖年限为 4～5 个泌乳期。一般超过繁殖年限，公、母牛繁殖能力大大降低，应及时淘汰。

三、妊娠与分娩

(一)妊娠

妊娠是母牛的特殊生理状态。妊娠期的长短，依品种、年龄、季节、饲养管理、胎儿性别等因素不同而有所差异。一般早熟品种的妊娠期短，奶牛比肉牛短，黄牛比水牛短，怀母犊比怀公犊短 1～2 d，青年母牛比成年母牛短 1～3 d，怀双胎比怀单胎短 3～7 d，冬春分娩母牛比夏秋季分娩长 2～3 d，饲养管理条件差的母牛妊娠期长。不同种或品种母牛的妊娠期见表 18-2。

表 18-2 不同种或品种母牛的妊娠期 d

品种	平均妊娠期(范围)	品种	平均妊娠期(范围)
荷斯坦牛	278.0(278～282)	夏洛来牛	287.5(283～292)
娟姗牛	279.0(277～280)	安格斯牛	278.4(256～308)
婆罗门牛	285.0	西门塔尔牛	279.0(273～282)
牦牛	256.2(250～275)	利木赞牛	292.5(292～295)
短角牛	283.0	水牛	310.0(300～320)

(二)分娩

母牛分娩时,如果忽视护理,又缺乏必要的助产措施和严格的消毒卫生制度,就有可能造成母牛的难产、生殖器官疾病、产后长期不孕或犊牛死亡,严重者造成母牛死亡或丧失繁殖能力。随着胎儿发育成熟,到临产前,母牛在生理上发生一系列变化,以适应排出胎儿和哺乳的需要。根据这些变化,可以估计分娩时间。

1.分娩预兆

(1)乳房:在分娩前乳房发育比较迅速,体积增大,常有水肿,临产前乳头也膨起,充满初乳。

(2)阴唇:在分娩前约 1 周。阴唇开始逐渐肿胀、松软、充血,阴唇皮肤上的皱纹逐渐展平。

(3)阴道和子宫颈:阴道黏膜潮红。子宫颈在分娩前 1～2 d 开始肿胀、松软,子宫颈内黏液栓变稀,流入阴道,从阴门可见透明黏液流出。

(4)荐坐韧带:荐坐韧带在临近分娩时开始松弛。在分娩前 1～2 周时开始软化;产前 12～36 h 荐坐韧带后缘变得非常松软,同时荐髂韧带也松弛,荐骨可以活动的范围增大,尾根两侧凹陷。

(5)体温:据研究,母牛临产前 4 周体温逐渐升高,在分娩前 7～8 d 高达 39～39.5℃,但临产前 12 h 左右体温可下降 0.4～1.2℃。

(6)外部表现:临产前母牛表现不安,食欲减退或停食;前肢搂草;频频排粪、排尿,但量很少;举尾,起立不安。此时应有专人看护,做好接产和助产的准备。

2.分娩过程

母牛分娩的持续时间,从子宫颈开口到胎衣排出,平均为 9 h,这段时间内必须加强对母牛的护理。在整个过程中,要注意观察母牛的子宫阵缩和努责情况。分娩时,一般先露出羊膜绒毛膜囊,在阴门内或阴门外破裂排出羊水,胎儿前肢和唇部就开始露出,随后胎儿的头逐渐露出并通过阴门,尿膜绒毛膜囊破裂,发生第二次破水,流出黄褐色液体润滑产道,整个胎儿排出。

胎儿娩出后,经过 4～6 h,胎衣全部排出。因为牛的胎盘是子叶胎盘,属于子包母型,结合紧密,所以排出时间比其他家畜长,而且时常发生胎衣不下的现象。若母牛产犊后胎衣垂出于阴门外或不垂出于阴门外滞留 12 h 以上,称为胎衣不下,应及时请兽医进行药物或人工剥离处理。

第三节 牛的繁殖技术

一、发情鉴定

发情鉴定的目的是及时发现发情母牛,正确掌握配种时间,防止误配、漏配,提高受胎率。

(一)外部观察法

外部观察法是鉴定母牛发情的主要方法。主要根据母牛的外部表现来判断发情的状况。母牛发情时表现兴奋不安,对外界环境的变化反应敏感,东张西望,食欲减退,反刍时间减少,产奶量下降,不时哞叫,举尾拱背,频频排尿。发情母牛阴唇肿胀,从阴道流出黏液,初期量少,盛期较多,后期又减少。随着发情时间的延长,黏液由稀薄透明变为较混浊而浓稠,常粘在阴唇下部及尾根或臀端周围被毛处,随后结痂。根据观察母牛爬跨其他母牛来确定母牛的发情表现最有价值。母牛发情时,常引起公牛或其他母牛尾随和爬跨,但在发情初期不接受爬跨,发情盛期接受爬跨而站立不动,后肢开张,举尾拱背。由于公牛或其他母牛多次爬跨,往往在发情母牛背腰和尾部留有泥垢,被毛蓬乱。可根据此种现象确定发情母牛。在发情末期,虽有公、母牛尾随,但发情母牛不再接受爬跨,并逐渐变得安静。

(二)试情牛法

试情牛法主要适用于放牧牛群,也可用于散栏饲养的牛群。利用输精管结扎的公牛或阴茎改道或切除阴茎的公牛试情。可观察到公牛紧随发情母牛,效果较好。另一种做法是将一半圆形的不锈钢打印装置,固定在皮带上,然后像驾具一样,牢牢戴在公牛的下颌部,当公牛爬跨发情母牛时,即将稠的墨汁印在发情母牛身上,这种装置称为下颌球样打印装置。为了减少公牛结扎输精管的麻烦,可选择特别爱爬跨的母牛代替公牛,效果更好。因为结扎输精管的公牛仍能将阴茎插入母牛阴道,可能引起感染。

另外,还有将试情公牛胸前涂以颜色或安装带有颜料的标记装置,将其放在母牛群中,凡经爬跨过的发情母牛,都可在尻部留下标记。

(三)直肠检查法

直肠检查法即操作者将手伸入母牛直肠内,隔着直肠壁检查生殖器官的变化、卵巢上卵泡发育情况,来判断母牛发情与否的一种方法,是奶牛发情鉴定的主要方法之一。母牛发情时,可以摸到子宫颈变软、增粗;由于子宫黏膜水肿,子宫角体积增大,收缩反应明显,质地变软,卵巢上有发育的卵泡并有波动感。

检查时,先将母牛保定,检查者首先应将指甲剪短磨光,戴上长臂手套,手臂上涂上润滑剂。然后用手抚摸肛门,将手指并拢成锥形,以缓慢旋转动作伸入肛门,掏出蓄粪。再将手伸入肛门,手掌展平,掌心向下,按压抚摸,在骨盆底部可摸到一前长后而圆且质地较硬的棒状物,即为子宫颈。沿子宫颈向前触摸,在正前方摸到一浅沟即为角间沟,沟的两旁为向前向下弯曲的两侧子宫角。沿着子宫角大弯向下稍向外侧可摸到卵巢。这时可用食指和中指把卵巢固定,用拇指肚触摸卵巢以了解大小、质地、形状和卵泡发育情况。操作要仔细,动作要缓慢。在直肠内触摸时要用指肚进行,不能用手指乱抓,以免损伤直肠黏膜。在母牛强力努责或肠壁扩张成坛状时,应当暂停检查,并用手揉搓按摩肛门,待肠壁松弛后再继续检查。检查完毕后应清洗、消毒手臂,并做好检查记录。

(四)计步器法

用计步器检测奶牛的活动量,利用发情期活动量明显增大这一特点判定奶牛是否发情。这种电子装置的计步器可以测量奶牛行走的距离、四处行走的频率以及行走的速度,然后将数据传回配套的计算机。如果计算机存储的数据显示奶牛活动量骤然上升,那就意味着这头奶牛正在发情。

由于母牛发情期较短，发情外部表现比较明显，所以一般都以外部观察法作为判断发情的主要方法。目前随着直肠把握输精法的广泛采用，直肠检查法也在生产实践中广泛应用。此外，发情鉴定的方法还有生殖道黏液电阻测定法、血浆或奶中黄体酮含量测定法、超声波检查法等，但应用均不及上述方法普遍。

二、人工授精

(一)牛的采精

采精是人工授精的重要环节。认真做好采精前的准备，正确掌握采精技术，合理安排采精时间，是保证采到量多质优精液的重要条件。

1. 采精前的准备

采精前，相关人员要做好采精场地、台牛、采精器械以及实验室的各种准备工作。采精场应安静、整洁、防尘、防滑和地面平坦，并设有采精垫和安全栏；台牛的选择要尽量满足公牛的要求，可利用活台牛或假台牛，为保持公牛的旺盛性欲，可以定期更换台牛；采精前，应保定台牛，对其后躯特别是尾根、外阴、肛门等部位进行清洗、擦干，保持清洁；假阴道及集精杯等器材，在采精前必须充分洗涤，玻璃器材应高温干燥消毒。采精时要调节假阴道内壁的温度至39℃左右，并维持适当的压力。阴道内壁还要涂抹适量医用凡士林以增加润滑度。润滑剂涂抹深度不得超过 1/2。集精杯应保持 34～35℃，防止射精时温度变化对精子的危害。同时，实验室应当做好精液处理、检查和保存的各项准备工作，及时对采得的精液进行处理。

2. 公牛的准备

公牛的准备主要足指初次采精公牛的调教和公牛采精前的准备。

公牛的性成熟期为 8～14 月龄，人工采精的公牛，12～14 月龄可开始进行采精训练。公牛开始采精训练时，为了促使其性欲，可用健康的非种用母牛作台牛，诱使公牛接近台牛，并刺激其爬跨。待公牛适应了采精后，也可将母牛换成假台牛。但要注意，对肉用牛、水牛和一些性欲不很强的乳用公牛，往往用假台牛不易激发公牛的性欲，故不宜进行更换。采精训练时，必须坚持耐心细致的原则，充分掌握公牛个体习性，做到诱导采精。不能强行从事，或粗暴对待采精不顺利的公牛，以防公牛产生对抗情绪。采精人员应保持固定，避免由于更换人员造成的公牛惊慌和不适。同时，采精的场所应保持安静、卫生、温度适宜。特别在夏季，要避免高温影响公牛的生精机能、精液性状以及公牛的性欲，最好在公牛舍内安装淋浴设备或采取其他必要的降温方法。

平时要经常护理采精牛的蹄趾和修剪阴毛，公牛采精前还应清洗牛体，特别是牛腹部和包皮部，以避免污垢污染精液。活台牛或假台牛经一头公牛爬跨后，凡公牛接触部位均应清洁消毒，然后方可继续用来采精。

公牛在采精前 1～2 h，不应大量采食饲料。在夏季，不要让公牛在采精前后立即饮用凉水。采精前还应避免牛的激烈运动。

3. 公牛采精要点

(1)假阴道内壁不要沾上水。在冬季，宜将采精杯置于保温瓶或利用保温杯直接采精，以防温度剧变造成精子冷休克。

(2)应让公牛空爬跨1～2次,以提高其性欲。

(3)采精员立于台牛右后侧。

(4)公牛爬跨时,右手持假阴道,左手托包皮,将公牛的阴茎导入假阴道内。不要将假阴道套在公牛的阴茎上。

(5)公牛射精后,将假阴道集精杯向下倾斜,以便精液完全流入集精杯内。

(6)采精后,应立即取下集精杯,盖上集精杯盖,以防精液受污染。

(7)成年公牛采精一般每周不得超过2次,每次不得超过2回。

4. 精液检查

为了确切了解采出的精液质量,保证配种后的受胎率,人工授精或制作冷冻精液时,必须对精液品质进行检查。主要检查的项目有精液的色泽、精液量、活力、密度、pH、畸形率、顶体完整率等。各项目的检查方法可见家畜繁殖学的相关内容。

5. 新鲜精液稀释及保存

精液稀释是向精液中加入适量有利于精子存活、为保持其受精能力而配制的溶液。

(1)现用稀释液:以简单的等渗糖类或奶类配制而成,也可用生理盐水做简单稀释。此类稀释液适用于采集的新鲜精液,以扩大精液量、增加配种头数为目的,采精后立即稀释进行配种。

(2)低温保存稀释液:此类稀释液适用于精液低温保存,具有含卵黄和奶类为主的抗冷休克物质。

(3)冷冻保存稀释液:稀释液成分较为复杂,具有糖类、卵黄,还有甘油或二甲基亚砜(DMSO)等抗冻物质。

6. 冷冻精液的剂型

有颗粒和细管两种。制作颗粒冷冻精液具有操作简便、成本低,制品容积小、便于储存的优点,但也有易受污染、不便标记的缺点。制作细管冷冻精液成本较高,但其不易被污染,便于标记,使用简单,受胎率也高:颗粒冷冻精液。因此,细管冷冻精液正取代颗粒冷冻精液及低温精液,成为牛人工授精用精液的主要剂型。

7. 精液的质量

标准采购的精液应为经国家有关部核发经营许可证的种公牛站所生产的符合国家牛冷冻精液质量标准的精液。种公牛系谱至少三代清楚,并经后裔测定或其他方法证明为良种者。牛新鲜精液呈乳白色或乳黄色。每次射精量为4～8 mL,精子活力大于0.6,精子密度大于8亿个/mL,精子畸形率小于18%,精子顶体异常率小于10%。细管冷冻精液剂量为0.25 mL,颗粒冷冻精液剂量为0.1～0.2 mL。精子的活力大于0.35,每个输精剂量有效精子数为800万个以上,精子畸形率小于18%,非病原细菌数每剂量小于800个。

(二)输精

目前,我国牛的输精大多采用直肠把握子宫颈深部输精法。

1. 精液解冻

解冻方法直接影响到解冻后精子的活率,这是一个不可忽视的技术环节。目前通常采用温水解冻。一般牛细管冷冻精液,可直接浸入温水(38℃)中晃动7～10 s,即可取出。颗粒冷冻精液解冻时,将装有1 mL,解冻液的灭菌试管置于温水(38℃)中,当解冻液温度与水温相同时，投入颗粒精液，摇晃至融化，取出后即于输精。

2. 直肠把握子宫颈深部输精法

直肠把握法的操作是先把母牛保定在配种架内，已习惯直肠检查的母牛也可在牛床上进行，尾巴用细绳拴好拉向一侧。首先清洗消毒外阴部，然后操作者左手将阴门打开，右手持输精管从阴门中部向上斜插 5～10 cm，然后把输精管端平，稍向前下方插入。按直肠检查法将左手伸入母牛直肠内，排除积粪，摸子宫颈，并将子宫颈口握在手中向前方推（假如握得太靠前会使颈口游离下垂，造成输精器不易对上颈口）。此时两手互相配合，使输精器插入子宫颈，并达到子宫颈深部，然后将精液徐徐注入。待拉出输精器后，再将直肠内的手退出。

输精管进入阴道后，当往前送受到阻滞时，在直肠内的手应把子宫颈稍往前推，使阴道拉直，切不可强行插入，以免造成阴道损伤。母牛摆动较剧烈时，应把输精管放松，手应随牛的摆动而摆动，以免输精管断裂和损伤生殖道。直肠把握输精所用器械必须经过严格消毒。

三、妊娠诊断

妊娠诊断是判断母牛是否妊娠的一项技术。及早地判断母牛的妊娠，可以防止母牛空怀，提高繁殖率。经过妊娠诊断，对未妊娠母牛找出未孕原因，采取相应技术措施，并密切注意下次发情，搞好配种；对已受胎的母牛，须加强饲养管理，做好保胎工作。

（一）外部观察法

母牛配种以后，于下一个发情期到来前后，要注意观察是否再发情。目前许多国家统计母牛妊娠与否，就是统计 30 d、60 d 和 90 d 的不返情率，作为母牛的受胎率。

母牛妊娠以后，周期性发情停止，性情变得安静、温顺，行动迟缓，避免角斗和追逐。放牧或驱赶运动时常落在牛群之后。食欲和饮水增加，被毛发亮，膘情变好。妊娠初期外阴部比较干燥，阴唇紧缩，皱纹明显；妊娠后期腹围变大，妊娠 6～7 个月，饮水后可以在右侧腹壁见到胎动。青年母牛妊娠 4～5 个月乳房开始明显发育，体积增大；经产母牛在妊娠最后的半个月乳房明显胀大，乳头变粗，个别牛乳房底部现水肿。

这种观察方法虽然简单，容易掌握，但不能进行早期确诊，只能作为参考。

（二）直肠检查法

直肠检查法是妊娠诊断普遍采用的比较准确的方法。具体操作方法同发情鉴定的直肠检查法，但要更加仔细，严防粗暴。检查时动作要轻、快、准确，检查顺序足先摸到子宫颈，然后沿着子宫颈触摸子宫角、卵巢，然后是子宫中动脉。

母牛妊娠 1 个月时，子宫颈紧缩，质地变硬；孕侧子宫角基部稍有增粗，质地变得松软，触摸时反应迟钝，不收缩或收缩微弱，稍有波动感；非孕角则反应仍明显，触摸即收缩，有弹性，角间沟仍明显。排卵侧卵巢体积增大，黄体突出于卵巢表面，黄体也稍变硬。

妊娠 2 个月时，孕角比非孕角增粗 1～2 倍，波动明显，角间沟已不清楚，但子宫角基部仍能分清两角界限。胎儿形成，长 6～7 cm。妊娠 3 个月时，子宫颈向前移至耻骨前缘，子宫开始下垂到腹腔，孕角波动明显，有时还可摸到胎儿，在胎膜上可以摸到黄豆大小的子叶。一般还可摸到子宫中动脉有特异搏动，这特征是牛妊娠的重要依据。此时胎儿体长为 11～14 cm。

随着妊娠期的延长，母牛妊娠症状也越来越明显。

(三)超声波诊断法

常用B型超声波(简称B超)进行诊断,它是将超声回声信号以光点明暗显示出来,回声的强弱与光点的亮度一致。由于机体各种组织的声阻值不同,从而表现超声波反射的强度差异,当探测到液体或致密组织时,则分别显示无声波的黑色或强回声波的白色。B超可配线阵扫描探头或扇形扫描探头,也有一些B超线阵扫描探头和扇形扫描探头可匹配使用。线阵扫捕的图像为长方形,而扇形扫描的图像为扇形。

除上述妊娠检查方法外,还有血或奶中黄体酮测定法、免疫学诊断法和妊娠辅助糖蛋白测定法等,但一般不在生产中应用。

四、助产

(一)助产前的准备

助产前要选择清洁、安静、宽敞、通风良好的房舍作为专用产房。产房在使用前要进行清扫消毒,并铺上干燥、清洁、柔软的垫草。

产房内要准备好脸盆、肥皂、毛巾、刷子、细绳、消毒药晶(来苏儿、酒精、5%碘酊等)、脱脂棉以及镊子、剪刀、产科绳等。这些用品都应保持清洁,并放在固定的地方,以便随时取用。另外要准备好热水和照明设备。助产人员要固定,产房内昼夜均应有人值班。

(二)助产方法

当母牛表现不安等临产症状时,应使产房内保持安静,确定专人注意观察。助产工作应在严格遵守消毒的原则下,按照以下步骤进行。

(1)将母牛外阴部、肛门、尾根及后臀部用温水、肥皂洗净擦干,再用1%来苏儿溶液消毒母牛肛门、外阴部、尾根周围。助产人员手臂也应消毒。母牛最好是左侧着地卧下,以减少瘤胃对胎儿的压迫。

(2)当母牛开始努责时,如果胎膜已经露出而不能及时产出,应注意检查胎儿的方向、位置和姿势是否正常。只要胎儿胎向、胎位和姿势正常,可以让其自然分娩,若有反常应及时矫正。

(3)当胎儿蹄、嘴、头大部分已经露出阴门但仍未破水时,可用手指轻轻撕破羊膜绒毛膜;或自行破水后,应及时将其鼻腔和口内的黏液擦去,以便呼吸。

(4)胎儿头部通过阴门时,要注意保护阴门和会阴部,尤其当阴门和会阴部过分紧张时,应有一人用两手搂住阴唇,以防止阴门上角或会阴撑破。

(5)如果母牛努责无力,可用手或产科绳缚住胎儿的两前肢蹄踵部,同时用手握住胎儿下颌,随着母牛努责,左右交替使用力量,顺着骨盆产道的方向慢慢拉出胎儿。倒生胎儿应在两后肢伸出后及时拉出,因为当胎儿腹部进入骨盆腔时,脐带可能被压在骨盆底上,如果排出缓慢,胎儿容易窒息死亡。手拉胎儿时,在胎儿的骨盆部通过阴门后,要放慢拉出速度,以免引起子宫脱出。

胎儿产出后发生窒息现象时,应及时清除鼻腔和口腔中的黏液,并立即进行人工呼吸。

(6)在胎儿全部产出后,首先用毛巾或软草将鼻腔内的黏液擦净,然后将犊牛身上的黏液擦干。多数犊牛生下来脐带可自然扯断。如果没有扯断,可在距胎儿腹部10～12 cm处涂擦碘酊,然后用消毒的剪刀剪断,在断端上再涂上碘酊。

(7)处理犊牛脐带后,要称初生重、编号,填写犊牛出生卡片,放入犊牛保育栏内。犊牛产出后,要注意观察胎衣排出和恶露性质与颜色变化。如果犊牛产后超过 12 h(夏季超过 5 h)仍未排出胎衣,应及时请兽医处理。如果牛分娩后 20 d 以上仍然恶露不尽,或恶露颜色、气味不正常,或有恶臭物质,或产后 10 d 内仍未见恶露流出,均表明母牛可能感染了子宫内膜炎,亦要针对病因进行治疗。

五、发情和排卵控制

(一)诱发发情

在养牛生产中常发现,有些青年母牛生长发育到初情期后,仍不出现第一次发情或成年母牛长期无发情表现,也有些奶牛产后长时期不发情。为了提高繁殖率,常常对这些母牛进行诱导发情。

1. 孕激素处理法

用孕激素通常处理 9～12 d,可促进静止的卵巢活动和卵泡发育。如孕激素处理结束时,给予一定量的马绒毛膜促性腺激素(HCG)或促卵泡素(FSH),效果会更加明显。

2. 马绒毛膜促性腺激素处理法

处理前应确认乏情母牛卵巢上无黄体存在。使用 800～1 000 IU 的 eCG 肌肉注射,可促进卵泡的发育和发情。10 d 内仍未发情的可再次同法处理,但剂量应稍加大。该法简单,效果明显。

3. 促性腺激素释放激素(GnRH)处理法

目前使用的是 GnRH 的合成类似物。有促排卵素 2 号(LRH-A_2)和促排卵素 3 号(LRH-A_3),使用剂量为 200～400 μg,每天 1 次,肌肉注射,连续 3 d。

对于持久黄体或黄体囊肿的母牛肌肉注射氯前列烯醇,剂量为 0.6 mg,分 2 次,上、下午各注射 1 次。

(二)同期发情

同期发情主要是用激素处理牛,使母牛群的发情变分散为集中。20 世纪 60 年代以来,国外做了大量试验研究工作,进展较快,现已逐步在畜牧生产、特别是在商品肉牛业中得到应用。同期发情也是牛胚胎移植时常用的一项技术。同期发情常用激素和方法如下。

1. 抑制卵泡生长发育的激素

这类激素有天然激素黄体酮和其他黄体酮类化合物。常用的有黄体酮、甲地黄体酮、氯地孕酬、氟黄体酮、十八甲基炔诺酮等。这些激素的使用方法有以下三种。

(1)口服法:将适于口服的药物均匀地拌在饲料中,连续饲喂一定时期后,所有牛同时停药。为了使药量准确,最好是单槽饲喂。口服法由于需要连续饲喂一段时期,比较费事,且大群推广时不易做到单独饲喂。

(2)阴道栓塞法:将含有一定量药物的海绵塞于阴道深处或子宫颈口附近,药物被缓慢吸收而起作用,放置 18 d 后取出。

(3)埋植法:将含有一定量药物的硅胶埋植于牛的耳皮下,使药物慢慢吸收,经 18 d 后切口取出。

2. 加速黄体退化的激素

当前使用的是前列腺素 $F_{2\alpha}$ 及其类似物。由于前列腺素(PG)仅仅对卵巢上有功能性黄体的母牛起作用，而对群体母牛来说，一次 $PGF_{2\alpha}$ 处理约 65% 的母牛出现发情，其他母牛 $PGF_{2\alpha}$ 处理时处于性周期 1～4 d 和 17～21 d，此时黄体组织对 $PGF_{2\alpha}$ 不敏感。鉴于此，必须隔 11 d 后再施用一次 $PGF_{2\alpha}$，方可使群体达到同期化。前列腺素的投药方式为皮下注射、肌肉注射；也可注入子宫体或子宫颈，此时量可减少；也有阴唇内侧黏膜下注射，效果同子宫注射。

(三)排卵控制

使单个或多个母牛发情并控制其排卵的时间和数量的技术称为排卵控制。排卵控制包括控制排卵时间和排卵数目两个方向内容。

1. 控制排卵时间

所谓控制排卵时间也就是在母牛发情周期的适当时候，用外源性促性腺激素处理，诱发母牛排卵，以代替母牛的自发排卵，也即促使成熟的卵泡提早排卵。母牛从发情至排卵的时间相对而言较为稳定，一般的排卵时间是在发情结束后 10～12 h，只有少数可能延至数十小时，在这种情况下，需要用外源激素促进排卵，以提高其配种受胎率。一般是在有成熟卵泡时，在表现发情行为之前，一次注射促性腺激素，如促黄体素(LH)、人绒毛膜促性腺激素(HCG)等，激素用量是：50～100 IU LH，1 000～2 000 IU HCG，50～150 μg $LRH\text{-}A_2$ 或 $LRH\text{-}A_3$。

2. 控制排卵数

是指利用促性腺激素处理增加发情母牛的排卵数目。根据不同的目的又分为以增加排卵数为主要目的的超数排卵和以产双胎为目的的限数排卵。超数排卵多用于胚胎移植，限数排卵主要用于肉牛生产。由于不同来源的促性腺激素效价不一样，不同个体对促性腺激素的敏感性也不一样，因此，限数排卵结果的准确性和可靠性难以预测。

(四)同期排卵

近年来借助超声波研究牛的卵泡发生动力学规律时发现，在每个发情周期中，牛卵巢上有 2～3 个卵泡波，每个卵泡波都有卵泡征集、选择和优势。每个发育阶段卵泡波起始时卵巢上发育卵泡数量很多，经过选择只有优势卵泡可继续发育，其他卵泡称为劣势卵泡或从属卵泡、发生闭锁。在黄体期，优势卵泡可发育至排卵卵泡的大小，但并不排卵，由于黄体的存在抑制了促性腺激素的分泌，使卵泡的进一步发育成熟受阻，随即优势卵泡也发生闭锁，同时又开始出现新的卵泡波。正常生理情况下，优势卵泡只有在卵泡期才排卵。母牛性成熟前和怀孕期也有卵泡波。同期排卵是在母牛发情周期中某天(假说为 0 d)注射一次 GnRH，促进卵巢上优势卵泡发育成熟并排卵。7 d 后注射 $PGF_{2\alpha}$，溶解卵巢上的黄体，2 d 后母牛通常会出现发情，此时，再注射一次 GnRH，排卵发生在注射 GnRH 后 28～32 h(图 18-1)。

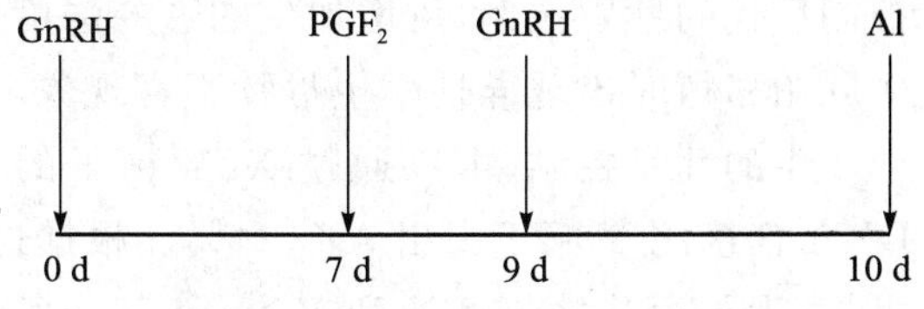

图 18-1　同期排卵人工授精示意图

六、体外受精与胚胎移植

(一)体外受精

牛的体外受精是指将采集的牛精子和卵子在体外人工控制的环境中完成受精过程的技

术。体外受精包括卵母细胞的采集和成熟培养、精于体外获能、受精和早期胚胎的体外培养等环节,其中卵母细胞可来自屠宰场无系谱的混合牛群的卵巢,也可借助R型超声波或腹腔镜直接从活体母牛的卵巢上吸取卵母细胞。前者最大优点是材来源丰富,成本低廉,但要确定母牛的生产性能和系谱较困难。后者对扩繁优良母牛具有重要意义,尤其是从体成熟前母牛卵巢获取的卵母细胞,生产的胚胎可缩短世代间隔。

(二)胚胎移植

牛的胚胎移植是将良种母牛的胚胎取出,或者是由体外受精及其他方式获取的胚胎,移植到同种的生理状态相同的其他母牛体内,使之继续发育成为新个体,通俗称“借腹怀胎”在奶牛生产实践中,通常由优秀母牛作为供体,从而省去其较长的妊娠期,繁殖周期缩短而由价值较低的母牛作为受体,让其承担妊娠过程。因此,胚胎移植技术可以大大提高优秀母牛的繁殖潜力。

牛胚胎移植包括供体与受体的选择、同期发情、超数排卵及配种、胚胎收集、胚胎质量评定、胚胎的体外保存和移植等环节。

(三)牛胚胎移植技术的发展前景

牛胚胎移植技术经过20多年的研究现已比较成熟,但与人工授精技术相比,仍存在着效率低、成本高等缺点。因此,以胚胎移植取代人工授精作为常规的牛繁育手段,从经济上来说是不合算的,这也是牛胚胎移植技术未能进一步在生产中推广的主要原因。但由于牛胚胎移植技术在育种中有着人工授精不可替代的作用,许多牛业发达国家都以超数排卵胚胎移植(MOET)为手段进行育种,明显加快了良种化的速度。在我国当前奶牛资源不足的情况下,可将优秀奶牛的胚胎移植至同步发情的受体黄牛体内,使黄牛产出奶牛的后代,其经济效益是十分显著的。在肉牛业中,胚胎移植可提高双胎率,即在母牛配种几天后再移植一枚胚胎,可望获得双胎。

七、性别控制

性别控制技术在养牛生产中有重要意义。通过控制后代的性别比例,可充分发挥受性别限制的生产性状(如泌乳)和受性别影响的生产性状(如生长速度、肉质等)的最大经济效益。控制后代的性别比例,可增加牛的选择强度,加快育种进程。通过控制胚胎性别,还可以克服牛胚胎移植时出现异性孪生母犊不育现象,排除伴性有害基因的危害。

牛的性别控制,可以通过X、Y精子的分离和胚胎的性别鉴定实现。在家畜中,X精子DNA含量比Y精于高出3%~4%。根据这一差异,近年发明了流式细胞仪分离X、Y精子技术,实现了商品化分离X和Y精子,其分离的准确率可达90%以上,每秒可分离4 000~6 000个X或Y精子。

结合体外受精、胚胎移植等技术,对早期胚胎进行性别鉴定,从而将所需要性别的后代用于移植母牛,也可实现牛的性别控制。目前,对早期胚胎性别鉴定的方法有细胞学、分子生物学或免疫学方法。可在胚胎移植之前对胚胎进行性别鉴定的方法有核型分析法、SRY片段的PCR扩增法、ZFX和ZFY基因片段的PCR扩增法等。虽然这些方法准确率都很高,但由于操作复杂,对胚胎存在潜存的伤害危险,所以,利用早期胚胎性别鉴定,达到控制牛的性别的方法，在生产上是不可行的。

复习思考题

1. 试述牛的繁殖力评定指标与方法。
2. 简述影响牛繁殖力的因素有哪些。
3. 简述牛的发情与发情周期。
4. 简述牛的分娩预兆。
5. 鉴定发情母牛的方法有哪些？
6. 简述公牛的采精要点。
7. 简述母牛妊娠的诊断方法。

第十九章 牛场环境控制与牛场设计

第一节 牛场的环境要求

一、温度

牛通过自身的体温调节保持最适的体温范围以适应外界的环境。体温调节就是牛借助于产热和散热过程进行的热平衡。

二、湿度

在高温或低温时，湿度升高加剧了对牛生产性能的不良影响。空气湿度对牛机能的影响，主要体现为水分蒸发影响牛体热的散发。一般是湿度越大，体温调节范围越小。高温高湿的环境会影响牛体表水分的蒸发，从而使体热不易蒸发，导致体温迅速升高。低温高湿的环境又会使机体散发热量过多，引起体温下降。空气温度在55%～85%时，对牛体的直接影响不太显著，但高于90%则对牛危害甚大。因此，牛舍内的空气湿度不宜超过85%。

三、气流

气流对牛的主要作用是使皮肤热量散发而变冷。对流散热主要是借助机体周围冷空气的流动而实现的。在一定范围内，对流速度越大，牛体散热也越多。据人工气候室的实验，环境温度为10℃，相对湿度为65%时，风速(0.2～4.5 m/s)对荷斯坦牛、娟姗牛、瑞士褐牛的产奶量、饲料消耗和体重没有影响；而在高温或低温情况下，风速对产奶量的影响十分明显。

四、光照强度

光照是牛的重要环境因素之一，它直接影响牛的内分泌、性成熟、采食、生长发育和生产性能。研究表明，为奶牛提供16 h/d的光照，其产奶量较8 h/d提高5%～16%，干物质采食量(DMI)增加6%。同时，光照也为牛的活动、行为观察及护理提供便利。可见光主要通过光照强度、照射时间和光色等变化对牛的生产性能和健康产生影响。

1. 光照强度

由于目前我国尚无牛场光照强度方面的标准，可参考 ASAE（美国农业工程师学会标准）推荐的标准。

2. 光照周期

光照周期对家畜的影响包含两重含义，即一天中光明与黑暗的时间比例，或给予的光明与黑暗时间有无变化和如何变化。奶牛场一般推荐为每天持续 16～18 h 的光照和 6～8 h 的黑暗。

五、有害气体

牛舍中有害气体主要来源于密集饲养牛的呼吸、排泄和生产中的有机物分解。有害气体主要为 NH_3、CO_2 和 H_2S 等。

NH_3 主要来自粪便的分解。NH_3 易溶解于水，常被溶解或吸附在潮湿的地面、墙壁和牛黏膜上。NH_3 能刺激黏膜，引起黏膜充血、喉头水肿等。《农产品安全质量无公害乳与乳制品产地环境要求》(GB/T 18407.5—2003)规定奶牛舍 NH_3 的浓度应≤20 mg/m^3。

虽然 CO_2 本身不会引起牛中毒，但 CO_2 浓度能表明牛舍空气的污浊程度，因此，CO_2 浓度常作为评定的一项间接指标。GB/T 1 8407. 5—2003 要求奶牛舍 CO_2 的浓度应≤1 500 mg/m^3。

牛舍中的 H_2S，是由含硫有机物质分解产生的。当喂给牛丰富的蛋白质饲料，而机体消化机能又发生紊乱时，可排出大量的 H_2S。奶牛舍中 H_2S 的浓度应≤8 mg/m^3。H_2S 浓度过高对牛产生较大的危害，同时影响人的健康。

此外，GB/T 18407.5 2003 要求奶牛舍的可吸入颗也（标准状态）≤2 mg/m^3，总悬浮颗粒物（标准状态）浓度≤4 mg/m^3，恶臭（稀释倍数）≥70。

六、地势

牛场地势过低，地下水位太高，极易造成环境潮湿，影响牛的健康，同时蚊蝇也多；而地势过高，又容易招致寒风的侵袭，同样有害于牛的健康，且对交通运输也会有困难。因此，牛舍宜修建在地势干燥、背风向阳、四周开阔、空气流通、土质坚实（以沙壤土为好）、地下水位低（2 m 以下）、具有缓坡、北高南低、环境无污染的平坦地方。同时，我国地域辽阔，南北方温度、湿度等气候条件差异很大，各地在建筑奶牛舍时要因地制宜。例如，南方的特点主要是夏季高温、高湿，因此，南方的牛舍选址首先应考虑防暑降温，而在北方部分地区则要注意冬季的防寒保温。

七、交通、防疫与环保

牛场每天都有大量的牛奶、饲料、粪便进出。因此，牛场的位置应选择在距离饲料，生产基地和放牧地较近、交通便利的地方，但又不能太靠近交通要道与工厂、住宅区，以利防疫和环境卫生。一般牛场距交通主干道要求在 300 m 以上，距村庄、居民点 500 m 以上。有学者认为，在平原地区，新建场址应距铁路、高速公路、交通干线不少于 1 000 m，距一般道路不少于 500 m，距其他畜牧场、兽医机构、肉类屠宰加工厂、居民区不少于 1 500 m。同时,牛场应位于居民区及公共建筑群常年主导风向的下风向,以防牛舍有害气体和污水等对居民的侵害。新建场址周围还必须具备就地无害化处理粪尿、污水的足够场地和排污设施,并要通过环境影响评价。

八、水电设施

现代化牛场机械挤奶、牛奶冷却、饲料加工、饲喂以及清粪等都需要电,因此,牛场要设在供电方便的地方。同时,牛场用水量大,要有充足、良好的水源,以保证生活、生产及人畜饮水。如 1 头干乳牛需要 30～72 L 的水,泌乳牛每天饮水约 135 L(110～190 L),加上挤奶厅以及其他配套供水需要,每头泌乳牛每天需水量为 150～200 L。在勘察水源时要对水进行物理、化学及生物学分析,特别要注意水中微量元素成分与含量,以确保人畜安全和健康。

第二节　牛场污染的控制

畜禽养殖场必须按有关规定向所在地的环境保护行政主管部门进行排污申报登记,且排放的污染物,不得超过《畜禽养殖业污染物排放标准》(GB 18596—2001)规定的排放标准。

一、牛场主要污染物

(一)牛排泄物

牛是变废为宝的生物转化器,但其生产过程也向环境中排放废弃物。牛个体粪便排泄量在各种家畜中最多。据 ASAE 标准(2003)介绍,奶牛每 1 000 kg 体重每天排泄物为 86 kg,肉牛为 58 kg,小牛为 62 kg。据 FAO 估计,2009 年我国牛存栏数为 9 213.19 万头,按国家环保总局推荐的牛排泄系数测算,则每年可产生牛粪 67 256 万 t、牛尿 33 628 万 t、BOD(生化需氧量)1 784 万 t、总磷(TP)92 万 t、总氮(TN)562 万 t。牛尿的排泄量与品种、性别、年龄、日粮结构及 DMI 等有关。如 DMI 与牛的粪尿排泄量呈正相关,一般 DMI 每增加 1 kg,牛粪尿排泄量增加 3 kg。日粮结构也极大影响着排泄量,如日粮粗料中增加玉米青贮比例,会减少尿液排泄,导致粪尿排泄量减少。

(二)废水

在牛养殖过程中,除饮用水之外,还需要相当数量的水来清洁地面、冲洗挤奶设备和盛奶容器等,这部分用水终将作为废水排放和处理。牛场废水主要包括尿液、部分残余的粪便和饲料残渣、冲洗水、防暑降温用水以及生活废水等。废水水质及量与养殖种类、品种、牛舍结构、清粪方式、生产水平及生产管理等有关。

二、污染物的控制途径与方法

(一)干清粪

我国规模牛场目前的清粪工艺主要有两种:水冲式和干清粪。水冲式清粪工艺,最早源于欧美等发达国家，由于缺乏劳动力，为了减轻劳动强度，从 20 世纪 70 年代初发展起来的一种清粪工艺。这种清粪工艺耗水量大，排出的污水与粪尿混合在一起，不仅固液分离后的粪渣肥效大大降低，且须配套污水处理系统、水位提升装置、合适的牛舍坡度、输送污粪用的泵和管路等，污水处理部分基建投资及动力消耗高。干清粪工艺，粪便一经产生便分流，干粪由机械或人工收集，残余的粪便只用少量水冲洗即可。该工艺可保持牛舍清洁，无臭味，且产生的污水量少、浓度低，易于后续净化处理，是一种比较理想的清粪工艺，也是目前国家倡导的清粪方式。

(二)减少饲料浪费与代谢物排泄

提高饲料利用率，尤其是应提高饲料中氮、磷的利用率，降低粪尿中氮、磷的排泄，是消除牛场环境污染的"治本"之举。为此，应采取营养调控措施，最大限度地提高饲料利用率，减少排泄量。例如，在高产奶牛日粮中使用过瘤胃氨基酸，可降低饲料粗蛋白质水平，减少粪尿中氮对环境的污染；使用微生态制剂和非淀粉多糖降解酶，可减少随粪便排出体外的 NH_3、H_2S 等有害气体，改善舍内空气质量等。

(三)牛场废弃物的处理与再利用

1.固液分离与工艺

通过固液分离去除粪浆中的固体物，可降低粪污中的固形物浓度，提高生物处理的效率，还可减少臭气。固液分离工艺主要有两种：一是重力分离，二是机械分离。

(1)重力分离：即固体物可在浅池(深度 60～90 cm)中沉降并过滤，浅池的底部和三面为水泥，一面为不锈钢筛网。浅池一般设置 5～7 个，以便让污物有足够的时间沥干。重力沉降池的成本比较低，可以去除 50%或更多的粪便固体物。

(2)机械分离：目前，常用的固液分离机械有斜板筛、振动筛和螺旋挤压式固液分离机等。机械分离的优点是占用空间小，分离速度快，BOD 去除率 15%～30%，悬浮物(SS)去除率约为 50%，经分离后的粪渣含水量为 50%～70%，缺点是投入大。

2.堆积发酵

生产肥料堆积发酵是在微生物作用下使有机物矿物化、腐殖化和无害化而变成腐熟肥料的过程。在微生物分解有机质的过程中，不但生成大量可被植物吸收的有效态氮、磷、钾化合物，而且又合成新的高分子化合物——腐殖质。同时，粪便固体物经堆积发酵后，更加容易处理，更便于在田间施用，且产生的臭气显著少于原料固体物。堆积发酵生产的肥料称为堆肥。堆肥可广泛应用于农作物种植、城市绿化及家庭花卉种植等。

3.生产沼气

将牛场粪尿进行厌氧生物处理，不仅净化了环境，而且可以获得生物能源(沼气)，同时通过发酵后的沼渣、沼液把种植业、养殖、有机结合起来，形成一个多次利用、多层增值的生态系统。

第三节　牛场建筑设计

一、牛的饲养方式

牛的饲养方式主要有放牧、舍饲和半舍饲三种。

1. 放牧饲养

指将牛群常年放养在草场，在放牧场设置简易棚舍。这种饲养方式适合于气候温和，具有丰富草场资源的地区使用。

2. 舍饲

指将牛圈养在牛舍和运动场内。这种饲养方式适合于农区养牛。常用的舍饲方式有拴系和散栏式饲养两种。拴系式舍饲是将牛系在牛舍内牛床上，牛在牛床上采食和休息，挤奶也在牛床上或牛舍内进行，每天在运动场上活动数次。散栏式舍饲不需拴系设备，牛舍内设有休息区和采食区，舍外设有运动场，休息区设有自由卧栏。牛不拴系，无固定栏位，可自由选择在采食区采食或到休息区休息或到舍外运动场活动，挤奶在挤奶厅进行。

3. 半舍饲

其与放牧饲养类似，只是冬季在舍内饲养，适合在具有丰富草场资源但冬季气候较冷的地区使用。

二、牛舍的基本类型

(一)牛舍类型

牛舍视其封闭程度可分为开放式牛舍、半开放式牛舍、有窗式牛舍及封闭式牛舍四种。

1. 开放式牛舍

指四面无墙的牛舍，也称为敞棚、凉棚或凉亭式牛舍。这种牛舍只能起到遮阳、避雨及部分挡风的作用，多适于炎热及温暖地区。

2. 半开放式牛舍

指三面有墙，南面敞开或有半截墙的牛舍。冬季北风较大的地区也可在北而或北、东、西三面装活动板墙或其他挡风装置，或东、西两面用墙，北面用活动板墙，以防寒风侵袭。夏季将挡风装置撤除，以利通风。较冷的地区或寒冷季节较长的地区也可在北面及两侧有墙和门窗，冬季关上，夏季打开。

3. 有窗式牛舍

指通过墙体、窗户、屋顶等同护结构形成全封闭状态的牛舍。这种牛舍具有较好的保温隔热能力，但不利于防暑。

4. 封闭式牛舍

也称为无窗牛舍。这种牛舍内温度、湿度、气流，光照等环境小气候大多采用人工调控。此种牛舍可克服季节的影响，提高牛的生产力，但对建筑物和附属设备要求高，造价也高。

(二)屋顶形式

在牛舍建筑中常用的屋顶形式有钟楼式、半钟楼式、双坡式三种。

1. 钟楼式

通风良好，适合于南方地区，但构造比较复杂，耗料多，造价高。

2. 半钟楼式

通风较好，但夏天牛舍北侧较热，构造亦复杂。

3. 双坡式

加大门窗面积可增强通风换气，冬季关闭门窗有利保温。牛舍造价低，可利用面积大，易施工，适用性强。

三、牛场的建筑设计

(一)牛舍建筑的基本要求

1. 地面

是牛舍建筑的主要结构，也是牛活动的主要场所。地面要坚实、平坦、有弹性、不硬、不滑、不透水，易于清扫与消毒。

2. 墙

墙是牛舍与外部空间隔开的主要外围护结构，对舍内温度、湿度等小气候环境的保持起着重要作用。要求坚固耐用，具有良好的保温、隔热、抗震、防水、防火和抗冻性能，便于清扫和消毒。

3. 门

牛舍门有外门与内门之分。外门用于牛群、饲料以及工作人员的进出。外门宜向外开放或做成推拉门，门上不能有尖锐突出物，防止牛受伤。每栋牛舍通常至少需有两个外门。舍内分间的门和牛舍附属建筑通向舍内的门称为内门。

4. 窗

窗的功能在于保证牛舍的自然光照和通风。窗多设在墙或屋顶上，是墙与屋顶失热的重要部分。在温热的地区宜多设窗，以便于通风，而在寒冷地区则必须统筹兼顾，以保证冬天的保温与夏季的通风。

5. 屋顶

屋顶是牛舍上部的外围护结构，用以防御自然界的风、雨、雪以及太阳辐射的侵蚀，对于牛舍的冬季保温和夏季隔热具有重要意义。屋顶应防水、保温、隔热、不透气，结构轻便，坚固耐用，造价便宜。

(二)朝向

牛舍的朝向直接关系到牛舍的温度和采光。由于我国地处北纬 20°～50°，太阳高度角冬季小、夏季大，故牛舍采用南向(即牛舍长轴与纬度平行)，冬季有利阳光照入舍内，提高舍温；而夏季则可防止强烈的太阳照射，牛舍达到冬暖夏凉。

同时，牛舍朝向还要考虑地形、主风向及其他条件。南方地区从防暑降温考虑，以向东偏转为宜。

(三)奶牛场的设计

1. 整体布局设计

奶牛场布局应按生活管理、生产、辅助生产、隔离和粪污处理等功能区划分。

生活管理区内包括工作人员的生活设施、办公设施以及与外界接触的密切的生产辅助设施(变配电室、水泵房、锅炉房、仓库、维修间、车库等)；生产区内包括成母牛舍、青年母牛舍、犊牛舍、产房、挤奶厅以及运动场等；辅助生产区包括青贮窖(塔)、草棚和饲料仓库等辅助生产设施；隔离区内包括兽医室、隔离牛舍和病死牛无害化处理设施；粪尿污水处理区包括储粪池、沼气池、储液池等粪尿污水处理设施。

生活管理区应位于生产区主风向的上风向及地势较高处，并与生产区严格分开，距离不少于 50 m。

生产区牛舍要合理布局，能够满足奶牛分阶段、分群饲养的要求，生产区入口处设人员消毒室、更衣室和车辆消毒池。

隔离区和粪尿污水处理区应设在场区主风向的下风向及地势较低处，与生产区保持 100 m 以上的间距，并有单独通道，便于病牛隔离、消毒和污物处理。

青贮窖（塔）、草棚（垛）等应设在生产区的侧向，以方便向牛舍运输饲草，并有专用的通向场外的通道。

散栏式饲养时，挤奶厅设在距泌乳牛舍较近位置，牛奶制冷间设在挤奶厅一侧。拴系式饲养时牛奶制冷间应距离泌乳牛舍较近。

奶牛场与外界应有专门道路相通。场内道路分净道和污道，两者应严格分开，不得交叉混用。净道主要用于牛群围转、饲养员行走和运料等，污道主要用于粪污、废弃物及病死牛的出场。

2. 奶牛舍

（1）拴系式牛舍：是一种传统牛舍。每头牛都有固定的牛床，用颈枷拴住，除运动外，饲喂、挤奶、刷拭及休息均在牛舍内。其优点是专人管养固定的牛群，对每头奶牛的情况比较熟悉，管理细致，奶牛有较好的休息环境和采食位置，相互干扰小，能获得较高的产量。缺点是操作烦琐费力，劳动生产率较低，牛关节损伤等也较其他形式牛舍多。

① 排列方式：奶牛舍内部牛床的排列方式，视牛场规模和地形条件而定，分单列式、双列式和四列式等。牛群 20 头以下者可采用单列式，20 头以上者多采用双列式。

在双列式中，有对头式和对尾式两种。一般认为对尾式比较理想，这是因为对尾式牛头向窗，有利于通风采光，传染疾病的机会少，挤奶及清理粪便工作比较方便。缺点是饲喂不便。

② 牛床：是奶牛采食、挤奶和休息的场所。奶牛每天有 40%～50%的时间是在牛床上站立或躺卧，因此，牛床应具有保温、不吸水、坚固耐用、易于清洁消毒等特点。奶牛床的设计应充分考虑牛的体格大小、拴系方式以及是否在牛舍内挤奶。一般牛床长为 1.65～1.85 m（自饲槽后沿至排粪沟），牛床不宜过短或过长，过短时奶牛起卧受限，容易引起乳房损伤，发生乳腺炎或腰肢受损等；牛床过长则粪便易污染牛床和牛体。成年奶牛的腹部宽一般为 75 cm 左右，如果在牛舍内挤奶，牛床不宜太窄，否则挤奶员在两头牛中间挤奶会感到操作不便，且闷热，故成年奶牛常采用 1.10～1.25 m 宽的牛床。

同时，牛床应有适当的坡度，并高出清粪通道 5 cm，以利冲洗和保持干燥，坡度一般控制在 1%～4%。坡度不宜太大，以免造成奶牛的子宫后垂或脱出。此外，牛床应采用水泥地面，并在后半部划防滑线。牛床上铺设稻草或锯末或橡胶垫，一方面保持干燥，减少蹄病，另一方面又有益于卫生。

③ 拴系方式：拴系方式有硬式和软式两种。硬式多为自锁式，采用钢管制成，软式多用铁链。其中铁链拴牛又有固定式、直链式及横链式三种。直链式尺寸为：长链长 130～150 cm，下端固定于饲槽前壁，上端拴在一根横栏上；短链长 50 cm，两端用两个铁环穿在长链上，并能沿长链上下滑动。这种拴系方式使奶牛上下左右可自由活动，采食、休息均较为方便。

④ 隔栏:为便于挤奶操作,防止牛相互侵占牛床空间,可在牛床之间设置由弯曲钢骨制成的隔栏。隔栏的长度约为牛床地面长度的 2/3,栏杆高 80 cm,由前向后倾斜。

⑤ 饲槽:饲槽位于牛床前,通常为固定式统槽。由于奶牛的体力很大,所以饲槽必须坚固。同时,饲槽需经常刷洗,其表面应光滑,不透水,而且耐磨、耐酸,一般采用高强度水泥(31 MPa),且在槽面上铺水磨石或钢砖。饲槽底部为圆弧形,以适应奶牛用舌采食的习性,也便于洗刷消毒。

饲槽前沿设有牛栏杆,饲槽端部装置给水导管及水阀,饲槽两端设有窗栅的排水器,以防草、渣类堵塞阴井。近年有较多奶牛场,采用地面饲槽,即饲槽是饲喂通道的沿延,仅在靠牛床侧表面加铺约 50 cm 宽的水磨石或钢砖即可。这种饲槽结构简单,造价低廉,清洗容易,且便于机械饲喂。

⑥ 饮水设施:充足的饮水是奶牛获得高产的重要保证,饮水设施包括输水管道与自动饮水器或水槽。目前,新建的牛场大多采用自动饮水器,每 2 头奶牛提供 1 个饮水器,设在两栏之间。

⑦ 饲喂通道:饲喂通道位于饲槽前,用作运送、分发饲料。通道宽为 1.4(人工操作)～4.8 m(机械操作),同时,通道常高出牛床地面 7.5～15 cm。

⑧ 清粪通道:牛舍内的清粪通道同时也是奶牛进出和挤奶员操作的通道,通道的宽度除了要满足清粪运输工具的往返外,还要考虑挤奶工具的通行和停放,而不致被牛粪等溅污。通道的宽度一般为 1.6～2.0 m,路面有 1%～4%的拱度,同时,路面要有防滑线以防止奶牛滑倒。防滑线(宽 0.7～1.2 cm、深 1 cm 的浅槽,槽间距 10～13 cm)一般平行于清粪通道即牛舍的长轴方向。

⑨ 粪尿沟:在牛床与清粪通道之间设有粪尿沟。粪尿沟有明沟和暗沟之分。明沟一般沟宽为 30～40 cm,沟深为 5～18 cm,沟底应有 1%～4%的排水坡度。也可采用深沟,加盖铸铁或水泥漏缝盖板,粪尿通过漏缝落入粪沟内。

⑩ 运动场:在每栋奶牛舍的南面应设有运动场。运动场不宜太小,否则奶牛密度过大,易引起运动场泥泞、卫生差,乳腺炎、腐蹄病增多。运动场的用地面积一般为每头泌乳牛 20～25 m^2、青年牛 15～20 m^2、犊牛 5～10 m^2。

运动场场地以三合土或沙质土为宜,地面平坦,向排水沟方向应有 4%～6%的坡度,以便排水畅通。场地靠近奶牛舍一侧应较高,其余三面设排水沟。运动场周围应设围栏,围栏要求坚固,常以钢管建造,有条件可采用电围栏,栏高一般为 1.2 m,栏柱间距 1.5～2.0 m。

运动场内应设有饲槽、饮水池和凉棚。凉棚既可防雨,也可防晒。凉棚设在运动场南侧,棚盖材料的隔热性能要好,凉棚高 3～3.6 m,凉棚面积为 5 m^2/头。此外,运动场的周围应植树绿化。

(2)散栏式牛舍:散栏式牛舍内设有休息区和采食区,舍外设有运动场,休息区设有牛床。牛不拴系,无固定床位,可自由选择在采食区采食或到休息区休息或到舍外运动场活动,挤奶在挤奶厅进行。

① 散栏式牛场的总体布局:散栏式牛场应以奶牛为中心,通过对粗饲料、精饲料、牛奶、粪便处理四个方面的活动进行分工,逐步形成四条专业生产线,即粗饲料生产线、精饲料生产线、牛奶生产线和粪便处理线。另外建立公用的兽医室、人工授精室、产房等建筑和供水、供电、供热、排水、排污、道路等服务系统。

② 牛床：散栏式牛床要足够长，使奶牛能舒适地躺卧和起立，并让奶牛在躺卧时乳房离牛床后沿有足够的距离，且尾部不会落入粪沟被污染，但又不能太长，以免粪尿落入牛走道中。牛躺卧和起立的空间由三部分组成：身体部分——牛臀端至肩端躯体所占据的空间；头颈部——牛头颈部所占据的空间；前冲空间——牛站起时因为前冲而需要的额外空间。以体重600 kg的荷斯坦牛为例，在静卧时牛床的长度约为214 cm，其中躯体所需空间为168 cm，头颈部所需空间为46 cm，另还须为奶牛提供站立时所需的冲起空间26～56 cm。

根据牛站立时头的摆放位置可分前冲式牛床和侧冲式牛床。在侧冲式牛床，牛站立时是将其头部伸入侧隔栏中。为此，侧隔栏底部横杆须高出至少81 cm，使牛头可在其下伸入，或低于28 cm使牛头可在其上伸入。若采用前冲式牛床，则须加长牛床，并设置胸板，以防牛躺卧时过分前靠，而将粪便排在床上。在对头双列式牛床，可共用前冲空间，其垂直距离至少为53 cm。

同时，散栏式牛床一般比通道高15～25 cm，边缘呈弧形，常用垫草的牛床面可比床边缘低10 cm左右，以便用铺垫物将之垫平。铺垫的材料应能吸水、以保持牛床干燥；能增加卧床弹性，使牛躺卧更舒服；能减少对奶牛的潜在伤害；能增加摩擦力。常用的铺垫物主要有：锯末、粗沙、橡皮垫、稻草、花生壳、碎玉米秸等。也可采用不加铺垫物的牛床，其床面与边缘在同一平面上，并有2%～4%的坡度，以保持牛床干燥。

a. 侧隔栏：牛床的侧隔栏由2～4根横杆（镀锌钢管）组成，顶端横杆高一般为110～120 cm，底端横杆与牛床地面的间隔以28 cm（低位式）或81 cm（高位式）为宜。

b. 前隔栏：前隔栏可根据不同地区的气候条件进行设计。炎热地区要考虑尽可能通风，寒冷地区要考虑挡风，而四季分明的地区则要考虑两者兼顾。南方地区通常采用镀锌钢管制作，以利通风。室内前隔栏的高度一般为130 cm左右，室外的则视上顶的高度而定。

c. 颈部横杠：也称为调驯栏杆。为了防止奶牛的粪便污染牛床，在牛床上要加颈杠，以迫使奶牛站立排粪时向后退，将粪尿排在牛床外。同时，它还可起到提高隔栏整体强度与刚度的作用。一般颈杠至少高于床面102 cm，并要求在奶牛已习惯使用牛床后，再加设颈杠。颈杠材料以镀锌钢管为宜。

③ 饲喂区域及饲架：饲架将休息区与采食区分开。散栏式饲养大多采用自锁式饲架，其长度视牛体格大小、饲料种类、饲喂方式不同而异。饲喂通道的宽度视饲喂工具而定，如果采用小推车喂料，在两列对头式散栏牛舍其宽度为2.4 m；采用机械喂料，则其宽度需4.8～5.4 m。饲槽底部表面应高于牛前蹄表面10～12 cm。

④ 饮水设施：散栏式饲养，每6～10头牛需要一个饮水器，或10～20头牛需要一个周长为100 cm的水槽。每群牛至少要有2个水槽位可供选择，水槽中水的深度为15～20 cm，不宜过浅或过深，以便保持水质新鲜。饮水槽设置在通道交叉处。

⑤ 作业通道：牛舍内作业通道的结构视清粪的方式而定。一般为水泥地面，并有2%～4%的斜度，以利清洗。通道的宽为2.0～4.8 m，与饲槽毗连的通道要比一般的通道宽些，以便当有奶牛在采食时，其身后还有足够的空间让其他奶牛自由往来。如采用机械刮粪，则通道的宽应与机械的宽相适应。也可采用漏缝地板，并借助牛的运动或使用刮板将粪污踩入（或刮入）位于下方的粪沟内，然后使用水冲或刮粪机定时将粪冲（刮）到舍外的储粪池。

⑥ 牛台纵向过道：通常每隔30～40个牛栏位就需增设一个过道，以便于牛接近饲槽、水槽和牛床，也可使奶牛在遭受其他牛侵扰时便于躲避。过道平面应比清粪通道略高些，以减少

刮粪时粪便流到过道。同时,过道设计为微拱形,以利于其自洁。

⑦牛床排列方式:散栏式牛床可设计成单列式、双列对头式或双列对尾式、三列式,牛群规模大的也可设计成四列式等。

3.挤奶厅

挤奶厅足奶牛场采用散栏式饲养的重要配套设备。采用厅式挤奶机有利于提高牛奶质量和劳动效率。

(1)挤奶厅(台)的形式:目前挤奶厅(台)的形式比较多,常见的有鱼骨式、并列式和转盘式等。

① 鱼骨式挤奶台:因挤奶台两排挤奶机的排列形状有如鱼骨而得名。这种挤奶台栏位一般按倾斜 30°设计,以使得奶牛的乳房部位更接近挤奶员,有利于挤奶操作,减少走动距离,提高劳动效率。同时,基建投资低于串列式,在生产上用得比较普遍。一般适于中等规模的奶牛场,栏位根据需要可从 1×3 至 2×16。据英国农业部报道,用鱼骨式挤奶台,一人一天工作 8.23 h,可管理 80 头奶牛。

鱼骨式挤奶厅棚高一般不低于 2.45 m,中间设有挤奶员操作的坑道。坑道深 0.85～1.07 m(1.07 m 适于可调式地板),坑宽 2.00～2.30 m,坑道长度与挤奶机栏位有关。

目前有一种鱼骨式全开放型挤奶厅,适于泌乳牛 100 头以上中、大规模的奶牛场,根据需要可安排 2×8 至 2×24 栏位,其特点是全开放,使牛快速离开栏位,高效省时,缺点是占地面积较多。

② 并列式挤奶台:这种挤奶台操作距离短,挤奶员最安全,环境干净,但奶牛乳房的可视程度较差,根据需要可安排 1×4 至 2×24 栏位,以满足大(至 2 000 头)、中、小不同规模奶牛场的需要。

并列式挤奶厅棚高一般不低于 2.20 m。坑道深 1.00～1.24 m(1.24 m 适于可调式地板),坑宽 2.60 m,坑道长度与挤奶机栏位有关。

③ 转盘式挤奶台:利用可转动的环形挤奶台进行挤奶流水作业。其优点是奶牛可连续进入挤奶厅,挤奶员在入口处冲洗乳房、套奶杯,不必来回走动,操作方便,每转一圈 7～10 min,转到出口处已挤完奶,劳动效率高,适于较大规模奶牛场。目前主要有鱼骨式转盘挤奶台和并列式转盘挤奶台。目前国内已有企业采用 60 栏位转盘式挤奶台。

(2)挤奶厅的附属设备:为充分发挥挤奶厅的作用,应配备与之相适应的附属设备,如待挤区、机房、牛奶制冷间等。这些设备的自动化程度应与挤奶设备的自动化程度相适应,否则将影响设备潜力的发挥,造成无形的浪费。

① 待挤区:是将同一组挤奶的牛集中在一个区内等待挤奶,较为先进的待挤区内还配置有自动赶牛器,可将牛赶向挤奶台。待挤区常设计为方形,且宽度不大于挤奶厅,面积按每头牛 0.6 m 设计。奶牛在待挤区停留的时间一般以不超过 0.5 h 为宜。同时,应避免在挤奶厅入口处设置死角、门、隔墙或台阶、斜坡,以免造成牛阻塞。待挤区的地面要易清洁、防滑、浅色、环境明亮、通风良好,有 3%～5%的坡度(由低到高至挤奶厅入口)。

② 滞留栏:采用散栏式饲养,由于奶牛无拴系,如需进行修蹄、配种、治疗、剪毛等,均须将奶牛牵至固定架或处理间,但此时往往不太容易将牛牵离牛群。所以多在挤奶厅出口通往奶牛舍的走道旁设一滞留栏,栅门由挤奶员控制。在挤奶过程中,如发现有需进行治疗或需进行配种的奶牛,则在挤完奶放奶牛离开挤奶台,走近滞留栏时,将栅门开放,挡住返回牛舍的走

道，将奶牛导入滞留栏。目前最为先进的挤奶台配有牛自动分隔门，其由电脑控制，在奶牛离开挤奶台后，自动识别，及时将门转换，将奶牛导入滞留栏，进行配种、治疗等。

③ 附属用房：在挤奶台旁通常设有机房、牛奶制冷间、更衣室、卫生间等。

4. 犊牛栏(岛)

(1)犊牛栏：单头犊牛栏在国内也称为犊牛笼。犊牛出生后即在靠近产房的犊牛栏中饲养，每犊一栏，隔离管理，一般1月龄后才过渡到通栏。犊牛栏侧面和背面可用木条、钢丝网或胶合板制成。栏底用木条制成漏缝地板，铺有垫草，且离地至少3 cm，以利于排水和排尿，并定期清扫地面。犊牛栏设有饮水、采食的设施，以便犊牛喝奶后，能自由饮水、采食精料和干草。

(2)犊牛岛：国外也称为犊牛小屋，已被证明是培育犊牛的一种良好方式。一个犊牛岛饲养一头犊牛。常见的犊牛岛长、宽、高分别为2.0 m、1.5 m、1.5 m。南面敞开，东、西、北及顶面由侧板、后板和顶板围成，在后板设一个15 cm×15 cm开口，以便夏季将其打开形成纵向通风。国外在市面上可以买到由塑料或玻璃钢(玻璃纤维)制成的犊牛岛。在犊牛岛内铺有稻草、锯末等垫料，并保持干燥和清洁，为犊牛提供一个舒适的休息环境。在犊牛岛南面设有运动场，运动场由直径为1.0～2.0 cm的金属丝网或镀锌管围成栅栏状，栅栏间距8～10 cm，围栏前设哺乳桶和干草架，以便犊牛在小范围内活动，采食和饮水。

犊牛岛应设在地势平坦、排水良好的地方。当犊牛转出后，应对犊牛岛进行清洗和消毒，并将其放置在干净的地方以切断病原菌的生活周期。犊牛岛的数量要足够多，以保证在下头犊牛使用前至少有两周的空置时间。犊牛岛坐北朝南，也可随季节或地区不同而调换方向。夏季，犊牛岛应放置在阴凉处，以防热应激。

(3)群居式犊牛岛：典型的群居式犊牛岛可饲养2～6头犊牛，犊牛岛由人工合成材料或木料制成。例如，4头规模的群居式犊牛岛小屋内面积10 m^2，运动场面积10～15 m^2，小屋内铺有垫草，运动场配有饮水器和饲槽。运动场每周清洁1～2次，以清除粪便和渍污的垫草。

(4)通栏：按犊牛大小进行分群，采用散放、自由牛床式的通栏饲养。通栏的面积根据犊牛的头数而定，一般每栏饲养5～7头，每头犊牛占地面积2.3～2.8 m^2，栏高120 cm。通栏面积的一半左右，可略高于地面并稍有斜度，铺上垫草作为自由牛床。另一半作为活动场地。通栏的一侧或两侧，设置为饲槽并装有栏栅颈枷，以便在喂乳或其他必要时对牛进行固定。颈枷的间距为：0～6月龄牛10～12 cm；7～12月龄牛13～16 cm。

5. 产房

在较大规模的奶牛场一般设有产房。产房是专用于饲养围产期牛的用房。由于围产期的牛抵抗力较弱，产科疾病较多，因此，产房要求冬暖夏凉，舍内便于清洁和消毒。产房内的分娩栏一般可按每30头成母牛配1个。分娩栏宽和长均不小于3 m，高不低于1.3 m，面积不小于10 m^2，以便于接产操作。

(四)肉牛场的设计

1. 整体布局设计

肉牛场一般应按功能划分为生活管理区、生产区、辅助生产区及隔离和粪污处理区。

(1)生活管理区：应位于牛产区主风向的上风向及地势较高处，并与生产区严格分开，距离不少于50 m。外来人员只能在管理区活动，场外运输车辆严禁进入生产区。

(2)生产区:生产区应根据牛体重大小进行分舍饲养,各牛舍之间要保持适当距离,布局整齐,以便防疫和防火。青贮窖(塔)、草棚(垛)和糟渣池等应设在生产区的侧向,以方便向牛舍运输饲草,并有专用的通向场外的通道。生产区入口处设人员消毒室、更衣室和车辆消毒池。

(3)隔离区和粪尿污水处理区:应设在场区主风向的下风向及地势较低处,与生产区保持100 m以上的间距,并有单独通道,便于病牛隔离、消毒和污物处理。

2. 肉牛舍

肉牛舍主要有拴系式牛舍、塑料暖棚牛舍、围栏式肉牛场等类型。

(1)拴系式牛舍:目前国内采用舍饲饲养的肉牛舍多为拴系式牛舍,尤其对强度肥育自牛多采取拴系饲养。拴系饲养牛占地面积少,节约土地,管理比较精细。同时,牛活动量少,饲料利用率较高。缺点是牛出入时,系放工作比较麻烦。

拴系式牛舍内部排列,一般可分为单列式和双列式两种,饲养规模小时可采用单列式,场规模较大的一般多采用双列对头式。

(2)塑料暖棚牛舍:塑料暖棚牛舍主要用于北方寒冷地区。

① 选材:选用白色透明的不凝结水珠的塑料薄膜,厚0.080～0.105 mm。棚架材料可根据当地情况,选用木杆、竹竿、钢材。防寒材料可用草帘、棉帘等。

② 暖棚类型:以联合式暖棚为最好。塑料薄膜盖棚面积占棚面积的2/3为佳。

③ 塑料棚面坡度与封盖时间:塑膜与地面的夹角应以55°～65°为宜。封盖的适宜时间是11月中旬以后至翌年的3月上旬,应依各地气候条件,灵活调整。

④ 保温与换气:塑料薄膜应绷紧拉平,四边封严,不透风。夜间和寒冷阴雨天加盖草帘等防寒材料。棚舍应设置通风换气口。棚舍的进气口应设在南墙,其距地面高度以略高于牛体高为宜,排气口应设在棚舍顶部的背风面,上设防风帽,排气口的面积以20 cm×20 cm为宜,进气口的面积是排气口面积的1/2,每隔3 m设置一个排气口。每天应通风换气两次,每次10～20 min。

⑤ 棚舍入射角:棚舍的入射角应大于或等于当地冬至时的太阳高度角。

⑥ 饲养密度:肥育肉牛以每头4 m^2 为宜。

(3)围栏式肉牛场:围栏式肉牛场是按牛的头数,以每头繁殖牛30 m^2,幼龄肥育牛13 m^2的比例加以围栅,将肉牛养在露天的围栏内。除树木、土丘等自然物或饲槽外,栏内一般不设棚舍,或仅在采食区和休息区设凉棚。肉牛这种管理方式投资小、便于机械化作业,很适于大规模饲养,在北美等地颇为流行,特别在气候暖和、雨量较少、土质和排水较好的地区。它的缺点是管理粗放,粗饲料浪费比较大。

(五)附属设施

1. 青贮窖(壕)

青贮窖一般分为地下式或半地下式两种,目前以地下式窖应用较广,若地下水位较高,为避免窖底渗水,以半地下式为好。永久性青贮窖四周用砖或石砌成,水泥抹面,不透气、不漏水,内壁光滑垂直或上大下小呈斗形或倒梯形。斗形或倒梯形窖的优点在于装满原料后,在自身重力作用下,原料可继续下沉,使原料更贴紧窖壁,利于将窖壁周围的空气排净,减少窖壁四周的青贮损失。每年青贮前,都要对窖池进行清扫、检查、消毒和修补。每1 m^3 窖(池)可储存全株玉米650～700 kg。

青贮壕是挖一个长方形的壕沟，沟的两端呈斜坡，沟底及两侧墙用混凝砌抹。在平地建两面平行的水泥墙，两墙之间便是一个青贮壕。一般青贮壕高 2～3 m，宽 4～5 m，长 20～30 m，依地形和青贮原料的数量而定。

此外，还有青贮塔。青贮塔是用钢筋、砖、水泥砌成的塔形建筑物。青贮塔构造坚固，经久耐用，青贮质量高，养分损失少，机械化程度高，进料取料有专用机械，一次性投资较高，适用于大型牛场。

2. 干草棚

地面应比室外地面高 50 cm，注意做好棚内排水。一般可按 1 m^3 体积的干草捆为 380 kg 的数据确定干草棚的面积。

3. 消毒池

在奶牛饲养区进口处设消毒池，消毒池构造应坚固，并能承载通行车辆的重量。消毒池长一般为 3.8 m，宽 3.0 m，深 0.1 m，地面平整，耐酸耐碱，池底有一定坡度，并设有排水孔。

消毒池如仅供人和自行车通行，可采用药液湿润，踏脚垫放入池内进行消毒，其尺寸为长 2.8 m，宽 1.4 m，深 5 cm。

4. 储粪池

牛舍与储粪池应有定距离（200～300 m）。储粪池的底面和侧面要密封，以防渗漏污染地下水。储粪池的容积可按每 1 000 kg 体重奶牛 0.09 m^3、肉牛 0.06 m^3 计。

第四节　牛场的机械化生产

一、牛场机械化生产与牛场建设

我国养牛业正处于从传统饲养方式向规模化、机械化、集约化方向快速发展的时代。目前，已有规模牛场采用智能化设施，自动完成饲养、挤奶、清粪等全部生产过程，尤其在挤奶方面可完成自动计量、自动脱落挤奶杯，并有多功能的电子显示器即时显示出牛奶中的体细胞数等生理生化指标，牛奶通过密闭管道系统进入冷却储奶罐，由微机管理系统完成全部挤奶数据记录。在饲喂技术方面，越来越多奶牛场采用全混合日粮（TMR）饲养技术，并与散栏式饲养相配套，实现机械化、工厂化饲养。同时，奶牛场正趋向采用电脑信息管理系统，除建立起数据库管理系统，监测记录挤奶量、饲料供应、营养配方、繁殖、育种等信息资料外，还建立电脑识别系统，在牛体上（颈部标识或耳标识）安装一微型感应标识，即可随时释放信息，可准确地测报奶牛所在方位、健康状态、各项生理指标及所需的营养成分和数量，并能根据生产性能自动设订、自动提供合理的日粮配方、自动给料、监测发情、提示适时配种时间等。在牛舍内安装环境控制系统，实现牛舍湿度、温度和空气质量人工智能化调控，为奶牛生产创造一个理想的环境，有利于生产性能的发挥。

二、牛场常用机械与性能要求

牛场的机械主要有青贮铡草机、饲喂机械、挤奶机械、牛舍环境控制设备、牛舍除粪机械等。

1. 青贮铡草机也称切碎机

铡草机是养牛场必备的机具，主要用于切碎粗饲料，如青贮玉米、青草、秸秆等。按机型大小可分为小型、中型和大型。其中小型铡草机每小时可切碎青贮饲料 3～4 t、中型青贮切碎机为 15～20 t、大型青贮切碎机为 20～30 t。铡草机按切割部分形式可分为滚筒式和圆盘式两种。

2. TMR 饲料搅拌车

TMR 饲料搅拌车按行走方式可分为自走式、牵引式和固定式三种型式。该设备主要由自动抓取、自动称量、粉碎、搅拌、卸料和输送装置等组成。

TMR 饲料搅拌车按搅拌箱结构形式又可分卧式和立式两种。卧式 TMR 饲料搅拌车厢体内以数条纵向绞龙搅拌和推动日粮向发料口行进，在绞龙叶片上装有切割刀片，因此能将日粮很好地切碎与混合。立式 TMR 饲料搅拌车搅拌箱呈立桶形，装有螺旋形切碎钻，螺旋形钻成接近水平工作的切割力(似绞肉机芯)，并且在桶壁设计有可伸缩的“底刀”，使切割的效果提高很多，立桶形的箱体能避免残料死角的存在。

3. 挤奶设备

目前，挤奶设备主要有提桶式、移动式、管道式及挤奶台四种类型。

(1)提桶式：真空装置固定在牛舍内，挤奶器和可携带的奶桶组合在一起，可依次移往奶牛床位挤奶，挤出的牛奶直接流入奶桶，桶中奶再倒入集奶容器，适用于拴系式奶牛。每头奶牛的挤奶时间为 6～8 min，每人最多可管理 2 套挤奶器，每小时可挤 15～20 头奶牛。

(2)移动式(挤奶车)：移动式挤奶车是专为小型奶牛场设计的，它是最简单的一种挤奶装置，由带挤奶桶的挤奶器和真空泵机组等组成，可在奶牛舍或草场上使用，由电动马达或燃油驱动。每小时可挤 15 头奶牛，有 1～2 套挤奶杯组。

(3)管道式：真空装置和牛奶输送管道固定在牛舍内，挤奶器无挤奶桶，挤下的牛奶可直接通过牛奶计量器和牛奶管道进入自动制冷罐，不与外界空气接触，并可配置自动化的洗涤装置，每次挤奶后整个挤奶系统自动进行清洗消毒，因而，牛奶卫生质量较好。

管道式挤奶机每人可管理两套挤奶器，若每天 3 次挤奶，每人可挤 35～45 头奶牛。目前，我国许多奶牛场采用管道式挤奶系统。

(4)挤奶厅(台)：挤奶厅(台)也属于管道式中的一种。其特点是真空装置和挤奶器都固定在专用的挤奶厅内，奶牛通过专用的通道进入挤奶厅内挤奶，挤下的牛奶通过牛奶管道输送到自动制冷罐冷却储存。

4. 牛舍环境控制设备

控制和保持牛舍内小气候环境的设备，使之适合生长发育的需要，主要包括风机、供暖通风设备和降温设备。

(1)通风设备：风机有轴流式风机和离心式风机。牛场使用的风机大多为轴流式。牛场风机选型时要注意选择风机叶片直径、转速、功率以及风机的性能和能量效率比。试验表明，相同条件下，直径为 91.44 cm(36 英寸)风扇传送空气能力为 181～283 m^3/min；121.92 cm(48 英寸)风扇传送空气能力为 399～650 m^3/min。用于牛舍降温的风机，安装时应考虑牛舍主风向、风机安装的角度、高度、间距，以保证牛体最佳的降温效果。而用于改善牛舍空气质量的风机，常安装在牛舍侧面墙上的排气口或进气口内。低压离心式通风机的通风压力高于轴流式通风机，主要用于将空气压送到牛舍的进气管内，适用于集中采暖的牛舍通风。

(2)喷淋(喷雾)设施：南方地区由于高温常常伴随着高湿，因此，夏季如果通过风机还不能有效消除热应激影响，应将机械通风与喷淋结合使用，通过蒸发散热，达到缓解牛热应激的目的。喷淋降温系统一般安装在牛舍的采食待挤区以及挤奶厅出口处。安装喷淋设施时，应考虑喷嘴压力、流量，喷嘴安装的高度、喷淋直径、喷淋时间、喷嘴是固定式还是旋转式，以及喷淋管道设计与过滤器安装。同时，通风和喷淋要交替进行，以免增加牛舍湿度。在干旱地区也可通过喷雾降低空气温度，或在进气口装蒸发冷却装置，利用水蒸发时吸收汽化热以降低舍内空气温度。

5. 牛舍除粪机械

(1)清粪铲车：清粪铲车由小型装载机改装而成，推粪部分利用了废旧轮胎制成一个刮粪斗，将清粪通道中的粪刮到牛舍一端的积粪池中，然后通过吸粪车将粪集中运走。采用这种机械清粪，运行成本高，工作次数有限，影响牛舍的清洁。同时，车体积大、工作噪声大，易对牛造成伤害和惊吓。

(2)机械刮粪板：刮粪板机械操作简便，工作安全可靠，其刮板高度及运行速度适度适中噪声小，不影响牛群的行走、饲喂和休息，运行、维护成本低。机械刮粪板的清粪方式在西欧、北欧、北美等地区应用十分普遍。目前，机械刮粪板有漏缝式刮粪板、组合式刮粪板及折叠式刮粪板等数种。漏缝式刮粪板适于漏缝地板，组合式刮粪板适于水泥地面，折叠式刮粪板适于清粪通道较宽或牛床垫料使用秸秆的牛场。

复习思考题

1. 试述牛场的环境要求。
2. 简述牛场污染物的控制途径与方法。
3. 简述牛场的饲养方式有哪些。
4. 简述牛舍的基本类型。

第二十章　奶牛的饲养管理

第一节　牛的产乳能力及评定方法

一、影响牛产奶性能的因素

(一)遗传因素

由于不同牛种类型和品种的遗传差异，牛的产奶量和奶的组成有显著不同，这也是牛种和品种的特征之一。黄牛、瘤牛、牦牛和水牛虽然都可作为乳用牛饲养，但就产奶量而言，以普通牛中的乳用品种荷斯坦牛最高，一个泌乳期平均可产奶 6 000 kg 以上，而牦牛产 215～480 kg，这是牛种类型的差异。普通牛品种在正常条件下，荷斯坦牛产奶量最高，而乳脂率则以娟姗牛最高。各品种间在乳的组成上差异最大的是脂肪，其次是蛋白质和非脂固形物，而矿物质和乳糖的差异最小(表 20-1)。无论什么品种，品种内个体间的差异也很大。例如荷斯坦牛乳脂率的变异范围为 2.6%～6.0%，而产奶量的高者与低者可相差数千千克，这是由于个体间的差异造成的。

表 20-1　不同种类牛的乳成分　　%

牛种类	脂肪	蛋白质	乳糖	灰分
荷斯坦牛	3.5	3.1	4.9	0.7
中国水牛	12.6	6	3.7	0.9
牦牛	7	5.2	4.6	0.7

(二)年龄和胎次

奶牛产奶能力随年龄和胎次的增加而发生规律性变化。在一般情况下，荷斯坦牛一般在 2～2.5 岁初产，产奶量呈逐胎次上升趋势，3～4 胎产奶量达到高峰。此后，产奶量随胎次增加而呈下降趋势。因此，奶牛场一般在奶牛 3～4 胎以后就淘汰。

(三)产犊间隔

奶牛最理想是一年一胎，泌乳 10 个月，干乳 2 个月，产犊间隔为 12～14 个月。据研究，生产潜力较大的个体，往往是产犊间隔短的牛，可望获得高的产奶量。有资料表明，产犊间隔由 12 个月延长到 14 个月，则平均产奶量由 6 864 kg 下降到 6 123 kg。因此，要注意观察牛的产后发情，争取在 2 个月内使其受孕。

(四)泌乳期内不同阶段

奶牛泌乳期内产奶量呈规律性变化，一般母牛分娩后产奶量逐渐上升。低产牛在产后 20～30 d，高产牛在产后 40～50 d 产奶量达到高峰。高峰期可维持 50～70 d，高产牛的高峰维持时间长，中低产牛则维持时间短。高峰过后产奶量开始下降，高产牛每月下降 5%～7%，低产牛每月下降 8%～10%；最初几个月下降幅度较小，到泌乳末期(妊娠 5 个月以后)由于胎儿的迅速生长，胎盘激素和黄体激素分泌加强，抑制脑垂体分泌促乳素，因而产奶量下降幅度较大。乳脂肪含量的变化与产奶量的变化相反；乳蛋白质含量随泌乳期的进展而逐渐增加；乳糖和矿物质比较稳定。

(五)干乳期

为了使乳腺组织获得一定的休息时间，促使母牛体内储存必要的营养物质，为提高下一胎产奶量，保证胎儿更好的生长，必须让母牛在分娩前有 2 个月左右的干乳期。干乳期过长，会使当胎次的产奶量下降；干乳期过短，则可能影响乳腺组织恢复和胎儿的营养供给，导致下一泌乳期产奶量下降。

(六)挤奶次数和挤奶技术

良好的挤奶技术和乳房按摩是提高奶牛产奶量的重要措施。乳腺中乳的合成与分泌速度与乳房内压成反比，及时降低乳房内压，有利于乳的合成，因此合理安排挤奶次数，有利于提高产奶量和乳的质量。据研究，每天挤奶 3 次者，比挤奶 2 次者增加产奶量 10%～20%，挤 4 次比挤 3 次又可提高 5%～15%。有人试验，以挤奶间隔 12 h 为基准，每超过 1 h，乳脂率降低 0.10～0.15 个百分点，而比 12 h 每缩短 1 h，乳脂率提高 0.20～0.25 个百分点。蛋白质率含量亦有类似现象，但不如对乳脂率的影响明显。

挤奶次数并非越多越好。挤奶过分频繁，会减少母牛的休息时间，反而导致产奶量下降。一般情况下，一昼夜产奶量在 25 kg 左右者，可采用 2 次挤奶制；30 kg 以上者，每天挤 3 次。同样情况下，初产母牛则要多挤 1 次，这是因为初产母牛乳房仍处于发育阶段，容量较小。另外，也是为了增加乳房的按摩刺激，促进乳房进一步生长发育。挤奶前，按摩乳房能刺激神经中枢，促使垂体后叶增加催产素的释放量。乳房血流量增加，血液中催产素的量大幅度增高，产生强烈的排乳反射，便会获得较高的产奶量。试验表明，有规律按摩乳房，不仅可使产奶量提高 10%～20%，而且使乳脂率提高 0.20～0.25 个百分点。这是因为如果挤奶前不按摩乳房，乳腺泡的乳只有 10%～25%进入乳池，而经充分按摩进入乳池中的腺泡乳可达 70%～90%；乳池乳的乳脂率仅为 0.8%～1.2%，输乳管乳的乳脂率为 1.0%～1.8%，而腺泡中乳的乳脂率高达 10%～12%。

(七)体型大小

同一品种、同一年龄的奶牛，在一般情况下，体型大者，由于消化器官容积大，采食量多，故产奶量较高。不同品种之间似乎亦是如此。但并不是说，体型、体重越大，产奶量就越高，而是有一定限度的。一般情况下，奶牛体重为 600～700 kg 时，产奶量较高。荷斯坦牛体重超过 700 kg 时，产奶量反而降低。

(八)饲料与饲养管理

这是环境因素中最重要的因素，特别是饲料条件对提高奶牛的产奶量和乳脂率等起决定作用。

(九)外界温度及产犊季节

相对而言，奶牛耐寒不耐热，夏季时对高温、高湿，冬季对寒风都很敏感。据研究，荷斯坦牛的最适宜外界温度为10～15℃，变化范围为5～20℃，生产环境上限是27℃，下限是－13℃。若超出适宜范围，则对荷斯坦牛产生不利影响；若超出生产环境界限，会导致产奶量明显下降，乃至危及健康。空气相对湿度以50%～70%为宜，夏季湿度超过75%，产奶量明显下降。冬季风力达到5级以上，产奶量则下降明显。在我国北方条件下，母牛最适宜的产犊季节在冬末至夏初和秋季。南方以冬、春两季为宜。由于市场需要乳制品均衡供应，生鲜乳的生产也需要全年均衡供应。因此，冬季保温和夏季降温是牛舍设计必须考虑的问题。另外也可通过日粮结构和营养水平进行适当调节。

(十)运动、刷拭与修蹄

奶牛在舍饲期，每天要进行适当的运动，这样不仅能增强体质，而且还能提高产奶量和乳脂率。经常、认真地刷拭牛体，可促进皮肤呼吸，促进血液循环，保持牛体清洁，防止体表寄生虫的滋生，有利于牛的健康和产奶量的提高。奶牛场还要坚持定期修蹄，保持正常蹄形，否则，易形成变形蹄。变形蹄的严重危害在于初期容易被人忽视，但一旦发展到严重变形，使肢蹄和肢势异常或出现跛行时，产奶量就会突然下降；有的甚至不能站立与运动，食欲减退，采食量下降，日渐消瘦，免疫力低下，致使生产性能低下，只好被迫淘汰。

(十一)疾病

奶牛患乳腺炎、酮病、生产瘫痪或消化道疾病时，泌乳量显著下降，乳的成分和品质亦发生变化。

此外，严格遵守操作规程，如定时、定位、定人员、认真按摩乳房、挤奶程序规范、挤奶设备运转正常、工作时间不大声喧哗等，均有利于乳的分泌与排出。反之，若人员喧哗、噪声不断、挤奶时间和位置不固定、常更换挤奶员等，均对乳的分泌与排出产生抑制作用，从而降低产奶量，甚至导致奶牛发生乳腺炎。

二、产乳性能的评定指标与方法

(一)个体产奶量

个体产奶量有下列几个评定指标。

1. 305 d产奶量

指自产犊后第1 d开始到第305 d的总产奶量。不足305 d者，按实际产奶量；超过305 d者，超出部分不计算在内。

2. 305 d校正产奶量

指根据实际产奶量并经过系数校正(即实际产奶量×校正系数)以后的产奶量。

3. 全泌乳期产奶量

指产犊后第1 d开始到干乳期为止的累计产奶量。

4. 年度产奶量

指1月1日至该年12月31日为止的全年产乳量，其中包括干乳阶段。

(二)全群产奶量

全群产奶量主要有两个指标,即成年牛全年平均产奶量和泌奶牛全年平均产乳量,其计算公式为:

成年牛全年平均产奶量(kg/头)=全群全年总产奶量(kg)÷全年平均每天饲养的成年母牛数(头)

泌乳牛全年平均产奶量(kg/头)=全群全年总产奶量(kg)÷全年平均每天饲养的泌乳牛数(头)

式中:全群全年总产奶量是从每年 1 月 1 日开始,到 12 月 31 日止全群牛产奶的总量;全年平均每天饲养的成年母牛数是指全年每天饲养的成母牛数(包括泌乳、干乳或不孕的成年母牛)的总和除以 365(闰年 366);全年平均每天饲养的泌乳牛数是指全年每天饲养的泌乳牛数的总和除以 365。

(三)乳主要成分的含量

常规的乳脂率、乳蛋白率和乳干物质测定法,是在全泌乳期的 10 个泌乳月内,每月测定 1 次,将测定数据分别乘以各月的实际产奶量,把所得的乘积累加起来除以总产奶量,即得平均乳脂率、平均乳蛋白率和平均乳干物质率。

为了简化采样与测定的操作,可在全泌乳期的第 2、第 5、第 8 个泌乳月内各测 1 次,再计算平均乳脂率、平均乳蛋白率和平均乳干物质率。

全泌乳期总乳脂量(乳蛋白质量或乳干物质量)=全泌乳期总产奶量×平均乳脂率(平均乳蛋白率或平均乳干物质率)

(四)4%标准乳的换算

不同个体牛所产的奶,其乳脂率高低不一。为了评定不同个体间产奶性能的优劣,应将不同乳脂率的乳校正为同乳脂率的乳,然后进行比较。常用的方法是将不同乳脂率的乳都校正为 4%乳脂率的标准乳,其计算公式为:

$$P=M\times(0.4+15\ F)$$

式中:P—校正为含脂 4%标准乳的乳量;F—乳脂率;M—乳脂率为 F 的乳量。

(五)排乳性能

排乳性能有排乳速度和前乳房指数两个评定指标。

1. 排乳速度

与年龄、胎次、品种、个体、乳头管径、乳头形态及括约肌强弱有关。最高流速是排乳速度中最有价值的因素。最高流速与全产奶量之间呈高的正相关,但最高流速测定困难,而最初 2 min 奶量占该次挤奶总量的百分率这一性状的遗传力较高(0.40),且与最高流速遗传相关性较高。因此,可以测定最初 2 min 奶量占该次挤奶总量的百分率这一性状,这样就可以对最高流速进行间接选择。采用特殊设备测定流速是最理想的。若无此设备,用普通挤奶机也可对最初 2 min 奶量占该次挤奶总量的百分率进行测定,但不能采用人工挤奶来测定排乳速度。排乳速度的测定时间:产后 15~45 d、135~165 d、255~285 d 各测定 1 次,每天挤 3 次,以中午挤奶时测定为准,连续 2 d,取其平均数。

2. 前乳房指数

计算公式为:

前乳房指数=(前乳房奶量/总奶量)×100%

一般说来，初胎母牛前乳房指数比一胎以上的成年牛大，与品种个体也有关。如德国荷斯坦牛初胎为44%，二胎以上为43%；西门塔尔牛初胎为44.1%，二胎以上为42.6%；丹麦娟姗牛为46.8%；瑞士荷斯坦牛为39.1%。理想的前乳房指数应为45%以上。据研究，前乳房指数一生中二胎以上相当稳定，而且前乳房指数遗传力高，为0.76±0.12。所以，选择前乳房指数以改进乳房均匀程度可以达到较好效果。

(六)饲料转化率

饲料转化率一般用每千克饲料干物质可生产出的牛奶的量(kg)，或每生产1 kg牛奶所需的饲料干物质的量(kg)表示。尽管饲料转化率的遗传力为0.5左右，选择易奏效，但没有必要对饲料转化率直接进行选择，因为该性状与产奶量之间存在有很高的遗传相关，对产奶量直接进行选择，也就对饲料转化率进行了相应选择，可达到直接选择效果的70%～95%。

(七)牛奶的体细胞计数

牛奶中含有少量的乳腺上皮的脱落细胞。如果乳腺发生感染时，体细胞将进入牛奶中，引起牛奶中含有的细胞数增加，这部分细胞即为体细胞。牛奶中体细胞增加数量的多少取决于乳腺感染的程度。因此，用体细胞计数(SCC)测定牛奶中的体细胞数量，可以分析牛场的卫生状态和牛群乳腺的健康状况，对牛奶的卫生质量和牛群乳腺炎发生的危险进行评价。正常奶牛乳房分泌的乳，体细胞的数量低于30万个/mL。

第二节　犊牛的饲养管理

犊牛一般是指出生到6月龄的牛，这个时期犊牛经历了从母体子宫环境到体外自然环境，由靠母乳生存到靠采食植物性为主的饲料生存，由小反刍到反刍的巨大生理环境的转变。犊牛各器官系统尚未发育完善，抵抗力低，易患病。

一、消化生理特点

犊牛在胎儿期皱胃得到了较充分的发育，而以调节微生物生长环境和吸收微生物发酵产物为主要功能的前胃(瘤胃、网胃和瓣胃)发育不充分。初生犊牛的瘤胃和网胃容积仅占整个胃容积的1/3左右，且功能不完善，瘤胃黏膜乳头短小且软，微生物区系尚未建立，不具备发酵饲料营养物质的能力。因此，初生犊牛属单胃营养类型，主要靠皱胃和小肠消化吸收摄入营养物质。

初生犊牛小肠黏膜吸收细胞刷状缘具有吞噬大分子物质的能力，因此可以吸收初乳中的免疫球蛋白。由于胎盘的血液屏障作用，犊牛在胎儿阶段不能获得母体免疫球蛋白。吸收细胞刷状缘的这种吞噬能力对于犊牛出生后迅速获得免疫能力非常重要。随着消化道机能的完善，这种吞噬大分子物质的能力迅速消失，称为肠道闭锁。在发生肠道闭锁后，蛋白质分子被分解为氨基酸或小肽后才能被吸收，而被分解了的蛋白质分子一般不具备原有的生物学活性。

犊牛的食管沟(又称网胃沟)将食道和瓣胃口直接相连从而使食道直接与皱胃相通，食道沟由两片肌肉组织构成，当这两片肌肉收缩时可形成类似食道样的管道结构。从出生到15～20日龄的犊牛，在吮奶时可形成食管沟反射，即食管形成管状结构，使得液体食物避过瘤胃和网胃直接流入皱胃。犊牛饮奶过急，会有少量奶进入瘤胃和网胃，引起异常发酵，往往导致犊牛腹泻。

初生犊牛肠道内存在足够的乳糖酶活性，缺少淀粉酶和麦芽糖酶的活性，几乎没有蔗糖酶的活性。因此，初生犊牛能很好地消化牛奶中的乳糖，但不能很好地消化淀粉类糖类。犊牛出生2周后，乳糖酶的活力随着日龄增加而逐渐降低，淀粉酶和麦芽糖酶的活性逐渐升高。初生犊牛胰脂肪酶活力很低，随着年龄增加而迅速增加，可使犊牛很容易消化乳脂及代乳粉脂肪。初生犊牛由皱胃分泌的凝乳酶对牛奶进行消化。随着犊牛生长，凝乳酶活力逐步被胃蛋白酶所代替。从犊牛出生后消化道酶活性的变化情况可以看出，4周龄内犊牛的主要营养来源是乳汁或以乳成分为主的代乳粉。

犊牛出生后，瘤胃内的微生物区系开始形成，瘤胃黏膜乳头逐渐发育。20日龄后，瘤胃微生物区系逐渐完善，前胃迅速生长发育，犊牛采食饲草、饲料的数量逐渐增多；尽管瘤胃、网胃的总重量占胃室总重的比例在12周龄基本达到稳定，但其相对容积在50周龄以前一直在增加。

二、犊牛护理与初乳饲喂

(一)清除黏液

犊牛应在产房的产栏中出生，垫料(干草、麦秸或锯末等)充足，环境干燥，空气清新。犊牛出生后，首先清除口腔及鼻孔内的黏液以免妨碍呼吸，造成犊牛的窒息或死亡。其次是用干草或干抹布擦净犊牛体躯上的黏液，以免犊牛受凉(特别是当外界气温较低时)。

(二)断脐带

犊牛出生时，脐带往往会自然地被扯断。在未扯断脐带的情况下，可在距犊牛腹部10～12 cm处，用消毒过的剪刀剪断脐带，然后挤出脐带中的黏液并用碘酊充分消毒，以免发生脐带炎等疾病。断脐带后1周左右脐带会干燥而脱落，若长时间脐带不干燥并有炎症时应及时治疗。

(三)哺喂初乳

奶牛分娩后5 d内所产的乳称为初乳，对分娩后第1～6 d的乳成分分析表明，初乳具有很多特殊的生物学特性，是初生犊牛不可缺少和替代的营养品(表20-2)。

表20-2 产后1～6 d牛奶主要营养成分比较

	第1天	第2天	第3天	第6天
相对密度	1.056	1.04	1.035	1.032
总固体/%	23.9	17.9	14.1	12.9
脂肪/%	6.7	5.4	3.9	4
总蛋白/%	14	8.4	5.1	3.1
酪蛋白/%	4.8	4.3	3.8	2.5
乳清蛋白/%	6	4.2	2.4	0.5
免疫球蛋白%	6	4.2	2.4	0.09
IgG/(g/100mL)	3.2	2.5	1.5	0.06
乳糖/%	2.7	3.9	4.4	5
IGF-I/(mg/L)	341	242	144	15

续表 20-2

	第 1 天	第 2 天	第 3 天	第 6 天
胰岛素/(mg/L)	65.9	34.8	15.8	1.1
灰分/%	1.11	0.95	0.87	0.74
维生素 A/(mg/100mL)	295	190	113	34
维生素 E/(mg/g,以脂肪计)	84	76	56	15
核黄素/(mg/mL)	4.83	2.71	1.85	1.47
维生素 B_{12}/(mg/100mL)	4.9		2.5	0.6
叶酸/(mg/mL)	0.8		0.2	0.2
胆碱/(mg/mL)	0.7	0.34	0.23	0.13

1.初乳的作用

初乳中含有大量的免疫球蛋白，是普通乳的数十倍之多。因为在母牛怀孕期间抗体无法穿过胎盘进入胎儿体内，新生牛犊的血液中没有抗体。新生牛犊依靠摄入高质量的初乳获得被动免疫能力，抵御病原微生物的侵袭。如果犊牛没有饲喂足量高品质的初乳，出生后的前几天(或几周)内的死亡率极高。

初乳中含有较高浓度的镁离子，具有促进胎粪排出的作用。初乳较高的酸度有利于刺激犊牛胃液的分泌，较高的黏度使其起到暂时代替消化道黏膜的作用。因此，初乳对于犊牛消化系统的正常运转有重要作用。此外，初乳中的营养物质丰富，是犊牛全价的营养来源。

2.初乳的喂量

为保护犊牛免受疾病感染，2 日龄犊牛血液中的 IgG 浓度至少应为 10 g/L 或总蛋白为 52 g/L。出生后 1 h 内饲喂 3.0 L 初乳，12 h 饲喂 2.0 L 初乳(不能剩余)；或出生后 1 h 内饲喂 4.0 L 初乳，12 h 饲喂 2.0 L。初乳(可以剩余)，一般能够使犊牛获得足够的 IgG(娟姗犊牛由于出生体重较小，初乳饲喂量可以减半)。出生后 12 h 饲喂的初乳 IgG 的吸收率下降，如出生 24 h 后才饲喂初乳，犊牛因未能尽早获得抗体，不能形成被动免疫机制，发病率和死亡率升高。饲喂初乳前不应饲喂其他任何食物。

如果初乳饲喂时间为 0.5～24 h，平均吸收率为 35%(图 20-1)，出生重 40 kg 犊牛血清 IgG 最好能够达到 35 g 以上。因此，如果是质量较好的初乳(IgG 含量为 50 g/L)，需要饲喂 2.0 L(50 g/L×35%×2.0 L=35 g)；如果是质量一般的初乳(IgG 含量为 25 g/L)，则需要饲喂 4.0 L(25 g/L×35%×4.0 L=35 g)，才能达到理想水平。

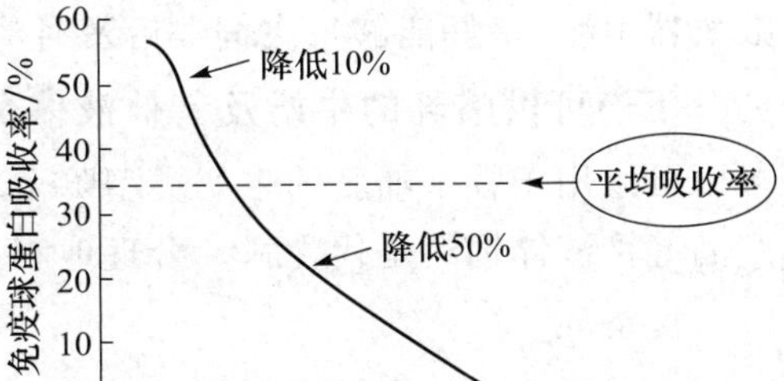

图 20-1　犊牛免疫球蛋白吸收率变化

初乳的饲喂温度在 35℃左右。剩余的初乳可冷藏或冷冻保存(标注日期和来源)，冷藏或冷冻保存的初乳可用水浴加热至 35℃饲喂犊牛，明火加热易造成初乳的凝固。

3.初乳与疾病的传播

某些情况下，初乳是母牛和犊牛间疾病传播的载体。如患有结核或副结核母牛，可以通过初乳传染给犊牛。因此，阳性母牛所产的犊牛，必须从产房立即移走，并喂给健康母牛的初乳。

4.初乳的饲喂方法

第一次饲喂初乳可以使用胃导管，其优点是犊牛能够在短时间内摄入足量初乳。第二次饲喂初乳可以使用带有橡胶奶嘴的奶瓶或普通奶桶。每次使用后盛奶用具应清洗干净。

5.初乳的质量

初乳质量可通过专用仪器检测(如初乳测定仪、折射计等)。质量较好的初乳 IgG 含量高于 50 g/L。

有条件的牛场可以将初乳经巴氏消毒(63℃经 30 min 或 72℃经 15 s)后再饲喂犊牛。

(四)犊牛登记

按照我国规定的统一格式编号，同时根据牛场需要可按时间顺序编号。新生犊牛应打上永久的标记，其出生资料必须永久存档。标记犊牛的方法包括：套在颈项上刻有数字的环、塑料、金属或电子识别的耳标、盖印、冷冻烙印等。此外，照片或自身的毛色特征，也是标记犊牛的永久性纪录。

三、哺乳

犊牛从第 2 d 至断乳前，可使用过渡乳或常乳进行饲喂。日饲喂量一般为出生体重的10%左右，每日喂 2～3 次，每次饲喂量 2.0～2.5 L。

(一)哺乳量

根据不同饲养方案，哺乳量差别较大。如初乳期后到 30～40 日龄以哺喂全乳为主，喂量占体重的 8%～10%。随后逐渐减少全乳的喂量，在 60～90 日龄断乳。早期断乳可在 5 周龄左右，哺乳量控制在 100 kg 左右。生产中普遍采用 7 周断乳饲养方案。

(二)哺乳方法

犊牛饲喂方法较多，主要包括奶桶饲喂法、奶瓶饲喂法、自动饲喂法、群体饲喂法等。注意喂奶器卫生，最好能够每次饲喂后及时清洗，以免细菌滋生。

(三)可供哺乳的牛奶及其他液体饲料

可以用于犊牛哺乳的牛奶类型除全乳外，还有初乳、发酵初乳、脱脂乳及其他牛奶加工副产品等。液体饲料是代乳料。合理地利用这些原料哺喂犊牛可以降低成本。

1.全乳

初乳期后可一直饲喂全乳，直至断乳。一定量的全乳配合优质的犊牛料，是犊牛最佳的日粮。采用这一日粮所获得的犊牛增长情况，常作为评估其哺乳方案优劣的标准。

2.发酵初乳

将多余的初乳放在消毒的容器内接种乳酸菌后室温发酵，可以用来哺育犊牛。如此制作的发酵初乳可以保存几周的时间。饲喂优质发酵初乳的犊牛，日增重仅稍低于饲喂全乳者。

3.代乳粉

犊牛出生后饲喂足量初乳后，第 2 天开始可以使用代乳粉。目前主要有两类代乳粉：高蛋白代乳粉(28%蛋白质，15%～20%脂肪)和常规代乳粉(20%～22%蛋白质，15%～20%脂肪)。犊牛如果日增重为0.4 kg,代乳粉蛋白质含量为23.4%即可,而如果日增重为1.0 kg,代乳粉蛋白质禽量为28.7%才能满足营养需要。如果按照常规代乳粉(20%粗蛋白和20%粗脂肪)饲喂,犊牛无法获得足够的蛋白质,进而降低了犊牛增重蛋白质的比例。

(四)犊牛开食料

犊牛开食料不但对于犊牛瘤胃发育有重要影响,而且能够为犊牛提供充足营养,提高日增重水平。尤其是在冬季较为寒冷的地区,犊牛采食足量的开食料,可以降低发病率和病死率。

(五)断乳

根据月龄、体重、犊牛饲料采食量确定断乳的时间。应在犊牛生长良好,并至少摄入相当于其体重1%的犊牛料时进行,较小或体弱的犊牛应延后断乳。在断乳前1周每天饲喂1次牛奶。生产实践中一般在7~8周龄断乳。犊牛料采食量应作为确定断乳时间的主要依据。当犊牛连续3 d采食0.7~1.0 kg以上犊牛料时便可断乳。犊牛在断乳期间饲料摄入不足,可造成断乳后的最初几天体重下降(断乳应激)。断乳期间需要特别关注犊牛健康状况,发现犊牛采食量下降、精神不振等情况,应及时诊断或治疗。

一般犊牛断乳后有1~2周日增重较低,且毛色缺乏光泽、消瘦、腹部明显下垂,甚至有些犊牛行动迟缓、不活泼,这是犊牛的前胃机能和微生物区系正在建立,尚未发育完善的缘故,随着犊牛料采食量的增加,上述现象很快就会消失。犊牛断乳后进行小群饲养,将年龄和体重相近的牛分为一群,每群10~15头。

(六)饲料种类与使用量

1周龄犊牛即可开始训练采食干草,2月龄开始饲喂青贮饲料。

(七)饮水

应为犊牛提供充足饮水,并保证水质。水温一般不低于15℃。在比较寒冷的地区,冬季为犊牛提供饮水更为重要,因为犊牛需要采食更多开食料,获得更多营养,从而提高抵御寒冷的能力。

四、管理

(一)犊牛舍卫生

刚出生的犊牛对疾病没有任何抵抗力,应放在干燥、避风、不与其他动物直接接触的单栏内饲养,以降低发病率。直至断乳后10 d,最好均采取单栏饲养,并注意观察犊牛的精神状况和采食量。犊牛舍内要有适当的通风装置,保持舍内阳光充足,通风良好,空气新鲜,冬暖夏凉。犊牛舍应及时更换垫草。一旦犊牛被转移到其他地方,牛栏必须清洁消毒。

(二)健康管理

建立犊牛健康监测制度。及时发现犊牛患病征兆,如食欲降低、虚弱、精神萎靡等,必要时请兽医诊断并及早治疗。犊牛常见疾病为肺炎和下痢,这是造成犊牛死亡率较高的主要疾病。

(三)去副乳头

奶牛有4个乳区,每个乳区有1个乳头,但有时在正常乳头的附近有小的副乳头,可引发乳腺炎,应将其切除。方法是用消毒剪刀将其剪掉,并涂碘酊等消炎药消毒。适宜的切除时间在4~6周龄。

(四)去角

犊牛 2～3 周龄时可以进行去角。去角的方法有苛性钠或苛性钾涂抹法和电烙铁烧烙法。具体操作方法是将生角基部的毛剪去后,在去毛部的外围有毛处,用凡士林涂一圈,以防以后药液流出,伤及头部或眼部。然后用棒状苛性钠或苛性钾稍湿水涂擦角基部,至角基部有微量血液渗出为止,或用电烙铁烧烙,待成为白色时再涂以青霉素软膏或硼酸粉。去角后的犊牛要分开,防止别的小犊牛舔到,而且不让小犊牛淋雨,以防止雨水将苛性钠(钾)冲入眼内。

(五)免疫

犊牛的免疫程序应根据牛场的具体情况和国家的有关法律法规,由专业人员制定。

(六)称量体重和转群

犊牛可每月称量一次体重和体高,并做好记录,用于监测犊牛发育情况。6 月龄后转入青年牛群。

第三节　青年牛的饲养管理

一、青年牛的生理特点

在乳用牛,从犊牛断乳至第一次怀孕直至分娩,在国内过去常分为两个年龄阶段:从断乳到配种前的阶段,称为青年牛;配种后到初次分娩产犊,称为育成牛。而国外对此年龄阶段的牛统称为 heifer,可翻译为青年牛(或小母牛)。本书将断乳后至初次产犊的乳用牛统称为青年(母)牛,而将产犊后的乳用牛统称为泌乳母牛或成(年)母牛(cow),以方便叙述。其他牛种亦采用此名称。

青年牛瘤、网胃比例已经基本和成年母牛相似,但相对容积仍在增加。由于青年牛饲料组成粗饲料含量较高(>70%),所以反刍时间较长,约占全天时间的 1/3。12 月龄以后,青年牛的消化器官发育已接近成熟。

假设两个成年体重不同的奶牛个体(当前月龄、体重相同),如果都在 23 月龄产犊,那么要求的日增重显然不同(0.71 kg 和 0.97 Jkg)。因此,日粮提供的能量和蛋白也应该不同,以满足不同的增重水平。而且当二者体组织组分相同时(如空腹体重蛋白质含量和脂肪含量),其体重占成年体重的百分率也是相同的,而二者体重相同时,显然它们占成年体重的百分率是不同的(图 20-2)。

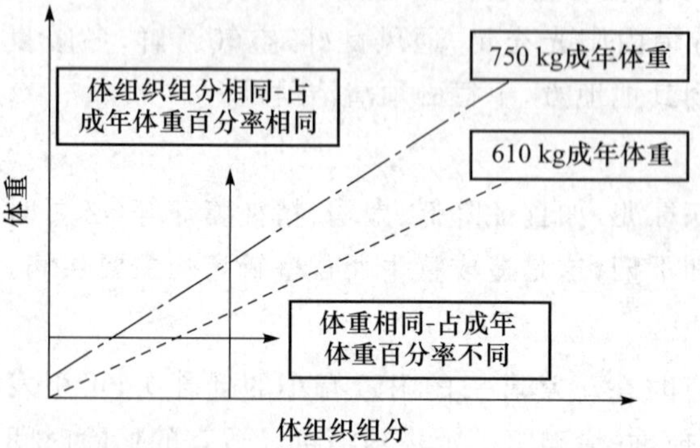

图 20-2　成年体重与体组织组分关系示意图

青年牛体重占成年体重比例越低,其沉积蛋白的比例越高,这样可以防止后备牛沉积过多脂肪,而且达到相同日增重水平时,所消耗的增重净能(不包括维持净能)也较低。如成熟体重为 600 kg 的奶牛。当其体重为

314 kg 和 376 kg,增重水平为 0.8 kg/d 时,所需要的增重净能为 11.4 MJ/d 和 13.1 MJ/d,相差 1.7 MJ/d。这也说明后备牛月龄越小,获得相同增重水平时所需要的营养物质或资金投入越低。

二、青年牛的生长与饲养管理

(一)青年牛目标生长与调控

青年牛的抗病力较强,生长发育较快。青年牛饲养管理的主要目标是至 13~15 月龄能够达到成母牛体重 52%~55%,分娩时达到成母牛体重的 82%~85%(表 20-3)。

表 20-3 后备牛目标生长的理想体重

类别	成年体重比例/%	体重/kg		
初配	55	225	325	440
出产	85	348	502	680
二胎产后	92	376	544	736
三胎产后	96	393	567	768
成年		409	591	800

青年牛的生长速率直接影响牛场的经济效益。初产体重过小会限制产奶量,并可能降低第一个泌乳期的受胎率,但过量摄入能量可能导致胎儿过大,容易发生难产,并且增加酮病、胎衣不下等疾病的发病率。青年牛的生长速率对初情期时间和头胎产犊月龄影响很大。当小母牛生长缓慢时(日增重小于 0.35 kg),初情期推迟,可能推迟到 18~20 月龄;而当青年牛生长过快时(日增重大于 0.9 kg),可在 9 个月开始发情。

(二)7 月龄至配种前青年牛的饲养管理

1.7 月龄至配种前青年牛的饲养

该阶段主要目标是通过合理的饲养使其按时达到理想的体型体重标准和性成熟,按时配种受胎。

此期是达到生理上最高生长速度的时期,在饲料供给上应满足其快速生长的需要,避免生长发育受阻,以至影响其终生产奶潜力的发挥。虽然此期青年牛已能较多地利用粗饲料,但在初期瘤胃容积有限,粗饲料以优质干草为好,供给量为其体重的 1.2%~2.5%。但单靠粗饲料并不能完全满足其快速生长的需要,因而在日粮中需要补充一定数量的精饲料。精饲料添加量一般根据粗饲料的质量进行调整,若粗料质量较好(如苜蓿干草、玉米青贮等),精饲料的喂量仅需 0.5~1.5 kg/d 即可;如果粗料质量一般或较差(如玉米秸秆、麦秸等),精饲料的喂量则需 2.5~2.0 kg/d,并根据粗饲料质量确定精饲料的蛋白质和能量浓度,使青年牛的饲粮蛋白水平达到 14%~16%。

2.7 月龄至配种前青年牛的管理

评价该阶段饲养管理的标准主要包括:①总死亡率低于 1%;②总发病率小于 4%;③日增重 0.75~0.9 kg;④13 月龄时体重达到成母牛的 52%~55%。生产中,有些牛场往往疏忽该阶段青年牛饲养管理,出现生长发育受阻,体躯狭浅,四肢细高,延迟发情和配种,导致成年时泌乳遗传潜力得不到充分发挥,给生产造成经济损失。根据牛场实际生产条件,将不同月龄青年牛分群饲养管理，如 7～12 月龄牛和 13 月龄至怀孕前牛分群饲养，尽量避免单头转群，而采用群体转群，即 5～10 头青年牛一起转群，减少转群应激。

(三)怀孕至产犊阶段青年牛饲养管理

1. 怀孕至产犊阶段青年牛(一般为 13～15 月龄至 22～24 月龄)的饲养

怀孕青年牛一般仍可按配种前日粮进行饲养。当青年牛怀孕至分娩前 3 个月，由于胎儿的迅速发育以及青年牛自身的生长(1.2～1.5 kg/d)，需要额外增加 0.5～1.0 kg/d 的精饲料。如果在这一阶段营养不足，将影响青年牛分娩体重以及胎儿的发育，但营养过于丰富，将导致过肥，引起难产、产后综合征等。

在产前 2～3 周，将怀孕青年牛转群至清洁、干燥的环境饲养。该阶段日粮能量浓度应为 5.8～6.0 MJ/kg，蛋白水平为 13.5%～14.0%，应降低高钾饲料的使用量。实验研究表明，将产前青年牛与产前成母牛分群饲养，有利于提高青年牛干物质采食量，降低产后发病率。

2. 怀孕至产犊阶段青年牛的管理评价

该阶段饲养管理的标准主要包括：①总死亡率低于 1%，流产率低于 3%；②总发病率小于 2%；③增重 0.8～1.3 kg；④分娩时体重为成母牛体重 82%～85%，体况评分为 3.0～3.5(1～5 分标准)。

第四节　泌乳母牛的饲养管理

一、奶牛泌乳

(一)泌乳发动与泌乳维持

促乳素(PRL)、促肾上腺皮质激素(ACTH)、生长激素(GH)和雌激素等的增加以及黄体酮分泌的相对减少，对乳的生成和维持泌乳起重要作用。

1. 泌乳发动

牛的泌乳起始通常可分为两个阶段：第 1 阶段是在临近妊娠后期，以初乳在乳腺中逐渐累积为特征；第 2 阶段发生在分娩时，即有大量乳分泌。至妊娠后期，母牛的乳腺明显地被初乳所充盈。在分娩前 2～3 d，挤压乳头可获得浆液状至黄色黏液状的初乳。一般母牛在产前 2～3 d 即可挤压出乳，但个体之间存在显著差异。

2. 泌乳维持

牛自开始泌乳至停止泌乳，依牛种类型或品种的不同，其持续时间的长短有差异，但均能维持一段较长时间，一般荷斯坦牛可达 10 个月或更长，而且一个泌乳期中产奶量也呈规律性变化：一般在产后 20～60 d 达到高峰期，维持一段时间后再逐渐下降，直至干乳。泌乳的维持既需要依赖内源性激素的作用，也要有充足的营养、合适的环境以及科学的管理(包括合理的挤奶次数)作保证。经常的挤奶刺激是维持泌乳的基本条件，停止挤奶，乳腺细胞的代谢活动减弱，乳腺结构萎缩，并最终停止泌乳。

(二)影响泌乳的因素

影响泌乳的因素主要包括合成奶的各种原料的供应速度和乳腺分泌上皮细胞的合成能力以及有关激素。

1.合成乳的各种原料的供应速度取决于乳房血流量、血液中各种原料的浓度

(1)乳房血流量:环境温度影响乳房血流量,如严寒的冬季再加之开放式牛舍,会使乳房血流量减少,进而降低泌乳量;环境是否安静影响乳房血流量,如陌生人随便进出牛舍、大声喧哗、噪声都会由于肾上腺素分泌的加强而使动脉血管收缩,从而导致乳房血流量的减少;同样严格遵守操作规程,如定时、定位、定人员等操作规程的遵守,也有利于保持乳房正常的血流量;挤奶次数也影响乳房血流量。

(2)血液中各种原料的浓度:血液中合成乳的各种原料的浓度对泌乳的影响很大,特别是合成乳糖的原料葡萄糖,即血糖的浓度对泌乳量具有举足轻重的作用,提高血糖浓度就可促进泌乳。

2.乳腺分泌上皮细胞的合成能力

乳腺分泌上皮细胞的合成能力受乳腺泡数量的影响。研究表明,不同品种和不同个体的奶牛乳房中乳腺泡数量差别很大,高产奶牛的乳腺泡数量高达几十亿个之多,而低产奶牛只有十几亿个。

3.有关激素的影响

孕激素、雌激素、促乳素、生长激素、肾上腺皮质激素以及胰岛素和胰高血糖素等均与泌乳活动有关。

二、不同泌乳阶段奶牛的饲养管理特点

(一)饲喂方式

奶牛的饲喂方式有传统的饲养方式和全混合日粮饲养方式两种。

1.传统饲养法

就是一天中饲喂3次,每次分别饲喂粗饲料和精料补充料。传统饲养方式存在的缺点:精粗比不易控制,粗饲料采食不足;个体营养摄入量与需求量不平衡,从而导致泌乳盛期高产奶牛和初产奶牛体况不佳,生产潜力不能发挥,而经产的干乳牛和低产牛因营养过剩、脂肪沉积而造成泌乳力下降。代谢性疾病频发;难以应用现代营养学原理配制日粮进行集约化饲养管理。

2.全混合日粮(TMR)饲养技术

全混合日粮饲养技术是根据不同牛群的营养需要将切成3 cm左右的各种粗饲料与精饲料、矿物质、饲料添加剂及其他饲料,在饲料搅拌车内按照比例混合,充分混匀,并调整含水量至45%±5%的日粮,然后投料,供牛自由采食。

(二)各阶段的饲养管理

奶牛按以下五个阶段进行饲养管理:围产期、泌乳盛期、泌乳中期、泌乳后期和干乳期。

1.围产期

大多指产前15 d至产后15 d的一段时间,但现也有从产前3周到产后3周按围产期饲养

与管理。分为围产前期和围产后期。产前 15 d 为围产前期，产后 15 d 为围产后期。这一时期奶牛的生理状况发生突然改变，对奶牛造成较大应激，导致干物质采食量减少，同时影响牛的健康。围产期奶牛体质较弱，免疫力差，发病率较高，该阶段奶牛饲养管理以保健为主。

围产前期奶牛转入产房，在转入前应该对产房和牛体进行仔细的清理和消毒，减少母牛食盐的喂量，防治乳房水肿的发生，饲喂低钙日粮，钙的饲喂量下降 1/2～2/3，并补充维生素 D，以刺激肠道对钙的吸收和提高奶牛动员骨钙的能力。产前注射亚硒酸钠维生素 E 有助于母牛胎衣排出。

在饲养上，从产前 15 d 开始适当增加母牛的精料补充料，喂量增加到 5～7 kg/d，有助于母牛提前适应产后高精料和促进乳房发育，提高母牛产奶量。

围产后期母牛刚刚分娩，机体较弱，消化机能减退，产道尚未复原，乳房水肿尚未完全消失，因此，此期应以恢复母牛健康为主，不得过早催乳，否则大量挤奶极易引起产后疾病。

母牛分娩应使其左侧躺卧，母牛分娩后应尽早驱使其站起，以减少出血和防止子宫外脱。母牛分娩后体力消耗很大，应使其安静休息，并灌服温热产后营养汤 30～40 kg(丙酸钙 300 g，丙二醇 100 g，氯化钾 100 g，食盐 45 g，益母草膏 20 g)，机械灌服，能够刺激瘤胃，恢复食欲，有利于母牛恢复体力和排出胎衣。为了防止胎衣不下、子宫炎及产后瘫痪，有些奶牛场产后注射好“三针”，即催产素、抗生素和葡萄糖酸钙。为减轻产后母牛乳腺的分泌活动，并照顾母牛产后消化机能较弱的特点，母牛产后 3 d 内应以优质干草为主，同时补喂少量精料，并适当增加钙在日粮中的水平和食盐的含量。产后如母牛食欲良好、健康、粪便正常、乳房水肿消失，即可随其产乳量的增加，逐渐增加精料。此期多喂优质干草，对青绿多汁饲料和青贮饲料喂量要控制。饲养的重点应当以尽快促使母牛恢复健康为原则，切忌过早催乳。

母牛产后不能将乳汁全部挤净，否则会引起高产奶牛的产后瘫痪。一般产后第 1 d 每次只挤奶 2 kg 左右，第 2 d 挤乳量的 1/3，第 3 d 挤 1/2，第 4 d 开始方可挤净。但近年来我国有的奶牛场曾进行过奶牛产后一次挤净初乳的试验，证明产奶高峰可提前到来，显示了有提高泌乳期产奶总量的可能性；临床性急性乳腺炎发病率低；产后瘫痪发病率差异不显著。产后一次挤净初乳要注意三点：第一，对体弱有病的牛或三胎以上的大龄牛，应慎重对待；第二，牛挤净初乳后，应立即进行预防性补钙和补液；第三，产后 3 d 使用抗生素控制感染。

分娩后的最初 2～3 周，对成年母牛的健康、整个泌乳期的奶量、牛奶的质量及经济效益都起着决定性的作用。在饲养管理上应做到以下几点。

(1)继续增加精料：按每天 0.3 kg 递增，在产犊后 7～10 d，当每天精料用量达到 6～6.5 kg 时，维持此量。

(2)喂给优质干草：喂量不低于体重的 0.5%，且长度 5 cm 以上的干草应占一半以上。

(3)预防酮病：该病通常发生于产后 2～4 周，对有酮病前兆的牛可在日粮中添加烟酸，添加量为 5～10 g/(d·头)。

(4)日粮供给：分娩后 10 d 内严禁饲料种类突变；分娩前使用低钙日粮(0.4%～0.5%)，分娩后使用高钙日粮(0.7%～0.8%)；分娩后粗饲料按青贮玉米 15 kg/d，块根料不超过 3 kg/d，优质干草自由采食的方式供给。精、粗料干物质比调整为(40∶60)～(45∶55)。

(5)加强管理：要密切注意奶牛的体温是否正常、瘤胃功能和采食是否正常、粪便中是否有大量的玉米或谷物颗粒，是否水样或深黑色、环境是否舒适；是否有蹄病(由酸中毒引起)；奶牛不采食时反刍的比率是否低于 30%；是否有皱胃移位。当有上述现象，要及时调整饲养方案，比如改变喂料顺序、精粗比例、日粮水分含量，或采取日粮添加 6～12 g/(d·头)尼克酸。

2. 泌乳盛期

围产后期至 100 d 为泌乳盛期。此期牛已恢复体质，乳房软化，消化机能正常，乳腺机能日益旺盛，产乳量增加甚快，进入泌乳盛期。泌乳盛期如果提供良好的营养水平和适宜的饲养管理，可使高峰期延长到 120 d。

泌乳盛期是整个泌乳期的黄金阶段，此阶段产奶最约占全泌乳期产奶量的 40%。如何使奶牛在泌乳盛期最大限度地发挥其泌乳性能是夺取高产稳产的关键，此阶段也最能反映饲养管理的效果。奶牛泌乳规律是高产牛采食高峰要比泌乳高峰迟 3～4 周，这不可避免地在泌乳高峰期出现一个“营养空档”。在这个“空档”内，奶牛不得不动用其体储备，即分解体组织来满足产奶所需的营养物质。此期把体重下降控制在合理的范围内是保证高产、稳产和正常繁殖及预防代谢疾病的最重要的措施之一。采取的措施主要包括以下几种。

(1)满足优质粗饲料的供给：日粮干物质采食量由占体重的 2.5%～3%增加到 3.5%，日粮每千克干物质应含有 2.4 NND、16%～18%粗蛋白、19%的 ADF、25%的 NDF，精粗比为 60∶40、钙 0.8%～0.9%、磷 0.45%，并保证其他矿物质的供应。

(2)采用“诱导”饲养方法：在精、粗料干物质比不超过 60∶40 和日粮干物质的粗纤维含量不低于 15%的前提下，每天以 0.3 kg 的梯度增加精料用量，以“料领着奶走”至泌乳高峰期的奶量不再上升为止，精料的最高用量可达 12 kg/(d·头)左右。在诱导饲养中，当精料用量超过 10 kg/(d·头)时，应注意观察牛的食欲和健康状况，必要时按原量饲喂 2～3 d 之后再增加精料饲喂量。

对高产奶牛可采用“引导”饲养法，即从母牛产前 15 d 开始，在原先每天饲喂精料 1.8 kg 的基础上，每天增喂 0.45 kg 的精料，直至每 100 kg 体重饲喂 1～1.5kg 精料为止，注意观察牛群的食欲、生产性能与健康反应。产后每天继续增加 0.45 kg 的精料。原则是多产奶，多喂料，在满足优质粗饲料供给的基础上，多喂精料。达到泌乳高峰期后，将精料的喂量固定下来，到泌乳高峰期过后再进行调整。其精料饲喂量一般如下：日产奶 20 kg 给料 7～8.5 kg；日产奶 30 kg 给料 8.5～10 kg；日产奶 40 kg 给料 10～12 kg。青贮、青饲料 20～25 kg，干草 4～6 kg，糟渣类饲料 10 kg，多汁饲料 3～5 kg，精粗比(60∶40)～(65∶35)。精料中添加含 0.5%MgO 和 1.5%～2.5%$NaHCO_3$ 组成的缓冲剂。

(3)添加过瘤胃脂肪和过瘤胃蛋白或过瘤胃氨基酸：日粮每千克干物质应含有 2.4NND，16%～18%的粗蛋白质、15%的粗纤维。采用此法的优点是既能提高营养浓度又不降低粗饲料采食量，从而保证了粗纤维的需要。日粮中添加脂肪有三种途径：喂热处理(或膨化)大豆或整粒棉籽；喂饱和脂肪酸含量高的动物脂肪；喂过瘤胃脂肪酸盐，如脂肪酸钙。脂肪的添加量不宜过高，多数情况下，添加后使日粮中脂肪的含量不超过干物质的 6%～7%。如日粮的脂肪过高，会影响瘤胃微生物发酵，降低纤维的利用和乳蛋白含量。对日产奶达 45 kg 的群体及体况评分下降明显的个体，应添喂脂肪酸盐，使日粮干物质中脂肪含量达到 7%。

(4)延长饲喂时间和增加饲喂次数：据测定，高产奶牛每天至少需要 6 h 的采食时间，但是在目前采用传统饲养法的条件下，每天饲喂 3 次，采食时间一般不够，干物质采食量不足，产奶潜力不能充分发挥，所以在生产中应做到分群饲养、定时定量、少给勤添。为保证高产奶牛足够的采食量，可在运动场增设补饲槽。

3. 泌乳中期

产后 101～200 d 为泌乳中期。由于进入本期时，干物质采食量已达到高峰，而高峰之后干物质采食量的下降幅度又大大小于产奶量的下降幅度，因此，要调整日粮结构，适当减少精料补充料，逐渐增加优质青粗饲料的喂量，力求使产奶量下降幅度减到最低程度，泌乳中期奶牛每月产奶量下降控制在 5%～7%。产后 140 d 母牛体重要开始增加，应根据母牛食欲和产奶量适当调整日粮精粗比例，日粮粗纤维不低于 17%。按“料跟着奶走”的原则，逐渐减少精料用量，对个体消瘦的牛，精料减少的幅度应慢些。这一时期可大量使用粗饲料和副料，以降低饲养成本。对低产奶牛应严格控制精料用量。精、粗料干物质比例应为(45∶55)～(55∶45)。

4. 泌乳后期

泌乳后期指产后第 201 天到干乳。此期处于怀孕后期，产奶量下降幅度较大。食入营养主要用于维持、泌乳、修补体组织、胎儿生长和妊娠沉积等。饲料营养供应根据奶牛膘情加以调整，一般以粗料为主，精、粗料干物质比为(30∶70)～(40∶60)。此期除了根据产奶量的下降情况，继续减少精料补充料并逐渐增加粗饲料外，应抓住时机恢复体况，但也要注意不能恢复过度，此期理想的体况为 3.5 分。

5. 干乳期

产犊前 60 d 左右停止产奶的时间即为干乳期。干乳之前做好隐性乳腺炎的检查，若为阳性，应先做治疗，治愈后再行干乳。

干乳方法有两种，第一种是逐渐干乳法，其原理是在干奶前 7～10 d 的时间里通过改变对泌乳活动有利的环境因素(主要是饲养管理活动)来抑制其分泌活动；第二种是一次停乳法，其原理是充分利用乳房内高的压力来抑制分泌活动，完成停乳。

干乳期分为干乳前期和干乳后期。干乳前期从停止产奶到产前 22 d，干乳后期从产前 21 d 到分娩，也是围产前期。干乳期饲养管理的原则是不能使母牛在此期过肥。干乳期奶牛过肥易导致难产和产奶量下降，过肥的母牛大多数在产后会食欲下降，以至于造成奶牛大量利用体内脂肪，从而易引发酮血症。

对于已经恢复体况的干乳牛，营养按维持基础上再加 3～5 kg 标准乳所需的营养水平供应。应适当控制精料，每天喂量在 2～3 kg，对于个别膘情太差的牛，精料喂量可以增加到 3.5 kg，以利于控制胎儿体重；增加优质粗饲料喂量，优质青贮饲料喂量在 10～20 kg，优质干草 2～3 kg，最好使用禾本科牧草。在整个停乳过程中，精料供应量应根据粗料质量及奶牛体况膘情加以调整，精粗比(35∶65)～(30∶70)，精料喂量控制在 3.0～3.5 kg。

干乳母牛每天要有适当的运动。干乳牛如缺少运动，则牛体容易过肥，引起分娩困难、便秘以及分娩后产乳量的降低。母牛在妊娠期中，皮肤呼吸旺盛，易生皮垢。因此，每天应加强刷拭，促进代谢。

合理分群是提高母牛饲养管理水平的基础，一般根据不同泌乳阶段母牛生理特点。将泌乳母牛分为 5 个群，新产牛群、初产泌乳期牛群、经产高产牛群、经产泌乳中期牛群和泌乳后期牛群。应针对不同牛群，配制不同营养水平日粮和提供相应的饲养管理技术。

三、特殊环境下奶牛的饲养策略

(一)高温高湿环境下的饲养管理

奶牛最适宜泌乳的气温为 10～15℃。也有人认为最适气温为 0～20℃和 10～21℃。生产环境界限上限为 27℃（相对湿度不超过 80%，风速大于 1 m/s）；下限为 13℃（相对湿度不超过 80%，风速小于 1 m/s）。如湿度超出范围，则会影响奶牛的蒸发散热；如超出适温范围对奶牛则开始有不利影响；如超出生产环境界限，则会使产奶量明显下降，甚至危及健康。

1. 搞好降温防暑

保护奶牛免受太阳辐射、增加对流散热、利用蒸发散热等行之有效的办法来加以解决。为了保护奶牛免受太阳辐射，可以利用场界林带、场区隔离林带、道路两旁、运动场周围绿化以及搭简易凉棚等途径；在增加对流散热方面，通过设置牛台地脚窗、屋顶设天窗、采用纵向水平强力吹风方式；在利用蒸发散热方面，利用间歇淋水加吹风，可大大提高皮肤蒸发散热效果，使产奶量提高 17%～24.8%。间歇淋水加吹风是一种具有较高的经济价值和广泛实用价值的降温方法。此方法要求在散放式牛舍每 4～6 头牛安装 1 台大型畜牧风机，拴系式牛舍每 4 头牛安装 1 台大型畜牧风机，自动淋水管一根，吹风和间歇淋水并用。

2. 改善日粮结构

在夏季高温下，牛减少采食量在于减少饲料热增耗所引起的热负荷，是奶牛对付高温的保护性反应。干物质摄取量与产奶量有密切关系，日粮中纤维含量增加会降低饲料消化率利于物质采食量，进而降低能量摄取量。因此，夏季奶牛因日粮要降低粗纤维含量高的粗饲料比例，添加产生高效率热能的糖类或添加过瘤胃脂肪，提高日粮能量浓度，如棕榈油脂肪粉和全棉籽的效果都很好。同时，应提高日粮蛋白质水平（不超过 18%），提高夏季日粮钾、钠、镁含量。饲喂阳离子型日粮可以减轻奶牛热应激。

3. 增加饮水量

应为奶牛提供低温水，并在水中添加适量的食盐，以诱其增加对低温水的饮用量，加快散热。

4. 改变饲喂时间和次数

为满足奶牛的营养需要，每天的饲喂次数由 3 次改为 4 次，在夜间增加 1 次，最好是在午夜 12 点加喂 1 次。

(二)冬季饲养管理

为了克服冬季低温对奶牛的影响，减少冬季鲜乳产量下降的幅度，牛场必须重视保暖防潮。

1. 改善冬季饲养

冬季奶牛的维持营养需要增加，吃进的饲料不仅用于产奶，还要用于维持体温的消耗。所以，冬季应结合气候变化补足能量饲料，特别是优质干草和多汁饲料，同时还要增加精料比例，禁止饲喂冰冻饲料。

2. 改饮温水

产奶牛冬季饮用冷水，会刺激胃肠道收缩，消耗体内大量热能，从而使产奶量减少；如改为饮温水，不仅可保持体温，增加食欲，增强血液循环，而且还可提高产奶量。所以冬季寒冷地区可设温水池，供牛自由饮用。

3. 牛舍保暖防潮

冬季保暖防潮和夏季降温防暑具有同等重要的作用。据研究，荷斯坦牛在 12℃以下，产奶量下降的主要原因是乳房被毛的保温作用不良，散热面积大，乳房血流量和乳腺细胞中酶活性的降低，从而造成生产奶的原料供应速度和乳成分合成效率下降。此外，低温还会使促乳素分泌减少，这也与产奶量下降有关。为此，应采取下列牛舍保暖防潮措施。

(1)按建筑要求修建牛舍，且舍内温度保持在0℃以上。

(2)保护乳房，牛床保持干燥卫生并加厚垫草。

(3)挤奶后除药浴乳头外，还要涂凡士林油剂，或者使用成膜药浴液，以防乳头冻裂。

(4)及时清理运动场粪尿，保持地面干燥。

四、奶牛饲养效果的评价与饲养方案的检查

为了使牛群高产、稳产和长寿，并获得良好的经济效益，必须对奶牛群定期进行饲养管理效果分析与饲养方案检查。

(一)体况分析

奶牛体况不仅与奶牛脂肪代谢和健康有关，还与奶牛泌乳、繁殖密切关联。所以通过每月定期对牛群进行体况评分，并根据膘情调整奶牛日粮的组成与配给量，对提高饲料效率和奶牛的健康水平，增加牛奶产量及投入产出比，是一种有意义的、可操作的实用方法和工艺程序。

(二)繁殖效果分析

为了准确分析饲养对牛群繁殖成绩的效果，必须对每头牛进行正确的繁殖记录。评定饲养管理对繁殖成绩的效果通常采用以下方法。

1.检查空怀率

通常母牛产后90～110 d不孕称为“空怀”。1个牛群成母牛空怀头数占5%以上，将严重影响全年产奶量。为此，每个月应进行一次检查，并采取措施，尽快降低空怀率。

2.检查产奶

牛占全群成母牛的比例及成母牛群泌乳阶段实践表明，正在泌乳的母牛占全群成母牛头数75%以下时，说明已经出现了严重的繁殖问题，即使改进饲养管理产奶量也难以提高，必须进行全面检查；如出现产奶牛头数仅占全群成母牛75%以下，还应检查泌乳5个月以上的牛头数，如果已占全群成母牛45%以上，则亦说明存在繁殖问题的严重性。

3.检查产犊间隔

产犊间隔是评价牛群繁殖力的重要指标。生产实践表明，奶牛产犊间隔超过420 d会造成重大经济损失。应从饲养管理入下，查明延长产犊间隔的原因，并采取相应措施，加以改进。

(三)产奶效果分析

评定和分析牛群的产奶性能是检查奶牛群饲养管理效果的最重要指标。从产奶成绩检查分析饲养管理效果，常用的方法是制作年度泌乳曲线，哪个月泌乳最高，哪个月最低，历年趋势如何，并与以前记录进行比较。如泌乳曲线发生异常，或普遍下降，应查明原因，改善饲养管理。此外，还可以分析总奶量、总脂肪量的增减，以及干物质采食量的增减和饲料效率等指标。

(四)日粮营养水平评价

日粮营养水平应当能够满足奶牛的营养需要，不宜过高，导致奶牛肥胖；选用的饲料原料适合各阶段奶牛的消化生理特点。除注意日粮的营养水平外，还应注意日粮的能量蛋白比和蛋白质的构成。奶牛日粮中各类蛋白质比例是否适宜，不仅影响奶牛的蛋白质营养状况，进而

影响产奶量，而且对控制环境污染和降低饲养成本有重要意义。在考虑日粮降解蛋白的适宜水平时，还必须同时考虑与非结构糖类的匹配关系。最简单的办法是按每3.0～3.2个单位的非结构糖类需要1个单位的降解蛋白来估算即可。

(五)反刍与饮水情况

在奶牛休息时观察其反刍，正常比例应该超过50%，否则要评价配方和搅拌效果。饲喂设施要充足，饮水充足。

(六)生理指标

牛奶尿素氮含量为140～180 mg/L(每月检查一次)；临产前尿液pH为5.5～6.5；临产前血液脂肪酸含量小于0.40 mg/L；产后血钙含量在2.1 mmol/L以上。

(七)采食性能

干物质采食量是评定日粮配制是否合理以及采食性能的一个重要指标，可有效防止奶牛营养物质的过食或不足，提高营养物质的利用率。一般成年奶牛的采食量占体重的3%～3.5%，干乳牛为2%，高产奶牛的干物质采食量要比中、低产奶牛约多40%。

第五节　乳用公牛的饲养管理

一、种公牛的饲养

根据种公牛营养需要的特点，在饲养安排上，应该是全价营养，多样配合，适口性强，容易消化。精、粗、青饲料要搭配适当。精料应以生物学价值高的蛋白质为重点。精料的比例应占总营养的40%以上。

一般种公牛的精饲料以玉米、豆粕为主，对于适口性较差的菜粕和容积较大的麸皮，要少喂或者不喂。优质青贮饲料可以少量饲喂，但是霉变的青贮饲料应禁止饲喂。矿物质饲料对种公牛的健康和精液质量有直接的关系，尤其是钙、磷必须保证供应；食盐对促进消化机能，增进食欲和正常代谢也很重要，但喂量不宜过多，否则对种公牛的性机能有某些程度的抑制作用。维生素对于提高种公牛精液品质有较好的促进作用，一般在种公牛日粮中补充维生素A、维生素D、维生素E和烟酸。

成年种公牛日粮，一般要求为优质干草6～10 kg，优质青贮饲料4～6 kg，精饲料3～5 kg。当精料或多汁饲料供给过量，以致精液质量下降时，应在减少精料或多汁饲料的基础上，增喂适量的优质干草，经调整后，精液质量可望得到明显的改善。

青年公牛的生长比青年母牛快，因此比同龄的青年母牛需要更多的营养物质，特别需要以精料形式提供能量，以促进其迅速的生长和性欲的发展。饲养不足会延迟性成熟的到来，并导致生产品质低劣的精液和减低生长速率。对青年公牛除给予充足的精料外，还应让其自由采食优质干草，10月龄时可自由采食牧草、青贮饲料、青刈饲料或干草，作为日粮的主要部分。但仍应继续饲喂精料，其饲喂量依粗料质量而定。在饲喂豆科或禾本科优质精料的情况下，对于周岁公牛和成年公牛，精料中粗蛋白质的含量以16%左右为宜。

种公牛应保证充足而清洁的饮水。配种或采精前后、运动前后 30 min 内都不宜饮水，以免影响公牛的健康。

二、种公牛的管理

管理公牛的要领是恩威并施，驯服为主。饲养员平时不得随意逗弄、鞭打或虐待公牛。如果发现公牛有惊慌表现时，要用温和的声音使之安静，如不驯服时再厉声呵斥制止。公牛管理要注意做好下列几点工作。

(一)拴系

育成公牛达 10～12 月龄时须穿鼻戴环，经常进行牵引训练，使其养成温顺的性格。种公牛的拴系，应按规定严格执行。鼻环须用皮带将它吊起，系在缠角带上。缠角带拴有两条系绳(系链)，通过鼻环，左右分开，拴系在两侧的立柱上。种公牛的拴系一定要牢固，鼻环要经常检查，如有损坏，立即更换，以防脱缰而造成人身事故，或发生公牛互斗，造成伤亡。

(二)牵引

种公牛的牵引，应坚持双绳牵导，由两人分别在牛的左侧和右侧后面牵引，人和牛应保持一定的距离。对烈性公牛，需用钩棒进行牵引。由一人在牵住缰绳的同时，另一人两手握住钩棒，钩搭在鼻环上以控制其行动。

(三)运动

种公牛必须坚持运动。公牛的运动方式较多，但现在都提倡公牛的自由运动。在牛舍设计是，要求有足够的面积，可以让公牛自由走动。同时，要求运动场的地面是沙质地或土地，以保持牛肢蹄的健康。实践表明，运动不足或长期拴系，会使公牛的性情变坏，精液质量下降，患肢蹄病和消化道疾病等。但运动过度或使役过劳，对公牛的健康和精液质量同样有不良的影响。

(四)刷拭和洗浴

刷拭和洗浴也是管理种公牛的重要操作项目。要坚持每天定时进行刷拭。平时则应经常清除牛体的污物，使之保持清洁。每次刷拭都要小心细致进行，尤其要注意清除角间(枕骨脊处)、额部、颈项等处的污垢，以免发痒而抵人。在夏季，还应进行洗浴，最好采用淋浴，边淋边刷，浴后擦干。

(五)按摩睾丸

按摩睾丸是一项特殊的操作项目。每天坚持一次，与刷拭结合进行。每次 5～10 min。为了改善精液品质，还可增加一次，按摩时间适当延长。

(六)护蹄

饲养人员要经常检查蹄趾有无异常。要求保持蹄壁和蹄叉洁净，将附着的污物清掉。为了防止蹄壁破裂，可经常涂抹凡士林或无刺激性的油脂。发现蹄病，及时治疗。做到每年春秋两季各削蹄一次。蹄形不正则须矫正。种公牛如有畸形蹄趾，或由于蹄病治疗不及时行走不便，会影响采精，严重者继发四肢疾病，甚至丧失配种能力，损失重大，必须引起高度的重视。

复习思考题

1.简述影响奶牛产奶性能的因素。

2.简述犊牛的消化生理特点。

3.简述青年牛的生理特点。

4.简述不同泌乳阶段奶牛的饲养管理特点。

5.简述种公牛的饲养管理要点。

第二十一章　肉牛的饲养管理

第一节　牛的产肉能力及评定方法

一、影响牛产肉能力的因素

牛的产肉能力受品种与类型、年龄、性别、营养水平与饲养管理、杂交等因素影响。

（一）品种与类型

品种与类型主要反映牛的遗传特征，是影响肉牛生产能力的主要因素之一。在肉牛品种中，根据体型大小分为大型品种、中型品种和小型品种。大型肉牛品种多属瘦肉型、晚熟品种，育肥期日增重可达到 1.5～2.0 kg；小型肉牛品种多属普通型、早熟品种，育肥期日增重 1.0～1.5 kg；而我国本地黄牛多为小型、晚熟牛种，育肥期日增重 0.6～0.8 kg。

不同品种和类型的肉牛，体组织生长发育有不同的特点。小型早熟肉牛品种，生长快，容易在体内沉积脂肪而产生大理石纹等级高的优质肉，适合于早期肥育、早屠宰；大型晚熟肉牛品种，体型大、肌肉发达，瘦肉多，不易在体内沉积脂肪，晚熟，更适合于进行中期或中晚期肥育，需要较长的时间才能达到与小型早熟肉牛品种相同的肉质等级。

（二）年龄

牛的年龄不仅影响牛的产肉能力，而且影响牛肉的质量。低龄牛的增重主要是肌肉、骨骼和内脏器官的增长，生长速度快；年龄较大牛的增重主要是脂肪组织的沉积，生长速度变慢。为了获得最佳的肉质品质和经济效益，肉牛的屠宰年龄控制在 24 月龄左右。

（三）性别

犊牛在性成熟前由于性激素水平较低，公、母犊牛生长发育没有明显区别。从性成熟开始后，公牛的生长速度和饲料利用率高于去势牛，去势牛高于母牛。据研究，小公牛的增重强度比去势公牛高 7%～8%，饲料利用率比去势公牛高 4.3%～5.6%，但公牛的屠宰率低于去势公牛，优质肉块的生产量相差小。公牛肉品质不如去势公牛，主要表现在嫩度差、肉色暗淡、质地粗糙等。在生产高档牛肉时，宜选用去势公牛，且去势时间在 6 月龄左右较好。

（四）营养水平与饲养管理

营养水平不同影响肉牛的产肉能力、肉质和饲料利用率。高水平日粮和良好的饲养管理使肉牛生长快、蛋白质的合成加速，肌肉中可溶性胶原蛋白比例增加，改善牛肉的嫩度，大理石花纹出现早,眼肌面积增加,饲料转化率提高。否则效果相反。

在肉牛牛产实践中,并不是营养水平越高越好,要从生产目的和经济效益等方面进行综合考虑。

(五)杂交

世界肉牛生产已普遍利用杂交优势理论,广泛开展各种形式的经济杂交,以提高肉牛生产效益。国外肉牛经济杂交主要采用轮回杂交、"终端"公牛杂交和轮回—终端"公牛杂交等方式。据研究,两品种杂交后代产肉性能一般提高15%～20%,两品种轮回杂交可使犊牛活重提高15%,三品种轮同杂交后代提高19%;两品种"终端"公牛杂交使犊牛活重提高21%,三品种"终端"公牛杂交后代提高24%。在法国、英国等国,利用肉牛与奶牛杂交提高奶牛的产肉性能,如英国有13%的奶牛用于繁殖肉牛,利用黑色安格斯牛、荷斯坦牛和利木赞牛进行三元杂交,其杂交后代全身被毛黑色、体型优美、难产率低、生长速度快、胴体质量好。

我国的肉牛改良始于20世纪70年代,主要采用两品种、三品种经济杂交生产商品肉牛,也采用育成杂交的方法培育形成了三河牛、草原红牛、新疆褐牛、中国西门塔尔牛等品种。杂交后代的生产性能由于杂交组合、培育条件等不同差异较大,一般杂交后代犊牛初生重比本地黄牛提高20%以上,18月龄体重比本地黄牛可提高30%,高者可提高1倍。

二、产肉性能指标及其测定方法

产肉性能评定指标很多,包括生长速度(初生重、断乳重、不同月龄断乳后增重)、肥育能力(肥育期日增重、饲料报酬)、宰前肥度评定以及屠宰测定(屠宰率、净肉率、胴体部位测量、肉骨比、胴体切块比例和胴体结构、肥度、瘦肉量、嫩度等)等。

(一)生长速度

1.初生重

犊牛出生后在第一次哺乳前的活重。

2.断乳重

肉牛一般随母哺乳,断乳时间很难一致,一般采用校正断乳重。

犊牛断乳的标准日龄多采用205 d(也有采用200 d、210 d),对日龄在205 d(范围160～250 d)的犊牛,空腹6～12 h后称重,采用下述公式计算出犊牛的校正(205 d)断乳重:

校正(205 d)断乳重(kg)=断乳重－初生重/实际断乳日龄×校正断乳天数(205 d)+初生重

在比较断乳重时,要考虑母牛泌乳力和犊牛性别的影响。

3.哺乳期日增重

指断乳前犊牛平均每天增重量。

哺乳期日增重(kg)=断乳重－初生体重/断乳日龄

4.断乳后增重

采用校正后的周岁体重。其计算公式如下:

校正周岁(365 d)体重=实际最后体重－实际断乳重/断乳后饲养天数×(365－校正断乳天数)+校正后断乳体重

(二)肥育能力

1.肥育期日增重

表示肉牛在肥育时期内增重和脂肪沉积的能力，肥育始重、肥育末体重应在牛肥育开始和结束时各连续 2 d 早晨空腹称重。以 2 d 称重的平均数为始重和末重。平均日增重通常以 g 或 kg 为单位来表示。可按下述公式计算：

肥育期日增重(kg)＝末期体重－期初体重/初始至期末肥育天数

2.饲料利用效率

每增重 1 kg 活重所耗的饲料干物质数量或能量。可按下述公式计算：

饲料利用效率＝饲养期间消耗的饲料干物质(或饲料能量)/饲养期间总增量

(三)宰前肥度评定

牛体屠宰前可用目测和触摸评定肥育等级，以判断肥育水平。目测主要观察牛体的大小、体躯宽窄与深浅度、腹部状态、肋骨长度与弯曲程度以及垂肉、肩、背、腰角等部位的肥满程度。触摸是以手触测各主要部位的肉层厚薄和脂肪沉积程度。

(四)屠宰测定指标

屠宰肉牛时，待宰牛在宰杀前 24 h 绝食、8 h 禁水，采用电麻醉或击晕(在眼睛与对侧牛角两条连线的交叉处)后吊挂宰杀。宰杀采用在颈下缘咽喉部切开放血，俗称“大抹脖”。

屠宰工艺流程如下：

待宰牛→击晕→放血→去头、蹄、尾→剥皮→去内脏→胴体劈半、修整→成熟

沿胴体脊椎骨中央用电锯或刀斧分割为左、右两半，称为半胴体，左半胴体称软半胴体，右半胴体称硬半胴体。半胴体由腰部 12～13 肋骨间截开，将胴体分为四块，称为四分体。屠宰胴体性状测定指标见表 21-1。

表 21-1　屠宰胴体性状测定指标

胴体性状	具体含义
宰前活重	牛屠宰前绝食 24 h、禁水 8 h 后的体重
宰后重	屠宰放血以后的体重
胴体重	去投、皮、尾、蹄、生殖器官及周围脂肪、母牛的乳房及周围脂肪、内脏(保留肾脏及周围脂肪)的重量
净肉重	胴体剔骨后的全部肉重，包括肾脏及周围脂肪
骨重	实测重量，要求骨上留肉不超过 2 kg
屠宰率	胴体重占宰前活重的百分率
净肉率	净肉重占宰前活重的百分率
胴体产肉率	净肉重占胴体重的百分率
肉骨比	净肉重与骨肉的比值

(五)胴体结构测定

胴体结构是指胴体的总体外观状况，包括胴体的形状、外部轮廓、胴体的厚度与长度。要求肋、腰、臀等部位丰满。除肉眼观察外，还可配合进行胴体测量(图 21-1)。要求用吊钩在胴

体跟腱部将胴体倒吊起来测量，主要测量部位如下。

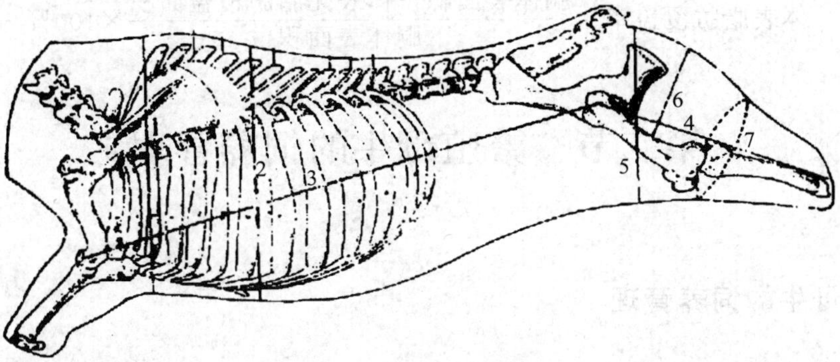

图 21-1 胴体测量部位

1.胴体胸深 2.胴体体深 3.胴体长 4.胴体后腿长 5.胴体后腿宽 6.大腿肌肉厚 7.胴体后腿围

1.胴体长

耻骨缝前缘至第 1 肋骨与胸骨联合点前缘间的长度称胴体长或胴体斜长。

2.胴体胸深

指自第 3 胸椎棘突的体表至胸骨下部的垂直深度。

3.胴体体深

指自第 7 胸椎棘突的体表经第 7 肋骨的垂直深度。

4.胴体后腿围

指在股骨与胫腓骨连接处的水平围度。

5.胴体后腿宽

指自去尾处的凹陷处至同侧大腿前缘的水平宽度。

6.胴体后腿长

指耻骨缝前缘至飞节的长度。

7.肌肉厚度

大腿肌肉厚指自体表至股骨体中点垂直距离。腰部肌肉厚指自体表至第 3 腰椎横突的垂直距离。

8.背膘厚度

指在第 12～13 胸肋间的眼肌横切面处，从靠近脊柱的一端起，在眼肌长度的 3/4 处，垂直于外表面测量背膘厚度(图 21-2)。

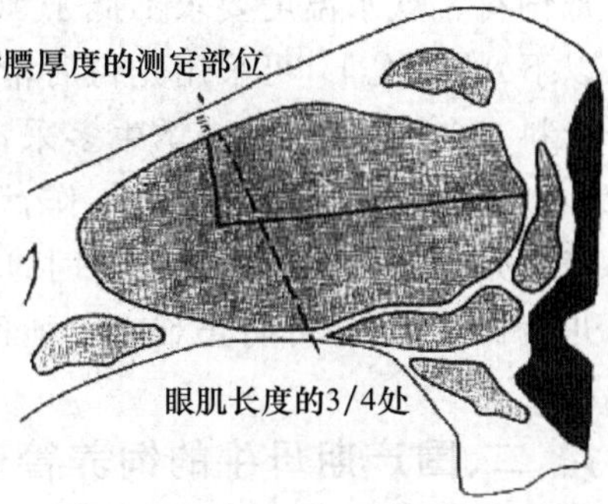

图 21-2 背膘厚度测定部位

9.眼肌面积

在第 12～13 胸肋间第 12 肋骨后的跟肌横切面处用眼肌面积板直接测定，或用硫酸纸将眼肌描出(描 2 次)，用求积仪或方格透明卡片算出眼肌面积。

10.体表脂肪覆盖率

指体表覆盖脂肪的面积占胴体表面积的百分比。采用不规则形状面积的测定方法分别测定胴体体表总面积(胴体长×胴体深×0.72)和胴体表面无脂肪覆盖面积(长×宽×0.72)，用以下公式计算：

$$\text{体表脂肪覆盖率}=\frac{\text{胴体表面积}-\text{体表无脂肪覆盖面积}}{\text{胴体表面积}}\times 100\%$$

第二节　繁殖母牛的饲养管理

一、怀孕母牛的饲养管理

怀孕期母牛的营养需要和胎儿的生长有直接关系。胎儿的增重主要在妊娠的最后3个月，此期的增重占犊牛初生重的70%～80%，需要母体供给大量营养。若胚胎期胎儿生长发育不良，出生后就难以补偿，增重速度减慢，饲养成本增加。同时，母牛体内需蓄积一定养分，以保证产后的泌乳量。妊娠前6个月胚胎生长发育较慢，不必为母牛增加营养。对怀孕母牛保持中上等膘情即可。一般在母牛分娩前，至少要增重45 kg，才足以保证产犊后的正常泌乳与发情。

若以放牧方式为主，青草季节应尽量延长放牧时间，一般可不补饲。枯草季节，根据牧草质量和牛的营养需要确定补饲草料的种类和数量。特别是在怀孕最后的2～3个月，这时正值枯草期，应进行重点补饲。需要指出的是，牛由于长期吃不到青草，维生素A缺乏时，可用胡萝卜或维生素A添加剂来补充，冬天每头每天喂0.5～1 kg胡萝卜，另外应补足蛋白质、能量饲料及矿物质的需要。精料喂量为每头每天0.8～1.1 kg。

舍饲情况下，按以青粗饲料为主适当搭配精饲料的原则，参照饲养标准配合日粮。粗料如以玉米秸秆为主，由于蛋白质含量低，要搭配1/3～1/2优质豆科牧草，再补饲饼粕类，也可以用尿素代替部分饲料蛋白。粗料若以麦秸为主，肉牛很难维持其最低需要，必须搭配豆科牧草，另外补加混合精料1 kg左右。怀孕牛禁喂棉籽饼、菜籽饼、酒糟等饲料。不能喂冰冻、发霉饲料。饮水温度要求不低于10℃。饲喂顺序，在精料和多汁饲料较少(占日粮干物质10%以下)的情况下，可采用先粗后精的顺序饲喂，即先喂粗料。待牛吃半饱后，在粗料中拌入部分精料或多汁料碎块，引诱牛多采食，最后把余下的精料全部投饲，吃净后下槽。

怀孕后期应做好保胎工作，无论放牧或舍饲，都要防止挤撞、猛跑。临产前注意观察，保证安全分娩。在饲料条件较好时，应避免过肥和运动不足。充足的运动可增强母牛体质，促进胎儿生长发育，并可防止难产。纯种肉用牛难产率较高，尤其初产母牛，须做好助产工作。

二、围产期母牛的饲养管理

围产期对母牛、胎犊和新生犊牛的健康都非常重要。围产期母牛发病率高，死亡率也高，因此必须加强护理。

母牛应在预产期前1～2周进入产房。产房要求宽敞、清洁、保暖、环境安静，并在母牛进入产房前用10%石灰水粉刷消毒，之后在地面铺以清洁干燥、卫生(日光晒过)的柔软垫草。在产房，临产前母牛应单栏饲养，并可自由运动，喂易消化的饲草饲料，如优质青干草、苜蓿干草和少量精料。饮水要清洁卫生，冬天最好饮温水。母牛分娩助产及产后护理参照奶牛进行。

对于挤奶的母牛，产后1周内不要挤净初乳，可逐步增加挤奶量。产后母牛一般康复期为2～3周。

三、哺乳母牛的饲养管理

哺乳母牛的主要任务是多产奶，以供犊牛需要。母牛在哺乳期所消耗的营养比妊娠后期还多，每产1 kg含脂率4%的乳，相当于消耗0.3～0.4 kg配合饲料的营养物质。1头大型母牛，在自然哺乳时，平均日产奶量可达6～7 kg，产后2～3个月到达泌乳高峰；本地黄牛产后平均日产奶2～4 kg，泌乳高峰多在产后1个月出现。犊牛生后2个月内每天需母乳5～7 kg，此时若不给母牛增加营养，就会使泌乳量下降，并会损害母牛健康。母牛在哺乳期对能量饲料的需要比妊娠时高出50%，对蛋白质、钙、磷的需要量加倍。因此，早春产犊母牛正处于牧地青草供应不足的时期，为保证母牛的产奶量，要特别注意泌乳早期（产后70 d内）的补饲。除补饲作物秸秆、青干草、青贮饲料和玉米等精料外，每天最好补喂饼粕类蛋白质饲料0.5～1 kg，同时注意矿物质及维生素的补充，以利于母牛的产后发情与配种。头胎泌乳的母牛除泌乳需要外，还应增加营养满足其继续生长的需要。营养不足对繁殖力影响明显，所以一定要饲喂品质优良的禾本科及豆科牧草，精料搭配多样化，但也应防止大量饲喂精料。

第三节　肉用犊牛的饲养管理

一、肉用犊牛的哺育

1.哺喂初乳

肉用母牛的产奶量较低，但乳中的干物质含量则高于乳用牛。初乳与通常的乳比较含有更多的蛋白质、矿物质和维生素A，对初生犊牛具有重要的营养和保健作用。因此，要让犊牛在出生后2 h内哺喂第1次初乳，并连续哺喂3～7 d。如果犊牛得不到初乳，需要用奶粉或常乳饲喂犊牛时，应添加维生素A、维生素D、维生素E。

2.哺育肉用犊牛

一般采用自然哺乳法和保姆牛哺乳法，即犊牛出生后一直跟随母牛哺乳、采食和放牧。这种方法的特点是易于管理，节省劳动力；犊牛跟随母牛，能即时哺乳，有利于犊牛的健康生长。保姆牛哺育法的哺乳期一般在4个月以上，最多不超过7个月。

为了充分利用母牛的泌乳潜力，节省母牛的饲养费用，一头产犊母牛也可同时哺育2～3头犊牛，即将同时出生的其他母牛的犊牛由该牛哺乳。生产上，还有将犊牛哺乳期控制在3个月左右，然后再带哺一批犊牛，由于此时母牛泌乳量仍比较高，所以，第2批的犊牛经过3个月左右的哺喂，生长性能与母亲直接哺喂相似。

为了降低哺乳期犊牛的培育成本，可以用全价的代乳料及专门化的开食料代替全乳及脱脂乳。

3. 开食

为了促进犊牛的生长发育，在哺乳的同时，需要尽早让犊牛采食牧草和其他饲料。在犊牛出生的第 1 天，就让它们接触优质干草，第 2 天开始接触开食料。开食料中不应添加尿素类非蛋白氮，随着牛的生长，可逐渐添加，但不应高于精料量的 2%，且需与精料混合饲喂。

4. 饲料配合

犊牛在满月或 40～50 d 时，可以饲喂精料，减少喂奶。设计精料配方时，应充分考虑犊牛消化道消化酶分泌的特点，以防止犊牛的消化不良。另外，为了促进瘤胃的生长和发育，应该给犊牛饲喂优质干草，喂量每天 3 kg 左右。

对犊牛的饲料变换不要太快。否则可能会造成消化不良，瘤胃酸度过高和采食量下降，最终造成日增重下降。更换饲料的时间一般以 4～5 d 为宜。更换时精料的比例和粗料的比例不超过 10%。

犊牛理想的采食量可达到体重的 2.5%～2.6%。例如，当犊牛的体重为 230 kg 时，则采食量为 5.75 kg。一般犊牛采食饲料 5～7 d 时，采食量可达体重的 2.0%～2.2%；14～21 d 时，采食量可达 2.5%～2.6%。这时要尽量使牛维持这一采食量，且保持的时间越长越好，也越有利于促进瘤胃的生长发育。

一般从犊牛 4 月龄左右，可以让犊牛接触青贮饲料，但最初饲喂青贮饲料的数量不宜过多。

二、肉用犊牛的管理

1. 预防接种

所有犊牛都要进行产气荚膜梭菌病(如气肿疽和恶性水肿)的免疫接种。接种气肿疽的最佳时期是 2～3 月龄，特别是在转入放牧以前。在断乳前的 3 周，还要进行传染性牛鼻气管炎(IBR)的疫苗接种。在断乳后的 2～3 周，所有后备犊牛都应进行牛病毒性腹泻的疫苗接种。此外，还要进行针对布氏杆菌及结核病的预防接种。

2. 去势

越来越多的肉牛生产者不再对公犊牛进行去势。如果饲养水平适当，公犊牛在没有表现出性欲以前就可以达到市场收购体重。尽管如此，但大部分公牛在肥育前还需进行去势。去势的时间为 4～6 月龄。如果在 3 月龄以前去势，犊牛掉膘少。在仲夏以前手术，伤口亦不易感染，但小牛容易发生尿结石和影响生长发育。如果犊牛没有在春季去势，就要等到晚秋或冬季来来临以前、蝇虫减少的时候进行手术。这时去势出血较多，但对动物的生长影响较微。去势的方法有手术法或药物注射法。

3. 去角

犊牛去角要早，一般在生后 5～7 d，这样牛的痛苦较小。去角方法同奶牛。

4. 分群

饲养和放牧肉用犊牛应按其月龄、体格大小和性别等进行分群，每群 30～50 头。分群后固定专人进行饲养和管理。

第四节 肉用牛其他各阶段的饲养管理

一、肉牛的生长发育规律

1. 体重的生长规律

牛生长情况的直接度量指标是增重情况，有初生重、断乳重、一岁体重、一岁半体重、平均日增重等项目。于晨饲喂前空腹称重，用连续两日称重计算平均值。

怀孕期间，胎儿在 4 个月以前的生长速度缓慢，以后生长变快，分娩前的速度最快。犊牛的初生重与遗传、孕牛的饲养管理和怀孕期长短有直接关系。初生重与断乳重呈正相关，也是选种的重要指标。

出生后，在充分饲养的条件下，12 月龄以前的犊牛生长速度很快，以后明显变慢，近体成熟时生长速度很慢(图 21-3)。因此，在生产上应掌握其生发育特点，在生长发育快速的阶段给以充分饲养，以发挥其增重效果。同时，在饲料利用效率方面，增重快的牛比增重速度慢的要高。

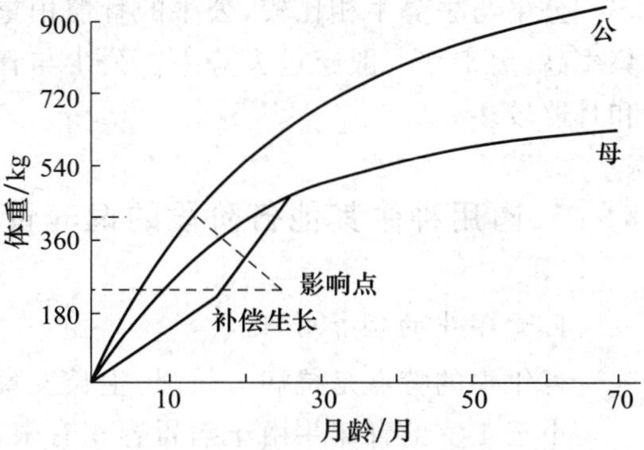

图 21-3 肉用牛的生长曲线

据试验，饲料营养用于维持需要的比例，日增重 800 g 的犊牛为 47%，而日增重 1 100 g 的犊牛只有 38%。

2. 补偿生长

牛在生长发育的某阶段，如果饲料不足而使生长速度下降，一旦恢复高营养水平饲养，则其生长速发比未受限制饲养的牛还要快，经过一个时期饲养后，仍能恢复到正常体重，生长中的这种特性称作补偿生长。但是，并不足在任何情况下都能进行补偿的，如果在生命的早期(如从初生到 3 月龄)生长速度受到严重影响时，则在下一阶段(3～9 月龄)便很难进行补偿生长。

生长牛的增重速度与性别有关，一般公牛最快，去势牛次之，母牛最慢。肌肉的增重速度也是公牛最快，但脂肪的增重速度则以去势牛最快。

3. 体组织的生长

牛体组织的生长直接影响到体重、外形和肉的质量。

牛在生命周期的不同阶段，各组织生长的速度是不同的。对于犊牛，出生时其骨骼已能正常负担整个体重，此后，骨骼生长一直比较稳定。但初生犊牛的肌肉不够发育，所以肌肉的生长速度比骨快，体重不断增长，肌肉和骨骼重量相差变大。

牛脂肪生长速度，从初生到 1 岁期间较慢，仅稍快于骨骼，以后生长变快。

各体组织占胴体重的百分率，在生长过程中变化也很大。肌肉在胴体中的比例先是增加而后下降，脂肪的百分率持续增加，骨骼的比例持续下降。年龄越大则脂肪的百分率越高。

除肌肉、脂肪和骨骼以外，牛的其他组织（如皮、血、内脏等）的生长速度和在身体中的比重也是随着年龄而变化的。这些副产品有些可以作为食品，有些则是重要的工业或医药原料。故在牛的屠宰利用的时期上也要予以考虑。

不同类型牛的体组织的生长亦具有不同特点。早熟品种一般在体重较轻时便能达到成熟年龄的体组织间比例，且肥育年龄较早。早熟品种海福特牛与晚熟的荷斯坦牛相比较，它们在生长最初阶段时，肌肉和骨骼所占比重相似；当体重达到 120 kg，海福特牛的脂肪所占比例比荷斯坦牛高；相反，荷斯坦牛的肌肉比例比海福特牛大，但两个品种的骨骼比例相似。

夏洛来牛为大型晚熟品种，在断乳后饲养 190 d 时，脂肪含量仍在 30%以下，肌肉在 57%以上；但早熟小体型的安格斯牛，虽然断乳后仅饲养 153 d，脂肪所占比例仍超过夏洛来牛，为 30.1%～33.8%，而肌肉比例却低于夏洛来中，为 53.8%～57.2%。

公牛与去势牛相比较，公牛的骨骼稍重且肌肉较多，脂肪的生长延迟。公牛的日增重比去势牛高，屠宰率一般超过去势牛。公牛与青年母牛比较，当体重相同时，公牛的脂肪较少，肌肉和骨骼较多。

二、肉用种牛其他各阶段的饲养管理

1. 青年牛的饲养管理

青年牛的特点是抗病力较强，生长发育较快，因此其营养需要和采食量亦随时间而变化。

小于 1 岁的青年牛由于瘤胃容积有限，需要营养水平较高的日粮。此时只喂给粗饲料仅能维持中等牛长速率。对于 1 岁以内青年牛的日粮，需要有一定数量的精饲料。3～6 月龄犊牛的日粮粗饲料比例一般应为 40%～80%，7～12 月龄的青年牛可增加至 50%～90%。具体比例视粗饲料质量而定。随着青年牛的生长，可降低日粮中的蛋白质含量而提高纤维（中性洗涤纤维）含量。3～6 月龄犊牛的日粮中不应含低质粗饲料。若用低质粗饲料饲喂年龄稍大些的青年牛，日粮配方中应补充足够量的精饲料和矿物质。精饲料中所含粗蛋白比例取决于粗饲料的粗蛋白含量。一般来讲，用来饲喂青年牛的精料混合料的粗蛋白含量达 16%基本可以满足需要。

13 月龄以上青年牛的瘤胃已具有完善的功能，只喂给优质粗饲料基本可以满足正常生长的需要。实际上，如果此期的粗饲料能量含量较高（如全株玉米青贮），应限制粗饲料的喂量，否则可能会因采食过量而引起肥胖。玉米青贮和豆科植物或牛长良好的牧草混合饲料，可为肉牛提供足够的能量和蛋白。粗饲料质量较低时需要补充精饲料。

在青年牛的管理方面，应将性别相同、年龄相近、体格大小相差不大的牛同群饲养。年龄最好相差不超过 2 个月，活重相差不超过 30 kg。每天至少有 2 h 的驱赶运动。每天刷拭 1～2 次，以保证牛体的清洁，做到人、牛亲和，防止发生恶癖。

2. 种公牛的饲养管理

肉用种公牛饲养管理的基本要求是：体质保持健康、精液质量高并且利用年限长。

(1)成年种公牛的饲养：成年种公牛的饲养标准根据其活重和配种负担而定。日粮配制原则是：全价营养，多样配合，适口性好，容易消化，精、青、粗饲料搭配适当，蛋白质的生物学价值高。日粮搭配应保证优质豆科干草的供给量、控制玉米青贮喂量。

对成年公牛不可过量使用多汁饲料和粗饲料，以防形成“草腹”，也不宜喂过量的能量饲料以免过肥。富含蛋白质的精料有利于精液的生成，但它属于生理酸性饲料，喂量过多易在体内产生大量有机酸，对精子的形成反而不利。青贮饲料属于生理碱性饲料，但本身含有大量有机酸，多喂同样有害。食盐和钙、磷等矿物质元素对于促进消化机能、维持食欲和精液品质关系重大，必须按量供应。

种公牛冬季的日粮应由高质量的禾本科和豆科干草、块根（最好是胡萝卜）以及少量的青贮饲料和半干青贮饲料组成，精料依配种负担不同宜占日粮干物质的35%～45%。混合精料中应当包括谷实、麸皮、饼粕和一部分酵母蛋白饲料，但不应该给种公牛饲喂酒糟、果渣及粉渣等副产品饲料，干草给量为体重的1%，精料为0.5%。

要保证公牛有充足而清洁的饮水，但配种或采精前后、运动前后的30 min以内不应饮水，以防影响公牛健康。

(2)青年种公牛的饲养：青年种公牛的1∶1粮中，精、粗饲料的比例随粗料的质量而异。以青草为主时，精、粗料的干物质比例为55∶45。以干草为主时，其比例为60∶40。从断乳开始，小公牛应与母亲隔离、单槽饲养。

(3)种公牛的管理：肉用种公牛的一般管理与乳用公牛基本相似，可参照执行。但在繁殖管理方面，对于实行自然交配的放牧场，在放牧配种季节，要调整好公母比例。当一个牛群中使用数头公牛配种时，青年公牛要与成年公牛分开。在一个大的牛群中，公牛年龄不同配种头数亦不同。有较多后代的优势公牛不一定有着最高的性驱使能力，也不完全是牛群中个体最大、生长最快的公牛。因此，在公牛放牧配种时，要进行轮换，特别对1岁公牛，每10～14 d休息3～4 d。

第五节　肉牛的育肥技术

一、肉牛育肥的一般饲养管理原则

(一)肉牛育肥的饲养原则

1. 饲料合理搭配、混合均匀

育肥牛的饲料种类繁多，通常有精料、粗料、糟渣料、青贮饲料等，可以按照饲料形式分开饲喂，也可以混合拌匀后饲喂。机械混合时，至少开动机器3 min；手工操作时，至少应将所有饲料搅拌3次，以看不到饲料堆里有各种饲料层次为准。这样的饲料，牛不会挑食，而且先上槽牛和后上槽牛采食到的饲料比例基本都一样，可以提高育肥牛生长发育的整齐度。

2. 采用湿拌料

育肥牛饲料最好常年以全株青贮玉米或糟渣饲料作为主料。饲喂时将精料、青贮饲料、糟渣饲料及其他饲料按比例称量放在一起搅拌均匀，此时各种饲料的混合物（含水量在40%～50%）属半干半湿状，喂牛效果较好。使用干粉状饲料时，因为牛边采食边呼吸，极容易把粉状料吹起，导致牛异物性肺炎的发生。

给育肥牛饲喂半干半湿混合料时，要特别注意防止混合料发酵产热。发酵产热后饲料的适口性大大下降，影响牛的采食量。因此，每一次拌料量以能满足牛 4～6 h 的采食量为限，将拌匀的混合料摊放在阴凉处，堆积厚度不要超过 10 cm，以防发热变质，夏季更应随拌随喂。

3. 饲喂次数

育肥牛饲喂次数大多数是日喂 2～3 次，少数实行自由采食。自由采食能满足牛生长发育的营养需要，因此，牛长得快，屠宰率高，出肉多，育肥牛能在较短时间内出栏。采用限制饲养时，牛不能根据自身要求采食饲料，限制了牛的牛长发育速度。采用自由采食还足限制饲养，要根据牛场的饲料来源、牛的状况和市场综合考虑。

4. 投料方式

采用少喂勤添，使牛总有不足之感，争食而不厌食或挑剔。但少喂勤添时要注意牛的采食习惯，一般的规律是早上采食量大，因此早上第一次添料要多一些，太少了容易引起牛争料而顶撞斗架；晚上饲养人员休息前，最后一次添料量要多一些，因为牛在夜间也采食。

5. 饲料更换

在育肥牛的饲养过程中，饲料的变更是常常会发生的，但应采取逐渐更换的办法，决不可骤然变更，打乱牛的原有采食习惯，应该有 3～5 d 的过渡期，逐渐让牛适应新更换的饲料。在饲料更换期间，要求饲养管理人员勤观察，发现异常，应及时采取措施，尽量减少因更换饲料带来损失。

6. 饮水

水是一种重要的营养成分，常常被人们忽视而影响育肥牛的生长发育。采用自由饮水法最为适宜。不能自由饮水时，日饮水的次数不能少于 3 次。在南方冬季育肥牛饮水不必加温。

(二)育肥肉牛的管理

1. 分群

按牛的年龄、品种、体重等，将育肥肉牛分成若干小群。分群在临近夜晚时较为容易。

2. 运动

肉牛育肥时应减少运动，以减少营养物质的消耗，提高肥育效果。采取的方法是，每次喂完后，每头牛单木桩拴系或圈于休息栏内，为减少其活动范围，缰绳的长度以牛能卧下为好。在放牧育肥时，也要注意肉牛的采食范围，减少运动量。

3. 去势

2 岁前采取公牛肥育，则生长速度快，瘦肉率高，饲料报酬高；2 岁以上的公牛，宜去势后肥育，否则不便管理，同时牛肉有膻味，影响胴体品质。

4. 驱虫

每年在春、秋两季和育肥前要驱虫(包括体内和体表寄生虫)，并严格清扫和消毒房舍。可选用阿维菌素，一次用药同时清除体内和体表寄生虫，常用驱虫药还有阿苯达唑等。

5. 刷拭

刷拭可增加牛体血液循环，提高牛的采食量。在饲喂后进行刷拭，从头到尾，先背腰，后股部和四肢，反复刷拭。刷拭必须坚持每日 1～2 次。

6.防暑

育肥牛的防暑胜于保暖。改变局部环境，如搞好牛舍周围的绿化。在干热气候下，牛舍内喷雾可使舍温降低 2～3℃。

7.定期称重

从育肥开始、每间隔 2 个月对育肥牛称重，以便淘汰育肥效果不明显的个体，保证效益。

二、肉牛育肥原理与育肥方式

（一）育肥原理

所谓育肥，就是在日粮中的营养成分高于牛本身维持和正常生长发育所需的营养成分的基础上，使多余的营养以脂肪的形式沉积于体内，获得高于正常生长发育的日增重，缩短出栏年龄，达到上市体重。对于幼牛，其日粮营养应高于维持营养需要和正常生长发育所需营养；对于成年牛，只要大于维持营养需要即可。

由于维持需要没有直接产品，所以在育肥过程中，日增重越高，维持需要所占的比重越小，饲料的转化率就越高。各种牛只要体重一致，其维持需要量相差不大，仅仅是沉积的体组织成分的差别，所以降低维持需要量的比例是肉牛育肥的关键问题，或者说，提高日增重是肉牛育肥的核心问题。

日增重受品种、年龄、营养水平和饲养管理方式的直接影响，同时确定日增重的大小也必须考虑经济效益、牛的健康状况。过高的日增重，有时也不太经济。在我国现有生产条件下，最后 3 个月育肥的日增重控制在 1.0～2.0 kg 更经济。

不同的营养供给方式亦影响肉质。肉牛场可根据市场需要，生产适销对路的牛肉。生产高脂肪牛肉出口时，应采取低—高、中—高、高—高的营养供给方式；生产低脂肪牛肉，宜采取中—中的营养供给方式。

（二）育肥方式

肉牛育肥方式划分方法很多。按牛的年龄可分为犊牛育肥、幼牛育肥和成年牛育肥；按性别可分为公牛育肥、母牛育肥和去势牛育肥等；按育肥所采用的饲料种类分为干草育肥、秸秆育肥和糟渣育肥；按饲养方式可分为放牧育肥、半舍半牧育肥和舍饲育肥。虽然牛的育肥方式较多，划分方法各异，但往实际生产中往往是各种肥育类型互相交叠应用。

1.放牧育肥

是指从犊牛育肥到出栏为止，完全采用草地放牧而不补充任何饲料的育肥方式。这种育肥方式适合于人口较少、土地充足、草地广阔、降雨量充沛、牧草丰盛的牧区和半农半牧区。例如，新西兰肉牛育肥基本上以这种方式为主，一般自出生到饲养至 18 月龄，体重达 400 kg 便可出栏。

2.半舍饲、半放牧育肥

夏季青草期牛群采取放牧育肥，寒冷干旱的枯草期将牛群于舍内饲养，这种半集约的育肥方式称为半舍饲半放牧育肥。

采用这种育肥方式，不但可利用草地放牧，节约投入支出，而且犊牛断乳后可以低营养过冬，在第二年青草期放牧能获得较理想的补偿增长。此外，采用此种方式育肥，还可在屠宰前有 3～4 个月的舍饲育肥,从而达到最佳的育肥效果。

3. 舍饲育肥

肉牛从育肥开始到出栏为止全部实行圈养的育肥方式称为舍饲育肥。其优点是使用土地少,饲养周期短,牛肉质量好。缺点是投资大,育肥过程中需要较多的精料,育肥成本过高。采用此种育肥方式时,在保证饲料充足的条件下,自由采食时效果较好。

4. 持续育肥

指在犊牛断乳后就转入育肥阶段,给以高水平营养进行育肥,一直到出栏体重时出栏。持续育肥较好地利用了牛生长发育快的幼牛阶段,日增重高,饲料利用率也高,出栏快、出栏肉质好。

5. 架子牛育肥又称后期集中育肥

是在犊牛断乳后,按一般饲养条件进行饲养,达到一定年龄和体况后,充分利用牛的补偿生长能力,采用在屠宰前集中 3～4 个月进行强度育肥。但若吊架子阶段较长、肌肉生长发育受阻过度时,即使给予充分饲养,最后体重也很难与合理饲养的牛相比,而且,胴体中骨骼、内脏比例大,脂肪含量高,瘦肉比例较小,肉质欠佳。

三、牛肉产品类型及其育肥技术

(一)犊牛肉及其生产技术

1. 犊牛肉产品类型与特性

(1)白牛肉(white beef):完全用全乳、脱脂乳或代乳料所牛产的牛肉,当犊牛达到 3～5 月龄,体重达 95～125 kg 时屠宰,这样生产的牛肉称为白牛肉。这种牛肉富含水分,鲜嫩多汁,蛋白质含量高而脂肪含量低,风味独特,营养丰富,味道鲜美,带有乳香气味,肉色全白或稍带浅粉色,故称为白牛肉,是一种自然的高档牛肉,其价格高出一般牛肉 8～10 倍。

(2)小牛肉(veal):犊牛出生后 6 个月或 8 个月,以牛奶为主并搭配少量混合精料进行饲养,这样生产的牛肉称为小牛肉。小牛肉分小胴体和大胴体。小胴体的犊牛育肥至 180 日龄,屠宰活重 250～300 kg,胴体重量 130～150 kg;大胴体的犊牛育肥至 240 日龄,屠宰活重 300～350 kg,胴体重量不超过 200 kg。犊牛屠宰率可达到 58%～62%。

在养牛业发达的国家,多用奶牛公犊作为白牛肉和小牛肉生产的原料。我国 20 世纪 80 年代初已开始生产小牛肉,为我国奶牛公犊的高效利用、增加高质量牛肉品种供应市场摸索了新的途径。进行小白牛肉生产,可满足星级饭店对高档牛肉的需要,是一项具有广阔发展前景的产业。

2. 犊牛肉生产技术

(1)犊牛的选择:应尽量选择早期生长发育速度快的牛品种,如利木赞牛、黑安格斯牛、红安格斯牛、德国黄牛、海福特牛等,均可作为生产白牛肉或小牛肉的品种。在我国目前条件下,选择荷斯坦公犊牛生产高档优质肉是适宜的。犊牛出生后 3 d 内可以采用随母哺乳,也可采用人工哺乳,但出生 3 d 后必须改由人工哺乳。以选择公犊为佳,因公犊生长快,可以提高牛肉生产效率和经济效益。但淘汰的母犊亦可。初生重不低于 35 kg,一般为 40～42 kg。

(2)饲料的选择:饲料是白牛肉和小牛肉生产的关键。犊牛采食草料后,肉色变暗,消费者不欢迎。生产白牛肉和小胴体不能直接饲喂精、粗饲料，应以全乳或代乳品为饲料。采用全乳的犊牛比用代用乳的日增重高。

大胴体生产时，分阶段饲养。在初生至1月龄喂代乳料，每头每日3～5 kg。代乳料主要由脱脂乳、乳清粉、乳化脂肪和熟豆粕粉或玉米粉按一定比例配合而成，并添加矿物质和维生素。如鲜乳原料便宜，第1个月可喂鲜乳，第2～3个月饲喂人工乳，其配方可不用奶粉，而选用植物性饲料代替，并逐渐增加植物性饲料的比重。

(3)饲喂方法：单纯以奶作为日粮，在幼龄期只要注意奶的消毒、乳温，特别是喂奶速度等，均不会出现消化不良问题。在食管沟反射期间，喂奶速度要慢，喂奶的容器外形与颜色必须一致，以强化食管沟的闭合反射。发现异常时，可减奶，放慢喂奶速度。5周龄以后采取拴系饲养。一般在120 d，体重150 kg出栏。

(4)管理：要严格控制饲料和水中铁的含量，牛床最好是采用漏粪地板，控制牛与泥土、草料接触，以防采食后引起犊牛消化道疾病；保证充足的饮水；饲喂要做到定时定量；舍温应保持在14～20℃，犊牛舍内每日清扫粪尿1次，并用清水冲洗地面，每周于室内消毒1次；保证牛舍通风良好。

(5)屠宰月龄与体重：根据生产犊牛肉的等级决定。

(二)青年牛育肥技术

青年牛育肥是利用其早期生长发育快的特点，在犊牛5～6月龄断乳后直接进入育肥阶段，提供高水平营养，进行强度育肥，在13～24月龄出栏体重达到360～550 kg。这类牛肉鲜嫩多汁，脂肪少，适口性好，是我国肉牛育肥主要方式，也是高档牛肉生产方式。青年牛育肥称为持续育肥，实际生产中分为舍饲强度育肥和放牧补饲强度育肥。

1.舍饲强度育肥技术

指在育肥的全过程中采用舍饲，不进行放牧，保持始终一致的较高营养水平，一直到肉牛出栏。采用这种方法，肉牛生长速度快，饲料利用率好，饲养期短，育肥效果好。

舍饲强度育肥可分为三期，刚进舍的断乳犊牛不适应环境，一般要有1个月左右的适应期；第二期是增肉期，这一时期一般要持续7～8个月，分为前，后两期；第三期催肥期，主要是让牛增膘长肉、沉积脂肪，一般为2个月。

舍饲强度育肥的案例：7月龄体重150 kg开始育肥至18月龄出栏，体重达到500 kg以上，平均日增重1 kg以上。育肥期日粮，粗饲料为青贮玉米秸、谷草；精料为玉米、麦麸、豆粕、菜粕、石粉、食盐、碳酸氢钠、微量元素和维生素预混剂等。

2.放牧补饲强度育肥

指犊牛断乳后，以放牧为主，根据草场情况，适当补充精料或干草，育肥牛18月龄体重达到400 kg的育肥方式。要求犊牛哺乳阶段，平均日增重达到0.9～1 kg，冬季日增重保持0.4～0.6 kg，第2个夏季日增重在0.9 kg。在枯草季节每天每头补喂精料1～2 kg。其优点是精料用量少，饲养成本低；缺点是日增重较低。在草地较丰富的地方，是肉牛育肥的一种重要方式。放牧时，实行轮牧，防止过牧。牛群可根据草原、草地大小而定，一般20～30头组一群为好。120～150 kg活重的牛，每头牛应占有1.3～2 hm^2 草场；300～400 kg活重的牛，每头牛应占有2.7～4 hm^2。草场。草地4～11月份为放牧育肥期，牧草结籽期是放牧育肥的最好季节。每天的放牧时间10～12 h，最好设有饮水设备，并备有食盐舔舐。当天气炎热时，牛群应早出晚归,中午多休息。在回舍后 1 h 补饲,每天每头补喂精料 1～2 kg,否则会减少放牧时牛的采食量。

(三)架子牛的育肥技术

一般将 12 月龄以上,骨骼得到充分生长发育的牛称架子牛。架子牛的快速育肥是指犊牛断乳后,在较粗放的饲养条件下饲养到一定的年龄阶段,然后采用强度育肥方式,集中育肥 3～6 个月,以充分利用牛的补偿生长能力,达到理想体重和膘情时屠宰,这种育肥方式也称为异地育肥。育肥成本低,精料用量少,经济效益较高,在黄牛育肥上应用较多。

1. 育肥架子牛的选择

选择生产性能和肉用性能好的肉牛品种,如西门塔尔牛、利木赞牛、海福特牛和红安格斯牛等品种,或者是选择杂交牛。国内的几个黄牛品种,如秦川牛、南阳牛等,可获得比较好的育肥效果。乳用牛公犊、淘汰母牛也可用以育肥。

育肥牛的增重速度、胴体质量、活重、饲料利用率等都和年龄有非常密切的关系。如果一批架子牛计划饲养 100～150 d 便出售,则应选购 2 岁以上的架子牛;如选择在秋灭收购架子牛,第 2 年再出栏,应选购 1 岁左右的牛;利用大量粗饲料时,选购 2 岁牛较好,以体重在 300 kg 以上的架子牛为主。

公牛的生长速度和饲料转化率优于去势牛,且胴体瘦肉多,脂肪少。一般宜选公牛作肉牛,其次是去势牛,再次是母牛。如果选择已去势的架子牛,则早去势为好,3～6 月龄去势的牛可以减少应激,加速头、颈及四肢骨骼的雌化,提高出肉率和肉的品质。

选择架子牛时,还要考虑其体重、体型外貌。育肥牛理想的外貌要求是头宽,颈短而粗,胸宽,肋骨开张且多肉,背腰和尻部宽广,四肢短直,皮肤柔软,毛色光亮,全身肌肉乍满,整个牛体型侧看近似砖形,前看呈圆桶形。但要注意,头大、肚大、颈细、脱尖的小牛(其前期发育多半不良)和体形像犊牛的大牛(四肢细长、腹小、躯体浅窄,青年期生育受阻),均不宜作肉牛。如果,生产高档牛肉,架子牛年龄的选择在 12～18 月龄为优,体重为 250～300 kg;如果生产中档牛肉,架子牛年龄应选择在 2～3 岁,本地黄牛体重为 300～350 kg,肉用牛体重为 500～550 kg。体形应是体躯深长,背部平宽,胸、腰、臀部宽广且成一直线;十字部应高于肩部,飞节适当高一些;头形应为嘴大、颈短;皮肤松弛柔软、被毛柔软密致、毛色光亮;各部位发育匀称,可通过肉眼观察和实际触摸来判断,主要应该注意肋骨,脊骨、十字部、腰角和臀端肌肉丰满情况,如果骨骼明显外露,则膘情为中下等,若骨骼外露不明显,但手感较明显为中等,若手感较不明显,表明肌肉较丰满,则为中上等。购买时,可据此确定牛的价格高低和育肥时间长短。

2. 减少应激

架子牛的育肥大都为异地育肥,架子牛在运输过程中和到达育肥场新环境后都会产生应激现象。牛受应激反应越大,受损失也越大。为减少牛应激的损失,可采用如下措施。

(1)口服或注射维生素 A:运输前 2～3 d 开始,每头牛每日口服或注射维生素 A 25 万～100 万 IU。

(2)灌喂酒精:装运前,给架子牛按每千克体重灌喂 1 mL。酒精,可避免因运输途中的应激导致的体重减轻。

(3)装运前合理饲喂:在装运前 3～4 h,应停止饲喂具有轻泻性的饲料(如青贮饲料、麸皮、新鲜青草),否则容易引起腹泻、排尿过多,污染车厢,弄脏牛体。装运前 2～3 h,不能过量饮水。

(4)装运中忌粗暴:装运过程中,切忌任何粗暴行为,以防应激反应加重。

(5)合理装载:用汽车装载时,每头牛按体重大小应占有的面积是:小于 300 kg 为 0.7～0.8 m^2,300～350 kg 为 1.0～1.1 m^2,400 kg 为 1.2 m^2,500 kg 以上为 1.3～1.5 m^2。

3.新购进架子牛的饲养管理

架子牛经过长距离、长时间的运输,胃肠食物少,体内严重缺水。这时给牛补水是位居第一位的工作。首次饮水量限制为 15～20 L,并为每头牛补人工盐 100 g;第 2 次饮水应在第 1 次饮水后 3～4 h,切忌暴饮,水中掺些麸皮效果更好;随后可采取自由饮水。

对新到架子牛,最好的粗饲料是长干草,其次是玉米青贮和高粱青贮。千万不能饲喂优质苜蓿干草或苜蓿青贮,否则容易引起运输热。用青贮饲料时最好添加缓冲剂(碳酸氢钠),以中和酸度。每天每头可喂 2 kg 左右的精饲料,暂时不要喂尿素。补充无机盐,用 2 份磷酸氢钙加 1 份盐让牛自由采食。补充 5 000 1U 维生素 A,100 IU 维生素 E。

4.分阶段饲养

架子牛的 120 d 左右育肥期可以分为三个阶段,即过渡期、增重期、催肥期。过渡期约 15 d。对刚从异地买进的架子牛,一定要驱虫,包括驱除内、外寄生虫。常用的驱虫药物有伊维菌素、阿费米丁、阿苯达唑、敌百虫、左旋咪唑等。驱虫应存空腹时进行,以利于药物吸收。驱虫后架子牛应隔离饲养 15 d,其粪便消毒后进行无害化处理。实施过渡阶段饲养,即首先让刚进场的牛自由采食粗饲料,粗饲料不要铡得太短,长约 5 cm。此后仍以粗饲料为主,可铡成 1 cm 左右。每天每头牛控制喂 0.5 kg 精料,与粗饲料拌匀后饲喂。精料量逐渐增加到 2 kg。增重期为第 16～60 d。这时架子牛的干物质采食量要逐步达到 8 kg,精粗比为 6∶4,日增重 1.3 kg 左右。催肥期为第 61～120 d,干物质采食量达到 10 kg,日粮粗蛋白质水平为 10%,精粗比为 7∶3,日增重 1.5 kg 左右。

5.架子牛的饲喂方式

有定时定量饲喂和自由采食两种,可根据牛场实际情况选择采用。

6.架子牛育肥的管理

育肥架子牛应采用短缩拴系,限制活动,以利于架子牛的育肥;每天刷拭两次,有利于皮肤健康,促进血液循环,提高肉质;经常观察反刍情况、粪便、精神状态,如有异常应及时处理;达到市场要求体重要及早出栏,一般活牛出栏体重为 450 kg,生产高档牛肉的牛则为 550～650 kg 时出栏;要随时淘汰处理病牛等不增重或增重慢的牛,要定期了解牛群的增重情况,不要等到一大批牛全部育肥达标时再出栏,一小批达标即可出栏,以加快牛群的周转,降低饲养成本。

(四)成年牛的育肥技术

用于育肥的成年牛大多是役牛、奶牛和肉用母牛群中的淘汰牛,一般年龄较大,产肉率低,牛肉品质差。经过育肥,肌肉之间和肌纤维之间脂肪增加,肌纤维、肌肉束迅速膨大,使已形成的结缔组织网状交联松开,肉质明显变嫩,肉的味道改善,经济价值提高。

育肥前应对牛进行健康检查,病牛应治愈后育肥;过老、采食困难的牛不要育肥;公牛应在育肥前去势。

成年牛育肥期以 2～3 个月为宜,不宜过长,因其体内沉积脂肪能力有限,满膘时就不会增重,应根据牛膘情灵活掌握育肥期长短。膘情较差牛,先用低营养日粮,过一段时间后调整到高营养再育肥，按增膘程度调整日粮。生产实际中，在恢复膘情期间（即育肥第1个月）往往增重很高，饲料转化率较之正常也高得多。有草地的地方，可先行放牧育肥1～2个月，再舍饲育肥1个月。成年牛的育肥要充分利用当地的饲料资源，如农作物秸秆、玉米青贮、菜渣、苹果渣、酒糟等，以降低生产成本，提高经济效益。

（五）高档牛肉生产

1. 高档牛肉的概念

传统方式所生产的牛肉在嫩度上不及猪、禽肉，肉质偏老。如果选择专门化的肉牛良种或优良地方品种的杂交后代，采用高水平饲养、肥育达到一定体重后送屠宰厂屠宰，并按规定的程序进行分割、加工、处理，其中几个指定部位的肉块经过专门设计的工艺处理后，不仅色泽、新鲜度上达到优质肉产品的标准，而且具有和优质猪肉相近的嫩度，即称为高档牛肉。因此，高档牛肉就是牛肉中特别优质的、肌肉纤维细嫩和脂肪含量较高的牛肉，所做食品既不油腻，也不干燥，鲜嫩可口。

2. 高档牛肉生产技术要点

(1)品种选择：选用国外优良的肉牛品种如利木赞牛、皮埃蒙特牛、海福特牛、西门塔尔牛等，或者用国外优良肉牛品种与国内地方品种（如秦川牛、晋南牛、鲁西牛、南阳牛）的杂种牛作为育肥材料。这样的牛生产性能好，易于达到育肥标准。国内地方品种与国外品种的杂交一代或二代也能达到高档牛肉生产要求。

(2)年龄选择：牛的脂肪沉积与年龄呈正相关，即年龄越大沉积脂肪的能力越大，而肌纤维间脂肪是最易沉积的。但年龄也与嫩度、肌肉与脂肪颜色有关，一般随年龄增大肉质变硬，颜色变深变暗，脂肪逐渐变黄。生产高档牛肉，牛的屠宰年龄一般为18～22月龄，屠宰体重达到500 kg以上，这样才能保证屠宰胴体分割的高档优质肉块具有符合标准的剪切值、理想的胴体脂肪覆盖和肉汁风味。因此，对于育肥架子牛，要求育肥前12～14月龄体重达到300 kg，经6～8个月育肥期，活重能达到500 kg以上。

(3)性别选择：一般母牛沉积脂肪最快，去势牛次之，公牛沉积最慢且迟，肌肉颜色为公牛深、母牛浅、去势牛居中。饲料转化效率以公牛最好，母牛最差。年龄较轻时，公牛不必去势，年龄偏大时，公牛应去势（育肥期开始之前10 d），母牛则年龄稍大亦可（母牛肉一般较嫩，年龄大些可改善肌肉颜色浅的缺陷）。综合各方面因素，用于生产高档优质牛肉的牛一般要求是去势牛，因为去势牛的胴体等级高于公牛，生长速度又比母牛快。因此，在生产高档牛肉时，应对育肥牛在4月龄以内去势。

(4)营养水平：生产高档牛肉，要对饲料进行优化搭配，饲料应多样化，尽量提高日粮能量水平，并满足其蛋白质、矿物质和微量元素的需要，以达到高日增重，因为只有在高日增重下，脂肪沉积到肌纤维之间的比例才会增加，而且高日增重也能促使结缔组织（肌膜、肌鞘膜等）已形成的网状交联松散，以重新适应肌束的膨大，从而使肉变嫩。高日增重之下存栏时间可缩短，也提高了育肥生产效率。

(5)适耐出栏：为了提高牛肉的品质，应该适当延长育肥期，增加出栏重。出栏时间不宜过早，太早影响牛肉的风味，因为肉牛在未达到体成熟以前，许多指标都未达到理想值，而且产量也上不来，影响整体经济效益；但出栏时间也不宜过晚，因为太晚肉牛自身体脂肪沉积过多，不可食用部分增多，而且饲料消耗量增大，也达不到理想的经济效益。中国黄牛体重达到550～

650 kg，月龄为 25～30 月龄时出栏较好。

(6)严格的生产加工工艺：高档牛肉生产中，高价肉比例小，目前国内涉外饭店和宾馆使用量较大的牛肉肉块是牛柳、西冷、眼肉，这三块肉的质量为 27～28 kg，只占牛肉产量的 10%左右，但其经济价值却占整个牛价值的近 50%。

复习思考题

1. 简述影响牛产肉能力的因素。
2. 简述繁殖母牛的饲养管理要点。
3. 简述肉用犊牛的饲养管理要点。
4. 肉牛肥育的一般饲养管理原则。
5. 简述牛肉育肥原理及育肥方式。

第四篇

养羊生产

第二十二章 养羊业的主要产品

养羊业的产品种类较多，主要有羊毛、羊肉、羊绒、羊皮、羊奶、羊肠衣、羊骨等。养羊业产品经过加工生产出的各类商品，成为我们生活中不可缺少的生活产品。

第一节 羊毛

羊毛是养羊业的主要产品之一，也是毛纺工业的重要原料。它的产量和质量直接关系到养羊业和毛纺工业的发展。不同种类的羊毛产品对羊毛的种类、质量标准的需求也不同，因此，了解羊毛产品的种类和用途、纤维的形态学和组织学构造、羊毛的理化性能和工艺特性，以及影响羊毛产量和品质的因素，以便在养羊业生产中进行科学的饲养管理，生产量高质优的羊毛，满足毛纺工业原料的需求。

一、羊毛纤维类型

羊毛纤维类型的划分主要根据羊毛纤维的表观形态（如长短、弯曲形状等）、细度，并依据组织学构造和其他条件为辅助指标，将羊毛纤维分为以下 4 个类型。

(一)刺毛

亦称覆盖毛。着生于羊只面部和四肢下部。其特点是短（3 cm 以下）、粗、硬，呈微弓形，直而且光泽较亮。

刺毛在皮肤上倾斜生长，一根覆盖一根，毛纤维形成特殊的毛层。故这种毛又称为覆盖毛。

刺毛的组织学构造分三层，髓质层发达，鳞片较小而紧贴毛干，为非环状形鳞片，纤维表面平滑，故光泽较亮。

刺毛由于短而没有利用价值，只对羊只的特殊部位起保护作用。

(二)有髓毛

有髓毛可分为正常有髓毛、干毛和死毛 3 种。干毛和死毛都是正常有髓毛的变态毛。

(1)正常有髓毛：是一种粗、长而无弯曲或浅弯曲的纤维。粗毛羊和粗毛羊与细毛羊、半细毛羊杂交的低代杂种羊的被毛中具有这种毛纤维。由于它较其他类型的毛纤维长，因而组成了混合型被毛表面的外层毛。

正常有髓毛的细度范围很大，一般为 40～120 μm，组织学结构由 3 层组成，即鳞片层、皮质层和髓质层。鳞片有各种形状和大小，呈非环状，且紧贴于毛干上，因而有髓毛光泽较强。

髓质层较发达，一般均为连续状，其髓腔的大小，往往随着毛纤维直径的变粗而增大。

有髓毛的手感比较粗糙，缺乏柔软性，但弹挠性好，是有髓毛的主要特性。有髓毛在整个被毛中的含量及其细度，是评价粗毛品质好坏的主要指标之一。由于有髓毛的纺织性能低于无髓毛，所以含有有髓毛的羊毛一般只能用于制造粗纺织品，如地毯、毛毯和毡制品等。

(2)干毛：是有髓毛的一种变态，其组织学构造与正常有髓毛相同，在外观上，干毛与正常有髓毛的区别在于羊毛纤维上端粗直，毛纤维变脆易断，缺乏光泽，毛纤维颜色呈蒸骨色。干毛形成的原因主要是被毛经常遭受雨水冲刷，以及风吹、日晒、气候过于干燥等外界因素的影响，失去油汗，使毛纤维上端变脆易断，光泽变弱，毛质干枯，成为干毛。干毛多见于毛纤维上端，整个毛纤维呈干毛的少见。干毛的工艺价值很低。被毛中存在的干毛越多，羊毛品质越差，是毛纺工业上的疵毛。

(3)死毛：是被毛中那些粗、短、脆、直或无规则螺旋形弯曲、呈灰白色的无光泽的纤维。它也是有髓毛的一种变态粗毛。其细度在 120～140 μm。

死毛的组织学构造的特点是髓质层特别发达，皮质层很少，毛纤维横切面常呈扁的或极不规则形。由于死毛髓质层特别发达，因而死毛纤维极脆易断，不能染色，完全丧失了纺织纤维所具有的主要工艺特性。因此，含有死毛的羊毛，品质会大大降低。

死毛产生的原因和机制至今尚不能得出明确的结论。但可以肯定，完善的育种工作是减少和消除死毛的有效途径。

(三)无髓毛

亦称细毛或绒毛。在混型粗毛中它存在于被毛的底层，又称内层毛或底绒。细毛羊的被毛基本上全部由无髓毛组成。从表观上看，无髓毛一般细、短、弯曲多而有规则，光泽柔和，其细度为 15～30 μm，长度为 5～15 cm。

无髓毛由鳞片层和皮质层组成。鳞片为环状，排列紧密，边缘翘起程度大，呈锯齿状。毛纤维除鳞片外，全部为皮质层所充满。其横切面形状呈圆形或近似圆形。具有良好的纺织性能，所以无髓毛是最好的纺织原料之一。

粗毛羊被毛中的绒毛(无髓毛)对羊只具有保护作用。绒毛在寒冷季节可以防止体温散失，在春暖时自然脱落，到秋冬季节又重新生长。

(四)两型毛

是有髓毛与无髓毛的中间类型。它比无髓毛粗而较有髓毛细，其细度、长度以及其他工艺价值介于无髓毛和有髓毛之间，细度在 30～50 μm，毛纤维较长。

两型毛的组织学结构，也由鳞片层、皮质层和髓质层构成，其髓质层较细，多呈线状、断续状和点状，或一部分有髓，一部分无髓，其鳞片排列及形状介于有髓毛和无髓毛之间。

在工艺价值上，两型毛要比有髓毛好得多，两型毛比例大的羊毛是制造提花毛毯、长毛绒地毯等的优质原料。

二、羊毛种类

羊毛种类是针对羊毛纤维集合体的毛被或套毛而言，根据组成羊毛集合体的成分，分属于不同种类。羊毛集合体是由单根纤维所组成，其中有的羊毛种类是由同一种羊毛纤维类型组成,有的羊毛种类是由不同羊毛纤维类型所组成。

所有的羊毛集合体,按其组成的纤维类型成分,可分为同质毛(也称同型毛)和异质毛(也称混型毛)。

1. 同质毛

是指一个套毛上的各个毛丛是由同一种纤维类型所组成的,毛丛内部纤维的粗细、长短、弯曲以及其他特征趋于一致。细毛羊品种、半细毛羊品种及其高代杂种羊的羊毛都属于这一类。同质毛是毛纺工业上对羊毛原料要求的前提,粗毛羊杂交改良和育种工作也都要求被毛达到同质,在这个基础上进一步再要求羊毛综合品质的提高。

2. 异质毛

也称混型毛或粗毛。是指一个套毛上的各个毛辫,由两种以上不同纤维类型(主要由无髓毛和有髓毛,也包括两型毛、干毛和死毛)的毛纤维所组成的羊毛,由于为不同纤维类型毛纤维所组成,其毛纤维的细度和长度不一致,弯曲和其他特征也显著不同,多呈毛辫结构。粗毛羊的羊毛皆为异质毛。

异质毛或粗毛是指从粗毛羊身上剪取的羊毛,由几种纤维类型的毛纤维混合组成。底层为无髓毛(绒毛),上层为两型毛和有髓毛,也有的混有干毛和死毛。另外,细毛羊品种和半细毛羊品种与粗毛羊杂交的一二代杂种羊也生产粗毛。

三、判定羊毛品质的主要性状指标

(一)羊毛性状的主要指标

羊毛性状的主要指标包括:羊毛的长度、羊毛的细度、羊毛的密度、羊毛的油汗、羊毛的弯曲、羊毛的净毛率、羊毛的强度和伸度以及颜色和光泽。可以根据这些指标来评价羊毛的好坏,也可以作为商业选毛的参考。

1. 羊毛的长度

羊毛是具有天然弯曲的纤维,所以其长度可分为自然长度和伸直长度。

(1)自然长度:指毛丛在自然弯曲状态下的两端间的直线距离。在羊体上是指毛丛的自然垂直高度。一般在剪毛之前,羊毛生长足 12 个月时量取。主要用于养羊实际生产、商业收购标准和羊毛工业分级。

(2)伸直长度:指将单根毛纤维拉伸至弯曲刚刚消失时两端的直线距离,亦称真实长度,在养羊业中是评定羊毛品质的重要指标,其准确度要求达到 1 mm。一般细毛的伸直长度比自然长度要长 20%,半细毛要长 10%～20%。

(3)影响长度的因素影响:羊毛长度的因素很多,其中最主要和最明显的影响因素是品种。其次是羊的营养状况以及个体、性别、年龄、不同身体部位和所处的环境条件,均与羊毛长度有关。

品种是决定羊毛长度最重要的因素。不同品种的羊有该品种特定的长度范围。如同质毛的长毛种,其羊毛平均长度为 150～200 mm,属于这一类的品种有边区莱斯特羊、林肯羊、罗姆尼羊、波德代羊等;同质毛的中毛种,其羊毛平均长度为 80～100 mm,属于这一类的品种有汉普夏羊、南丘羊、茨盖羊、萨福克羊、有角陶赛特羊等;同质毛的细毛羊,其羊毛平均长度为

50～90 mm，属于这一类的品种有中国美利奴羊、新疆细毛羊、东北细毛羊、澳洲美利奴羊、内蒙古细毛羊等。混型毛的粗毛羊，其羊毛平均长度除品种的差异外，还随每年剪毛次数的不同而异，这类羊羊毛较长，属于这类品种的有蒙古羊、西藏羊、哈萨克羊、湖羊、滩羊、小尾寒羊以及其他粗毛羊品种。

在同一品种中，不同个体间也存在很大差异。这对选种工作非常有利，利用一个品种内个体间毛长的较大差异，来扩大选种范围，以提高群体的羊毛长度。

羊毛长度的品种内差异，在很大程度上是受环境因素的影响，特别是营养水平低时，引起有机体生理状况的变化而使毛乳头营养物质供给不足，造成羊毛生长减缓。饲养条件相对稳定，羊毛纤维在全年不同时期的生长基本上是比较均衡的。

在性别上，公羊由于全年饲养比较均衡，一般毛长大于母羊。

从年龄看，羔羊羊毛生长速度较快，周岁羊的羊毛长度普遍大于 2 岁以上个体，随着年龄的增大，到老龄时，由于羊只生理功能减退的关系，羊毛长度渐减。在同一个体上各部位间的长度差异也很大，一般颈部最长，肩、体侧稍次，股背又次之，四肢及腹部最差。

2. 羊毛的细度

羊毛细度是指羊毛粗细，一般用羊毛纤维直径大小表示，以 μm 为单位。要准确地测定其直径，就需要用长、短径之和的一半来表示，但通常用切短纤维中部的宽度来表示羊毛的细度。

细度的表示方法：羊毛细度的表示方法最常用的有平均直径和品质支数两种。

平均直径是指毛纤维集合体的平均细度，直接用 μm 表示羊毛纤维的平均直径。通常在显微镜或纤维投影仪下测定羊毛的直径或短毛纤维中部的宽度，然后计算出平均直径。这是被广泛采用的一种指标。

品质支数是在国际国内范围内应用较广泛的一种工艺性细度指标。其含义是在英制中为 1 磅精梳毛能纺成 560 码（约 512 m）长度的毛纱数，叫作 1 支纱。常用 S 表示品质支数。如纺成 60 段 560 码长的毛纱，即为 60 支纱（60 S）。在公制中是以 1 kg 精梳毛能纺成 1 000 m 长度的毛纱数，能纺成多少段 1 000 m 长的毛纱，就叫多少支纱。羊毛越细，单位重量内羊毛根数越多，能纺成的毛纱越长。因此，越细的羊毛品质支数越高，纺出的毛纱越细，其织品也越薄。

3. 羊毛的毛密度

羊毛密度是指羊体单位皮肤面积上毛纤维分布的紧密程度，一般以每平方厘米面积上毛纤维的根表示。在单位皮肤面积内生长的毛纤维根数越多，则羊毛密度越大。

羊毛密度是决定羊只产毛量的主要因素。被毛的毛纤维密度大、毛长，则剪毛量高。有些品种或个体腹部毛长和密度大的羊只，剪毛量较高，如澳洲美利奴羊。细毛羊和粗毛羊杂交所产的杂种毛，一般腹毛长度短，密度小，因而羊毛量低。因此，在育种工作中和个体选择时要重视视腹毛的长度和密度。

羊毛密度的大小常随羊生产方向、品种和个体的不同而差异很大。此外，年龄、性别、部位的不同，胚胎发育期的营养条件，羔羊出生后的饲养管理条件以及育种技术等，都对密度有着不同程度的影响。就生产方向和品种而言，细毛羊羊毛密度最大，6 000～8 000 根/cm^2；半细毛羊次之，2 000～4 000 根/cm^2；粗毛羊较稀，1 000～3 000 根/cm^2；甚至个别品种仅达 700～800 根/cm^2；细毛羊和粗毛羊杂交，杂种羊的羊毛密度随杂交代数的增高，毛纤维变向同质，羊毛密度也随之增加。

4.羊毛的油汗

油汗是指羊体皮肤中皮脂腺分泌的油脂和汗腺分泌的汗液在皮肤皮表面毛纤维中形成的混合物,包括羊毛脂和汗质。

油汗对毛纤维起着保护作用,特别是被毛常年经受日晒、雨淋、风吹、霜雪凝挂、尿渍和大气的作用,而油汗可保护羊毛使其化学成分、化学结构和各种物理机械性质免受或少受上述因素的损害。另外,油汗附着于毛纤维的表面,有黏附和润滑作用,即使毛纤维集合成密集的毛束,促进被毛内毛丛的自然形成,又可防止毛纤维相互的毡结和变态。在正常情况下,细毛羊毛的油汗含量一般为20%～30%,半细毛羊为20%～25%,粗毛羊为10%左右。当油汗含量低于上述指标时,毛纤维强度降低,手感、弹性和光泽变差,毛纤维易断;油汗过多,消耗羊体营养物后,同时降低净毛率。

油汗对外界条件,如风吹、日晒、雨淋等有保护作用,闭合毛丛结构的被毛,可以防止油汗本身氧化,保持油汗的液化状态,利用油汗均匀分布,使毛纤维相互毡结,减少杂质侵入。

5.羊毛的弯曲

羊毛在自然状态下并不是直的,是沿着它的长度方向,呈自然的、有规则的或不规则的周期性弧形,称羊毛弯曲,亦称羊毛卷曲。单位羊毛纤维长度内具有的弯曲数,称为弯曲度。羊毛越细,弯曲越多;羊毛越粗,弯曲越少。

单位毛纤维长度内弯曲的数目也因品种不同而异,细毛羊一般每1 cm长度内有6～9个弯曲,最多的13个。半细毛羊每厘米长度内有3～6个弯曲。

6.羊毛的净毛率

从羊体上剪下的羊毛叫污毛,亦称原毛,原毛经过洗毛后,将油汗和杂质洗去,这种羊毛为净毛。净毛重占原毛重的百分比,称为净毛率。

羊毛的净毛率是评定羊毛品质和产量的重要经济指标,用它可以确定羊只的真实产毛量和收购到的羊毛真实重量。

净毛率的表示方法有两种,即普通净毛率和标准净毛率。

(1)普通净毛率:指经过洗毛后所得的净毛重量占该毛样原毛重量的百分比。

(2)标准净毛率:指标准净毛重量占原毛重量的百分比。

标准净毛率是国际上羊毛贸易所采用的指标,比较精密准确。国际上所规定的标准净毛组成成分的重量百分比为:纯干净毛占86%;水分占12%;油脂占1.5%;灰分占0.5%;植物质为0。

计算标准净毛率时,必须把净毛中所含水分、油脂、植物质及灰分除去,再作精确测定。如果它们的含量都符合国际上的规定标准,就认为合格。如果含量超过规定,要在毛重中扣除超过的分量。

影响净毛率的因素很多,如品种、性别、个体特性、饲养管理条件和气候条件等。

7.羊毛的强度和伸度

(1)羊毛的强度:羊毛的强度是指拉断羊毛纤维时所用的力,即羊毛纤维的抗断能力。强度是评定羊毛纤维机械性能的首要指标,它与羊毛的工艺特性有密切的关系,直接影响到织品抗耐磨性。强度也决定羊毛的用途,如果强度不够,一般不作精梳毛用,或只能用作纬纱。另外,如果羊毛纤维强度不足,则在织造过程中,由于纤维的断裂而使废弃率增加。强度小的、有疵点的羊毛，绝不会织造出高品质的织物。因此，测定羊毛强度具有重要的意义。羊毛强度表示的方法有两种：绝对强度和相对强度。

绝对强度是指拉断羊毛单根纤维或一束纤维所用的力。用 g 或 kg 表示。

相对强度是指拉断羊毛时，在单位横切面面积上所用的力，通常用纤维 1 mm^2 的横切面面积上的千克数表示。

(2)羊毛的伸度：伸度是指将已经拉到伸直长度的羊毛纤维，再拉伸到断裂时所增加的长度占伸直长度的百分比，所增加的长度称伸长。

伸度也是决定羊毛纤维机械性能的主要指标之一，它是决定织品结实性的重要指标。用伸度较好的羊毛制成的织品，结实耐穿，贴身随体，所以在毛纺工业上要求具有良好伸度的羊毛，以提高织品的品质。由于羊毛纤维分子结构的特点，它比其他各种天然纤维的伸度大。一般情况下，羊毛为 20%～50%，棉花 4%～10%，麻 3%～5%，蚕丝 20%～25%。

因饲养条件和营养不均匀或不良造成羊毛纤维的上、中、下 3 段细度不一致的，单根纤维的强度和伸度较差，因此，要求单根纤维上的粗细匀度要好。

8. 羊毛颜色和光泽

(1)羊毛的颜色：是指毛纤维在洗净以后的天然色泽。

羊毛的颜色因羊品种而不同。在同一品种内，毛色亦因个体而异。颜色是由于毛纤维中的色素决定的，这些色素主要分布在毛纤维皮质细胞中。色素在细胞中的存在形式，有扩散状和粒状两种，而以粒状为主。这些色素有的可能存在于整根纤维上，也有的仅仅存在于纤维的某一段上。

羊毛所具有的天然颜色，可分为以下几种：

白色毛：凡羊毛不带任何颜色，并且也不夹杂单根的有色纤维的称为白色毛。白色毛可使毛纱与织物染色成各种色调，是一种最理想和最有价值的颜色。黑色或深色毛：凡羊毛带有各种色度的黑色称为黑色毛，其中也包括深褐色。

灰色毛：凡羊毛具有黑(深)白两种纤维相混杂在一起的称为灰色毛。根据这两类纤维在羊毛中所占比例的不同以及深色毛色度的深浅，可以分为浅灰色和深灰色。

杂色毛：凡在白羊毛中，除了白色纤维之外还含有各种色度的有色纤维，包括黑色纤维在内，这种羊毛称为杂色毛。灰色毛、纯棕色毛和淡褐色毛也归属此类，但纯黑色和深褐色毛则不包括在内。

(2)羊毛的光泽：是指洗净的羊毛对光线的反射能力。

羊毛纤维的光泽与纤维鳞片形状、数目、排列和覆盖情况有关。一般来讲，羊毛纤维上的鳞片越稀时，也就容易紧贴于毛干上，使纤维表面显得比较光滑，反光也就越强。羊毛纤维的光泽与纤维表面形状及结构也有关系，纤维越细，其表面的曲率越大，光线的反射就比较小，通过纤维内部反射和外部反射所综合形成的漫射就必然很大，因而其光泽显得特别柔和。此外，纤维的颜色、皮质层的性质、毛髓发达的程度和它的结构等，也都会影响羊毛的光泽。

任何一种羊毛均有其固有的光泽特点。生产实践中，根据羊毛对光线反射强弱，可将羊毛分为全光毛、半光毛、银光毛和无光毛。

全光毛：绵羊中的林肯羊羊毛和山羊中的安哥拉山羊毛(马海毛)、中卫山羊毛，均属这一类。特点是羊毛粗，鳞片紧贴在毛干上，因此光泽较强。

半光毛：罗姆尼羊毛、山羊毛、杂交种羊毛均属这一类，其细度在 31～40 μm，光泽比全光毛稍弱。

银光毛：美利奴羊细毛具有银光，它是银光的典型代表。其特点是毛纤维细，单位长度上鳞片数多，鳞片上部翘起的程度大，因而光泽柔和。

无光毛：一些营养很差的细毛及大部分粗毛和低代杂种羊的羊毛多属无光毛。当羊毛上的鳞片被化学物质或细菌侵蚀损伤后，就会使羊毛光泽灰暗。

光泽虽不是羊毛最主要的物理特性，但它对毛织品的外观具有一定影响。强的光泽能使织品色泽鲜艳，反之，织品就会显得暗淡无光。

四、羊毛的分类分等

所谓羊毛的分类，就是根据羊毛原料的技术要求，将其分为若干类和级的工作，使其能够得到更合理的利用，统称为羊毛分类、分等和分级。分类是按照羊毛的主要特性和物理特性，如按绵羊品种、剪毛方法和羊毛细度来区分；分等是按被毛品质来区分，以便把相同的被毛集中在一起包装；分级则根据羊毛细度、长度等综合品质来区分。

(一)羊毛分类

分类是按羊毛的特征和物理特性将其加以区分。一般按照羊毛来源、羊毛的不同纤维类型含量、剪毛季节、加工的方法、品质以及羊只年龄等来区分羊毛的方法，称为羊毛分类。通常有以下几种分类法。

1.按羊毛产地分类

分为西宁毛、新疆毛、华北毛等。

2.按羊品种分类

我国羊的品种繁多，为了指导牧业生产，便于商业交接和工业利用，根据产区羊种特点和羊毛的品质特征，我国目前实行的《绵羊毛》国家标准 GB/T 1523—2013，将绵羊毛按品种分为以下五类：

超细羊毛：毛纤维平均直径在 19 μm 及以下的同质毛。

细羊毛：毛纤维平均直径在 19.1～25.0 μm 的同质毛。

半细羊毛：毛纤维平均直径在 25.1～55.0 μm 的同质毛。

改良羊毛：生长在改良过程中的杂交绵羊身上的，未达到同质的毛纤维。

土种羊毛：生长在未经改良，具有原始品种特征的绵羊身上的毛纤维。

3.按剪毛季节分类

春毛：春季剪取的羊毛。我国北方只有土种羊在春秋两季剪毛，对这种羊来说，春季剪的毛为春毛。土种羊的春毛，底绒多，毛质较好。剪下后多呈套毛。同质毛的羊仅在每年的春季剪毛，如细毛羊、半细毛羊都生长 12 个月才能剪毛，但不称为春毛。

秋毛：秋季剪取的羊毛。秋毛在羊体上只生长 4～5 个月，毛较短，毛丛中绒毛少、松散，剪下的毛为碎毛。

伏毛：是在酷夏时期所剪的毛，毛短。

4.按毛纺产品用途分类

精梳毛：用于生产精梳毛纺产品的羊毛。要求同质，纤维细长，弯曲整齐，物理性能好。

粗梳毛：用于生产粗梳毛纺产品的羊毛。粗纺产品种类较多，如绒线、毛毯等，用料要求从优到次。

毛毡用毛：短而粗的异质毛，可以制毡。

5. 按剪毛方式分类

分为剪毛、割毛、抓毛。

6. 按获得毛纤维来源分类

绵羊毛：包括同质细毛、半细毛和异质混型毛。

山羊毛：包括混型山羊毛、笔料毛和同型山羊毛。

(二)绵羊毛分等

羊毛分等是在羊毛分类的基础上进行的，根据羊毛标准按套毛品质对套毛划分等级的工作，称为羊毛分等。

(三)山羊毛分等分级

构成山羊被毛的各种纤维根据其形态特征与组织学构造，和绵羊一样可以分成刺毛、无髓毛、两型毛和有髓毛四个类型，各种类型纤维的特点和绵羊毛基本相似，但在鳞片的形状、排列方式以及皮质层细胞的微细构造方面，二者之间存在一定的差别。

按照被毛的工艺利用价值，可将山羊毛分成无毛种和产毛种两大类。

被毛由无纺织价值的粗短而稀疏的有髓毛组成，这种被毛终生不剪，毛纤维无明显地季节性脱换现象的山羊品种均列为无毛种。这种山羊以产奶、产肉和产皮为主，羊毛无利用价值和经济价值。大多数奶山羊品种和个别肉用山羊品种属这一类。

被毛在工业上可以加工利用，羊毛具有一定工艺价值的山羊均列属产毛种。产毛种山羊的被毛，按其组成的毛纤维类型，将它们合成同型毛和混型毛两种。

1. 马海毛

从安哥拉山羊身上剪下的毛，商业上称为马海毛(Mohair)。Mohair 在阿拉伯语中是“极为优美”的意思。马海毛的毛纤维的细度范围变化在 10～90 μm，主要是由直径 30～52 μm、平均长度 20～25 cm 的两型毛组成，正常的马海毛具有自然白色，光泽明亮、毛股长而整齐，呈螺旋或波浪形卷曲，有髓毛与草杂含量均很少。纤维鳞片紧贴毛干表面平滑属全光毛，毛纤维强度大且伸度和弹性好，洗毛后不像普通绵羊毛那样容易毡缩。马海毛多用于织制高档提花毛毯、长毛绒和顺毛大衣呢以及马海毛毛线等织物。将少量白色马海毛混入黑色羊毛织成的银枪大衣呢，银光闪闪，独具风格。马海毛也可用于高级精纺呢线。

2. 普通山羊毛

普通山羊毛是指除马海毛以外的山羊毛，是由山羊初级毛囊生长的外层粗毛。山羊毛比绵羊毛缺少弯曲，鳞片也相应减少，鳞片层紧密地贴在毛干上，鳞片之间相互覆盖度差。我国北方及西北高原的山羊每年抓绒后进行一次剪毛，毛长度在 6～15 cm，纤维粗而直，这种纤维在工业上主要制造地毯、毛毯、人造皮毛、各种粗呢料、毛笔、画笔、各类毛刷及少数民族的各类日用品等。

3. 山羊笔料毛

长江三角洲白山羊毛是我国唯一生产高档笔料毛的山羊品种，由于其羊毛性能的独特性，故长江三角洲白山羊又有笔料毛山羊之称。其所产的高档毛(细光峰、粗光峰)每千克收购价高达人民币 1.5 万～2 万元，畅销日本、韩国、新加坡等东南亚国家，是我国传统的出口创汇的紧俏物资之一。

笔料毛的品质，主要是根据有无毛峰、毛峰是否尖细而挺直等情况来决定的。

第二节　山　羊　绒

山羊绒是由山羊皮肤中的次级毛囊形成的无髓毛纤维。山羊绒是毛纺原料特种纤维品种之一。山羊绒细而柔软，光泽良好，保暖性强，可用于制造各种轻、柔、美、软、薄、暖的针织品和纺织品，如羊绒衫、羊绒大衣、围巾、手套、绒帽、披肩等。山羊绒制成的产品，表面光滑，弹性好，手感柔软滑润，是最细的绵羊毛也不能取代的。山羊绒的价格相当于细绵羊毛的数倍，因而称为"软黄金"，是我国传统的出口纺织原料之一，在国际市场上享有很高的声誉。

一、羊绒的形态学和组织学构造

山羊绒的形态学和组织学构造与绵羊的细毛基本相似，但也有不同之处。在形态学方面表现在山羊绒的弯曲少，而且不规则、不整齐，因而也就不能形成像细毛羊那样排列整齐的毛束和毛丛。在组织结构方面，羊绒的鳞片长度和宽度基本相等，边缘较光滑，无明显翘起，覆盖间距比羊毛大，每毫米长度内有鳞片 60～70 个，绒纤维横切面近似圆形。皮质层是绒纤维的主要组成部分，位于绒纤维中央，皮质细胞结构中有 50%正皮质细胞和 50%副皮质细胞，正皮质细胞位于纤维中心，副皮质细胞位于正皮质外围，呈放射状形成副皮质环，这种皮质细胞的排列结构与马海毛和绵羊毛是不同的。

二、山羊绒分类

按山羊绒纤维的组成特点和外观形态，可将它们分为 3 个类型：绒毛型、中间型和普通山羊型。

(一)绒毛型

这种山羊被毛中，按纤维的数量和重量计，绒毛含量均显著大于有髓毛。绒毛一般占其被毛重量组成的 60%以上，有的品种(如波里顿)平均达 80%，少数个体高达 92%。绒毛不仅数量多而且长度大，其长度往往大于或等于有髓毛长度，被毛外观与一般山羊刚好相反，其外层是毛茸茸的长而细的绒毛，粗硬的有髓毛则被掩盖在绒毛之中，成为下层毛，只有分开毛被时才可看到。这种山羊的绒毛中除大量的无髓毛外，还有相当数量的长而细的两型毛，一般占其毛被重量的 20%～30%，也就是说，绒毛型山羊的被毛由无髓毛、两型毛和有髓毛共同组成。绒毛较粗具有形状不规则的弯曲，有髓毛粗直不弯曲，属于这一类型的品种有波里顿、吉尔吉斯、巴什基里亚、戈尔诺阿尔太(又称山地阿尔太)和乌兹别克等。

(二)中间型

这类山羊的冬季被毛中，外层为比较长而粗的有髓毛，内层则是由纤细的无髓毛组成的绒毛，即被毛由有髓毛和无髓毛组成。这种被毛的绒毛含量较高，占其重量的 40%～50%，绒毛纤细而比较长，但其长度小于有髓毛。中间型的羊按其被毛中有髓毛的形态，还可分为两个亚型，即粗短毛亚型和长细毛亚型。这两种亚型山羊的被毛形态和羊毛、羊绒品质以及产绒量方面，均有显著差别。粗短毛亚型被毛中，有髓毛粗短，长度5 cm左右，无弯曲，色泽近似绵羊毛中的死毛，绒毛密而长，产绒量高。长细毛亚型的被毛，有髓毛细而长，达10 cm以上，具有少量弯曲，光泽明亮柔和，强度好，绒毛较短，产绒量较低，我国的绒毛山羊品种多属中间型，如辽宁绒山羊、内蒙古白绒山羊、西藏山羊等，以及原苏联的奥伦堡绒山羊均属此类。

（三）普通山羊型

这种山羊的冬季被毛，由大量的有髓毛和少量短而纤细的无髓毛组成，绒毛不仅长度短，而且数量少产绒量低，有髓毛粗长而直，地处寒冷地区的普通地方山羊的冬季被毛均属此类。

三、山羊绒分级

各个产绒国家山羊绒的分级有所差异，但是一般均根据羊绒中有髓毛的含量和绒毛的色泽区分，有髓毛含量越低，也就是说绒毛含量越高。色泽越纯净的山羊绒，价值越高。

我国羊绒的分级，根据未经抓绒的山羊春毛、原羊绒（即活羊抓绒）和无毛绒（经机器加工除去有髓毛的羊绒）的不同而不同。

1. 带绒的山羊春毛

按照标准含绒量分为三路：一路绒含绒50%～60%；二路绒，多为山羊的边肷绒，含绒量为40%；三路绒又称低档绒，基本上是有髓毛，仅含绒35%～38%。

2. 原羊绒的分级

按含绒量的多少分为两路，头路含绒量为80%，二路为50%，在出口检验的标准中规定，山羊绒的最低品质条件为，头路含绒量不低于75%，二路不低于45%。

3. 无毛绒的分级

我国的无毛绒共分三档，Ⅰ档绒的有髓毛含量不超过1%，Ⅱ档不超过2%，Ⅲ档不超过5%。Ⅰ档甚少，主要是Ⅱ档和Ⅲ档。国产的无毛绒在广交会上被评为6.5～7级的最高级别。

4. 按毛色分级

分为白绒、青绒和紫绒三类，紫绒包括黑绒、褐绒和其他杂色绒，其中以白绒价值最高，在原毛绒中三种颜色山羊绒品质比差为10%，即白绒120%，青绒110%，紫绒为100%。

第三节　羊肉

一、羊肉的成分及营养价值

羊肉是人类重要的肉食品之一，尤其是牧区和少数民族，如回族的主要肉食。羊肉属于高蛋白、低脂肪、低胆固醇的营养食品，其味甘性温，益气补虚，温中暖下，强壮筋骨，厚肠胃，具有独特的保健作用，经常食用可以增强体质，使人精力充沛、延年益寿。特别是羔羊肉具有瘦肉多、肌肉纤维细嫩、脂肪少、膻味轻、味美多汁、容易消化和富有保健作用等特点，颇受消费者欢迎。

在国外，许多国家大羊肉和羔羊肉的产量不断变化，羔羊肉所占的比例增长较快，甚至有不少国家羔羊肉产量远远超过大羊肉。羔羊肉生产量不断增长的主要原因是：①羔羊肉的需要量大，羔羊肉生产很少超过国内外市场的需求量。②羔羊肉比大羊肉易被人体消化吸收，在国际市场上羔羊肉的价格比大羊肉高。③成本低，羔羊生产速度快，培育羔羊所需时间短，饲料消耗相对少。④羔羊利用植物性蛋白效率高，比大羊高 0.5～1 倍。因此，生产羔羊肉成本低、产品和劳动生产率也比较高，羔羊肉售价又高，因而经营有利，发展迅速。美国现在的羔羊肉产量占全部羊肉总产量的 70%，新西兰占 80%，法国占 75%，英国占 94%。

羊肉的脂肪纯白色，硬度大、熔点高，新鲜时有种风味，在空气中暴露起分解作用有一种特殊味道。羊肉有种膻味，绵羊比山羊膻味小，羯羊比公羊膻味小，这种膻味是一种挥发性脂肪酸存在的关系。羊肉的肌肉纤维细嫩、柔软、肥瘦适中，从可消化养分讲，羊肉中可消化蛋白质的含量较高。

二、羊肉品质评定

羊肉的品质受品种、年龄、性别、营养水平和屠宰季节诸因素的影响。对羊肉的品质要求，一般可从以下几方面进行评定。

（一）肉色

肉色是指肌肉的颜色。使肉具有特征性颜色的红色素叫肌红蛋白。肉色是由组成肌肉中的肌红蛋白和肌白蛋白的比例所决定。肌红蛋白（Mb）占 70%～80%，血红蛋白占 20%～30%，这两种蛋白质的复合物（即不同的衍生物）皆可以不同的状态存在。由于各种状态呈色不同，因此，当各种状态衍生物含量多少不同时，肉色就表现出不同的特征。

羊肉的肉色评定可用分光光度计精确测定肉的总色度，也可按肌红蛋白含量来评定。在现场多用目测法，取最后一个胸椎处背最长肌（眼肌）为代表，新鲜肉样于宰后 1～2 h，冷却肉样于宰后 24 h 在 4℃左右冰箱中存放。在室内自然光照下，用目测评定法评定肉新鲜切面，避免在阳光直射下或在室内阴暗处评定。灰白色评 1 分，微红色评 2 分，鲜红色评 3 分，微暗红色评 4 分，暗红色评 5 分。两级间允许评 0.5 分。具体评分时可用美式或日式肉色评分图对比，凡评为 3 分或 4 分者均属正常颜色。

（二）大理石纹

大理石纹指肉眼可见的肌肉横切面红色中的白色脂肪纹理结构，红色为肌肉细胞，白色为肌束间的结缔组织和脂肪细胞。白色纹理多而显著，表示其中蓄积较多脂肪，肉多汁性好，是简易衡量肉含脂量和多汁性的方法。要准确评定，需经化学分析和组织学测定。现在常用的方法是取第一腰椎部背最长肌鲜肉样，置于 0～4℃冰箱中 24 h，取出横切，以新鲜切面观察其纹理结构，并借用大理石纹评分标准图评定，只有大理石纹的痕迹评为 1 分，有微量大理石纹评为 2 分，有少量大理石纹评为 3 分，有适量大理石纹评为 4 分，若是有大量大理石纹的评为 5 分。

（三）羊肉酸碱度（pH）的测定

羊肉酸碱度是指羊被宰杀停止呼吸后，在一定条件下，经一定时间所测得的 pH。肉羊宰杀后,其羊肉发生一系列的生化变化,主要是糖原酵解和三磷腺苷(ATP)的水解供能变化,结果使肌肉聚集乳酸和磷酸等酸性物质,使肉 pH 降低。这种变化可改变肉的保水性能、嫩度、组织状态和颜色等性状。

用酸度计测定肉样 pH,按酸度计使用说明书在室温下进行。直接测定时,在切开的肌肉面用金属棒从切面中心刺一个孔,然后插入酸度计电极使肉紧贴电极球端后读数;捣碎测定时,将肉样加入组织捣碎机中捣 3 min 左右,取出装在小烧杯中,插入酸度计电极测定。

评定标准:鲜肉 pH 5.9～6.5;次鲜肉 pH 为 6.6～6.7;腐败肉 pH 在 6.7 以上。

(四)羊肉系水率测定

动物宰杀时,正常肌肉的 pH 为 6.4～7.0。由于死亡以后肌肉的正常生理活性还要持续一段时间,通常其 pH 将下降到 5.2～5.4。pH 下降的原因,是肌肉不能通过呼吸作用再合成 ATP,从而积累了磷酸和乳酸使酸度增加。

肌肉蛋白的系水力可影响肉制品的食用品质。为使肉在蒸煮或熏制过程中获得良好的产品分量,就应尽可能保持肌肉最高的系水力。肉的 pH 一般都高于等电点。任何增加肉品酸性或使其接近等电点的做法都会降低其系水力。

测定方法:取背最长肌肉样 50 g,按食品分析常规测定法测定肌肉加压后保存的水量占总含水量的百分数。

$$系水率=\frac{肌肉总水分重量-肉样失水量}{肌肉总水分量}\times100\%$$

(五)羊肉失水率测定

失水率是指羊肉在一定压力条件下,经一定时间所失去的水分占失水前重的百分数。

失水率越低,表示保水性能强,肉质嫩,肉质越好。

测定方法:截取第一腰椎后背最长肌 5 cm 肉样一段,平置在洁净的橡胶片上,用直径为 2.532 cm 的圆形取样器(面积约 5 cm),切取中心部分眼肌样品一块,其厚度为 1 cm,立即用感量为 0.001 g 的天平称重,然后放置于铺有多层吸水性好的定性中速滤纸,以水分不透出,全部吸净为度,一般为 18 层定性中速滤纸的压力计平台上,肉样上方覆盖 18 层定性中速滤纸,上、下各加一块书写用的塑料板,加压至 35 kg,保持 5 min。撤除压力后,立即称取肉样重量。肉样加压前后重量的差异即为肉样失水重。按下列公式计算失水率:

$$失水率=\frac{肉样压前重量-肉样压后重量}{肉样压前重量}\times100\%$$

(六)熟肉率

熟肉率指肉熟后与生肉的重量比率。用腰大肌代表样本,取一侧腰大肌中段约 100 g,于宰杀后 12 h 内进行测定。剥离肌外膜所附着的脂肪后,用感量 0.1 g 的天平称重(W_1),将样品置于铝蒸锅的蒸屉上用沸水在 2 000 W 的电炉上蒸煮 45 min,取出后冷却 30～45 min 或吊挂于室内无风阴凉处,30 min 后再称重(W_2)。计算公式为:

$$熟肉率=\frac{W_2}{W_1}\times100\%$$

(七)羊肉的嫩度

羊肉的嫩度指肉的老嫩程度,是人食肉时对肉撕裂、切断咀嚼时的难易,嚼后在口中留存肉渣的大小和多少的总体感觉。肉的嫩度是评定肉品质重要指标之一。羊肉嫩度评定通过采用仪器评定和品尝评定两种方法。仪器评定目前通常采用肌肉嫩度计，以 kg 为单位表示：数值越小，肉越细嫩，数值越大，肉越粗老。如中国农业科学院畜牧研究所测定，无角道赛特公羊与小尾寒羊母羊杂交的第一代杂种公羔背最长肌的嫩度（剪切值）为 6 kg，股二头肌的嫩度为 6.25 kg。口感品尝法通常是取后腿或腰部肌肉 500 g 放入锅内蒸 60 min，取出切成薄片，放于盘中，佐料任意添加，凭咀嚼碎裂的程度进行评定，易碎裂则嫩，不易碎裂则表明粗老。

（八）膻味

膻味是绵、山羊所固有的一种特殊气味。致膻物质的化学成分主要存在于脂肪酸中，起关键作用的有己酸（$C_6H_{12}O_2$）、辛酸（$C_8H_{16}O_2$）、癸酸（$C_{10}H_{20}O_2$）及 4-乙基辛-2-烯酸等低碳链游离脂肪酸，这些脂肪酸单独存在时并不产生膻味，必须按一定的比例，结合成一种较稳定的络合物，或者通过氢键相互缔合形式存在，才产生膻味。膻味的大小因羊种、品种、性别、年龄、季节、遗传、地域、去势与否等因素不同而异。

鉴别羊肉的膻味，最简便的方法是煮沸品尝。取前腿肉 0.5～1 kg 放入铝锅内蒸 60 min，取出切成薄片，放入盘中，不加任何佐料（原味），凭咀嚼感觉来判断膻味的浓淡程度。

三、肉羊的屠宰与分割及产肉率测定

（一）肉羊的屠宰

屠宰加工是羊肉生产的重要环节。优质肉品的获得很大程度上取决于屠宰加工的条件与方法。在肉类工业中，把肉类畜禽经过刺杀、放血、剥皮与烫毛和开膛去内脏，最后加工成胴体等一系列处理过程，称为屠宰加工。这是深加工的前处理，因而也叫初步加工。肉羊的屠宰加工包括以下步骤：

1. 宰前检验

宰前检验是为了确保屠宰的羊来自安全的非疫区，健康无病，并取得非疫区证明和产地检疫证明。准备屠宰的肉羊，宰前必须进行健康检查，观察口、鼻、眼有无过多分泌物，呼吸、行动是否正常，离群的羊、患病的羊不可屠宰。对可疑的病羊进行隔离观察，对确定的病羊应及时送急宰间处理。将健康的羊送候宰间待宰。通过宰前检验能够发现宰后难以发现的疫病：如口蹄疫、脑炎、胃肠炎、脑包虫病等，以及某些中毒性疾病，这些疾病在宰后一般无特征行病变。

2. 候宰

羊在屠宰前 16～24 h，应停止放牧和补饲，宰前 2 h 停止饮水，防止胃肠内容物过多，造成去内脏困难。

3. 击昏

击昏是使羊暂时失去知觉，避免屠宰时因挣扎、痛苦等刺激造成血管收缩，放血不净而降低肉的品质。我国多利用低电压，通常情况下利用电压 90 V，电流 0.2 A，时间 3～6 s。击昏主要在大型屠宰厂应用。羊的宗教宰杀和农村农户宰杀一般不采用击昏工序。

4. 刺杀与放血

羊击昏后要尽快刺杀，刺杀位置要准确，使进刀口能充分放血。羊在刺杀时，在羊的颈部纵向切开皮肤，切口 8～12 cm，然后用刀伸入切口内向右偏，挑断气管和颈动脉血管进行放血，应避免刺破食道。

肉品放血度好坏，或者说完全与否，直接影响肉品的外观性状、滋味或气味及耐存性能，乃至等级与经济价值等。放血完全或充分的肉品特征是：肉的色泽鲜艳有光泽，肉的味道纯正，含水量少，不粘手，质地坚实，弹性强，能耐长时间保藏，能吸引消费者选购，经济效益高。

5. 剥皮

屠宰后的羊要进行剥皮，剥皮的方法有手工剥皮和机械剥皮。

羊的手工剥皮是将羊的四肢朝上放在清洁平整的地面上，用尖刀在后肢一侧挑开小口，吹气或充气，让皮和胴体分开利于剥皮。然后用尖刀沿腹中线挑开皮层，向前沿胸部中线调至嘴角，向后经过肛门挑至尾夹，再从两前肢和两后肢内侧，垂直于腹中线向前、后肢各挑开两条线，前肢到腕关节，后肢到飞节。剥皮时，先用刀沿挑开的皮层内剥开 5～10 cm，然后用拳揣法将整个羊皮剥下，剥皮时一定要小心，防止刀伤或剥破皮，剥下的羊皮要求性状完整，不缺少任何一部分，特别是羔皮要保持全头、全耳、全腿、去掉耳骨、腿骨及尾骨，公羔的阴囊应留在羔皮上。

6. 开膛解体(取内脏)

羊剥皮后应立即开膛取出内脏，最迟应不超过 30 min，否则脏器和肌肉均有不良影响。

开膛剖腹前，先将食道沿颈部抽出打结，防止胃内容物流出污染胸腹腔。然后沿腹部正中线切开腹部，接着用滑刀划开腹膜，打开腹腔，用手将胃肠、肝脏等掏出体外，然后沿肛门周围连接部剥开，再将直肠掏出，打结或用橡皮筋扎住直肠头，以免粪便流出污染胴体。然后，接者用刀划破横隔膜，并沿肋软骨连接处切开胸腔，剥离气管，取出肺和心。取出的内脏放在盘上以备检验。

7. 同步卫检

同步卫检是羊屠宰加工工艺中的重要工序，胴体与内脏要同步进行卫检，准确检查羊的内脏有无病变，确保肉质的质量。

8. 冷却(排酸)

羊胴体在屠宰后如果尽快冷却，就可以得到质量好的肉，同时也可以减少损耗。冷却间温度一般为 2～4℃，相对湿度 75%～84%，冷却后胴体中心温度不高于 7℃。羊一般冷却 24 h。

9. 悬挂输送

悬挂输送系统是屠宰生产线中将屠体及胴体传送到各个加工工序进行流水线作业的关键装置。悬挂输送装置又分手推线和自动式两种。手推线主要用于中、小型羊屠宰生产线或宰杀放血工序以及冷却(排酸)工序，自动线主要用于大中型羊屠宰生产线。

10. 胴体修整

羊的胴体修整主要是割去生殖器、腺体、分离肾脏。胴体修整的目的是保持胴体整洁卫生，符合商品要求。

11. 检验、盖印、称重、出厂

为了确保消费者吃上“放心肉”，在整个屠宰加工过程中，要进行屠宰兽医检疫，一般分为头部、心脏、旋毛虫、胴体初检及复检等不同检验点。宰后检验分为头蹄部检验、内脏检验、胴体检验三个基本环节。

(二)胴体分级与分割

1. 胴体分级

肉羊胴体是衡量其羊肉生产水平的一项重要指标。胴体重是指肉羊宰杀后，立即去掉头、毛皮、血、内脏和蹄后，静止 30 min 后的躯体重量。但在我国南方很多地区，以及国外一些国家和地区的山羊胴体是脱毛带皮的，消费者和市场均予认可。绵羊、山羊胴体的分级，目的在于按质论价，按类分装，便于运输、冷藏和销售。

2. 胴体分割

绵羊、山羊的胴体大致可分割成八大块(图 22-1)，这八大块可分成 3 个商业等级：属于第一等级的部位有肩背部和臀部；属于第二等级的有颈部、胸部和腹部；属于第三等级的有颈部切口、前腿和后小腿。

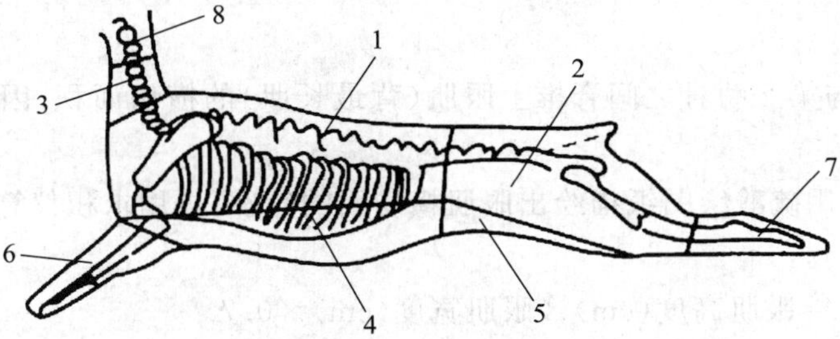

图 22-1　绵羊、山羊的胴体分割

1. 肩背部　2. 臀部　3. 颈部　4. 胸部　5. 腹部　6. 前腿　7. 后小腿　8. 颈部切口

将胴体从中间切成两片，各包括前躯和后躯肉两部分。前躯肉与后躯肉的分切界限，是在第 12 与第 13 肋骨之间，即在后躯肉上保留一对肋骨。前躯肉包括肋肉、肩肉和胸肉，后躯肉包括后腿肉及腰肉。

后腿肉：从最后腰椎处横切。

腰肉：从第 12 对肋骨与第 13 对肋骨之间横切。

肋肉：从第 12 对肋骨处至第 4 与第 5 肋骨间横切。

肩肉：从第四对肋骨处起，包括肩胛部在内的整个部分。

胸肉：包括肩部及肋软骨下部和前腿肉。

腹肉：整个腹下部分的肉。

胴体上最好的肉为后腿肉和腰肉，其次为肩肉，再次为肋肉和胸肉。

(三)肉羊产肉率的测定

1. 胴体重

指屠宰放血后，剥去毛皮，去除头，内脏及前肢腕关节和后肢跗骨：趾关节以下的部分，整个躯体(包括肾脏及其周围脂肪)静止 30 min 后的重量。

2. 净肉重

指用温胴体精细剔除骨后余下的净肉重量。要求在剔肉后的骨头上附着的肉量及耗损的肉屑不能超过 300 g。

3. 屠宰率

一般指胴体重与羊屠宰前活重(宰前空腹 24 h)之比，用百分率表示。

$$屠宰率=\frac{胴体重}{宰前活重}\times 100\%$$

净肉率一般指胴体净肉重占宰前活重的百分比。若胴体净肉重占胴体重的百分比，则为胴体的净肉率。

$$净肉率=\frac{净肉重}{宰前活重}\times 100\%$$

$$胴体净肉率=\frac{净肉重}{胴体重}\times 100\%$$

(四)骨肉比

指胴体骨重与胴体净肉重之比。

(五)眼肌面积

测量倒数第1与第2肋骨之间脊椎上眼肌(背最长肌)的横切面积，因为它与产肉量呈高度正相关。

测量方法：一般用硫酸绘图纸描绘出眼肌横切面的轮廓，再用求积仪算出面积。如无求积仪，可用下面公式估测：

眼肌面积(cm^2)＝眼肌高度(cm)×眼肌宽度(cm)×0.7

(六)GR值

指在第12与第13肋骨中间，距背脊中线11 cm处的组织厚度，作为代表胴体脂肪含量的标志(图22-2)GR值(mm)大小与胴体膘分的关系：0～5 mm，胴体膘分为1(很瘦)；6～10 mm，胴体膘分为2(瘦)；11～15 mm，胴体膘分为3(中等)；16～20 mm，胴体膘分为4(肥)；21 mm以上，胴体膘分为5(极肥)。我国制定的羊肉质量分级标准(NY/T 630—2002)中，将GR值称为肋肉厚。见图22-2。

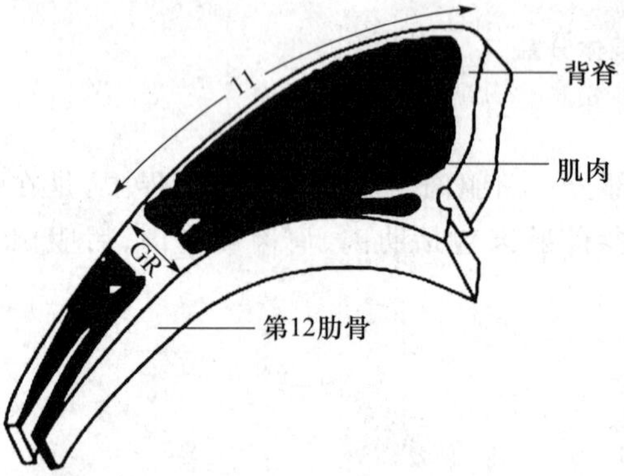

图22-2　测定GR值部位示意图(mm)

第四节　羊皮

绵羊、山羊屠宰后剥下的鲜皮，在未经鞣制以前都称为生皮，生皮分为毛皮和板皮两类。

生皮带毛鞣制而成的产品叫作毛皮，鞣制时去毛仅用皮板的生皮叫作板皮，板皮经脱毛鞣制而成的产品叫作革。

毛皮又分为羔皮、裘皮和大羊皮3种。羔皮与裘皮和大羊皮的界限，主要是根据羊只在屠宰时年龄而划分的。羔皮一般是供作露毛(毛向外)穿着的毛皮，用于制作翻毛大衣、皮领、皮帽、披肩等，要求花案奇特、毛卷紧密、光亮美观；裘皮主要用来制作毛面向里穿着的衣物、围巾、皮褥等，用以御寒保暖，要求结实、美观、轻便和不毡结；大羊皮毛皮主要用来制作毛领和毛面向里穿的皮大衣，用以御寒保暖，要求毛质良好、皮板结实、弹性好、坚韧。细毛羊和半细毛羊的毛皮经鞣制后剪短羊毛或不剪短用来制作皮大衣里面。如军大衣大多用细毛羊毛皮做里面，保暖性能好。

我国一般绵、山羊品种都可以生产板皮。各种的用途板皮品质要求不同。如制衣需要强度高、抗拉力、弹性好、质地均匀便于任意裁剪的皮革；优质鞋面、提包需要明显、细致的纹理，手感柔软和耐磨的皮革。

我国有些山羊品种以生产板皮而驰名中外，如宜昌白山羊、黄淮山羊、建昌黑山羊等。板皮经脱毛鞣制后，可制成皮夹克、皮鞋、皮箱、包袋、手套、票夹等各种皮革制品，因此，它与羔皮和裘皮一样，在人们日常生活和国民经济中都具有重要的意义。

一、羔皮

羔皮是指从流产或出生后1～3 d内宰杀的羔羊所剥取的毛皮。

(一)卡拉库尔羔皮

卡拉库尔羔皮亦称波斯羔皮，在我国又称为三北羔皮，是卡拉库尔品种羔羊出生后3 d内宰杀或死亡所剥取的羔皮。由于流产所剥取的皮张因时间不同可分为：

早期流胎羔皮：又称光板皮，是从胚胎112～120 d时流产的羔羊剥取的羔皮。刚刚形成被毛，被毛紧贴皮板，皮板小而薄。

近产流胎羔皮：又称花纹羔皮，是从胚胎120～130 d时流产的羔羊剥取的羔皮。被毛具有良好的光泽和丝性，并开始形成毛卷或花纹，花纹极为美丽且皮板轻薄。

临产流胎羔皮：又称花纹毛卷羔皮，是从胚胎130～146 d时流产的羔羊剥取的羔皮，被毛形成鬣形卷和不清晰卧蚕形卷，花纹美观，皮板轻薄。

卡拉库尔羔皮是制作帽子、大衣领和妇女大衣的贵重毛皮原料。此外，在羔羊出生后15～30 d剥取的为小二毛皮，在1～4月龄剥取的为大二毛皮，4月龄至第一次剪毛前所剥取的皮称为大羊皮。

1.卡拉库尔羔皮的主要特点

(1)毛卷：卡拉库尔羔皮的主要特征是具有各种不同类型的毛卷。这些毛卷的形状、大小、色泽、丝性以及经济价值等方面都随毛卷的类型不同而异。根据毛卷的形状和结构，可将毛卷的类型分为优等毛卷(长、短卧蚕形卷、豆形卷)、次优等毛卷(松卧蚕形卷、扁卧蚕形卷、鬣形卷和肋形卷)、中等毛卷(环形、半环形)、劣等毛卷(豌豆形、杯形、螺旋形、平毛、变形卷)。

(2)光泽：被毛具有良好的丝性和亮而不刺眼的光泽，这是卡拉库尔羊的特征之一。被毛光泽的好坏取决于毛卷的类型、粗毛与绒毛之间的比例及毛纤维的细度和油汗的多少。卧蚕形卷具有强烈或正常的光泽，劣等毛卷的光泽常表现不足，而变形卷的光泽，则呈毛玻璃状。被毛中粗毛含量越多，则光泽越强，而绒毛含量越多，则光泽越弱。油汗越多，光泽越强，油汗不足则光泽不足。

卡拉库尔羔皮被毛的光泽分强烈光泽、正常光泽、光泽不足、碎玻璃状光泽和毛玻璃状光泽五种，以正常光泽为最佳，强烈光泽次之，其他光泽都为不理想被毛的光泽。

(3)颜色：被毛有多种颜色。黑色羔皮，又区分深黑色、黑色和褐黑色，而光泽鲜艳的深黑色是黑色卡拉库尔羔皮的理想着色。灰色羔皮，其被毛由黑色和白色纤维组成，按黑白纤维比例，又分为浅灰、中灰和深灰3种色度。在浅灰色中，白色毛纤维的平均含量为85%，中灰色为70%，深灰色为25%。而着色均匀的中灰色是珍贵的毛色，其价值比黑色羔皮高。苏尔色羔皮，又称彩色羔皮，其特点是在整个毛纤维上色素呈区域性分布，因而在同一根毛纤维上形成了基部和尖端具有不同的颜色，基部毛色深，尖端颜色则很浅，并且具有很美丽的光泽，如金色苏尔的毛纤维基部为深咖啡色，而尖端为浅黄色；而银灰色苏尔的毛纤维基部近于黑色，而尖端为银白色。另外，还有棕色羔皮、粉红色羔皮和白色羔皮等。

品质优等的卡拉库尔羔皮要求在臀、腰、背和鬐甲等部有长卧蚕形卷，到体侧有中卧蚕形卷，或排列整齐而规则的中、小花肋形卷，或鬣形卷。毛卷坚实，弹性好，花案清晰，被毛光亮、丝性正常、毛密适中，头、颈、四肢被毛卷曲良好或形成花纹。被毛颜色正常，着色明显、均匀，皮张面积大。

2. 商业分级

(1)加工要求宰剥适当，性状完整，按标准晾晒。

(2)等级规格。

一等：被毛密，颜色正常，光泽良好，毛卷花纹清晰而坚实。正身部位60%以上为卧蚕形卷或75%以上为较松的松卧蚕形卷，其他为鬣形卷或肋形卷；全皮为大、中、小花排列清晰而较规则的鬣形卷或肋形卷。

二等：被毛密度、颜色、光泽略差。正身部位30%以上为卧蚕形卷或50%以上为松卧蚕形卷；正身部位为排列不整齐的鬣形卷、肋形卷；全皮为弹性良好而清晰的环形卷或半环形卷。

三等：被毛密度、颜色、光泽均差。正身部位以环形卷、半环形卷为主(包括豆形卷)，正身部位为30%以上各种过渡类型毛卷特征。

不符合等内要求的或花皮为等外皮。

(3)等级比差一等100%，二等80%，三等60%，等外25%以下，按质计价。

(二)湖羊羔皮

湖羊羔皮是指出生后3 d以内的羔羊屠宰或死亡所剥取的毛皮，又称小湖羊毛皮，是传统的出口商品，羔皮毛色洁白、花案奇特美观、扑而不散，有“软宝石”之称，在国际裘皮市场享有盛誉。

湖羊羔皮的主要特点：

1. 毛色

毛色洁白，毛丝光润，炫耀夺目；毛细短而无绒，毛根发硬，富有弹力；花纹明显而奇特，如流水行云，波浪起伏，美观，甚为悦目；毛纤维紧贴皮板，扑而不散；板质轻薄而柔韧，经鞣制可染成各种颜色，制成各式翻毛的妇女长、短大衣或外衣镶边，童装或春秋时装，以及披肩、帽子、领子、围巾等，美观大方，深受国外消费者欢迎。在国际市场上享有很高的声誉，经济价值很高。

2. 花纹

湖羊羔皮的花纹类型，可以分为波浪花、片花、半环花、弯曲毛、平毛(直立)和小环形花六种类型。波浪花是代表湖羊羔皮特征的一种最美丽的花纹，片花属于次优等花纹，其他则属于次等花纹。

(三)青山羊猾子皮

青山羊猾子皮是将出生后1～3 d内的羔羊宰杀所剥取的毛皮。具有青色的波浪形花纹，人工不能染制，非常美观，在国际市场上很受欢迎，是我国传统出口产品。鞣制后的猾子皮皮板轻，可制翻毛大衣、帽子、皮领、皮褥等。

二、裘皮

裘皮是指从出生后1月龄左右宰杀的羔羊所剥取的毛皮。

(一)滩羊二毛皮

滩羊二毛皮是指羔羊出生后1个月左右，毛股长达8 cm时宰杀所剥取的毛皮。简称“二毛皮”。适时宰杀羔羊对二毛皮品质密切相关，若过早宰杀，毛股较短，绒毛较少，保暖性差；超过屠宰日龄则绒毛含量增多，花穗变得松散，影响美观。

1.滩羊二毛皮的主要特点

(1)毛股长而紧实：滩羊羔皮不论在胎儿期还是出生后，毛股的生长速度都很快，为其他绵羊品种所不及。羔羊出生时肩部平均毛股长为5.4 cm左右，臀部平均毛股长为5.3 cm左右。出生后30 d的毛股长达8 cm左右。这时，毛股长而紧实，毛纤维细而柔软，毛股的两型毛和绒毛比例最佳，用这种二毛皮制成的裘皮衣服长期穿着，毛股既不毡结又不松散，经久耐穿。所以，在羔羊出生后30 d左右，体侧毛股的长度达到8 cm左右时宰杀最佳。

(2)有波浪形花穗和良好的光泽：根据二毛皮毛股的粗细、毛股上的弯曲数、弯曲形状、弧度大小和绒毛含量以及弯曲占毛股长的比例等的不同，将二毛皮花穗类型分为串字花、小串字花、软大花、笔筒花、头顶一枝花、核桃花、粘毛旦等。其中属于优等花穗的有以下两种。串字花，软大花。此外核桃花、笔筒花、钉子花、头顶一枝花、蒜瓣花等花形，由于这些花穗形状多不规则，弯曲少，弧度不均匀，毛股粗短而松散，毛股下部绒毛含量多，上部毛纤维松散，欠美观，故品质均不及前两种，属于淘汰类型。

(3)保暖性好、不易黏结：二毛皮的毛股是由有髓毛和无髓毛组成，其有髓毛平均细度为(26.6±7.67)μm，无髓毛平均细度(17.4±4.36)μm，有髓毛与无髓毛的细度差异不大。毛股的纤维类型数量百分比：无髓毛占54%，有髓毛占46%，毛纤维类型和密度与羔羊日龄有关，初生时绒毛含量少，随着日龄的增长，绒毛含量随之增加，二毛皮由于毛股下部着生大量绒毛，因而保暖性良好，并且有髓毛和无髓毛组成比例适中，故不易粘结。

(4)皮板致密，轻便结实：二毛皮皮板致密结实，弹性较好，可塑性强。皮板面积因个体大小和铺皮技术差异也较大，平均每张为2 254 cm^2。鞣制后的二毛皮缝制一件长120 cm长的皮大衣需皮8～12张，重量2 kg左右；缝制70～80 cm长的皮衣需皮5～6张，重量仅1.5 kg，穿着起来，既保暖又轻便。

(二)中卫沙毛皮

中卫沙毛皮是中卫山羊的主要产品。是指将出生后35 d左右、毛股长7～8 cm的羔羊宰杀所剥取的毛皮。

中卫山羊沙毛皮的主要特点：

1.毛色

中卫沙毛皮有纯白和纯黑两种，纯白者居多，纯黑者油黑发亮，尤为可爱。

2.有波浪形的花穗和良好的光泽

中卫沙毛皮具有优良裘皮的特性，其花穗具有保暖、结实、轻便、美观、穿用不粘结等特点，可与滩羊二毛皮相媲美。沙毛皮的毛股长7～8 cm，毛股多弯曲，而不同的弯曲形状则构成不同的花穗。弯曲的波形基本上有两种：一种正常波形，其弯曲数多，弧度均匀，形状整齐，毛稍闭合，毛股紧实，清晰，弯曲排列在同一水平面上，构成优良的花穗，如串字花和软大花；另一种是不均匀波形，其弯曲数少，弧度不均匀，形状不规则，弯曲不在一个水平面上，构成不规则的花穗，如头顶一枝花、笔筒花等。沙毛皮的毛股弯曲，一般是半圆形排列在毛股上部，约占毛股的 2/3，每个毛股上有 4 个以上的弯曲。

3. 保暖性好，不易毡结

沙毛皮的毛股由两型毛和绒毛组成，两型毛平均细度为(37±2.5)μm，绒毛平均细度为(13±1)μm，毛纤维的类型以根数百分比计：绒毛占 64%，两型毛占 36%；按重量百分比计：绒毛占 16%，两型毛占 84%。组成毛股的毛纤维类型与羔羊日龄密切相关，初生时毛股绒毛含量少，随着日龄的增大，绒毛含量增加。沙毛皮由于毛股下部着生大量绒毛，因而保暖性较好，并且两型毛和绒毛组成比例适中，故不易毡结。更具独特的是中卫山羊毛的鳞片紧贴毛干，光泽强呈玻光。

4. 皮板致密，轻便结实

中卫沙毛皮皮板组织构造致密，轻便结实，富有弹性。皮板面积平均为 2 475 cm^2(皮长 55 cm×皮宽 45 cm)。每张生皮平均重 0.45 kg，说明皮板比较轻。鞣制后的沙毛皮缝制成 120 cm 长的皮大衣需皮 8～10 张，重约 2 kg；缝制成 70～80 cm 长的皮衣需 5～6 张，重仅 1.5 kg，因而穿着起来较轻便。

三、山羊和绵羊板皮

山羊和绵羊的板皮，在外观略有差异，但板皮构造实际上大同小异，尤其是板皮在解剖组织学上由表皮、真皮和皮下结缔组织三层构成。表皮的厚度一般占皮肤总厚度的 1%～3%，真皮层的厚度和重量一般都占皮板的厚度和重量的 90%以上。真皮层的下部与肌肉连接的一层称皮下结缔组织层，是制革上的无用部分，在准备工序中被削除。但可作为制胶的原料。

(一)山羊板皮

山羊的板皮是以革的形式利用的，一般皮上的毛纤维不再利用，但有的皮板上有绒纤维的可以将毛褪后再利用，在毛纺业称为灰褪毛。

1. 各路山羊板皮的产地和特征

我国的山羊板皮，根据产地和特征分为四川路、汉口路、华北路、云贵路和济宁路五大路，其中以四川路和云贵路板皮为优。

(1)四川路板皮主要产于川、黔两省的地方山羊，如成都麻羊、板角山羊等。在各路山羊板皮中，以四川路的品质最好，其特点是被毛短、光泽好，板皮张幅大，板质坚韧，厚薄均匀，板质胶原纤维细而结构致密，板面细致光滑，皮板为全头全腿的方圆形。

(2)云贵路板皮主要产于滇及相邻的黔、川地区的山羊，如隆林山羊、贵州白山羊等。其特点是被毛粗短，黑、白、花色均有，以白色居多，皮板张幅中等，板质特薄，板面略粗，皮形呈弓形，其中带痘伤及烟熏板较多。

2. 山羊板皮的分等

中华人民共和国山羊板皮国家标准(GB 6460—2012)，对各路山羊板皮的质量规格有明确要求。另外，也规定了山羊板皮检验方法（GB/T 8132—2009）。

(二)绵羊板皮

绵羊板皮在我国分布得很广，分布于全国各地的山区、半山区和草原，牧区较多，平原较少。绵羊皮主要用来制裘，不宜制裘或无制裘价值的用于制革。绵羊板皮主要来源于本种绵羊皮。比如初夏时节，刚刚剪完春毛，毛茬很短，高低不齐（俗称剪花），一般也不能制裘，而用于制革。盛夏季节所产之皮，剪口基本长平，俗称“小毛剪花皮”，制裘价值很低，一般多用于制革。

四、影响羔皮、裘皮和板皮品质的主要因素

(一)影响羔皮、裘皮品质的主要因素

1.遗传因素

品种是决定皮和裘皮品质的主要因素。卡拉库尔羔皮、湖羊羔皮、青猾子皮等优良羔皮是来自著名的羔皮用羊品种；滩羊二毛皮和中卫沙毛皮是来自著名的裘皮用羊品种。这些羔裘皮品种羊所产的羔皮和裘皮都有各自美丽的毛卷、花纹和花穗类型及特点。羔羊皮、裘皮羊专门独特的生产性能，主要是由其稳定的品种遗传性决定的。因此，在羔皮羊和裘皮羊生产和育种工作中，主要是通过本品种选育或采取品系间杂交的途径来提高羔皮和裘皮的品质。

2.自然生态条件

羔皮羊和裘皮羊品种都是在我国特定生态条件下，经过长期自然选择和人工选择形成的产物。滩羊生长在气候干燥、日照强烈、夏季酷暑、冬季严寒的半荒漠草原。牧草种类多，矿物质含量丰富，蛋白质含量高，饮水中含有一定量的碳酸盐和硫酸盐成分，矿化度高，水质偏碱性。滩羊在这种环境条件中，才能保持二毛皮的美丽花穗特有品质。滩羊若离开其特定的生存环境，其二毛皮优良花穗基本消失。而湖羊羔皮花案的形成则与其长期生长在太湖流域夏季湿热、冬季湿冷及终年舍饲的条件分不开。湖羊若离开了太湖流域，尽管其他生产性能有所提高，但其羔皮品质下降，这些充分证明了自然生态条件对羔裘皮品质不容忽视的影响力。

3.营养因素

丰富均衡的营养水平，能使皮张面积增大，皮板致密结实，弹性好，光泽良好，品质好。营养水平对羔裘皮羊尤为重要，它对母羊的膘情、胎儿发育、羔皮品质和羔羊的生长都有着直接的影响。

4.产羔季节

不同产羔季节对羔皮和裘皮质量的影响非常明显。青猾子皮的质量与产羔季节有很大关系，1～5月份产的羔皮一等青猾子皮为33.6%～38.0%，低于全年平均数，尤以2～4月份所产的羔皮品质次皮比例最高。6～12月份产的羔羊一等青猾子皮较高，为41.2%～47.2%，以7月份所产羔皮品质最好，一等青猾子皮为47.2%。

春羔二毛皮面积和皮重较大，但伸张力较小，缺乏弹性；而冬羔二毛皮面积和皮重虽小一点，但皮板致密，富弹性，伸张力较大。因而可以认定，滩羊产羔季节以冬季较好，这对母羊抓膘、羔羊发育和二毛皮品质均有良好的影响。

5.屠宰年龄

羔裘皮羊的屠宰年龄与羔裘皮的皮板面积、毛卷、花纹、花案清晰度、美观及毛纤维的长度和毛股的长度都有密切关系。

6.贮存、晾晒和保藏

鞣制毛皮的目的是保证在鞣制前避免腐烂。由于羔裘皮富含蛋白质，具有较多的油脂，尤其是生皮，容易吸收水分而受潮霉烂，易引起虫蛀和鼠咬而被损坏，或受热焖皮而皮层脂肪被分解，皮板变干发硬等。因此，在贮存保藏中应力求放置在阴凉、干燥和通风好的地方。不同的加工、晾晒方法，对宰剥后的羔裘皮品质也有一定的影响。大多数加工方法的主要目的是脱水，包括空气干燥、盐腌和轻度冷冻。

(二)影响板皮品质的主要因素

1.地域和品种因素

各路山羊板皮品质的差异，既包括了地域生态差异的因素，也包括了品种不同的因素。

不同地区对板皮品质的影响，概括起来讲，平原地区产的比山区的好，农区产的比牧区的好，圈养的比放牧的好。

2.季节因素

季节对板皮品质影响主要是季节变化影响营养供应状况和毛被生长状况。北方的夏秋季和南方的秋末、初冬季节，气候适宜，牧草茂盛，开花结籽，营养丰富，羊只膘肥体壮。这时所产的板皮质量最好，被毛不长，绒毛稀短，板皮结构致密，弹性强，油性好，部分板面呈灰色。所以，秋板制革价值高。

正冬季节，气候寒冷，牧草变黄枯萎，粗纤维含量高，品质变差，营养降低。这时北方、西南山区及高原地带所产的皮具有较长的毛绒，有的皮板由腹部开始变瘦薄，黑毛皮板由豆青色变为灰黄色，白毛皮板由蜡黄色变为淡黄色，青毛皮板由灰白色变为灰黄色。同时，南方平原地区所产的皮，皮板显薄，弹性稍差，但比北方及山区所产的质量好。

3.生理因素

(1)性别：性别不同，皮张的质量也不同，一般羯羊皮品质最好，公羊皮比母羊皮板大而厚一些。经产母羊由于怀孕和哺乳羔羊要消耗大量养分，故皮板薄，不均匀，毛绒稀疏，皮板和毛纤维的弹性都较差。

(2)年龄：年龄对板皮的质量也有较大影响。幼龄羊的皮板薄弱、柔软；壮龄羊皮板结构致密，有油性，皮板弹性好，毛绒丰足，色泽光润；老龄羊皮板厚而发硬、粗糙，毛绒粗稀，板干涩，油性差，色泽暗淡。

(3)疾病：病羊皮板瘦而脆弱，无油性，被毛毡乱，光泽差，患有癣、疮、疔、痘等病的羊，对皮板都会有不同程度的损伤和缺点。

(4)屠宰、加工和保存因素：屠宰剥皮和加工不当，会造成皮板的人为伤残和皮形不整影响板皮质量晾晒得当，可以保持皮张原有品质；反之，也会造成许多损伤，影响皮板质量，严重的甚至失去利用价值。

在皮张保存过程中，仓库温度、湿度和通风都会影响保存效果，如若仓库漏雨、湿度过大、堆码挤压、虫蛀、鼠咬等，都会造成皮板霉变、腐烂以及咬伤等伤残缺点。

五、羊皮的防腐、贮藏和运输

羊的板皮和毛皮是皮革行业的重要原料。因此，在生产毛皮和板皮的过程中，要特别注意羔皮、裘皮和板皮的剥取、防腐、贮藏和运输等操作方法，如果方法不当，可能影响羔皮、裘皮和板皮的品质及利用价值。

(一)生皮的防腐

由于鲜羊皮中含有大量的水分和蛋白质，很容易腐败变质。因此，剥下的毛皮(或叫生皮)在冷却之后，应立即进行防腐。防腐的原理是在生皮内外造成一种不适宜细菌和酶作用的环境，即用降低温度，除去水分，利用防腐剂、消毒剂或化学药品等处理手段，消灭细菌或阻止酶对生皮的作用。从而减少对毛皮的损害。在实际生产中，常用的防腐方法有干燥法、盐腌法和化学处理法。

(二)贮藏和运输

鲜皮在经防腐处理后应妥善贮藏。在贮藏期间，应特别注意防高温和防湿，若空气中湿度过大，微生物极易在羊皮上滋生。存放毛皮的房间要注意保持清洁、通风、干燥、阴凉，室内的温度不超过 25℃，相对湿度为 60%～70%。而且羊皮在堆放时应尽量不直接接触地面和墙壁，用木板将毛皮与地面和墙壁隔开，这样既可防止毛皮受潮而腐烂变质，又可防止毛皮遭虫蛀和鼠咬。

第五节 羊奶

羊奶是养羊业的主要产品之一，是人们生活中重要的奶产品、冷饮食品、加工业主要动物性食品来源之一。全世界所产的羊奶中，绵羊奶和山羊奶各占一半左右。我国无论是牧区还是农区，都没有挤绵羊奶的习惯，我国的羊奶基本上都是奶山羊所产。羊奶是世界鲜奶和奶品加工的第二来源，全世界约一半以上的人口饮用羊奶。

一、羊奶的营养价值及特点

(一)羊奶营养成分

1. 几种奶营养成分的比较

羊奶的平均干物质中，蛋白质、脂肪、矿物质含量均高于人奶和牛奶，乳糖低于人奶和牛奶。见表 22-1。

表 22-1 几种奶营养成分比较 %

奶类	干物质	蛋白质	脂肪	乳糖	矿物质
人奶	12.42	2.01	3.74	6.37	0.3
牛奶	12.75	3.39	3.68	4.94	0.72
山羊奶	12.97	3.53	4.21	4.36	0.84
绵羊奶	18.4	5.7	7.2	4.6	0.9
水牛奶	18.7	4.3	8.7	4.9	0.8
马奶	11.75	2.35	1.5	7.63	0.35

2. 蛋白质质量好，易消化

羊奶不仅蛋白质含量高，而且品质好，易消化。羊奶中的游离氨基酸也高于牛奶，而游离氨基酸是很容易被消化的。

羊奶中酪蛋白含量较牛奶低，而白蛋白、球蛋白含量较牛奶高，其凝乳表面张力较小，食入后，乳蛋白在胃内形成絮状凝块，其结构细小松散，易于消化吸收，所以羊奶蛋白质有较高的消化率。

3. 乳脂肪质量好，易消化

羊奶的乳脂肪主要是由甘油三酯类组成，也有少量的磷脂类、胆固醇、脂溶性维生素类、游离脂肪酸和单酸甘油酯类，其中对人体有重要作用的磷脂含量较高。羊奶的脂肪球直径比牛奶脂肪球小得多，且大小均匀。由于脂肪球的总体表面面积大，可与消化液充分接触，容易被消化吸收，而且在保存过程中不易上浮结成奶皮。

4. 羊奶矿物质、维生素含量丰富

羊奶中的矿物质含量远高于人奶，也高于牛奶，特别是钙和磷。奶中的钙主要以酪蛋白钙形式存在，很容易被人体吸收，是供给老人、婴儿钙的最好食品。山羊奶中的铁含量高于人奶，与牛奶相近。

羊奶中含有多种维生素，且羊奶中大部分维生素的含量高于牛奶和人奶。

此外，羊奶中酪蛋白含量比牛奶低，乳清蛋白比例高，更接近于人奶，蛋白微粒小，更容易被人体吸收，而且羊奶中异体蛋白含量也较少，因此，对牛奶过敏和体质较弱的人群可以试选用羊奶。

（二）羊奶的优点

根据历史记载，我国很早以前就对奶汁有过科学的研究，并给予了极高的评价。《本草纲目》中记载“羊乳性甘温，能补寒冷虚乏，润心肺，治消瘦，疗虚劳，益精气，和小肠气，利大肠，医小儿惊厥，干呕反胃。”“奶汁主治补五脏，令人肥白悦泽、益气、治瘦、悦皮肤、润毛发、点眼止泪。”南朝齐梁时期医学家陶弘景说：“羊乳实为补肾，故北方人食之多强健。”“羊乳还有润肤祛斑的功效，经常用羊乳涂搽皮肤，可以使皮肤变得光泽滋润。”可见，羊奶具有较高的食疗保健功能。

二、羊奶品质的主要性状及影响因素

（一）羊奶的物理特性

羊奶的物理特性，包括奶的颜色、气味、密度、比重、冰点、沸点、比热、表面张力、折射率、导电率等，这些特性是评定羊奶质量的重要依据。

1. 色泽和气味

新鲜的羊奶为白色不透明液体。乳的色泽是由乳的成分决定的。白色是由于脂肪球、蛋白酸钙、磷酸钙等对光的反射及折射所产生的；白色以外的颜色是由核黄素、乳黄素及胡萝卜素等所决定的。

羊奶含有一种特殊的气味——膻味。羊奶的膻味比羊肉的膻味要淡得多，在通常情况下不易闻出来的，只在加热或饮食时可感觉出来，这种气味在持续保存之后则更加强烈，但膻味可通过脱膻处理加以消除。

羊奶的脂肪含量高于牛奶，其氯化物和钾的含量也高于牛奶，乳糖含量低于牛奶，所以味道浓厚油香，没有牛奶甜。

2. 比重和密度

比重和密度是衡量奶中干物质含量多少的一个重要指标。羊奶的标准比重为15℃时奶的重量与同温度同体积纯水的重量之比。标准密度为20℃时奶的重量与同容积纯水在4℃时的质量之比。15℃时，正常鲜羊奶的比重为1.034(1.30～1.037)。

羊奶的比重随着乳成分和温度的改变而变化。乳脂肪增加时比重就降低。乳中掺水时比重也降低，每加10%的水，就降低比重0.003(即降低3度)。在10～25℃范围内，温度每变化1度，乳的比重就相差0.000 2(即0.2度)。

3. 表面张力

测量表面张力的目的是为了鉴别奶中是否混有其他添加物。在20℃时，牛奶的表面张力为0.04～0.06 mN/m，羊奶的表面张力为0.02～0.04 mN/m。表面张力受温度、乳脂率的影响较大。表面张力小，乳块细软，容易消化。

4. 电导率

奶电导率与其成分，特别是与氯根和乳糖含量有关，当乳中氯根含量升高或乳糖含量减少时电导率增大。正常山羊奶的电导率在25℃时为0.006 2 Ω(欧姆)。在5～7℃时，温度与电导率呈直线相关。电导率超出正常值，则认为可能是乳腺炎乳或掺假奶。

5. 冰点

奶的冰点比较稳定，变动范围很小。羊奶的冰点平均为－0.58℃，范围在－0.646～0.573℃；而牛奶的冰点平均为－0.55℃，范围在－0.525～0.565℃。如果在乳中掺水，导致冰点升高。如鲜奶掺水10%时，冰点约上升0.054℃。因此，测定冰点的主要目的是检验鲜奶中是否掺水。所以，冰点是检验鲜奶中掺水的重要标志。乳腺炎乳、酸败乳的冰点降低。

(二)评价羊奶品质性状的主要指标

羊奶品质性状的主要指标主要包括乳蛋白率、乳脂率、乳糖率和膻味。

1. 乳蛋白率

乳蛋白率是指羊乳中蛋白质的含量(%)。乳蛋白是羊奶中的重要营养成分之一，随着对乳蛋白含量重视度的提高，乳蛋白含量成了衡量羊奶品质的一个重要指标。

2. 乳脂率

乳脂率是指羊奶中的脂肪含量(%)，用全奶成分测定仪进行测定。

3. 乳糖率

乳糖率是指羊奶中糖分的含量(%)，用全奶成分测定仪进行测定。

4. 膻味

膻味是山羊本身所固有的一种特殊气味，它是山羊的代谢产物，并且山羊的肉和奶都有膻味。山羊奶的吸附性很强，特别是在刚挤出奶的奶温度下降时，它会大量吸收外界的不良气味。公羊的气味、不良的圈舍、有特殊气味饲料的存在，都会使山羊奶的气味更加多样。

(三)影响奶山羊产奶的主要因素

1. 品种

不同的品种，遗传性不同，产奶量也不同，奶中的营养成分也有差异。如萨能羊在世界上产奶量最高，它的世界纪录是一个泌乳期产奶量达到 3 430 kg；另一个是吐根堡羊，其世界纪录是 305 d 产奶 2 610.5 kg。从乳脂率来说，以努比亚羊最高为 4.6%，吐根堡羊为 3.5%，阿尔卑羊为 3.4%，萨能羊为 3.6%。

2. 环境因素

奶山羊的产奶性能除受遗传因素的主因影响之外，牧场、季节、气候、胎次等环境因素对奶山羊的产奶性能均有不同程度的影响。例如，萨能奶山羊有耐寒怕热特性，气温在 4～18℃时生产性能发挥最好，而每当炎热的夏秋季节，气温 27℃以上，尤其是超过 30℃且持续时间较长时，将严重影响山羊产奶性能的正常发挥。

3. 营养因素

饲养条件优越，奶山羊体重增加，会增加总产奶量，但单位饲料的产奶率会降低。这说明一旦奶山羊达到最大的产奶量后，过剩的营养物质只能用来供应肌肉的生长。

4. 挤奶

挤奶的方法、次数对产奶量有明显的影响。擦洗、热敷、按摩、拳握式，每分钟适宜的挤节拍（60 次/min 左右）和每次将奶挤净等，都可以提高产奶量。

第六节　羊的其他产品

一、羊肠衣

羊肠衣是指羊的大、小肠经过刮制而成的坚韧半透明的薄膜。羊肠衣用途广泛，是食品工业、医药及其他工业的重要原料。主要用作灌装香肠的外衣，还可制成肠线供制作网球拍线，弓弦、乐器悬线缝合线等。我国的肠衣资源丰富，羊肠衣多产于华北、东北、西北、西南等地。

肠管壁自内向外分为黏膜、黏膜下层、肌层和浆膜四层。加工羊的盐肠衣时，仅留黏膜下层，剥取其他 3 层，加工羊干肠衣时，除黏膜下层外还保留部分黏膜。

二、羊骨

（一）羊骨的成分及营养价值

1. 羊骨的成分

骨因部位、年龄等不同，其化学组成亦有差异。其中变动最大的是水分与脂类。骨质中含有大量的无机物，其中一半以上是磷酸钙，此外又含有少量的碳酸钙、磷酸镁和微量的氟、氯、钠、钾、铁、铝等。骨的有机物有骨胶原、骨类黏蛋白、弹性硬蛋白样物质、中性脂肪、磷脂和少量的糖原等。

2. 羊骨的营养价值

骨资源是一种宝贵的营养源，应以重视和充分利用。羊骨营养丰富，蛋白质、脂肪的含量与等量的鲜肉相似，各种矿物元素的含量更是鲜肉的数倍。羊骨的蛋白是全价的可溶性蛋白质，生物学效价很高；骨髓中含有丰富的磷脂质、胆碱、磷蛋白以及有延缓衰老作用的骨胶原、酸性黏多糖、维生素等，这些营养成分非常有利于成长中的儿童和中老年人滋补的需要，尤其对高血压、骨质疏松、糖尿病、贫血等患者的治疗和康复有一定的辅助作用。

三、羊血

(一)羊血成分及营养价值

1. 羊血的成分

羊血的主要成分为水(约80%)和多种蛋白质。此外，尚含有少量脂类(包括磷脂和胆甾醇)、葡萄糖及无机盐等。蛋白质主要是血红蛋白，其次是血清蛋白、血清球蛋白和少量纤维蛋白。

2. 营养价值

动物的血液是重要的蛋白质来源，因此，对于动物血液的收集及其在食品加工中利用的兴趣也越来越浓。血液的基本营养组成十分丰富，故把血液称为"液态肉"。血是一种营养价值很高的食品，血液中含有丰富的蛋白质及8种必需氨基酸。血浆蛋白被胃酶分解后产生一种吸毒润肠的物质，与进入人体内的粉尘及有害金属微粒发生作用，被排出体外。

(二)羊血的主要产品种类

羊屠宰后可获得活体重3%～6%的血液，羊血是重要的蛋白质来源，其含量为16.4%，羊血是饲料工业中的重要原料，随着脱色新技术和血蛋白分解方法的进步，羊血可用来加工血粉、食品添加剂、黏合剂、复合杀虫剂等产品。

血粉可用全血生产，也可用分离后的血细胞生产。血粉是生产多种氨基酸、水解蛋白注射液和高蛋白质饲料的原料。血浆可代替蛋清，加工成各种营养食品。由于血浆具有高效乳化剂的作用加热后能形成凝胶体，可滞留脂肪和水分。因此，添加血浆制成的各种食品营养价值高，保水性能好，更富有弹性。血浆的成本仅为鸡蛋的1/4～1/3，代替蛋清能降低营养食品的生产成本。

复习思考题

1. 试述绵羊的皮肤构造与羊毛品质的关系。
2. 简述羊毛的形成和生长过程。
3. 简述影响羊毛生长的因素。
4. 试述肉羊产肉力的测定内容和注意要点。
5. 什么是羔皮、裘皮和板皮？
6. 简述影响羔皮、裘皮和板皮品质的因素。
7. 简述羊奶的营养价值。
8. 简述影响山羊乳用性状的主要因素。

第二十三章 绵羊、山羊品种

第一节 品种分类

全世界现有主要绵羊品种 629 个，山羊品种 150 多个。由于品种繁多，为便于人们的研究和应用，动物学家和畜牧学家对绵羊、山羊品种进行了分类。

一、绵羊品种分类

绵羊品种的分类方法有很多，有动物学分类法、产羊毛类型分类法和生产方向分类法等多种方法。

(一)绵羊品种的动物学分类

(1)短瘦尾羊，如西藏羊。

(2)长瘦尾羊，如澳洲美利奴、新疆细毛羊、中国美利奴等。

(3)短脂尾羊，如蒙古羊、小尾寒羊等。

(4)长脂尾羊，如同羊、大尾寒羊等。

(5)脂臀羊，如哈萨克羊、阿勒泰羊等。

(二)根据绵羊所产羊毛类型分类

此种分类方法是由 M. E. Ensminger 提出的，根据所产羊毛类型的不同将绵羊品种分为 6 大类。

1. 细毛型品种

主要为细毛羊品种，如澳洲美利奴、中国美利奴等。

2. 长毛型品种

这一类型绵羊体格大，羊毛粗长，如林肯羊、罗姆尼羊、边区莱斯特羊等。

3. 中毛型品种

这一类型主要用于产肉，羊毛品质居于长毛型与细毛型之间，如南丘羊萨福克羊等。它们一般都产自英国南部的丘陵地带，故又有丘陵品种之称。

4. 地毯毛型品种

如黑面高原羊、草地型西藏羊和细毛羊等。

5. 羔皮用型品种

如卡拉库尔羊等。

6. 裘皮用型品种

如滩羊。

(三)绵羊品种的生产方向分类

按生产方向分类,可将中国绵羊品种划分为:细毛羊、半细毛羊、肉用羊、裘皮羊、羔皮羊、肉脂兼用羊、半粗毛羊、粗毛羊、乳用羊。

1. 细毛羊

细毛羊共同的特点是:毛纤维属同一类型,细度在60支以上,毛丛长度7 cm以上,细度和长度均匀,并具有整齐的弯曲。

细毛羊又分为毛用细毛羊、毛肉兼用细毛羊和肉毛兼用细毛羊3个类型。毛用细毛羊一般体格略小,除颈部皮肤有皱褶外,身体其他部位也有皱褶,单位体重产毛量高,一般每千克体重能产净毛60~70 g,代表品种如澳洲美利奴羊、中国美利奴羊、新吉细毛羊等。毛肉兼用细毛羊体格大小中等,只颈部皮肤有1~3个皱褶,单位体重产毛量中等,一般每千克体重净毛产量为40~50 g,代表品种如新疆细毛羊、东北细毛羊等。肉毛兼用细毛羊体格大,颈部皮肤皱褶少或无皱褶,单位体重产毛量低,一般每千克体重净毛产量为30~40 g,代表品种如德国美利奴羊、南非美利奴羊等。

2. 半细毛羊

半细毛羊的共同特点是:被毛由同一纤维类型的细毛或两型毛组成。毛纤维的细度为32~58支,长度不一,愈粗则愈长。根据被毛的长度,有长毛种和短毛种之分。按其体型结构和产品的侧重点,又分为毛肉兼用半细毛羊和肉毛兼用半细毛羊两大类,前者的代表品种如茨盖羊,后者的代表品种如边区莱斯特、考力代羊等。

中国培育的半细毛羊品种和品种群有青海半细毛羊、凉山半细毛羊、内蒙古半细毛羊、威宁半细毛羊和云南半细毛羊等。

3. 肉用羊

肉用羊的毛被类型一般为半细毛,如萨福克羊、无角道赛特羊、夏洛莱羊等。

4. 裘皮羊

裘皮是指绵羊在1月龄左右时所剥取的皮。此时的裘皮,毛股紧密,毛穗非常美观,被毛不擀毡,皮板良好,称为二毛皮。

中国裘皮羊绵羊品种有滩羊、贵德黑裘皮羊和岷县黑裘皮羊。

5. 羔皮羊

羔皮具有美丽的毛卷或花纹,图案非常美观。中国羔皮羊绵羊品种有湖羊和卡拉库尔羊。

6. 肉脂兼用羊

肉脂羊皆为中国地方粗毛羊品种,其特点是产肉性能较好,善于贮存脂肪,具有肥大的尾部(肥大的短脂、长脂尾和臀尾)。

中国肉脂羊绵羊品种有大尾寒羊、小尾寒羊、同羊、兰州大尾羊、乌珠穆沁羊和阿勒泰羊。

7. 粗毛羊

粗毛羊毛被不同质,是由多种纤维类型的毛组成的,一般含有细毛、两型毛、粗毛和竞毛,所以称为混型毛或异质毛。粗毛羊产毛量低,毛质差,只能作粗呢、地毯和擀毡之用。

中国粗毛羊在绵羊中所占比重很大，分布很广。主要品种有蒙古羊、西藏羊和哈萨克羊。

8. 乳用羊

乳用绵羊产奶性能好，如东佛里生羊。

二、山羊品种分类

中国山羊品种是按照生产方向进行分类的，品种资源十分丰富，可划分为以下几类：

1. 普通山羊

如西藏山羊、新疆山羊、太行山羊、建昌黑山羊。

2. 绒用山羊

如辽宁绒山羊、内蒙古绒山羊、河西绒山羊、陕北白绒山羊。

3. 裘皮山羊

如中卫山羊。

4. 羔皮山羊

如济宁青山羊。

5. 肉用山羊

如黄淮山羊、陕西白山羊、马头山羊、宜昌白山羊、成都麻羊、板角山羊、贵州白山羊、福清山羊、隆林山羊、雷州山羊和长江三角洲白山羊。

6. 奶用山羊

如关中奶山羊、崂山奶山羊。

7. 毛用山羊

如安哥拉山羊。

第二节　我国地方绵羊品种

一、蒙古羊

我国著名的三大粗毛羊品种之一。

1. 产地与分布

蒙古羊是我国分布最广的一个古老的粗毛、脂尾绵羊品种，原产于蒙古高原，主要分布在内蒙古自治区，广泛分布于我国的华北、华东、东北和西北等大多数省、市、自治区。

2. 外貌特征

蒙古羊基本特点是体质结实、骨骼健壮、头型略显狭长、鼻梁隆起、背腰平直。被毛白色居多，头、颈、四肢、眼圈、嘴有黑、黄褐色斑块。公羊多数有螺旋角，母羊多数无角或有小角，角与毛色的整齐程度，因地区选育条件而异。耳大下垂、颈长短适中，胸深，肋骨不够开张。

3. 生产性能

总的来说，从我国东北向西南，其体格和体重由大变小。锡林郭勒盟苏尼特左旗成年羊平均体重公羊 80 kg 以上，母羊 60 kg 以上，乌兰察布市分别为 49 kg 和 38 kg，阿拉善盟则为 47 kg 和 32 kg。蒙古羊的肉质好、出肉率高，成年羊满膘时屠宰率可达 47%～52%，净肉率 35%以上。当年羔 5～7 月龄屠宰，胴体重可达 13～18 kg，屠宰率 40%以上。

蒙古羊被毛属异质毛，被毛主要为白色，也可见到花色，一般一年剪两次毛，剪毛量成年公羊为 1.5～2.2 kg，母羊为 1.0～1.8 kg。春毛毛丛长度为 6.5～7.5 cm。

蒙古羊羔皮薄而轻，毛皮保暖性强，尤其是大毛羔皮轻暖宜人，结实耐用。蒙古羊的繁殖力不高，母羊一般一年产羔 1 次，每次产羔 1 只，产双羔者很少，3%～5%。

二、西藏羊

我国著名的 3 大粗毛羊品种之一。

1. 产地与分布

主要分布在青藏高原，由于各地生态条件差异，品种内分许多类型，如高原型、雅鲁藏布型、三江型、山谷型和欧拉型等，其中以高原型为代表。

2. 外貌特征

高原型藏羊的特点是体格大，体躯被毛以白色为主，头颈黑色，被毛异质，两型毛含量高，毛辫长，弹性大，光泽好，是织造地毯、提花毛毯的上等原料，该品种公、母羊均有角，适应性强。

3. 生产性能

体重成年公羊为 44.03～58.38 kg，成年母羊为 38.53～47.75 kg；剪毛量成年公羊为 1.18～1.62 kg，成年母羊为 0.75～1.64 kg；净毛率 70%左右。被毛纤维类型组成中，按重量百分比计算，无髓毛占 53.59%，两型毛占 30.57%，有髓毛占 15.03%，干死毛占 0.81%；羊毛细度，无髓毛为 20～22 μm，两型毛为 40～45 μm，有髓毛为 70～90 μm。体侧毛辫长度 20～30 cm。繁殖力不高，母羊每年产羔 1 次，每次产羔 1 只，双羔率极少。屠宰率为 43.0%～47.5%

三、哈萨克羊

我国著名的 3 大粗毛羊品种之一。

1. 产地与分布

主要分布在新疆境内。哈萨克羊饲养管理极为粗放，四季轮换放牧在季节草场上，羊只随季节变换转场，最长距离达上千千米，草场积雪后必须扒雪采食牧草。由于长期在这样艰苦的生态条件下生存，形成了哈萨克羊适应性强，体格结实，四肢高，善于行走爬山，在夏秋季有迅速积聚脂肪的能力，从而保证能安全越冬度春。

2. 外貌特征

哈萨克羊体质结实，公羊具有螺旋形角，母羊少数有小角，鼻梁明显隆起，耳大下垂。背腰平直，四肢高大结实。脂肪沉积于尾根而形成肥大的椭圆形脂臀，脂臀下缘有一浅沟将其对分成两瓣。

被毛异质，腹毛稀短。毛色以全身棕褐色为主。纯白或纯黑的个体很少。除头、四肢、腹部被毛颜色终身不变外，体躯毛色随年龄的增长而变浅。

3.生产性能

成年公、母羊春季平均体重分别为60.34 kg和44.90 kg，周岁公、母羊为42.95 kg和35.80 kg。在组成被毛的纤维类型中，按重量百分比计算，公羊春毛毛被中的无髓毛占55.37%，两型毛占19.63%，有髓毛占12.10%，干死毛占12.90%；母羊则相应为47.17%、13.93%、28.88%和21.02%。成年公、母羊剪毛量分别为2.03 kg和1.88 kg，净毛率分别为57.8%和68.9%。成年公羊春毛体侧部毛股自然长度为14.80 cm，无髓毛层高度为6.71 cm，母羊相应为13.26 cm和4.89 cm。哈萨克羊肌肉发达，后躯发育好，产肉性能高，屠宰率为47.63%。成年母羊平均产羔率为102%，双羔率很低。

四、小尾寒羊

小尾寒羊是中国著名的地方优良绵羊品种之一。具有生长发育快、性成熟早、常年发情配种产羔、繁殖力高、产肉性能好、适应农区舍饲或小群放牧、羔皮也可制裘等优点。

1.产地与分布

原产于河北南部、河南东部和东北部、山东南部及皖北、苏北一带，现全国各地都有分布。据考证，小尾寒羊起源于宋朝中期，当时我国北方少数民族迁移中原时，把蒙古羊带到黄河流域，由于气候环境和饲养方式的改变，并通过劳动人民的长期精心培育，形成该品种。

2.外貌特征

被毛为白色，少数羊只头部、四肢有黑色斑点、斑块。公羊前胸较深，鬐甲高，背腰平直，体躯高大，侧视呈长方形，四肢粗壮。尾略呈椭圆形，下端有纵沟，尾长在飞节以上。

3.生产性能

小尾寒羊成年公羊体重113.3 kg，体高99.6 cm，成年母羊体重65.9 kg，体高82.4 cm，周岁公羊活重72.8 kg，胴体重40.5 kg，屠宰率55.6%，净肉率42.5%。羔羊2.5～5月龄是日增重最快、饲料报酬最高的时期，平均日增重194.6 g，料重比为2.9∶1。被毛异质，由无髓毛、两型毛、有髓毛及干死毛组成，剪毛量成年公羊2.8 kg，成年母羊1.9 kg。

小尾寒羊公、母羊性成熟早，母羊5～6月龄即可发情，公羊7～8月龄可用于配种。母羊产羔率平均251.3%，其中初产羊产羔率229.5%，经产羊产羔率267.8%。

五、湖羊

1.产地与分布

湖羊是我国特有的羔皮用绵羊品种，也是目前世界上少有的白色羔皮品种，主要分布在浙江的吴兴、嘉兴、桐乡、余杭、杭州和江苏的吴江等县及上海的部分郊区县。

2.外貌特征

湖羊头狭长，鼻梁隆起，眼大突出，耳大下垂(部分地区湖羊耳小，甚至无突出的耳)，公、母羊均无角。颈细长，胸狭窄，背平直，四肢纤细。短脂尾，尾大呈扁圆形，尾尖上翘。全身白色，少数个体的眼圈及四肢有黑、褐色斑点。

3. 生产性能

该品种体重成年公羊(48.7±8.7)kg，成年母羊(36.5±5.3)kg。被毛异质，剪毛量成年公羊 1.65 kg，成年母羊 1.17 kg。屠宰率 40%～50%。母羊产羔率 228.9%。

湖羊以生长快，成熟早，四季发情，多胎多产，所产羔皮花纹美观而著称。其羔羊生后 1～3 d 宰杀所获羔皮洁白光润，皮板轻柔，花纹呈波浪形，在国际市场上享有很高的声誉，有“软宝石”之称。

六、滩羊

1. 产地与分布

滩羊属名贵裘皮用绵羊品种，主要分布在宁夏石嘴山市的惠农、平罗、陶乐队等县及吴忠市、中宁、中卫、灵武、盐池、同心及银川市贺兰、永宁等县，相邻的甘肃景泰、靖远、陕西定边、靖边，内蒙古阿拉善左旗、右旗也有分布，其中以惠农、平罗、贺兰等县所产滩羊二毛皮品质最好。

2. 外貌特征

滩羊体格中等，结构匀称，体质结实，头清秀，鼻梁隆起。公羊有大角呈螺旋状向外伸展，母羊有小角或无角，背腰平直、狭窄，脂尾，尾根部宽，向下逐渐变小呈三角形，四肢结实。体躯毛白色，头多为黑色、褐色或黑、褐、白相间。

3. 生产性能

成年公羊体重 47.0 kg，成年母羊 35.0 kg。被毛异质，剪毛量成年公羊 1.6～2.7 kg 成年母羊 0.7～2.0 kg，净毛率 65%左右。

母羊初配年龄一般为 1.5 岁，多产单羔，双羔率 1%～2%，繁殖成活率 89%～98%。滩羊羔 35 日龄左右宰杀剥制的皮张称滩羊二毛皮。其特点是毛股长(8 cm)而紧实；具有美丽的波浪形弯曲，弯曲数 5～7 个，毛纤维细而柔软，两型毛占 46%，无髓毛占 54%，羊毛密度 2 312～2 480 根/cm^2，花穗不松散，不粘结，毛色洁白，光泽悦目，皮板厚而致密，重量轻而结实，鞣制后重量 0.3 kg/张。

第三节　我国培育的绵羊品种

一、新疆细毛羊

1. 产地与分布

新疆细毛羊中心产区为伊犁哈萨克自治州，主要育成于新源县境内的巩乃斯羊场，分布于新疆各地。四季牧场区分明显，这为培育耐粗饲、善游走、适应性强的新疆细毛羊提供了一个较好的生态条件。新疆细毛羊是我国培育的第一个细毛羊新品种。

2. 培育简史

新疆细毛羊的培育从1934年开始，以从苏联引进的高加索和泊列考斯细毛羊为父本，以当地的哈萨克羊和蒙古羊为母本进行杂交改良，在四代杂种羊的基础上经自群繁育、选种选配等育成措施，于1954年培育成为我国第一个毛肉兼用细毛羊新品种。

3. 外貌特征

新疆细毛羊体质结实、结构匀称、体躯深长。公羊大多数有角，鼻梁微有隆起，颈部有1～2个全或不全的横褶皱，皮肤宽松，胸宽深，背平直，后躯丰满，四肢结实。被毛同质白色，呈毛丛结构，头毛着生至两眼连线，后肢达飞节或飞节以下，腹毛着生良好。

4. 生产性能

成年公羊体高75.3 cm，体长81.7 cm，体重93 kg；成年母羊体高为65.9 cm，体长72.7 cm，体重46 kg；周岁公羊体高为64.1 cm，体长67.7 cm，体重45 kg；周岁母羊体高为62.7 cm，体长66.1 cm，体重37.6 kg。

新疆细毛羊每年春季剪毛一次，剪毛量成年公羊12.2 kg，成年母羊5.5 kg。周岁公、母羊的剪毛量分别为5.4 kg和5.0 kg。羊毛长度成年公、母羊分别为10.9 cm和8.8 cm，周岁公、母羊均为8.9 cm。净毛率为49.8%～54.0%。羊毛细度以64支为主，油汗以乳白色和淡黄色为主，含脂率为12.57%。

经夏季放牧的2.5岁羯羊宰前重为65.5 kg，屠宰率49.5%，净肉率40.8%。经夏季肥育的当年羔羊(9月龄羯羊)宰前重为40.9 kg，屠宰率可达47.1%。

新疆细毛羊8月龄性成熟，1.5岁公、母羊初配，季节性发情，以产冬羔和春羔为主，产羔率为139%。

二、中国美利奴羊

1. 产地与分布

中国美利奴羊是1972—1985年间，在新疆的巩乃斯种羊场、紫泥泉种羊场、内蒙古嘎达苏种畜场和吉林查干花种畜场联合育成的，是我国细毛羊中的一个高水平新品种，目前主要分布在我国北方各省(区)。

2. 育成简史

1972年，我国从澳大利亚引进29只中毛型澳洲美利奴公羊，开始在4个育种场进行中国美利奴羊的培育工作。当时引进的公羊，剪毛后体重在90 kg以上，净毛产量8 kg以上，净毛率50%以上，毛长11 cm以上，羊毛细度60～64支。这些种公羊在体型外貌、羊毛品质、净毛产量等各个方面均优于我国当时的种公羊，符合育种目标的要求。4个育种场的基础母羊分别有波尔华斯羊和澳美与波尔华斯杂交羊、新疆细毛羊、军垦细毛羊。一般剪毛后平均体重40 kg左右，净毛量2.5～2.7 kg，净毛率50%左右，毛长7.5～10 cm，羊毛细度以64支为主。

3. 外貌特征

中国美利奴羊体质结实，体型呈长方形，头毛密长，着生至眼线，外形似帽状。鬐甲宽平，胸深宽，背腰长直，宽而平，后躯丰满。四肢结实，肢势端正。公羊有螺旋形角，少量无角，母羊无角。公羊颈部有1～2个横皱褶或发达的纵皱褶，母羊有发达的纵皱褶。被毛白色呈毛丛结构，闭合性良好，密度大，全身被毛有明显的大、中弯曲，油汗白色或乳白色，含量适中，分布均匀。各部位毛丛长度和细度均匀，前肢着生至腕关节，后肢着生至飞节，腹毛着生良好，呈毛丛结构。羊毛细度 60～70 支。

4. 生产性能

根据 1985 年 5 月鉴定时统计，4 个育种场羊只总数达 4.6 万余只，其中基础母羊 1.8 万只左右。4 个育种场达到攻关指标的特级母羊，平均剪毛后体重 45.85 kg，剪毛量 7.21 kg，体侧净毛率 60.87%，净毛量 4.39 kg，平均毛长 10.48 cm。一级母羊平均剪毛后体重 40.9 kg，剪毛量 6.41 kg，体侧净毛率 60.84%，净毛量 3.9 kg，平均毛长 10.2 cm。中国美利奴羊的产羔率为 117%～128%。

三、中国卡拉库尔羊

1. 产地与分布

主要分布在新疆的库车、沙雅、新和、尉梨、轮台、阿瓦提，以及南疆生产建设兵团的相应团场和北疆的 150 团场；内蒙古自治区的鄂托克旗、准喀尔旗、阿拉善右旗、乌拉特后旗及有关种羊场。产区主要为荒漠、半荒漠地区，自然条件十分严酷，夏季酷热，冬季严寒，降水少，草场多为荒漠、半荒漠和低地草甸草场。

2. 育成简史

以卡拉库尔羊为父系，库车羊、哈萨克羊及蒙古羊为母系。采用级进杂交方法育成，1982 年被农业部、国家标准局命名为“中国卡拉库尔羊”，为羔皮羊品种。

3. 外貌特征

中国卡拉库尔羊头稍长，耳大下垂。公羊多有螺旋形向外伸展的角，母羊多无角。胸深宽，四肢结实。尾肥厚，基部宽大，尾尖呈“S”状弯曲，下垂至飞节。毛色 99% 为黑色，极少数为灰色和苏尔色。

4. 生产性能

毛卷多以平轴卷、鬣形卷为主。体重成年公羊 71.12 kg，成年母羊 45.62 kg；被毛异质，剪毛量成年公羊 3.0 kg，成年母羊 2.0 kg，净毛率 65.0%；产羔率 105%～115%，屠宰率 51.0%。

第四节　引入我国的主要绵羊品种

一、澳洲美利奴羊

1. 产地与分布

澳洲美利奴羊(Australian Merino)原产于澳大利亚，现已分布于世界各大洲许多国家。

2. 育成简史

从 1788 年开始，由英国及南非引进的西班牙美利奴羊，以及从德国引入的撒克逊美利奴羊，法国和美国引入的兰布列羊等品种进行杂交，经过 100 多年有计划的育种工作培育而成。

3. 外貌特征

澳洲美利奴羊体型近似长方形，腿短，体宽，背部平直，后肢肌肉丰满。公羊颈部有1～3个发育完全或不完全的横皱褶，母羊有发达的纵皱褶。每种类型又分为有角羊和无角羊两种。澳洲美利奴羊的被毛毛丛结构良好，毛密度大，细度均匀，油汗白色，弯曲弧度均匀、整齐而明显，光泽良好。羊毛覆盖头部至两眼连线，前肢达腕关节，后肢达飞节。

4. 生产性能

根据体重、羊毛长度和细度等指标的不同，澳洲美利奴羊分为超细型、细毛型、中毛型和强毛型4种类型，而在中毛型和强毛型中一般又分为有角系和无角系两种。

5. 利用情况

1972年以来，我国多次从澳大利亚引入该品种羊，分别饲养在黑龙江、吉林、新疆、内蒙古等省(区)。我国育成的一些细毛羊品种，很多引入了澳洲美利奴羊的血液，对于我国细毛羊羊毛品质的改善和羊毛产量的提高有积极作用。

二、萨福克羊

1. 产地与分布

萨福克羊(Suffolk)原产于英国英格兰东南部的萨福克、诺福克、剑桥和艾塞克斯等地。现分布于北美、北欧、澳大利亚、新西兰、俄罗斯和中国等。

2. 育成简史

该品种羊是以南丘羊为父本，当地体型较大、瘦肉率高的黑头有角诺福克羊为母本进行杂交培育，于1859年育成，属大型肉羊品种。

3. 外貌特征

萨福克羊公母均无角，体躯白色，头和四肢黑色，体质结实，结构匀称，鼻梁隆起，耳大，颈长而宽厚，鬐甲宽平，胸宽，背腰宽广平直，腹大紧凑，肋骨开张良好，四肢健壮，蹄质结实，体躯肌肉丰满，呈长桶状。前、后躯发达。

4. 生产性能

成年公羊体重113～159 kg，成年母羊81～113 kg。剪毛量成年公羊5～6 kg，成年母羊2.25～3.6 kg，毛长7～8 cm，细度50～58支，净毛率50%～62%。产羔率141.7%～157.7%。产肉性能好，经肥育的4月龄公羔胴体重24.2 kg，4月龄母羔为19.7 kg。

5. 利用情况

我国从20世纪70年代起先后从澳大利亚、新西兰等国引进，主要分布在新疆、内蒙古、北京、宁夏、吉林、河北、山东和甘肃等省、市、自治区，适应性和杂交改良地方绵羊效果显著。

由于该品种羊头和四肢为黑色，被毛中有黑色纤维，其杂交后代被毛杂色，在细毛羊主产区不宜应用。

三、无角道赛特羊

1. 产地与分布

无角道赛特羊(Poll Dorset)原产于大洋洲的澳大利亚和新西兰。现分布于各大洲。

2. 育成简史

澳大利亚首先育成了无角道赛特羊。该品种是以雷兰羊和有角道赛特羊为母本，考力代羊为父本进行杂交，杂种羊再与有角道赛特公羊回交，然后选择所生的无角后代培育而成。新西兰在育成无角道赛特羊方面，与澳大利亚在方法上有所不同。

3. 外貌特征

无角道赛特羊体质结实，头短而宽，公、母羊均无角，颈短粗，胸宽深，背腰平直，后躯丰满，四肢粗短，整个躯体呈圆桶状，面部、四肢被毛为白色。

4. 生产性能

无角道赛特羊体格较大，体重成年公羊 80～100 kg，成年母羊为 56～80 kg；产毛量 2～4 kg，毛长 7.5～10.0 cm，羊毛细度 27～32 μm，净毛率 60%～65%。无角道赛特羊生长发育快、早熟，能全年发情配种产羔，经过肥育的 4 月龄羔羊，胴体重公羔为 22 kg，母羊为 19.7 kg，而且胴体质量高。无角道赛特羊的产羔率为 120%～150%。

5. 利用情况

我国河北、新疆、内蒙古、北京、江苏、甘肃和山西等地已先后引入，与当地羊杂交改良效果显著。

四、特克塞尔羊

1. 产地与分布

特克塞尔羊(Texel)原产于荷兰，现分布于北欧各国、澳大利亚、新西兰。美国、秘鲁、非洲和亚洲一些国家。

2. 育成简史

19 世纪中叶，用林肯羊、莱斯特羊与荷兰北海岸特克塞尔岛的老特克塞尔羊羊杂交，经长期选择培育而成。

3. 外貌特征

该品种公、母羊均无角，全身毛白色，鼻镜、唇及蹄冠褐色。体质结实，结构匀称。头清秀无长毛，鼻梁平直而宽，眼大有神，口方，耳中等大小，肩宽深，鬐甲宽平，胸拱圆，颈宽深，头、颈、肩结合良好，背腰宽广平直，肋骨开张良好，四肢健壮，蹄质结实。

4. 生产性能

周岁公羊体重 78.6 kg，周岁母羊 66.0 kg；2 岁公羊 98.0 kg，2 岁母羊 74.0 kg；成年公羊 115～130 kg，成年母羊 75～80 kg。平均产毛量公羊 5.0 kg，母羊 4.5 kg，净毛率 60%，羊毛长度 10～15 cm，羊毛细度 48～50 支。屠宰率 56%～60%。母羊产羔率 150%～160%。

5. 利用情况

20 世纪 60 年代初法国曾赠送给我国一对特克塞尔羊，当时饲养在中国农业科学院畜牧研究所，1996 年该所又引入少量该品种；1995 年黑龙江大山种羊场引进特克塞尔公羊 10 只，母羊 50 只；2001 年河北从澳大利亚引进该品种，公羊 18 只，母羊 200 只，饲养在河北威特公司，随后很多省、市又从澳大利亚引进。各地利用该品种与我国的湖羊、东北细毛羊和小尾寒羊等地方品种进行杂交，均取得了较好的杂交效果。

五、杜泊羊

1. 产地与分布

杜泊羊(Dorper)原产于南非,现分布于非洲、澳大利亚、美国和中国等地。

2. 育成简史

用从英国引入的有角道赛特品种公羊与当地的波斯黑头品种母羊杂交,经选择和培育育成的肉用绵羊品种。南非于1950年成立杜泊肉用绵羊品种协会,促使该品种得到迅速发展。

3. 外貌特征

该品种被毛呈白色,有的头部黑色,被毛由发毛和无髓毛组成,但毛稀、短,春、秋季节自动脱落,只有背部留有一片保暖,不用剪毛。杜泊羊身体结实能适应炎热、干旱、潮湿、寒冷等多种气候条件,采食性能良好。

4. 生产性能

该品种生长快,成熟早,瘦肉多,胴体质量好;母羊繁殖力强,发情季节长,母性好。成年公羊体重100～110 kg,成年母羊75～90 kg。成年母羊产羔率140%。

5. 利用情况

我国于2001年5月由山东省东营市首次引进。河南、河北、北京、辽宁、宁夏、陕西等省区近年来已有引进。用其与当地羊杂交,效果显著。

六、夏洛莱羊

1. 产地与分布

夏洛莱羊(Charollais)产于法国中部的夏洛莱丘陵和谷地,该品种在英国、德国、比利时、瑞士、西班牙、葡萄牙及东欧的一些国家都有饲养。我国从20世纪80年代末开始引入。

2. 育成简史

1820年以后,法国夏洛莱地区农户引入英国莱斯特羊与当地羊杂交,形成一个比较一致的品种类型,1963年命名为夏洛莱羊,1974年法国农业部正式承认为品种。

3. 外貌特征

夏洛莱羊头部无毛,脸部呈粉色,额宽,耳大。体躯长,胸宽深,背部平直,肌肉丰满,后躯宽大。两后肢距离大,肌肉发达,呈倒"U"字形,四肢较短。被毛同质,白色。

4. 生产性能

体重成年公羊100～150 kg,成年母羊75～95 kg;羔羊生长发育快,6月龄公羔体重48～53 kg,母羔38～43 kg;7月龄出售的种羊标准:公羔50～55 kg,母羔40～45 kg。夏洛莱羊毛长7 cm左右,细度50～60支。胴体质量好、瘦肉多、脂肪少,屠宰率在55%以上。产羔率高,经产母羊为182.37%,初产母羊为135.32%,是生产肥羔的优良品种。

5. 利用情况

我国在20世纪80年代末90年代初,由内蒙古畜牧科学院、河北、河南、辽宁、山东等地分别引入。除进行纯种繁殖外，并利用其同当地粗毛羊杂交生产羔羊。

第五节　我国地方山羊品种

一、辽宁绒山羊

1. 产地与分布

辽宁绒山羊是中国最优秀的绒山羊品种。原产于辽宁省辽东半岛步云山周围各县，中心产区为盖州市东部山区。1976 年以来，陕西、甘肃、新疆、内蒙古、山西和河北等 17 个省（区）曾先后引种，用以改良本地山羊，提高产绒量，收到了良好效果。

2. 外貌特征

辽宁绒山羊公、母羊均有髯，公、母羊均有角，公羊角粗大，向两侧螺旋式伸展，母羊角向后上方呈捻曲伸出。体躯结构匀称，体质结实，体格较大，被毛为全白色，外层为粗毛，内层绒毛，被毛光泽好。

3. 生产性能

据辽宁绒山羊原种场测定，成年公羊平均产绒量 1 454.5 g，成年母羊平均产绒量 671.6 g。绒毛长度成年公羊 6.8 cm，成年母羊 6.3 cm。细度在 16.5 μm 左右。净绒率达 70%以上。羔羊 5 月龄左右性成熟，一般在 1 岁左右初配，产羔率 110%～120%。

二、内蒙古绒山羊

1. 产地与分布

内蒙古绒山羊主要分布在内蒙古自治区中西部地区。分布于二狼山地区、阿尔巴斯地区和阿拉善左旗地区。内蒙古绒山羊是蒙古山羊在荒漠、半荒漠条件下，经广大牧民长期饲养、选育形成的一个优良类群。目前内蒙古绒山羊品种有阿尔巴斯、二狼山和阿拉善三个类型。

2. 外貌特征

体质结实，公、母羊均有角，公羊角粗大，向上向后外延伸，母羊角相对较小。体躯深长，背腰平直，整体似长方形。全身被毛纯白，外层为粗毛，内层为绒毛。

3. 生产性能

成年公羊体重 45～52 kg，成年母羊 30～45 kg，外层为光泽良好的粗毛，长 12～20 cm，细度 88.3～88.8 μm；内层绒毛长 5.0～6.5 cm，细度 12.1～15.1 μm。成年公羊产绒量 400～600 g，成年母羊 350～450 g，净绒率 72%。母羊产羔率 100%～105%。

三、中卫山羊

1. 产地与分布

中卫山羊又称中卫裘皮山羊或沙毛皮山羊。主产于宁夏回族自治区的中卫市，分布于宁夏同心、中宁和海原等县及毗邻的甘肃省景泰、靖远县。

2.外貌特征

被毛纯白色(偶见黑色),颈部丛生有弯曲的长毛,公、母羊均有角。公羊角大半呈螺旋形,母羊角小呈镰刀状。头部清秀,鼻梁平直,体短而深。四肢端正,蹄质结实,背腰平直。被毛分两层,外层由粗毛和两型毛组成,内层为绒毛。其主要产品沙毛皮,花案清晰,被毛呈丝样光泽。

3.生产性能

成年公羊体重30～40 kg,母羊体重25～35 kg。成年羯羊屠宰率44.3%。母羊7月龄左右即可配种繁殖,多为单羔,产羔率103%。

35日龄左右的中卫山羊羊羔,毛股长度7 cm左右,宰杀剥制的皮张称沙毛皮。其自然面积120 cm以上,具有皮板致密结实、毛股紧实、弯曲明显、花案清晰等特点。

四、黄淮山羊

1.产地与分布

中心产区是河南省周口市的沈丘、淮阳、项城、郸城等县和安徽省阜阳等地。

2.外貌特征

黄淮山羊有无角和有角两种类型,无角型羊颈长、腿长、身躯长;有角型羊颈短、腿短、体躯短。这两种类型的公、母羊均有髯,额宽,鼻直,面部微凹,身体各部位结构匀称,呈圆桶形。被毛以纯白色为主,约占90%,其余为黑色、青色、棕色和花色。

3.生产性能

成年公、母羊体重分别为35 kg和26 kg。羔羊屠宰率49.8%,净肉率40.5%,黄淮山羊板皮质量好,以秋、冬季节宰杀皮为最好,其质地致密、韧性大、强度高、分层性能好,每张板上可分6～7层,是优良的制革原料。该品种繁殖力高,3～4月龄性成熟,6月龄后可配种,全年发情,一年可产两胎或两年产三胎,产羔率239%。

五、马头山羊

1.产地与分布

马头山羊产区在湖北省的十堰市、丹江口市和湖南省常德市、怀化市以及湘西土家族苗族自治州各县。

2.外貌特征

马头山羊体质结实,结构匀称,体躯呈长方形。头大小适中,公、母羊均无角,但有退化的角痕。两耳向前略下垂,颌下有髯,部分羊颈下有一对肉垂。成年公羊颈较短粗,母羊颈较细长。头、颈、肩结合良好,前胸发达,背腰平直,后躯发育良好,尻略斜。四肢端正,蹄质坚实。乳房发育良好。毛被以白色为主,次为黑色、麻色及杂色;毛短、有光泽,冬季生有少量绒毛;额、颈部有长粗毛。

3. 生产性能

马头山羊成年公羊平均体重为 43.81 kg，母羊为 33.70 kg，羯羊为 47.44 kg。在全年放牧情况下，12 月龄公、母羊屠宰率为 54.69%、50.01%。马头山羊性成熟早，母羔 3～5 月龄、公羔 4～6 月龄达性成熟，一般 10 月龄配种，初产母羊多为单羔，经产母羊多产双羔，一年产两胎或两年产三胎。产羔率为 191.94%～200.33%。

六、太行山羊

1. 产地与分布

太行山羊产于太行山东、西两侧的晋、冀、豫三省接壤地区。主要分布在晋东南、晋中两地区的各县；河北省的保定、石家庄、邢台、邯郸地区山区县；河南省安阳、新乡地区山区县。

2. 外貌特征

太行山羊头大小适中，耳小向前伸。公、母羊颌下有髯，大部分有角，少数无角或有角基。颈短粗，胸宽深，背腰平直。四肢强健，蹄质坚实。被毛以黑色为主，少数为褐色、青色、灰色、白色。被毛由长粗毛和绒毛组成。

3. 生产性能

成年公羊平均体重为 36.7 kg，成年母羊 32.8 kg。成年公羊抓绒量 275 g，成年母羊为 160 g；绒纤维自然长度 2.36 cm，绒纤维细度 14.1～14.4 μm；成年公羊粗毛产量 400 g，成年母羊 350 g，毛长 9.5～11.2 cm。2.5 岁羯羊宰前体重 39.9 kg，屠宰率 52.8%，肉质细嫩，脂肪分布均匀。太行山羊公、母羊一般在 6～7 月龄性成熟，1.5 岁配种，一年一胎，产羔率 130%～143%。

第六节　我国培育的主要山羊品种

一、南江黄羊

1. 产地与分布

南江黄羊主要分布在四川省南江县及其毗邻地区。

2. 育种简史

20 世纪 60 年代开始，以努比亚山羊、成都麻羊为父本，南江县本地山羊、金堂黑山羊为母本，采用复杂育成杂交方法培育而成的，1998 年被农业部批准为肉羊新品种。

3. 外貌特征

南江黄羊公、母羊大多数有角，头型较大，耳长大，部分羊耳微下垂，颈较粗，体格高大，背腰平直，后躯丰满，体躯近似圆筒形，四肢粗壮。被毛呈黄褐色，毛短而紧贴皮肤、富有光泽，面部多呈黑色，鼻梁两侧有一条浅黄色条纹。公羊从头顶部至尾根沿脊背有一条宽窄不等的黑色毛带。前胸、颈、肩和四肢上端着生黑而长的粗毛。

4. 生产性能

南江黄羊具有体格大、生长发育快、四季发情、繁殖率高、泌乳力好、抗病力强、耐粗放饲养、适应能力强、产肉力高及板皮质量好的特性。

成年公羊体重为66.87 kg，成年母羊体重为45.64 kg。6月龄屠宰前体重可达21.55 kg，胴体重9.71 kg，净肉重7.09 kg，屠宰率47.01%；周岁羊上述指标相应为30.78 kg、15.04 kg、11.13千克和49%。南江黄羊常年发情，8月龄可配种，能年产两胎或两年三胎，双羔率达70%以上，群体产羔率205.42%。板皮质量优良，保存了成都麻羊板皮的品质特性。

二、关中奶山羊

1. 产地与分布

关中奶山羊原产于陕西的渭河平原(又称关中盆地)，现主要分布在关中盆地的富平、蒲城、泾阳、三原、扶风、千阳、宝鸡、渭南、临潼、蓝田等县。

2. 育成简史

关中奶山羊主要是利用萨能奶山羊杂交地方山羊，经长期选育提高而育成的乳用品种。

3. 外貌特征

关中奶山羊体质结实，乳用型明显，具有头、颈、躯干、四肢长的“四长”特征。公羊头大，额宽，眼大耳长，鼻直嘴齐。颈粗，胸部宽深，背腰平直，外形雄伟，尻部宽长，腹部紧凑。母羊乳房大，多呈圆形，质地柔软，乳头大小适中。公、母羊四肢结实，肢势端正，蹄质结实，呈蜡黄色。毛短色白，皮肤粉红色，部分羊耳、鼻、唇及乳房有大小不等的黑斑。

4. 生产性能

成年公羊体重65 kg以上，成年母羊体重45 kg以上。在一般饲养条件下优良个体平均产奶量一胎450 kg、二胎520 kg、三胎600 kg、高产个体700 kg以上，乳脂率3.8%。一胎产羔率平均130%，二胎以上产羔率平均174%。

第七节　引入我国的山羊品种

一、波尔山羊

1. 产地与分布

波尔山羊(Boer goat)原产于南非共和国，现已分布到非洲、德国、加拿大、澳大利亚、新西兰及亚洲等国。

2. 育成简史

波尔山羊的真正起源尚不清楚，但有资料说可能来自南非洲的霍屯督人和游牧部落斑图人饲养的本地山羊，在形成过程中还可能加入了印度山羊、安哥拉山羊和欧洲奶山羊的基因。南非波尔山羊大致可分为5个类型，即普通型、长零型，无角型、土种型和改良型。目前世界各国引进的主要是改良型波尔山羊。

3. 外貌特征

头大额宽鼻梁隆起，嘴阔，唇厚，颌骨结合良好，眼睛棕色，目光柔和，耳宽长下垂，角坚实而向后、向上弯曲。颈粗壮，长度适中。肩肥宽，颈肩结合好。胸平阔而丰满，鬐甲高平。体长与体高比例合适，肋骨开张良好。腹圆大而紧凑，背腰平直，后躯发达，尻宽长而不斜，臀部肥厚但轮廓可见。整个体躯呈圆桶状，四肢粗壮，长度适中。全身被毛短而有光泽，头部为浅褐色或深褐色。两耳毛色与头部一致，颈部以后的躯干和四肢均为白色。全身皮肤松软，弹性好，胸部和颈部有皱褶，公羊皱褶较多。

4. 生产性能

羔羊初生重 3～4 kg，断奶前日增重可达 200 g 以上，6 月龄体重可达 30 kg。成年公羊体重 90～130 kg；成年母羊体重 60～90 kg。波尔山羊的屠宰率 8～10 月龄时为 48%，周岁、2 岁、3 岁时分别为 50%、52%和 54%。公、母羔 5～6 月龄时性成熟，但公羊应在周岁后正式用于配种，母羊的初配时间应为 8～10 月龄，母羊平均产羔率为 160%～200%。

5. 利用情况

该品种已被世界上许多国家引进，通过改良当地山羊提高其产肉性能，各杂交组合均表明出明显的改良效果。因此，该品种被推荐为杂种肉山羊的终端父系品种。我国波尔山羊自 1995 年首次引进以来，发展迅速，已遍及全国各地，对国内肉山羊业的发展起到了积极的推动作用。

二、萨能奶山羊

1. 产地与分布

萨能奶山羊(Saanen dairy goat)是世界著名的奶山羊品种，原产于瑞士泊尔尼州西南部的萨能地区，中国从 1904 年开始在青岛的崂山及胶东等地先后从德国、英国及苏联引入，用于奶山羊品种的培育。

2. 外貌特征

萨能奶山羊公、母羊多无角，大多有须，有些颈部有肉垂，耳长直立，被毛白色或淡黄色。公羊颈粗壮，母羊颈细长。胸部宽深，背腰长而平直，后躯发育好，四肢结实，呈明显楔状体型，母羊乳房发育良好。

3. 生产性能

成年公羊体重 75～100 kg，成年母羊 50～65 kg。母羊泌乳期 8～10 个月，年平均产奶量 600～1 200 kg，乳脂率 3.2%～3.8%，母羊产羔率 160%～220%。

4. 利用情况

许多国家都用它来改良当地山羊品种，并培育出了不少的奶山羊新品种。我国 1904 年前后在山东省青岛市由外国传教士引入。20 世纪 30 年代，山东、河南、河北、陕西等省饲养量不断增多。20 世纪 80 年代，陕西、四川、甘肃、辽宁、福建、安徽和黑龙江等省又从国外引入了大量的萨能山羊。萨能奶山羊参与了关中奶山羊、崂山奶山羊等新品种的育成，对我国奶山羊产业的发展起了很大作用。

复习思考题

1. 简述绵羊、山羊品种分类方法。
2. 试述我国主要地方优良绵羊品种及其特征特性。
3. 试述我国主要地方优良山羊品种及其特征特性。
4. 简述近几年来我国引进的主要肉用绵羊品种及其特点。
5. 简述波尔山羊品种特点及其在我国的应用效果。
6. 简述萨能奶山羊品种特点及其在我国养羊业中的应用。

第二十四章　羊的繁殖技术

第一节　羊的繁殖规律

一、性成熟和初配适龄

(一)公羊的初情期、性成熟和初配适龄

初情期是公羊初次出现性行为和能够射出精子的时期，是性成熟过程中的开始阶段。性成熟是公羊生殖器官和生殖机能发育趋于完善、达到能够产生具有受精能力的精子、并有完全性行为能力的时期。

公羊在达到性成熟时，身体仍在继续生长发育，配种过早，会影响身体的正常生长发育，并且降低繁殖力。通常公羊开始配种的年龄是在达到性成熟后推迟数月。体重是很重要的指标，通常要求公羊的体重达到成年时的70％以上才开始配种。

绵羊和山羊在6～10月龄时性成熟，以12～18月龄开始配种为宜，此即为公羊的初配适龄。

(二)母羊的初情期、性成熟和初配适龄

母羊出生以后，身体的各部分不断生长发育，当达到一定年龄后，脑垂体开始具有分泌促性腺激素的机能，机体亦随之发生一系列复杂的生理变化。例如：卵巢上有卵泡发育成熟，并具有内分泌机能；母羊有发情表现，并接受公羊交配等行为。这时，母羊的生殖器官已基本发育完全，具有繁殖后代的能力。通常把母羊出生后第一次出现发情的时期称为初情期(绵羊一般为6～8月龄，山羊一般为4～6月龄)，把已具备完整周期性的发情排卵表现的时期称为性成熟。

母羊达到性成熟时，最显著的表现是具有协调的生殖内分泌机能，表现出有规律的发情周期和完全的发情症状、排出能受精的卵子，此时即具有繁衍后代的能力。

母羊初配适龄应以体重为依据，即体重达到正常成年体重的70％以上时可以开始配种，此时配种繁殖一般不影响母体和胎儿的生长发育。

适宜的初配时期也可以考虑年龄。母羊的初配适龄一般也为12月龄左右。因为初配年龄和养羊生产的经济效益密切相关，即生产中要求越早越好，所以，在掌握初配适龄的情况下，不应该过分地推迟初配年龄，做到适时、及时配种。

二、发情和发情周期

(一)发情

发情为母羊在性成熟以后，所表现出的一种具有周期性变化的生理现象。母羊发情时有以下一些表现特征：

1. 性欲

性欲是母羊愿意接受公羊交配的一种行为。母羊发情时，一般表现为兴奋不安，反应敏感，母羊之间会相互爬跨，咩叫摇尾。同时，一般不抗拒公羊接近或爬跨，或者主动接近公羊并接受公羊的爬跨交配。在发情初期，性欲表现不甚明显，以后逐渐显著。排卵以后，性欲逐渐减弱，到性欲结束后，母羊则抗拒公羊接近和爬跨。

2. 生殖道

外阴部充血肿大，柔软而松弛，阴道黏膜充血潮红，上皮细胞增生，前庭腺分泌增多，子宫颈开放，子宫蠕动增多，输卵管的蠕动、分泌和上皮纤毛的波动也增强。

3. 卵泡发育和排卵

卵巢上有卵泡发育成熟，发育成熟后卵泡破裂，卵子排出。

母羊在某一时期出现上述几个方面的特征，通常都称为发情。母羊从开始表现上述特征到这些特征消失为止，这一时期叫发情持续期。

(二)发情周期

通常把由上次发情开始到下次发情开始的期间，称为发情周期。母羊达到性成熟年龄以后，其卵巢上出现了周期性的排卵现象，生殖器官也周期性地发生一系列的变化，这种变化按一定顺序循环进行，一直到性机能衰退以前，表现为周期性活动。根据一个发情周期中生殖器官所发生的形态、生理变化和相应的性欲表现，将发情周期分为 4 个阶段，即发情前期、发情期、发情后期和间情期。

1. 发情前期

这一时期的特征是，上一次发情周期形成的黄体进一步呈退行性变化，逐渐萎缩，卵巢中有新的卵泡发育、增大，子宫腺体略有增殖，生殖道轻微充血肿胀，子宫颈稍开放，阴道黏膜的上皮细胞增生，母羊有轻微发情表现。

2. 发情期

此时母羊性欲进入高潮，接受公羊的交配或爬跨。这一时期卵泡发育迅速，外阴部充血，肿胀加剧，子宫颈开张，有较多黏液排出，在发情期末排卵。由于卵泡分泌大量雌激素，此期母羊发情表现最明显。绵羊发情期持续时间一般为 24～36 h，山羊为 24～48 h。

绵羊和山羊均属于自发性排卵动物，即卵泡成熟后自行破裂排出卵子。绵羊和山羊的排卵时间分别在发情开始后 24～27 h 和 24～36 h。

3. 发情后期

这个时期，母羊由发情盛期转入静止状态。生殖道充血逐渐消退，蠕动减弱，子宫颈封闭，黏液量少而稠，发情表现微弱，破裂的卵泡开始形成黄体。

4. 休情期(或间情期)

母羊的交配欲已完全停止，其精神状态已恢复正常。卵巢上的黄体形成，并分泌孕激素。

绵羊的发情周期平均为 17 d，山羊平均为 21 d。

三、羊的繁殖季节

绵、山羊的繁殖季节(亦称配种季节)是通过长期的自然选择逐渐演化而形成的，主要决定因素是分娩时的环境条件要有利于初生羔羊的存活。绵、山羊的繁殖季节，因品种、地区而有差异，一般是在秋、冬两个季节母羊有发情表现。母羊发情时，卵巢机能活跃，卵泡发育逐渐成熟，并接受公羊交配。平时，卵巢处于静止状态，卵泡不发育，也不接受公羊的交配。母羊发情之所以有一定的季节性，是因为在不同的季节中，光照、气温、饲草饲料等条件发生变化，由于这些外界因素的变化，特别是母羊的发情要求由长变短的光照条件，所以发情主要在秋、冬两季。在饲养管理条件良好的年份，母羊发情开始早，而且发情整齐旺盛。对于公羊而言，公羊在任何季节都能配种，但在气温高的季节，性欲减弱或者完全消失，精液品质下降，精子数目减少，活力降低，畸形精子增多。在气候温暖、海拔较低、牧草饲料良好的地区，饲养的绵、山羊品种一般一年四季都发情，配种时间不受限制。

第二节　羊的配种和人工授精技术

羊的配种主要有两种：一种是自然交配，另一种是人工授精。

一、自然交配法

自然交配又称为本交。自然交配又分为自由交配和人工辅助交配。

1. 自由交配

自由交配是按一定公、母比例，将公羊和母羊同群放牧饲养，一般公、母比为 1∶(15～20)，最多 1∶30。母羊发情时便与同群的公羊自由进行交配。这种方法又叫群体本交，其优点是可以节省大量的人力、物力，也可以减少发情母羊的失配率，对居住分散的家庭小型牧场很适合。

2. 人工辅助交配

人工辅助交配是平时将公母羊分开放牧饲养，经鉴定把发情母羊从羊群中选出来和选定的公羊交配。这种方法有利于选配工作的进行，可防止近亲交配和早配，也减少了公羊的体力消耗，有利于母羊群采食抓膘，能够准确记录配种时间，做到有计划地安排分娩和产羔管理等。

为确保人工辅助交配的受胎率，要选择适宜的配种时间。一般早晨发情的羊可以傍晚配种，第二天早晨复配一次；傍晚发情的羊，第二天早晨配种，傍晚复配一次。

二、人工授精技术

人工授精是利用器械,采取公羊的精液,经过精液品质检查和一系列处理,再将精液输入发情母羊生殖道内,达到母羊受胎的配种方式。

(一)羊人工授精技术的组织

1.站址的选择及房舍设备

人工授精站一般应选择在母羊分布密度大,水草条件好,有足够的放牧地,交通比较方便,无传染病,地势比较平坦,避风向阳且排水良好的地方。

人工授精站需要有一定数量和一定规格的房屋和羊舍。房屋主要是采精室、精液处理室和输精室。羊舍主要是种公羊舍、试情公羊舍及试情圈等。在有条件的羊场、乡、村或专业户还应考虑修建工作人员住房及库房等建筑。

采精室、精液处理室和输精室要求光线充足,地面坚实,以便清洁和减少尘土飞扬,空气要新鲜,并且互相连接,以方便工作,室温要求保持在18～25℃。面积:采精室12～20 m^2,精液处理室8～12 m^2,输精室20～30 m^2。

2.器械药品的准备

人工授精所需要的各种器械,如假阴道内胎、假阴道外壳、输精器、集精杯、开膣器等,以及常用的各种兽医药品和消毒药品,要按授精站的规模和承担的任务,事前做好充足的准备。

3.公羊、母羊的准备与管理

(1)公羊的准备与管理。

① 种公羊:配种开始前1.0～1.5个月,对参加配种的公羊,应指定有关技术人员对其精液品质进行检查,目的有两个:一个目的是掌握公羊精液品质情况,如发现问题,可及早采取措施,以确保配种工作的顺利进行;另一个目的是排除公羊生殖器中长期积存下来的衰老、死亡和解体的精子,促进种公羊的性机能活动,产生新精子。因此,在配种开始以前,每只种公羊至少要采排精液15～20次,开始每天可采排精液一次,在后期每隔一天采排精液一次,对每次采得的精液都应进行品质检查。

如果公羊初次参加配种,在配种前1个月左右,应有计划地对公羊进行调教。调教办法:让公羊在采精室与发情母羊本交几次;把发情母羊的阴道分泌物抹在公羊鼻尖上以刺激其性欲;注射丙酸睾酮,每次1 mL,隔1 d一次;每天用温水把阴囊洗干净,擦干,然后用手由下而上地轻轻按摩睾丸,早、晚各一次,每次10 min;别的公羊采精时,让被调教公羊在旁边"观摩";加强饲养管理,增加运动里程和运动强度等。

② 试情公羊:由于母羊发情症状不明显,发情持续期短,漏配一次就会耽误配种时间至少半个多月,因此,在人工授精工作中必须用试情公羊每天从大群母羊中找出发情母羊适时进行配种,所以试情公羊的作用不能低估。选作试情公羊的个体要体质结实,健康无病,行动灵活,性欲旺盛,生产性能良好,年龄在2～5岁。试情公羊的数量一般为参加配种母羊数的2%～4%。

(2)母羊的准备与管理。凡确定参加人工授精的母羊,要单独组群,认真管理,防止公、母羊混群，防止偷配。在配种开始前 5～7 d，应进入授精站范围内的待配母羊舍（圈）；在配种前和配种期，要加强饲养管理，使羊只吃饱喝足和休息好，做到满膘配种。

4. 试情

每天清晨（或早、晚各一次），将试情公羊赶入待配母羊群中进行试情，凡愿意与公羊接近，并接受公羊爬跨的母羊即认为是发情羊，应及时将其捕捉并送至发情母羊圈中。有的处女羊发情症状表现不明显，虽然有时与公羊接近，但又拒绝接受爬跨，这种情况也应将羊捕捉，然后辅之以阴道检查判定。

为了防止试情公羊偷配，试情时应在试情公羊腹下系上试情布，试情布要捆结实，防止阴茎脱出发生偷配现象。每次试情结束，要清洗试情布，以防布面变硬，擦伤阴茎。我国许多地区还推广了对试情公羊进行输精管结扎和阴茎移植既节约了大量用布，又杜绝了偷配，同时还减轻了工作负担，普遍受到欢迎。但阴茎移位的角度要合适，每年试情工作开始前对所有阴茎移位的公羊要进行一次移位角度的检查。输精管结扎的试情公羊，一般使用 2～3 年后要更换。在试情过程中要始终保持安静，每天试情时间，在 7～9 月份配种的应不少于 1.5 h，在 10～12 月份配种的应不少于 1.0 h。

5. 采精

（1）消毒。凡是人工授精使用的器械，都必须经过严格的消毒。在消毒以前，应将器械洗净擦干，然后按器械的性质、种类分别封装。

（2）采精前假阴道的准备。

① 假阴道的安装和消毒。首先检查所用的内胎有无损坏和沙眼，若完整无损时最好先放入开水中浸泡 3～5 min。新内胎或长期未用的内胎，必须用热肥皂水或洗衣粉刷洗干净，擦干，然后进行安装。

安装时先将内胎装入外壳，并使其光面朝内，而且要求两头等长，然后将内胎一端翻套在外壳上，依同法套好另一端，此时注意勿使内胎有扭转情况，并使其松紧适度，然后在两端分别套上橡皮圈加以固定。

消毒时用长柄镊子夹住 70%酒精棉球消毒内胎，从内向外旋转，勿留空间，要求彻底，等酒精挥发后，用生理盐水棉球多次擦拭，冲洗。

集精杯（瓶）采用高压蒸汽消毒，也可用 70%酒精棉球消毒，最后用生理盐水棉球多次搽拭，然后安装在假阴道的一端。

② 灌注温水。左手握住假阴道的中部，右手用量杯或吸水球将温水从灌水孔灌入，水温 50～55℃，以采精时假阴道温度达 40～42℃ 为目的。水量约为外壳与内胎间容量的 1/2～2/3，实践中常以竖立假阴道，水达灌水孔即可。最后装上带活塞的气嘴，并将活塞关好。

③ 涂抹润滑剂。用消毒玻璃棒（或温度计）取少许凡士林，由内向外涂抹均匀一薄层，其涂抹深度以假阴道长度的 1/2 为宜。

④ 检温、吹气加压。从气嘴吹气，用消毒的温度计插入假阴道内检查温度，以采精时达 40～42℃ 为宜，若过低过高可用热水或冷水调节。当温度适宜时吹气加压，使涂凡士林一端的内胎壁遇合，口部呈三角形为宜。最后用纱布盖好入口，准备采精。

（3）采精的方法和步骤。

① 采精场地。首先要有固定的采精场所，以便使公羊建立交配的条件反射，如在露天采

精，则采精的场地应当避风、平坦，并且要防止尘土飞扬。采精时应保持环境安静。

② 台羊的准备。对公羊来说，台羊（母羊）是重要的性刺激物，是用假阴道采精的必要条件。台羊应当选择健康的、体格大小与公羊相似的发情母羊。用不发情的母羊作为台羊不能引起公羊性欲时，可先用发情母羊训练数次即可。在采精时，需先将台羊固定在采精架上。

如用假母羊作台羊，需先经过训练，即先用真母羊为台羊，采精数次，再改用假母羊为台羊。假母羊是用木料制成的木架（大小与公羊体格相似），架内填上适量的麦草或稻草，上面覆盖一张羊皮并使其固定。

③ 公羊的牵引。在牵引公羊到采精现场后，不要使它立即爬跨台羊，要控制几分钟，再让它爬跨，这样不仅可增强其性反射，也可提高所采集精液的质量。公羊阴茎包皮周围部分，如有长毛应事先剪短，如有污物应擦洗干净。

④ 采精技术。采精人员用右手握住假阴道后端，固定好集精杯（瓶），并将气嘴活塞朝下，蹲在台羊的右后侧，让假阴道靠近公羊的臀部，当公羊跨上母羊背上的同时，应迅速将公羊的阴茎导入假阴道内，切忌用手抓碰摩擦阴茎。若假阴道内的温度、压力、润滑度适宜，当公羊后躯急速向前用力一冲，即已射精，此时，顺公羊动作向后移下假阴道，并迅速将假阴道竖起，集精杯一端向下，然后打开活塞上的气嘴，放出空气，取下集精杯，用盖盖好送精液处理室待检。

(4)采精后用具的清理。倒出假阴道内的温水，将假阴道、集精杯放在热水中用洗衣粉充分洗涤，然后用温水冲洗干净、擦干，待用。

6. 精液品质检查

精液品质的检查，是保证受精效果的一项重要措施。主要检查的项目和方法如下：

(1)射精量。采集精液后，将精液倒入有刻度的玻璃管中观察即可。有的单层集精杯本身带有刻度，若用这种集精杯采精，采精后直接观察，无须倒入其他有刻度的玻璃容器。

(2)色泽。正常的精液为乳白色。如精液呈浅灰色或浅青色，是精子少的特征；深黄色表示精液内混有尿液；粉红色或淡红色表示有新的损伤而混有血液；红褐色表示在生殖道中有深的旧损伤；有脓液混入时精液呈淡绿色；阴囊发炎时，精液中可发现絮状物。

(3)精液的气味。刚采得的正常精液略有腥味，当睾丸、附睾或附性腺有慢性化脓性病变时，精液有腐臭味。

(4)云雾状。用肉眼观察新采得的公羊精液，可以看到由于精子活动所引起的翻腾滚动极似云雾的状态。精子的密度越大、活力越强，则云雾状越明显。因此，根据云雾状明显与否，可以判断精子活力的强弱和精子密度的大小。

(5)活力。用显微镜检查精子活力的方法是：用消毒过的干净玻璃棒取出原精液一滴，或用生理盐水稀释过的精液一滴，滴在擦洗干净的干燥的载玻片上，并盖上干净的盖玻片，盖时使盖玻片与载玻片之间充满精液，避免气泡产生，然后放在显微镜下放大 400～600 倍进行观察，观察时盖玻片、载玻片、显微镜载物台的温度不得低于 30℃，室温不能低于 18℃。

评定精子的活率，是根据直线前进运动的精子所占的比例来确定其活率等级。在显微镜下观察，可以看到精子有 3 种运动方式：前进运动、回旋运动和摆动式运动，如有 70％的精子作直线前进运动，其活率评为 0.7，依此类推。一般公羊精子的活率应在 0.6 以上才能供输精用。

(6)密度。精液中精子密度的大小是精液品质优劣的重要指标之一。用显微镜检查精子密度的大小，其制片方法（用原精液）与检查活率的制片方法相同，通常在检查精子活率时，同时检查密度。公羊精子的密度分为“密”“中”和“稀”三级。

公羊的精液含副性腺分泌物少，精子密度大，所以，一般用于输精的精液，其精子密度至少是中级。

7.精液稀释及保存

(1)几种常用的稀释液。为增加精液容量而进行稀释时，可用以下几种稀释液：

① 0.9%氯化钠溶液（蒸馏水 100 mL，氯化钠 0.9 g）。将氯化钠加入蒸馏水中，用玻璃棒搅拌，使其充分溶解，然后用滤纸过滤，再经过煮沸消毒或高压蒸汽消毒。消毒后因蒸发所减少的水分，用蒸馏水补充，以保持溶液原来的浓度。

② 乳汁稀释液。先将乳汁（牛乳或羊乳）用 4 层纱布过滤在三角瓶或烧杯中，然后隔水煮沸消毒 10～15 min，取出冷却，除去乳皮即可应用。

上述稀释液稀释精液的倍数，若原精液每毫升精子密度 10 亿个，活率 0.8 以上，可进行 10 倍稀释；密度 20 亿个，活率 0.9 以上，可进行 20 倍稀释。然后用安瓿分装，用纱布包好，置于 5～10℃的冷水保温瓶内贮存与运输，但在运输的过程中，要防止振荡和升温。

(2)精液的保存。为扩大优秀种公羊的利用效率、利用时间、利用范围，需要有效地保存精液，延长精子的存活时间。为此，必须降低精子的代谢，减少能量消耗。在实践中可采用降低温度、隔绝空气和稀释等措施，以达到保存精液的目的。

① 常温保存。精液稀释后，保存在 20℃以下的室温环境中。在这种条件下，精子运动明显减弱，可在一定限度内延长精子的存活时间。常温保存时间一般为 1～2 d。

② 低温保存。在常温保存的基础上，进一步缓慢降温至 0～5℃。在这个温度下，物质代谢和能量代谢降到极低水平，营养物质的损耗和代谢产物的积累缓慢，精子运动完全消失。低温保存的有效时间为 2～3 d。

③ 冷冻保存。家畜精液的冷冻保存，是人工授精技术的一项重大革新，可长期保存精液。冷冻精液保存的主要过程为：稀释、平衡、冷冻等。冷冻方法分为安瓿冷冻法、颗粒冷冻法、细管冷冻法等。羊的精子由于不耐冷冻，冷冻精液受胎率较低，一般情期受胎率 40%～50%。

8.输精

在羊人工授精的实际工作中，由于母羊发情持续时间短，再者很难准确地掌握发情开始时间，所以当天抓出的发情母羊就在当天配种 1～2 次，如果第二天继续发情，则可再配。

将待配母羊牵到输精室内的输精架上固定好，并将其外阴部消毒干净，输精员右手持输精器，左手持开膣器，先将开膣器慢慢插入阴道，再将开膣器轻轻打开，寻找子宫颈。如果在打开开膣器后，发现母羊阴道内黏液过多或有排尿表现，应让母羊先排尿或设法使母羊阴道内的黏液排净，然后将开膣器再插入阴道，细心寻找子宫颈。子宫颈附近黏膜颜色较深，当阴道打开后，向颜色较深的方向寻找子宫颈口可以顺利找到，找到子宫颈后，将输精器前端插入子宫颈口内 0.5～1.0 cm 深处，用拇指轻压活塞，注入原精液 0.05～0.1 mL，或稀释精液 0.1～0.2 mL。

如果遇到初配母羊，阴道狭窄，开膣器插不进或打不开，无法寻见子宫颈时，只好进行阴道输精，但每次至少输入原精液 0.2～0.3 mL。

第三节　羊的妊娠与分娩

一、受精和妊娠

(一)受精

受精是指精子进入卵细胞,二者融合成一个细胞——合子(即受精卵)的过程。

羊属于阴道射精型动物,即交配时精液射在阴道内子宫颈口的周围。随后精子由射精部位运行到受精部位——输卵管壶腹部,经过一系列生理反应过程,完成精子和卵子的融合,形成受精卵。

(二)妊娠

受精结束后接着就是妊娠(亦称怀孕)的开始。从精子和卵子在母羊生殖道内形成受精卵开始,到胎儿产出时所持续的时间称为妊娠期(或胚胎发育期)。妊娠期包括受精卵卵裂、桑葚胚、囊胚、囊胚后期的胚泡在子宫内附植、建立胎盘系统、发育成胚胎,继而形成胎儿,最后胎儿成熟,分娩出体外。

绵羊和山羊的妊娠期均为 5 个月左右,其中绵羊平均为 146～155 d,山羊平均为 146～160 d。在这个时期,受精卵经过急剧的细胞分化和强烈地生长,发育成具有器官系统完整及复杂结构的有机体。一般可将妊娠期划分为胚期、胎前期和胎儿期三个阶段。

二、分娩

妊娠母羊将发育成熟的胎儿和胎盘从子宫中排出体外的生理过程即为分娩或叫产羔。

(一)分娩预兆

母羊分娩前,机体的一些器官在组织和形态方面发生显著变化,其行为也与平时不同,这一系列的变化是为了适应胎儿的产出和新生羔羊哺乳的需要。同时可根据这些征兆来预测母羊大致的分娩时间,以做好接羔等方面的工作。

乳房的变化:母羊在妊娠中期乳房即开始增大,分娩前夕,母羊乳房迅速增大,稍现红色而发亮,乳房静脉血管怒张,触之有硬肿之感,此时可挤出初乳。但个别母羊在分娩后才能挤下初乳。

外阴部的变化:临近分娩时,母羊阴唇逐渐柔软、肿胀,皮肤上的皱纹消失,越接近产期越表现潮红。阴门容易开张,卧下时更加明显。生殖道黏液变稀,牵缕性增加,子宫颈黏液栓也软化,潴留在阴道内,并经常排出阴门外。

骨盆韧带:在分娩前 1～2 周开始松弛。

行为变化:临近分娩时,母羊精神状态显得不安,回顾腹部,时起时卧。躺卧时两后肢不向腹下曲缩,而呈伸直状态。排粪、排尿次数增多。放牧羊只则有离群现象,以找到安静处,等待分娩。

(二)分娩过程

分娩过程可分为 3 个阶段,即子宫颈开口期、胎儿产出期和胎膜排出期。

子宫颈开口期(第一产程):从子宫角开始收缩,至子宫颈完全开张,使子宫颈与阴道之间的界限消失,这一时期称为开口期,此期为1.0～1.5 h,母羊表现不安,时起时卧,食欲减退,进食和反刍不规则,有腹痛感。

胎儿产出期(第二产程):从子宫颈完全开张,胎膜被挤出并破水开始到胎儿产出为止的时期,称为产出期。母羊表现高度不安,心跳加速,呈侧卧姿势,四肢伸展。此时胎囊和胎儿前置部分进入软产道,压迫刺激盆腔神经感受器,除了子宫肌的阵缩以外,又引起了腹肌的强烈收缩,出现努责,在这两种动力作用下将胎儿排出。此期为0.5～1.0 h。羊的胎儿排出时,仍有相当部分的胎盘尚未脱离,可保证胎儿在产前有氧的供应,使胎儿不致窒息。

胎膜排出期(第三产程):从胎儿产出到胎膜完全排出的时间称为胎膜排出期,需要1.5～2.0 h。当胎儿开始娩出时,由于子宫收缩,脐带受到压迫,供应胎膜的血液循环停止,胎盘上的绒毛开始萎缩。当脐带断裂后,绒毛萎缩更加严重,体积缩小,子宫腺窝紧张性降低,所以绒毛很容易从子宫腺窝中脱离。胎儿产出后,由于激素的作用,子宫又出现了阵缩,胎膜的脱落和排出主要靠阵缩,并且配合有轻微的努责。阵缩是由子宫角开始的,胎盘也是从子宫角尖端开始剥落,同时由于羊膜及脐带的牵引,使胎膜常呈内翻状排出。

羔羊生后0.5～3.0 h排出胎衣。排出的胎衣要及时取走,以防被母羊吞食养成恶习。

三、羔羊的护理

(一)产羔前的准备

1.接羔棚舍及用具的准备

我国地域辽阔,各地自然生态条件和经济发展水平差异很大,接羔棚舍(在较寒冷地区可用塑料暖棚)及用具的准备,应当因地制宜,不能强求一致。如新疆要求冬产母羊每只应有产羔舍面积2 m^2 左右,分娩栏为产羔母羊数的10%～15%。

产羔工作开始前3～5 d,必须对接羔棚舍、运动场、饲草架、饲槽、分娩栏等进行修理和清扫,并用3%～5%的碱水或10%～20%的石灰乳溶液或其他消毒药品进行比较彻底的消毒。消毒后的接羔棚舍,应当做到地面干燥、空气新鲜、光线充足、挡风御寒。

2.饲草、饲料的准备

在牧区,在接羔棚舍附近,从牧草返青时开始,在避风、向阳、靠近水源的地方用土墙、草坯或铁丝网围起来,作为产羔用草地,其面积大小可根据产草量、牧草的植物学组成以及羊群的大小、羊群品质等因素决定,但至少应当够产羔母羊一个半月的放牧用为宜。

3.接羔人员的准备

接羔是一项繁重而细致的工作,因此,每群产羔母羊除主管牧工以外,还必须配备一定数量的辅助劳动力,才能确保接羔工作的顺利进行。

4.兽医人员及药品的准备

在产羔母羊比较集中的乡、村或场队,应当设置兽医站(点),购足防治在产羔期间母羊和羔羊常见病的必需药品和器材。除平时值班兽医一人外,还应临时增加一人,以便巡回检查,做到及时防治。此外,对一些常见病、多发病,可将预防药物按剂量包好,交给经过培训的放牧员,按规定及时投服。

(二)接羔技术

母羊正常分娩时，在羊膜破后几分钟至 30 min 左右，羔羊即可产出。正常胎位的羔羊，出生时一般是两前肢及头部先出，并用头部紧靠在两前肢的上面。若是产双羔，先后间隔 5～30 min，但也偶有长达数小时以上的。因此，当母羊产出第一个羔后，必须检查是否还有第二个羔羊，方法是以手掌在母羊腹部前侧触摸，如系双胎，可触感光滑的羔体。

在母羊产羔过程中，非必要时一般不应干扰，最好让其自行娩出。但有的初产母羊因骨盆和阴道较为狭小，或双胎母羊在分娩第二只羔羊并已感疲乏的情况下，则需要进行助产。其方法是：人在母羊体躯后侧，用膝盖轻压其肷部，等羔羊嘴端露出后，用一手向前推动母羊会阴部，羔羊头部露出后，再用一手托住头部，一手握住前肢，随母羊的努责向后下方拉出胎儿。若属胎势异常或其他原因难产时，应及时请有经验的兽医技术人员协助解决。

羔羊产出后，首先把其口腔、鼻腔里的黏液掏出擦净，以免呼吸困难、吞咽羊水而引起窒息或异物性肺炎。羔羊身上的黏液，最好让母羊舔净，这样对母羊认羔有好处。如母羊恋羔性弱，可将胎儿身上的黏液涂在母羊嘴上，引诱它舔净羔羊身上的黏液。如果母羊不舔或天气寒冷时，可用柔软干布迅速把羔羊擦干，以免受凉。如碰到分娩时间较长，羔羊出现假死（即羔羊无呼吸有心跳）情况时，欲使羔羊复苏，一般采用两种方法：一种是提起羔羊两后肢，使羔羊悬空，同时拍及其背胸部；另一种是使羔羊卧平，用两手有节律地推压羔羊胸部两侧，暂时假死的羔羊，经过这种处理后即能复苏。

羔羊出生后，一般情况下都是由自己扯断脐带。在人工助产下娩出的羔羊，可由助产者断脐，断脐前可用手把脐带中的血向羔羊脐部捋几下，然后在离羔羊肚皮 3～4 cm 处剪断脐带，并用碘酒消毒。

(三)羔羊的护理

羔羊出生时身体各器官发育都未成熟，体质较弱，适应力较差，极易发生死亡，这一阶段是羊一生中饲养难度最大的时期。在具体工作中，应遵循"三防四勤"的原则，即防冻、防饿、防潮和勤检查、勤配奶、勤治疗、勤消毒。

1. 保温防寒

初生羔羊体温调节能力差，对外界温度变化极为敏感，因而对冬羔及早春羔必须做好初生羔羊的防寒保暖工作。待产室要温暖适宜，舍内温度要保持在 5℃以上。温度低时，应设置取暖设备，地面铺上一些御寒的材料，如柔软的干草、麦秸等，并注意检查门窗是否密闭，墙壁不应有透风的缝隙，防止因贼风侵袭造成羊只患病和其他不必要的损失。

2. 吃好初乳

初乳（母羊产后 5～7 d 内分泌的乳汁）黏稠，含有丰富的蛋白质、维生素矿物质等营养物质，其中镁盐还有促进胃肠蠕动和排出胎粪的功能。更重要的是初乳中含有大量抗体，而羔羊本身尚不产生抗体，初乳作为羔羊获取抗体的重要来源，对增强羔羊的体质预防疾病具有重要的作用，及时吃到初乳是提高羔羊抵抗力和成活率的关键措施之一。要保证初生羔羊在 30 min 内吃到初乳。由于母羊产后无奶或母羊产后死亡等情况，吃不到自身母羊初乳的羔羊，也要让它吃到代乳羊的初乳，否则很难成活。

羊的母性一般很强，产后就会主动识别和哺乳羔羊，但有少数母羊特别是初产母羊，无护羔经验，母性差，产后不去哺羔，必须人工强制哺乳。即先将母羊保定住，把羔羊推到乳房跟前，让羔羊去寻找乳头和吸乳，调教几次之后，母羊一般能让羔羊自己吮乳。对于缺母乳的羔羊，应为其找保姆羊，也就是让死了羔的或产单羔、奶水好的母羊代养。为了避免保姆羊拒绝羔羊吃奶，甚至伤害羔羊，可把保姆羊的奶汁或尿液涂抹到羔羊头部和后躯，以混淆母羊的嗅觉，经过几次训练之后，保姆羊就能认羔哺乳了。

3. 安排好羔羊吃奶时间

母羊产后至少 3～7 d 内，母仔应在产羔室生活，一方面可让羔羊随时哺乳，另一方面可促使母仔亲和、相认。对于有条件的羊场，母仔最好一起舍饲 15～20 d，这段时间羔羊吃奶次数多，几乎隔 1 h 多就需要吃一次奶。20 d 以后，羔羊吃奶次数减少，可以让羔羊在羊舍饲养，白天母羊出去放牧，中午回来奶一次羔，这样加上出牧和归牧时奶羔，可保证羔羊 1 d 吃 3 次奶。

4. 搞好环境卫生，减少疾病发生

羔羊体质弱、抗病力差、发病率高，发病的原因大多是由于羊舍及其周围环境卫生差，使羔羊受到病菌的感染。因此，搞好圈舍的卫生管理，减少羔羊接触病原菌的机会，是降低羔羊发病率的重要措施。饲养人员每天在添草喂料时要认真观察羔羊的采食、饮水、粪便等是否正常，发现病情及时诊治。

采用人工哺乳时，搞好人工哺乳各个环节的卫生消毒对羔羊的健康和生长发育非常重要。喂养人员在喂奶前要洗净双手，平时不接触病羊，尽量减少或避免接触被污染的草料和用具。出现病羔应及时隔离，由专人管理。迫不得已病羔和健康羔都由一个人管理时，应先喂健康羔，再喂病羔，并且喂完后马上洗净消毒手臂，脱下衣服，开水冲洗消毒处理。羔羊所食奶粉、饮水、草料等都应注意卫生。奶粉、豆粉等溶解后应用四层纱布过滤，在喂前煮沸消毒。奶瓶等用具应保持清洁卫生，喂完后随即冲洗干净。饲喂病羔的奶瓶在喂完后要用高锰酸钾等消毒，再用清水冲洗干净。采用机械哺乳时，喂奶器械必须经常清洗和严格消毒。

第四节　羊繁殖生产管理

一、一年一产体系

在传统的年产羔一次的情况下，产羔时间可分两种，即冬羔和春羔。一般 7～9 月份配种，12 月份至翌年 1～2 月份产羔，称为产冬羔；在 10～12 月份配种，翌年 3～5 月份产羔，称为产春羔。养羊公司（或羊场）和农牧民饲养户产冬羔还是产春羔，不能强求一律，要根据所在地区的气候和生产技术条件来决定。

产冬羔和产春羔各有利弊。产冬羔的主要优点是：母羊在怀孕期，由于营养条件比较好，所以羔羊初生重大，在羔羊断奶以后就可以吃上青草，因而生长发育快，第一年的越冬度春能力强。由于产羔季节气候比较寒冷，因而肠炎和羔羊痢疾等病的发病率比春羔低，故羔羊成活率比较高；绵羊冬羔的剪毛量比春羔的高。但是，在冬季产羔必须储备足够的饲草饲料和准备保温好的羊舍，同时，劳力的配备也要比产春羔的多。如果不具备上述条件，产冬羔则会给养羊业生产带来损失。产春羔的优点是：到产羔季节时气候已经开始转暖，因而对羊舍的要求不严格，同时由于母羊在哺乳前期已能吃上青草，故能分泌较多的乳汁哺乳羔羊。但产春羔的主要缺点是母羊在整个怀孕期都处在饲草饲料不足的冬季，如果补饲条件跟不上，则会由于母羊营养不良而导致胎儿的个体发育不好、初生重较小、体质弱，这样的羔羊，虽经夏秋季节的放牧可以获得一些补偿，但是紧接着冬季到来，越冬度春比较困难；绵羊在第二年剪毛时，无论剪毛量，还是体重，都不如冬羔高；另外，由于春羔断奶时已是秋季，故对断奶后母羊的抓膘有影响，特别是在草场不好的地区，对于母羊的发情配种及当年的越冬度春都有不利的影响。

二、频繁产羔体系

羊的频繁产羔体系，是随着工厂化高效养羊，特别是肉羊及肥羔生产而迅速发展的高效生产体系。这种生产体系的指导思想是：采用繁殖生物工程技术，打破母羊季节性繁殖的限制，一年四季发情配种，全年均衡生产羔羊，充分利用饲草资源，使每只母羊每年所提供的胴体重量达到最高值。高效生产体系的特点是：最大限度发挥母羊的繁殖生产潜力，依市场需求全年均衡供应肥羔上市，资金周转期缩短，最大限度提高养羊设施的利用率，提高劳动生产率，降低成本，便于工厂化管理。目前，频繁产羔体系在养羊生产中应用的较为普遍的是一年两产和两年三产体系。

母羊的一年两产或两年三产，是在充分利用现代营养、饲养和繁殖技术的基础上发展起来的一种新的繁殖生产体系。在实施该生产体系时，必须与羔羊的早期断奶、母羊的营养调控公羊效应等技术措施相配套，才能取得理想的生产效果。

(一)技术特点

1. 母羊繁殖的营养调控

一般来讲，营养水平对羊季节性发情活动的启动和终止无明显作用，但对排卵率和产羔率有重要作用。在配种之前，母羊体重平均每增加 1 kg，其排卵率提高 2%～2.5%，产羔率则相应提高 1.5%～2%。由于体重是由体型和膘情决定的，所以影响排卵率的主要因素不是体型，而是膘情，即膘情是中上等以上的母羊排卵率高。配种前母羊日粮营养水平，特别是能量和蛋白质水平，对体况中等和差的母羊的排卵率有显著作用，但对体况良好的母羊的作用则不明显。在此基础上，在母羊配种前 5～8 d，提高其日粮营养水平，可以使排卵率和产羔率显著提高。另外，日粮营养水平对早期胚胎的生长发育也有重要作用。

2. 公羊效应

在新型的肉羊生产体系中，在非繁殖季节将公羊和繁殖母羊严格隔离饲养，要求母羊闻不到公羊气味，听不见公羊的叫声和看不到公羊。这样在配种季节来临之前，将公羊引入母羊群中，一般 24 h 后有相当部分的母羊出现正常发情周期和较高的排卵率。这样不仅可以将配种季节提前，而且可以提高受胎率，便于繁殖生产的组织管理。

3. 羔羊早期断奶

哺乳会导致垂体前叶促乳素分泌量增高，从而会使得垂体促性腺激素的分泌量和分泌频率不足，因此，母羊不能发情排卵。要达到一年两产和两年三产的目的，必须重视羔羊的培育工作，尽早断奶。目前生产的早期断奶时间有两种，一是产后 1 周断奶，二是产后 40 d 断奶，但生产上仍大多采用 40 d 断奶的方法。

羔羊断奶有两种主要方法：一次性断奶和逐渐断奶。规模羊场一般多采用一次性断奶，即将母仔一次性分开，不再接触。逐渐断奶是在预定的断奶日期前几天，把母羊赶到远离羔羊的地方，每天将母羊赶回，让羔羊吃几次奶，并逐渐减少羔羊吃奶的次数直到断奶。断奶对羔羊是一个较大的刺激，处理不当会引起羔羊生长缓慢。为此可采取断奶不离圈，断奶不离群的方法，即将羔羊留在原羊圈舍饲养，母羊另外组群。尽量保持羔羊原有的生活环境，饲喂原来的饲料，减少对羔羊的不良刺激和对生长发育的影响。羔羊断奶后要加强补饲，日粮的精粗比应在 6 : 4，高品质的蛋白质饲料或优质青干草要占一定比例。

早期断奶必须使初生羔吃上 1～2 d 的初乳，否则不易成活。在进行早期断奶时，饲喂的开食料应为易消化、柔软且具有香味的湿料。断奶后应选择优质青干草进行饲喂。同时，羊舍要保持清洁、干燥，预防羔羊下痢的发生。

(二)实施计划安排

实施一年两产技术体系时，应按照一年两产生产的要求，制订周密的生产计划，将饲养、兽医保健、管理等融为一体，最终达到预定生产目标。从已有的经验分析，该生产技术密集、难度大，但只要按照标准程序执行，一年两产的目的可以达到。一年两产的第一产宜选在 12 月份，第二产宜选在 7 月份。两年三产是国外 20 世纪 50 年代后期提出的一种生产体系，并沿用至今。实施两年三产技术体系时，母羊必须 8 个月产羔一次。一般有固定的配种和产羔计划：如 5 月份配种，10 月份产羔；1 月份配种，6 月份产羔；9 月份配种，翌年 2 月份产羔。羔羊一般是 2 月龄断奶，母羊断奶后 1 个月配种。为了达到全年的均衡产羔，在生产中，一般将羊群分成 8 个月产羔间隔相互错开的 4 个组，每 2 个月安排 1 次生产。这样每隔 2 个月就有一批羔羊屠宰上市。如果母羊在第一组内妊娠失败，2 个月后可参加下一组配种。

第五节　提高繁殖力的技术措施

一、选用多胎羊的后代留作种用

羊的繁殖力是有遗传性的。一般母羊若在第一胎时生产双羔，则在以后胎次的生产中，产双羔的重复力较高。许多试验研究表明，为了提高产羔率，选择具有较高生产双羔潜力的公羊进行配种，比选择母羊在遗传上更为有效。

因此，从羊只自身的遗传特性来提高繁殖率具有十分重要的意义。

二、提高种公羊和繁殖母羊的营养水平

营养水平对羊只的繁殖力影响极大。种公羊在配种季节与非配种季节均应给予全价的日粮。对公羊而言，良好的种用体况是基本的饲养要求。生产中可能重视配种季节的饲养管理，而放松对非配种季节的饲养管理，结果往往造成在配种季节到来时，公羊的性欲、采精量、精液品质等均不理想，轻者影响当年配种能力，重者影响公羊一生的配种能力。因此，必须加强公羊的饲养管理。但也要注意，种用体况并不是指公羊膘情越肥越好。种用体况是一种适宜的膘情状况，过瘦或过肥的体况都不是理想的种用体况。公羊良好种用体况的标志应该是：性欲旺盛，接触母羊时有强烈的交配欲；体力充沛，喜欢与同群或异群羊只挑逗打闹；行动灵活，反

应敏捷;射精量大,精液品质好。

三、增加羊群中适龄繁殖母羊比例

羊群结构主要是指羊群中的性别结构和年龄结构。从性别方面讲,有公羊、母羊和羯羊三种类型的羊只,羊群中母羊的比例越高越好;从年龄方面讲,有羔羊、周岁羊、2 岁羊、3 岁羊、4 岁羊、5 岁羊、6 岁羊及老龄羊,羊群中年龄由小到大的个体比例应逐渐减少,形成有一定梯度的"金字塔"结构,从而使羊群始终处于一种动态的、后备生命力异常旺盛的状态。

养羊业发达国家,育种群的适繁母羊比例在 70%以上,我国广大农牧区则多在 50%左右,从而限制了羊群的繁殖速度。因此,提高现有羊群中的适龄繁殖母羊比例还有很大潜力,也即完全有可能提高养羊生产中母羊群的产羔水平。

四、实行密集产羔

在气候和饲养管理条件较好的地区,可以实行密集产羔,也就是使羊两年三产或三年五产。为了保证密集产羔的顺利进行,必须注意以下几点:一是必须选择健康结实、营养良好的母羊,年龄以 2～5 岁为宜,而且其乳房发育必须良好、泌乳量要求较高;二是要加强对母羊及其羔羊的饲养管理,母羊在产前和产后必须有较好的补饲条件;三是要从当地具体条件和有利于母羊的健康及羔羊的发育出发,恰当而有效的安排好羔羊的早期断奶和母羊的配种时间。

五、应用繁殖新技术

科学试验和养羊业生产实践不断地证明,运用繁殖新技术,如羊人工授精技术(包括冷冻精液技术)、同期发情技术、超数排卵和胚胎移植技术等,是有效提高绵、山羊繁殖力的重要措施之一另外,生殖免疫技术目前在养羊生产中也得到了广泛的应用。免疫是生物识别和清除异己的机制,从而使机体内外环境保持平衡的生理功能。生殖免疫主要有公畜的精子和精清抗原性及母畜的妊娠免疫、母畜自身免疫、激素免疫等。利用激素作抗原,给母羊主动免疫,使之产生对该激素的抗体,称为激素免疫。这可用于中和母羊体内的同一激素,从而改变下丘脑垂体-卵巢轴系的正常反馈调节,可增加促卵泡素(FSH)和促黄体素(LH)的释放量,提高发育卵泡数和排卵率,使产羔增多,以达到人为调节的目的。

复习思考题

1. 羔羊的培育措施有哪些?

2. 如何提高母羊繁殖力?

第二十五章　羊的饲养管理

第一节　羊的生物学特性

羊作为反刍动物，有其特有的消化生理特点；羊作为以放牧为主的草食动物较其他家畜有不同的生活习性。了解和掌握羊的生物学特性，在养殖过程中遵循其规律，可以降低养殖成本、提高养殖效率。

一、羊的生活习性

(一)合群性强

羊的群居行为很强，尤其绵羊群居性更强，很容易建立起群体结构，任何家畜的合群性均不及绵羊。羊只主要通过视、听、嗅、触等感官活动，来传递和接受各种信息，以保持和调整群体成员之间的活动，头羊和群体内的优胜序列有助于维系此结构。在羊群中，通常是原来熟悉的羊只形成小群体，小群体再构成大群体。在自然群体中，头羊多由年龄较大、子孙较多的母羊来担任。

不同绵羊品种群居行为的强弱有别。一般地讲，粗毛羊品种最强，毛用比肉毛兼用品种强，肉用羊最差；夏、秋季牧草丰盛时，羊只的合群性好于冬、春季牧草较差时。利用合群性，就可以大群放牧，节省劳力。在羊群出圈、入圈、过河、过桥、饮水、换草场、运羊等活动时，只要有头羊先行，其他羊只即跟随头羊前进并发出保持联系的叫声。

(二)性情特点

绵羊性情温顺反应迟钝，易受惊吓，是最胆小的家畜。绵羊可以从暗处到明处，而不愿从明处到暗处。遇有物体折光、反光或闪光，例如，药浴池和水坑的水面、门窗栅条的折射光线、板缝和洞眼的透光等，常表现畏惧不前。这时，指挥带头羊先入或关进几头羊，能带动全群移动。当遇兽害时，绵羊无自卫能力，四散逃避，不会联合抵抗。

山羊的性情比绵羊活泼，行动敏捷，喜欢登高，善于跳跃。在羊栏内，小羊喜欢跳到墙头上甚至跑到屋顶上游动。放牧时，在山区的陡坡和悬崖上，绵羊不能攀登的地方，山羊能够行动自如，正常采食。山羊的采食范围可达崇山峻岭、悬崖峭壁。

山羊机警灵敏，大胆顽强，记忆力强，易于训练成特殊用途的羊。在放牧中个别山羊离群后，只要牧工给予适当的口令，山羊就会很快地跟群。牧工常在羊群中选择体大灵活的山羊去势后训练为头羊，头羊能够按照牧工的指令，带领羊群前进、停止或向某一方向移动。羊群中有一好的头羊，在放牧中能使牧工更好地掌握羊群。我国驯兽者也利用这一特性，训练山羊成为娱乐工具。当遇兽害，山羊能主动大呼求救，并且有一定的抗御能力。山羊喜角斗，角斗形式有正向互相顶撞和跳起斜向相撞两种；绵羊则只有正向相撞一种。因此，有“精山羊，疲绵羊”之说。

（三）采食能力强，可利用饲料广

羊能利用的饲草饲料广泛，如多种牧草、灌木、农副产品以及禾谷类籽实等均能利用。绵羊的颜面细长，嘴尖，唇薄齿利，上唇中央有一中央纵沟，运动灵活，下颚门齿向外有一定的倾斜度，故能啃食接触地面的短草，利用许多其他家畜不能利用的饲草饲料。只要不过牧，可以进行牛羊混牧，在不能放牧马、牛的短草牧场也可牧羊。

山羊嘴较窄、牙齿锋利，嘴唇薄而灵活，比绵羊利用饲料的范围更广泛。山羊喜吃短草、树叶和嫩枝，在不过牧的情况下，山羊比绵羊能更好地利用灌木丛林、短草草地以及荒漠草场。甚至在不适于饲养绵羊的地方，山羊也能很好地生长。

山羊和绵羊的采食特点有明显不同：山羊后肢能站立，有助于采食高处的灌木或乔木的嫩幼枝叶，而绵羊只能采食地面上或低处的杂草与枝叶；绵羊与山羊合群放牧时，山羊总是走在前面抢食，而绵羊则慢慢跟随后边低头啃食；山羊舌上苦味感受器发达，对各种苦味植物较乐意采食。

（四）喜干燥，怕湿热

羊汗腺不发达，散热机能差。在炎热天气应避免湿热对羊体的影响，尤其在我国南方地区，高温高湿是影响养羊生产发展的一个重要原因。

养羊的牧地、圈舍和休息场，都以高燥为宜。如久居泥泞潮湿之地，则羊只易患寄生虫病和腐蹄病，甚至毛质降低，脱毛加重。不同的绵羊品种对气候的适应性不同，如细毛羊喜欢温暖、干旱、半干旱的气候，而肉用羊和肉毛兼用羊则喜欢温暖、湿润、全年温差较小的气候，但长毛肉用种罗姆尼羊，较能耐湿热气候和适应沼泽地区，对腐蹄病有较强的抵抗力。

（五）爱清洁

羊具有爱清洁的习性。羊喜吃干净的饲料，饮清凉卫生的水。草料、饮水一经污染或有异味，就不愿采食、饮用。因此，在舍内饲养时，应少喂勤添，以免造成草料浪费。平时要加强饲养管理，注意饲草饲料清洁卫生，饲槽要勤扫，饮水要勤换。

（六）嗅觉灵敏

羊的嗅觉比视觉和听觉灵敏，这与其发达的腺体有关。其具体作用表现在以下三方面。

（1）靠嗅觉识别羔羊羊嗅觉灵敏，母羊主要凭嗅觉鉴别自己的羔羊，视觉和听觉起辅助作用。分娩后，母羊会舔干羔羊体表的羊水，并熟习羔羊的气味。羔羊吮乳时母羊总要先嗅一嗅羔羊后躯部，以气味识别是不是自己的羔羊。利用这一特点，寄养羔羊时，只要在被寄养的孤羔和多胎羔羊身上涂抹保姆羊的羊水，寄养多会成功。个体羊有其自身的气味，群羊有群体气味，一旦两群羊混群，羊可由气味辨别出是否是同群的羊。在放牧中一旦离群或与羔羊失散，就靠长叫声互相呼应。

（2）靠嗅觉辨别植物种类或枝叶羊在采食时，能依据植物的气味和外表细致地区别出各种植物或同一植物的不同品种（系），选择含蛋白质多、粗纤维少、没有异味的牧草采食。

（3）靠嗅觉辨别饮水的清洁度。

（七）善于游走，适宜放牧

游走有助于增加放牧羊只的采食空间，特别是牧区的羊，其终年以放牧为主，需长途跋涉才能吃饱喝好，故常常一日往返里程达到 6～10 km。

(八)适应能力

适应性主要包括耐粗饲、耐渴、耐热、耐寒、抗病力等方面的表现。这些能力的强弱，不仅直接关系到羊生产力的发挥，同时也决定着各品种的发展命运。例如，在干旱贫瘠的山区、荒漠地区和一些高温高湿地区，绵羊往往难以生存。

1. 耐粗饲性

绵羊在极端恶劣条件下，具有令人难以置信的生存能力，能依靠粗劣的秸秆、树叶维持生活。与绵羊相比，山羊耐粗饲性更强，除能采食各种杂草外，还能啃食一定数量的草根树皮，比绵羊对粗纤维的消化率要高出 3.7%。

2. 耐渴性

绵羊的耐渴性较强，尤其是当夏秋季缺水时，能在黎明时分，沿牧场快速移动，用唇和舌接触牧草，以便更多搜集叶上凝结的露珠。在野葱、野韭、野百合、大叶棘豆等牧草分布较多的牧场放牧，可几天乃至十几天不饮水。与绵羊比较，山羊耐渴性更强，山羊每千克体重代谢需水 188 mL，绵羊则需水 197 mL。

3. 耐热性

绵羊的汗腺不发达，蒸发散热主要靠喘气，其耐热性较差。当夏季中午炎热时，常有停食、喘气和“扎窝子”等表现。“扎窝子”即羊将头部扎在另一只羊的腹下取凉，互相扎在一起，越扎越热，越热越扎挤在一起，很容易伤羊。粗毛羊与细毛羊比较，前者较能耐热，只有当中午气温高于 26℃时才开始扎窝子，而后者则在 22℃左右即有此种表现。所以，夏季应设置防暑措施，防止“扎窝子”，要使羊休息乘凉，羊场要有遮阳设备，可栽树或搭遮阳棚。

比较而言，山羊较耐热，气温 37.8℃时仍能继续采食。当夏季中午炎热时，山羊也从不发生扎窝子现象，照常东游西窜。

4. 耐寒性

绵羊有厚密的被毛和较多的皮下脂肪，以减少体热散发，故较耐寒。细毛羊及其杂种的被毛虽厚，但皮板较薄，故其耐寒能力不如粗毛羊；长毛肉用羊原产于英国的温暖地区，皮薄毛稀，引入气候严寒之地，为了增强抗寒能力，皮肤常会增厚，被毛有变密变短的倾向。

山羊没有厚密的被毛和较多的皮下脂肪，体热散发快，故耐寒性低于绵羊。

5. 抗病力

羊的抗病力较强一其抗病力强弱，因品种而异。一般来说，粗毛羊的抗病力比细毛羊和肉用品种羊要强，山羊的抗病力比绵羊强。体况良好的羊只对疾病有较强的耐受能力，病情较轻一般不表现症状，有的甚至临死前还能勉强跟群吃草。因此，在放牧和舍饲管理中必须细心观察，才能及时发现病羊。如果等到羊只已停止采食或反刍时再进行治疗，疗效往往不佳，会给生产带来很大损失。

二、消化机能特点

(一)消化器官特点

1. 胃

羊属反刍动物，具有 4 个胃室。第一个胃叫瘤胃，容积较大，可作为临时的“贮存库”，贮藏了在较短时间采食的未经充分咀嚼而咽下的大量饲草，待休息时反刍。第二个胃叫网胃，为球形，内壁分隔成很多网格，如蜂巢状，故又称蜂巢胃，网胃的主要功能如同筛子，随着饲料吃进去的重物，如钉子和铁丝，都存在其中。第三个胃叫瓣胃，内壁有无数纵列的褶膜，对食物进行机械性压榨作用。瓣胃的作用犹如一过滤器，分出液体和消化细粒，输送入皱胃。另外，进入瓣胃的水分有30%～60%被吸收，同时有40%～70%的挥发性脂肪酸、钠、磷等物质被吸收，显著减少了进入皱胃的消化体积。第四个胃叫皱胃，类似单胃动物的胃，胃壁黏膜有腺体分布。前三个胃由于没有腺体组织，不能分泌酸和消化酶类，对饲料起发酵和机械性消化作用，称为前胃。第四胃，具有分泌盐酸和胃蛋白酶的作用，可对食物进行化学性消化，又称真胃。成年绵羊4个胃总容积近30 L，山羊为16 L左右，瘤胃最大，皱胃次之，网胃较小，瓣胃最小。

2. 小肠

小肠是食物消化和吸收的主要场所，小肠液的分泌与其他大部分消化作用在小肠上部进行，而消化产物的吸收在小肠下部。蛋白质消化后的多肽和氨基酸，以及碳水化合物消化产物葡萄糖通过肠壁进入血液，运送至全身各组织。各种家畜中，山羊和绵羊的小肠最长，山羊小肠为其体长的27倍多。

3. 大肠

大肠的直径比小肠大，长度比小肠短，约为8.5 m。大肠无分泌消化液的功能，但可吸收水分、盐类和低级脂肪酸。大肠主要功能是吸收水分和形成粪便。凡小肠内未被消化吸收的营养物质，也可在大肠微生物和小肠液带入大肠内的各种消化酶的作用下分解、消化和吸收，剩余渣滓随粪便排出。

(二)消化生理特点

1. 反刍

反刍是羊的正常消化生理机能。反刍是指反刍动物在食物消化前把食团吐出经过再咀嚼和再咽下的活动。其机制是饲草刺激网胃、瘤胃前庭和食管沟的黏膜，反射性引起逆呕。反刍多发生在吃草之后，稍有休息，一般在30～60 min后便开始反刍。反刍中也可随时转入吃草。反刍时，羊先将食团逆呕到口腔内，与唾液充分混合后再咽入腹中，有利于瘤胃微生物的活动和粗饲料的分解。

白天或夜间都有反刍，羊每日反刍时间约为8 h，一般白天7～9次，夜间11～13次，每次50～70 min，午夜到中午期间反刍的再咀嚼速率较慢。反刍次数及持续时间与草料种类、品质、调制方法及羊的体况有关。采食牧草粗纤维含量高，反刍时间延长，相反则时间缩短。牧草含水量大，时间短。干草粉碎后的反刍活动快于长干草。同量饲料多次分批喂给时，反刍时逆呕食团的速率快于一次全量喂给。

羔羊在哺乳期，早期补饲容易消化的植物性饲料，能刺激前胃的发育，可提早出现反刍行为。

当羊过度疲劳、患病或受到外界的应激刺激时，会造成反刍紊乱或停止，引起瘤胃鼓气，对羊的健康不利。反刍停止的时间过长，瘤胃内食进的饲料滞塞引起局部炎症，常使反刍难以恢复。疾病、突发性声响、饥饿、恐惧、外伤等均能影响反刍行为。母羊发情、妊娠的最后阶段和产后舐羔时，反刍活动减弱或暂停。为保证羊有正常的反刍，必须提供安静的环境。羊反刍姿势多为侧卧式，少数为站立。

2.瘤胃微生物的消化作用

瘤胃是反刍动物所特有的消化器官，是食物的贮存库，除机械作用外，瘤胃内有广泛的微生物区系活动。瘤胃不能分泌消化液，其消化机能主要是通过瘤胃微生物实现的。主要微生物有细菌、纤毛虫和真菌，其中，起主导作用的是细菌。

(1)消化碳水化合物(尤其是粗纤维)能力极强。羊采食饲料中55%～95%的可溶性碳水化合物、70%～95%的粗纤维是在瘤胃中被消化的。反刍家畜之所以区别于单胃动物，能够以含粗纤维较高、质量较差的饲草维持生命并进行生产，就是因为具有瘤胃微生物。在瘤胃的机械作用和微生物酶的综合作用下，碳水化合物(包括结构性和非结构性碳水化合物)被发酵分解，最终产生挥发性脂肪酸(VFA)，主要由乙酸、丙酸和丁酸组成，也有少量的戊酸，同时释放能量，部分能量以三磷腺苷的形式供微生物活动。

(2)合成微生物蛋白，改善日粮品质。瘤胃可同时利用植物性蛋白质和非蛋白氮(NPN)合成微生物蛋白。瘤胃微生物分泌的酶能将饲料中的植物性蛋白质水解为肽、氨基酸和氨，也可将饲料中的非蛋白含氮化合物(如尿素等)水解为氨。

(3)氢化脂类(不饱和脂肪酸)。瘤胃微生物可将饲料中的脂肪酸分解为不饱和脂肪酸，并将其氢化形成饱和脂肪酸。羊采食牧草所含脂肪大部分是由不饱和脂肪酸构成，而羊体内脂肪大部分为饱和脂肪酸，且相当数量是反式异构体和支链脂肪酸。

(4)合成维生素。瘤胃微生物可以合成B族维生素。包括维生素B_1、维生素B_2、维生素B_6、维生素B_{12}、遍多酸和烟酸等。饲料中氮、碳水化合物和钴的含量是影响瘤胃微生物合成B族维生素的主要因素。

3.羔羊的消化吸收特点

(1)初生羔羊，前三胃的作用很小，此时瘤胃微生物的区系尚未形成，没有消化粗纤维的能力，不能采食和利用草料。

(2)对淀粉的耐受量很低，小肠液中淀粉酶活性低，因而消化淀粉的能力是有限的。

(3)起主要消化作用的是皱胃，羔羊所吮母乳顺食道沟进入皱胃，由皱胃所分泌的凝乳酶进行消化。

(4)随日龄增长和采食植物性饲料的增加，羔羊前三胃的体积逐渐增加，约在30日龄开始出现反刍活动；此后皱胃凝乳酶的分泌逐渐减少，其他消化酶分泌逐渐增多，对草料的消化分解能力开始加强，瘤胃的发育及其机能才逐渐完善。

(三)羊对饲料利用的特点

(1)瘤胃内的微生物可以分解粗纤维，羊可利用粗饲料作为主要的能量来源。粗纤维还可以起到促进反刍、胃肠蠕动和填充作用。羊的日粮中必须有一定比例的粗纤维，否则瘤胃中会出现乳酸发酵抑制纤维、淀粉分解菌的活动，表现为食欲丧失、前胃迟缓、拉稀、生产性能下降，严重时可能造成死亡。

(2)养羊生产中可以利用尿素、铵盐等非蛋白氮作为饲料蛋白质来源。虽然瘤胃微生物可利用非蛋白氮合成微生物蛋白质，但是瘤胃微生物有优先利用蛋白氮的特点，所以只有当饲料中蛋白质不能满足需要时，日粮中才添加非蛋白氮作为补充饲料代替部分植物性蛋白质。一般非蛋白氮用量不宜超过蛋白质需要量的30%。

(3)配制日粮时一般不考虑添加必需氨基酸、B族维生素和维生素K。由于瘤胃微生物可将饲料蛋白质和非蛋白氮合成为菌体蛋白质，菌体蛋白质富含必需氨基酸，所以日粮中一般不需要考虑添加必需氨基酸。但是对于早期断奶羔羊，瘤胃微生物功能尚未完善，配制日粮时要有所考虑。

(4)羊的饲料转化率低。瘤胃微生物发酵产生甲烷和氢，其所含的能量被浪费掉，微生物的生长繁殖也要消耗掉一部分能量。所以，羊的饲料转化效率一般低于单胃家畜。

(5)瘤胃消化为反刍家畜提供重要的营养来源，所以必须满足瘤胃微生物生长繁殖的营养需要和维持瘤胃正常的环境，才能发挥羊的生产潜力。羊的日粮中必须供给其富含蛋白质、能量的精饲料和富含胡萝卜素的鲜嫩多汁饲料。

(6)饲料营养物质的瘤胃降解，造成了营养浪费。瘤胃微生物的发酵，将一些高品质的饲料，如高品质的蛋白质饲料、脂肪酸等，分解为挥发性脂肪酸和氨等，造成营养上的浪费。因此，一方面应利用大量廉价饲草饲料以保证瘤胃微生物最大生长繁殖的营养需要；另一方面，应用过瘤胃保护技术，躲过瘤胃发酵而直接到真胃和小肠消化吸收，是提高饲草饲料利用率极为有效的方法。

第二节　羊的放牧饲养

羊的合群性好，放牧采食能力强，故适宜放牧饲养。放牧养羊既符合羊的生物学特性，又可节约粮食，降低饲养成本，增加养羊生产的经济效益。

一、四季牧场的划分

在我国大部分养羊地区，由于季节和气候的影响，牧草的产量和质量均呈现明显的季节性变化。因此，必须根据气候的季节性变化、牧草生长规律、草场的地形地势及水源等具体情况规划四季放牧场，才能收到良好的效果。

(一)春季牧场

春季是冷季进入暖季的交替时期，牧草开始萌发，气温多变，气候不稳定。因此，春季牧场应选择在气候较温暖、雪融较早、牧草最先萌发、离圈舍较近的平川、盆地或浅丘草场。

(二)夏季牧场

我国夏季气温较高，降水量较多，牧草丰茂但含水量较高。特别是炎热潮湿的气候对羊体健康不利。夏季放牧场应选择气候凉爽、蚊蝇少、牧草丰茂、有利于增加羊只采食量的高山地区。

(三)秋季牧场

秋季气候适宜，牧草结籽，营养价值高，是绵、山羊放牧抓膘的最佳时期。牧地的选择和利用，可先由山冈到山腰，再到山底，最后放牧到平滩地。此外，秋季还可利用割草后的再生草地和农作物收割后的茬子地放牧抓膘。

(四)冬季牧场

冬季严寒而漫长，牧草枯黄，营养价值低，此时育成羊处于生长发育阶段，妊娠母羊正处在妊娠后期或产羔期。因此，冬季牧场应选择在背风向阳、地势较低的暖和低地和丘陵的阳坡。

二、羊群的组织

组织放牧羊群应根据羊只的数量、羊别(绵羊与山羊)、类型、品种、性别、年龄、体质强弱和放牧场的地形地貌等综合考虑。在羊的育种工作中，把育种过程中产生的理想型个体单独组群和放牧。采用自然交配时，配种前1个月左右将公羊按1∶(25～30)的比例放入母羊群中饲养，配种结束后公羊再单独组群放牧。羊数量较多时，同一品种可分为种公羊群、试情公羊群、成年母羊群、育成公羊群、育成母羊群、羯羊群和育种母羊核心群等。在成年母羊群和育成母羊群中，还可按等级组成等级羊群。

我国放牧羊群的规模受放牧场地的影响而差别较大。繁殖母羊牧区以250～500只、半农半牧区100～150只、山区50～100只、农区30～50只为宜；育成公羊和母羊可适当增加，核心群母羊可适当减少；成年种公羊以20～30只、后备种公羊以40～60只为宜。

三、放牧技术

(一)选择适宜的放牧方式

选择适宜的放牧方式可以达到合理利用草场的目的。目前，我国的放牧方式可分为固定放牧、围栏放牧、季节轮牧和划区轮牧4种。

1. 固定放牧

固定放牧是羊群一年四季在一个特定区域内自由放牧采食。这是一种原始的放牧方式。此方式不利于草场的合理利用与保护，载畜量低，单位草场面积提供的畜产品数量少，每个劳动力所创造的价值不高。牲畜的数量与草地生产力之间自求平衡，牲畜多了就必然死亡。这是现代化养羊业应该摒弃的一种放牧方式。

2. 围栏放牧

围栏放牧是据地形把放牧场围起来，在一个围栏内，根据牧草所提供的营养物质数量结合羊的营养需要量，安排一定数量的羊只放牧。此方式能合理利用和保护草场，对固定草场使用权也起着重要的作用。据内蒙古试验，围栏内产草量可提高17%～65%，草的质量也有提高。

3. 季节轮牧

季节轮牧是根据四季牧场的划分，按季节轮流放牧。这是我国牧区目前普遍采用的放牧方式，能较合理利用草场，提高放牧效果。为了防止草场退化，可定期安排休闲牧地，以利于牧草恢复生机。

4. 划区轮牧

划区轮牧是指在划定季节牧场的基础上，根据牧草的生长、草地生产力、羊群的营养需要和寄生虫侵袭动态等，将牧地划分为若干个小区，羊群按一定的顺序在小区内进行轮回放牧。

(二)掌握正确的放牧技术

1. 放牧羊群的队形

为了控制羊群游走、休息和采食时间，使其多采食、少走路而有利于抓膘，在放牧实践中应通过一定的队形来控制羊群。羊群的放牧队形名称甚多,但基本队形主要有“一条龙”“一条鞭”和“满天星”3种。放牧队形应根据地形、草场品质、季节和天气灵活应用。

(1)一条龙:放牧时,让羊排成一条纵队,放牧员走在最前面,如有助手,则跟在羊群后面这种队形适宜在田埂、渠边、道路两旁较窄的牧地放牧。放牧员应走在上坡地边,观察羊群的采食状况,控制好羊群,不让羊采食庄稼。

(2)一条鞭:一条鞭是指羊群放牧时排列成“一”字形的横队。羊群横队里一般有1~3层。放牧员在羊群前面控制羊群前进的速度,使羊群缓缓前进,并随时命令离队的羊只归队如有助手可在羊群后面防止少数羊只掉队。

(3)满天星:满天星是指放牧员将羊群控制在牧地的一定范围内让羊只自由散开采食,当羊群采食一定时间后,再移动更换牧地。散开面积的大小,主要决定于牧草的密度。

总之,羊的放牧要因地、因时制宜,采用适当的放牧队形。不管采用何种放牧队形,都应做到让羊少走路,多吃草,以利于抓膘。

2.放牧技术要点

(1)多吃少走:降消耗放牧羊群在草场上,吃草的时间应超过游走时间,超过的幅度越大,吃的草越多,走路消耗相对地减少。多吃少走的内容包括“走慢、走少、吃饱、吃好”8个字,走是措施,吃是目的,走慢是关键。

(2)四勤三稳:“四勤”是指放牧人员腿勤、手勤、嘴勤、眼勤。“三稳”是指放牧稳、出入圈稳、饮水稳。放牧时只有稳住羊群才能保证羊多吃少走,吃饱吃好,才能抓膘。出入羊圈稳,目的是不让羊拥挤,否则会造成母羊流产。饮水稳是防止羊急饮、抢水呛肺或拥挤掉入水中。三稳要靠四勤来控制,反过来只有对三稳的羊群才能更好地执行四勤。

(3)领羊挡羊相结合:放牧羊群应有一定队形,放牧员领羊前进,掌握行走速度与方向,同时挡住走出群的羊,控制羊群慢走多吃,队形不乱。为了控制好羊群,平时要训练头羊,俗话说:“放羊打住头(即头羊),放得满肚油,放羊不打头,放成瘦子猴。”头羊最好选择体大雄壮的阉山羊,山羊走路昂首阔步,便于眼观四方;绵羊走路常低看,盲从性大,一般不宜作头羊。训练时要用羊喜欢吃的饲料做诱导,先训练来、去、站住等简单的口令和它的代号,再逐渐训练其他如向左、向右、阻止乱跑等口令,使头羊识人意,听从人的召唤。

(4)饮水:水是新陈代谢不可缺少的物质,可以补充畜体水分,调节体温和生理机能,有利于胃肠的消化吸收和增进食欲。羊的饮水量因季节、天气凉热和牧草生长状况而不同。一般天凉时饮水2~3次,炎热时饮水3~5次,以泉水、井水、流动河水为宜,切忌饮浑水、污水、死水。

(5)啖盐:盐是羊生长发育不可缺少的物质,有助于维持体细胞的渗透作用,能帮助运送养分和排泄废物。钠和氯不仅是血液中不可缺少的成分,也是胃液中胃酸的组成部分,有助于对饲料的消化利用。给羊啖盐,能增强食欲,促进健康。羊食盐供给不足可导致食欲下降,体重减轻,产奶量下降和被毛粗糙脱落等,适当补给氯化钠可提高其采食量和增重。

3.四季放牧技术要点

(1)春季放牧要领:春季气候特点是“寒冷潮湿雨雪多,冷热变化难掌握”,春季牧草特点是“百草返青正换季,草嫩适口不宜吃”。而春季的羊由于过了几个月的冬季,一般营养较差,体质瘦弱,有的母羊正处于怀孕后期,有的母羊正在哺乳,迫切需要较好的营养。这时青草没有长起来,如果冬草已喂完,再遇上早春的寒潮和连阴雨的天气,对羊的威胁更大,易出现“春乏”

现象。因此,每年入冬前,必须贮备一定数量的越冬草料。

(2)夏季放牧要领:夏季气候特点是"炎热多雨蚊虻多",应该防暑防潮防蚊蝇。夏季百草繁茂养分好,应抓紧时机壮增膘。伏天要早一点出牧,可以选冈头、风口或上山放牧,这些地方风大,露水干得快。中午赶羊在树荫下休息,并延长休息时间,到下午天气稍凉爽些时再出牧,天黑前收牧回圈。放牧时注意风向,上午顺风出牧,顶风归;下午顶风出牧,顺风归。天气炎热时,羊群顶风走感到凉爽,有利于采食。在一天之内,放羊的手法各不相同,早上出牧时,一般要"手稳、手紧",拦住头羊放成"一条龙"或"一条鞭",防止羊乱跑专挑好草吃,或者不安心吃草。利用羊喜吃回头草的习惯,每放一段距离后,拦羊回头,"羊吃回头草,越吃越饱"。

(3)秋季放牧要领:秋季牧草开花结籽,营养丰富,秋高气爽,气候适宜,正是抓膘季节,有利于满膘配种。哪里有好草就赶到哪里放,尤其不可错过放刈割草场或农作物收获后的茬子地的好时机。这些地方平时羊群来不了,除了收割后遗留的庄稼外,还生长一些熟草,都已结籽,是抓秋膘的好场所。秋季是羊繁殖的重要季节,母羊膘情的好坏,对繁殖率的影响很大,因此要努力做到满膘配种。

(4)冬季放牧要领:冬季天气转寒,常有霜雪,百草枯萎,树叶凋落。所以冬季放羊的任务是:防寒、保暖、保膘、保羔,并备足补饲草料。对冬季草场的利用原则是:先远后近,先阴坡后阳坡,先高处后低处,先沟堑地后平地,先坏草后好草。严冬时,要顶风出牧,但出牧时间不宜太早;顺风收牧,而收牧时间不宜太晚。

四、放牧羊群的补饲

(一)补饲的季节性

在农区及半农区半牧区,有一定的放牧草场,但以农田为主,常年多采用放牧加补饲的饲养方式。夏秋青草季节,外出放牧,晚间可以割草或农副产品补饲。冬春期间主要靠圈内舍饲饲养,实行农牧结合,以农养牧,以农促牧。

在牧区,放牧是羊机体获取营养的主要来源。冬春季枯草期,仅仅依靠放牧羊群机体入不敷出,必须进行补饲。

(二)补饲定额

羊群的补饲时间要因地制宜,青干草可分早、晚两次补给,精料在晚上一次性补给。如果羊只数量少,可将饲草放在筐内让其自由采食。羊数量大时可在栏外设草架喂草,也可将草捆成草把吊在羊能吃到的高度让其自由采食。种公羊一般除放牧外,一年四季均应加强补饲,给以优质的粗饲料及精料,以保证其身体健壮,性欲旺盛。妊娠及哺乳母羊也要加强补饲,补饲量和种类可视放牧条件、体质、产羔数而定。

(三)补饲羊群的草料贮备

饲料是发展养羊业的物质基础。为了使羊安全过冬,必须广开饲料来源,贮备冬草。贮备数量应按当地越冬期的长短,羊的生产性能及饲草料的质量而定。比较精确的办法,是根据羊的饲养标准,在越冬期按照本场的饲草、饲料条件,拟定日粮,以日粮中配合的饲草、饲料、多汁饲料、青贮饲料、干草等,贮备整个冬春半舍饲期用的饲料。开辟饲料来源,可从几方面着手。

1. 晒制青干草

不论牧区、山区,每年有计划地保留一部分草场、草坡用于牧草收割储存。由抽穗到初花期，牧草内蛋白质含量及可消化率都很高，粗纤维低，是打草的最适宜时期。如遇雨季可适当地提前或退后，打来的草制成干草或青贮贮存起来备作冬用。

2. 制作青贮饲料

青贮是保存青绿多汁饲料营养成分最可靠、最经济而又最简便的方法。增喂青贮可以增加营养，改善饲料适口性，使冬季饲养方式向青绿多汁方向发展。冬季日粮中增喂青贮饲料还可以减少干草的喂量，对干草产量较低的草原和缺乏天然草场的地区，具有实际意义。有条件的地区，可种植青贮玉米，在小麦收割以后，也可复种早熟玉米，全株可作青贮。

3. 搜集贮备，调制农副产品

农区及半农半牧区可将花生秧、甘薯藤、豆叶、树叶收贮起来，用做越冬的饲料。收储豆叶的时间最好在豆叶落地时开始，避免被雨水浇湿而粘上泥土。收集后应放在通风干燥的仓房里风干保存。秋收打场剩下的豆荚壳可贮存喂羊，豆秸、玉米秸等粉碎加工后也可喂羊。利用农副产品的潜力是很大的。秋收季节，一定要组织好劳力，把农副产品搜集好，保管好，备过冬用。

4. 建立饲草饲料基地

有条件的地区，提倡种植饲草饲料。苜蓿是豆科植物，适应性强，耐寒、耐盐碱，大部分地区都能种植。对羊来说，冬季喂苜蓿干草可以不喂精料，而种植一次苜蓿，可用 4～8 年，节省每年种植的劳力和种子。亦应大力提倡种植胡萝卜、饲用甜菜，其产量高，是良好的多汁饲料，亦是羊越冬期维生素 A 的补充饲料。不论在牧区、半农半牧区、农区都是可以种植的。

第三节　各类型羊的饲养管理

一、羔羊的饲养管理

羔羊主要指断奶前处于哺乳期间的羊只。羔羊生长发育快、可塑性大，合理地对羔羊进行培育，既可促使其充分发挥其遗传性能，又能加强外界条件的同化和适应能力，有利于个体发育，提高生产力。

(一)羔羊的培育措施

羔羊的培育是指羔羊断奶前的饲养管理。要提高羔羊的成活率，培育出体型良好的羔羊，必须掌握以下 3 个关键：

1. 加强母羊饲养，促进泌乳量

俗话说“母壮儿肥”。只要母羊的营养状况较好，就能保证胚胎的充分发育，所生羔羊的初生重大、体健，母羊的乳汁多，恋羔性强，羔羊以后的发育就好。对怀孕的母羊，要根据膘情、年龄、产期不同，对羊群作个别调整。放牧羊群，对那些体况差的母羊要放在草好、水足、有防暑、防寒设备的地方，放牧时间尽量延长，每天能保证吃草时间不少于 8 h，以利于增膘保膘。冬季饮水的温度不宜过低，尽量减少热量的消耗，增强抗寒能力。对个别瘦弱的母羊早晚要加草添料，或者留圈饲养，使群内母羊的膘情大体趋于一致。这种母羊群在产羔管理时比较容易，而且羔羊健壮、整齐。

2.做好羔羊的补饲

羔羊 10 日龄左右就可以开始训练吃草料，以刺激消化器官的发育。这时，羔羊瘤胃微生物区系尚未形成，不能大量利用粗饲料，所以强调补饲优质蛋白质和纤维少、干净脆嫩的干草。为了避免母羊抢吃，应在圈内专为羔羊设补料栏，只能让羔羊进去，自由采食，少给勤添，待全部羔羊都会吃料后，再改为定时、定量补料，1 月龄内每只日补喂精料 50～150 g。羔羊 1 月龄后，逐渐转变为以采食为主，除哺乳、放牧采食外，可补给一定量的草料。

3.无奶羔的人工喂养及人工乳的配制

人工喂养就是用牛奶、羊奶、奶粉或其他流动液体食物喂养缺奶的 1 月龄以内羔羊。用牛奶、羊奶喂羊，首先尽量用新鲜奶。鲜奶味道及营养成分较好，病菌及杂质也较少。用奶粉喂羔羊应该先用少量冷水或温开水，把奶粉溶开，然后再加热水，使总加水量达到奶粉量的 5～7 倍。羔羊越小，胃越小，奶粉兑水的量也应该越少。目前市场已有羔羊代乳粉出售，但最好在渡过初乳期后再利用，或在初乳期与初乳一起饲喂。

(1)定人：人工喂养中的“定人”，就是从始至终固定一专人喂养。这样可以熟悉羔羊生活习性，掌握吃饱程度，喂奶温度、喂量以及在食欲上的变化，健康与否等。

(2)定温：“定温”是指羔羊所食的人工乳要掌握好温度。一般冬季喂 1 月龄内的羔羊，应把奶晾到 35～41℃，夏季温度可略低。随着羔羊日龄的增长，喂奶的温度可以降低些。没有温度计时，可以把奶瓶贴在脸上或眼皮上，感到不烫也不凉时就可以喂羔了。温度过高，不仅伤害羔羊上皮组织，而且容易发生便秘；温度过低往往容易发生消化不良、拉稀或胀气等。

(3)定量：“定量”是指每次喂量，掌握在“七成饱”的程度，切忌喂得过量。具体给量是按羔羊体重或体格大小来定，一般全天给奶量相当于初生重的 1/5 为宜。喂给粥或汤时，应根据浓稠度进行定量，全天喂量应略低于喂奶量标准，特别是最初喂粥的 2～3 d，先少给，待慢慢适应后再加量。羔羊健康、食欲良好时，每隔 7～8 d 比前期喂量增加 1/4～1/3；如果消化不良，应减少喂量，加大饮水量，并采取一些治疗措施。

(4)定时：“定时”是指羔羊的喂羊时间固定，尽可能不变动。初生羔羊每天应喂 6 次，每隔 3～5 h 喂一次，夜间睡眠可延长时间或减少次数。10 d 以后每天喂 4～5 次，到羔羊吃草或吃料时，可减少到 3～4 次。

(5)注意卫生条件：喂羔羊奶的人员，在喂奶以前应洗净双手。平时不要接触病羊，尽量减少或避免致病因素。出现病羔应及时隔离，由单人分管。羔羊的胃肠功能不健全，消化机能尚待完善，最容易“病从口入”，所以羔羊所食的奶类、豆浆、面粥以及水源、草料等都应注意卫生。

(二)断奶

目前，我国羔羊多采用 2～3 月龄断奶。有的国家对羔羊采用早期断奶，即在生后 1 周左右断奶，然后用代乳品进行人工哺乳；还有采用生后 45～50 d 断奶，断奶后饲喂植物性饲料，或在优质人工草地上放牧。羔羊断奶一般不超过 4 月龄。羔羊断奶后，有利于母羊恢复体况，准备配种，也能锻炼羔羊的独立生活能力。

断奶的方法，多采用一次性断奶法，即将母、仔分开，不再合群。断奶后将母羊移走，羔羊继续留在原羊舍饲养，尽量给羔羊保持原来的环境。断奶后，羔羊根据性别、强弱、体格大小等因素，加强饲养，力求不因断奶影响羔羊的生长发育。

二、育成羊的饲养管理

育成羊是指断奶后至第一次配种前这一年龄段的幼龄羊，多在3～18月龄。羔羊断奶后的4～5个月生长发育快，增重强度大，对饲养条件要求较高。因此在生产中一般将羊的育成期分为两个阶段，即育成前期(4～8月龄)和育成后期(8～18月龄)。这一阶段，育成羊可以以放牧为主，结合补饲少量的混合精料或优质青干草。粗劣的秸秆不宜用来饲喂育成羊，即使要用，在日粮中所占比例也不可超过20%～25%，使用前还应进行合理的加工调制。

对舍饲养殖而言，为了培育好育成羊，应注意以下几点：

(1)合理的日粮搭配：精粗饲料搭配合理，一般精粗比为4∶6，另外饲料也要多样化，粗饲料搭配以青干草、青贮饲料、块根块茎及多汁饲料等。另外还要注意矿物质如钙、磷、食盐和微量元素的补充。育成公羊由于生长发育比育成母羊快，所以营养物质需要量多于育成母羊。

(2)合理的饲喂方法和饲养方式：饲料类型对育成羊的体型和生长发育影响很大，优良的干草、充足的运动是培育育成羊的关键。给育成羊饲喂大量而优质的干草，不仅有利于促进消化器官的充分发育，而且培育的羊体格高大，乳房发育明显，产奶多。充足的阳光照射和得到充分的运动可使其体壮胸宽，心肺发达，食欲旺盛，采食多。

(3)适时配种：一般育成母羊在满8～12月龄，体重达到成年体重的70%时即可配种。育成母羊不如成年母羊发情明显和规律，所以要加强发情鉴定，以免漏配。8月龄前的公羊一般不要采精或配种，需在12月龄以后再参加配种。

三、繁殖母羊的饲养管理

母羊是羊群发展的基础。对繁殖母羊，要求常年保持良好的饲养管理条件，以完成配种、妊娠、哺乳和提高生产性能等任务。繁殖母羊的饲养管理，可分为空怀妊娠期和泌乳期三个阶段。

(一)空怀期的饲养管理

主要任务是恢复体况。羊的配种繁殖因地区及气候条件的不同而有很大的差异，因各地产羔季节安排的不同，母羊的空怀期长短各异，如在年产羔一次的情况下，母羊的空怀期一般为5～7月，在两年三产时空怀期仅为1个月左右，在一年一产时则没有空怀期。在这期间如果牧草繁茂，营养丰富，一般经过2个月放牧抓膘可增重10～15 kg，没有放牧条件的场、户要加大精料喂量，改善体况，为配种做好准备。

为保持母羊良好的配种体况，应尽可能做到全年均衡饲养，尤其应搞好配种前母羊的补饲，使母羊发情整齐，多排卵。一般在养羊生产中，配种前1个月要进行短期优饲，提高日粮能量水平，可以使母羊发情整齐，增加排卵数，提高产羔率。

(二)妊娠期的饲养管理

(1)妊娠前期的饲养管理：母羊受胎后的前3个月内，胎儿发育较慢，所增重量仅占羔羊初生重的10%，对能量、粗蛋白质的要求与空怀期相似，略高于空怀母羊即可，但应补喂一定的优质蛋白质饲料，以满足胎儿生长发育和组织器官分化对营养物质(尤其是蛋白质)的需要。

在青草期，通过加强放牧能基本满足母羊的营养需要；随着牧草的枯黄，除放牧外，必须补饲，每只日补饲优质干草 1.0～2.0 kg 或青贮饲料 1.0～2.0 kg。

(2)妊娠后期的饲养管理：妊娠后期胎儿生长发育快，所增重量占羔羊初生重的 90%。妊娠后期的营养水平与羔羊的初生重和母羊的泌乳力有密切关系。妊娠后期胎儿的增重明显加快，母羊自身也需贮备大量的养分，为产后泌乳做准备。在妊娠前期的基础上，能量和可消化蛋白质分别提高 20%～30%和 40%～60%，钙、磷增加 1～2 倍[钙、磷比例(2～2.5)：1]。产前 8 周，日粮的精料比例提高到 20%，产前 6 周为 25%～30%，而在产前 1 周，要适当减少精料用量，以免胎儿体重过大而造成难产。

妊娠后期母羊的管理要细心、周到，在进出圈舍及放牧时，要控制羊群，避免拥挤或急驱猛赶；补饲、饮水时要防止拥挤和滑倒，否则易造成流产。除遇暴风雪天气外，应增加母羊户外活动的时间。产前 1 周左右，夜间应将母羊放于待产圈中饲养和护理。

(三)哺乳期的饲养管理

1. 哺乳前期的饲养管理

羔羊出生后一段时期内，其主要食物是母乳，因此，母羊泌乳量越多，羔羊的生长越快，发育越好，抗病力越强，因而成活率就越高。母羊产羔后泌乳量逐渐上升，在 4～5 周内达到泌乳高峰，8 周后逐渐下降。随着泌乳量的增加，母羊需要的养分也应增加，如所提供的养分不能满足其需要时，母羊会大量动用体内贮备的养分来弥补。泌乳性能好的母羊往往比较瘦弱，这是一个重要原因。因此，应根据带羔的多少和泌乳量的高低，搞好母羊补饲。带单羔的母羊，每天补喂混合精料 0.3～0.5 kg；带双羔或多羔的母羊，每天应补饲 0.5～1.5 kg。对体况较好的母羊，产后 1～3 d 内可不补喂精料，以免造成消化不良或发生乳腺炎。为调节母羊的消化机能，促进恶露排出，可喂少量轻泻性饲料(如在温水中加入少量麦麸喂羊)。3 d 后逐渐增加精饲料的用量，同时给母羊饲喂一些优质青干草和青绿多汁饲料，力求母羊在哺乳前期不掉膘，使哺乳后期保持原有体重或增重。

2. 哺乳后期的饲养管理

哺乳后期母羊的泌乳量下降，即使加强母羊的补饲，也不能继续维持其高的泌乳量，单靠母乳已不能满足羔羊的营养需要。此时羔羊已可采食一定量植物性饲料，对母乳的依赖程度减小。在泌乳后期应逐渐减少对母羊的补饲，到羔羊断奶后母羊可完全采用放牧饲养，但对体况下降明显的瘦弱母羊，需补喂一定的干草和青贮饲料，使母羊在下一个配种期到来时能保持良好的体况。

四、种公羊的饲养管理

种公羊的基本要求是体质结实，不肥不瘦，精力充沛，性欲旺盛，精液品质好。种公羊精液的数量和品质，取决于日粮的全价性和饲养管理的科学性和合理性。

(一)非配种期的饲养

种公羊在非配种期的饲养以恢复和保持其良好的种用体况为目的。配种结束后，种公羊的体况都有不同程度的下降，为使体况很快恢复，在配种刚结束的 1～2 个月内，种公羊的日粮应与配种期基本一致，但对日粮的组成可作适当调整，增加优质青干草或青绿多汁饲料的比例，并根据体况的恢复情况，逐渐转为饲喂非配种期的日粮。在冬季，种公羊的饲养要保持较高的营养水平，既有利于体况恢复，又能保证其安全越冬度春。做到精粗料合理搭配，补喂适量青绿多汁饲料(或青贮料)，在精料中应补充一定的矿物质微量元素。混合精料的用量不低于0.5 kg，优质干草2～3 kg。种公羊在春、夏季以放牧为主，每日补喂少量的混合精料和干草。

种公羊的日常管理应由专人负责，力争保持常年相对稳定。种公羊应单独组群放牧和补饲，避免公母混养。对配种期的公羊更应远离母羊舍，并单独饲养，以减少发情母羊和公羊之间的相互干扰。对当年的公羊与成年公羊也要分开饲养，以免互相爬跨，影响发育。种公羊舍宜宽敞明亮，保持清洁、干燥，定期消毒。对种公羊应定期检疫和预防接种及驱虫药浴，认真做好各种疾病的防治工作，确保种公羊有一个健康的体质。

(二)配种期的饲养

对配种任务繁重的优秀种公羊，每天应补饲1.5 kg的混合精料，并在日粮中增加部分动物性蛋白质饲料(如牛奶、鸡蛋等)，以保持其良好的精液品质。保持饲料、饮水的清洁卫生，在夏季，高温、潮湿对种公羊不利，会造成精液品质下降。为避免夏季高温，应尽可能早、晚放牧，中午回圈内休息。种公羊舍要通风良好。如有可能，种公羊舍应修成带漏缝地板或在羊舍中铺设羊床。在配种前1.5～2个月，逐渐调整种公羊的日粮，增加混合精料的比例，同时进行采精训练和精液品质检查。种公羊在配种前1个月开始采精，检查精液品质。开始采精时，一周采精一次，继后一周两次，以后两天一次。到配种时，每天采精1～2次，成年公羊每日采精最多可达3～4次。对精液稀释的公羊，应增加日粮中蛋白质饲料的比例；当精子活力差时，应加强种公羊的运动。种公羊的采精次数要根据羊的年龄、体况和种用价值来确定。每次采精应有1～2 h的间隔时间。采精较频繁时，也应保证种公羊每周有1～2 d的休息时间，以免因过度消耗养分和体力而造成体况明显下降。

第四节　羊的日常管理技术

一、羊的编号

为了识别羊、搞好羊的育种工作，就必须进行编号。常用编号方法有插耳标法、剪耳法、刺墨法和烙角法。

1. 插耳标法

是目前最常用的一种方法。用铝或塑料制成圆形或长方形的耳标，用特制的钢字钉把所需要的号码打在耳标上。安置前先用特制的打耳钳在羊耳朵上打一圆孔，再将耳标扣上。耳标应插于左耳中下部，用打耳钳打孔时，要避免血管密集区，打孔部位要用碘酒充分消毒。

2. 剪耳法

就是用缺口钳在羊耳朵上打上口，不同部位的缺口代表不同数字。其规定是：左耳作个位数，右耳作十位数，耳的上缘剪一缺口代表3，下缘代表1。

3. 刺墨法

用特制的墨刺钳(上边有针制的字钉,可随意置换)蘸墨汁,把所需要的号码打在羊耳内的皮肤上。这种方法经济简便,不掉号,但时间长了,字迹易模糊不清,可作为辅助编号。

4. 烙角法

仅限于有角羊。用烧红的钢字,把号码烙在角上。该方法可作为辅助编号,检查时较方便。

二、绵羊断尾

断尾仅针对长瘦尾型的绵羊品种而言,如纯种细毛羊、半细毛羊及其杂种羊。目的是保持羊体清洁卫生、保护羊毛品质和便于配种。羔羊应于出生后 7~10 d 内断尾。具体方法是:

1. 热断法

这种方法使用较普遍。断尾时,需一特制的断尾铲和两块 20 cm^2(厚 3~5 cm)的木板,在一块木板一端的中部锯一个半圆形缺口,两侧包以铁皮。术前用另一块木板衬在条凳上,由一人将羔羊背贴木板进行保定,另一人用带缺口的木板卡住羔羊尾根部(距肛门约 4 cm,第 2、3 尾椎之间),并用烧至暗红的断尾铲将尾切断,下切的速度不宜过快,用力均匀,使断口组织在切断时受到烧烙,起到消毒、止血的作用。如仍有少量出血,可用断尾铲再烫一烫即可止住,最后用碘酒消毒。

2. 结扎法

用橡胶圈在距尾根 4 cm 处将羊尾紧紧扎住,阻断尾下段的血液流通,经 10 d 左右尾下段自行脱落。

三、山羊去角

山羊有角容易发生创伤,不便于管理,个别性情暴烈的种公羊还会攻击饲养员,造成人身伤害,因此有角的公、母羔羊应该去角。羔羊一般在生后 7~10 d 内去角,对羊的损伤小。去角的方法有:

1. 烧烙法

将烙铁于炭火中烧至暗红,或用功率为 300 W 左右的电烙铁,对保定好的羔羊的角基部进行烧烙,烧烙的次数可多一些,但每次烧烙的时间不超过 10 s,当表层皮肤破坏并伤及角原组织后可结束,对术部应进行消毒。

2. 化学去角法

即用棒状苛性碱(氢氧化钠)在角基部摩擦,破坏其皮肤和角原组织。术前应在角基部周围涂抹一圈医用凡士林,防止碱液损伤附近皮肤。将表皮擦至有血液浸出即可,摩擦面积要稍大于角基部。注意不可摩擦过度,防止出血过多,擦后经 1~2 周痂皮脱落,即不再出角。去角后,可给伤口撒上少量的青霉素粉。

四、羔羊去势

凡不做种用的公羔都应去势。去势时间多在春、秋两季气候凉爽、晴朗的时候进行。去势的羊性情温顺，便于管理，生长速度较快，肉膻味小，且较细嫩。去势的方法有阉割法和结扎法。

1. 阉割法

2 周以上的公羊都可用此法进行去势。去势方法是，一人保定羊，另一人握住阴囊上部，使睾丸挤向阴囊底部，剪掉阴囊及阴囊周围的毛，然后用碘酒局部消毒，用消毒过的手术刀横切阴囊，切口大小以能挤出睾丸为度。挤出一侧睾丸，将睾丸连同精索用力拉出，撕断精索，再用同样方法取出另一侧睾丸。阴囊切口处用碘酒消毒，阴囊内和切口处撒上青霉素粉，过 1～2 d，再检查一次，如发现阴囊肿胀，可挤出其中的血水，再涂抹碘酒和青霉素粉。去势的羔羊生活区内应保持清洁干燥，以防感染。

2. 结扎法

适用于 7～10 日龄的小公羔，将睾丸挤到阴囊里，并拉长阴囊，用橡皮筋或细绳紧紧结扎在阴囊上部，一般经过 10～15 d，阴囊及睾丸萎缩自然脱落。结扎羔羊最初几天有些疼痛不安，几天以后即可安宁。

五、剪毛

绵羊剪毛的技术要求高，劳动强度大，在有条件的大、中型羊场应提倡采用机械剪毛。化学脱毛的方法在国内外都有研究，但仍未能普遍采用。剪毛应在干净、平坦的场地进行。将羊保定后先从体侧至后腿剪开一条缝隙，顺此向背部逐渐推进(从后向前剪)。一侧剪完后将羊体翻一面，由背向腹剪毛(以便形成完整的毛套)，最后剪下头颈部、腹部和四肢下部的羊毛。毛套去边后单独堆放打包，边角毛、头腿毛和腹毛装在一起，作为等外毛处理。剪毛时，羊毛留茬高度为 0.3～0.5 cm，尽可能减少皮肤损伤。当因技术不熟练而留茬过长时切不要补剪，因为剪下的二刀毛几乎没有纺织价值，既造成浪费又会影响织品的质量，必须在剪毛时引起重视。剪毛前绵羊应空腹 12 h，以免在翻动羊体时造成肠扭转。剪毛后 1 周内尽可能在离羊舍较近的草场放牧，以免突遇降温降雪天气而造成损失。

六、山羊抓绒

山羊抓绒的时间一般在 4 月份，当羊绒的毛根开始出现松动时进行。在生产中，常通过检查山羊耳根、眼圈四周毛绒的脱落情况来判断抓绒的时间。这些部位绒毛毛根松动较早。山羊脱绒的一般规律是：体况好的羊先脱，体弱的羊后脱；成年羊先脱，育成羊后脱；母羊先脱，公羊后脱。抓绒的方法有两种：①先剪去外层长毛后抓绒；②先抓绒后剪毛。抓绒工具是特制的铁梳，有两种类型：密梳通常由 12～14 根钢丝组成，钢丝相距 0.5～1.0 cm；稀梳通常由 7～8 根钢丝组成，相距 2.0～2.5 cm。钢丝直径 0.3 cm 左右，弯曲成钩状，尖端磨成圆秃形，以减轻对羊皮肤的损伤。抓绒时需将羊的头部及四肢固定好，先用稀梳顺毛沿颈肩、背、腰、股等部位由上而下将毛梳顺，再用密梳作反方向梳刮。抓绒时，梳子要贴紧皮肤，用力均匀，不能用力过猛，防止抓破皮肤。第一次抓绒后，过 7 d 左右再抓一次，尽可能将绒抓净。

七、修蹄

奶山羊每1～2个月应检查和修蹄一次，其他羊只可每半年修蹄一次。修蹄可选在雨后进行，此时蹄壳较软，容易操作。修蹄的工具主要有蹄刀、蹄剪（也可用其他刀、剪代替）。修蹄时，羊呈坐姿保定，背靠操作者。一般先从左前肢开始，术者用左腿夹住羊的左肩，使羊的左前膝靠在人的膝盖上，左手握蹄，右手持刀、剪，先除去蹄下的污泥，再将蹄底削平，剪去过长的蹄壳，将羊蹄修成椭圆形。修蹄时要细心操作，动作要准确、有力，要一层一层地往下削，不可一次切削过深，一般削至可见到淡红色的微血管为止，不可伤及蹄肉。修完前蹄后，再修后蹄。修蹄时若不慎伤及蹄肉，造成出血时，可视出血多少采用压迫法止血或烧烙法止血。烧烙时应尽量减少对其他组织的损伤。

八、药浴

定期药浴是绵羊饲养管理的重要环节。药浴一般在剪毛后10～15 d进行，这时羊皮肤的创口已基本愈合，毛茬较短，药液容易浸透，防治效果更好。常用的药品有螨净、双甲脒、蝇毒灵等。药浴在专门的药浴池或大的容器内进行。羊只药浴时，要保证全身各部位均要浸到，药液要浸透被毛，要适当控制羊只通过药浴池的速度。对羊的头部，需要人工辅助淋洗，但要避免将药液灌入羊的口内。药浴的羊只较多时，中途应补充水和药物，使其保持适宜的浓度。对疥癣病患羊可在第一次药浴后7 d再进行一次药浴，结合局部治疗，使其尽快痊愈。

九、驱虫

危害羊群最严重的内寄生虫有肝片吸虫、前后盘吸虫、羊血矛线虫、羊肺丝虫等，在低洼潮湿地放牧常感染各种内寄生虫，大量感染后，羊体瘦弱，甚至造成大批死亡。

1. 肝片吸虫

寄生在羊的肝脏胆管中，危害严重，流行面广，绵羊最敏感，死亡率高。因此必须每年在冬末春初进行全群的定期驱虫，用高效安全的药物硫氯酚（别丁）35～75 mg/kg体重，配成悬浮液内服；此外，还可用硝氯酚6～8 mg/kg体重内服或阿苯达唑20 mg/kg体重内服。

2. 羊血矛线虫

寄生于羊的皱胃及小肠中，引起贫血、消化紊乱、消瘦、水肿、下痢，常因极度虚弱致死。预防此虫需注意放牧和饮水卫生、粪便堆积发酵处理，每年进行放牧前和放牧后的两次定期全群驱虫，药物有精敌百虫60～80 mg/kg体重配成水溶液内服；或盐酸左旋咪唑5 mg/kg体重，皮下或肌肉注射；或阿苯达唑15 mg/kg体重内服，效果都很好。

3. 前后盘吸虫

寄生于瘤胃和胆管壁上。大量寄生时，引起羊只食欲减退、水肿、贫血等，其幼虫寄生于真胃、小肠、胆管和胆囊等处，可引起严重疾病，甚至死亡。预防本病与肝片吸虫病相似。

4. 羊肺丝虫寄

生于羊的支气管、细支气管和肺泡内，严重感染时，出现呼吸困难、咳嗽、虚弱无力、消瘦等症状，预防本病需每年进行春秋两季的定期性驱虫，高效药物有：阿苯达唑 10～20 mg/kg 体重，内服，或左旋咪唑 6～8 mg/kg 体重内服或皮下注射。

十、防疫

羊场日常防疫工作是保障羊群健康、预防疾病发生的重要措施。日常防疫工作主要包括定期消毒、驱虫药浴、检疫监测及预防接种等措施。

羊场定期进行消毒，以杀灭环境中细菌和病毒，减少寄生虫，预防疾病的发生。首先大门口要设立消毒池，要经常保持有效的消毒药水；其次在正常情况下每周消毒一次，疫病发生时每周消毒 3 次；消毒药可用生石灰、烧碱、有机氯制剂、络合碘、季铵盐类等消毒药，对不同的场所进行消毒。

规模羊场尤其是种羊场要定期对口蹄疫、布鲁氏杆菌病等进行检疫监测，至少是一年一次。及时发现阳性羊并进行扑杀处理，这既是保障羊群健康的需要，又是保障畜产品安全的需要。

使用疫(菌)苗对羊群进行有计划的预防接种，是提高羊群对相应疫病的抵抗力，预防疫病发生的关键。

十一、年龄鉴别

羊的年龄主要根据门齿来判断。小羊的牙齿叫乳牙，共 20 颗，乳牙较小，颜色较白，乳齿长到一定时间后开始依次脱落，乳齿脱落后再长出的牙齿称为永久齿，共 32 颗，永久齿较乳齿大，颜色略发黄。

羊没有上门齿，只有下门齿 8 颗，臼齿 24 颗，分别长在上下四边牙床上。中间的一对门齿叫切齿，切齿两边的两个门齿叫内中间齿，内中间齿外面的两颗叫外中间齿，最外面的一对门齿称隅齿。

通过羊门齿的更换和磨损情况可判断其年龄。1 岁前，羊的门齿为乳齿，永久齿没有长出。1～1.5 岁时，乳齿的切齿开始脱落，长出永久齿，称为“对牙”。2～2.5 岁时，内中间乳齿开始脱落，换成永久齿，并充分发育称为“四牙”。3～3.5 岁时，外中间乳齿脱落，换成永久齿，称为“六牙”。4～4.5 岁时，乳隅齿开始脱落，换成永久齿，这时全部门齿都已更换整齐，称为“齐口”。5 岁时，由于牙齿磨损，牙上部由尖变平。6 岁时，齿龈凹陷，有的牙齿开始活动。7 岁时，齿与齿之间出现大的空隙，门齿变短。到 8 岁时，牙齿有脱落现象。

十二、羊体外貌部部位名称与体尺测量

(一)羊体外貌部位名称

羊的体型体貌在一定程度上能反映出生产力水平的高低，为区别、记载每只羊的外貌特征，就必须识别羊的外貌部位名称(图 25-1，图 25-2)。

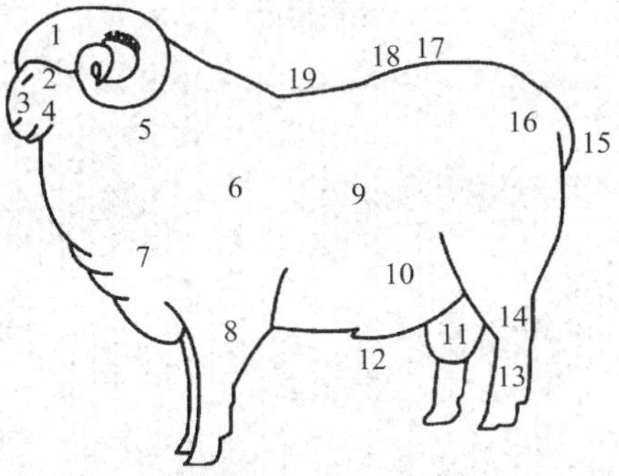

图 25-1 绵羊外貌各部位名称

1.头 2.眼 3.鼻 4.嘴 5.颈 4.肩 7.胸 8.前肢 9.体侧 10.腹 11.阴囊 12.阴筒 13.后肢 14.飞节 15.尾 16.臀 17.腰 18.背 19.鬐甲

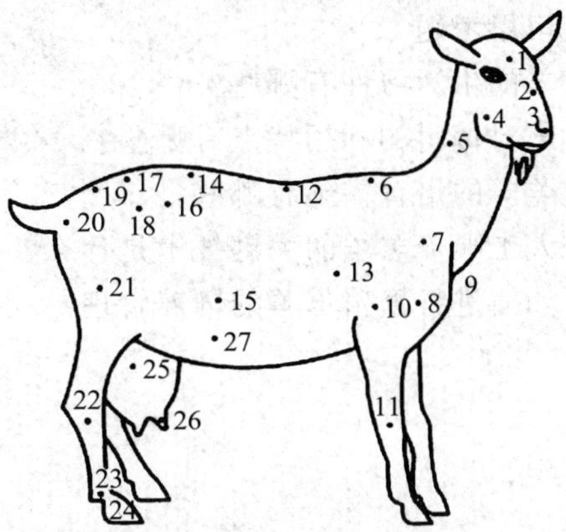

图 25-2 山羊外貌各部位名称

1.头 2.鼻梁 3.鼻镜 4.颊 5.颈 6.鬐甲 7.肩部 8.肩端 9.前胸 10.肘 11.前膝 12.背部 13.胸部 14.腰部 15.腹部 16.肷部 17.十字部 18.腰角 19.尻 20.坐骨 21.大腿 22.飞节 23.系 24.蹄 25.乳房 26.乳头 27.乳静脉

(二)体尺测量

测量体尺用于确定羊的生长发育情况。测量时场地要平坦,站立姿势端正。羊的体尺见图 25-3。常用测量体尺如下。

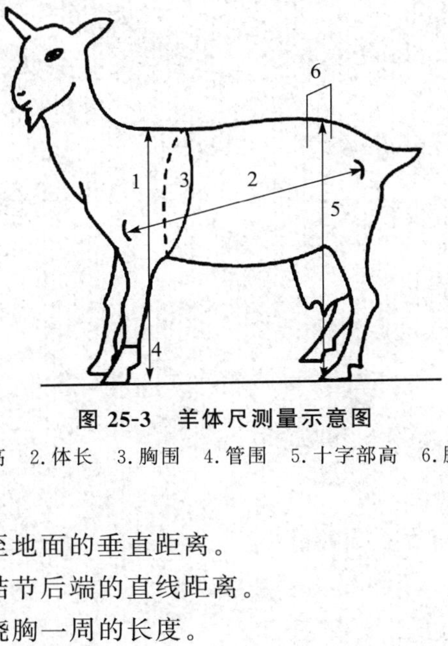

图 25-3 羊体尺测量示意图

1.体高 2.体长 3.胸围 4.管围 5.十字部高 6.腰角宽

(1)体高由肩胛最高点至地面的垂直距离。

(2)体长由肩端至坐骨结节后端的直线距离。

(3)胸围由肩胛骨后缘绕胸一周的长度。

(4)管围左前肢管骨最细处的水平周径。

(5)十字部高由十字部至地面的垂直距离。

(6)腰角宽两侧腰角外缘间距离。

复习思考题

1. 羊的生活习性有哪些？
2. 羊对饲料的利用特点有哪些？
3. 羔羊的培育措施有哪些？
4. 人工喂养羔羊的关键技术是什么？
5. 如何进行繁殖母羊的饲养管理？

参 考 文 献

[1] 程德君,王守星,付太银.规模化养猪生产技术[M].北京:中国农业大学出版社,2008.

[2] 冯建忠.羊繁殖实用技术[M].北京:中国农业出版社,2004.

[3] 国家禽类遗传资源委员会.中国遗传资源志.牛志[M].北京:农业出版社,2011.

[4] 国家畜禽遗传资源委员会.中国畜禽遗传资源志—羊志[M].北京:中国农业出版社,2011.

[5] 昝林森.牛生产学[M].2版.北京:中国农业出版社,2007.

[6] Kyriazakis I,Whittemore C T.实用猪生产学[M].王爱国,等译.北京:中国农业大学出版社,2014.

[7] 刘红林.现代养猪大全[M].北京:中国农业出版社,2002.

[8] 邱文然,任慧玲.家禽生产技术[M].北京:中国农业大学出版社,2015.

[9] 王福兆.乳牛学[M].3版.上海:科学技术文献出版社,2004.

[10] 王根林.养牛学[M].3版.北京:中国农业出版社,2013.

[11] 王加启.现代奶牛养殖学[M].北京:中国农业出版社,2006.

[12] 王杏龙.奶牛健康高效养殖[M].北京:金盾出版社,2008.

[13] 王燕丽,李军.猪生产技术[M].2版.北京:化学工业出版社,2016.

[14] 王志远,苏成文.猪场生产管理手册[M].北京:化学工业出版社,2016.

[15] 杨公社.猪生产学[M].北京:中国农业出版社,2002.

[16] 杨宁.家禽生产学[M].北京:中国农业出版社,2012.

[17] 杨宁.现代养鸡[M].北京:北京农业大学出版社,2002.

[18] 杨山.现代养鸡生产[M].北京:中国农业出版社,1996.

[19] 曾凡同.养鹅大全[M].成都:四川科学技术出版社,1999.

[20] 曾凡同.养鸭全书现代养鸡[M].成都:四川科学技术出版社,1999.

[21] 张容昶,胡江.肉牛良种引种指导[M].北京:金盾出版社,2004.

[22] 张英杰,刘月琴,李拥军,等.羊生产学[M].北京:中国农业大学出版社,2015.

[23] 张英杰,刘月琴.羔羊快速育肥法[M].北京:中国农业科学技术出版社,2014.

[24] 张英杰.规模化生态养羊技术[M].北京:中国农业大学出版社,2012.

[25] 张英杰.羊生产学[M].北京:中国农业大学出版社,2010.

[26] 张永泰.高效养猪大全[M].北京:中国农业出版社,1999.

[27] 赵聘,黄炎坤,徐英.家禽生产[M].北京:中国农业大学出版社,2015.

[28] 赵书广.中国养猪大成[M].北京:中国农业出版社,2001.

[29] 赵有璋.羊生产学[M].3版.北京:中国农业出版社,2011.

[30] 中国牛品种志编写组.中国牛品种志[M].上海:上海科学出版社,1988.

[31] 中国羊品种志编写组.中国羊品种志[M].上海:上海科学技术出版社,1989.

[32] 周新民,蔡长霞.家禽生产[M].北京:中国农业出版社,2011.